U0321207

Proceeding of the international conference of the fire materials committee and building fire committee of China Fire Protection Association in 2015

2015年中国消防协会防火材料分会与建筑防火专业委员会学术会议论文集

李　风　兰　彬　张泽江　梅秀娟　主编

西南交通大学出版社
·成　都·

图书在版编目（CIP）数据

2015年中国消防协会防火材料分会与建筑防火专业委员会学术会议论文集 / 李风等主编. —成都：西南交通大学出版社，2015.7
ISBN 978-7-5643-4092-6

Ⅰ. ①2… Ⅱ. ①李… Ⅲ. ①建筑材料－防火材料－学术会议－文集②建筑设计－防火－学术会议－文集
Ⅳ. ①TU545-53②TU892-53

中国版本图书馆 CIP 数据核字（2015）第 174342 号

2015年中国消防协会防火材料分会与
建筑防火专业委员会学术会议论文集
李 风 兰 彬 张泽江 梅秀娟 主编

*

责任编辑 李芳芳
特邀编辑 林 莉 杨伟浩 李庞峰
封面设计 墨创文化
西南交通大学出版社出版发行
四川省成都市金牛区交大路146号 邮政编码：610031 发行部电话：028-87600564
http: //www.xnjdcbs.com
四川煤田地质制图印刷厂印刷

*

成品尺寸：210 mm × 285 mm 印张：29.75
字数：882千
2015年7月第1版 2015年7月第1次印刷
ISBN 978-7-5643-4092-6
定价：88.00元

2015年中国消防协会防火材料分会与建筑防火专业委员会学术会议

主办单位： 中国消防协会防火材料分会
中国消防协会建筑防火专业委员会

承办单位： 四川法斯特消防安全性能评估有限公司

组委会：

主　席： 李　风

成　员： 兰　彬　孙金华　覃文清　周崇敏　宋晓勇　王际锦　程道彬　胡忠日　孙佳福　楼志明　龚　斌　张庆明　杨泽安　张希兰　叶本开　唐志勇

秘书组： 张泽江　梅秀娟　葛欣国　张文华　何　瑾　杨　郁

学术委员会：

主　席： 李　风

委　员： 覃文清　兰　彬　程道彬　杨泽安　冯　军　张泽江　梅秀娟　葛欣国　张文华　何　瑾　杨　郁　谢晓刚　王经伟

前　言

由中国消防协会防火材料分会与中国消防协会建筑防火专业委员会主办，四川法斯特消防安全性能评估有限公司承办的“2015年中国消防协会防火材料分会与建筑防火专业委员会年会”将于2015年8月19—22日在广西柳州召开，并将优秀论文集结出版《2015年中国消防协会防火材料分会与建筑防火专业委员会学术会议论文集》。

本次会议将以“新型阻燃/防火材料研究及建筑防火、标准规范”为主题，交流讨论外墙保温材料防火技术、新型阻燃防火电缆、新型防火涂料阻燃体系、绿色生态阻燃防火建筑材料，剖析新国标《电缆及光缆燃烧性能分级》（GB 31247—2014）及《电缆或光缆在受火条件下火焰蔓延、热释放和产烟特性的试验方法》（GB/T 31248—2014），推介新型阻燃剂、保温材料、防火涂料、防火门、阻燃电缆等新产品，讨论新型耐久阻燃剂、织物阻燃技术、功能型防火涂料配方及防火机理研究、新型防火涂料用树脂及其合成方法，新技术在防火涂料及相关领域的应用，新型耐久防火门实用技术，防火门施工应用技术，新型防火家具制备技术，建筑物的危险性与安全评价技术，建筑材料审查与验收，建筑外装饰材料质检与验收，建筑消防审查关键技术，新型外墙保温防火材料发展现状，防火安全技术与制备技术，先进颜填料与功能填料在防火建材中的应用，高层建筑、地下建筑和大空间建筑火灾预防与逃生的新技术、其他可用于建筑防火与防火材料及相关领域的新理论、新技术、新工艺。本次会议旨在深入探讨新型长效阻燃剂、新型外墙保温防火材料、防火涂料、防火密封封堵材料、防火板材、防火门窗、防火家具、新型防火交通工具及相关领域的制备、应用科学与技术，交流在建建筑工程的火灾预防与扑救技术、高层建筑火灾逃生新技术、消防行政执法机制的探索与实践、各类新材料新制品燃烧特性标准的进步、各类建筑材料及建筑结构的耐火性能的进展、特殊空间的消防安全性能评价技术等，促进行业之间的学术和技术交流。

“全国建筑防火及防火材料学术研讨会”已于2005—2014年成功举办了十届，得到了与会者的积极响应和高度评价。现由中国消防协会防火材料分会与中国消防协会建筑防火专业委员会主办的“第八届全国建筑防火及防火材料学术研讨会”将如期召开。

本次会议共征集到全国各地的论文123篇。经过编委会评审出99篇获奖论文，现将评审通过并获奖的论文编撰为论文集以飨读者，入编论文的原创性由作者本人负责。

本次学术活动及论文集的汇编，得到了各成员单位、消防专家、学者及消防专业技术人员的共同关注，得到了四川省公安消防总队的大力支持，在此谨表示崇高的敬意和真诚的谢意！

由于时间仓促，疏漏之处在所难免，敬请广大读者批评指正并见谅。

二〇一五年七月

前言

目　录

专论综述

建筑防火

防火技术

灭火技术

阻燃技术

消防管理

专论与综述

浅析化工企业消防安全管理对策

闫　茹

（内蒙古自治区公安消防总队防火监督部）

【摘　要】 为了积极应对化工企业可能发生的重大火灾突发事故，及时采取措施，高效、有序地组织开展事故抢险、救灾工作，最大限度地防止环境污染，减少财产损失，维护正常的社会秩序和工作秩序，通过调研，分析了化工企业尤其是煤化工企业的消防安全现状，并提出对策。

【关键词】 化工；火灾；防范；措施

化工企业因具有物料危险性大、工艺过程复杂、高温高压、危险源集中等特点，导致其火灾潜在危险性增大、存在条件和触发因素增多，在生产过程中如果防范措施不到位，极易引发爆炸、火灾等灾难性事故。近些年来，全国能源化工企业发展迅速，尤其是内蒙古自治区煤制油、煤制气等国家示范工程产业化进一步加快，煤化工企业成为内蒙古地区的主要产能支柱。随之而来的是这类化工企业的火灾也在逐渐呈上升态势。

1　近年来化工企业火灾案例

案例一

2009 年 4 月 8 日，内蒙古鄂尔多斯市伊泰煤制油有限责任公司中间罐区 4 号重质蜡罐发生爆燃，导致大量的重质蜡泄漏，造成大面积流淌火，使轻质油 1A、1B、1C 罐相继起火燃烧。此次火灾过火面积为 1 400 m^2，烧毁油罐 4 个，直接财产损失达 464.71 万元。

案例二

2011 年 10 月 6 日，内蒙古宜化化工有限公司聚氯乙烯老系统（系原收购的内蒙古海吉氯碱化工有限责任公司聚氯乙烯生产系统）聚合工段，因操作工操作失误，导致聚氯乙烯泄漏，发生火灾。火灾造成 2 人死亡、3 人受伤，直接财产损失 150 余万元。

案例三

2013 年 8 月 31 日 10 时 50 分左右，上海翁牌冷藏实业有限公司发生氨泄漏事故。事故造成 15 人死亡，7 人重伤，18 人轻伤，直接财产损失约 2 510 万元。火灾原因系严重违规采用热氨融霜方式，导致发生液锤现象，压力瞬间升高，致使存有严重焊接缺陷的单冻机回气集管管帽脱落，造成氨泄漏。

案例四

2014 年 1 月 21 日，内蒙古鄂尔多斯市汇金达清洁溶剂油有限公司储罐区发生爆炸燃烧事故。灭火救援出动了 3 个消防支队的 21 个消防中队和 5 个专职队，共 74 辆消防车、325 名消防员到场扑救，经过 10 个小时艰苦奋战，成功将大火扑灭，火灾未造成人员伤亡。

案例五

2015 年 4 月 6 日，福建省漳州市古雷港经济开发区腾龙芳烃（漳州）有限公司联合装置区发生爆炸事故，爆炸引发临近中间罐区 607 号、608 号、609 号三个 1 万立方米石脑油储罐爆裂并发生猛烈燃烧。

其中607号、608号重石脑油罐分别储油6 600吨、1 837吨，610号轻重整液罐储油4 020吨。灭火救援先后调集9地市消防支队和企业专职消防队共计284辆消防车、1 237名消防官兵参与火灾扑救。

2 化工企业的火灾危险性及火灾特点

如表1所示，能源化工企业的原料、中间产品及成品多为煤气、甲醇、一氧化碳、氢气、甲烷、硫化氢、氨气等易燃易爆危险品，燃烧、蔓延速度较快，还会以爆炸形势出现；生产装置的高度连续性，易形成连续爆炸，生产装置内存有易流淌扩散的可燃性液体，有沸溢喷溅的可能，大量可燃液体流散，形成大面积流淌火；生产设备高大密集，框架结构空洞较多，相邻储罐管线纵横，会使火势向上下左右迅速扩散，易形成立体火灾；燃烧火势猛烈，火焰高达几十米至百米，火焰温度可达2 000 °C，辐射热极强，人员不能在近距离灭火，火灾扑救困难。以煤化工企业为例，一般煤化工企业内成品油罐区主要储存有柴油、石脑油、液化气，危害形式如下：

① 煤气、液化气含有C3～C4的烃类化合物的混合物，危害形式为燃烧、爆炸。

② 柴油罐：柴油的火灾危险性为丙类。

③ 石脑油：含有C5～C14的烃类化合物的混合物，危害形式为燃烧、爆炸。火灾危险类别为甲B类，属于易燃液体（爆炸极限为1.2%～6.0%；闪点为－2 °C）。

表1 能源化工企业主要原料、中间产品及成品

序号	名称	熔点（°C）	沸点（°C）	闪点（°C）	引燃温度（°C）	空气中爆炸极限（%）		火灾危险类别
						下限	上限	
1	煤气				648.9	4.5	45	甲
2	甲醇	－97.8	64.7	12	464	6	36.5	甲
3	一氧化碳	－205	－191.5	<－50	610	12.5	74.2	乙
4	氢气	－259.2	－252.8	—	500～571	4.1	75	甲
5	甲烷	－182.6	－161.4	－218	537	5	15	甲
6	硫化氢	－85.5	－60.3	－106	260	4	46	甲
7	氨气	－77.7	－33.5	－54	651	15	28	乙
8	丙烯	－185	－48	－108	460	2.4	10.3	甲
9	石脑油	<－72	20～180	<－18	232～288	1.1	5.9	甲

3 化工企业消防安全突出问题

3.1 消防安全管理制度欠缺

化工生产和储运过程本身有着严格的操作程序，一旦违章，极有可能发生火灾安全事故。部分化工企业缺乏必要的消防安全意识，没有制定强有力的措施和安排具体负责人员。在实际生产过程中，车间操作人员不熟悉相应的安全规范，凭借经验或者习惯随意进行操作，加之企业内部督查不足，容易形成麻痹大意的思想，违章操作的情况较为严重。

3.2 易燃易爆隐患问题较多

化工企业的消防安全标准要高于一般企业，化工火灾也有其独特性，企业生产的半成品和成品易燃易爆的属性，给化工企业消防安全管理工作提出了更为严苛的要求。比如，化工企业除了要严格规范消防设施、灭火器材、安全出口、防火间距等之外，生产和储存场所的设备、管道存有大量可燃性原料或产品，发生泄漏或受热后膨胀时易发生爆炸。如果火灾扑救程序、方法不对，还可能造成多次爆炸，稍有不慎就可能造成人员伤亡。

3.3 起火或爆炸时间短，且可能引发多次爆炸

石油化工企业火灾应急处置预案非常重要，然而部分企业管理人员脑海里对应急处置和逃生自救方法模糊不清，缺乏对预案的有效组织和必要的演练，导致企业员工对应急处置预案普遍不熟悉，一旦发生火灾甚至连最基本的反应时间都没有，容易受伤或被夺去生命。

4 如何加强化工企业的安全生产工作

4.1 切实加强企业消防安全生产责任落实

消防机构在企业项目报批手续的同时，就可以提前对企业进行消防安全教育，指导企业制定符合生产实际的消防安全责任制度，要求企业严格遵守消防法律法规，履行消防安全职责，落实各岗位消防安全责任，建立和完善各项消防安全制度和操作规程。消防机构可以推动政府将企业消防安全责任落实情况纳入企业管理范畴，与税收、融资等经济手段挂钩，倒逼企业重视消防安全责任的落实。生产经营单位要贯彻“安全第一、预防为主、综合治理”的方针，切实抓好消防安全生产工作。建立健全的消防规章制度和安全操作规程并严格执行，尤其要针对危险性生产品、装置制定相应的安全技术规程；健全消防安全生产责任体系，明确各岗位的消防安全生产职责，严格消防安全生产绩效考核和责任追究制度；加强教育培训，提高从业人员的消防安全意识和操作技能。

4.2 加强对化工企业爆炸性危险化学品的安全监管

企业要充分认清化工火灾的危害性和扑救的复杂性，确定企业消防安全重点部位，根据易燃易爆品的生产、储存位置，设置必要的防火标志，严格落实火灾防范措施和用火、用电、用气、用油管理，确保不违规改变建筑的使用性质，不违规使用泡沫夹芯板，不违规使用聚氨酯泡沫等易燃可燃材料装修或作隔热保温层，不违规在生产、储存空间设置居住场所。地方各级安全监管部门要组织对本地区涉及爆炸性危险化学品的生产、储存装置开展专项安全检查，借助专家力量对有关企业的工厂布局、工艺技术路线及装备的安全可靠性、自动化控制水平、人员素质等安全生产条件，进行全面的检查和论证，及时发现各类隐患并限期整改，确保生产安全。

4.3 进一步加强企业灭火疏散逃生演练

随着当前国内经济迅速发展，能源化工企业的发展已成为地方经济和能源建设的支柱性产业，化工企业的生产活动日益增多，火灾安全事故发生概率增大，形势极其复杂严峻。一方面，要加强对石油化工火灾事故的预防；另一方面，更要注重企业消防安全知识培训和灭火疏散逃生演练，切实增强企业抵御火灾安全事故和应急处置实际能力。消防机构要对石油化工企业易燃、易爆、高温、高压、剧毒和腐蚀等特点及可能发生的事故作出准确讲解，有针对性地辅助企业开展演练，为应对石油化工突发火灾事故打下坚实基础。

4.4　进一步督促化工企业消防安全的自我管理和自查自纠工作

地方各级消防安全部门要督促危险化学品企业认真落实《国务院安委会办公室关于认真贯彻落实中央领导同志重要批示精神进一步加强安全生产工作的通知》（安委办明电〔2012〕6号）等要求，深刻吸取事故教训，举一反三，防微杜渐，切实加强危险化学品的安全管理，进一步加大消防安全隐患排查治理力度，持续深入做好隐患排查治理工作，加强日常监督巡查。对因隐患排查治理工作不认真、走过场而发生事故的企业，要依法依规严肃追究企业主要负责人和有关人员的责任。要严格落实建设单位主体责任，督促建设单位严格执行法律、法规和强制性标准相关规定，严格对设计、施工单位的资质管理，加强建设工程监管。工程采用的新技术、新工艺、新材料等可能影响建设工程和消防安全的，要根据实际情况组织专家论证，确保工程建设科学合理。要进一步开展对违法建筑的专项治理，对检查中发现违法行为采取“零容忍”，严格追究责任和处罚。

参考文献

[1]　郭秀亮. 浅谈煤化企业消防安全管理工作应对措施[J]. 企业导报，2012（13）.
[2]　朱广科. 煤化工工程消防设计中存在的问题和建议[J]. 枣庄学院学报，2011，10（5）.

作者简介：闫茹，女，大学本科，工程师，技术10级，主要从事火灾事故调查、火灾统计工作。
联系电话：13171010303；
电子信箱：30975218@qq.com。

浅析居民住宅电气火灾的原因及对策

徐 忠
（浙江省温州市公安消防支队）

【摘 要】 据统计数据显示，超过58%的建筑电气火灾是由电气线路引起的，电气线路高居电气火灾成因的首位，用电线路的不合理布线已经成为家庭生活潜在的安全隐患。提倡科学、人性化的家居布线理念，体现经济合理、灵活升级、高效整合、开放兼容、人性化设计的特点，以确保居室布线在安全和功能上得到满足，对于保障居民生活用电安全将起到全方位保驾护航的作用。

【关键词】 科学布线；杜绝；电气火灾；隐患

随着我国人民生活水平的不断提高，大多数住宅中低水平配电线路与高速发展的居民用电很不相适应，导致电气火灾和人身电击事故呈逐年上升趋势，严重威胁了广大消费者的生命和财产安全。据浙江省消防部门统计，2012 年全省火灾死亡 69 人，财产损失 6 000 多万元，电气火灾是主因。2011 年温州市全年因电气原因引发的火灾 134 起，直接财产损失 1 041.2 万元，占总起数的 45.9%，占总财产损失数的 51.4%。因此，加强电器设备和电气线路的安全管理，分析电气火灾原因，预防家庭电气火灾事故显得尤为必要。

1 住宅电气火灾形成原因

1.1 线路过流保护器安装不符合要求

家用的过流保护器一般有熔断器、闸刀开关、自动空气开关等，它是电气线路用以防止短路和严重超过负荷的保护装置。熔断器中主要组成部分是金属熔件，当通过熔件的电流超过其额定电流时，过高的温度就会将熔件熔断，从而使电路断开，起到保护作用。在生活中常见的问题有：

（1）使用过流保护器功率过大。当线路在超过负荷时产生的热量不足以将熔件熔断，这时保护器就起不到保护作用，从而引发火灾。

（2）使用铜丝、铅丝、铁丝等来代替熔件。铜丝、铅丝、铁丝的特点是熔点高，即使在线路短路或超负荷时，这些部件一般也不会受影响。

（3）过流保护器周围有可燃物。过流保护器放置在木制配电箱内或下方存放可燃物品，在熔件爆断时，产生的熔珠会下滴或飞溅，熔珠过高的温度就会引燃可燃物品。

（4）使用劣质的过流保护器。当使用一些不合格的“三无”电器产品时，这类产品一般在发生过负荷或短路时起不到保护作用。

1.2 线路老化，造成漏电打火现象

很多人对电气线路因接地漏电引起的短路火灾认识较模糊。电气导线间短路时瞬间电流增大，容易引起火灾，这是一般的用电常识。而根据有关专家调查资料显示，所谓短路火灾，大部分是接地短路起火，特别是线路在老化时，绝缘层容易出现龟裂、破损，此时当火线与零线过近时就容易产生放

电现象，往往因产生电流量小，不能使过流保护器及时动作切断电源而引起打火或拉弧，如果线路旁边放有可燃物，这种打火或拉弧就足以引起可燃物燃烧。

1.3　线路私拉乱接，造成线路过负荷

随着居民生活条件的不断改善，家用电器的使用量也在不断增多，但是家庭中的线路大部分是在装修初期敷设好的，而且几乎都没有进行专业设计，加之部分开发商无视国家的政策法规，不正当压缩建设成本，致使一些住宅中的配电线路达不到国家规定的标准。随着电器设备的增多，在一条线路上可接上五、六个插头，同时使用五、六个大功率的电器，随意增加用电设备，导致用电负荷超过设计容量，造成“小马拉大车”的现象，在没有合格的过流保护器的情况下就极易引发火灾事故。

1.4　使用电气设备疏忽大意

在使用电器时常因人离开而未将电源关闭，造成电器长时间工作而引发火灾事故，此类火灾在居民家庭电气火灾中颇为多见。因疏忽大意引发火灾的主要原因有：一是电器长时间工作。如使用电吹风或电热棒时，因突然停电或有事离开而忘记关闭电源，造成电热器具长时间运作，温度升高而引燃周围可燃物；二是电热器具放置在可燃材料制作的基座上，如使用电熨斗、电烙铁时，将其放在木制基座上或放置在纸张、布匹上，时间一长就会引发火灾；三是电热器具与可燃物过近，如取暖器在使用时旁边放有可燃物，或在取暖器上烘烤衣物等；四是电器中产生谐波的非线性负荷（如微波炉、气体放电灯、电子镇流器等）日益增多。消除谐波危害的有效措施是减少回路阻抗，国外采用较大截面线路可以减少回路阻抗。我国家庭中非线性负荷家用电器的应用较晚，但普及迅速，因此，在线路设计上，这方面的经验不多，尚未充分认识谐波在住宅用电中的危害。

1.5　线路连接不规范

在购房和装修时，对电气线路这类隐蔽工程重视不够，检查不力，缺乏足够的科学认识，致使安全隐患不能被发现和处理。比如，一是开关设备接在零线上。如果将开关装设在零线上，即使开关断开时没有形成回路，但相线对地电压仍是220 V的工作电压，在线路敷设较复杂的情况下，相线若遇到零线就会发生短路现象；二是线路接头松动。线路在连接时没有采取铰接，时间长了就会在接头处出现打火或接触电阻过大的现象；三是铜铝相接。铜芯线与铝线相接，表面会出现一层氧化层，随着时间的久远，氧化层会越积越厚，并产生较大的接触电阻。

1.6　雷击引起火灾

在生活中，有时会遇到雷雨天气，出现电视机火灾事故。此类火灾在居民家庭火灾中虽然不多，却不容忽视。雷击引起火灾的原因主要是雷击产生的感应电流通过闭路电视线、室外电视天线及低压配电线进入电视，巨大的感应电流会击穿电视零部件并将其烧毁，从而引起火灾。

2　预防住宅电气火灾对策

目前，我市各地均大量兴建住宅和改造旧房。为了减少和消除住宅电气线路的安全隐患，有关单位和个人应重视电气线路设计与施工中的电气安全，严格按照有关规范和技术标准要求进行设计和施工，并为远期负荷的增长充分预留容量。特别要重点考虑以下几个方面。

2.1 住宅电气线路应满足电气安全和远期负荷发展的要求

国家标准《住宅设计规范》(GB 50096—1999)于1999年6月1日起正式施行，明确要求“电气线路应采用符合安全和防火要求的敷设方式配线，导线应采用铜线，每套住宅进户线截面不应小于10 mm^2，分支回路截面不应小于2.5 mm^2”“每套住宅的空调电源插座、电源插座与照明，应分路设计；厨房电源插座和卫生间电源插座宜设置独立回路”；“卫生间宜作局部等电位联结”等。规范要求一般两居室住宅用电负荷不能低于2.5 kW；三居室及四居室不能低于4.5 kW。但是有关资料显示，如果考虑到今后用电量的增加，现在住宅用电负荷设计应高于6～8 kW。建议用电负荷设计应达到20 kW。住宅入户导线截面为16 mm^2。空调等大功率电器最好单独走一条4 mm^2的线路。如果考虑到将来厨房及卫生间电器种类和数量的增加，厨房和卫生间的回路最好也用4 mm^2。但应注意到，这个标准依然是住宅电气设计中电气安全的最低要求。考虑到电气设计要求的安全性、功能性、舒适性和可适应发展性，住宅电气设计还应有一定的超前意识。

2.2 合理设计，严格施工

(1)保证足够的住宅内分支回路的数量。

设置足够的分支回路是避免线路负载过大的有效方法。同时，分支回路数量的增加，相当于减少回路阻抗，这对于降低住宅谐波电压，减少谐波危害也是十分有利的。此外，住宅内有足够的分支回路数量，就有条件将产生谐波的非线性负荷电器和对谐波敏感的电器做到由各分支的回路供电。这样非线性负荷谐波电流在其分支回路阻抗上产生的谐波电压降就不可能危害另一回路的敏感电器。家用电脑之类对谐波敏感的电器在今后的推广应用是必然的趋势，在设计住宅电气线路时，必须及早注意这一问题，而增加分支回路是解决问题的有效办法。按照《住宅设计规范》等有关要求及实际需要，一套普通二居室住宅的电气分支回路不应少于5路，而我国香港地区的标准为7路，美国为13路，显然，我国每户住宅的分支回路数过少。建议住宅中应设置7个以上的回路。根据使用面积，照明回路可选择两路或更多；电源插座三至四路；厨房和卫生间各走一独立回路，以保证专用设备的正常安全供电；按房间数量设置空调回路两至三路，一个空调回路最多带两台空调。

(2)在室内、外布线时，要正确选择线路路径，尽量走近路，走直路，避免曲折迂回，减少交叉跨越。同时，要根据具体环境特点选用导线的类型，通常应考虑到防湿、防潮、防热、防腐等因素，防止发生火灾事故。

(3)在安装室内、外线路时，固定件的埋设，导线的连接和敷设，都要按规定严格施工，才能保证质量，防患于未然，特别是导线穿墙，必须穿套管，否则，极易发生磨损，而造成漏电，短路造成火灾。此外，不宜在地线和零线上装设开关和保险丝，更不能将接地线接到自来水或煤气管道上。

(4)布线要符合要求。在实际生产、生活中，电气设备所处的环境不同，要求使用的导线，电缆类型也不同，安装敷设的方法也要与其相适应。导线连接要牢固，并用绝缘胶带包好，对接线桩头、端子的接线还要拧紧螺丝，防止因接线松动而造成接触不良、氧化等。家庭配线不要直接敷设在易燃的建筑材料上面，如因需要不得不在木制结构上布线时，应当使用PVC 套管。电气线路应用铜线，严禁铜铝线直接铰接，在不可回避的情况下，应先在铝线接头处电镀铜(或银)后再与铜线相接。

(5)定期检查。在线路检查工作中，要计算线路是否能够承受现有的总用电量，线路的接头是否有松动打火现象，对导线陈旧老化的要重新加固或更换，对于临时接拉的线路，用完后要及时拆除。电热设备和电热器具保持完好无损。

2.3 正确选用过流和漏电保护

选用正确的过流保护器及漏电保护器。居民家庭用的保险丝应根据用电容量的大小来选用，一般标准选用的保险丝应是电表容量的1.2～2倍，如使用容量为5 A的电表时，保险丝应介于6～10 A。选用的保险丝应是符合规定的一根，而不能将几根小容量的保险丝并用，更不能用铜丝、铁丝代替保险丝使用。漏电保护器的灵敏度要正确合理，一般启动电流应在15～30 mA范围内，保护的动作时间一般情况下不应大于0.1 s，在安装时必须保证质量，并应满足安全防火的各项要求，绝不能使用三无的假冒伪劣产品。

2.4 住宅中插座数量要配置合理，保证质量

据有关统计数据表明，在我国所有的电气火灾成因中，近70%是由于私拉乱接电线加接插座板造成的，而其根本诱因则是室内插座数量偏少或设置不合理。以二居室为例，有关资料显示，香港地区规定电气插座数不应少于19个；江苏、福建省的设计师的趋向选择也在16～18个之间；而一部分省市实际在住宅中多用10个左右，还有部分20世纪80年代的住宅甚至仅有5～8个，远远满足不了现在居民的应用需求。我国新的国家标准规定，住宅中插座数量不应少于12个，但这只是保障安全的基本要求。专家推荐，室内的墙上固定插座数量为：卧室（每间）电源插座4组，空调插座1组，客厅电源插座5组，空调插座1组，厨房电源插座5组，排气扇插座1组，洗漱间电源插座4组，走廊电源插座2组，阳台电源插座1组等，并合理设置位置（固定插座一般应直接设置在不燃的墙或柱上），墙上两插座点间的距离不得超过3.6 m。

插座不仅是一种家居装饰功能用品，更是安全用电的主要零部件，其产品质量、性能材质对于预防火灾、降低损耗都有至关重要的作用。故采购时要做到认品牌、重标识、看结构、手感好。确保经质检部门的检验，有质量的保证，有阻燃性能良好的3C标志产品。

2.5 加强电器设备的使用管理

购买家用电器时应该认真查看产品说明书中的技术参数，要清楚耗电功率是多少、家庭已有的供电能力是否满足要求，当家用配电设备不能满足家用电器容量要求时，应予更换改造，绝不能凑合使用。在使用电热器具过程中更要严加管理，对发热的电器设备要远离可燃物，如电炉，取暖炉、电熨斗和超过60 W以上的白炽灯等，都不得直接搁放在木板或可燃材料上，当有事情要离开时务必切断电源，以免电器设备长时间工作过热引发火灾。在低压线路和开关、插座、熔断器附近不要摆放油类、棉花、木屑或木材等易燃物品。在雷雨天气还应预防雷击火灾事故，对正在使用中的电器要切断电源，尽量停止使用，尤其是电视的室外天线、闭路电视线更要立即切断，以确保安全。此外，带有调光旋钮的开关面板在卧室中常有应用，但要注意，调光开关不能搭配节能灯使用，只能用于普通灯泡。

2.6 发生电器设备或电气线路火灾后应谨慎处理

火灾发生前都有一种先兆，那就是电线因过热首先会烧焦其绝缘外皮，散发出一种烧胶皮和塑料的难闻气味。当闻到这种气味时，应立即拉闸停电，直到查明原因、妥善处理后，才能合闸送电。万一发生了火灾，不管是否是由电气方面原因引起的，都要想办法迅速切断火灾范围内的电源。因为，如果火灾是电气方面引起的，切断了电源，也就切断了起火的火源；如果火灾不是电气方面引起的，大火也会烧坏电线的绝缘外皮，若不切断电源，烧坏的电线会造成碰线短路，引起更大范围的电线着火。当确实发生电气火灾后，应使用干粉灭火器、卤代烷灭火器、二氧化碳灭火器等绝缘的灭火器或

采用盖土、盖沙的方式灭火，才能保证施救安全。在无法断电的情况下千万不能用水和泡沫灭火器扑救，因为水和泡沫都能导电。

3. 结束语

安全的家居布线是家庭生活舒适的基本保证，它应满足四个方面的要求：一是保证使用者的安全；二是保证居住者所拥有的家用电器都可以正常使用；三是确保使用的方便；四是电气线路的各项配置应有一定的超前性，以保证住宅在使用寿命内，可以适应居住者不断变化的用电需求。因此，广大消费者应当特别关注“电气线路配置”等一系列的质量细节，精心设计施工，确保质量，真正做到以人为本。特别建议，无论是新房、二手房装修，一定要向房地产开发商或装修公司索要“竣工电路图”，了解家中的进户线与各分支线的规格，便于以后家居格局改变时有所参考。只要人人都重视日常消防安全，了解预防电气火灾的相关知识，杜绝违章施工、违章用电，掌握安全用电的主动权，才能使电力在经济建设和家庭生活中发挥更大的作用。

作者简介： 徐忠，男，学士，高级工程师，浙江温州消防支队；主要研究方向为建筑工程防火。
联系电话：15867796969；
电子信箱：xuzhong1969104@163.com。

三聚氰胺盐阻燃剂的实践意义与应用前景

孔永继　王　凡
（浙江省杭州市消防支队）

【摘　要】 2015年5月25日，河南省平顶山市鲁山县康乐园老年公寓发生火灾事故，造成38人死亡，事故原因之一系违规采用易燃可燃材料为芯材的彩钢板，导致火灾迅速发展以致失控。传统的卤素阻燃剂由于发烟量大、易造成二次污染，正在逐步被低毒性、低发烟性、高耐热性的新型高分子材料阻燃剂取代。本文通过阐述新型高分子材料的三聚氰胺盐的阻燃性，探究新型阻燃材料在减少火灾危险性上的实践意义与应用前景。

【关键词】 新型高分子材料；阻燃剂；火灾；三聚氰胺盐

1 前　言

1.1 阻燃剂简介

阻燃剂（flame retardant）是用以改善材料抗燃性的物质，本身不能成为不燃材料，但可以防止小火发展成灾难性的大火。大多数有机高分子材料就其本质而言，是不可能做成防火材料的，有效途径是降低其燃烧性，减缓燃烧速度。阻燃剂具有此功效。1987年，美国国家标准局采用控制变量法比较了5类典型阻燃制品试样与未经阻燃处理试样的火灾危险性，测定出以下结果：

（1）发生火灾后，阻燃产品试样较未阻燃产品试样多赢得15倍的人员撤离与抢救财产时间。

（2）燃烧时质量损失速率，阻燃产品试样为未阻燃产品试样的1/2。

（3）燃烧时放热速率，阻燃产品试样为未阻燃产品试样的1/4。

（4）燃烧时有毒气体产生量（换算成一氧化碳计），阻燃产品试样为未阻燃产品试样的1/3。

（5）燃烧时发烟量，阻燃产品试样与未阻燃产品试样接近。

大量试验结果表明，对一些易燃可燃材料（如彩钢板芯材）进行阻燃处理是非常必要的。

1.2 阻燃剂的基本要求

理想的阻燃剂需要尽可能地满足以下要求，在多种条件加权下实现最佳的平衡。

（1）阻燃效率高，单位阻燃所需的用量少。

（2）本身低毒或基本无毒，燃烧时生成的有毒气体量、发烟量尽可能少。

（3）与阻燃基材的相容性好，不易迁移和渗出。

（4）本身具有较高的热稳定性，在被阻燃基材加工温度下不分解，但分解温度不宜太高，以150～400 °C为佳。

（5）具有较好的紫外线稳定性、可见光稳定性。

（6）原材料来源充足，制造工艺简单，价格低廉。

2 传统阻燃剂分析

卤系阻燃剂作为有机阻燃剂的一个重要品种，是最早使用的一类阻燃剂。由于其价格低廉、稳定性好、添加量少、与合成树脂材料的相容性好，而且能保持阻燃剂制品原有的理化性能，是目前世界上产量和使用量最大的有机阻燃剂。

2.1 卤系阻燃剂的作用原理

常见的卤系阻燃剂有氯系阻燃剂、溴系阻燃剂。卤系阻燃剂分解产生卤化氢（HX），卤化氢消除高分子材料燃烧反应产生活性自由基，HX 与火焰中链反应活性物质 HO 作用，使上述游离基浓度降低，从而减缓或终止燃烧的链式反应，达到阻燃的目的。

$$RX \rightarrow HX\cdot$$

$$HX + HO\cdot \rightarrow X\cdot + H_2O$$

$$RH + X\cdot \rightarrow HX + R\cdot$$

其中，卤化氢（HX）为密度大于空气的气体，又难燃，不仅能稀释空气中的氧，且能覆盖于材料表面，排除空气，致使材料的燃烧速度降低或自熄。

2.2 卤系阻燃剂的缺陷

1986 年，瑞士科学家报道，溴系阻燃剂家族中具有举足轻重地位的多溴二苯醚（PBDEs，Polybrominated Diphenyl Ethers），在燃烧时生成致癌物二苯二噁英（PBDD）和二苯呋喃（PBDF），极易导致人体免疫系统和再生系统产生障碍。

另一方面，卤系阻燃剂发烟量大，缺乏抗紫外光稳定性和表面易喷霜，在对聚合物阻燃的同时，释放出来的 HX 气体具有高腐蚀性，易造成二次污染，危害环境和人类的健康。阻燃剂已经朝着无卤方向发展，氮、磷系列的膨胀性阻燃剂（IFR）已成为当前的发展方向。

3 氮磷系阻燃剂

3.1 磷（P）系阻燃剂

磷系阻燃剂具有低烟、无毒、低卤、无卤等优点，符合阻燃剂的发展方向，具有很好的发展前景。有机磷系阻燃剂包括磷酸酯、亚磷酸酯、有机磷盐等，还有磷杂环化合物及聚合物磷（膦）酸酯等，应用最广的是磷酸酯和膦酸酯。

3.1.1 磷系列阻燃机理

磷添加剂的作用机理是阻燃剂受热时能产生结构更趋稳定的交联状固体物质或炭化层。碳化层的形成一方面能阻止聚合物进一步热解,另一方面能阻止其内部的热分解产生物进入气相参与燃烧过程，机理如下：

（1）形成磷酸酯作为脱水剂，并促进成炭，炭的生成降低了从火焰到凝聚相的热传导。

（2）磷酸可吸热，因为它阻止了 CO 氧化为 CO_2，降低了加热过程。

（3）凝聚相形成一层薄薄的玻璃状的或液态的保护层，降低了氧气扩散和气相与固相之间的热量和质量传递，抑制了炭氧化过程。

含磷阻燃剂受热分解发生如下变化：

磷系阻燃剂→偏磷酸→磷酸→聚偏磷酸

聚偏磷酸是不易挥发的稳定化合物，具有强脱水性，在聚合物表面与空气隔绝。脱出的水汽吸收大量的热，使聚合物表面阻燃剂受热分解释放出挥发性磷化物，这些物质主要有红磷、聚磷酸胺、磷胺、磷酸三甲苯酯等大部分含磷化合物，可以使点燃温度升高。

3.2　氮（N）系阻燃剂

氮系阻燃剂受热时发生分解反应，具有吸热、降温和稀释等作用，含氮阻燃剂主要是蜜胺及其衍生物和相关的杂环化合物，主要有三聚氰胺、三聚氰胺磷酸盐等，因为它的化学性质与尼龙相似，所以它比含卤阻燃剂和红磷更优越。

3.2.1　氮系列阻燃机理

氮系阻燃剂受热分解后，易放出氨气、氮气、深度氮氧化物、水蒸气等不燃性气体，不燃性气体的生成和阻燃剂分解吸热（包括一部分阻燃剂的升华吸热）带走大部分热量，极大地降低聚合物的表面温度。不燃气体如氮气，不仅起到了稀释空气中的氧气和高聚物受热分解产生可燃性气体的浓度的作用，还能与空气中的氧气反应生成氮气、水及深度的氧化物，在消耗材料表面氧气的同时，达到良好的阻燃效果。

3.2.2　常见氮系列阻燃剂

氮系列阻燃剂主要包括3大类：三聚氰胺、双氰胺、胍盐（碳酸胍、磷酸胍、缩合磷酸胍和氨基磺酸胍）及它们的衍生物，特别是磷酸盐类衍生物。

4　三聚氰胺（Melamine）系列

三聚氰胺的结构式如图1所示，集膨胀性阻燃剂的酸源、气源于一体，以磷和氮为有效的阻燃成分，高聚物燃烧时表面生成炭质泡沫层，该层隔热、隔氧、抑烟，并能防止产生熔滴，具有很好的膨胀阻燃性能。三聚氰胺常用于制造膨胀型防火涂料中的发泡成分，其发泡效果好，成炭致密。

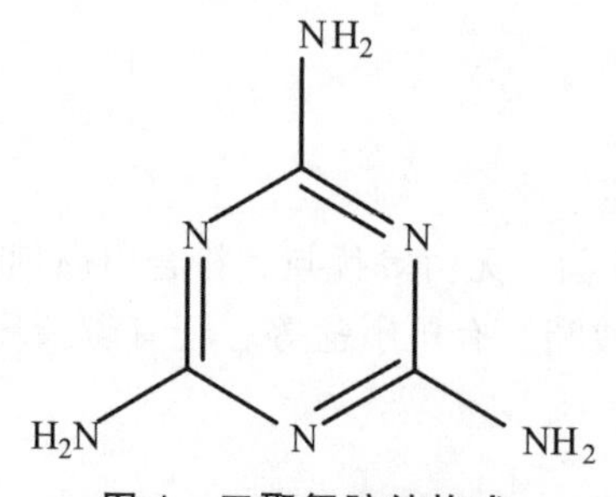

图1　三聚氰胺结构式

三聚氰胺通常由尿素进行深加工加热制得。其本身不可燃，加热易升华，加剧热则分解。单位造价低廉，没有腐蚀性，对皮肤和眼睛无刺激，也非致癌物。在相当一些塑料、涂料体系中具有阻燃的功能，并且特别适合于作为膨胀性阻燃材料，用于阻燃聚氨酯。

4.1　三聚氰胺盐

三聚氰胺除单独作阻燃剂外，常用的阻燃品种是与酸反应产生的衍生盐，常见的有三聚氰胺磷酸盐（MP）、三聚氰胺尿酸盐（MCA）、焦磷酸三聚氰胺（MPY）、季戊四醇双磷酸三聚氰胺（MPP）等。

4.2 磷酸三聚氰胺（MP）

三聚氰胺磷酸盐（MP）在遇火条件下，热降解和缩聚逐步进行，同时释放出吸热量高、难燃的气体物质，阶段性产生缩聚残留物，最终产生对阻燃防火有利的具有磷氮协同作业的高热稳定性的$(PNO)_x$，这些热行为对膨胀的均匀性、致密膨胀炭层的产生及保障炭骨架不被快速氧化破坏而保持完整性非常有益，赋予体系良好的阻燃防火性能。三聚氰胺磷酸盐（MP）的热降解是一个逐步脱水、脱氨和缩合的过程：

（1）磷酸三聚氰胺（250 ~ 300 °C）→脱水—H_2O

（2）焦磷酸三聚氰胺（300 ~ 330 °C）→脱水—H_2O

（3）聚磷酸三聚氰胺（330 ~ 410 °C）→脱水—H_2O，脱氨—NH_3

（4）未确定的三聚氰胺-磷酸-超磷酸结构物质（650 ~ 940 °C）→挥发性物质

（5）三聚氰胺结构消失（940 ~ 970 °C）→可能形成 PN 结构产物

根据实验数据，磷酸三聚氰胺在 270 °C 附近有一明显的吸热峰，此时应为其脱水生成焦磷酸三聚氰胺的过程。随着温度的升高，磷酸三聚氰胺在 340 ~ 410 °C 有一较大的吸热峰，且在此范围内质量变化最快，为其逐步脱水、脱氨的过程。温度>650 °C 时，质量不再变化，最终形成结构为$(PNO)_x$的热稳定性物质。生成的$(PNO)_x$很好地应用了磷氮协同效应，对整个膨胀体系的膨胀和成炭协调很好，还会增加膨胀炭层的形成量。

4.3 氰尿酸三聚氰胺（MCA）

根据以往的实验得到的热失重曲线如图 2 所示，氰尿酸三聚氰胺在 300 °C 以下受热非常稳定，350 °C 开始升华，440 ~ 450 °C 开始分解。脱水成炭，燃烧时放出氨气，冲淡了氧和高聚物分解产生的可燃性气体的浓度，而且气体的生成和对流带走了一部分热量，因而具有阻燃功能。

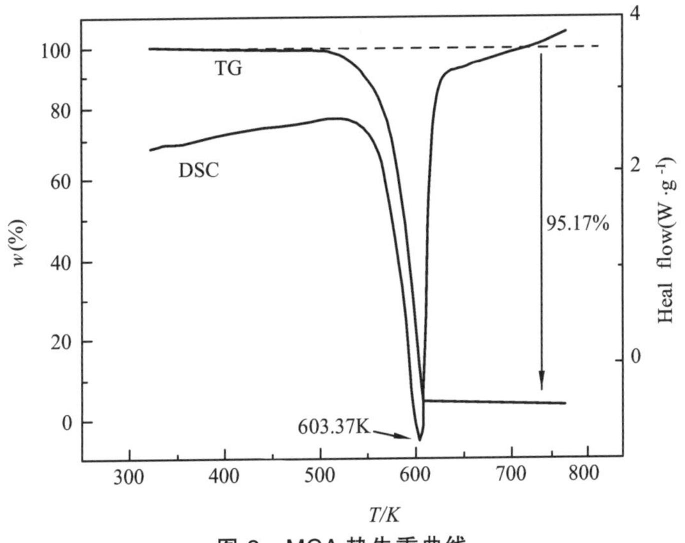

图 2 MCA 热失重曲线

工业上应用 MCA 作为升华性物质与烧结性物质如氧化铝、碳化硅等以及黏合剂混合后所形成的烧结性物质经烧结可作为液体或气体的过滤器，煤炉或电炉的烧结材料等。由于 MCA 无毒，有优良的自润滑作用，本身为白色微粒，与皮肤的亲和性好，是优良的化妆品添加剂。在印染行业，MCA 可以作匀染剂、固色剂、增白剂及柔软剂。在电镀行业，加入 MCA 后提高了尼龙与金属镀层的黏合力，使金属镀层在塑料上的电镀效果更好。在电镀钢板时，向电镀液中加入 MCA，电镀后的钢板耐腐蚀性及切割性都有所改善。

5 结 论

三聚氰胺系列膨胀型阻燃产品有的在国外已应用和使用多年，并且已取得较大规模发展，我国发展这一阻燃剂的优势在于：

（1）阻燃剂市场广大。产业行业要求实行阻燃化的呼声日高，且中国合成材料的产量将稳步增长，所以预期阻燃剂的需求量也将不断增加。

（2）原料来源丰富。P、N 系列膨胀型阻燃剂的起始原料多为 H_3PO_4、PCI_3、$POCI_3$、双氰胺，三聚氰胺等。我国磷矿藏资源丰富。含 P 类起始原料价廉易得，而双氰胺及三聚氰胺多为尿素的深加工产品，在我国已加工和使用多年，产品来源亦较为丰富。

参考文献

[1] International Organization for Standardization. International Standard ISO 4880/2. Burning Behavior of Textiles and Textile ProductS--Vocabulary：Part 2[S]. 1983.

[2] 欧育湘. 实用阻燃技术[M]. 北京：化学工业出版社，2002.

[3] 李响，钱立军，孙志刚，周政懋. 阻燃剂的发展及其在阻燃塑料中的应用[J]. 塑料，2003，2（22）.

[4] Cao, X Z, Zhang, W H, Do, X G. Inorganic Chemistry[M]. Beijing:Higher Education Press, 1983: 163.

[5] 曹锡章，张腕蕙，杜尧国. 无机化学[M]. 北京：高等教育出版社，1983: 163.

[6] 肖利鹏，等. 三聚氰胺磷酸类盐在膨胀型阻燃体系中的应用[J]. 消防技术与产品信息，1999（12）.

[7] 张泽江，梅秀娟，等. 三聚氰胺焦磷酸盐阻燃剂的合成与性能表征[J]. 化学研究与应用，2003（10）.

[8] LIU Peng, et al. Enthalpy of Formation, Heat Capacity and Entropy of Melamine[J]. Acta Phys, 2009, 25（12）.

关于《消防给水及消火栓系统技术规范》若干条文的理解

王　军
（天津消防总队）

【摘　要】 新《消防给水及消火栓系统技术规范》（以下简称《消规》）的实施，较之以往防火规范有较多调整，各地对于条文的应用还处于熟悉、消化、理解阶段。规范涉及工程设计、施工、验收、维护管理等方方面面，加强对新规范的理解，才能做好对新规范的执行工作。

【关键词】 《消规》；建筑消防；消火栓系统

《消防给水及消火栓系统技术规范》已于 2014 年 10 月 1 日起实施。对于消防给水系统的设计、施工、运行、维护来说，这是一本十分重要的规范，较多内容相较于以前分布于各专业规范中的条文有较大改动。

1　稳压泵的设置

《消规》第 5.2.2 条规定：高位消防水箱的设置位置应高于其所服务的水灭火设施，且最低有效水位应满足水灭火设施最不利点处的静水压力。当高位消防水箱不能满足静压要求时，应设稳压泵。而第 5.3.2 ~ 5.3.3 条则规定了稳压泵的设计流量、设计压力设置要求。

稳压泵本身就是在高位水箱不能满足系统最不利点压力要求时而设的，其本身流量小，它的流量只满足系统泄漏量和压力开关自动启动流量所需的流量。它是当系统因泄漏造成压力不足时向系统内补水、补压。加上有流量调节和保压作用的气压罐相配合，因此流量较小，避免了频繁启动消防水泵来补压，因此它能对系统起到保压的作用。

1.1　稳压泵的设计流量

稳压泵的设计流量不应小于消防给水系统管网的正常泄漏量和系统自动启动流量；而管网的正常泄漏量数据较难掌握，因此，规范提出稳压泵的设计流量宜按消防给水设计流量的 1% ~ 3%计，且不宜小于 1 L/s。

高层建筑室内消火栓、喷淋系统的设计流量为 30 ~ 40 L/s，按设计流量的 1% ~ 3%考虑，为 0.3 ~ 1.2 L/s。报警阀产品的最小开启流量为 1 L/s，因此自喷系统稳压泵流量应不小于 1 L/s。对于消火栓系统，稳压泵流量不宜小于 1 L/s，则稳压泵的设计流量可取 1 L/s，气压罐有效容积取 150 L 符合规范要求。

1.2　稳压泵的设计压力

稳压泵的设计压力应保持系统自动启泵压力设置点处的压力在准工作状态时大于系统设置自动启泵压力值，且增加值宜为 0.07 ~ 0.10 MPa；应保持系统最不利点处水灭火设施在准工作状态时的静水压力应大于 0.15 MPa。

按稳压泵设在屋顶考虑：

（1）屋顶稳压泵启泵的最低压力：

$$P_1 > (15 - h_1 + h_2)$$

式中　h_1——消防水箱最低水位与最不利点消火栓的静高差（m）；

h_2——消防水箱最低水位与气压罐电接点压力表的静高差（m）；

简化计算，稳压系统最低压力 P_1 也可取 0.15 MPa。

（2）稳压泵停泵压力 P_{S2}。

稳压泵停泵压力 P_{S2} 与稳压泵启泵压力 P_{S1} 之间的差值为稳压罐的调节容积，按 150 L 调节容积复核，$P_{S1} = 0.26$ MPa。

（3）消火栓泵出口压力开关启主泵压力：

$$P_2 = P_1 + h_3 - （0.07 \sim 0.10）$$

式中　h_3——气压罐电接点压力表与消火栓泵压力开关的静高差（m）。

简化计算，折算到屋顶的启主泵压力 P_2 可取 0.08 MPa。

2　消防水池最低水位

对于消防水池最低水位的理解或许有许多不同的看法，经过收集整理资料，以往对最低水位的理解有 3 种：淹没消防泵的放气孔的水位，淹没泵轴的水位，喇叭口以上 600 mm 的水位。

第一种情况出自消防水泵图集 04204，大多数人认为自灌式吸水的最低水位就是淹没放气孔的水位，其实淹没放气孔的水位是水泵首次启动时要求的最低水位，只要大于这个水位就可以启动，低于这个水位就不能启动（这是首次启动的条件），启动后水位低于放气孔也是可以继续吸水的。

第二种情况出自原《高层建筑混凝土结构技术规程》7.5.4 的条文解释“由于近年来自灌式吸水种类增多，而消防水泵又很少使用，因此规范推荐消防水池或消防水箱的工作水位高于消防水泵轴线标高的自灌式吸水方式”。

第三种情况出自技术措施，“消防水池（箱）的有效水深是设计最高水位至消防水池（箱）最低有效水位之间的距离。消防水池（箱）最低有效水位是消防水泵吸水喇叭口或出水管喇叭口以上 0.6 m 水位”。能否满足自灌式吸水这个条件，关键在于吸水管中是否处于充水状态，由于初期水位是很高的，那么水泵吸水管里面是满水的，已经满足自灌式吸水的条件了。

而《消规》5.1.13 条明确规定，消防水泵吸水口的淹没深度应满足消防水泵在最低水位运行安全的要求，吸水管喇叭口在消防水池最低有效水位下的淹没深度应根据吸水管喇叭口的水流速度和水力条件确定，但不应小于 600 mm，当采用旋流防止器时，淹没深度不应小于 200 mm。综合考虑，以喇叭口以上 600 mm 或旋流防止器以上 200 mm 来确定最低水位最为经济可行。

3　消防水箱有效水位

《消规》5.2.6 条规定：高位消防水箱进水管应在溢流水位以上接入，进水管口的最低点高出溢流边缘的高度应等于进水管管径，但最小不应小于 100 mm，最大不应大于 150 mm；而《建筑给水排水设计规范》对于消防补水有防污染措施要求，其 3.2.4C 条规定：从生活饮用水管网向消防、中水和雨水回用等其他用水的贮水池（箱）补水时，其进水管口最低点高出溢流边缘的空气间隙不应小于 150 mm。

当进水管从消防水箱顶部接入时，消防水箱溢流水位应低于消防水箱顶 150 mm，最高水位比溢流水位低 50 mm，则最高水位可按距离箱顶 200 mm 计算。

对于消防水箱最低水位，《消规》5.2.6 条规定，当采用出水管喇叭口时，淹没深度不应小于 600 mm；当采用防止旋流器时应根据产品确定，且不应小于 150 mm 的保护高度。

最小淹没深度是为了防止液面下降到水池底部时水泵吸入空气，保证最大限度利用水箱内的存水。而稳压泵的作用为平时的渗漏补充水，此时消防水箱水位较高，不存在吸入空气、影响吸水效率等问题，因此稳压泵的吸水管可以不设。

水箱重力出水管若采用出水喇叭口，会造成底部约 700 mm 的水深无法充分利用；若采用侧出水+旋流防止器，则出水管中心线以下与旋流防止器以上 150 mm 之间的水位依旧无法利用，依然存在大量的死水区。因此，建议重力出水管设在水箱底部，并设置旋流防止器（类似雨水斗做法），此时，旋流防止器本身高度约为 100 mm，保护高度为 150 mm，则最低水位距离箱底约为 250 mm。

因此，水箱有效水深为

$$h = H - 0.25 - 0.20$$

式中 h——有效水深（m）；

H——水箱净高度（m）。

4 结 语

消防给水及消火栓系统伴随着工程建设的大规模开展一直在不断发展，也使该系统设计的经济性、合理性、可靠性显得越来越重要。进一步理解、掌握新《消规》，有利于正确设计消防给水及消火栓系统，保障施工质量，规范验收和维护管理，减少火灾危害。使消防给水及消火栓系统对经济、社会发展保驾护航起到应有的作用。

作者简介：王军（1972—），硕士研究生，天津消防总队滨海支队高级工程师；主要从事建筑防火审核工作。

通信地址：滨海新区中新天津生态城和顺路 2368 号，邮政编码：300450；

联系电话：13902009635。

基于层次分析法的古村寨消防安全评估

宁湘钢[1] 张奇志[1] 钟建军[2] 刘顶立[3]
（1. 湖南省邵阳市公安消防支队；2. 湖南省株洲市公安消防支队；
3. 湖南省长沙市中南大学防灾科学与安全技术研究所）

【摘　要】 基于层次分析法，建立了古村寨的消防安全评估指标体系，邀请10位消防专业人员对各指标之间的重要程度进行评定，并对评定结果进行统计分析，最后得出了每个指标的权重值，其中“区域消防安全管理”的权重值最大。本文结合上堡古村寨进行消防安全评估，并对照评估指标以及评估出现的问题给出了相应的解决措施，从而对其他古村寨的消防安全有一定的参考价值。
【关键词】 古村寨；层次分析法；权重；消防安全评估

1 引 言

近年来我国古村寨火灾安全事故频发，其中2007年三江县独峒乡干冲村干冲屯发生火灾，直接财产损失达312.5万元；2009年独峒乡林略村林略屯发生火灾造成5人死亡，千余人受灾；2014年1月11日凌晨，独克宗古城发生火灾，大火持续约9小时，烧损、拆除房屋面积近6万m^2，经济损失达上亿元；2014年12月12日下午，贵州剑河久吉苗寨发生火灾，共造成176户619人受灾。为了增强古村寨的火灾防控能力，我国公安部消防局专门下达了相关文件指导意见书[1, 2]，对古村寨的消防安全评估、消防规划、消防安全布局、建筑防火、公共消防设施及设备、火灾危险源控制等方面提出了技术指导意见。但目前针对古村寨的消防安全评估仅局限于简单的问题分析，而利用安全系统工程的方法对其进行理论研究还较少。

层次分析法（Analytic Hierarchy Process，AHP）是一种定性和定量相结合的多目标决策方法[3]，被广泛应用于煤矿安全研究[4]、危险化学品评价[5]、油库安全评价[6]、城市灾害应急能力[7]以及交通安全评价[8]等方面。本文以邵阳市绥宁县上堡古村寨为例，运用层次分析法对其进行消防安全评估，并对其存在的消防安全问题给出相应的解决措施。

2 消防安全评估方法

2.1 消防安全风险分级

为了便于对古村寨的消防安全情况进行评级，本文根据消防安全的严重情况进行分级以及量化处理，如表1所示。

表 1　风险分级及量化

风险等级	名　称	量化范围
Ⅰ	低风险	[85，100]
Ⅱ	中风险	[65，85)
Ⅲ	高风险	[35，65)
Ⅳ	极高风险	[0，35)

2.2　评估指标项的确定

本文把古村寨的消防安全评估分解成六大类评估指标，其中每个指标又分解为几个不同的子指标，如表 2 所示。

表 2　评估指标及权重

	评估指标	子指标	子指标权重	指标权重
消防安全评估	区域消防安全管理（A_1）	消防安全管理制度（A_{11}）	0.176 5	0.379 9
		制度落实情况（A_{12}）	0.123 6	
		人员消防安全培训（A_{13}）	0.079 8	
	区域消防安全布局（A_2）	建筑防火间距（A_{21}）	0.062 5	0.172 9
		建筑密集区消防安全措施（A_{22}）	0.073 1	
		易燃易爆场所（A_{23}）	0.037 3	
	区域建筑防火设计（A_3）	建筑材料（A_{31}）	0.056 2	0.132 0
		人员疏散（A_{32}）	0.035 7	
		公共聚集场所消防设计（A_{33}）	0.040 1	
	区域消防设施设备（A_4）	消防站、点（A_{41}）	0.042 5	0.113 1
		消防水源（A_{42}）	0.035 7	
		消防设施和室外消火栓（A_{44}）	0.034 9	
	区域火灾危险源控制（A_5）	明火控制（A_{51}）	0.035 6	0.112 2
		可燃物控制（A_{52}）	0.036 1	
		用电可靠性（A_{53}）	0.040 5	
	区域外部消防救援力量（A_6）	消防站的距离和数量（A_{61}）	0.059 9	0.089 9
		消防车道通畅程度（A_{62}）	0.030 0	

2.3　评估指标权重的确定方法

评估指标项权重的确定需要建立一个判断矩阵，用矩阵 $\boldsymbol{A}$ 来表示（具体如图 1 所示）。

$\boldsymbol{A}$	A_1	A_2	A_3	A_4	A_5	A_6
A_1	A_{11}	A_{12}	A_{13}	A_{14}	A_{15}	A_{16}
A_2	A_{21}	A_{22}	A_{23}	A_{24}	A_{25}	A_{26}
A_3	A_{31}	A_{32}	A_{33}	A_{34}	A_{35}	A_{36}
A_4	A_{41}	A_{42}	A_{43}	A_{44}	A_{45}	A_{46}
A_5	A_{51}	A_{52}	A_{53}	A_{54}	A_{55}	A_{56}
A_6	A_{61}	A_{62}	A_{63}	A_{64}	A_{65}	A_{66}

图 1　判断矩阵 A

其中，A_{ij} 表示 A_i 和 A_j 的相对重要性比值，由邀请的 10 位具有消防安全专业知识人员进行重要程度的评定，为了减少不同人员对于重要程度的评判标准，本文根据 10 位专业人员的意见，给出了下列重要程度的判断标准，如表 3 所示。

表 3　重要程度判断标准

A_i、A_j 相对重要程度	极重要	很重要	重要	略重要	同等重要	略不重要	不重要	很不重要	极不重要
相对重要程度比值	[5，4)	[4:3)	[3:2)	[2:1)	1	[1/2，1)	[1/3，1/2)	[1/4，1/3)	[1/5，1/4)

权重的计算方法有两种：几何平均法（根法）和规范列平均法（和法）。本文采用根法进行权重计算。假设判断矩阵为 n 阶矩阵，A_i 指标的权重计算如下：

$$\omega_i = \frac{\sqrt[n]{\prod_{j=1}^{n} A_{ij}}}{\sum_{i=1}^{n}\sqrt[n]{\prod_{j=1}^{n} A_{ij}}} \tag{1}$$

最后对其进行一致性检验，计算一致性指标如下：

$$CI = \frac{\lambda_{\max} - n}{n-1} \tag{2}$$

计算相对一致性指标如下：

$$CR = CI / RI \tag{3}$$

其中 $\lambda_{\max}$ 为判断矩阵 $\boldsymbol{A}$ 的最大特征值，RI 为平均随机一致性指标，常见取值如表 4 所示。一致性检验需要满足 $CR \leqslant 0.1$。

表 4　平均随机一致性指标

矩阵阶数 n	1	2	3	4	5	6	7	8	9
RI	0	0	0.58	0.9	1.12	1.24	1.32	1.41	1.45

子指标的权重确定参照上面的方法，对10位具有消防安全专业知识人员给出的相对重要程度比值采样如表5所示。平均值在去掉一个最大值和一个最小值后求得，如果存在多个最大（小）值，只去除其中一个。

表5 相对重要程度比值

样本编号	1	2	3	4	5	6	7	8	9	10	均值
A_1/A_2	2	2	3	2	3	1	2	2	3	2	2.25
A_1/A_3	3	4	2	3	1	2	3	4	3	3	2.875
A_1/A_4	3	4	3	3	4	3	2	3	4	4	3.375
A_1/A_5	3	4	4	2	3	3	4	3	4	3	3.375
A_1/A_6	4	3	4	5	4	5	3	4	5	4	4.125
A_2/A_3	1.5	2	0.7	1.5	0.3	2	1.5	2	1	1.5	1.462 5
A_2/A_4	1.5	2	1	1.5	1.3	3	1	1.5	1.3	2	1.512 5
A_2/A_5	1.5	2	1.3	1	1	3	2	1.5	1.3	1.5	1.512 5
A_2/A_6	2	1.5	1.3	2.5	1.3	5	1.5	2	1.7	2	1.812 5
A_3/A_4	1	1	1.5	1	4	1.5	0.7	0.75	1.3	1.3	1.168 8
A_3/A_5	1	1	2	0.7	3	1.5	1.3	0.75	1.3	1	1.231 3
A_3/A_6	1.3	0.75	2	1.7	4	2.5	1	1	1.7	1.3	1.562 5
A_4/A_5	1	1	1.3	0.7	0.75	1	2	1	1	0.75	0.975
A_4/A_6	1.3	0.75	1.3	1.7	1	1.7	1.5	1.3	1.25	1	1.293 8
A_5/A_6	1.3	0.75	1	2.5	1.3	1.7	0.75	1.3	1.25	1.3	1.237 5

通过公式（1）计算得出各个指标的权重如表2所示，指标对应的子指标权重也由此方法确定。此外，指标一致性检验 $CR = 0.000\ 68$，满足一致性检验。

3 消防安全评估案例

本文以邵阳市绥宁县上堡古村寨为例，按照上述方法对该古村寨进行消防安全评估。

3.1 消防安全评估

通过对上堡古村寨的所有建筑的结构形式、消防设施设备配备情况、居民消防安全知识掌握情况以及周围环境进行实地考察，指标项以火灾发生可能性的影响程度以及发生火灾时各指标对于灭火能力可靠性作为其评分的依据，现场调取3名专业人员进行评估，并取其平均值。

消防安全评估各项指标的综合评分如表6所示。

表6 各项指标综合评分

	评估指标	子指标	子指标权重	分值	综合评分
消防安全评估	A_1	A_{11}	0.176 5	46.6	8.224 9
		A_{12}	0.123 6	59.8	7.391 3
		A_{13}	0.079 8	58.7	4.684 3
	A_2	A_{21}	0.062 5	43.3	2.706 2
		A_{22}	0.073 1	51.6	3.772 0
		A_{23}	0.037 3	58.5	2.182 0
	A_3	A_{31}	0.056 2	26.2	1.472 4
		A_{32}	0.035 7	68.2	2.434 7
		A_{33}	0.040 1	56.3	2.257 6
	A_4	A_{41}	0.042 5	71.2	3.026 0
		A_{42}	0.035 7	85.4	3.048 8
		A_{44}	0.034 9	46.3	1.615 9
	A_5	A_{51}	0.035 6	52.4	1.865 4
		A_{52}	0.036 1	42.7	1.541 5
		A_{53}	0.040 5	45.6	1.846 8
	A_6	A_{61}	0.059 9	31.2	1.868 9
		A_{62}	0.030 0	36.0	1.080 0

综合权重计算，得出上堡古村寨的综合评分为 51.018 7。根据表 1 中的风险评定等级，确定其风险等级为Ⅲ级，属于高风险。

3.2 消防安全建议

由上面的评定结果可以看出，上堡古村寨的消防安全问题比较严重，针对评定结果提出如下建议：

（1）建立完善的消防安全管理制度，定期开展消防安全知识宣传教育培训；建立义务（志愿）消防队，并定期开展消防应急疏散演练[9]。

（2）对建筑防火间距不足的建筑，采用阻燃木材作为相邻建筑物的隔火墙，对木质结构的建筑涂刷透明型防火涂料；易燃场所尽量远离居住区，并处于可控状态。

（3）加强人员密集场所的日常消防安全管理，加强火灾危险源的管理，注意用火用电安全。

（4）建立至少两个消防点，并配备齐全的消防设施设备并加强对消防设施设备的日常管理；配备相应的消防器材，建立完善室外消火栓系统；拓宽或新修消防车道，增加外部救援力量的可靠性[10]。

4 总 结

由统计分析计算得出的权重值可以看出，区域消防安全管理是消防安全评估中最重要的一个部分，其权重值为 0.379 9，所以加强古村寨消防安全管理，制定完善的消防安全制度和严格落实，并加强消防安全宣传教育是增加消防安全最重要的环节。

本文以上堡古村寨为例，基于层次分析法的手段对其进行消防安全评估，从评估结果可以看出，运用层次分析法能够客观描述古村寨存在的消防安全问题。此外，本文还提出了完善消防安全管理、合理规划古村寨的消防安全布局、提高建筑的消防安全设计、建立可靠消防设施设备、确保外部救援力量的可靠性等方面的消防措施及建议，这些措施和建议对其他古村寨的消防评估以及指导具有一定的参考价值。

参考文献

[1] 中华人民共和国公安部消防局. 关于加强历史文化名城名镇名村及文物建筑消防安全工作的指导意见[Z]. 2014.

[2] 中华人民共和国公安部消防局. 关于印发《古城镇和村寨火灾防控技术指导意见》的通知[Z]. 2014.

[3] 郭金玉，张忠彬，孙庆云. 层次分析法的研究与应用[J]. 中国安全科学学报，2008，18(5):148-153.

[4] 刘亚静，毛善君，姚纪明，等. 基于层次分析法的煤矿安全综合评价[J]. 矿业研究与开发，2007，27（2）:82-84.

[5] 胡海军，程光旭，禹盛林，等. 一种基于层次分析法的危险化学品源安全评价综合模型[J]. 安全与环境学报，2007，7（3）:141-144.

[6] 苏欣，袁宗明，王维，等. 层次分析法在油库安全评价中的应用[J]. 天然气与石油，2006，24（1）:1-4.

[7] 铁永波，唐川，周春花. 层次分析法在城市灾害应急能力评价中的应用[J]. 地质灾害与环境保护，2005，16（4）:433-437.

[8] 吴义虎，刘文军，肖旗梅. 高速公路交通安全评价的层次分析法[J]. 长沙理工大学学报：自然科学版，2006，3（2）:7-11.

[9] 宁湘钢. 加强农村消防工作的实践与思考[C]. 2011 中国消防协会科学技术年会论文集/中国消防协会编. 北京：中国科学技术出版社，2011：480-482.

[10] 陈建，李建华. 基于 SAQ + B 消防模拟训练系统评估方法设计[J]. 武警学院学报，2008，24（2）:33-35.

作者简介：宁湘钢（1979—），男，汉族，湖南望城人，湖南省邵阳市公安消防支队防火监督处处长，安全工程硕士、高级工程师。

通信地址：湖南省邵阳市大祥区雨溪镇邵阳市公安消防支队；

联系电话：13317350000；

电子信箱：345661890@qq.com。

木质仿古建筑防火要求的探讨

夏 杨

（广西壮族自治区公安消防总队）

【摘 要】 本文阐述了仿古建筑的概念和木质仿古建筑的火灾危险性，对其消防设计的建筑总平面、安全疏散、固定消防设施等方面主要的消防设防对策进行研究分析，提出了消防加强措施，以提高木质仿古建筑抗御火灾的能力。

【关键词】 木质；仿古建筑；防火

1 前 言

仿古建筑是指专门从事古代建筑、传统宗教寺观、传统造景、历史建筑保护利用与开发、文物建筑保护、研究及历史文化名城（历史文化保护区）、古村落群保护规划设计与施工，修旧如旧，还原历史风貌概况的建筑。这些建筑多数建在有一定历史的地段，与当地文化相融合，形成了有别于其他城市的一道风景。

在我国很多历史文化名城的古城区、名胜古迹周边，都建设了与之匹配的仿古建筑群。有的仿古建筑还依附在古建筑的周边，对原有古建筑起到补充与衬托的作用。我国古建筑的主要建筑材料为木材、砖瓦，因此，此类仿古建筑也多是利用传统建筑材料以古建筑形式进行符合传统文化特征的再创造。

2 木质仿古建筑的火灾危险性

仿古建筑体现了传统建筑风格，弘扬了民族文化，丰富了人们的物质生活与精神生活。木质结构建筑本身耐火等级就低，而不少木质仿古建筑距离现在也有几十年或更长的时间，由于当时技术水平的限制，在修建时并没有太多的防火保护措施。比较典型的是平面布局不合理，缺少防火分隔，建筑内部楼梯数量不足、宽度狭小、陡度大，许多街巷狭窄，消防车无法到达。因其不属于古建筑，对大多数的木质仿古建筑的消防措施的设置、消防管理通常不会像古建筑那样严格。但有的会与古建筑以群体呈现、互为依承。因此，一旦发生火灾，如果灭火救援不及时，当仿古建筑的屋面板和外墙的木质材料一起参加燃烧，就会不断有燃烧着的木块和木屑飞向四周，引燃相邻的建筑，火势将会难以控制，造成大面积的火灾蔓延，也会殃及相邻的古建筑。

例如，2014 年 1 月 11 日凌晨，云南省迪庆藏族自治州香格里拉县茶马古道千年重镇独克宗古城某木质仿古客栈发生火灾。火灾发生后，虽然当地武警、消防等立即赶赴现场参与救援，但是由于天干物燥，风力较大，火情迅速向四周蔓延。这场火灾使古城历史风貌被严重破坏，部分文物建筑不同程度受损。

3 木质仿古建筑的防火设计

传统建筑设计的内容包括：修缮、复建和仿古新建。对于新建的木质仿古建筑，通常可按照《建筑设计防火规范》（GB 50016—2014）的技术要求，通过合理的消防设计来预防火灾的发生和控制火势的蔓延。但对于在历史街区等类似的已有一定规模和影响力的建筑群中修缮、复建仿古建筑，还应加强如下内容的消防设计。

3.1 建筑的总平面

由于这类建筑受地形和建筑形式的限制，在防火设计时，消防车道和防火间距是设计的难点。原则上还是应在不破坏原布局的情况下，拆除乱搭乱建的建筑，尽可能开辟消防通道，使消防车能到达或靠近建筑群中的重要的古建筑。对确实无法解决的防火间距，可根据具体情况设置防火墙，实行防火分隔。

3.2 安全疏散

安全疏散设计是木质仿古建筑防火设计中最根本、最关键的内容。重点是安全出口和疏散走道的数量、位置、宽度和耐火性能。目标是保障建筑内的人员在火灾发展到危险状态前撤离建筑。

3.3 消防水源、消防水设施

在仿古建筑的保护范围内必须设置消防给水设施，保证消防用水需要。在城市有消防管道的地区，要参照有关规定的要求设置消火栓。在水量、水压不能满足消防要求的地区，应修建消防水池和消防泵房。

3.4 火灾自动报警系统

仿古建筑由于其建筑风格要符合古代建筑，故不希望在较明显的部位设计过多的明显设备，可选用红外光束型感烟探测器和图像探测器。

4 仿古建筑的消防加强措施

当既有的木质仿古建筑物的耐火等级较低，消防设计的某些部分无法符合现行消防技术规范的要求时，应通过增加消防设施等来加强措施，以技防、人防来保障建筑的消防安全性能达到一定的目标。

4.1 技防加强措施

室外消火栓和临时加压系统，必须确保完整可靠好用，可适度提高消防设计标准。消火栓应用统一的方式标志出来，并且采用反光标志使其在路上看起来明显。对设置在较隐蔽部位的消火栓，为了发生火灾时容易找到，应该设置火灾报警后自动亮起的隐蔽灯光来指示消火栓的位置。

建筑内不符合要求的电气线路，应严格按照电气安全技术规程要求做出改造规划。消防设施电气线路的敷设应采取穿金属管等防火保护措施，管线及框架等金属结构应做防雷、接地等电位连接。低压配电线路应设置电气火灾监控系统，重要用电设备的电源接入处宜设置限流式断电保护装置。

在有人居住的木质仿古建筑中，建议安装 CO 检测装置。因为在空气不充足的燃烧条件下，CO 探测器可探测到木材不完全燃烧产生的 CO，避免居住者和灭火救援人员中毒。

4.2 人防加强措施

木质仿古建筑必须立足于自防自救，快速响应，快速扑救，灭火于初起阶段。对于单体建筑，发生火灾后极短时间内就会丧失扑救可能和扑救价值，几乎肯定是燃烧毁损殆尽。因此，在仿古建筑的保护范围内不得存放易燃、易爆物品，不得增设易燃隔墙和搭建易燃建筑。严禁在仿古建筑的主要殿堂内生产、生活用火。

仿古建筑管理单位应安排专人对仿古建筑 24 h 值守、巡查，设置视频火灾监控。建立义务消防队，购置微型消防车和水喷雾摩托车，配备适合该建筑的各类灭火器材，等等，均是有效的快速反应和扑救措施。

5 结 论

建筑是凝固的艺术，任何建筑形式都具有文化性，间接地表现出它所隐含的文化意蕴和历史背景。仿古建筑是对传统建筑具象或抽象的模仿，它再现的是传统建筑的文化风貌。随着科技水平的发展，将新型不燃、难燃建筑材料运用到木质仿古建筑的楼板和楼梯设计中，尽可能地提高其耐火时间，也应是仿古建筑防火设计的一个方向。

在当前国家经济发展日益强大和人民文化日益增长需求的背景下，出现了不少迁建、改建和新建的仿古建筑，但我国仿古建筑相关消防技术研究无论从广度还是深度，都跟国外木质结构建筑应用较多的国家存在一定的差距。目前，还没有一部专门的仿古建筑的防火规范。国家应尽快出台有关的防火规范，为系统、完善地解决仿古建筑的消防技术问题，为仿古建筑在我国的安全应用提供科学的技术支持。

参考文献

[1] GB 50016—2014. 建筑设计防火规范[S].
[2] NFPA914—2010. 历史建筑防火规范[S].
[3] DB 11/791—2011. 文物建筑消防设施设置规范[S].
[4] 孙莹莹.木结构建筑火灾危险性及防火措施解析[J]. 武警学院学报，2012（10）.

作者简介：夏杨，女，广西合浦人，广西公安消防总队高级工程师；主要从事建设工程消防监督管理工作。
通信地址：广西南宁东葛路111号，邮政编码：530000；
联系电话：13978688553。

热分析法研究电路绝缘安全性

阳世群　彭　波

（公安部四川消防研究所）

【摘　要】 据 2000 年以来的《中国消防年鉴》统计，电气火灾约占火灾总数的 30.2%[1]。发生的次数及造成的损失居各类火灾之首，而由电气线路引发的电气火灾居又占各类电气火灾之首，占电气火灾的 60%～70%。电气线路的短路、漏电、接触不良、过负荷成为电气火灾的主要原因，电路绝缘的老化、破损和缺陷又是导致电气线路绝缘层破裂或绝缘性能下降导致短路、漏电的主要原因，可见监测电路绝缘的安全性对预防电气火灾具有极其重要的意义。

【关键词】 电路绝缘；绝缘老化；热分析；伸长率；耐电压；击穿电压

1 引　言

电气线路客观存在线路电阻，在通电状况下线路电阻发热，发热会使导线的绝缘层不断老化，特别是电路中通过超出额定的电流时，发热会超过正常的温度范围，加速电路绝缘层的老化，另外，使用环境中的化学腐蚀、紫外光照射等也是导致绝缘层老化的主要原因，故应该研究监控电路绝缘老化性能的技术方法。

2 国内外对绝缘材料老化性能的研究

国内的绝缘材料的研究、生产和质量监督机构主要关心绝缘材料新产品的绝缘性能、物理机械性能和防火阻燃性等。对绝缘材料的老化性能等使用寿命问题，通常使用紫外线、潮湿、化学腐蚀等快速人工老化后，进行相关性能检测绝缘材料的介电常数、漏电熔痕、击穿电压、热稳定性等技术参数，并对相关技术参数进行数学推算，以获得估计的使用寿命。事实上，人工老化模拟的老化条件实际是很难代替绝缘材料实际使用老化条件的。绝缘材料老化的程度和老化的速度由材料本身的物理、化学特性及外施应力的类型和持续时间等工作应力综合作用决定的。绝缘材料使用中所有综合作用是人工老化无法模拟的，将加速老化试验结果向综合作用下外推得到的结果是有很大局限性的。

国外有人研究了飞机上线路的老化机理，采用阻抗光谱法、傅里叶红外光谱法等方法对线路老化的物理和化学影响因素进行了研究，建立了一种可靠的评估飞机电线线路老化状态的方法，同时建立了一个有预见线路老化的模型用于对实际线路的评估。有人用超声波对老化破损进行监测。还有人对核电站的电气线路老化进行了研究，建立了物理化学模型，并进行火灾危害性的评估。有人研究了 PVC 自燃和人工气候老化的试样以及在 -20～28 °C 经长期（15～30 年）使用后回收的样品。在黑暗和低温下老化的主要过程是增塑剂解析作用而损失。光老化主要是聚合物与增塑剂都降解，一般是从受光部位开始，并与光谱分布有关。在接触水的环境下，聚合物中的稳定剂会被洗出。目前，美国、英国、捷克斯洛伐克等国都在进行有关电线电缆老化引发火灾的研究。

从以上分析可以看出，绝缘材料的老化主要是由于热、紫外光、湿度等作用造成的。绝缘材料的老化主要表现为增塑剂的散失、高分子长链分子的断裂成短链分子、长链高分子脱去小分子出现不饱和双键、高分子的双键被氧化、水解等，使高分子绝缘材料热老化性能主要取决于它的化学热稳定性，化学热稳定性可以通过热谱图表征[2]。

根据这一技术基础，我们考虑应用热分析方法研究绝缘材料的起始分解温度、主体分解温度、不同失重阶段的失重率、无机残留物率、放热量、氧化诱导稳定性、玻璃化转变温度、断裂伸长率、断裂时间等，并对数据进行统计等数学分析，寻找绝缘材料的老化变化规律，建立判定绝缘材料老化的技术分析方法。

3 现有电线绝缘性能检测的局限性

我国绝缘电线产品的质量监督部门只把了进入市场的入口关，没有把退出使用的出口关。控制新的电线绝缘性能合格与否的检测技术指标有耐电压、击穿电压、绝缘电阻等。然而，没有科研和检测机构的技术人员对用电线的绝缘性能进行有效的监测，对使用年限与安全性的关系进行深入的研究，也没有人研究使用中的电线绝缘安全性的检测和评价方法，当然就更没有对使用中绝缘材料的安全性进行监测、控制，特别是在对电线安全性要求高的场合也没有技术方法对电线的使用年限进行限制。

对在使用中的电线的绝缘性能，国内外几乎没有研究和质量监督机构对其安全性进行研究或检测。那些使用年限长、满荷载或超荷载运行、使用环境条件恶劣、安装时受到严重拉伸和磨损或生产过程中存在固有缺陷的电线绝缘在使用中都有可能发生短路、漏电、过载等故障，这是引发电气火灾事故的严重隐患。

要科学客观地判定电路绝缘的老化性能和安全性，就应当研究测试电路绝缘老化技术指标的分析方法。热分析法可以测试电路绝缘材料的起始分解温度、主体分解温度、无机物残留率和热拉伸率等老化性能指标。根据这些技术数据可以在一定程度上分析判定电路绝缘的现有性能，为进一步分析判定电路绝缘安全性提供技术依据。

4 热分析测试数据

（1）在 60 ml/min 空气气氛中，分别以 5 °C/min、10 °C/min、20 °C/min 升温速度，对选定的样品进行热重技术数据测试。

（2）在 60 ml/min 空气气氛中，以 10 °C/min 的升温速度，对选定的样品进行差热技术数据测试。

（3）使用差热分析仪，在 60 ml/min 通氮气条件下 10 °C/min，升温至 200 °C 切换氧气 60 ml/min，测定氧化诱导技术数据。

（4）将电线电缆的 PVC 绝缘层进行切片，切割为长 10 mm、宽 2 mm、厚度 0.2 ~ 0.4 mm 的薄片，在 (14 ± 2)°C 室温下，使用 TMA 对样品进行拉伸试验，拉伸负荷为 2 000 mN，测试绝缘材料的拉伸性能。

热分析及绝缘性能测试结果：

（1）热重分析数据如表 1 所示。

表 1　热重分析数据

样品名	5°C	起始分解	第一阶段	分解阶段	残余率	样品名	10°C	起始分解	第一阶段	分解阶段	残余率	样品名	20°C	起始分解	第一阶段	分解阶段	残余率
1986						1986		289	68%	4	2.26%	1986		300	69%	4	4.25%
1988		286	69%	3	30.10%	1988		261	70%	4	26.99%	1988		275	66%	4	23.56%
1989		253	64%	3	9.71%	1989		278	69%	4	13.25%	1989		303	70%	3	14.26%
1990		267	67%	3	0.31%	1990		304	67%	4	13.77%	1990		297	68%	3	1.73%
1991		260	68%	3	7.31%	1991		281	69%	4	8.81%	1991		315	68%	3	7.76%
1992		245	65%	3	15.03%	1992		271	70%	4	21.03%	1992		293	70%	3	21.79%
1993		268	67%	3	2.10%	1993		279	68%	4	4.99%	1993		309	65%	3	2.12%
1994		222	64%	3	36.23%	1994		256	70%	4	33.32%	1994		278	65%	3	33.12%
1995		233	67%	3	33.79%	1995		253	66%	4	26.83%	1995		283	65%	4	29.97%
1996		243	66%	3	19.61%	1996		275	70%	4	22.35%	1996		298	68%	3	23.21%
1997		233	65%	3	26.27%	1997		252	61%	4	28.05%	1997		295	62%	4	32.43%
1998		461*	98%	1	40.57%	1998		291	72%	4	20.44%	1998		291	70%	3	17.89%
1999		460*	97%	2	52.22%	1999		289	59%	4	27.31%	1999		276	65%	4	32.03%
2000		203*	65%	4	41.22%	2000		218*	59%	3	35.28%	2000		283	58%	4	37.20%
2001		274	64%	4	7.07%	2001		263	67%	3	10.60%	2001		488*	54%	3	9.46%
均值		253	66%		22.97%			259	67%		19.67%			293/294	65.53/65.		19.39/19.63
后七个样品（1#～7#）																	
样品名	5°C	起始分解	第一阶段	分解阶段	残余率	样品名	10°C	起始分解	第一阶段	分解阶段	残余率	样品名	20°C	起始分解	第一阶段	分解阶段	残余率
1986	6#	272	68%	3	17.61%	1986	6#	288	64%	4	13.75%	1986	6#	3.4	72%	3	22.39%
1987	1#	278	64%	4	16.50%	1987	1#	293	61%	4	11.87%	1987	1#	3.8	66%	4	20.45%
1994	7#	280	68%	3	22.68%	1994	7#	295	66%	4	20.65%	1994	7#	310	63%	4	17.60%
1996	5#	269	54%	4	22.33%	1996	5#	285	62%	4	32.67%	1996	5#	300	64%	4	34.18%
1996	2#	279	68%	3	26.64%	1996	2#	278	61%	4	18.40%	1996	2#	284	61%	4	24.86%
1997	3#	276	65%	4	11.44%	1997	3#	284	76%	3	27.23%	1997	3#	304	64%	4	16.10%
1998	4#	282	69%	4	18.63%	1998	4#	294	61%	4	23.20%	1998	4#	307	65%	3	24.78%
均值		277	65%		19.40%			288	64%		21.11%			302	65%		22.91%

（2）差热分析数据如图1所示。

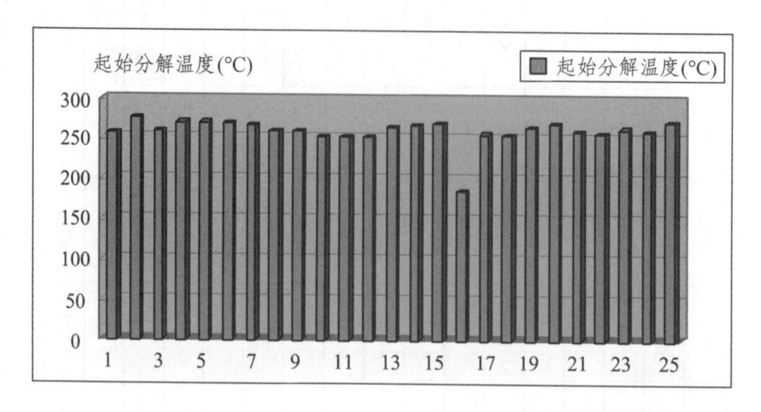

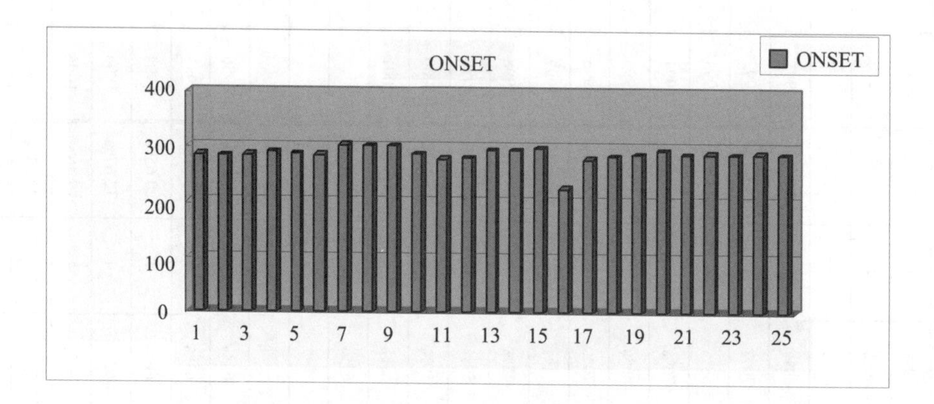

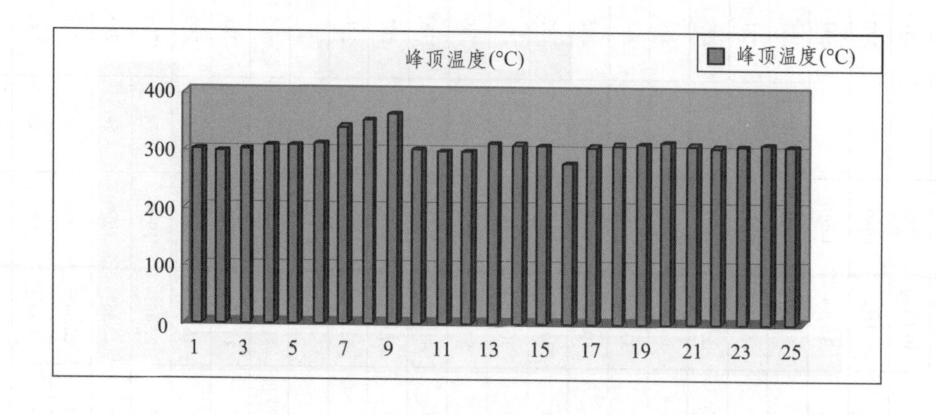

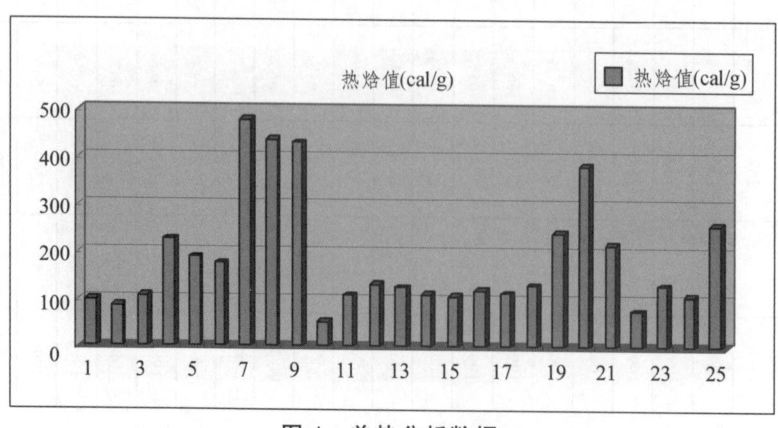

图1 差热分析数据

（3）氧化诱导数据第一批样品如表 2 所示。

表 2　氧化诱导数据第一批样品

单位：min

安装时间	通气起始时间	起始反应时间	时间间隔	出第一个峰时间	出第一个峰时隔	出第二个峰时间	时间间隔
2001	16.33	21.76	5.43	22.68	6.35	25.1	8.77
2000	16.33	23.78	7.45	24.71	8.38	26.95	10.62
1999	16.33	22.71	6.38	23.87	7.54	26.19	9.86
1998	16.33	21.65	5.32	22.61	6.28	25.17	8.84
1997	16.33	20.95	4.62	21.92	5.59	24.44	8.11
1996	16.33	20.86	4.53	21.8	5.47	24.39	8.06
1995	16.33	21.48	5.15	22.2	5.87	24.66	8.33
1994	16.79	19.27	2.48	19.71	2.92	21.26	4.47
1993	17.38	19.53	2.15	19.86	2.48	20.77	3.39
1992	17.52	20.27	2.75	20.64	3.12	21.45	3.93
1991	17.32	21.72	4.4	23.6	6.28	25.23	7.91
1990	15.58	18.76	3.18	19.5	3.92	20.58	5.00
1986	14.51	17.43	2.92	18.05	3.54	19.48	4.97
1986	14.66	17.96	3.3	19.55	4.89		−14.66
均值	16.29	20.58	4.29	21.48	5.19	23.51	7.1

（4）氧化诱导数据第二批七个样品如表 3 所示。

表 3　氧化诱导数据第二批样品

安装时间	样品量（g）	起始反应时间（min）	出现第一个峰的时间（min）	出现第一个峰的时间间隔（min）
1986	9.75	20.3	39.76	19.46
1987	9.67	23.01	33.83	10.82
1994	9.04	21.31	33.55	12.24
1996	6.75	20.54	27.12	6.58
1996	10.82	21.51	32.82	11.31
1997	6.15	17.67	25.41	7.74
均值	10.29	19.73	35.33	15.6

（5）热机械数据第一批样品如表4所示。

表4 热机械数据第一批样品

安装时间	样品长度（cm）	3分钟长度（cm）	3分钟伸长量（cm）	3分钟伸长率	5分钟长度（cm）	5分钟伸长量（cm）	5分钟伸长率	120分钟长度（cm）		120分钟伸长率	
1986	2.054 8	2.929 5	0.874 7	42.57%	3.035 6	0.980 8	47.73%	3.990 7	1.935 9	94.21%	0.942 135
1988	2.568 4	3.664 1	1.095 7	42.66%	3.784 6	1.216 2	47.35%	4.766	2.197 6	85.56%	0.855 63
1990	2.732 9	3.787 4	1.054 5	38.58%	3.839 6	1.106 7	40.5%	4.860 8	2.127 9	77.86%	0.778 623
1991	2.209 5	4.139 9	1.930 4	87.37%	4.335 3	2.125 8	96.21%	6.191 2	3.981 7	180.21%	1.802 082
1992	2.290 9	3.971 4	1.680 5	73.35%	4.213 1	1.922 2	83.91%	5.965 4	3.674 5	160.40%	1.603 955
1993	2.589 9	2.970 7	0.380 8	14.70%	3.043 3	0.453 4	17.51%	3.689 9	1.1	4 247.00%	0.424 727
1994	2.819 5	7.124 2	4.304 7	152.68%	7.582 3	4.762 8	168.92%		−2.819 5	7.582 3%	−1
1995	2.558 7	4.399 6	1.840 9	71.95%	4.523 4	1.964 7	76.79%		−2.558 7	7.576 %	−1
1996	2.500 5	3.923 9	1.423 4	56.92%	4.060 3	1.559 8	62.38%	5.257 5	2.757	110.26%	1.102 579
1997	2.434 9	3.092 2	0.657 3	27.00%	3.146 2	0.711 3	29.21%	3.851 3	1.416 4	58.17%	0.581 708
1998	2.265 9	3.478 3	1.212 4	53.51%	3.588	1.322 1	58.35%	4.760 2	2.494 3	110.08%	1.100 799
1999	1.930 7	2.659 2	0.728 5	37.73%	2.729 3	0.798 6	41.36%	3.206	1.275 3	66.05%	0.660 538
2000	2.306 2	3.565 6	1.259 4	54.61%	3.602 7	1.296 5	56.22%	4.547 8	2.241 6	97.20%	0.971 989
2001	2.216 1	2.418 2	0.202 1	9.12%	2.47	0.253 9	11.46%	2.889 9	0.673 8	30.41%	0.304 048
均　值	2.395 2	3.461 5	1.178 2	50.08%	3.658 4		54.79%	4.644 2	2.291 1	98.41%	均值

（6）热机械数据第二批样品如表5所示。

表5 热机械数据第二批样品

安装时间	样品长度（cm）	3分钟长度（cm）	3分钟伸长量（cm）	3分钟伸长率	5分钟长度（cm）	5分钟伸长量（cm）	5分钟伸长率		120分钟长度（cm）	120分钟伸长量（cm）	120分钟伸长率
1986-6#	2.490 5	4.199 5	1.709	68.62%	4.502 7	2.001 2	80.35%		5.800 1	3.309 6	132.89%
1987-1#	2.621 8	7.270 8	4.649	177.32%				3～7.326 6			
1994-7#	2.117 8	2.478 1	0.360 3	17.01%	2.522 8	0.405	19.12%		3.618 7	1.500 9	70.87%
1996-2#	2.841 6	7.365 9	4.524 3	159.22%				4～7.611 1			
1996-5#	2.603 1	6.916 6	4.313 5	165.71%	7.312 9	4.709 8	180.93%	5～7.363 8			
1997-3#	2.289	5.430 9	3.141 9	137.26%	5.651 8	3.362 8	146.91%	4.5～7.270 7			
1998-4#	3.184 8	3.862 9	0.678 1	21.29%	3.989 4	0.804 6	25.26%		5.163 7	1.978 9	62.14%
2006-新	2.449 8	超限									

（7）断裂伸长率数据第一批样品如表 6 所示。

表 6 断裂伸长率数据第一批样品

安装时间	截面面积（mm^2）	断裂伸长率	抗张强度（N/cm）	绝缘电阻常数	最大拉力（N）
1986	6.38	110%	19.18	247.5	131
1988	6.78	206%	19.91	246.79	135
1990	4.17	160%	23.5	28.99	98
1991	7.04	140%	21.16	2900	149
1992	15.45	148%	18.64	688.6	288
1993	10.2	147%	22.55	2 072.8	230
1994	15.06	227%	14.61	38.43	220
1995	18.16	27%	5.51	173.12	100
1996	17.44	117%	16.92	209.22	295
1997	17.91	142%	17.41	110.78	307
1998	20.56	178%	19.11	248.04	394
均值		158% 143%（有效均值）	19.3	275	213

（8）断裂伸长率数据第二批七个样品如表 7 所示。

表 7 断裂伸长率数据第二批七个样品

安装时间	截面面积（mm^2）	断裂伸长率	抗张强度（N/cm）	厚度（mm）	最大拉力（N）
1986-6#	18.21	240%	19.4	1	354
1987-1#	6.54	300%	21.4	0.85	140
1987_1#	6.44	310%	21	0.83	135.5
1994-7#	20.03	250%	17.9	1.1	358
1996-5#	8.37	240%	11.1	0.81	93
1996-5#	8.6	230%	11	0.84	95
1996-2#	19.52	280%	11.8	1.1	230
1997-3#	8.7	210%	18.5	0.82	161
1997-3#	8.54	190%	18.4	0.8	190
1998-4#	15.59	270%	17.6	1.05	275

（9）第一批样品耐电压测试结果如表 8 所示。

表 8 耐电压第一批样品

安装时间	1986	1988	1989	1990	1991	1992	1993	1994	1995	1996	1997	1998	1999	2000	2001
通过/否	通过	通过	通过	通过	通过	否	通过	否	通过	通过	通过	通过	通过	通过	通过

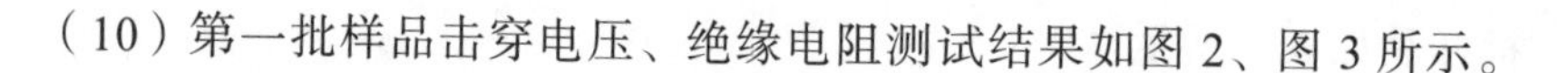

（10）第一批样品击穿电压、绝缘电阻测试结果如图 2、图 3 所示。

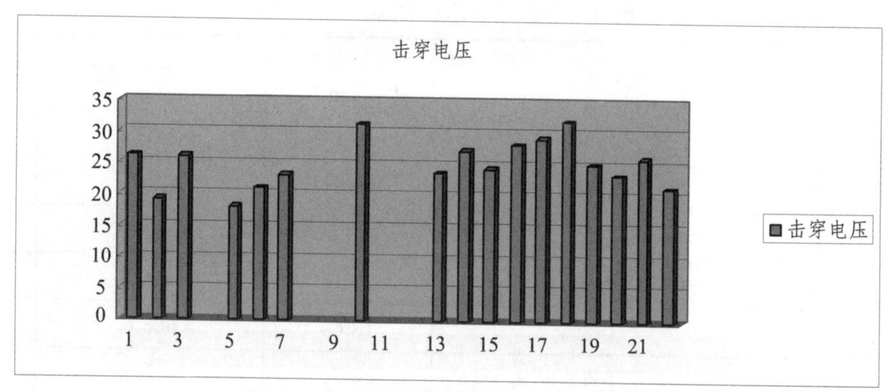

图 2 第一批样品击穿电压测试结果

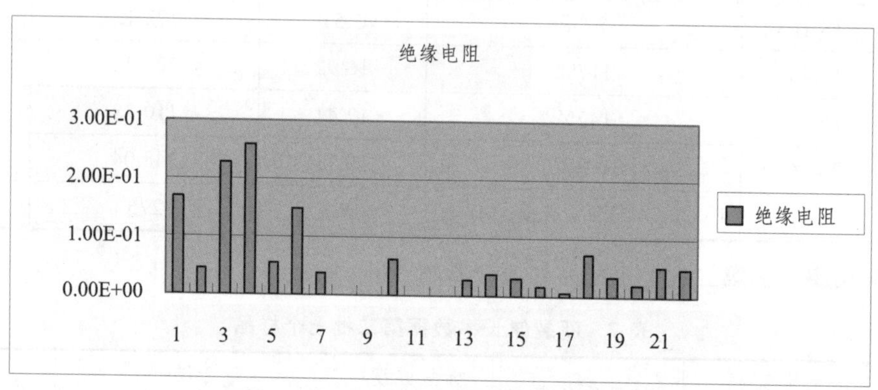

图 3 第一批样品绝缘电阻测试结果

（11）第一批样品表面电阻测试结果如表 9 所示。

表 9 表面电阻测试结果

名称	1986	1988	1989	1990	1991	1992	1993	1994	1995	1996	1997	1998	1999	2000	2001
结果	5.60E+12	3.20E+14	1.60E+11	5.00E+13	1.20E+13	2.00E+13	8.50E+11	1.90E+11	5.50E+10	3.10E+14	1.70E+11	2.50E+14	5.40E+11	4.50E+11	4.00E+11

5 测试数据分析

（1）从热重分析数据看：在 60 ml/min 空气气氛中，以 5 °C/min 升温速度，测得 25 个样品的分解温度多数都在 230 ~ 290 °C 之间，只有 1998、1999 和 2000 年三个样品不在此范围内；第一阶段有机物分解率基本都在 64% ~ 69%，只有 1996 的样品不在此范围内；分解阶段大多为 3 ~ 4，只有 1998 和 1999 分别为 1 个和 2 个；无机物残余量在 0.3% ~ 52.2%范围内，大多为 10% ~ 40%，1990、1993 为 0.3%和 2.1%，说明有机物总含量较高，1999 为 52.2%，有机物总含量严重偏低。在 60 ml/min 空气气氛中，以 10 °C/min 和 20 °C/min 升温速度测得的数据，与 5 °C/min 升温速度测得的数据大同小异，规律也接近。从热分析原理上分析，如果被测试的样品足够均匀，则 5 °C/min、10 °C/min 和 20 °C/min 升温速度中 5 °C/min 升温速度应该更能反映绝缘材料的特性。但由于 PVC 样品制样的难度所致，实际测试过程分析 10 °C/min 升温速度，获得的热重特性数据的离散度更小，反而能较好地反映绝缘材料的特性。

（2）从差示扫描 DSC 热分解实验数据看：起始分解温度低于 250 °C 的只有 1990-3#细线 1，其平均值为 258 °C。ONSET 低于 280 °C 的也只有 1990-3#细线 1，其平均值为 286 °C。峰顶温度低于 300 °C 的也只有 1990-3#细线 1，其平均值为 310 °C。对热焓值来说，由于样品量很小一般都在 10 毫克以下，样品的形态堆放方式会使空气储有量相差较大，这就会直接影响样品对热量的吸收，所以测量的热焓基本不能作为 PVC 绝缘材料这种样品制作必能完全一致的试验样品的判定依据。氧化诱导分析中，出现第一个峰的时间为 17 ~ 24 分钟，大多数在 20 ~ 24 分钟，只有 1986、1990 和第二批的 1997 在 20 分钟以下。

（3）从热机械 TMA 测试数据看:室温下 2 000 mN 拉力时，3 分钟伸长率的平均值约为 50%，大多数样品的拉伸率都在 30% ~ 80%之间，只有样品 1991、1993、1994 和 2001 不在该范围内。5 分钟伸长率平均值为 55%，大多数样品的拉伸率都在 35% ~ 85%之间，只有样品 1991、1993、1994 和 2001 不在该范围内，与 3 分钟结果一致。热机械特性数据能较好反应 PVC 绝缘材料的机械物理性，能反应其中有机物和无机物的搭配优劣情况，是研究 PVC 绝缘材料的比较好的技术手段。从试验结果分析，测定 3 分钟或 5 分钟的伸长率都是有效可行的。

（4）从耐电压、击穿电压、绝缘电阻、表面电阻测试数据看：1992 和 1994 的耐电压不合格，击穿电压和绝缘电阻也没有测定的意义了，表面电阻不能作为判定合格与否的技术指标。

6 结果讨论

在生产和生活中，正常使用的电气线路的导体，因正常线阻发热通常都在 70 °C 以下，也就是在 70 °C 以下温度工作，电路绝缘在 70 °C 以下的工作温度中是比较稳定和安全的。但是，如果由于电气线中因为导体质量差等原因，将导致线路线阻过大发热量增加，线路绝缘老化将加快。据资料报道线路的工作温度每升高气 10 °C，绝缘材料的寿命就缩短一半，可见线路的超正常工作温度是导致绝缘材料老化的最关键的因素。使用 DSC 差热和 TGA 热重法，在 60 ml/min 空气气氛中，以 5 °C/min 或 10 °C/min 升温速度，测试绝缘材料的起始分解温度、不同失重阶段的失重率、放热量、无机物残留；在 60 ml/min 通氮气条件下 10 °C/min，升温至 200 °C 切换氧气 60 ml/min，测定绝缘材料的氧化诱导时间；使用 TMA 在(14 ± 2) °C 室温下，拉伸负荷为 2 000 mN，在 3 分或 5 分拉伸时间测定绝缘材料的拉伸率；找出相关规律性，建立一种监测绝缘材料热稳定性适用的数学模型，以测试和电线电缆绝缘材料的相关技术参数，以判定电路电线绝缘安全性能，对提高电线电缆的安全性监控，对消防安全管理工作的技术水平，减少电气火灾发生几率，对保护国家和人民生命财产安全有着非常重要的意义。

在针对某些电路绝缘性进行安全性监测和评价时，应该提取到足够的试样量，在使用这些热分析测试分析技术方法的同时，使用测试新电线的标准试验方法进行耐电压、击穿电压、绝缘电阻、表面电阻等性能检测，并将所有的检测技术数据进行分析对比，从而获得评价在用电线绝缘的可靠技术依据，为评价电气线路的可靠性、安全性提供技术支持。

参考文献

[1] 公安部消防局. 2000—2013 中国消防年鉴[M]. 北京：国际文化出版公司，2000—2013.
[2] 刘诗钟. 聚氯乙烯绝缘电线的额定工作温度与热寿命试验的试验设计和统计分析[J]. 电线电缆，1983(3).

[3] 勃拉金斯基. 钱如竹. 聚氯乙烯电线电缆使用寿命的预测[J]. 电线电缆，1983（05）.
[4] 俞钟棋. 电缆工作寿命的评定方法[J]. 天津商学院学报，2002，22（3）.
[5] 丁力，王晓云. 扫描电镜测试绝缘样品能量损失的物理过程[J]. 吉林化工学院学报，1995，12（4）.

作者简介： 阳世群，公安部四川消防研究所副研究员，火灾物证鉴定中心副主任；主要从事火灾物证鉴定和物证鉴定新技术方法的研究开发工作，曾从事多年防火材料的研究和生产工作。
联系电话：13378116549。

一个典型古村寨的消防安全隐患分析
——以邵阳市绥宁县上堡村为例

康 瑞
（湖南省邵阳市公安消防支队）

【摘 要】 通过实地调研湖南省邵阳市绥宁县上堡村消防安全现状，分析并指出了当前古村寨在建筑消防特征、消防安全管理、灭火应急救援和安全疏散等方面存在的消防安全隐患。在此基础上，从合理消防规划布局，加强消防安全管理，加强居民消防素质三个方面给出了应对古村寨消防安全问题的建设性意见。

【关键词】 消防；古村寨；火灾；安全隐患

1 引 言

1.1 概 述

我国现有 123 座历史文化古城、3 744 座古村寨、276 座历史名村、252 座历史名镇，且基本为木质结构，耐火等级低，加之后期旅游开发等诸多因素的影响，消防安全形势不容乐观[1-4]。具体表现为：火灾隐患较多，消防投入少而不均，消防安全管理不当，缺乏相应的消防法律规范约束等。因此，对古村寨消防安全隐患进行系统分析并制定相应的消防措施对于提高其消防安全具有十分重要的意义。

据统计显示，2000 年至 2008 年全国共发生古建筑火灾 356 起[5]，2009 年至 2014 年初，全国文物古建筑发生火灾 1 300 余起[1]。近年来，古村寨等古建筑火灾增长速度惊人，损失惨重。近三年典型古村寨、古城镇火灾统计数据见表 1。

表 1 近三年典型古村寨、古城镇火灾统计表

时 间	地 点	火灾损失
2013 年 1 月 4 日	广西浦江县西来古镇	4 家店铺被烧毁，过火面积超过 300 m^2
2013 年 3 月 11 日	云南丽江古城	烧毁民房 107 间，过火面积达 2 243 m^2
2013 年 8 月 5 日	湖南靖州苗族侗族自治县寨牙乡	58 户、248 名村民房屋被烧毁
2014 年 1 月 11 日	云南格里县独克宗古镇	烧毁 242 栋房屋，355 户受灾，古城核心区变成废墟，财产损失上亿
2014 年 1 月 25 日	贵州镇远县报京乡报京侗寨	140 余栋房屋被烧毁，290 户受灾
2014 年 4 月 6 日	云南丽江束河古镇	烧毁 4 个院落，损毁 10 间店铺
2014 年 12 月 12 日	贵州剑河县久仰乡久吉苗寨	286 间房屋被烧毁
2015 年 1 月 3 日	云南巍山古城	拱辰楼被烧毁，烧毁面积约 765 m^2

1.2 上堡村简介

上堡村位于湖南省邵阳市绥宁县黄桑坪苗族乡东南部，距绥宁县城 47 km。村寨坐落于乌鸡山脉老山冲山脊迭层台地段，海拔 800 ~ 1 200 m，东、西、南三面环山，面积约为 30 公顷。村民以苗、侗两族居多，多以家庭聚居形式生活，极少数散居于村寨上部的梯田旁山脚边处。整个村寨建筑以木质结构为主，传统特色鲜明。2011 年上堡武烈王古城经湖南省人民政府批准公布为省重点文物保护单位，2012 年 11 月上堡村成功入围“中国世界文化遗产预备名单”。

2 调研情况

本文以绥宁县上堡村为调研对象，依据消防法律法规和相关技术标准，对寨内的建筑防火、消防设施和寨内居民的消防安全素质进行了问卷调查，并用消防安全检查测试表的形式对村寨内调研的各项指标进行评分，采用加权分析法对上堡村消防安全问题进行全面系统分析。调研内容如图 1 所示。

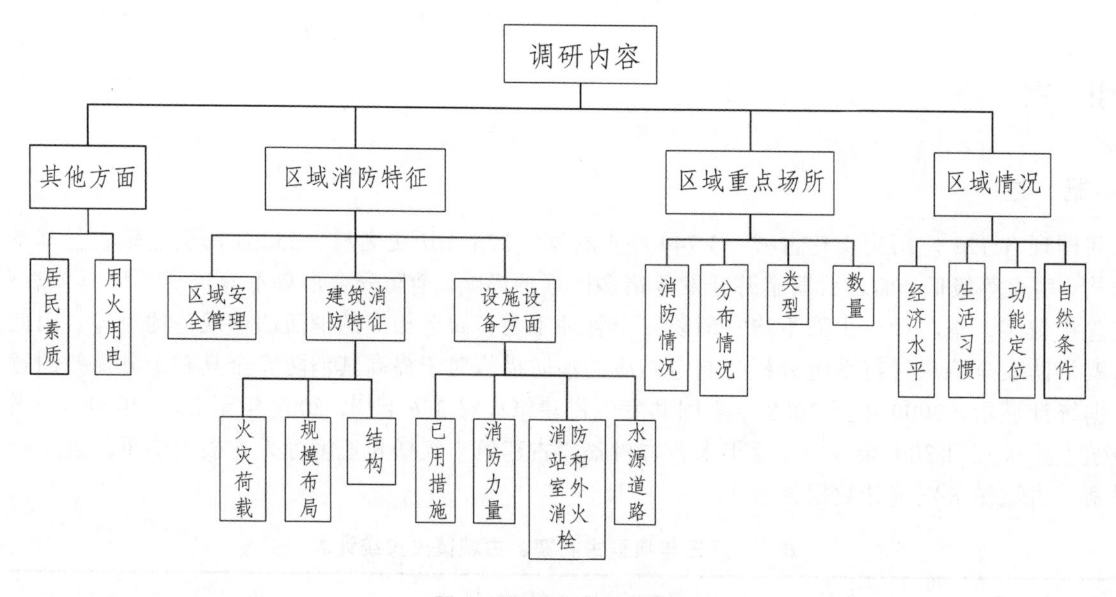

图 1 调研内容结构图

3 消防安全隐患分析

3.1 建筑消防特征隐患分析

3.1.1 耐火等级低

寨内建筑多为木结构或砖木结构，木质构件耐火等级低[6]；建筑修建年份久远，其木质构件含水量低，容易燃烧[4]，尤其在干燥的冬季，发生火灾的危险性更大；部分建筑构件做涂漆保护，火灾危险性加大[1]；建筑内存放粮食、柴草以及各种木质用品等易燃可燃物。其建筑构成如图 2 所示。

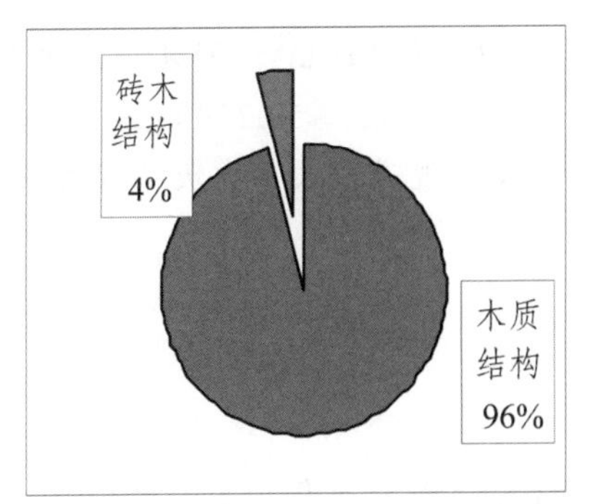

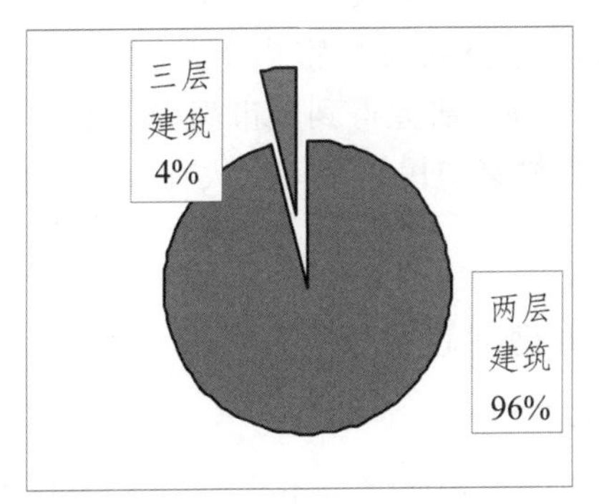

图 2　上堡村建筑结构图

3.1.2　防火间距不足

古村寨多为大聚居小独居的布局形式，主体建筑相隔很近，形成连排建筑或者四合院形式的小规模建筑群，建筑间无防火墙也无防火间距。以上堡村为例，满足防火间距要求的建筑只有分布于山脚下的 4 栋独栋建筑，占比 8%，村寨主体建筑均不满足建筑防火间距要求。所调查的建筑均无独立的可燃物堆积场所，很多都是堆放于墙垛屋檐下，有的则直接放置于建筑物内部；炉灶和木柴堆积点与墙体间距短，且未采取有效的隔火分隔措施。一旦发生火灾，极易形成火烧连营的局面。

3.1.3　火灾荷载大

一般每平方米木质建筑需要 1 立方米木材，每立方米木材平均重量约为 630 kg，可知木质建筑比现代建筑的火灾荷载大 31 倍[4]，尤其在木质构建做了涂漆[1]保护用以防蛀之后。同时，建筑内各种木质用品（床、桌椅等）、窗帘等织布用品、电器设备均增大了建筑的实际火灾荷载。表 2 为上堡村单室火灾荷载统计表（房间尺寸为 3.5 m×5.0 m）。

表 2　上堡村单室火灾荷载统计表

	床	桌	椅	墙体、楼板	窗帘布艺	枕头被子	电气设备
材质	松木	松木	松木	松木	棉、人造丝	乳胶泡沫填充，聚氨酯填料，聚酯纤维	塑胶
尺寸（m）	1.5×2.0×0.05	桌面 1.5×0.5×0.03	椅面 0.4×0.4×0.03	17×2.8×0.03 3.5×5×0.05	2.8×3.5 2.8×2.0	—	—
个数	2	1	2	整圈墙体	2	2 个枕头 2 床被子	一台 32 寸
密度（kg/m^3）	440	440	440	440	纯棉纤维 0.124 kg/m^2 人造丝 0.126 kg/m^2	—	—
质量（kg）	132	9.9	4.224	1 013.32	3.85	乳胶泡沫填充 1.003，聚氨酯填料 1.278，聚酯纤维 2.289	6
热值（MJ/kg）	20	20	20	20	19	19	304
总热值（MJ）	2640	198	84.48	20 266.4	73.15	86.83	1 824
火灾荷载	25 172.86÷（3.5×5）＝1 438.38（MJ/m^2） 25 172.86÷18÷（3.5×5）＝79.91（kg/m^2），其中 18 MJ[7]为 1 kg 标准木材所产生的热量						

刘庆[8]等人研究得到农村室内平均最大火灾荷载为 579 MJ/m²，95%的住宅平均火灾荷载为 970 MJ/m²；蔡芸[9]等人研究得到城市高档住宅室内平均火灾荷载为 52.279 kg/m²。对比表 2 中上堡村火灾荷载可知，古村寨中民居单室火灾荷载密度较大，火源规模较大，火灾危险性高，要采取必要的火灾防御措施。

3.2　消防安全管理问题分析

3.2.1　消防管理不到位

调研发现，上堡村消防管理不到位。无有效的消防安全管理制度，无灭火和应急疏散预案，无相关的工作记录资料等。管理人员消防安全意识差，素质低，没有认真落实消防安全责任制，已建立的义务消防队未进行必要的消防知识和技能培训，也未进行定期的灭火应急疏散演练。

3.2.2　居民消防素质较低

主要表现为消防责任和法律意识淡薄，消防认知能力差，发生火灾后自救能力差，组织灭火效率低。单就报火警而言，情况不容乐观，有近 11%的居民在发生火灾后无报火警意识。图 3、图 4 为上堡村居民消防素质调查情况及报火警注意事项情况统计。

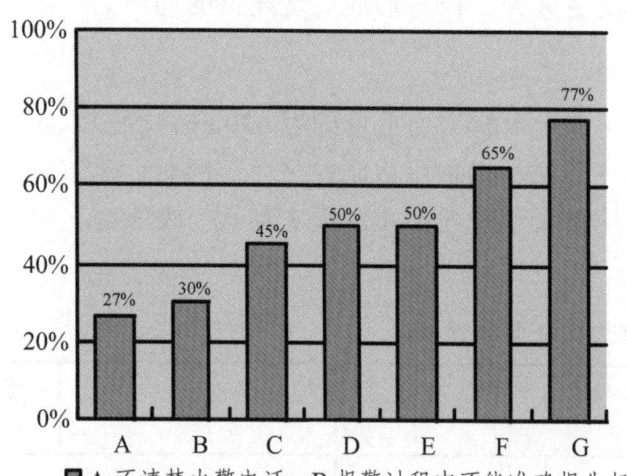

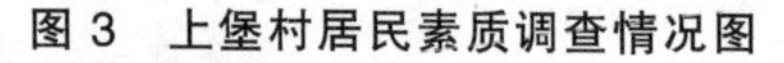
图 3　上堡村居民素质调查情况图

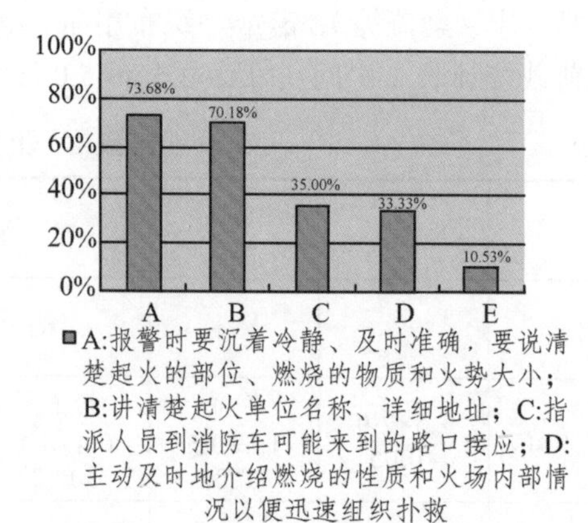

图 4　报火警注意事项情况统计图

3.3　灭火救援问题分析

3.3.1　灭火救援力量薄弱

多数古村寨地处偏僻，内部布局紧密，发生火灾时，救援力量施救难度大。以上堡村为例，村寨外部道路崎岖、单一，进出不畅；内部道路狭窄，不足 4 m，不满足消防通道要求；与绥宁县消防大队相距 49 km，发生火灾时公安消防队难以在短时间内赶到。

3.3.2　消防基础设施建设欠缺

调研发现，流经上堡村的龙潭溪因受气候、环境等诸多因素（高温期、枯水期、久旱无雨）影响，水量严重不足，农田机井距村寨较远，难以保证寨内全年消防用水需求；寨内消防投入不到位，缺少消防水池、机动泵、水带水枪及灭火器等基本的消防装备。

表 3 为上堡村消防基础设施建设情况统计表。

表 3　上堡村消防基础设施建设情况

救援力量	进入村寨的道路只有一条，路况崎岖
	村寨内道路为 1.5 ~ 3.3 m，消防车道不满足要求，消防车无法进入
	距离上堡村最近的绥宁县消防大队远在 49 km 之外，驱车需一个半小时
消防设施设备	寨内溪流主要依靠夏季降水（降水量约为 1 000 mm），消防水源保障困难
	寨内临时消防站点中的机动消防水泵损坏
	消防水带水枪欠缺
	寨内主要道路边缘设置的室外消火栓水量小不能满足消防要求
	设施存放处地面没有硬化，设施维护保养条件差

3.3.3　安全疏散困难

古村寨中，存在严重的“空巢”现象，多为老人和小孩，该群体消防自防自救能力弱。寨内观光游客多，尤其旅游高峰期时，人员密集，一旦发生火灾，疏散难度大，而且可能造成踩踏等次生灾害性事件。

3.4　火灾隐患分析

古村寨中存在着严重的火灾隐患，结合对上堡村调研的实际情况，总结出古村寨火灾隐患结构图，详见图 5。

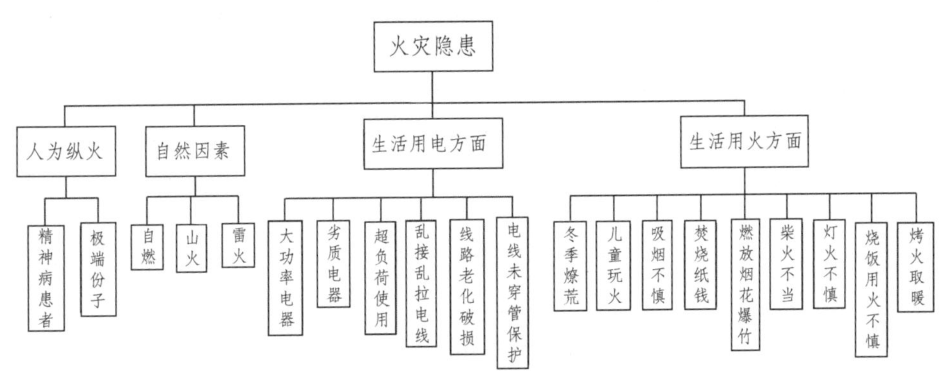

图 5　火灾隐患结构图

图 6 为上堡村民宅及公共建筑用电情况图。可见，寨内用电极其不安全，尤其在民宅住房用电、厨房用电和公共建筑用电（公共建筑主要包括村委机构、餐饮住宿的农家乐、集会场所等）方面，均存在电线未采用穿管保护、线路老化破损、乱接乱拉电线、超负荷使用以及使用各种劣质电器、大功率电器等消防安全隐患。

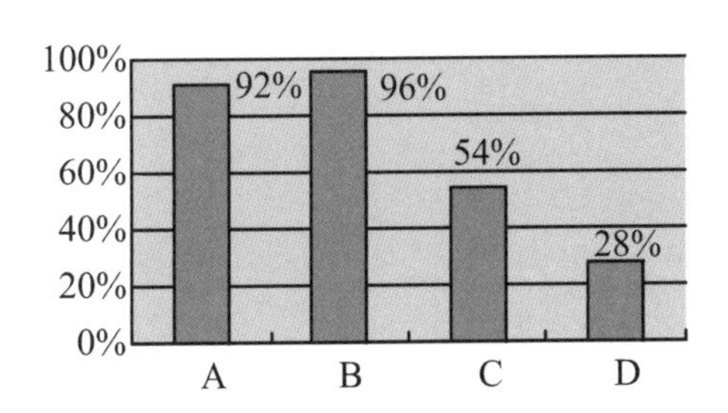

A：乱接乱拉电线 B：电线未穿管保护

C：线路老化破损 D：大功率电器

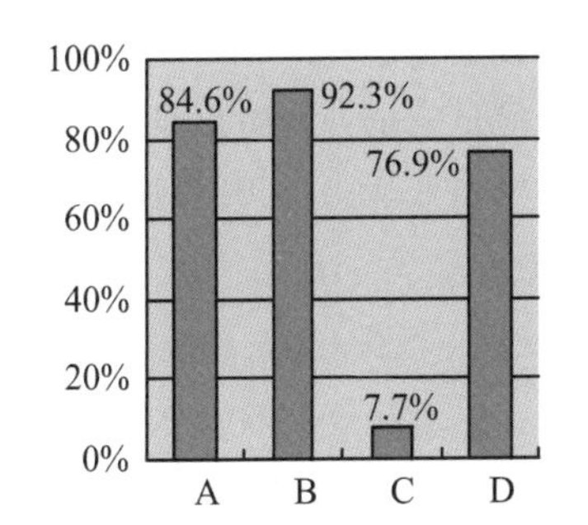

A：乱接乱拉电线 B：电线未穿管保护

C：线路老化破损 D：大功率电器

图 6　上堡村民宅、公共建筑用电隐患图

4 总结及建议

本文通过对绥宁县上堡村消防安全现状的实地调研，结合数据的整理分析，给出如下建议：

（1）加强古村寨的消防规划，进行合理消防布局；提高建筑物耐火等级，增设防火分隔设施；保障消防通道畅通及消防水源充足；加强消防救援队伍和基础设施建设；规范古村寨用火用电；做好防雷、防山火工作。

（2）加强古村寨消防安全管理，认真落实消防安全责任制，切实做好设施维护保养工作，加大监管力度，根据古村寨区域特色因地制宜对古村寨进行合理有效的消防安全管理。

（3）加强居民消防素质，加强消防宣传和教育培训，定期组织灭火和疏散演练。

参考文献

[1] 张家忠， 周宝坤. 古城镇消防安全问题及对策[J]. 中国公共安全：学术版，2014,（3）:57-61.

[2] 徐钟铭.木结构古镇消防安全现状调查及火灾风险评估——以四川某古镇为例[D]. 成都：四川师范大学，2014.

[3] 邢烨炯.古民居村落的消防对策研究-韩城党家村火灾隐患分析及防火对策研究[D].西安:西安建筑科技大学，2007.

[4] 刘天生.国内木构古建筑消防安全策略分析—古建筑火灾风险评估技术初探[D].上海:同济大学，2006.

[5] 翟东.当前古建筑消防安全状况及相关对策——以河北省易县清西陵为例[A]. 中国消防协会.中国消防协会科学技术年会论文集[C].北京:中国科学技术出版社，2014：609-611.

[6] 杜峰，尤飞.南京典型古建筑的消防现状调查和消防对策[J].中国安全生产科学技术，2009，5（6）:89-94.

[7] 王金平，朱江. 常用建筑材料及家具的热值及其火灾荷载密度的确定[J]. 建筑科学，2009，25（5）:70-72.

[8] 刘庆，史毅，刘栋栋.农村地区火灾荷载调查初步研究[J].山西建筑，2010,（30）:45-46.

[9] 蔡芸，李亚斌. 兰州住宅建筑火灾荷载的统计与分析[A]. 中国消防协会.消防科技与工程学术会议论文集[C]. 北京：中国消防协会，2007：67-69.

作者简介： 康瑞（1976—），男，哈尔滨工业大学建筑管理工程专业毕业，中国科技大学安全工程专业工程硕士，建筑防火高级工程师；现任湖南省邵阳市公安消防支队副政委兼新宁县公安消防大队政治教导员。

通信地址：湖南省邵阳市雨溪桥邵阳市消防支队，邮政编码：422000；

联系电话：15007397666。

一起筒灯电气故障引发火灾的调查与分析

平国芳
（江苏省江苏省苏州市公安消防支队）

【摘　要】 2013 年 1 月 8 日 3 时 26 分，苏州市常熟虞山镇新建家苑 3 幢 502 室发生火灾，火灾造成 4 人死亡，1 人受伤，过火面积 100 m^2，直接财产损失约 30 万元，是一起较大的亡人火灾事故。

【关键词】 现场勘察；材料送检；调查走访；燃烧痕迹；勘察对比

1　火灾基本情况

2013 年 1 月 8 日 3 时 26 分，苏州市常熟虞山镇新建家苑 3 幢 502 室发生火灾，立即调集服装城专职队 3 辆消防车、18 名队员前往扑救，这次火灾扑救中，抢救被困人员 2 人，疏散人员 5 人，保住了毗邻的房屋，最大限度地减少了火灾损失和人员伤亡。

1 月 8 日 3 时 20 分左右，1 楼住户汤某听见楼上发出很大的响声，然后到院子里看楼上发生了什么事情，走到院里听到五楼玻璃爆炸的声音，还看到火势很旺，都从窗户内穿出来了，但是没有听到顶楼有人喊叫的声音，这个时候才报的警。

502 室杨某（A 公司老板）2 点 30 分左右，看见三个节能灯亮着，厨房的灯也亮着，没有看到任何异常。后来就上床睡觉了，躺在床上看了手机上的新闻。迷迷糊糊睡着了，后来感觉到难受，听到噼里啪啦的声音，然后就醒来了，看到全是烟。

502 室住户王某描述在 22 时左右电跳闸了一次，大约过了 5 分钟又有电了。

2　现场勘验情况

2.1　现场基本情况

发生火灾的场所位于常熟市虞山镇新建家苑 3 幢，该建筑坐北朝南，楼道口朝北，起火的是位于顶楼的 502 室及阁楼。

502 室防盗门朝西，向内开启。进门北侧由西向东有三间分别是厨房、卫生间、杨某（女）和洪某（女）的房间。南侧由西向东三间分别是客厅、杨某（男）房间、杨某（男）房间。

二层阁楼北侧由西向东依次为邱某（女）房间、大厅、卫生间、洗漱间；南侧房间由西向东依次为施某（男）和柯某（男）房间、露天阳台、杨某等 4 名女子的房间。南侧最东间杨某（女）房间内发现 3 名死者尸体：杨某（女）、颜某（女）和柯某（男）。

在火场勘查中，围绕着客厅的墙面、吊顶、家电家具的火烧烟熏痕迹、地面的燃烧痕迹进行分析，以确定起火部位和起火点，进而确定起火原因。

2.2 分析起火痕迹、认定起火部位

房间一层餐厅、厨房间全部过火，但电器设备均完好。客厅、餐厅、厨房间过火痕迹逐渐减轻，客厅全部过火，客厅内放置的家具全部过火烧毁，木质地板及吊顶的过火痕迹由北向南逐渐加重，客厅中放置有立式空调、烧水壶、饮水机、电视机、机顶盒、DVD 机等电器设备，均完好无故障痕迹。

客厅东墙表面石灰粉刷层过火后全部脱落，电视机背景墙过火后脱落，挂式电视机掉落在电视柜上。客厅西墙过火后表面石灰粉刷层全部脱落，露出内部红色砖瓦，部分砖瓦过后后表面烧毁，露出内部结构。

客厅南侧有一铝合金窗户，窗户玻璃全部破碎，铝合金窗框已掉落。窗户下方靠墙放置沙发，沙发已完全烧毁。沙发上放置的电视机、衣物、卫生纸等全部过火烧毁。地板全部过火，表面有明显炭化痕迹。

客厅北侧摆放一席梦思床垫，长 2 m，宽 1.8 m，立式斜放在南墙沙发上，距离吊顶 0.5 m，过火后全部烧毁，残留弹簧，整体扭曲，中间呈“V”字形。席梦思北侧有一仰卧起坐运动器材，过火后仅剩框架残留、变色。运动器材北侧有一张折叠的桌子，过火后桌面全部烧毁，铁质桌架变色，东西向横躺在地上。

客厅东墙上方木质吊顶表面炭化严重，内部木龙骨未见过火痕迹。客厅北侧上方木质吊顶下方过火严重，表面木板已烧毁，内部木龙骨未见过火痕迹。客厅西墙上方木质吊顶过火严重，南侧已完全烧毁，靠近北侧部分仅剩部分残留，炭化严重。客厅南侧上方木质吊顶过火严重，西侧已完全烧毁，靠近东侧部分仅剩部分残留，炭化严重。客厅西南角上方吊顶完全烧毁，仅剩部分木条残留，炭化严重。

经过勘验和调查走访，可以确定起火部位位于 502 室客厅。

2.3 分析起火特征，认定起火原因

吊顶内照明线分两路采用 BV 线直敷，搁在木龙骨上，未穿管保护，灯头分支时未采用接线盒，一路供东，一路供东、南侧灯筒，另一路供北、西侧灯筒。吊顶南侧西端照明干线（柜式空调上方东北向）的筒灯灯头线在与照明干线的缠绕连接处有熔焊状，连接的螺口灯头内连接铜接片有热熔痕，其他筒灯灯头线与干线连接处和螺口灯头内未见熔状，提取后送检。

客厅中部顶上装有吊灯，导线由顶层混凝多孔板内暗敷引出接入灯内，灾后仍悬挂在空中。客厅顶部四周装饰约 0.2 m 高、宽约 0.4 m 的木质龙骨石膏板吊顶，灯的电源线由客厅东墙北端经开关后在墙壁粉刷层内敷设引入吊顶，引入吊顶段导线绝缘层仅受烟熏，吊顶内直接敷设导线的绝缘层已炭化脱落，铜线裸露。西墙的筒灯灯头线与干线连接处和螺口灯头完好，内部未见熔状。立式柜式空调上方东北向的螺口灯头内连接铜接片有热熔痕，提取后送检。

将提取的螺口灯头送公安部上海火灾物证鉴定中心进行技术鉴定，经鉴定有缺损变色的筒灯灯座有电热作用形成的熔痕。

综上分析，起火原因为客厅西南部吊顶上筒灯电气故障引燃下方可燃物所致。

3 调查访问情况

经调查走访，该建筑坐北朝南，楼道口朝北，起火的是位于顶楼的 502 室。502 室于 2012 年由 A

公司承租，用于职工宿舍，共租住了 11 人，楼下住 4 人，阁楼住 7 人。该住宅为五层居民住宅楼，为砖混结构，耐火等级二级。

对于认定住宅客厅西南部吊顶上筒灯电气故障引燃下方可燃物所致的火灾原因，相关当事人均无异议。

4 调查小结

（1）勘验火灾现场，尤其是在破坏比较严重的现场，需充分利用燃烧痕迹，寻找起火部位，确定起火点，认定起火原因。

（2）勘验现场不应局限于燃烧过重的火场，还应进行勘查对比，找到合理的起火部位。

参考文献

[1] GB 50016—2014. 建筑设计防火规范[S].
[2] GB 50222—95（2001 年版）. 建筑内部装修设计防火规范[S].
[3] GB 50034—2004. 建筑照明设计标准[S].
[4] GB 50368—2005. 住宅建筑规范[S].

作者简介：平国芳，女，工程师，江苏省苏州市公安消防支队火调科。
联系电话：13913174666。

由一起火灾事故浅析木制品行业木粉尘火灾危险性及防范措施

赵曰兴

（江苏消防总队宿迁消防支队）

【摘　要】 随着现代木制品行业的发展，木粉尘技术得到广泛应用，使得木粉尘产物日益增多，由此带来的木粉尘爆炸的潜在危险性大大增加，世界范围内及国内发生粉尘类爆炸事故举不胜举。笔者就木粉尘燃爆的条件及影响因素进行研究分析，有针对性地提出防范措施及改进管理方面的建设性意见。

【关键词】 消防；木粉尘；火灾危险性；防范措施

2013年5月16日21时10分左右，位于江苏省宿迁市沭阳县马厂镇某胶合板厂厂房发生火灾，过火面积约1 300 m^2。主要烧损厂房及厂房内砂光粉、机器设备等。此次火灾造成2人死亡，1人受伤。经调查综合分析，起火原因可排除厂房内电气线路故障引发火灾，不排除在清理过程中产生的火花、静电或遗留火种引起砂光粉粉尘爆燃。

就江苏省宿迁市沭阳县辖区为例：木材加工厂（包括个体工商户）近2 000家，主要产品为多层板、胶合板、细木工板、中高密度板等，在其生产工艺流程上使用砂光机的单位近100家，砂光机主要用途是对胶合板、中高密度板的打磨、抛光，其生产过程中产生的木粉最大直径约3 000 μm，最小直径约100 μm。

据统计，1913—1973年间美国仅工农业方面就发生过72次比较严重的粉尘爆炸事故。1919年俄亥俄州一家淀粉厂发生粉尘爆炸，厂房几乎全部被毁，有43人丧生。日本1952—1975年共发生重大粉尘爆炸事故177次，累计死亡75人，受伤410人。在国内因粉尘发生爆炸火灾事故时有发生，其中影响较大的一起是1987年3月15日哈尔滨亚麻纺织厂发生的爆炸事故，死亡56人，受伤179人，厂房设备严重遭到破坏。

人们不禁要问，微小的粉尘为什么会爆炸呢？这是因为粉尘和其他物质一样也具有一定能量。由于粉尘的粒径小，表面积大，从而其表面能也增大。如一块1 g重的煤其表面积只有5～6 cm^2，而1 g的煤粉飘尘，其表面积可达2 m^2。粉尘与空气混合，能形成可燃的混合气体，若遇明火或高温物体，极易着火，顷刻间完成燃烧过程，释放大量热能，使燃烧气体骤然升高，体积猛烈膨胀，形成很高的膨胀压力。燃烧后的粉尘，氧化反应十分迅速，它产生的热量能很快传递给相邻粉尘，从而引起一系列连锁反应。

1　粉尘发生爆炸必须具备的条件

（1）粒径大小——这是影响其反应速度和灵敏度的重要因素。一般，颗粒越小越易燃烧，爆炸也越强烈。粒径在200 μm以下，且分散度较大时，易于在空中飘浮，吸热快，容易着火。粒径超过500 μm，其中含有一定数量的大颗粒则不易起爆。

（2）化学成分——据实践分析，有机物粉尘中若含有 COOH、OH、NH_2、NO、C═N、C═N 和 N═N 的基团时，发生爆炸的危险性较大；含卤素和钾、钠的粉尘，爆炸趋势减弱。

（3）粉尘浓度——在一个给定容积中，能够传播火焰的悬浮粉尘的最小重量称为爆炸浓度。通常，达到粉尘爆炸浓度的粉尘才会发生爆炸。

（4）空气湿度——当空气湿度较大时，亲水性粉尘会吸附水分，从而使粉尘难以弥散和着火，传播火焰的速度也会减小。湿度大的粉尘即使着火，其热量首先消耗在蒸发粉尘中的水分，然后才用于燃烧过程。一般认为，粉尘湿度超过 30%便不易起爆。

（5）有足够的点火温度——粉尘爆炸大都起源于外部明火，如机械撞击、电焊和切割、静电火花或电火花、摩擦火花、火柴和高温体传热等。这类火源最低点火温度为 300 ~ 500 °C。

（6）足够的氧气——粉尘悬浮环境中需含有足够维持燃烧的氧气。

（7）粉尘紊动程度——悬浮在空气中的粉尘，紊动强度越大，越易吸收空气中的氧气而加快其反应速率，从而容易爆炸。

2 木粉尘发生爆炸火灾的危险性

（1）粒径大小——经对木制品行业的调研，经砂光机打磨的木粉粒径大部分在 200 μm 以下，最小粒径可达 100 μm 左右，具备引发爆炸粒径大小范围的条件。

（2）化学成分——木粉的主要成分是纤维素，单讲组成元素，主要是由碳、氢、氧三种元素组成，还有少量氮和其他元素；从构成基团讲，在木粉尘中含有 OH 基团，因此发生爆炸的危险性较大。

（3）粉尘浓度——通过调研发现，在砂光机打磨半成品胶合板过程中，产生的木粉浓度可达到约 200 g/m^3，而木粉的最低爆炸极限为 40 g/m^3，因此，具备爆炸浓度的条件。

（4）空气湿度——通过调研发现，半成品胶合板在打磨之前是通过热压机进行压制，其目的就是使多层板皮粘连一起。通过热压机热作用，木板本身的水分会大部分蒸发流失，制成的半成品胶合板水分含量较少，如果在空气湿度相对较小的干燥环境中很容易起爆。

（5）有足够的点火温度——木材属于可燃物质，燃点一般在 250 ~ 300 °C，而木粉的燃点比木材会低一些。通过调研发现，在产生粉尘的厂房内存在静电火花或电火花、摩擦火花、遗留火种（如烟头）等条件，这类火源最低点火温度为 300 ~ 500 °C。

（6）足够的氧气——木材加工行业的生产厂房、库房多为敞开式，封闭性差，氧气补充相对充分。

（7）粉尘紊动程度——在木板被打磨抛光时，产生的木粉尘获得一定能量，再使用砂光机上方的风机通过金属管道送入砂光粉房内，这一过程中木粉尘处于强度越大的紊动状态，从而易发生爆炸。

3 降低木粉尘爆炸火灾危险性的措施

（1）增大空气湿度。当空气的相对湿度在 65% ~ 70%以上时，物体表面往往会形成一层极薄的水膜。水膜能溶解空气中的二氧化碳，使表面电阻率大大降低，静电荷就不易积聚。如果周围空气的相对湿度在 40% ~ 50%时，则静电不能逸散。因此，在木制品行业厂房内易产生粉尘的区域采取增大空气湿度的方法可大大降低爆炸火灾危险性。

（2）避免火源。在木制品行业厂房内常见火源是静电火花、电火花、摩擦火花、遗留火种等。

在木制品行业厂房内易产生静电的是木粉尘带电，因为粉尘与粉尘、粉尘与金属管壁之间的摩擦，会产生静电，当静电积聚到一定程度时，就会发生火花放电，一般情况下，当粉尘在空气中的含量达到爆炸极限（浓度）后，遇静电放电的火花会引起燃烧、爆炸。因此，采取一定措施，能相对减少事故的发生。主要方法：一是限制粉尘在管道中的输送速度；二是管道壁应尽量光滑，以减少静电聚集；三是使用粉尘捕集器的布袋，应用棉布或导电织品制作，因合成纤维织物易产生静电，不宜采用；四是进行静电接地。静电接地是为了把物体产生的静电及时导走，但只能导走静电导体和金属体上的静电荷，对静电非导体无效，也就是说对绝缘物质无效，因此，应注意在易产生静电的部位接地电阻不应小于10 Ω，能产生静电放电的金属应相互跨接，接地导体中不存在孤立导体。

在木制品行业厂房内电气线路的安装、敷设大部分不符合要求，易产生电气线路故障。因此，做好电气线路的安装、敷设及采用防爆灯具能相对减少引发电火花的几率。在木制品行业采用的原材料部分带有铁丁等金属残留物，在切锯、打磨等加工过程中易产生火花，因此需加强对加工前原料的处理工作。在木制品行业中，因雇佣工人的安全意识、生活习惯等因素，最常见的就是工人在生产过程中抽烟，而且在生产厂房内常见遗留烟头的现象，因此需加强对雇工人员的管理工作。

（3）应合理对木粉进行集中清理回收。经砂光机打磨的砂光粉输送到砂光粉房内一般情况下要放置3～5天，然后进行销售。回收后的砂光粉再进行深加工（颗粒粗细程度比面粉还要细），主要用于人造皮革的辅助材料。砂光粉的回收绝大部分采取传统打包（人工将木粉装入塑料织品袋中）的方式进行，极个别采用机械方式进行，即私自改装成装有车载风机、管道的货车，将木粉输送到改装货车的集装箱内，这种改装的货车在回收中易产生静电、摩擦火花及电火花，从而引发燃烧、爆炸。因此，对木粉的清理回收工作，应避免采用这种改装货车，因目前大多数木板厂企业砂光粉储量不大，从安全角度考虑，采用人工分装相对较为安全。

4 结束语

木粉尘火灾事故突发性、隐蔽性强，积极探索研究木粉尘火灾的特点、机理对火灾防范具有重要意义。各级消防部门应加强分析研判，从火灾的规律和特点出发，提出针对性措施，抓好工作措施落实，最大限度地将此类火灾事故降到最低，这也是一切消防工作的出发点和立足点。

参考文献

[1] 中华人民共和国公安部消防局. 防火手册[M]. 上海：上海科学技术出版社，1992.

[2] 火灾调查消防刑事案件/中华人民共和国公安部消防局中国消防手册[M]. 第八卷. 上海：上海科学技术出版社，2006.

[3] 金河龙. 火灾痕迹物证与原因认定[M]. 吉林：吉林科学技术出版社，2005.

作者简介： 赵曰兴，男，江苏消防总队宿迁消防支队火灾调查技术科科长兼助理工程师；长期从事火灾调查及研究工作。

通信地址：江苏省宿迁市北一路与振兴路交汇处，邮政编码：223800；

联系电话：18351379508；

电子信箱：389206861@qq.com。

基于层次分析法的商场消防安全评估

王克宇
（内蒙古自治区兴安盟突泉县消防大队）

【摘　要】 随着我国经济的快速发展，商场也得到了长足的发展。在规模、功能上都趋向综合性。对于商场火灾防范出现的一些新情况、新问题，解决起来十分困难。因此，如何有效地对商场的消防安全进行评估，已成为当代消防安全管理的一个重要课题。笔者运用层次分析法建立商场消防安全评估体系，构建评估矩阵，确定指标的权重，对指标的相对重要性进行排序。根据评估的结果，提出加强商场消防安全工作的具体对策。
【关键词】 商场；层次分析法；消防安全；评估

1 引 言

随着社会的不断进步，经济的飞速发展，城市中的商场越来越多，并趋向于现代化、大型化，对旧商场的改建和扩建也正朝着这个方向发展。据统计，2012 年我国发生商场火灾约 7 000 起，死亡 90 人，受伤 113 人，直接财产损失约 3.5 亿元。由此可见我国的商场火灾形势不容乐观，商场的消防工作亟待加强。

所谓消防安全评估，是指采用合理的分析方法对商场的消防安全进行分析、研究，进而正确评估商场的消防安全状况的方法。科学合理的评估商场消防安全情况对合理配置消防资源，解决商场的消防安全主要问题，减少经济财产损失，确保商场的消防安全具有重要的指导意义。现行的商场的消防安全评估只是从火灾统计的四项指标等方面进行，不能全面地反映商场的消防安全实际情况。本文针对商场的消防安全问题进行研究，建立了一套综合评估指标体系，并利用层次分析法分析研究，希望能为商场的消防工作开展提供参考依据。

2 商场消防安全评估指标体系的建立

2.1 商场的火灾危险性分析

2.1.1 建筑特点

商场大多采用钢筋混凝土结构，建筑面积大，功能复杂。为了满足人们的需要，许多新建的商场均采用大空间设计，或者采取共享空间的设计方法，造成了防火分区过大的问题。商场平时存放大量的可燃易燃商品，火灾荷载大，火灾危险性大。此外，周边的环境也会对商场的火灾危险性产生影响。

2.2.2 建筑消防设施

建筑消防设施包括：火灾自动报警系统、防排烟系统、消防给水系统以及自动喷水灭火系统等。

合理设置这些消防设施，在火灾初起的时候一方面可以控制火灾的蔓延扩大，及时通知建筑内的人员；另一方面也可以帮助扑灭火灾，防止火势的进一步扩大。

2.1.3 安全疏散

商场属于典型的人员密集场所，人流量大，人员进出频繁。建筑在发生火灾时，为了避免建筑内人员受到伤害，也为了给消防人员扑救火灾创造条件，应根据建筑的使用性质、面积大小、容纳人数以及人们的心理状态，合理的设置安全出口、疏散标志和应急照明、应急广播系统，控制商场内的人员密度等。

2.1.4 火源控制

商场建筑使用功能复杂，起火原因多。商业建筑一般包含百货商店、超市、室内步行街、电影院、饭店和宾馆等人员密集场所，照明设备、电器设备、变配电设备多，而且线路复杂，耗电量大，从而造成建筑内的火灾隐患多，起火原因复杂化。总结以往的商场火灾案例，电线电缆、电气设备、变配电设施以及吸烟等属于常见的火源。

2.1.5 消防管理

消防工作的方针是预防为主，防消结合。所以，防火工作是基础，搞好防火工作是保障商场消防安全根本之策。众所周知，主管人员重视消防的商场，其消防安全程度较高，消防工作开展较顺利。所以商场内不仅要有相关的规章制度，也要切实的落实执行，合理设置消防管理机构，定期开展消防技能培训以及消防演练，以此防止火灾事故的发生，减少火灾发生后的人员伤亡和财产损失。

2.2 商场消防安全评估指标体系

根据对商场火灾危险性的分析，建立由建筑特点、消防基础设施、安全疏散、火源控制以及消防管理5个子系统构成的评估体系，并确定各子系统的影响因子。具体为：建筑结构 C_{11}，周围环境 C_{12}，火灾荷载 C_{13}；防火和防烟分区 C_{21}，防排烟系统 C_{22}，灭火器 C_{23}，火灾自动报警系统 C_{24}，消防给水系统 C_{25}，自动喷水灭火系统 C_{26}；安全出口位置和数量 C_{31}，疏散标志 C_{32}，应急照明 C_{33}，应急广播系统 C_{34}，人员密度 C_{35}；电线电缆 C_{41}，电气设备 C_{42}，变配电设施 C_{43}，吸烟 C_{44}；规章制度和落实情况 C_{51}，消防管理机构 C_{52}，消防技能培训 C_{53}，消防演练 C_{54}。

3 基本方法

3.1 层次分析法

层次分析法（简称AHP法），是美国匹兹堡大学教授T.L.Saaty于20世纪70年代初提出的一种有效的多目标规划方法。AHP法把一个复杂问题的结构分成有序的递阶层次，将决策规划过程中的定性分析与定量分析有机地结合起来，通过逐层分析判断决策方案并进行优劣排序。该方法能够统一解决决策中的定性和定量问题，具有实用性、系统性、简捷性等优点，广泛应用于各领域。

运用AHP法一般可分为三个步骤：第一，按照因素间相互影响及隶属关系，将因素依不同层次聚集组合，形成一个多层次的分析结构模型；第二，根据对客观现象的主观判断，就每一层次因素的相对重要性给予量化描述；第三，利用数学方法确定每一层次全部因素相对重要性次序的数值，并进行一致性检验，若不满足一致性条件，则修改判断矩阵，直至满足为止。

3.2 层次分析步骤

（1）在递归层次机构建立以后，将上一层次的某一元素作为判断准则，判断任意两个元素的重要性，并根据该准则对下一层次相应元素按 1～9 的标度对重要性程度赋值，建立判断矩阵 $\boldsymbol{A}$。

（2）求解判断矩阵的最大特征根 $\lambda_{\max}$，将最大特征根对应的特征向量 $\vec{W}$ 进行归一化处理， 得到同一层次相应元素对上一层次某一元素相对重要性的排序值。

（3）对判断矩阵进行一致性和随机性检验。一致性检验指标为 CI，$CI=\dfrac{\lambda_{\max}-n}{n-1}$，$n$ 为判断矩阵的阶数；平均随机一致性指标为 RI。表 1 给出了 1～14 阶正互反矩阵计算 1 000 次得到的平均随机一致性指标。计算一致性比例 CR，$CR=CI/RI$。当 $CR<0.1$ 时，认为判断矩阵具有满意的一致性；反之，则检验不通过，需调整判断矩阵的元素值并按上述步骤重新计算。

表 1 平均随机一致性指标 *RI* 数值表

矩阵阶数	1	2	3	4	5	6	7
RI	0	0	0.52	0.89	1.12	1.26	1.36
矩阵阶数	8	9	10	11	12	13	14
RI	1.41	1.46	1.49	1.52	1.54	1.56	1.58

3.3 对商场消防安全评估体系进行层次分析

对于商场消防安全评估体系指标权重的确定，本文采用的是专家打分方法，即邀请专业领域内有丰富实际工作经验的专家，针对表格内各因素的重要程度打分。商场消防安全评估体系各层次比较矩阵及权重见表 2～表 7。其中，W_i 为元素权重值；$\boldsymbol{BW}=\lambda_{\max}\boldsymbol{B}$，为矩阵 $\boldsymbol{B}$ 的最大特征根。

表 2 判断矩阵 A–B_i($i=1,2,\cdots,5$)

A	B_1	B_2	B_3	B_4	B_5	权值 W_i	$\boldsymbol{BW}$
B_1	1	1/5	1/4	4	3	0.119 1	0.646 6
B_2	5	1	4	7	5	0.489 1	2.647 1
B_3	4	1/4	1	8	7	0.295 1	1.597 1
B_4	1/4	1/7	1/8	1	1	0.044 7	0.241 9
B_5	1/3	1/5	1/7	1	1	0.052 0	0.281 4

注：$\lambda_{\max}=5.412\ 2$；$CI=0.103\ 1$；$CR=0.092\ 0<0.1$。

表 3 判断矩阵 B_1–C_{1i}($i=1,2,3$)

B_1	C_{11}	C_{12}	C_{13}	权值 W_i	$\boldsymbol{BW}$
C_{11}	1	7	1/3	0.289 7	0.892 4
C_{12}	1/7	1	1/9	0.054 9	0.169 1
C_{13}	3	9	1	0.655 4	2.018 8

注：$\lambda_{\max}=3.080\ 3$；$CI=0.040\ 1$；$CR=0.077\ 2<0.1$。

表4 判断矩阵 $B_2-C_{2i}(i=1,2,\cdots,6)$

B_2	C_{21}	C_{22}	C_{23}	C_{24}	C_{25}	C_{26}	权值 W_i	**BW**
C_{21}	1	3	2	1/4	1/7	1/8	0.057 2	0.378 4
C_{22}	1/3	1	1/3	1/4	1/5	1/8	0.031 1	0.205 8
C_{23}	1/2	3	1	1/3	1/5	1/7	0.051 5	0.340 7
C_{24}	4	4	3	1	1/5	1/7	0.110 2	0.729 1
C_{25}	7	5	5	5	1	1/3	0.269 3	1.781 7
C_{26}	8	8	7	7	3	1	0.480 6	3.179 7

注：$\lambda_{max}=6.616\ 0$；$CI=0.123\ 2$；$CR=0.097\ 8<0.1$。

表5 判断矩阵 $B_3-C_{3i}(i=1,2,\cdots,5)$

B_3	C_{31}	C_{32}	C_{33}	C_{34}	C_{35}	权值 W_i	**BW**
C_{31}	1	5	6	8	7	0.592 4	3.213 4
C_{32}	1/5	1	1	5	1/2	0.116 8	0.633 6
C_{33}	1/6	1	1	5	1/2	0.112 6	0.610 8
C_{34}	1/8	1/5	1/5	1	1/2	0.040 5	0.219 7
C_{35}	1/7	2	2	2	1	0.137 8	0.747 5

注：$\lambda_{max}=5.424\ 4$；$CI=0.106\ 1$；$CR=0.094\ 7<0.1$。

表6 判断矩阵 $B_4-C_{4i}\ (i=1,2,3,4)$

B_4	C_{41}	C_{42}	C_{43}	C_{44}	权值 W_i	**BW**
C_{41}	1	2	3	1/2	0.261 7	1.052 2
C_{42}	1/2	1	1	1/4	0.118 3	0.475 6
C_{43}	1/3	1	1	1/6	0.096 6	0.388 4
C_{44}	2	4	6	1	0.523 5	2.104 8

注：$\lambda_{max}=4.020\ 6$；$CI=0.006\ 9$；$CR=0.007\ 7<0.1$。

表7 判断矩阵 $B_5-C_{5i}\ (i=1,2,3,4)$

B_5	C_{51}	C_{52}	C_{53}	C_{54}	权值 W_i	**BW**
C_{51}	1	5	3	3	0.521 5	2.214 5
C_{52}	1/5	1	1/3	1/2	0.086 0	0.365 2
C_{53}	1/3	3	1	1/3	0.153 0	0.649 7
C_{54}	1/3	2	3	1	0.239 5	1.017 0

注：$\lambda_{max}=4.246\ 4$；$CI=0.082\ 1$；$CR=0.092\ 3<0.1$。

通过一致性检验，各判断矩阵均满足一致性要求，见表 8。各层次指标相对总目标重要性的权重见表 9。

表 8 一致性检验

	A-B_i	B_1-C_{1i}	B_1-C_{2i}	B_1-C_{3i}	B_1-C_{4i}	B_1-C_{5i}
λ_{max}	5.412 2	3.080 3	6.616 0	5.4244	4.020 6	4.246 4
CI	0.103 0	0.040 1	0.123 2	0.1061	0.006 9	0.082 1
RI	1.12	0.52	1.26	1.12	0.89	0.89
CR	0.092 0	0.077 2	0.097 8	0.094 7	0.007 7	0.092 3
结果	满足	满足	满足	满足	满足	满足

表 9 各层次指标相对总目标权重

层次 C	层次 B					相对总目标权重
	B_1	B_2	B_3	B_4	B_5	
	0.119 1	0.489 1	0.2951	0.0447	0.0520	
C_{11}	0.289 7	—	—	—	—	0.034 5
C_{12}	0.054 9	—	—	—	—	0.006 5
C_{13}	0.655 4	—	—	—	—	0.078 1
C_{21}	—	0.057 2	—	—	—	0.028 0
C_{22}	—	0.031 1	—	—	—	0.015 2
C_{23}	—	0.051 5	—	—	—	0.025 2
C_{24}	—	0.110 2	—	—	—	0.053 9
C_{25}	—	0.269 3	—	—	—	0.131 7
C_{26}	—	0.480 6	—	—	—	0.235 0
C_{31}	—	—	0.592 4	—	—	0.174 8
C_{32}	—	—	0.116 8	—	—	0.034 5
C_{33}	—	—	0.112 6	—	—	0.033 2
C_{34}	—	—	0.040 5	—	—	0.011 9
C_{35}	—	—	0.137 8	—	—	0.040 7
C_{41}	—	—	—	0.261 7	—	0.011 7
C_{42}	—	—	—	0.118 3	—	0.005 3
C_{43}	—	—	—	0.096 6	—	0.004 3
C_{44}	—	—	—	0.523 5	—	0.023 4
C_{51}	—	—	—	—	0.521 5	0.027 1
C_{52}	—	—	—	—	0.086 0	0.004 5
C_{53}	—	—	—	—	0.153 0	0.008 0
C_{54}	—	—	—	—	0.239 5	0.012 5

由表9可以发现：自动喷水灭火系统、安全出口的位置和数量、消防给水系统以及火灾荷载对商场的消防安全水平影响较大。

4 应用实例

为了验证基于层次分析法的商场消防安全评估体系的准确性与合理性，本文选取江苏南京某商场进行消防安全的评估，按照前文所述过程计算，最后得到的结果见表10。

表10 南京某商场的消防安全评估结果

指标	相对总目标权重	得分	相对于总目标得分	评估总分
C_{11}	0.034 5	85	2.93	82.07
C_{12}	0.006 5	80	0.52	
C_{13}	0.078 1	70	5.47	
C_{21}	0.028 0	60	1.68	
C_{22}	0.015 2	80	1.22	
C_{23}	0.025 2	90	2.27	
C_{24}	0.053 9	90	4.85	
C_{25}	0.131 7	90	11.85	
C_{26}	0.235 0	80	18.80	
C_{31}	0.174 8	90	15.73	
C_{32}	0.034 5	70	2.42	
C_{33}	0.033 2	75	2.49	
C_{34}	0.011 9	70	0.83	
C_{35}	0.040 7	80	3.26	
C_{41}	0.011 7	90	1.05	
C_{42}	0.005 3	75	0.40	
C_{43}	0.004 3	90	0.39	
C_{44}	0.023 4	65	1.52	
C_{51}	0.027 1	90	2.43	
C_{52}	0.004 5	85	0.38	
C_{53}	0.008 0	80	0.64	
C_{54}	0.012 5	75	0.93	

表10的计算结果反映了该商场的消防安全水平良好，与实际情况相符。但是从计算结果看，C_{21} 和 C_{44} 的得分较低，所以应该重点改善防火和防烟分区，控制吸烟情况，以提高该商场的消防安全水平。

5 结 论

基于层次分析法的商场消防安全评估，将定性分析和定量计算有机地结合，全面考虑了与商场消防安全有关的各方面，分析得到了对商场消防安全影响较大的四个因素，能够比较客观地评估商场的消防安全水平，对今后商场消防工作的开展有一定的指导作用。

参考文献

[1] 高尚平. 商场消防现代化的重要意义[J]. 商场现代化，1995（1）.
[2] 毕少颖，等. 消防安全评估方法的分析[J]. 消防科学与技术，2002（1）15-17.
[3] 公安部消防局. 中国火灾统计年鉴[M]. 北京：中国人事出版社，2014.

迪拜超高层公寓楼大火“零伤亡”的原因及启示

蒋治宇
（四川省成都市公安消防支队）

【摘　要】 迪拜一栋79层的超高层公寓楼突发大火，灾难现场堪比美国的“9·11”恐怖袭击，但火灾造成的结果竟是近乎“零伤亡”。本文通过对迪拜这次大火的回顾，从建筑自身的防火分隔、消防设施管理、消防部队的作战能力、楼宇物业管理水平和政府重视程度五个方面分析了其原因所在，得到了有关消防安全方面的一些启示，并对我国超高层建筑消防工作的未来发展提出了展望。

【关键词】 迪拜大火；火炬大厦；超高层建筑；火灾原因；启示

1 前　言

迪拜是阿拉伯联合酋长国最大的城市，是阿联酋的“贸易之都”，也是中东地区的经济和金融中心。迪拜拥有世界上第一家七星级酒店（七星级帆船酒店）、全球最大的购物中心、世界最大的室内滑雪场，迪拜还拥有世界最高的建筑——828米的“哈利法塔”（Burj Khalifa Tower）。2015年2月份，迪拜一栋79层的超高层公寓楼突发大火，灾难现场堪比美国的“9·11”恐怖袭击。这幢大楼坐落在繁华的玛丽娜区，这里高楼林立（见图1），在不到0.2 km^{2}的区域里集中了十多栋250 m以上的超高层建筑，有大量国际机构和企业的驻外人员居住在这一带，这座大楼里也是欧美居民居多，因此此次大火引起了世界各国的广泛关注，各国媒体也对其进行了跟踪报道。当地许多人都亲眼目睹了这场熊熊大火，并将其视频或图片传到了网络上，使得全世界的人都可以通过这些网络视频亲眼看到这栋超高层住宅火灾的燃烧状况。火灾是夜里凌晨2点发生的，大部分人正处于熟睡状态，居民很难及时发现火情。但即使是在这样的情况下，所有的居民都得以平安撤离建筑，这次大火造成的结果竟是近乎“零伤亡”。这不得不让人感到震惊！

图1　高楼林立的迪拜

2 迪拜大火的回顾

2015 年 2 月 21 日凌晨 2 点，阿联酋迪拜市的“火炬大厦”（Torch Tower）突发火灾。“火炬大厦”在全球最高的公寓楼中排名第五，建于 2011 年，高 336 米，地上部分共 79 层。据推测，这场大火大概是从大楼中部第 57 层的一个阳台开始燃烧，然后迅速蔓延到最上面的 20 多层，燃烧猛烈而迅速。有目击者称，火灾时大楼两侧窜出亮黄色的火焰，看似达数层楼高。由于大火伴着大风，起火楼层的着火物质到处散落，又导致了较低楼层起火。大火现场不断有大量燃烧的碎片从楼上落下，如同下起火雨（见图 2），从建筑物上脱落的碎玻璃、瓦砾和各种金属物件，甚至掉到距大楼 100 m 的道路上。大楼内的居民感觉像是“泰坦尼克”号沉没，每个人都在拼命地往外跑，但没有任何一个人知道到底哪里才是安全的。强风助长着火势，一些居民被浓烟呛伤，隔邻两栋公寓大楼的居民也被迫疏散。

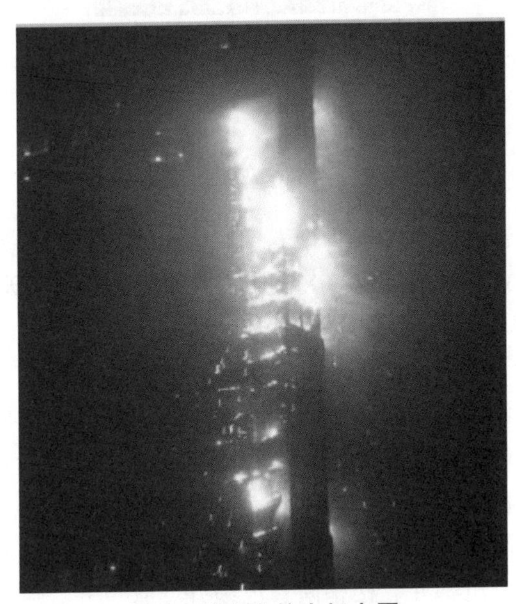

图 2　烈火中的火炬大厦

据报道，火警于当地时间 21 日凌晨 2:05 响起，火灾发生时，火炬大厦内的火灾警报器并没有立即响起，火炬大厦工作人员还是从附近一栋大楼那里才得知发生火灾的，因此报警延误了大约有半个小时到 1 个小时。当地消防部门接到火警后，至少出动了 12 辆消防车，在 9 分钟内即到达了火灾现场。在消防员灭火的同时，该楼 676 户居民也在物业和安保人员的帮助下迅速撤离。大火烧起时，迪拜正在刮沙尘暴，风速极高，能见度很低，对灭火和救援造成了不小的困难。由于着火楼层较高，消防员没有从地面喷射水枪，而是快速进入大楼内部，通过内部的消防供水线，最终将火势控制在其中一层楼上，然后将大火扑灭，共有 100 多名消防员和相关工作人员参与了灭火。明火持续了 3 个小时左右，于 4 时 31 分基本被扑灭。但直至凌晨 5 时左右，现场仍然十分危险，仍有大量燃烧的碎片从楼上落下，被大风吹得乱飞，有的还掉到了附近的楼里，极可能造成二次伤害，甚至引发新的火灾。但这场火灾的作战最终以胜利告终，明火被快速扑灭。迪拜警方确认此次火灾无人员伤亡报告，上千名居民得以安全疏散，只有 7 人因吸入浓烟被呛到，少数居民受到惊吓。也就是说，这次火灾造成的后果是近乎“零伤亡”！

根据后来火灾现场勘察发现，由于大火在较短时间内被扑灭，楼体一侧第 50 层至楼顶的 20 多层被烧损且变得焦黑，但建筑物主体基本完好（见图 3）。此外，由于起火点在阳台且灭火救援及时，火苗主要沿着建筑外墙向上燃烧，大楼内部没有大面积过火。

图3 大火之后的火炬大厦

3 “零死亡”原因分析

迪拜的气候属于热带沙漠性气候，干旱少雨，空气十分干燥，属于火灾易发性气候；这里经济繁荣，大量高层、超高层建筑林立，摩天大楼鳞次栉比，世界前100高摩天大楼中，迪拜独占20席，世界最高5座酒店全部位于迪拜，人们一直担心这些摩天大楼存在很大的火灾隐患。火炬大厦着火当天气候恶劣，大风伴着大火助长了火势的发展，并且火灾还是发生在凌晨2点左右，这时人们的反应能力最差，是最不利于发现火情和疏散的时间段。似乎一切的不利因素都出现在当天的大楼火灾了，但令人感叹的是，这次火灾竟然是“零伤亡”。这无疑是幸运的！但这种幸运并非是偶然的，而是一些必然因素的结果。下面就可能的原因逐一分析如下。

（1）建筑防火分隔有效，阻止了建筑内部的火灾蔓延。

我们知道超高层建筑内设有电梯井、楼梯间、电缆井、管道井、风道等竖向井道，如果封堵不严密或防火分隔没有做好，这些竖井就会像烟囱一样，快速将火苗传送到上面楼层，从而导致建筑内部的竖向蔓延；另外，各楼层在水平管道井和水平风道外，还有房间门和窗户等各种水平开口，如果水平方向上的防火分隔失效，同样会导致火灾在着火楼层的水平蔓延和扩大。根据后来的火灾现场勘察结果，发现这次大火的火苗主要沿着建筑外墙向上燃烧，大楼内部没有大面积过火，仅大楼上部的某一侧外部楼体有约三分之一墙面烧损，建筑物主体基本完好。这表明建筑内部的竖向防火分隔和水平防火隔断效果均很好，有效地阻止了火灾在建筑内部的竖向蔓延和水平蔓延。

（2）消防设施管理到位，火灾时发挥了重要作用。

在此次大火中，迪拜民防部队是通过内部的消防供水线从建筑内部将大火扑灭的，建筑内部消防供水系统的正常工作对这次火灾的快速扑灭起到了决定性的作用。消防设施在火灾时能否发挥作用，与消防设施的日常管理和维护到位是分不开的。

（3）消防应急处置能力强，迅速扑灭了大火。

火警接到后，迪拜民防部队在9分钟内就到达了现场，说明其消防员应急动作快、反应迅速。面对超高层建筑火灾，由于着火楼层较高，消防员采用了内攻法，没有从地面直接喷射水枪，而是快速进入大楼内部将大火扑灭，尽管当时天气恶劣，大风将火苗不断引向其他楼层或邻近建筑，但消防员仍然迅速地控制了火势，并在到达现场后不到3个小时就扑灭了明火，这让本来以为建筑会被焚毁的当地居民都感到很意外。说明迪拜民防部队消防员训练有素、指挥专业，应急处置能力超强。

（4）大楼物业管理水平高，有效组织了住户疏散。

迪拜这些高层住宅的楼宇物业都会配备 24 小时保安，在大厅里有人日夜值守。据火炬大厦的居民描述，该公寓的火警是当地时间凌晨 2:05 响起的，保安人员一个个挨家挨户地敲门通知公寓住户离开。在如此熊熊大火面前，人的本能是会紧张和慌乱的，尽管大厦的保安们当时也显得“十分慌乱”，但保安人员是有职业道德的，他们没有只顾自己逃生，而是一边克服着自己的恐惧，一边勇敢地将火情通知到所有住户。试想，如果没有这些保安的通知，夜里凌晨 2 点正在熟睡的住户不可能及时发现火灾，也不可能在及时逃出建筑。另外，我们知道火灾发生后，人们往往处于混乱的无序状态，如果没有物业和保安人员组织的有序疏散，该楼 676 户住户不可能得以迅速撤离，如此的话后果不堪设想。但这次大火仅造成了 7 人因吸入浓烟被呛到，少数居民受到惊吓，整个大火近乎“零伤亡”。这与大楼的物业管理水平和保安人员的职业道德高不无关系。

（5）迪拜对超高层建筑消防重视程度高，均采用了高标准和高要求。

据了解，迪拜政府相关部门强制配备了一些消防设施，高层公寓不允许使用煤气而只能用电热炉灶，强制要求每户家庭配备灭火器、防毒面具等。另外，在迪拜政府部门要求高层住宅的每个房间都配备烟雾感应和喷淋装置，楼梯的防火通道也标准较高，据说每扇防火门要求坚持至少 2 小时以上。此外，迪拜政府对超高层建筑消防的重视程度，从世界第一高楼“迪拜塔”的消防安全设计就可以看出来。据了解，迪拜塔采用了混凝土结构，而不是钢结构，目的是为了能够承受飞机撞击以及大火的袭击，并要设计防范电梯的钢索不会互相纠缠，每 25 层就设有增压空调庇护所来释放热量和烟雾，楼梯井也是防火的，同时还装配了救火装备专用电梯。

4 启示与展望

迪拜大火，是一次有效控制超高层住宅火灾的成功案例，其近乎“零伤亡”的优秀成绩更是引起了我国消防界的关注。迪拜已不是首次遭遇高楼火灾，但很少造成人员伤亡。再想想国内一些大火动辄几十人上百人的伤亡，我们是否应该有所感悟？首先，迪拜对超高层建筑的高标准和高要求，非常值得我们借鉴。其次，迪拜民防部队超强的消防应急处置能力，值得我们与之交流。最后，迪拜大楼的高水平管理，也值得我们学习。相信通过一些超高层建筑火灾成功案例的启示和学习，并与国际上具有成功经验的消防机构进行广泛的学习交流与合作，我国超高层建筑火灾防范水平将会更上一层楼。希望在不久的将来，我们也能在超高层建筑消防工作上交出一份令全国人民满意的答卷！

参考文献

[1] 从迪拜火炬大厦火灾看中国高层建筑消防安全[EB/OL]. http://www.docin.com/p-1108446337.html.
[2] 迪拜大火零伤亡给物业管理行业的启发[EB/OL]. http://www.wwuye.com/index.php/article/5496/.
[3] 迪拜大火为何少伤亡？[EB/OL]. http://blog.sciencenet.cn/blog-302992-869392.html.
[4] 迪拜摩天大楼烧了 3 小时[EB/OL]. http://world.people.com.cn/n/2015/0222/c157278-26586631.html.

作者简介：蒋治宇（1982—），男，四川省成都市公安消防支队；从事消防监督检查、建筑审核工作。
通信地址：四川省成都市草市街 2 号省市政务中心，邮政编码：610017；
联系电话：13880261169；
电子邮箱：17203277@qq.com。

建筑防火

隧道工程消防安全疏散设计探讨

党 明
（陕西省消防总队汉中支队）

【摘 要】 隧道火灾危险性大，火灾中人员疏散困难，极易造成重大伤亡的严重后果，在倡导尊重生命、以人为本的今天，如何确保公路隧道火灾时人员的安全疏散，在隧道设计及运营管理中显得尤为重要，然而目前我国既没有公路隧道的防火安全标准，也没有公路隧道的消防设计专业规范。因此，对隧道中人员安全疏散缺乏指导性意见，本文将结合隧道火灾的特点及人员疏散行为对隧道安全化设计进行探析。

[关键词] 隧道；火灾；消防；疏散；安全

为了克服高程障碍，优化线路，缩短里程，修建隧道必不可少，而且数量越来越多，规模越来越大。汉中市北依秦岭，南屏巴山，辖区范围内的高速公路汇聚有京昆、十天、宝巴高速三条要道，其特点是隧道数量多，里程长，结构复杂等，以 2007 年 9 月 30 日通车的京昆高速西汉段为例，隧道单洞总长达 97 413.5 延米，共计 151 座，其中特长隧道 48 554 延米，10 座，长隧道 14 982 延米，10 座，中隧道 23 847 延米，63 座，短隧道 10 030.5 延米，68 座；十天高速汉中段，各类型隧道达 96 座，总长达 68 101.7 延米；宝汉高速路二郎山隧道单洞也长达 3 046 延米。因此，隧道消防安全设计就成为汉中消防部队防火、灭火工作研究的重要课题之一。

隧道是公路交通的咽喉要道，结构复杂，环境密闭，空间狭窄，能见度差，流动车辆多，车速快，一旦发生火灾，扑救相当困难，往往造成重大的人员伤亡和财产损失。故在隧道设计时，应贯彻“预防为主，防消结合”的方针，使隧道真正起到安全输送人员和物资的作用。

3 月 1 日 14 点 50 分，晋城市境内的晋济高速岩后隧道内两辆甲醇车追尾，司机违规处理引发甲醇燃烧，导致隧道内 42 辆汽车、1 500 多吨煤炭燃烧，并引发液态天然气车辆爆炸。事故共造成 31 人死亡。

据统计，目前我们国家隧道总里程达 450 余万千米，隧道数量 1 万余座，位居世界第一，纵观全国，每年隧道内发生各类交通事故引发火灾导致人民生命财产安全受到损失的案件层出不穷，结合火灾后给人带来的反思以及平时的工作经验，设计人员对现代化隧道的安全性能设计做了一些思考。

1 隧道火灾特点

隧道火灾是以交通工具及其车载货物燃烧、爆炸为特征的火灾。隧道火灾特点如下：

（1）火灾多样性。

隧道火灾及其规律因交通工具及其车载货物、隧道建筑以及火灾时的交通状况等因素而复杂多变。从以往隧道火灾统计资料来看，隧道火灾中 A 类火灾发生频率较高，B 类火灾、混合物品火灾造成重、特大隧道火灾频率较高。

（2）起火点的可移动性。

隧道火灾时，驾乘人员因视觉受限和特殊的视觉感应，不能对火灾做出快速反应，起火车辆会继续在隧道内行驶，即使驾乘人员发现火灾，为了便于报警及后续处置，机动车辆往往会带火行驶至紧急停车区或尽力驶出隧道，到达开阔空间处才进行处置。车辆的移动性，决定了隧道火灾起火点会随车辆运行发生变化。

（3）燃烧形式及其影响因素的多样化。

隧道火灾的可燃物主要由交通工具及其车载货物提供，可能出现气相、液相、固相可燃物燃烧，当可燃气体，蒸气预混浓度达到爆炸极限时，还会发生爆炸，这是隧道火灾燃烧形式多元化的表现。

（4）火灾扩大蔓延。

隧道火灾扩大蔓延受通风条件、交通状况等因素影响，强制通风能改善隧道内的燃烧条件，火灾时，往往形成交通堵塞，造成大量不同类型、数量可燃物的堆积。隧道初期火灾，纵向气流流速较小，火焰和烟气在热浮力控制下，主要将火灾产生的热量传递给隧道的拱顶、侧壁衬砌和车辆，起火区域附近的这几个部位温度最高；另外火灾在隧道内发生，热量主要以热辐射和热对流进行传递，当热量足以点燃相邻车辆或车载可燃货物时，即使车辆之间有一定距离，仍能够形成扩大蔓延，油罐车或其他易燃物品运输车辆起火还可能发生爆炸。

（5）安全疏散困难。

隧道建筑的特点决定了发生火灾时的人员安全疏散困难，一是隧道空间及疏散通道的局限性；二是隧道受火后的安全程度不确定，三是不确定因素较多。

① 隧道火灾时，隧道内部是烟气扩散、燃烧蔓延的通道，又是疏散通道、救援场地，隧道火灾现场与疏散过渡通道之间没有明显界限，高温和有毒烟气对人员构成直接威胁，隧道内烟雾大，能见度低，视距短，车辆与人员在同一通道上，现场人员容易产生恐惧和反应失控，也容易形成二次事故，被困人员和车辆的安全性和疏散的有效性很难得到保障。水底隧道、山岭隧道受环境条件、施工条件限制，很难打通许多与地面空间连通的坑道，这决定了隧道在地面安全出口的有限性；上下行分离式隧道，双洞之间利用横向连通的通道作为互相的安全疏散通道，受到地形、长度和通道宽度的制约较多。

② 隧道火灾规模通常以火源的最大热释放率 HRR 形式给出，单辆小汽车 HRR 约为 5 MW，一般认为 HRR 达到 5 MW 即能对人员安全造成威胁，大巴车约为 30 MW，大货车为 20 ~ 30 MW，通常达到最大 HRR 时间不超过 10 ~ 18 min，隧道内部火灾温度能达到 1 000 °C。研究表明，若不对隧道结构层采取防护措施，在发生火灾后约 10 min 时，达到 10 MW 时，就可能使得隧道结构产生改变，增加了人员安全疏散和灭火救援的不确定性。

③ 不确定性存在于车辆及车载货物的火灾危险性、人员疏散意识，以及隧道内部消防设施、产品是否发挥有效作用。车辆及车载货物的火灾危险性以及驾乘人员的应急措施都决定着火灾发展走势及着火速度，油罐车的 HRR 达到 200 ~ 300 MW，甚至有爆炸危险；另外，车辆若为大巴车，乘客疏散便不能在第一时间顺利展开，人员疏散能力也参差不齐，疏散时间便会增加。

2 疏散逃生行为与设计理念的结合

（1）隧道火灾危险的临界条件。

研究表明，人体处于环境温度≤80 °C 时，人员有生存可能；>80 °C 时，存在死亡危险。因此，隧道火灾时，人员疏散至安全区域的时间是否小于环境温度升高至危险温度的时间成为安全化设计的主要依据。人员安全疏散时间：往往人员安全疏散并不是伴随着火灾的发生而同时进行的，从火灾发生到人员安全疏散完成，一般经历三个时间段，即探测时间、反应时间、疏散时间，因此总疏散时间应该为三个时间段之和。环境温度与疏散时间：人员在隧道内的正常疏散速度为 1.5 m/s，但在有烟气的情况下可能只有 1 m/s。一般人的极限辐射热耐受值为 2 ~ 2.5 kW/m^2，消防人员在带有空气呼吸装置时的耐受极限为 30 min，5 kW/m^2。一般，160 °C 的烟气层的辐射热为 2 kW/m^2，270 °C 的烟气层的辐射热为 5 kW/m^2。人员在疏散时的最高空气温度不应超过 80 °C，研究表明，公路隧道内起火后 5 ~ 10 min 内环境温度达到 80 °C 以上，而且有毒烟气将可能达到致人死亡的临界值，探测时间加反应时间按 60 s 计，因此，火灾附近的人员应该在 4 ~ 9 min 内完成有效疏散，值得一提的是，尽管隧道内为了防止火灾中的烟雾回流，通常在隧道通风设计时都通常保证隧道内具有 2 ~ 3 m/s 的临界风速，但研究表明，这个临界风速虽然可以阻止火灾时的烟雾回流，但是却不能阻止火灾时的热量回流。

（2）安全疏散通道设计思考。

根据人员疏散时间及人员步行速率即得出疏散通道间距应为 240 ~ 540 m。由此选取偏小值 250 m 计算最大疏散距离，若火灾发生点位于通道处，向前后通道均为 250 m 左右，即无论人员向前或者向后返程，均不超过安全疏散距离，保证了安全疏散的需要，若火灾发生点位于两个通道之间的中间临界位置，即前后通道均为 125 m，逃生时间仅需要 2 分多钟。因此本着安全、科学、避免浪费的设计原则，目前施行的《公路隧道设计规范》（JTG D70—2004）第 4.4.6.2 条规定：将人行通道的间距确定为 250 ~ 500 m。

3 隧道建筑安全化设计思考

提高隧道内部结构的耐火等级，选用较好耐火性能的衬砌，与普通的硅酸盐水泥混凝土相比，耐火混凝土表现出较好的耐火性能，例如陶沙陶粒耐火混凝土经 800 °C 高温后，其抗压强度仍能达到高温抗压强度的 55%，但是价格要比普通的贵 2 ~ 3 倍，工艺也较为复杂；另外就是防火涂料，用于保护隧道等不燃性建筑结构的防火涂料包括有机膨胀型厚浆涂料和轻体无机防火喷涂料两类。高温下，有机膨胀涂料的碳质泡沫层易逐渐消失而减弱防火隔热作用，即使是最好的涂料，涂层增至 4 mm 时，耐火极限也只有 1 h。而无机喷涂涂料，由于密度轻，热导率小，耐火性能好，随涂层厚度不同，可满足 1 ~ 2 h 甚至更长时间的耐火要求。但纯粹的无机物构成的喷涂涂料，容易出现硬而脆、产生龟裂脱落等不利情况。因此，建议在隧道中采用非膨胀型的、无污染的水性有机-无机复合涂料。鉴于防火涂料的装饰效果较差，目前隧道防火涂料主要应用在外观要求不严的公路隧道，而城市过街隧道、地铁等工程则多选隧道防火板材。据调研，在目前准备设计、施工的城市过街隧道，90% 以上需要采用隧道防火板材进行防火保护。该类板材从防火原理上可分为两类：一类是材料主要的特点是材料轻、导热系数低，可有效阻止热量传递；另一类是火灾时材料发泡，形成致密的隔热层，阻止热量传递，从而保护火灾中的隧道结构。2012 年 9 月实施的《隧道防火保护板》（GB 28376—2012）中，对隧道内部使用防火保护板进行了规范性的要求，该材料可有效提高隧道的耐火性、抗压性，耐酸碱性，以及耐腐蚀性。

正如之前所述，由于隧道火灾中有着众多不确定因素，所以不能确保全部人员能够在较短的安全时间内撤离危险区域，因此，在安全化设计中，也可以考虑选择特殊的临时避难设施，勃朗峰隧道在火灾后改建中每隔 300 m 设一个临时避难洞，洞室距离正洞 4 m，面积 40 m^2，洞内具有良好的隔热措施，隧道达到 1 000 °C 时，避难洞温度为 30 °C，设有通风设备，洞内压力始终比洞外大 80 Pa 左右，火灾时每小时换气 20 次。

参考文献

[1] 李想. 集中排烟模式下长大公路隧道火灾及人员安全疏散研究[D]. 杭州：浙江大学，2008.
[2] 中华人民共和国交通部. JTG/T D71—2004. 公路隧道交通工程设计规范[S].
[3] 夏永旭，王永东，邓念兵，赵峰. 公路隧道安全等级研究[J]. 安全与环境工程学报，2006，6（3）44-46.
[4] 王雄光. 试探公路隧道的消防设施设计与维护管理[J]. 消防技术与产品信息，2013.5（5）.

作者简介：党明，男，大学本科，十一级工程师；主要从事工程审核及消防监督工作。
联系电话：13891671191。

城市燃气的危险特性及其安全管理

安正阳
（云南省昆明市消防指挥学校）

【摘　要】 城市燃气具有易燃易爆性、受热膨胀性、扩散性及带电性等主要危险特性，其火灾危险性相对较大。本文在分析城市燃气危险特性的基础上，提出相应的安全管理措施。

【关键词】 城市燃气；危险特性；安全管理

1 引　言

城市燃气是用于供给人们生产和生活作燃料使用的天然气、人工煤气和液化石油气等气体能源的统称。目前，城市燃气产业发展很快，管道煤气、天然气、液化石油气在城市中的应用相当普遍。城市燃气产业的迅速发展对优化城乡能源结构，改善城乡环境以及提高人民生活质量发挥着非常重要的作用。

2 城市燃气的主要危险特性

2.1 易燃易爆性

当城市燃气的浓度达到爆炸浓度范围内时，遇点火源发生燃烧爆炸的可能性很大。由于城市燃气的爆炸浓度下限低，爆炸极限范围较广，燃烧爆炸危险性就大；而且城市燃气的燃点都不高，易被火源点燃；点火能量越小的易燃气体，燃烧爆炸危险性就越大；易燃气体燃烧温度越高，辐射热就越强，越易引起周围可燃物燃烧，促使火势迅速蔓延扩展。城市燃气的最小点火能量见表 1。

表 1　城市燃气在空气中的最小点火能量

易燃气体	最小点火能量（mJ）
天然气	0.3 ~ 0.4
煤　气	0.19 ~ 0.3
液化石油气	0.31 ~ 0.38

城市燃气是一种高危险性的可燃气体，易燃、易爆、易中毒，1 kg 液化气形成的密闭空间，其爆炸当量相当于 4 ~ 6 kg 的 TNT 炸药，稍有不慎，极易引发安全事故，而且所有的燃气事故都发生在一瞬间，往往一家出事，邻里遭殃，祸及无辜。

2.2 受热胀缩性

气体受热时，体积就会膨胀。在容器体积不变时，温度与压力成正比。受热温度越高，形成的压力就越大。所以盛装压缩或液化气体的容器受到高温、日晒、剧烈震动等作用时，气体就会急剧膨胀而产生比原来更大的压力。当压力超过了容器的耐压极限，就会引起容器爆炸，以致气体逸出，当遇到明火或爆裂时产生的静电火花，就会造成火灾或爆炸事故。

2.3 扩散性

在气体内部，当分子密度不均匀时，就会出现气体分子从密度大的地方移向密度小的地方，这种现象叫扩散。一般来说，城市燃气中的天然气和煤气比空气轻，在空气中可以无限制地扩散，容易与空气形成爆炸性混合物，而且能随风飘移，致使易燃气体发生燃烧爆炸并蔓延扩展；而液化石油气比空气重，往往沉积于地表、沟渠、厂房等死角，长时间聚集不散，容易遇火源而发生燃烧、爆炸（或自燃）。而且，密度大的易燃气体，往往都具有较大的热值，着火后，易造成火势扩大。

2.4 带电性

任何物质的摩擦都会产生静电。当城市燃气从容器、管道口或破损处高速喷出时就能产生静电，主要是气体和气体中含有的固体或液体杂质，在高速喷出时与容器或管道壁发生剧烈的摩擦所致。影响静电电荷的因素主要有：

2.4.1 杂 质

城市燃气中所含的液体或固体杂质越多，产生的静电荷就越多。

2.4.2 流 速

城市燃气的流速越快，产生的静电荷就越多。

据实验，液化石油气喷出时产生的静电电压可达 9 000 V，其放电火花足以引起燃烧。因此，压力容器内的可燃压缩或液化气体在容器、管道破损时，或放空时速度过快，都容易产生静电，引起火灾或爆炸事故。

带电性是评定易燃气体火灾危险性的参数之一，掌握了易燃气体的带电性，可据此采取设备接地、控制流速等相应的防范措施。

2.5 毒害性和窒息性

城市燃气都具有一定的毒性，在处理或扑救此类有毒易燃气体火灾时，应特别注意防止中毒。而且城市燃气还具有窒息性。一般来说，城市燃气的易燃易爆性和毒害性易引起人们的注意，而对其窒息性往往容易被忽视，但是这些气体一旦大量泄漏于房间或大型设备及装置内，均会使现场人员窒息死亡。

3 城市燃气的安全管理措施

3.1 加强城市燃气的规划与工程建设的管理

城市燃气的规划属于城市总体规划的一部分，但总体来看，我国燃气规划的深度和广度都还未达到国标要求，需作进一步细化和完善。城市燃气工程是指燃气设施和燃气供应站点的新建、改建扩建工程。其建设必须严格燃气工程的审查、审批程序，从选址、气化范围、供气规模、输配系统、到消防规划及环保规划，都必须符合城市燃气规划的专项要求，符合国家关于燃气的安全标准、规范、规章制度的要求，符合《中华人民共和国消防法》以及各种消防技术法律法规的有关要求。

3.2 加强城市燃气经营方面的管理

在城市燃气的经营方面，必须从以下几个方面予以加强：

（1）城市燃气的经营企业必须按照国家和各省有关规定取得相应的经营许可并办理《燃气经营许可证》后，才可以从事城市燃气的经营活动，并按照规定的期限对经营许可的其他相关证件实行年审。

（2）燃气经营企业经营的气源必须是稳定的、符合国家标准的；其储存、输配、充装设施必须符合相关标准；资金必须与经营规模相适应，其经营场所必须是固定的和符合安全条件的；其专业管理人员和技术人员必须持证上岗，企业必须制定健全的安全管理制度和企业内部管理制度；配备与企业经营规模相适应的应急救援抢修人员和设备。

（3）经营燃气企业必须建立安全责任制，健全安全管理网络，实行日常巡查和定期检查相结合，实行服务承诺，对用户进行安全使用教育和咨询，设立 24 小时服务热线。

（4）经营燃气企业的仓库应阴凉通风，远离热源、火源，防止日光曝晒，严禁受热。库内照明应采用防爆照明灯。库房周围不得堆放任何可燃材料。

（5）内装物互为禁忌物的气瓶应分库储存。例如，氢气瓶与液氯瓶、氢气瓶与氧气瓶、液氯瓶与液氨瓶等，均不得同库混放。易燃气体不得与其他种类危险化学品共同储存。储存时气瓶应直立放置整齐，最好用框架或栅栏围护固定，并留有通道。

（6）装卸时必须轻装轻卸，严禁碰撞、抛掷、溜坡或横倒在地上滚动等，不可将瓶阀对准人身，注意防止气瓶安全帽脱落。装卸氧气瓶时，工作服和卸装工具不得沾有油污。易燃气体严禁接触火源。

3.3 加强城市燃气的使用管理

对于城市燃气用户来说，必须从以下几个方面进行燃气的使用管理：

（1）当管道燃气用户要对用气范围进行扩大，即要改变燃气用途或者安装、改装、拆除固定的燃气设施和设备的，必须到城市燃气企业（或公司）办理相关的手续。

（2）对于单位燃气用户来说，要具体落实安全管理责任制度，其操作维护人员应当具备必要的燃气安全知识，掌握岗位安全操作技能。

（3）城市燃气用户必须配合燃气经营企业（公司）入户进行的安全检查，遵守安全用气规则，不得实施以下行为：

① 盗用燃气、损坏燃气设施；

② 用燃气管道作为负重支架或接地引线；

③ 从事危害室内燃气设施安全的装饰、装修活动；

④ 安装、使用明令淘汰的燃气器具；

⑤ 使用超期限未检修、检验不合格或者报废的钢瓶；

⑥ 擅自拆卸、安装、改装燃气计量装置和燃气设施；

⑦ 加热、摔、砸燃气钢瓶或者在使用时倒卧燃气钢瓶；

⑧ 倾倒燃气钢瓶残液；

⑨ 擅自改换燃气钢瓶检验标志和漆色；

⑩ 在不具备安全使用条件的场所使用瓶装燃气。

3.4 加强城市燃气设施与设备的管理

在城市燃气的设施与设备管理方面，要从这几个方面入手：

（1）燃气部门应在燃气设施所在地、敷设有燃气管道的道路交叉口及重要燃气设施上设置明显的安全警示标志，并在生产经营场所设置燃气泄漏报警装置。任何单位和个人不得擅自拆除、损坏、覆盖、移动、涂改安全警示标志。

（2）其他建设项目开工前，建设单位或施工方应向燃气部门或城建部门查明地下燃气设施的相关情况并采取相应的安全保护措施，在专业技术人员的监督下进行。

（3）大型车辆或机械需通过地下敷设有燃气管道的非机动车道时，应事先征得燃气部门同意，并采取相应的安全保护措施，经检验合格后方可通行。

（4）城市燃气设施或设备的生产、经营企业（或公司）应当在燃气设施或设备的明显位置标注气源适配性检测标志。

（5）城市燃气部门和用户应当按照规定对燃气设施和器具进行定期检验、检修和更新。报废的钢瓶应当进行碰坏性处理，不得翻新使用。

（6）燃气器具的维修应当符合国家和相关省、自治区颁布的技术规范和标准，并依法由有资质的单位进行维修或处理。

3.5　加强城市燃气监督检查与事故处理的管理

在城市燃气的监督检查方面，要做到以下几点：

（1）燃气行政主管部门应对燃气的工程建设、经营、使用、设施保护、设备安装维修等活动进行监督检查。发现具有安全隐患的，及时通知有关单位和个人予以消除。

（2）燃气的行政主管部门在实施项目的批准或核准时，程序必须公开，并依法接受监督。

（3）燃气行政主管部门应建立举报和投诉制度，公开举报和投诉电话、信箱或电子邮件地址、受理有关燃气安全、收费标准和服务质量的举报和投诉。

（4）任何单位和个人发现燃气事故隐患时，应立即向燃气经营企业、燃气行政主管部门或公安消防等部门报告。

在城市燃气的事故处理方面，要从下面几个方面予以加强：

（1）城市燃气的经营企业接到发生燃气事故报警后应立即组织应急抢险抢修工作，并向上级主管部门汇报。燃气行政主管部门或公安消防等部门应建立燃气安全预警联动机制，接到报警后，立即处理。

（2）抢险、抢修人员在处理燃气事故紧急情况时，对影响抢险抢修的其他设施，可以采取必要的应急措施，并妥善处理善后事宜。

3.6　不断完善有关燃气的法律和法规的建设

只有建立一整套有关城市燃气方面的法律及制度，才能使城市燃气的运行有可靠的法律保证。

3.7　加大城市燃气的安全宣传教育

城市燃气的行政主管部门应加强燃气的安全知识宣传、普及工作，提高全民燃气的安全意识，积极防范各种城市燃气事故的发生。教育、新闻媒体等有关部门应协助燃气主管部门开展燃气安全知识的宣传教育。燃气经营企业有义务对燃气用户安全使用燃气进行指导和教育，燃气用户必须遵守燃气安全用气规则，确保使用安全。

4 结束语

近年来，在我国各大中型城市，因操作不当、管理不善、处置不力而导致的城市燃气重特大灾害事故时有发生，造成了重大的人员伤亡和巨大的财产损失。这一安全形势必须予以高度重视，积极采取有效的防控措施，加强对城市燃气的安全管理，预防该类灾害事故的再次发生。

参考文献

[1] 郑瑞文. 危险化学品防火[M]. 北京：化学工业出版社，2002.
[2] 任树奎，等. 危险化学品常见事故与防范对策[M]. 北京：中国劳动社会保障出版社，2004.
[3] 赵庆贤，邵辉，葛秀坤. 危险化学品安全管理[M]. 北京：中国石化出版社，2010.
[4] 何光裕，王凯全，黄勇，等. 危险化学品事故处理与应急预案[M]. 北京：中国石化出版社，2010.
[5] 崔政斌，崔佳，孔垂玺. 危险化学品安全技术[M]. 北京：化学工业出版社，2010.
[6] 苏华龙. 危险化学品安全管理[M]. 北京：化学工业出版社，2006.

作者简介： 安正阳（1975—），男，四川资阳人，昆明理工大学环境科学博士，昆明消防指挥学校副教授，中校；现主要从事消防及环境工程与科学等方面的教学和研究工作。
通信地址：昆明消防指挥学校训练部专业基础教研室，邮政编码：650208；
联系电话：13708732260；
电子信箱：anzhengyang2005@sina.com。

大型商业建筑火灾特点和性能化防火设计系统的研究

周代新
（江苏省淮安市公安消防支队）

【摘　要】 为了提高大型商业建筑消防安全特性，本文从火灾荷载、火灾蔓延速度、人员安全疏散三个方面分析了大型商业建筑的火灾特点，归纳出大型商业建筑防火与安全疏散设计的要点，最后对建筑性能化防火设计的步骤与组成进行总结。该论文研究结果对大型商业建筑性能化防火设计有一定的指导作用。

【关键词】 大型商业建筑；火灾；安全疏散；性能化防火设计

近年来随着我国经济建设的迅速发展和人民生活水平的不断提高，各个城市基本都在繁华地段建立了大型综合性商业建筑，并逐渐形成自己特色的商业街或商业中心，大型综合性商业建筑已然成了现代化城市的标志。部分商业建筑占地面积大、公用空间大、停车场大、建筑规模大，是同时集购物、餐饮、休闲、娱乐、旅游甚至金融、文化功能于一体的综合性商业建筑。而大型综合性商业建筑的出现，给建筑防火设计提出了新的课题。此类建筑功能多样，平面布局复杂，人员密集，建筑物内的可燃物比较多，一旦发生火灾，在控制不力和抢救不及时的情况下会产生严重后果。

1　大型商业建筑的火灾特点

（1）可燃物多，火灾荷载大。

大型商场里的货物一般有家具、小商品、家用电器、灯具、纺织服装、建筑材料类等，大多为可燃性物品，这就增大了火灾发生的危险性。另外商场内的装修材料多采用木质、泡沫塑料、软包布类产品，均为易燃物品。这类装修材料在燃烧时会散发出大量有毒有害气体，威胁被困人员的生命安全。

（2）火灾蔓延迅速。

商场内的商品大都采用立体布置，货架上摆满了可燃物商品，一旦着火，如不及时采取有效阻断或灭火措施，火灾会迅速蔓延到相邻的货架上，从而形成整片区域内大面积燃烧。商业建筑往往有一通到顶的中庭，这些部位与防火分区、防烟分隔处理是矛盾的，是防火设计的薄弱点，火灾容易通过中庭向上层蔓延。

（3）人员众多，疏散困难。

现代商场的垂直交通主要以自动扶梯为主，使用起来方便省力。相比较而言，疏散楼梯大多分布在角落里，位置比较隐蔽，而货架的高度要高于视线，一旦发生火灾，商场内浓烟密布，在较短的时间内很难找到疏散楼梯。发生火灾时，人们情绪紧张，求生心切，往往做出失去理智的事，如跳楼逃生，或在楼梯间发生推人踩踏事件，极易造成人员伤亡。在多层商场火灾中，上部楼层的人群往往因为能见度低而找不到疏散通道，无法逃生，或吸入大量有毒有害气体，最终造成群死群伤事故，因此商场火灾中的伤亡人数远高于其他类型建筑火灾中的伤亡。如 1993 年 1 月 14 日河北省唐山市林西百货大楼火灾，造成 86 人死亡，63 人受伤，经济损失 401 万元；2000 年 12 月 25 日河南省洛阳市东都商厦火灾，造成 309 人死亡，7 人受伤，经济损失 150 万元；2004 年 02 月 15 日吉林省吉林市中百商厦火灾，造成 54 人死亡，70 人受伤，经济损失 400 万元；1979 年 02 月 07 日奥地利杰格勒斯百货商店火灾，造成 118 人死亡，82 人受伤，经济损失 1.06 亿元。

2 大型商业建筑性能化防火设计

大型商业建筑平面布置复杂，特别是发生火灾火势蔓延迅速，人员疏散也比较困难，因而在大型商业建筑防火疏散与防火构造设计方面必须坚持“防”与“疏”相结合，必须遵循“预防为主，防消结合”的消防工作方针，结合实际，融合规范要求，设计合理，措施得当，立足自防自救，做到安全适用、技术先进、经济合理。

2.1 大型商业建筑防火设计

建筑的防火设计是防止火灾发生、减少火灾损失的关键环节。大型商业建筑防火设计主要内容包括：总平面设计与平面防火设计、防火防烟分区、防火构造、安全疏散与消防电梯、消防给水和灭火设备、防烟排烟、消防电气设计等。合理的建筑防火设计将为火灾中的人员疏散赢得宝贵的逃生时间。

2.1.1 大型商业建筑的总平面设计和内部平面布置

控制建筑规模和建筑密度，合理布置建筑周围的消防车道、消防水源等。建筑内部采用防火分隔构件划分防火、防烟分区，控制每个分区的最大允许建筑面积，发生火灾时尽量把火灾、烟气控制在一定范围内，阻止火势和烟气蔓延扩大。选择疏散楼梯的形式；合理设计疏散出口、安全出口、疏散楼梯的数量、分布和宽度，保证所有出口醒目易找；设置建筑物内的避难场所等，为疏散创造有利条件；设置消防电梯等专用通道。内部平面布置还需合理布置危险设施、人员密集场所在建筑中的位置。人员密集场所、老弱病残群体的活动场所，宜布置在一、二、三层，便于逃生。

2.1.2 建筑结构的耐火设计

建筑尽量采用不燃或难燃的一级、二级耐火等级，控制建筑构件的耐火极限和燃烧性能，控制建筑材料、装修材料的燃烧性能。

2.1.3 设置足够有效的消防设施

在建筑防火设计中还应将火灾自动报警系统、自动喷水灭火系统、水喷雾系统、气体灭火系统、泡沫灭火系统、防排烟设施、疏散应急照明、疏散指示标志、消防电梯等配置到位，同时应当配备足够的室内消火栓和灭火器。一旦发生火灾，这些防火设计将对火情控制起到很大的帮助作用。

2.2 提高公众的消防意识

公安消防机构要积极开展消防安全宣传和教育工作，深入社区，手把手教会群众如何操作灭火器材，提高群众的防火、灭火及火灾中的自我保护和安全疏散意识，有效降低火灾的危害性。公安消防机构还应该定期组织面向公众、企事业单位人员和消防专业人士的消防安全素质的培训和教育工作，争取让每一个单位都有一定比例的员工参加过专业的消防培训。火灾，主要是人的行为导致的，居民、企事业单位人员、建筑的使用者在预防火灾中应当负有更多的义务和责任。

2.3 大型商业建筑的安全疏散

2.3.1 安全疏散路线设计

安全疏散路线，是根据建筑物的使用性质、人们在火灾事故时的心理状态与行动特点、火灾危险性大小、容纳人数、面积大小合理布置交通疏散设施，为人员的安全疏散设计一条安全路线。在设计安全疏散路线时，应做到简洁、便于寻找辨认。发生火灾时，人员的疏散行动路线，也基本上和烟气的流动路线相同。为了保障人员疏散安全，我们把疏散路线上的各个空间划分为不同的区间，称为疏散安全分区。楼梯间为第一安全分区，前室为第二安全分区，走廊为第三安全分区。第一安全分区的安全性高于第二安全区的安全性，第二安全区的安全性高于第三安全区的安全性，走廊的安全性高于火灾房间。这种安全分区设置就能够保证疏散人员沿疏散路线疏散时，每当进入下一个安全分区，就会进入一个更安全的区域，以此来保证疏散人员的安全。

2.3.2 疏散楼梯的设置

疏散楼梯是发生火灾时人们逃生的主要途径，其数量要根据建筑物实际需要的疏散宽度来设置，其宽度要根据建筑物的使用用途来确定，其间距要根据疏散距离来设计。功能楼梯根据建筑性质，一般布置在建筑物的主要入口处，便于管理，且对于来此的人员起到一个引导性的作用。疏散楼梯和平时使用的“功能”楼梯，往往合二为一设置，既要满足功能要求，又要满足防火疏散的要求。

2.4 性能化防火设计系统

建筑防火性能化设计就是以火灾安全工程学的思想为指导，以火灾危险分析为中心的建筑防火设计方法。它是建立在消防安全工程学基础上的一种新型的建筑防火设计方法，它运用消防安全工程学的原理与方法，根据建筑物的结构、用途和内部可燃物等方面的具体情况，由设计者根据建筑的各个不同空间条件、功能条件及其他相关条件，自由选择为达消防安全目的而应采取的各种防火措施，并将其有机地组合起来，构成该建筑物的总体防火安全设计方案，然后用已开发出的工程学方法，对建筑的火灾危险性和危害性进行定量的预测和评估，从而得出最优化的防火设计方案，为建筑物提供最合理的防火保护。性能化防火设计的系统组成有以下几个方面：

（1）确定消防安全目标。即根据不同建筑本身的社会目标，功能目标和公众对建筑物所能提供的安全水平的社会期望，制定出相应的性能要求，以及社会公众或建筑业主针对一些具体的消防设备或消防系统提出的具体的设计要求。

（2）分析建筑物结构及内部人员组成等因素。参考火灾科学和材料科学等确立性能化指标和设计指标，它们是进行具体的建筑物防火设计的前提。

（3）建立火灾场景和设计火灾。这部分涉及建筑物防火设计的一些重要方面，如着火源、火灾荷载及可燃物种类等，它是防火设计的技术条件。

（4）计算分析。根据设定的火灾场景利用火灾工程学成熟的理论，分析或模拟计算发生火灾的可能性及其蔓延的程度。

（5）借助现行规范，参考设计方法或工程经验制定设计方案。

（6）模拟分析。内容包括：火灾发生，蔓延控制，人员安全疏散控制，火灾报警及扑救，建筑物业管理人员的平均素质。

（7）开展安全评估。这是对设计者所采用的设计方案进行分析、评估并证明其方法有效性及合理性的环节，从而确定设计方案所达到的安全等级。当发现所提供的消防设计满足不了要求时，则必须返回修改设计。

（8）进行方案的优化选择，以最终确定设计方案，编写报告。

性能化设计方法的应用，需要有关技术人员掌握更加全面的消防专业理论和技术，特别是火灾科学、消防安全工程学等领域的专业理论。因此，消防工程设计人员的专业化需要达到更高、更深的程度。性能化设计方法在大型商场建筑中的应用，将有助于消防设计人员专业技术水平的提高，有助于消防工程设计和施工质量责任的落实，有助于保证消防工程质量，从而有效减少商场建筑火灾的损失。

参考文献

[1] 程彩霞，方正，等. 大型商场建筑性能化防火设计实例分析[J]. 灾害学，2003,（3）.

[2] 赖丹丹. 浅谈大型商场、超市、购物中心建筑防火设计[J]. 消防科学与技术，2003（6）.

[3] 杨毅.商业建筑防火与安全疏散设计的研究[J]. 天津大学，2007.

[4] 李椿年. 人在火灾的行为[M]. 西安：陕西科学技术出版社，1989.

[5] GB 50045—95. 高层民用建筑防火设计规范[S].

[6] GB 50016—2006. 建筑设计防火规范[S].

[7] GB 50222—95. 建筑内部装修设计防火规范[S].

作者简介： 周代新，男，江苏省淮安市公安消防支队。

通信地址：淮安市威海路 8 号；

联系电话：13915103888。

地铁车辆段及上盖建筑火灾安全策略概述

周 伦
（公安部四川消防研究所）

【摘 要】 随着城市地铁的快速建设，对地铁车辆段（停车场）进行上盖物业建筑开发成为高效利用和节约城市土地的重要措施。而目前国内现行的防火设计规范难以找到这种建筑组合形式的适用条款，通常采用消防性能化设计解决。本文开展了多个车辆段及上盖项目的性能化设计和研究，总结车辆段（停车场）及上盖物业的防火设计策略，以供同类工程借鉴。

【关键词】 车辆段；上盖建筑；火灾策略

1 引 言

由于流动人口以及道路车辆的增加，给相对有限的城市道路带来了交通阻塞、事故频繁等一系列问题，制约着城市经济的发展。在这样的背景下，地铁作为缓解城市交通紧张的有效环保交通工具正被越来越多的城市采用，并成为城市交通的重要组成部分。比如按照成都地铁的发展规划，成都将确保在2015年以前初步实现地铁网络化运行，形成骨干网，150 km的5条地铁线将建成。预计到2020年，300 km的地铁线将建成，地铁网络将基本形成。地铁网络建设仅是成都轨道建设的一部分，成都轨道建设远期目标为 1 070 km，包含地铁、轻轨、市域铁路，共计 23 条线路。根据通常规律一条线路一般设一个车辆段和一个停车场，意味着未来在城市周围及核心地带将有大量停车场和车辆段的大规模建设。并且类似建筑占地面积大，在城市建设用地日趋紧张的情况下，车辆段的建设难度也越来越大。党的第十七次代表大会提出，把建设节约型社会作为国家经济建设的指导方针。且随着国家一系列政策的出台，如2008年的《国务院关于促进节约用地的通知》和一些地方廉住房政策，建设节约型地铁停车场和车辆段，并对车场上盖进行空间开发利用显得尤为重要。国内部分车辆段，停车场数据汇点如表1所示。

表1 国内部分车辆段、停车场数据汇总

类别	车辆段名称	承担运营线路数量	收容能力（辆）	总占地面积（m^2）
车辆基地	北京四惠车辆基地	3	258	272 511
	南京小型车辆基地	2	264	248 172
	重庆赖家桥车辆基地	2	276	251 973
	杭州七堡车辆基地	2	546	367 515
	香港九龙湾车辆厂	4	322	140 000
车辆段	北京北太平庄车辆段	1	258	239 580
	北京马家楼车辆段	1	240	224 778
	南京马群车辆段	1	264	283 752
	深圳4号线车辆段	1	252	172 593

续表

类别	车辆段名称	承担运营线路数量	收容能力（辆）	总占地面积（m^2）
停车场	北京宋家庄停车场	3	402	318 027
	南京汪家村停车场	1	156	73 647
	杭州湘湖停车场	1	180	100 028

上盖物业开发的特殊性在于车辆段检修厂房上盖进行物业开发，除了要解决普通土地开发中的问题外，还要解决因房屋不落地而引发的一系列建筑专业和其他专业的问题，具有一定的特殊性。因车辆段室外标高一般位于城市用地的自然标高，上盖物业是在车辆段厂房屋盖之上修建房屋，交通的组织没有普通的地面开发自由。上盖物业的出口包括人行出口、车行出口两大部分，车行出口还要与路桥专业相配合，选择具有起坡长度要求的路线和基地入口引入点。

由于地铁车辆段（停车场）及其上盖开发是将 2 种不同性质的建筑进行组合建造，消防设计成为该类项目需要解决的重大难题之一。在我国《地铁设计规范》（GB 50157—2013）中，对地铁车辆段及综合基地主要厂房的建筑性质、火灾危险等级等问题没有详细的规定，因此我国内地在设计时基本参照《建筑设计防火规范》（GB 50016—2006），将车辆段内主要停车、维修空间定性为丁、戊类厂房，综合物业开发多为民用建筑类型。

根据肖中岭的总结，这种建筑组合模式可分为地毯模式、高架模式和地下掩土模式。结合国情和防火设计的要求，目前国内主要以地毯模式为主。所谓地毯模式，主要是将地铁车辆段及综合基地布置在地面，水平展开，通过对众多功能运用库房、检修厂房和道岔区、咽喉区等进行整合，形成连成一体的平台，作为开发物业的建设用地。

2 地铁车辆段（停车场）及上盖建筑火灾安全策略

现行防火设计规范如《建筑设计防火规范》、《高层民用建筑设计防火规范》未对在地铁车辆段（停车场）上修建上盖物业的情况进行规范。为了更好地推动国内地铁车辆段及综合基地综合开发的建设，目前新建类似项目大多采用消防性能化设计或组织专家论证的方式，以论证其合理性、可实施性，并且设计时大多参考香港的一些实际工程经验。这种方式也为未来的建设积累相关经验，便于今后相关规范的制定与编写。

2.1 地铁车辆段（停车场）火灾危险性分类

根据《地铁设计规范》（GB 50157—2013），车辆段的定义为具有配属车辆，以及承担车辆的运行管理、整备保养、检查工作和承担较高级别的车辆检修任务的基本生产单位。停车场的定义为具有配属车辆，以及承担车辆的运用管理、整备保养、检查工作的基本生产单位。故目前设计时基本将地铁车辆段（停车场）定性为工业厂房，在防火设计时首先需要对其火灾危险性类别进行确定。

《建筑设计防火规范》（GB 50157—2013）第 3.1.1 和 3.1.2 条对火灾危险性的分类的确定方法进行了规定。生产的火灾危险性根据生产中使用或产生的物质性质及其数量等因素，分为甲、乙、丙、丁、戊类。表 2 为丁戊类火灾危险性特征。

表2　丁戊类火灾危险性特征

生产类别	使用或产生下列物质的生产的火灾危险性特征
丁	1 对不燃烧物质进行加工，并在高温或熔化状态下经常产生强辐射热、火花或火焰的生产 2 利用气体、液体、固体作为燃料或将气体、液体进行燃烧作其他用的各种生产 3 常温下使用或加工难燃烧物质的生产
戊	常温下使用或加工不燃烧物质的生产

地铁车辆段（停车场）停车及检修区域的火灾荷载主要为地铁列车。以前的车辆可燃材料较多，如车体外壳、座椅、装饰材料等。随着技术不断进步，现代地铁列车所用的材料已经与从前列车所用的材料大不相同了，基本采用不燃或难燃材料制作，可减少有毒物质的产生，并使列车的整体耐火性能也大大提高。现有地铁车辆基本参照遵循世界上最严格的英国《载客列车设计与构造防火通用规范》（BS 6853：1999）进行防火设计。车体材料采用轻型不锈钢材料或铝合金材料，车体承载结构材料全部采用钢材。客室侧墙、端墙、内装饰板采用大型玻璃钢成型板材嵌装结构，材料具有良好的阻燃性。所有电线、电缆均采用难燃、阻燃型；地板采用在波纹钢板上面铺设陶粒砂和粘贴地板布的非木结构型式，地板布具有良好的抗拉强度、耐磨性、阻燃性和防化学腐蚀。我国现在运行的地铁车辆部位基本都采用不燃材料，仅侧壁和顶部有一些阻燃处理的聚合材料做装饰。由此，根据《建筑设计防火规范》（GB 50016）对火灾危险性类别的划分，地铁停车场定性为光照常温下使用或加工不燃烧物质的戊类生产厂房。而对于增加了检修功能的地铁车辆段常常提高火灾危险性类别至丁类。

2.2　工业建筑与民用建筑的分离

在我国建筑防火规范中对于工业厂房和民用建筑的要求相差较大，即对于地铁车辆段（停车场）和上盖物业所执行的规范条款不同。为避免相互干扰，发生冲突，需将盖上建筑与盖下建筑进行严格的分隔，从而对不同功能区执行不同的规范条款。借鉴常规民用建筑中的布局，小汽车库放在居住建筑或公共建筑底部，而小汽车库防火设计执行《汽车库、修车库、停车场设计防火规范》（GB 50067—XX），居住建筑或公共建筑防火设计执行《建筑设计防火规范》（GB 50016）和《高层民用建筑设计防火规范》（GB 50045—95）。同时因为上盖物业往往是高层建筑，为避免将车辆段（停车场）定性为高层厂房，所以盖上与盖下的疏散流线也不应有任何关联。

2.2.1　重点防火分隔措施

（1）楼板分隔。

车辆段（停车场）与上盖物业等开发的功能、使用性质不同，两者应划分为完全独立的防火分区。车辆段（停车场）的运用库等厂房的耐火等级应该不低于二级。如在此厂房上部进行物业等开发时，除划成不同的独立防火分区外，相对上部物业等开发部位的车辆基地建筑承重构件及分隔楼板的耐火等级应在现行国家标准《建筑设计防火规范》（GB 50016）的基础上有所提高，以增加安全性。

借鉴香港已建有关地铁车辆段上盖物业的成功经验，目前国内许多地铁车辆段（停车场）上盖针对盖上与盖下均是采用耐火极限达 4 h 的楼板进行分隔。该做法参照香港有关车辆段上盖平台设计的相关技术，梁板构件防火和钢筋混凝土保护层厚度按香港发布的《1996年耐火结构守则》规定的保护层厚度进行设计。但由于该守则与国内规范体系不同，材料的性能指标、施工工艺、施工水平、验收标准等与国内也不尽相同，能否满足国内工程建筑防火要求，目前无法确定。

《建筑设计防火规范》（GB 50016）中给出了一些构件的耐火极限试验数据，设计时对于与表中所列情况完全一样的构件可以直接采用。按照《建筑设计防火规范》（GB 50016）提供的现浇的整体式梁板耐火极限数据，采用 120 mm 的现浇的整体式梁板，但当保护层厚度为 20 mm 时，耐火极限仅为

2.65 h，达不到 4 h 耐火极限的要求。同时由于地铁车辆段和停车场的火灾危险类别分别为丁、戊类，故厂房内部难以形成大规模和长时间的持续燃烧。故笔者目前接触的多个地铁车辆段（停车场）及上盖物业的盖上与盖下的分隔楼板的耐火极限仅在现行规范要求的基础上增加 0.5 h。

（2）竖向孔洞井的分隔。

地铁车辆段（停车场）及上盖物业需重点预防火灾在竖向发生蔓延。由于建筑功能的要求，往往设有电梯、强弱电和给排水等多种竖井。这些竖井若未能考虑合适的防火设计，一旦发生火灾，就有可能通过这些竖井发生蔓延。尤其在分隔构件的空隙中，在通风等管道施工时留下的孔洞，这些也会成为火灾发生蔓延的途径。

① 外立面未设置足够高度的窗槛墙和足够宽度的防火挑檐，容易导致火灾在上下楼层蔓延。根据国内火灾实例，为了保证上层开口不会经由底层开口垂直往上卷吸火焰，规定应在底层开口上方设置宽度大于 1 m 的防火挑檐或高度不小于 1.2 m 的窗槛墙，参见图 1。

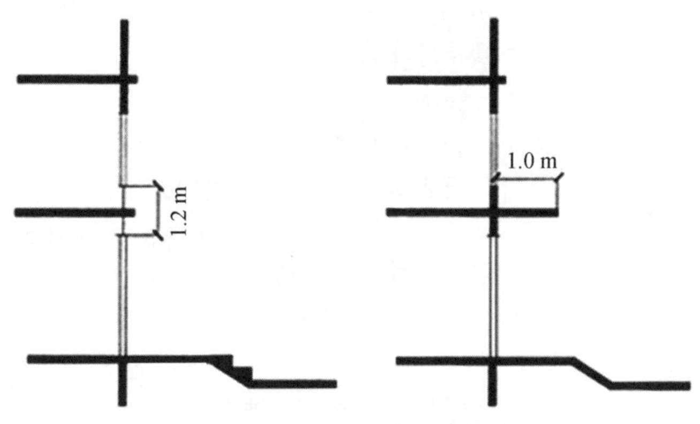

图 1　窗槛墙和防火挑檐做法

② 非防火、防烟楼梯间及其他竖井、通风管道及其周围缝隙未作有效防火分隔而导致火灾发生竖向蔓延。建筑中的垂直管道井、电缆井、排烟道等竖向管井都是烟火竖向蔓延的通道，必须采取防火分隔措施，在每层楼板处用相当于楼板耐火极限的不燃材料封隔。穿越墙体、楼板的风管或排烟管道设置防火阀、排烟防火阀，就是要防止烟气和火势蔓延到不同的区域，而如果阀门之间的管道不采取防火保护措施，则会因管道受热变形而破坏整个分隔的有效性和完整性。

③ 常规设计中独立的工业厂房需要与民用建筑保持足够的防火间距。而本文所述这种组合建筑如果盖下建筑设置的采光通风窗、天井或机械排烟出口与盖上物业未达到足够间距，容易造成火灾蔓延。下部厂房发生火灾后，热烟气从相应开口位置溢出，烟气温度往往较高甚至夹杂火星，烟气接触面大可在短时间引起火灾迅速大面积蔓延。

2.2.2　疏散分离原则

地铁车辆段（停车场）与上盖物业不论是从工艺流线、日常生活管理和消防设计上都不需要相互交叉。故对于日常人员流线分配和紧急情况下疏散设计都需要将盖上与盖下独立。即疏散设计的原则是上盖物业不能利用地铁车辆段（停车场）的疏散路径，地铁车辆段（停车场）不能利用上盖物业的疏散路径。

2.3　地铁车辆段（停车场）防火分区策略

防火分区是指采用防火分隔措施划分出的、能在一定时间内防止火灾向同一建筑的其余部分蔓延的局部区域。在建筑物内采用划分防火分区这一措施，可以在建筑物一旦发生火灾时，有效地把火势控制在一定的范围内，减少火灾损失，同时可以为人员安全疏散、消防扑救提供有利条件。在划分防火分区时，除应考虑不同的火灾危险区域外，还应考虑使用功能上的差异以及灭火设备不同等因素，影响防火分区面积的因素较多。如：建筑物的耐火等级、建筑物的使用性质、建筑物内的可燃物数量和种类、消防设施和扑救条件等。在发生火灾时，理论上除起火防火分区外的其他防火分区均是相对安全的，对人员疏散来说，只要能从着火的防火分区撤离，其疏散安全一般均能得到保证。对规模大，地形复杂的地铁车辆段（停车场）及上盖物业来说，在一定时间内把火势控制在着火的防火分区内，最有效的办法是利用建筑构造措施合理进行防火分区划分，如设置防火墙、防火卷帘实现防火分区划分。目前消防技术规范对防火分区划分，主要分为水平防火分区划分和竖向防火分区划分两种方式。

我国现行的《建筑设计防火规范》、《高层民用建筑设计防火规范》和《汽车库、修车库、停车场设计防火规范》等对建筑的防火分区面积均有规定。但《汽车库、修车库、停车场设计防火规范》对汽车库、停车场定义为停放由内燃机驱动且无轨道的客车、货车、工程车等汽车的构筑物。故地铁停车区域不能执行《汽车库、修车库、停车场设计防火规范》的相关防火设计条款。

（1）地上车辆段（停车场）防火分区要求。

《建筑设计防火规范》（GB 50016—2006）中对地上丁戊类厂房防火分区面积的要求是可以不做限制。如对于平铺模式和高架模式的车辆段（停车场）都可按照该要求执行。

（2）地下车辆段（停车场）防火分区要求。

参照我国首个地下地铁停车场设计过程，深圳市中心公园地铁停车场是我国利用地下空间、节约土地资源的首个地下地铁停车场。我国乃至香港当时尚无在建的地下地铁停车场，也无工程案例可借鉴，消防设计以防火分区面积控制的争议最大，《建筑设计防火规范》（GB 50016—2006）要求地下丁戊类厂房防火分区面积最大允许建筑面积不应超过 2 000 m^2，但如此划分将对使用功能造成极大影响。为消除对规范理解上的分歧，建设单位组织相关单位对日本地下停车场进行考察，日本地铁将 2～3 条停车线设为一个分隔区域，用结构墙分隔，并在结构墙上开出一定数量的孔洞，供疏散、运营使用，整个停车场均为一个防火分区。日本地铁采用这种模式主要有如下考虑：停车场的主要功能是停车，配置少量的工作人员，引起火灾的火源点较少，如果某个分隔区域内任一处着火，火灾能够控制在分隔区域内，不会造成蔓延态势，灭火系统启动后也能够消灭火灾，因此整个停车场区域为一个防火分区。最终该项目停车场轨行区的按照不超过 2 000 m^2 划分防火分区，采用防火分隔水幕代替防火卷帘对列车通行部位进行分隔。

2.4　地铁车辆段（停车场）的疏散安全策略

安全疏散设计是消防设计的重点，是保障人员生命财产安全的有效措施。火灾发生后，保证人员能及时沿疏散路线安全疏散到安全地带是安全疏散设计的最终目的。

（1）安全疏散设计的意义。

由于地铁车辆段（停车场）较为封闭且有些还是地下建筑，其建筑特征为封闭无窗，加之建筑的布局模式、空间组织方式和出入口系统不为人员熟知，因而在紧急情况发生时会导致人员疏散时间的延长，同时心理上的惊恐程度与混乱程度都要比地上建筑严重得多。另外，地下建筑中人员疏散的方向与火灾烟气自然流动方向一致，也给疏散带来很大困难。

一般地上建筑的安全疏散首先是将火灾现场的人员疏散到安全的临时避难空间，然后再将人员通过水平和垂直方向的通道疏散到室外。但在地下建筑中，当紧急情况发生时，人员一般不会立即知道如何离开建筑物，需要一段反应时间，它包括寻找信息和作出决定的过程。某种程度上，由于人员很难看到紧急情况的发生，而且对建筑物也不熟悉，所以他们更可能的是继续寻找信息，延误疏散。因此在火灾发生时，最重要的是以最快速度感知、判明和发出警报，并使所有在场人员都能获知火灾发生，并迅速作出疏散行动，以及明确安全疏散路线，保证人员能以最快的速度撤离起火空间，达到室外安全区域。

（2）安全疏散设计的原则。

安全疏散设计就是在允许的疏散时间内，使遭受或即将遭受到火灾威胁的人员，在火灾烟气威胁到其安全之前，借助走道、前室和防烟楼梯间所构成的安全疏散通道，安全、迅速地撤离到地面。安全疏散设计应遵循以下原则：

① 内部空间组织原则应便于人员在内部辨明方向；

② 合理设置出入口及安全疏散路线；

③ 设置完善的报警系统、应急照明和疏散引导标识；

④ 应提供不少于两个疏散方向，以保证由于某种原因导致其中一个疏散方向不能使用时，人员仍能找到安全的疏散方向。

（3）安全疏散路线的设计。

对地上平铺模式和高架模式的车辆段（停车场）可以完全按照相关规范设计疏散逃生路线。而在地下模式中，辨识方向的重要性不言而喻，在安全疏散路线设计时应尽量提供清晰明了的疏散路线。因此在该类建筑中，疏散路线应尽可能与人员熟悉的进出路线一致。

① 安全出口的设置。

安全出口是指直通建筑物之外的门或楼层通向楼梯的门。一般来说，水平疏散到此结束，人员开始进入第二安全区-前室。而需要指出的是人员要想较顺利地进入第二安全区，就应特别注意安全出口的设置。

出入口对于人员安全疏散和安全离开火灾现场十分重要，它主要指直通室外地面空间的出口和疏散楼梯。由于人有趋光的本能，因此设置安全出口时应尽量利用自然采光的条件，以帮助人员在火灾时辨别方向，起到疏散导向作用，同时也是救援工作的有利入口。

② 水平疏散路线的设计。

水平疏散路线是指从起火区域如房间进入走廊，继而抵达楼梯或前室的这段疏散过程。在设计疏散路线时，需要满足房间内最大疏散人数、用于疏散的门宽度和数量以及安全出口的设置等。

③ 垂直疏散设计。

垂直出口（楼梯等）通常是整个疏散顺序中的一个组成部分，人员一般可通过垂直出口抵达室外。

2.5 消防救援及其他设计要求

由于地铁车辆段（停车场）体量往往较大，除在厂区外围设计环形消防车道外，还应考虑消防车辆进入厂区的条件和进入上盖进行扑救的条件。对于盖上为民用建筑盖下为工业建筑这种特殊的组合形式，两种不同的功能配合还有别于普通的综合楼，设计上常需要注意：

（1）盖上建筑应以盖板为地面，设置室外消防给水设施、消防车道等。

（2）盖板应考虑相对应的消防车荷载，并满足相应的坡度要求。

（3）地铁车辆段（停车场）消防控制中心与上盖物业开发消防控制中心各自独立，但需实现火灾信息共享，不论是停车场还是物业的任何地方发生火灾，都能及时反馈到 2 个消防控制中心，从而有效提高报警预警能力。

3 结束语

随着城市化的进程和土地资源的枯竭，地铁在缓解既有城市道路交通压力方面具有重要意义。本文结合笔者对新建地铁车辆段（停车场）消防设计过程中的总结和分析，给出了该类项目防火设计过程中常见的问题和大致解决思路，可为同类项目解决消防设计难题提供参考。

参考文献

[1] GB 50016—2006. 建筑设计防火规范[S]. 北京：中国计划出版社，2006.
[2] 肖中岭. 地铁车辆段及综合基地物业开发模式探析[J]. 都市快轨交通，2010（06）：48-53
[3] GB 50045—95. 高层民用建筑设计防火规范（2005年版）[S]. 北京：中国计划出版社，2005.
[4] GB 50157—2013. 地铁设计规范[S]. 北京：中国计划出版社，2003.

作者简介：周伦，男，四川都江堰市人，公安部四川消防研究所助理研究员；主要从事建筑防火研究。
通信地址：四川省成都市金牛区金科南路69号，邮政编码：610036；
联系电话：13880008680。

地铁车辆段上盖建筑利用上盖平台进行疏散的消防性能化研究

朱春明[1] 张立[2] 张翼[1] 赵孔芳[2] 甘廷霞[3] 王刚[4] 夏莹[4]

（1. 广东省深圳市地铁集团有限公司；2. 广东省深圳悉地国际设计顾问（深圳）有限公司；
3. 公安部四川消防研究所；4. 四川法斯特消防安全性能评估有限公司）

【摘　要】 随着城市地铁的快速建设，对地铁车辆段（停车场）进行上盖物业建筑开发成为高效利用和节约城市土地的重要措施。而目前国内最常见的建筑模式往往导致上盖建筑高于城市地面十米左右，本文借助地铁前海湾车辆段上盖物业项目，对上盖建筑利用车辆段（停车场）上盖平台进行疏散的特点、可行性进行研究，以供同类工程借鉴。

【关键词】 车辆段；上盖建筑；上盖平台；疏散

1 引　言

随着我国城市化进程的快速发展，地铁作为缓解城市交通紧张的有效环保交通工具正被越来越多的城市采用，并成为城市交通的重要组成部分。根据规律通常一条地铁线路一般设一个车辆段和一个停车场《地铁设计规范》(GB 50157—2003)对车辆段的定义为具有配属车辆，以及承担车辆的运用管理、整备保养、检查工作和承担较高级别的车辆检修任务的基本生产单位。停车场的定义为具有配属车辆，以及承担车辆的运用管理、整备保养、检查工作的基本生产单位。可见地铁车辆段与停车场的最大区别是车辆段具备检修功能，而停车场不具备。这意味着未来在城市周围及核心地带将有大量停车场和车辆段的大规模建设。并且此类建筑占地面积大，在城市建设用地日趋紧张的情况下，建设难度也越来越大。随着国家一系列政策的出台，如 2008 年的《国务院关于促进节约用地的通知》等，建设节约型地铁停车场和检修车辆段，并进行上盖空间开发利用显得尤为重要。

地铁车辆段（停车场）作为地铁行车系统中的重要部分，主要负责对车辆进行运营管理、停放及维修、保养。地铁车辆段上盖物业建筑开发即在车辆段上盖等范围修建商业、办公及住宅等民用建筑，以充分利用城市土地资源。这种在纵向上进行组合的建设模式在国内研究尚处于起步阶段，国家相关规范对此类建筑的消防设计并无明确规定，这使得此类建筑的消防设计一直处于无规范可依的尴尬境地。在对其进行消防设计时常参照香港的做法，采用具有一定耐火极限的盖板将盖下车辆段（停车场）与上盖建筑进行分隔，盖下车辆段（停车场）主要参照《建筑设计防火规范》（GB 50016—2006）[1] 对工业厂房的规定进行设计，盖上建筑参照民用建筑相关规范标准进行设计，并且其疏散路线不与盖下建筑共用或交叉。

根据肖中岭的总结，这种组合建筑模式可分为地毯模式、高架模式和地下掩土模式。结合国情和防火设计的要求，目前国内主要以地毯模式为主。所谓地毯模式，主要是将地铁车辆段及综合基地布置在地面，水平展开，通过对众多功能运用库房、检修厂房和道岔区、咽喉区等进行整合，形成连成一体的平台，作为开发物业的建设用地。物业开发布置于平台上部，车流通过地形或坡道连接平台与周边市政道路。与布置在城市自然地面上的民用建筑相比，本文所述上盖物业建筑最大特点是高出城市自然地面 10 m 左右，上盖物业建筑落于车辆段（停车场）形成的“岛”上，上盖建筑的疏散设计以及如何成功疏散至自然地面成为该类项目的设计难点。

2 上盖平台疏散性能化分析

2.1 地铁前海湾车辆段上盖平台概况

地铁前海车辆段所用地块处于深圳市未来前海金融商务中心（CBD）区东南角，现状为填海用地。有 3 条主要城市道路（学府路、桃园路、规划 7 号路）横穿车辆段基地。前海车辆段上盖物业一期工程范围包括桃园路以南股道咽喉区、停车列检库、厂架修库、上部物业平台，总占地面积约 18.75 万 m^2。其中咽喉区及停车列检库上盖平台顶标高相对轨顶+9.00 m，学府路立交桥（桥面标高相对轨顶+9.00 m）由东向西贯穿咽喉区平台。其中 9 m 标高平台和 16 m 标高平台为上盖物业开发平台。前海车辆段及上盖物业纵向分布示意图如图 1 所示。

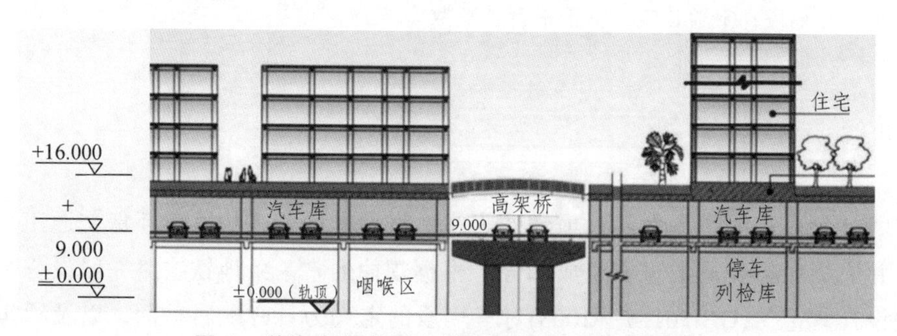

图 1 前海车辆段及上盖物业纵向分布示意图

车辆段上盖部分物业开发以居住功能为主，辅助有少部分商业、商务等功能，其余部分将作为公共开放空间营造城市绿化和休闲公园。车辆段 16 m 平台上区域设置了满足大型消防车双向通行的消防车环道，并与市政出入口相接。

2.2 平台疏散原则

安全疏散设计就是在允许的疏散时间内，使遭受或即将遭受到火灾威胁的人员，在火灾烟气威胁到其安全之前，借助走道、前室和防烟楼梯间所构成的安全疏散通道，安全、迅速地撤离到地面。安全疏散设计应遵循以下原则。

（1）内部空间组织原则应便于人员在内部辨明方向。

（2）合理设置出入口及安全疏散路线。

（3）设置完善的报警系统、应急照明和疏散引导标识。

（4）应提供不少于两个疏散方向，以保证由于某种原因导致其中一个疏散方向不能使用时，人员仍能找到安全的疏散方向。

对于本文所述地铁车辆段（停车场）与上盖物业不论是从工艺流线、日常生活管理和消防设计上都不需要相互交叉。故对于日常人员流线分配和紧急情况下疏散设计都需要将盖上与盖下独立。即疏散设计的原则是上盖物业不能利用地铁车辆段（停车场）的疏散路径，地铁车辆段（停车场）不能利用上盖物业的疏散路径。

2.3 平台疏散路线

通常人员疏散时习惯从进入建筑的路线撤离建筑，该行为简称为“归巢行为”。合理组织上盖物业建筑人员到达建筑的路线可有利于人员疏散。地铁前海车辆段上盖物业人员平时可通过多种方式到达建筑，人流路线组织如下：

（1）从底层的住宅大堂乘电梯或者底层的公共楼梯到达 9 m 平台、16 m 平台。

（2）从 9 m 停车层通过内部竖向交通核直接进入建筑，或通过采光中庭的自动扶梯、室外楼梯到达 16 m 平台。

（3）通过社区巴士送至 16 m 平台各组团入口及办公、酒店集中停靠区。

（4）由上盖平台周边分布的楼梯、台阶和坡道上至 16 m 平台。

（5）乘坐公交车利用高架桥到达 9 m 公交停靠站点，然后通过大台阶和坡道上至 16 m 平台。

如图 2 所示为上盖物业建筑疏散路线，16 m 平台露天且面积大，该平台可作为人员长时间停留避难的场所，其功能与自然室外地面相当。9 m 平台局部位置设有天井，开口短边尺寸不小于 13 m，天井下方难以受到火灾烟气影响，天井下的露天区域也可作为人员临时避难区域。9 m 平台与市政道路相接，并且还设置有室外室内疏散楼梯可到达自然地面。

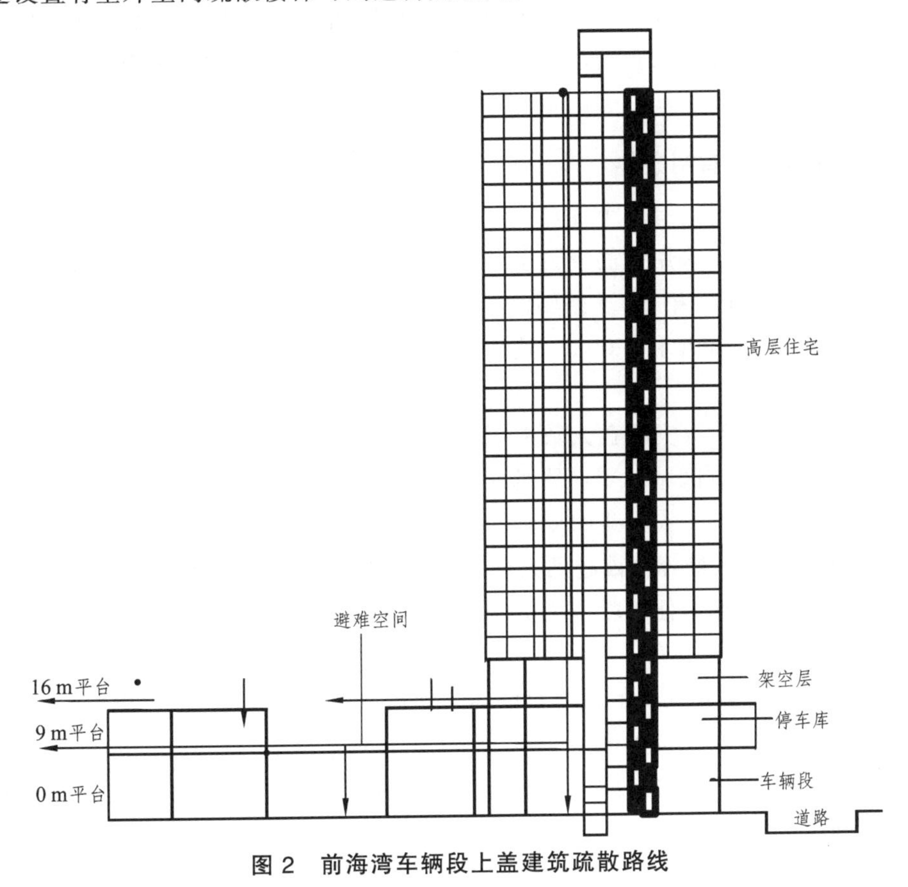

图 2　前海湾车辆段上盖建筑疏散路线

16 m 标高层及以上的住宅等到达该平台后，可停留也可继续向下疏散。三种疏散路线如图 3 所示。

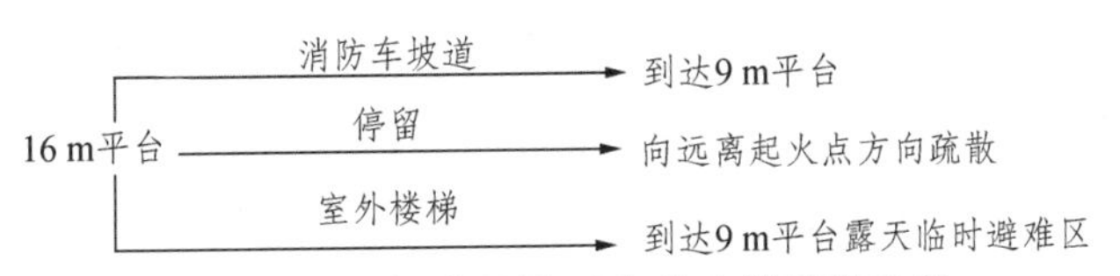

图 3　16 m 标高层及以上住宅的疏散途径

9 m标高层人员可通过室外、室内疏散楼梯、高架市政道路到达地面。同时因为16 m标高可作为人员长时间停留的区域，且在9 m标高区域的人员熟悉整个区域环境，部分人员可通过天井位置的室外楼梯到达16 m平台，疏散路线如图4所示。

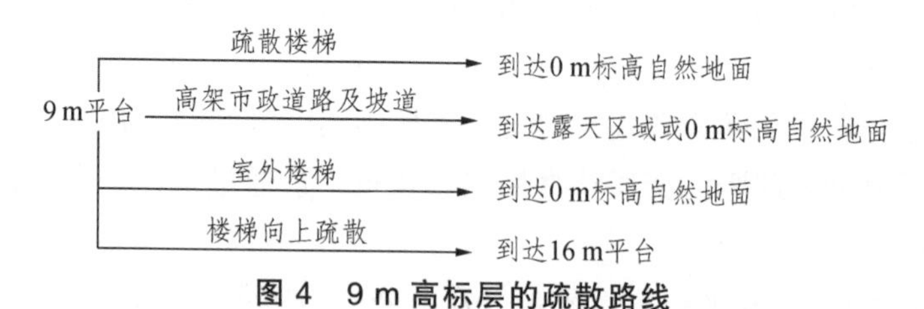

图4 9 m高标层的疏散路线

2.4 平台疏散防灾机理

9 m和16 m平台平时可以作为纵向交通空间节点，能营造出最引人入胜和更接近自然的空间，也很容易形成区域的核心。平台引进自然空气和光线，创造与室外的良好沟通，同时作为行动路线的视觉焦点，可以为疏散路径上增加鲜明的可识别性，也可以创造条件形成风的对流，形成有特色的空间，在火灾发生时亦会成为烟气的大型出口和人员聚集区域，利于烟气扩散和人员疏散。

与只设置疏散楼梯相比，露天平台对防灾疏散起到很好的完善作用。一般发生火灾时人的疏散路线为垂直疏散—出口疏散，而露天平台的设置将疏散路线改为垂直疏散—避难区域水平疏散—选择性出口疏散。

2.4.1 平台用作安全疏散的有利条件

露天平台作为疏散使用时具有多个优点[3]。

（1）建筑的结构类型大多采用钢筋混凝土结构，耐火等级一般不低于一、二级，对照《建筑设计防火规范》（GB 50016—2006）第5.1.3条要求，一、二级耐火等级建筑的上人平屋顶平台，其屋面板的耐火极限分别不应低于1.50 h和1.00 h。这样即使是下层着火，疏散到平台的人员仍有较长的安全疏散时间。

（2）据不完全统计，建筑火灾死亡人数中70%以上均为吸入过量有毒烟气所致。露天平台作为天然的、可靠的、开放式的避难区域，受自然风力、风向影响一般很难积聚大量烟气。因此，相对于同一建筑中的内部楼层，平台在火灾发生时受到的烟雾、热气流危害程度要低很多。

（3）逃生至露天平台的人群容易被赶到火场的施救人员及时发现。同时，被困人员也可采用呼唤、向楼下抛掷一些物品以及衣服等便于救援人员及时发现。而在建筑中其他各层由于烟气时常充满整个楼层，被困人员不易被发现。

（4）建筑火灾发生时，被困人员的最终目的地是到达室外安全地面。火灾中由于人们的心理作用，大部分人由于习惯心理往往会往楼下逃生，实际情况是在逃生途中遇到诸如火焰、烟气阻挡，或楼梯被堵塞、门被上锁等情况，人们会自然产生折返往上跑的行为，这时可顺利逃至露天平台进行缓冲或暂时的躲避。

2.4.2 露天平台安全疏散设计应注意问题

露天平台虽然具有良好的空气对流优势，人员可长时间在平台上停留而不致受火灾及烟气影响。但如果布置不当，下部火灾也可能对平台构成影响，因此设计时应注意如下问题：

（1）合理布置平台楼梯间、疏散路线与可能溢出火灾烟气的天井开口，确保楼梯间出口、疏散路线与可能溢出火灾烟气的天井开口保持一定间距，确保露天平台作为疏散平台的安全性能。

（2）平台作为一个露天广场，应设置室外的疏散引导指示牌，告知通向地面的方式。

（3）合理规划露天平台景观、植被的设计，提高紧急情况下疏散路线的可识别性。

（4）合理组织人员疏散路线，不宜与消防救援通道发生冲突。

2.4.3 露天平台避难容纳能力

露天平台作为上盖物业建筑的主要入口平台，也将作为人员的主要疏散路径。同时因为其难以受到火灾危害，露天平台可以看做是上盖建筑的临时避难区域或防灾广场。地铁车辆段上盖平台往往具有较大的开敞空间，这些区域疏散时作用类似避难空间，按照《高层民用建筑设计防火规范》（GB 50045—95）第 6.1.13 条对避难层面积设计的规定进行核算：避难层净面积应能满足设计避难人员避难的要求，按 5 人/m^2 计算。仅以地铁前海湾车辆段咽喉区上盖物业平台为例，9 m 平台露天区域面积约为 6 500 m^2，16 m 平台露天车道及绿化等面积约为 60 000 m^2。9 m 平台露天区域和 16 m 平台露天区域能滞留的最大人数分别为 $6\,500\times5=3.25$ 万人和 $60\,000\times5=30$ 万人。其容纳人数远超该区域规划人数，即极端情况下所有人都在平台上停留是可实现的，设计时也需核定该项指标以确保平台的容纳能力。

2.5 平台理论疏散能力计算

对某个空间区域进行疏散时间的计算可考察该区域疏散宽度设计合理性。对室外露天空间，人员虽然可停留，但在设计时也需考虑其他灾害或紧急情况下人员最终疏散到地面，其疏散时间也不宜过长。当为了保证区域安全性限定某区域的疏散完成时间，可根据如下公式计算：

疏散时间经验公式：$T=S/V+N/(AB)$ （1）

式中 S——平均疏散距离（m），保守取 60 m；

V——人流疏散速度（m/s），取 60 m/min；

N——疏散人数（人）；

A——人流通行量（人/h · m），取 3 700；

B——疏散宽度（m）。

但是该理论计算模型未考虑高层或多层建筑向下疏散的时间，火灾时高层建筑与平台上人员应该是同时进行疏散，本文将介绍借助消防性能化模化计算人员疏散时间的过程。

3 消防性能化模化分析

消防性能化模化计算主要采用行业认可度较高的计算模型或计算软件开展模拟。STEPS（Simulation of Transient Evacuation and Pedestrian MovementS）是一种应用在个人计算机中的模拟软件，此模型是专门用于模拟人员在建筑物中紧急状态下的疏散状况。模型适用于大型综合商场、办公大楼、体育馆及地铁站等建筑物。STEPS 软件是性能化防火设计模拟人员疏散的标准软件，并已得到性能化防火设计行业的普遍认可。

3.1 模型参数设计

（1）人员构成。

人员种类简化为成年男性、成年女性、儿童和老人四种。基于有关对 STEPS 所建议的数值，各人员种类的比例按表 1 设计。

表 1 人员构成比例

人员构成	成年男性（%）	成年女性（%）	儿童（%）	老人（%）
百分比	45	40	7	8

（2）疏散速度。

火灾时人群的疏散速度主要与人员密度、年龄结构等因素有关。此外，疏散通道的坡度和台阶高差也对人员的移动速度有较大影响。

人群速度与密度之间，具有类似于流体的黏性系数与速度之间的关系。在某一密度以下时，密度的提高，随之而来产生的速度降低并不明显；但是超过某一密度时，随着密度的提高，速度明显下降。

不同年龄段的人群的逃生能力是不一样的。老人和儿童的行为能力较差，两者的疏散速度跟正常成年人相比要慢一些。人员在经过有坡度的区域和水平高度相同的平台时移动速度相差较大。

在对纵向通道等坡度较大的部位疏散人员移动速度进行确定时，需要首先确定人员密度，参照研究机构对人员移动速度和人员密度之间关系的统计（图 5）设定疏散速度。

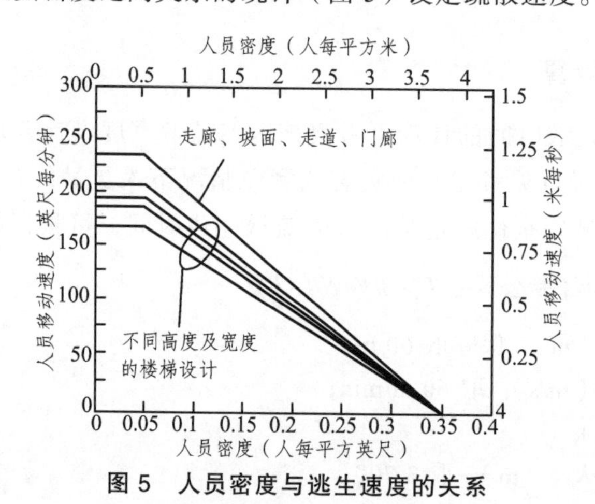

图 5 人员密度与逃生速度的关系

但是以上无论是人员在坡道上的行进速度还是平面行进速度，均只是作为疏散模拟时输入的人员行动初始速度。在疏散进行的过程中建筑内各区域人员密度将会发生较大变化，进而导致人员疏散速度发生变化，该过程将由疏散模拟软件在计算中自动调整完成。

（3）人员体积。

根据相关统计资料，人员体积参数参考表 2 设计。

表 2 人员体积设定参数

国家或城市	肩宽（m）		身体厚度（m）	
	男性	女性	男性	女性
日本	0.475	0.425	0.230	0.235
中国香港	0.470	0.435	0.235	0.270
英国	0.510	0.435	0.285	0.295
美国	0.515	0.440	0.290	0.300

本文模型中采用 STEPS 软件的建议，对以上数值加以修正后数值如下：

成年男性 = 0.50 m(宽) × 0.26 m(厚) × 1.75 m(高)

成年女性 = 0.44 m(宽) × 0.27 m(厚) × 1.65 m(高)

儿童 = 0.35 m(宽) × 0.24 m(厚) × 1.20 m(高)

老人 = 0.45 m(宽) × 0.30 m(厚) × 1.60 m(高)

3.2 模拟计算结果

将计算对象区域的平面图经过优化处理后，在 STEPS 疏散软件中建立疏散模型。地铁前海湾车辆段咽喉区上盖部分 16 m 标高共 18 栋住宅。疏散模型及模拟结果如图 6、图 7 所示。

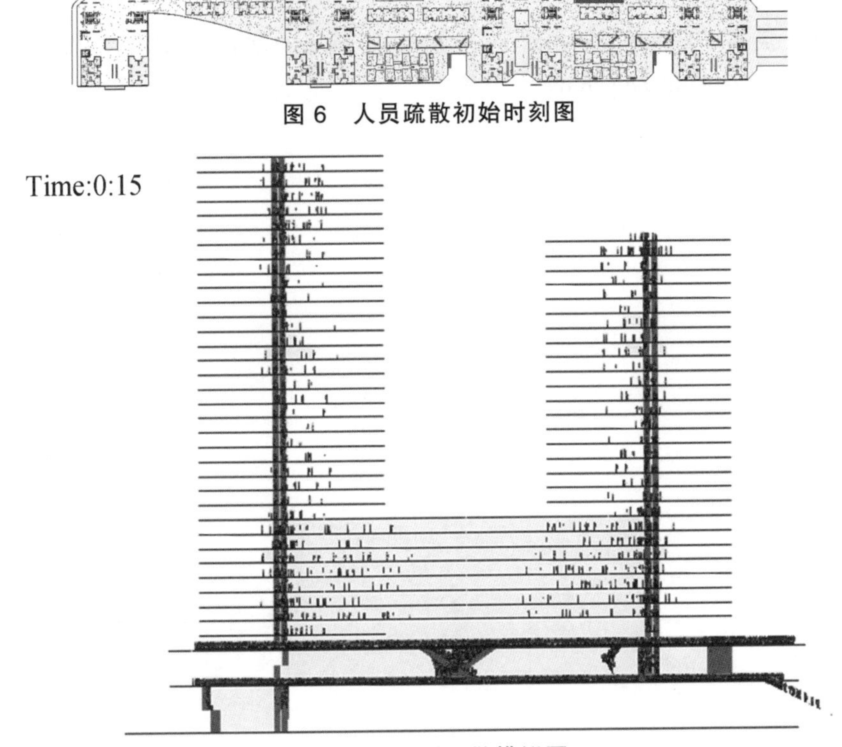

图 6 人员疏散初始时刻图

图 7 15 s 时疏散模拟图

模拟结果表明高层建筑内人员开始逃离并全部疏散至地面的行走时间为 938 s，考虑人员疏散过程中需要的报警时间和人员响应时间，总疏散时间可控制在 25 min 之内。计算出的疏散时间不仅可用于对该区域的逃生避难时间进行评价和控制优化，还可以对照火灾的模拟情况判断人员能否在火灾危害到人身安全之前逃离建筑，以提高建筑的消防安全性。

4 结束语

随着城市化的进程和土地资源的枯竭，地铁、动车、高铁等车辆段及其物业开发作为一类新的建筑形式将越来越常见。本文借助地铁前海湾车辆段及其上盖设计条件，提出可将上盖平台等露天区域作为上盖物业的疏散安全区，并陆续借助平台上的疏散路径到达自然地面。本文对平台的疏散原则、疏散路线及防灾机理进行了分析，可为类似项目解决疏散设计难题提供参考。

参考文献

[1] GB 50016—2006. 建筑设计防火规范[S]. 北京：中国计划出版社，2006.
[2] 肖中岭. 地铁车辆段及综合基地物业开发模式探析[J]. 都市快轨交通，2010（06）：48-53.
[3] 李瑞，等. 民用建筑中平屋面作为安全疏散平台设计探讨[J]. 山西建筑，2005（10）：29-30.
[4] GB 50045—95. 高层民用建筑设计防火规范（2005年版）[S]. 北京：中国计划出版社，2005.
[5] GB 50157—2003. 地铁设计规范[S]. 北京：中国计划出版社，2003.

作者简介：朱春明（1971—），男，广东深圳市人，大学本科，高级工程师；主要从事地铁车辆段上盖物业建筑设计及设计管理工作。
通信地址：成都市金牛区金科南路69号604室，邮政编码：610036；
电子信箱：236649730@qq.com。

对《建筑设计防火规范》部分条文的理解与探讨

祁晓霞
（四川省成都市公安消防总队）

【摘　要】 针对《建筑设计防火规范》（GB 50016—2014）中部分条文内容可能存在不同理解的情况，对老年人建筑、住宅和商业组合建造的高层建筑分类定性问题、剪刀楼梯前室门的设置距离、影剧院的人数计算等问题做了一些分析和探讨。

【关键词】 建筑；防火；规范；探讨

《建筑设计防火规范》（GB 50016—2014，以下简称《新建规》）已经于2015年5月1日正式实施，它整合了原有的《建筑设计防火规范》和《高层民用建筑设计防火规范》的内容，是建筑设计、消防监督的重要依据所在。

1　关于老年人建筑

《新建规》中5.4.4条规定“托儿所、幼儿园的儿童用房，老年人活动场所和儿童游乐厅等儿童活动场所……；当采用一、二级耐火等级的建筑时，不应超过3层……”，这里新增加了对老年人活动场所的要求，与儿童用房、儿童活动场所同等看待，提出了严格的层数设置要求。但对于“老年人活动场所”，条文说明中解释为“主要指老年公寓、养老院、托老所等中的老年人公共活动场所”，虽然条文说明中对公共活动场所没有进一步的解释，但根据文字来理解，大致应该是棋牌室、阅览室、书画室、电视室、舞蹈室、茶室、餐厅一类老年人可以聚集在一起进行社交活动的场所。这里应需要特别进行明确，根据《新建规》的要求，只是严格限制了“老年人活动场所”的设置位置，而对老年公寓、养老院、托老所中的居住场所并不适用5.4.4条。事实上，老年公寓、养老院、托老所中住宿部分的使用性质与住院楼大致相当，都是行为能力较弱，需要其他人协助进行疏散的情况，从消防要求来看，在《新建规》中，对一、二级耐火等级的病房楼设置层数没有限制性要求，因此，对老年公寓、养老院、托老所中的居住场所同样不限制设置层数是合适的。另外，《老年人建筑设计规范》中有“老年人建筑层数宜为三层及三层以下；四层及四层以上应设电梯”的要求，但是这里更加注重的是老年人腿脚不灵便、上下楼不容易的情况，从方便使用的角度提出的要求，与消防安全并无直接关系。

再者，对老年人建筑中火灾自动报警系统的设置问题，笔者也认为值得商榷。《新建规》第8.4.1条第七款规定“大中型幼儿园的儿童用房等场所，老年人建筑，任一层建筑面积大于1 500 m^{2}或总建筑面积大于3 000 m^{2}的疗养院的病房楼、旅馆建筑和其他儿童活动场所，不少于200床位的医院门诊楼、病房楼和手术部等”应设置火灾自动报警系统。这里，大中型幼儿园的规模可以在《托儿所、幼儿园建筑设计规范》找到明确的指标，其他的建筑、场所都有对应的指标要求，唯独老年人建筑是一个笼统的概念，涵盖的范围过于宽泛，前文已经阐述过，老年人建筑与医院病房楼有诸多相似之处，病房楼尚有面积或者床位的指标，只有符合条件的病房楼才应设置火灾自动报警系统，老年人建筑不分规模一律要求设置火灾自动报警系统的要求似乎过于严格了。河南“5.25”特别重大火灾发生后，养老院、福利院的消防安全问题引起了各方的高度关注，笔者在对养老院、福利院的实地检查中也发现，部分乡、镇的公办敬老院，仅有几十张床位，虽然设置了火灾自动报警系统，但维护管理跟不上导致停用的情况也很普遍。目前，国家政策鼓励设立民办养老机构，但是老年人建筑消防条件过于严格对于民办养老机构的工作发展是有制约的。

2 住宅和商业组合建造的高层建筑分类定性问题

对于住宅和商业组合建造的建筑，在进行民用建筑分类时要特别注意划分依据的区别。《新建规》中取消了商住楼的概念，提出了“多种使用功能”的建筑，具体的条文有两处：一是第1.0.4条，“同一建筑内设置多种使用功能场所时，不同使用功能场所之间应进行防火分隔，该建筑及其各功能场所的防火设计应根据本规范的相关规定确定”；二是表5.1.1中一类公共建筑第2项，“建筑高度24 m以上部分任一楼层建筑面积大于 1 000 m^2 的商店和其他多种功能组合的建筑”，这条的“其他多种功能组合的建筑”很容易让人以为住宅和商业组合建造的建筑就应该适用这一项，但事实上这两处的“多种使用功能”所指的建筑是有区别的。《新建规》5.1.1对应的条文解释中明确提出表5.1.1中的“其他多种功能组合的建筑”，指公共建筑具有两种或两种以上的公共使用功能，不包括住宅和公共建筑组合建筑的情况。也就是说，在对住宅和商业组合建造的高层建筑进行分类定性时，首先要划分是属于住宅建筑还是公共建筑，当住宅建筑下部的小型商业符合商业服务网点的条件时，该建筑仍归为住宅建筑，按《新建规》表 5.1.1 中有关住宅的分类标准划分建筑类别；否则，这样的组合建筑应当归为公共建筑，按照《新建规》表5.1.1一类第1项“建筑高度大于50 m的公共建筑”来划分建筑类别属于一类高层还是二类高层，同时，它也属于第 1.0.4 条“同一建筑内设置多种使用功能场所”的情形，住宅和商业部分的防火设计，可以分别进行相应的设计。

3 关于剪刀楼梯前室门的设置距离问题

《新规范》中关于剪刀楼梯的使用条件更为严格、具体，第5.5.10条和5.5.28条分别明确了公共建筑和住宅建筑中设置剪刀楼梯的条件，对公共建筑强调剪刀楼梯必须分别设置前室，对住宅建筑允许剪刀楼梯可以合用前室，但是其对应的条文说明中对前室门的设置距离的解释却有矛盾。在5.5.28条的条文说明中，要求住宅建筑剪刀楼梯合用前室时，进入合用前室的入口应该位于不同方位，入口之间的距离仍要不小于5 m，这与《新规范》5.5.2条的规定是一致的。但5.5.10条的条文说明，允许设置剪刀楼梯是对楼层面积比较小的高层公共建筑，在难以按规范要求间隔5 m设置2个安全出口时的变通措施，似乎是允许公共建筑中剪刀楼梯两个前室门之间不作距离要求，这显然是不合适的。公共建筑中设置剪刀楼梯时，分别设置前室，但前室门之间的距离也应满足大于5 m的基本要求。虽然条文说明不具备与规范正文同等的法律效力，可作为使用者理解和把握规范规定的参考，这种解释还是容易引起不必要的混乱的。

4 剧场、电影院、礼堂、体育馆的人数计算问题

《新建规》第5.5.21条第5款规定“有固定座位的场所，其疏散人数可按实际座位数的1.1倍计算”，但这一条开始就提出“除剧场、电影院、礼堂、体育馆外的其他公共建筑，其房间疏散门、安全出口、...

的各自总净宽度，应符合下列规定……”，根据条文规定，影剧院等建筑的人数不应该按固定座位来计算，但规范又没有对剧场、电影院、礼堂、体育馆给出其他的人数计算方法，而事实上，设计、建设、监管各方对这类建筑，都普遍接受第 5.5.21 条第 5 款的计算方式，因此，这里的条文表述方式值得进一步商榷。

《建筑设计防火规范》是指导我们国家建筑防火设计最重要的技术标准，因此，对规范条文的正确理解至关重要，个人对规范条文的理解和探讨受能力、水平局限，难免会有偏颇，但是通过大家的相互交流学习，能够形成共识、少一些歧义，同时为规范的修订工作提供一些参考，是很有意义的。

参考文献

[1] GB 50016—2014. 建筑设计防火规范[S].

作者简介： 祁晓霞，女，四川省消防总队法制处高级工程师；从事消防监督管理工作。

通信地址：成都市迎宾大道 518 号，邮政编码：610036；

联系电话：13608021455。

机场航站楼扩建工程消防设计难点实例剖析

杨旭坤

（黑龙江省公安消防总队）

【摘　要】 机场航站楼属于重要的交通建筑。为满足旅客舒适、安全、快捷地进出要求，航站楼建筑大多由数个庞大而紧凑的空间相互连通而成。由于使用人员多、单层面积大、疏散距离长，在消防设计方面存在客观难点。本文，结合工程实例，对机场航站楼扩建工程消防设计难点问题、解决对策及优化设计方案进行了深入剖析。

【关键词】 消防；机场航站楼；消防设计；实例剖析

1 引　言

哈尔滨机场始建于1979年，是我国北方地区重要民用航空运输机场和东北地区农用护林航空专业机场。随着旅客吞吐量的迅猛增长，机场运营设施逐步达到饱和状态。从2010年开始，哈尔滨机场扩建工程开始筹划，到2015年5月，确定了设计方案。原有航站楼建筑面积约 $6.7\times10^4\,m^2$，扩建后总建筑面积达 $23\times10^4\,m^2$。图1为机场航站楼鸟瞰图。机场扩建工程分为两个建设阶段，图2为机场分期建设示意图。首先，在保障原T1航站楼正常使用的情况下，建设T2航站楼主体（国内区）；然后，建设T2航站楼国际区，同时改造T1航站楼。航站楼整体建筑将于2018年全部完成建设。

图1　航站楼鸟瞰图

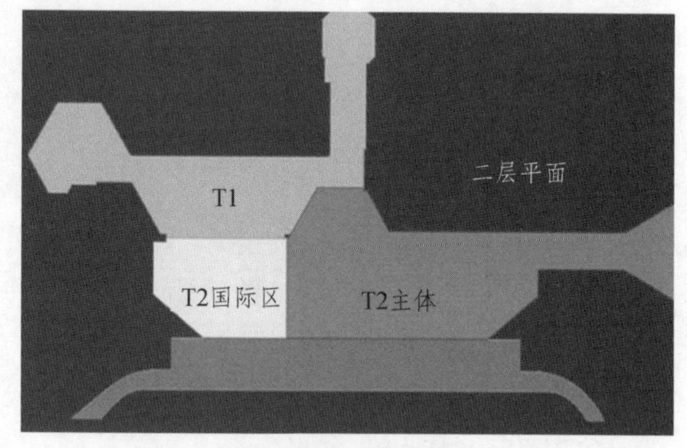

图2　机场分期建设示意图

2　消防设计难点问题

2.1　贯穿多层的流程使用空间难以划分防火分区

该航站楼扩建工程主体为地上2层（局部设有夹层及3层）、地下局部1层，主楼屋面高度34.75 m。一层为机场到达层、二层为出发层、夹层为到港夹层、地下一层为设备用房及地下管廊。进行消防设计时，将原有T1航站楼和新建T2航站楼作为整体建筑一并考虑，共划分了25个防火分区，其中有3

个大空间分区面积超过规范要求。最大的 1 个分区贯通了整个航站楼除夹层以外的各楼层公共区域，如出发层全部、到达层行李提取厅和迎客厅、地下一层大厅等，建筑面积达 15×10^4 m^2。这种大空间区域是航站楼的主要流程使用空间，如果设置固定的防火分隔设施，不利于旅客自由通行和行李处置。防火分区划分是该工程消防设计的一个主要难点。

2.2 人员聚集的公共区域疏散距离超长

机场航站楼不同于一般的交通建筑，各个区域（如部分隔离区域）不是对所有人员包括机场内工作人员开放。航站楼体量大，部分防火分区的疏散楼梯间在首层不能直通室外，加之受航空安全的限制，部分区域疏散距离超长。依据现行消防技术标准，航站楼内任一点至最近安全出口的直线距离不宜大于 37.5 m，位于袋型走道两侧或尽端的房间门至最近外部出口或楼梯间的最大距离不应超过 25 m。该工程一层迎客大厅最远直线疏散距离为 91 m，夹层候机厅为 52 m，二层离港大厅为 105 m，均达不到规范要求。

2.3 采取的大空间防排烟方式是否有效

该工程防排烟设计的思路是：在防烟楼梯间部位设置机械正压送风系统，在长度大于 20 m 的内走道及面积大于 100 m^2 的内区房间设置机械排烟系统，在地下室设置火灾补风系统，在具备自然排烟条件的场所采用可开启外窗或自动排烟窗进行自然排烟。大空间防排烟采取的措施有：在共享空间上下层洞口部位设置挡烟垂壁；二层大厅采用可开启外窗或自动排烟窗进行自然排烟，存在的问题是个别位置距离自然排烟口超过 30 m（最大距离为 34 m）；一层大厅采用机械排烟方式并划分虚拟烟控分区，火灾时只开启相应防烟分区内的排烟口及排烟风机。这些防排烟设计是否有效，需要进一步验证。

2.4 其他因特殊使用功能带来的消防安全问题

（1）由于航站楼设有地下综合管廊，用于敷设电缆及水管等。目前，地下综合管廊的防火设计仍无相关依据，需根据管廊的建筑特点及火灾危险性来确定其消防设计。

（2）航站楼二层值机大厅顶部采用了高大钢结构屋面设计，作为公共大空间主要是人流通行区域，火灾荷载相对较小，楼层地面距离屋顶结构较远，如何根据位置和高度有区别的采取屋面钢网架防火涂料保护措施，是建设单位比较关注的消防安全问题。

（3）航站楼消防电梯设置有其特殊性，由于一类高层公共建筑每个防火分区均需设置一部消防电梯，航站楼建筑形式特殊，使用楼层不超过 3 层，使用层地面高度也未达到高层建筑标准，在消防电梯设置上如何采取替代措施，也是消防设计的一个难点问题。

3 难点问题解决对策

3.1 借鉴类似工程消防设计

通过搜集、整理全国 17 个机场航站消防设计情况，重点分析大空间钢结构防火保护措施。这些工程大部分作法是对支撑屋顶和中间楼层的钢柱采用防火涂料进行保护，在充分考虑屋顶钢结构受火灾烟气影响较小的前提下，对屋盖网架结构、屋顶横梁、空间框架、空间桁架、钢梁或钢柱等钢构件在距离地面一定高度范围（8 ~ 10 m）内未采取防火保护措施。另外，还参照、借鉴了这些工程在共享空间防火分隔、安全疏散、防排烟及消防设施设置等方面的一些好的做法，提高工程火灾防控水平。

3.2　参考专家预审意见

本扩建工程不同于新建工程，存在的消防安全问题有其特殊性。通过组织专家从不同角度对消防设计方案进行预审，防止遗留火灾隐患问题。专家提出的意见集中在：新建T2航站楼与原T1航站楼贴邻处是否划分防火分区；室外高架桥雨篷作为主体建筑组成部分其钢结构耐火极限问题；如何利用登机桥出口作为直通地面的安全出口缓解安全疏散问题等。专家一致认为该工程消防设计应符合《建筑设计防火规范》（GB 50016—2014），按照一类高层公共建筑的设计标准或设计原则进行设计。

3.3　通过消防技术服务机构开展性能化评估

针对航站楼各楼层功能布局特点和消防设计难点问题提出有针对性的解决措施，包括防火分隔、商业面积控制、消防设施设置、钢结构防火保护等；在此基础上，通过烟气流动预测、人员安全疏散模拟、钢结构防火保护分析等消防性能设计评估及性能化防火设计复核，确定科学、合理的消防设计整体方案。

4　优化设计重点内容

4.1　关于商业服务设施

商业服务设施是容易发生火灾的部位，对这部分设施进行有效的防火分隔十分重要。机场航站楼各层商店、休闲、餐饮等商业服务设施，每间商店的建筑面积不应大于200 m^2；每间休闲、餐饮等服务设施的建筑面积不应大于500 m^2；连续成组布置时，每组总建筑面积不应大于2 000 m^2，组与组间距不应小于9 m。房间之间应采用耐火极限不应低于2 h的防火隔墙（防火卷帘或C类防火玻璃）等进行分隔；房间与其他部位之间应采用不低于2 h的防火隔墙，以及不低于1.5 h的顶盖分隔，房间与其他部位分隔处的两侧应设置总宽度不小于2 m的实体墙。当房间建筑面积小于20 m^2且连续布置的房间总建筑面积小于200 m^2时，房间之间应设置不低于1 h的防火隔墙或保持不小于6 m的间距，商店与公共区内的其他空间之间可不采取防火分隔措施。

4.2　关于地下管廊

地下管廊应按电缆和给排水分仓敷设，仓与仓之间应采用耐火极限不低于3 h的不燃烧体隔墙进行分隔；管廊应每隔150 m采用防火墙和甲级防火门进行分隔，并采用防火封堵材料封堵缝隙；管廊应每隔150 m设置1个直通地面的疏散出口，可采用逃生孔形式，逃生孔直径不应小于800 mm，逃生孔应设置爬梯。另外，管廊电缆应采用阻燃型，管道保温层、保冷层及外保护层应采用不燃材料；电缆仓应设置点型感烟探测器或感温光纤火灾探测器，电缆桥架内可采用缆式线型感温火灾探测器；电线、电缆仓内应设置超细干粉灭火装置；应按规范要求设置室内消火栓、手提式灭火器、消防应急照明和疏散指示标志。

4.3　关于安全疏散

公共区通向登机桥的出口可作为安全出口，在登机桥的固定段应设置直通地面的楼梯，楼梯的倾斜角度不应大于45°，栏杆扶手的高度不应小于1.1 m，净宽不应小于0.9 m，梯段和平台应采用不燃材料制作，平台的耐火极限不应低于1 h，梯段的耐火极限不应低于0.25 h。超大防火分区各层的疏散距离应控制在60 m以内，疏散出口可为疏散楼梯或登机桥等。

4.4 关于钢构件

根据性能化评估及复核意见，该航站楼内除距离楼（地）面高度 11 m 以上的屋顶钢网架及钢檀条以外，均应采取防火保护措施，钢结构主体重构件（钢柱）耐火极限不应小于 3 h，钢梁不应小于 2 h，玻璃幕墙钢结构支撑系统不应小于 3 h。室外高架桥雨篷钢构件的耐火极限与航站楼主体建筑相同。

4.5 关于消防设施

航站楼内商铺、餐饮店、休息室、库房等功能用房应设置自动喷水灭火系统，基于机场航站楼内可燃物布置存在不确定性，大空间自动灭火系统应做到全覆盖，确保大空间地面任一处发生火灾，均能在大空间自动灭火系统的保护范围内;超大防火分区应按照面积不大于 2 000 m^2 划分虚拟防烟分区，夹层不具备自然排烟的区域应设置机械排烟系统。行李传送带穿越楼层处的孔洞处应设置防火卷帘分隔,发生火灾时行李传送带停止运行,在自动探测卷帘下无障碍物后自动联动降落;净空高度大于 12 m 的空间应同时选用线型光束感烟和双波段图像型两种火灾探测器；消防疏散照明最低水平照度不低于 10 lx，并保证持续供电时间不小于 90 min。

4.6 其他应注意的问题

原设计消防前期水量由设在地下一层消防泵房内的 36 m^3 稳压设备提供，应按现行规范调整为高位水箱；原设计的自动喷水灭火系统采用集热板不恰当，需要变更；自然排烟窗应确保在寒冷季节能够可靠开启，并采取有效的补风措施；地面设置的灯光型疏散指示标志设置间距不应大于 5 m；防火分区划分进一步优化，大空间上下层贯通部位自动扶梯四周应采取防火防烟分隔措施。

5 结 论

机场航站楼建筑使用功能特殊，在满足民航工艺要求的同时，使其消防设计完全符合现行消防技术标准相对困难。本文中，笔者对哈尔滨机场航站楼扩建工程一些消防设计难点问题及解决方案进行了全面剖析，并将全程跟踪建设单位和设计单位落实设计方案。在工程竣工投入使用后，消防安全管理要求应落实到位，例如：超大防火分区的地下一层部位除设置不燃材料制作的休息座椅外，不应设置商业经营场所；就餐区不应使用明火或可燃气体作为加热源（靠外墙设置的厨房除外）；航站楼重新装修以及日常运营中新增商业服务设施时，应严格落实防火分隔措施，设置完备的自动消防设施等。

参考文献

[1] GB 50016—2014. 建筑设计防火规范[S].
[2] GB 50116—2013. 火灾自动报警系统设计规范[S].
[3] GB 50974—2014. 消防给水及消火栓系统技术规范[S].
[4] GB 50338—2003. 固定消防炮灭火系统设计规范[S].
[5] 哈尔滨太平国际机场扩建工程消防设计专篇及性能化论证、复核报告[R]. 2015.5.

作者简介： 杨旭坤，女，黑龙江省公安消防总队技术处高级工程师。
通信地址：哈尔滨市南岗区长江路 366 号，邮政编码：150090；
联系电话：13304505389；
电子信箱：callsign16@126.cn。

辽宁省建筑外墙火灾荷载调查与分析

刘世坤

（辽宁省大连公安消防支队）

【摘　要】 建筑物外墙火灾载荷的调查统计是进行火灾风险评估和防火设计的基础，通过对建筑物外墙火灾荷载进行实地调查、取样，用氧弹量热计测定样本的燃烧热值，得出了火灾荷载密度和建筑物外墙火灾荷载密度的分布情况。结果显示，建筑物外墙可燃物种类虽然繁多，但同一建筑其外墙可燃物类型较为单一，外墙火灾荷载分布较为均匀。同类型外墙可燃物火灾荷载密度均服从于正态分布。外墙火灾荷载密度最大的是铝塑板类装饰外墙，其火灾荷载密度值为 108.33 ~ 153.96 MJ/m^2，其他类型可燃物火灾荷载密度较小。

【关键词】 建筑外墙；火灾荷载；火灾荷载密度；热值

1 引　言

随着我国经济建设的发展，高层建筑如同雨后春笋般拔地而起。由于对建筑外立面火灾和防火技术要求理解不足或未考虑建筑外立面防火技术措施，致使国内先后出现了诸如中央电视台新址、沈阳皇朝万鑫酒店等这种由建筑外立面引燃并蔓延，造成巨大损失的特大火灾。

21世纪以来，我国相关学者开展了大量针对不同建筑物的火灾荷载分布调查，但由于建筑形式的多样性、使用功能复杂和商品多样化等因素影响，各类建筑物火灾荷载分布状况有很大变化。如廖曙江开展了大空间建筑内活动火灾荷载的火灾发展及蔓延特性研究，并对某大型商城服装层的活动火灾荷载进行了实地调查和统计分析；蔡芸等对兰州市不同档次的住宅类建筑火灾荷载进行调查统计，并利用求算数平均数的方法对数据进行分析，分别得到了兰州市低、中、高档住宅建筑的火灾荷载的平均值；同时还对天津地区宾馆类建筑火灾荷载进行了统计分析；李天等对中原地区 880 户住房进行了调查统计，得到了 1 770 组卧室面积及家电家具重量、材质等数据信息，从中随机抽取 70 组计算卧室活动火灾荷载，并进行统计分析；高伟等通过实地调查与文献查阅方式获得了合肥和天津地区宾馆与高校学生宿舍建筑的火灾荷载数据，发现宾馆类建筑和学生宿舍类建筑的火灾荷载分别服从对数正态分布和正态分布。

目前国内火灾荷载调查仅仅集中在对建筑室内的商品种类的统计上，由于对建筑外墙防火性能的研究和重视程度不够，多数研究都是集中在室内可燃物的防火性能技术研究上，我国关于建筑物外墙的火灾荷载相关统计数据较为匮乏。从发展阶段来说，国内的技术和应用还处在初级阶段，相比国外还存在很大的差距，且在需要计算研究时主要是参考国外数据。然而国情和经济水平不同导致火灾荷载必然有很大的差异，所以开展对外墙火灾荷载的调查统计，对研究其在火灾中的燃烧特性、火灾的发展及蔓延特性具有重要意义。

2 建筑外墙火灾荷载

建筑外墙火灾荷载是衡量建筑物外墙上所容纳可燃物数量多少的一个参数，是研究建筑立面火灾发展阶段性状的基本要素。外墙火灾荷载是指外墙面可燃物燃烧所产生的总热量值。如果一座建筑物外墙火灾荷载越大，通常该建筑外墙的火灾风险就越大，立面火灾蔓延就越快。建筑物外墙火灾荷载越大，发生火灾的危险性就越大，但总的火灾荷载并不能定量地阐明它与作用面积的关系，为此引进了火灾荷载密度的概念。火灾荷载密度是指外墙上可燃材料完全燃烧时所产生的总热量与可燃物面积之比，即火灾荷载密度是单位面积上的可燃材料的发热量。

火灾荷载密度可以通过以下公式计算得到：

$$q=\frac{M\cdot h_c}{A} \tag{1}$$

式中，q 为外墙火灾载荷密度（MJ/m^2）；M 为外墙单个可燃物的质量（kg）；h_c 为可燃材料的有效热值（MJ/kg）；A 为外墙火灾荷载的总面积（m^2）。

3 建筑外墙火灾荷载调查

3.1 建筑外墙可燃物分类

纵观近年来关于建筑物外墙的火灾，根据其发生的原因可以将建筑物外墙火灾荷载大致归纳为两类：外墙装饰材料和外墙保温材料。外墙装饰材料主要有砖（石）材、外墙涂料、玻璃幕墙、塑料和铝塑复合板等。外保温材料主要有机高分子保温材料、无机类保温材料和有机无机复合保温材料。

调查发现建筑物外墙可燃装饰材料中，广告牌占了60%以上，已经成为了普遍存在的建筑物外墙可燃性装饰材料，其余部分主要为铝塑复合板。外保温材料中最易引燃的是 EPS 和 XPS，其中 EPS 价格由于相对便宜，目前在外保温系统中应用最为广泛。

3.2 调查内容

由于条件的限制，对调查的对象做了必要、合理的选择。根据建筑物外墙火灾荷载种类，选取了多家铝塑板作为外墙装饰材料的建筑物及具有 EPS 信保温系统的建筑等作为调查对象。

本次调查了 34 座建筑，调查的建筑包括超市、通信店、银行、饭店、建材店、酒店等多种不同类型的建筑。调查过程中除了要确定建筑外墙所采用的可燃材料外，还要调查建筑外墙火灾荷载质量、面积。

3.3 调查方法

确定建筑外墙的火灾荷载包括确定不同类型可燃物的质量和热值。调查过程中首先对调查对象进行标识，并注明调查日期。在建筑物外立面获取可燃物样本时，采取多点取样求平均值的方法，防止出现由于可燃物分布不均导致数据不准确的情况，本次调查在建筑外立面取 1 m×1 m 样方，取样方四角及对角线交点五处样品，测热值并称重。调查使用的工具包括：卷尺（5 m）、皮尺（50 m）、数码相机、XRY-1C 微机氧弹热量计、电子天平等。由于可燃物多为不确定材料属性，确定可燃物的热值时，主要采用氧弹热量计法实验确定。

4 建筑外墙火灾荷载统计分析

4.1 火灾荷载调查结果

本次共调查了34处建筑，得到34组建筑外墙火灾荷载密度，结果如表1所示。

表1 外墙火灾荷载密度值

序号	地点	材料	火灾荷载密度（MJ/m^2）	面积（m^2）	火灾荷载（MJ）
1	苏宁电器	喷绘	2.89	122.34	353.56
2	中国移动	喷绘	3.10	41.17	127.63
3	汉源茶艺	喷绘	3.25	21.01	68.33
4	星耀手机城	喷绘	3.84	112.66	432.84
5	小辣椒饭店	喷绘	2.56	13.72	35.08
6	恒宇通信	喷绘	3.01	4.81	14.52
7	新华图书城	喷绘	2.93	116.99	343.25
8	盛宇家纺	喷绘	3.14	42.52	133.56
9	大众超市	喷绘	3.04	3.17	9.62
10	招待所	无黏性贴纸	5.53	1.25	6.91
11	旅行社	无黏性贴纸	4.88	18.85	91.93
12	青云社区	无黏性贴纸	4.94	8.45	41.71
13	跆拳道会馆	无黏性贴纸	5.17	11.72	60.58
14	转角通讯	黏性贴纸	3.16	1.07	3.38
15	珠江源饭店	黏性贴纸	2.36	26.47	62.42
16	百味一家	黏性贴纸	3.53	3.97	13.99
17	青云社区	黏性贴纸	3.48	12.96	45.10
18	米浆粑粑	黏性贴纸	3.17	4.74	15.01
19	正昌文具	铝塑板	108.33	2.96	320.63
20	交通银行	铝塑板	172.52	600.75	103 643.19
21	快乐汽修	铝塑板	165.23	46.87	7 744.47
22	丰和园	铝塑板	151.71	39.65	6 015.30
23	沃尔玛	铝塑板	144.35	269.50	38 900.98
24	绿典服饰	铝塑板	153.96	58.60	9 022.29
25	理发店	铝塑板	151.08	32.72	4 943.34
26	兴昭大酒店	铝塑板	146.51	47.05	6 893.11
27	荣光眼镜	铝塑板	152.21	40.31	6 135.46

续表

序号	地点	材料	火灾荷载密度（MJ/m²）	面积（m²）	火灾荷载（MJ）
28	啄木鸟家纺	铝塑板	117.91	49.12	5 791.74
29	简易房 1	EPS	7.32	359.10	2 628.61
30	简易房 2	EPS	5.16	358.06	1 847.59
31	简易房 3	EPS	17.33	337.31	5 845.58
32	简易房 4	EPS	13.28	348.84	4 632.60
33	简易房 5	EPS	16.45	353.52	5 815.40
34	简易房 6	EPS	20.32	343.79	6 985.81

4.2 火灾荷载统计分析

本次调查的 34 处建筑中，喷绘类、无黏性贴纸类外墙装饰广告牌火灾荷载密度最低，铝塑板外装修材料火灾荷载密度最大，EPS 类保温材料火灾荷载密度居中。现将所调查的火灾荷载值密度数据做成频数分布图，如图 1 所示。

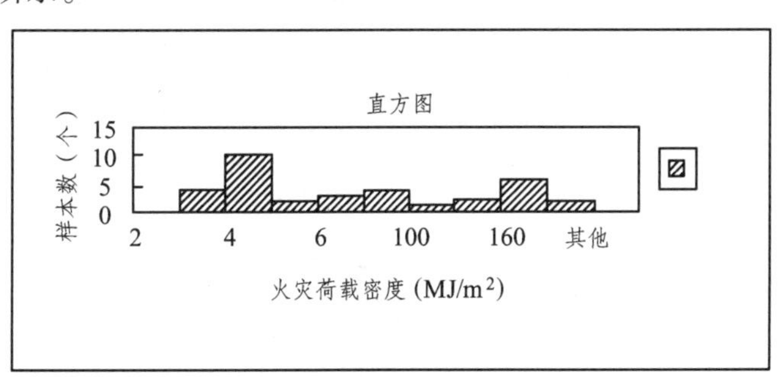

图 1　火灾荷载密度频数分布图

从图 1 可以看出，火灾荷载密度频数分部并不具备明显特征，峰值分布根据外墙可燃物材料类型相关，每个类型可燃物有一定的频数分布规律。

以喷绘广告牌装饰材料为例，对该类型外墙火灾荷载密度频数进行分布作图，结果如图 2 所示。

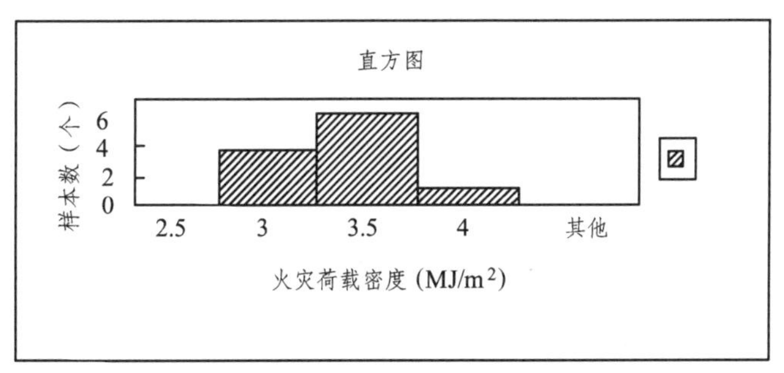

图 2　喷绘广告牌的分布直方图

从图 2 可以看出喷绘广告牌大致上服从正态分布，利用 SPSS 软件进行非参数检验。正态分布典型的检验是利用科尔莫戈罗夫-斯米尔诺夫检验，即 K-S 检验。如果显著性水平为 0.05，那么概率 P 值大于显著性水平则不能拒绝零假设，否则拒绝零假设。选择单样本 K-S 检验，提出零假设为 HO：总体服从正态分布，检验结果如图 3 所示。计算得知 P 值 = 0.06>0.05，因此可以认为样本的实际分布与假设的正态分布无显著性差异。

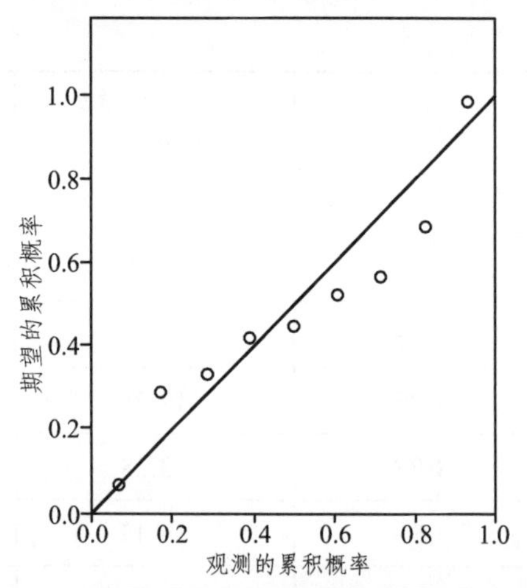

图3　喷绘类外墙火灾荷载密度概率分布图

从图3可以看出，喷绘广告牌类外墙火灾荷载密度基本符合正态分布。数据点基本都是分布在对角线左右，表明该火灾荷载密度符合正态分布。

同理，对铝塑板外墙、贴纸类装饰外墙、EPS保温材料类外墙火灾荷载密度进行K-S检验，结果如图4～图6所示。结果显示，单一类建筑外墙火灾荷载密度同样符合正态分布。

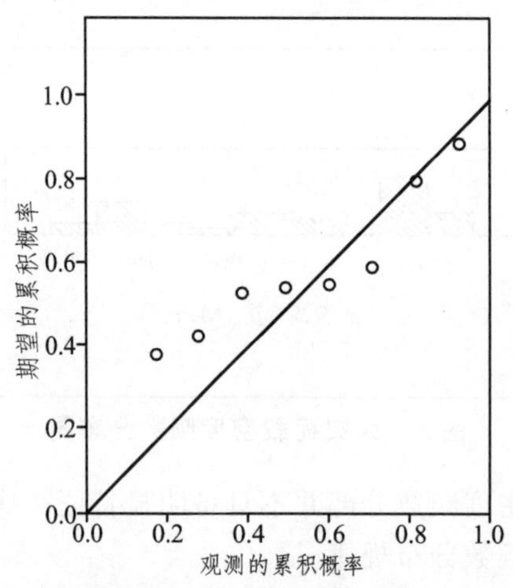

图4　铝塑板外墙火灾荷载密度概率分布图

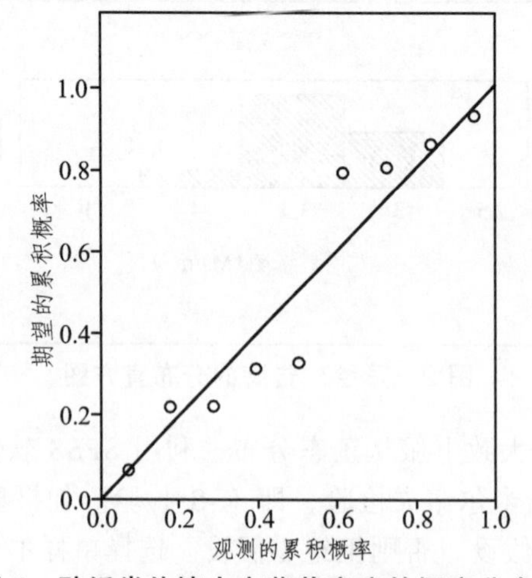

图5　贴纸类外墙火灾荷载密度的概率分布图

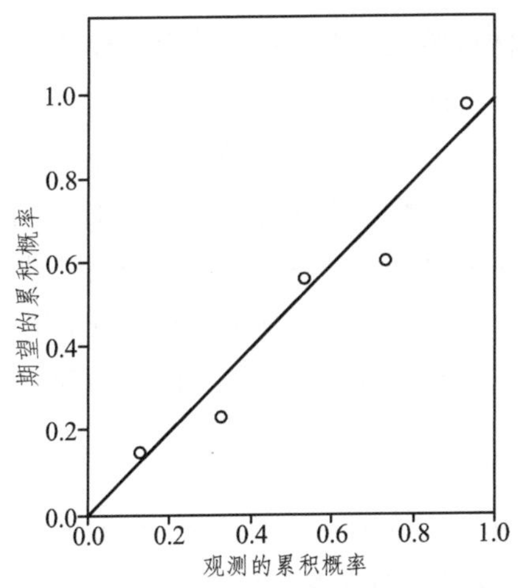

图 6 EPS 保温材料类外墙火灾荷载密度的概率分布图

5 结 论

建筑物外墙可燃物种类虽然繁多，但同一建筑其外墙可燃物类型较为单一，外墙火灾荷载分布较为均匀。喷绘广告牌和贴纸类外墙的火灾荷载值较小，喷绘类火灾荷载密度值在 2.56 ~ 3.14 MJ/m^2，贴纸类火灾荷载密度值在 2.36 ~ 5.53 MJ/m^2；而铝塑板外墙的火灾荷载密度是最大的，密度值在 108.33 ~ 153.96 MJ/m^2，EPS 的火灾荷载密度值在 5.16 ~ 20.32 MJ/m^2。经 K-S 检验分析，喷绘广告牌、贴纸类、铝塑板和 EPS 板类外墙可燃物火灾荷载密度均服从于正态分布。

参考文献

[1] 廖曙江，刘方，付祥钊. 对“活动火灾荷载”的讨论[J]. 消防科学与技术，2003，22（5）:357-359.
[2] 陆海伦，孙强. 建筑物火灾荷载密度的确定方法和应用[J]. 安徽建筑工业学院学报，2005，13（16）:20-22.
[3] 吴蕾，程远平，李琳，宋艳. 高校学生宿舍火灾荷载调查研究[J]. 消防科学与技术，2010，29（1）:83-85.
[4] 金平，朱江. 常用建筑材料及家具的热值及其火灾荷载密度的确定[J]. 建筑科学，2009，25（5）:70-72.
[5] 李引擎. 我国建筑防火性能化设计的若干看法[J]. 消防科学技术，2003，22（3）:198-200.
[6] 何少云. 几种外墙装饰材料在建筑中的应用[J]. 广东建材，2004，6（1）:53-56.
[7] 王斌，许俊男，浅谈建筑外墙保温材料防火安全和对策[J]. 中国科技信息，2011（8）: 91.
[8] 郭子东，吴立志，岳海玲. 商业建筑火灾荷载调查与统计分析研究[J]. 灾害学，2010，25（2）:97-102.
[9] 李京，战峰. 建筑外墙保温材料的火灾危险性与防火措施[J]. 安全，健康和境界，2009，9（11）:16-18.
[10] 叶炜. 建筑外墙保温材料火灾的特点及预防[J]. 中国新技术新产品，2011（8）:171.
[11] 张莹. 论建筑外墙保温材料的应用[J]，西部大开发：中旬版，2010（3）:68-69.
[12] 袁丹丹，王东娇. 谈建筑中几种常用的保温材料[J]. 建筑与工程，2012（5）:123.

[13] 楚军田，申连喜. 外墙保温材料燃烧性能标准研究[J]. 建筑安全，2012（1）:54-57.
[14] 赵宗虎. 浅谈建筑外墙保温材料[J]. 安防科技，2011（4）:43-44.
[15] 李欣荣. 目前几种常见的外墙装饰材料的分类及施工要点[J]. 广西大学学报，2005(30):140-143.
[16] 余晨曦，程艳娥. EPS板薄抹灰外墙保温系统施工工艺[J]. 科技信息，2007（16）:115.
[17] 王小红. 幕墙用铝塑板复合材料燃烧性能的研究[J]. 塑料工业，2008，36（11）:46-48.
[18] 王军，陈磊，杨震，李冉博. 我国建筑墙纸的种类及其施工工艺[J]. 西南建材，2007（2）:25-26.
[19] 徐放蕊，张一军，杨义. 谈建筑外立面防火措施[J]. 山西建筑，2005，31（22）:45-46.

作者简介： 刘世坤（1981—），男，2004年6月毕业于沈阳航空工业学院消防工程专业，同年进入消防部队工作，现任大连市公安消防支队防火参谋。
通信地址：辽宁省大连市长兴岛经济区长兴路297号（楼区消防大队），邮政编码：116317；
联系电话：13500735596。

地铁长大区隧道排烟设计难点探讨

罗　晖
（广西壮族自治区公安消防总队防火监督部）

【摘　要】 结合已有的地铁长大区间隧道工程案例以及地铁区间隧道的设防措施，调研已有的地铁区间隧道研究成果，针对长大区间隧道的行车特点以及现行规范要求，对长大区间隧道的排烟设计原则、烟控设计难点展开探讨，并提出研究思路。

【关键词】 地铁长大区间隧道；排烟设计；烟气控制

1 引　言

国内很多超大城市已在郊区建立了卫星城镇，或者机场、火车站等重要交通枢纽建筑，为联系这些偏远城镇及重点建筑与中心城区，并满足环境保护需求，将出现一些陆地段的长大区间隧道。对于有江河湖泊海的大城市，为了联系水域段的两侧城镇，也需修建跨越水域段的长大区间隧道。修建长大区间隧道是社会发展的趋势所求，这些隧道不仅使城市内不同区域间的交通便捷，加快出行效率，也促进了城市的整体经济发展。常规的地铁区间隧道长约 1.2 ~ 1.5 km，地铁长大区间隧道的提出，主要是指在远期高峰小时列车对数运行条件下，存在两列车同时在一侧区间隧道同向行车的可能，长大区间隧道的长度与列车的速度、远期行车对数、线路的坡度、曲线半径等均有关系。地铁长大区间隧道工程案例调研汇总如表 1。本文所探讨的长大区间隧道为同时存在至少 2 辆列车的区间隧道。

表 1　地铁长大区间隧道工程案例调研汇总

城市	地铁长大区间隧道	
	涉及水域段的地铁线	涉及陆地段的地铁线
上海	4 号线、7 号线、8 号线、11 号线、12 号线，预留的 19 号线	—
南京	10 号线	—
武汉	2 号线、4 号线、7 号线，正在修建 8 号线	—
青岛	地铁 1 号线、计划修建的 8 号线	—
北京	—	大兴线的公益西桥站至新宫站区间隧道，隧道长约 3 km；计划修建的 17 号线，区间隧道长度超出 5 km
香港	—	西铁线的荃湾西站至锦上路站，隧道长 5.5 km

2　地铁区间隧道火灾防护措施

导致地铁区间隧道火灾的原因大部分为电路短路、电气故障、设备过载、列车脱轨等引起的电气火灾，丢弃的烟头、人为纵火等引起车厢火灾等。杜宝玲对国外地铁火灾事故案例进行了统计分析，在很多消防网站也可以查询到国内外的地铁火灾案例及事故原因。

（1）近些年，通过采取各种防护措施，火灾案例已大大减少。

（2）提高列车车体本身及地板材料的耐火性能，较多的采用不燃、难燃、阻燃型材料；

（3）提升电气火灾的监测技术，防止或减少电气火灾的发生；

（4）车厢内设置烟感报警装置，加强早期报警预警技术；

（5）隧道内设置手动报警按钮，便于确定列车停靠位置；

（6）隧道内设置消火栓，便于消防队员进行取水灭火；

（7）实行顾客行李安检措施，防止易燃易爆品的运输；

（8）加强地铁火灾安全教育和宣传，提高乘客安防与自救意识。

尽管如此，地铁区间隧道发生火灾的可能性仍然存在，仍需对其进行深入研究。且陆地段长大区间隧道的消防设计与常规的短间距区间隧道相比有很大不同，包括通风排烟设计、疏散设计、消防灭火设计、救援设计等，本文重点对长大区间隧道的通风排烟方面的设计进行展开论述。

3　常规地铁区间隧道通风排烟现状

陆地段的常规区间地铁隧道一般只存在一辆列车，对其通风排烟设计可参考现行的《地铁设计规范》(GB 50157—2013)，如长度大于 300 m 的区间隧道应设置防烟排烟设施；区间隧道火灾的排烟量，应按单洞区间隧道断面的排烟流速不小于 2 m/s 且高于临界风速计算，但排烟流速不得大于 11 m/s。当区间隧道发生火灾时，应背着乘客主要疏散方向排烟，迎着乘客疏散方向送新风。

各地消防部门、地铁运营部门及消防检测单位联合对投入运营前的区间隧道进行消防检测，考察所设计的隧道及车站的通风排烟设备是否能在区间隧道内形成 2m/s 以上的纵向风速。测试时，隧道内停靠 1 辆列车，以考虑阻塞车辆对通风能力及效率的影响。

4　地铁长大区间隧道排烟设计难点分析

4.1　地铁长大区间隧道行车特点

与常规地铁区间隧道相比，地铁长大区间隧道的不同点主要为隧道内可能同时存在多辆列车。通过区间隧道长度及发车间隔，可计算出区间隧道内可能同时存在的列车数量。不考虑制动影响，假定行车速度 80 km/h，行车间隔 2 min，通过粗算，可知若隧道长度大于 2.67 km（$80/3.6\times120$），则区间隧道内可能存在 2 辆列车，若大于 5.33 km，则可能存在 3 辆列车。对于区间隧道长度一定的情况，可通过提高行车速度或延长发车间隔，进而减少区间隧道内同时存在的车辆数目，以降低消防设计难度。

4.2 排烟设计难点分析

《地铁设计规范》(GB50157—2013)的规范条文主要解决陆地段的常规地铁区间隧道问题，对于长大区间地铁隧道还没有针对性的消防措施。目前对地铁长大区间隧道的研究成果不多，本文结合已调研的工程案例资料，已有的常规地铁区间隧道研究成果，针对陆地段的长大区间地铁隧道的排烟设计难点进行探讨，并提出解决思路，供同行参考。

4.2.1 排烟设计原则

地铁长大区间隧道的通风排烟设计不仅需确保火灾时就近及时排除着火车辆的烟气，为着火车辆的人员提供可靠的疏散条件，防止烟气蔓延至其他非着火车辆，同时还需为非着火车辆的人员提供新风。

在同一个隧道空间内，需结合列车位置进行纵向分段送排风及送排烟，确保每一段内仅有 1 辆列车通行；对于陆地段，可通过设置通风竖井进行纵向分段；对于水域段，则需沿隧道纵向布置水平风道，通过合理开设通风排烟口进行纵向分段。

为提高区间隧道通风量的有效性，减少漏风量，通常需联动关闭不相关的活塞风井，区间隧道两端车站站台门设计为屏蔽门系统。

4.2.2 烟气控制研究复杂

当隧道通风排烟设计确定好纵向分段后，需结合隧道断面、平面布局、行车组织、车站站台门系统，研究隧道通风排烟设备的风机选型、风量分配、隧道通风阻力、火灾特点、烟气气流组织及蔓延规律等。每一个研究内容都需要做大量的分析工作，才能获得有用的数据。这些工作的研究思路大致如下：

(1)参考《铁路隧道运营通风设计规范》(TB 10068—2000)中的理论公式，估算隧道通风阻力及隧道设备风机风量与风压；

(2)采用 SES 软件(美国运输部编写，Subway Environmental Simulation Computer Program)建立长大区间隧道及其上下游各 2 ~ 3 个车站及隧道区间模型，设定隧道及列车的边界条件。结合第一部分的研究成果，进一步试算区间隧道的风机风量和风压，使其满足着火隧道段的纵向风速大于 2 m/s，并获得不同隧道段的风量分配及纵向风速值。

(3)采用三维模拟软件如 FLUENT 或 FDS，建立区间隧道和列车的三维模型，设定隧道风机风量及火灾参数，模拟隧道内及列车内不同位置处发生火灾后的烟气蔓延规律，包括烟气蔓延速度、烟气浓度、能见度、不同时间段的蔓延距离、隧道断面上的烟气沉降状态、隧道坡度对烟气蔓延的影响等。烟气蔓延规律的获得，可为进一步研究人员疏散环境及人员疏散方案提供参考和依据。

火灾烟气三维模拟时建议考虑隧道内列车停靠后残留的活塞风影响以及通风排烟设备延迟启动后的烟气蔓延状态。

(4)隧道风机风压若超出设备选型参数，可考虑设置射流风机等辅助增压措施，或联动启动相邻车站的隧道风机进行平衡压力。

(5)烟控方案的确定需兼顾隧道内的人员疏散方案，以确保着火列车与其他阻塞车辆内的人员有较好的疏散环境。

作为城市内的重要交通隧道，地铁区间隧道内的疏散环境要比城市公路隧道差很多，如隧道空间狭小，蓄烟能力不大；灯光昏暗，疏散平台和道床面宽度小，一般仅容一人通过，这些均影响疏散速度和效率；疏散平台高于轨面 1 m 多，存有跌落风险。疏散人员多、疏散速度低，疏散距离长，疏散组织困难。

长大区间隧道疏散设计存在的高难度和高复杂度，也对排烟设计提出了更高要求。

4.2.3 隧道通风设备联动复杂

当列车由于着火而失去动力停在区间隧道时，火灾烟气将随着隧道内残留的活塞风继续蔓延一段距离，使得烟气影响范围较广，因而很难准确定位着火位置。列车车厢内设置的感烟探测器可探测着火车厢位置，以明确车头火灾或车尾火灾，车厢内设置的视频装置也可进一步确认火情大小。

隧道发生火灾后，通常需列车长电话报警车厢着火位置，并通过隧道内手动报警位置确认列车停靠位置。待这些报警信息传达至车站消防控制室并经确认后，执行预设的烟控方案，并联动启动相应的通风排烟设备。

4.2.4 灭火困难

地铁区间隧道通常仅设置消火栓系统，不设置自动灭火系统。一旦发生火灾，需消防队员进入才能对区间隧道进行及时灭火。由于长大区间隧道距离长，消防队员可能需要较长时间才能进入隧道，此时火灾可能发展成较大规模，对人员疏散和结构安全也造成一定威胁。

5 结 语

目前在区间隧道内做热烟试验及人员疏散试验相对较少，希望今后能多开展一些，以检测车厢内的探测报警设备性能、隧道内的通风排烟设备的联动性能、应急疏散指示标志以及疏散设施的疏散能力以及人员疏散时间等。在此基础上，优化现有隧道疏散设施设计及排烟设备选型，验证长大区间隧道的模拟分析研究成果，并进行更多其他扩展性研究，如跨海段的地铁长大区间隧道以及距离更长的铁路隧道。

参考文献

[1] 杜宝玲. 国外地铁火灾事故案例统计分析[J]. 消防科学与技术，2008，26（2）：214-217，

[2] GB 50157—2013. 地铁设计规范[S].

[3] TB 10068—2000. 铁路隧道运营通风设计规范[S].

作者简介：罗晖，广西壮族自治区公安消防总队防火监督部技术处，高级工程师；

通信地址：广西壮族自治区公安消防总队防火监督部技术处，邮政编码：530000；

联系电话：13517882906。

膨胀型隧道防火涂料的制备及性能研究*

颜 龙 徐志胜 刘顶立
（湖南省长沙市中南大学消防工程系）

【摘 要】 本研究以水玻璃、硅酸盐水泥和硅丙乳液作为复合黏结剂，以典型膨胀阻燃剂（APP-MEL-PER）、膨胀蛭石和氢氧化铝作为防火助剂，并添加纳米二氧化钛、玻璃微珠、云母粉和助剂等制备了膨胀型隧道防火涂料，并分析了各组成对涂料性能的影响。结果表明，复合黏结剂中硅丙乳液的添加量为25%时，防火涂料的黏结强度和耐水极限最佳；防火助剂中膨胀阻燃剂的添加量为20%时，涂料的耐火极限达到148 min和烟气毒性为AQ-1安全级；纳米TiO_2的加入可显著提高涂料的黏结强度、耐水极限、耐火极限和抗菌性能，其中添加 0.9%时效果最佳。对开发的隧道防火涂料性能测试可知，该产品满足《混凝土结构防火涂料》（GA 98—2005）的技术指标。

【关键词】 隧道防火涂料；硅丙乳液；膨胀阻燃剂；纳米TiO_2；耐火极限

1 前 言

我国是世界上隧道最多、最复杂、发展最快的国家[1]。隧道内一旦发生火灾，其带来的经济损失是不可估量的[2]。由于隧道属于狭长的筒状封闭结构，在其内发生火灾事故时，人员疏散与消防扑灭均较其它建筑物更为困难[3]。根据欧洲隧道统计资料，公路隧道发生火灾的平均频率为13.5次/亿车公里，尽管其发生频率相对较小，但由于隧道火灾温度高、烟雾大，疏散、扑救困难，一旦发生，所造成的影响和损害往往都十分巨大[4]。例如：1996年11月的英法海峡隧道火灾；1999年3月的法意Mont Blanc隧道火灾；2001年11月的瑞士圣哥达隧道火灾；2003年2月的韩国大邱地铁火灾；2008年5月的京珠高速大宝山隧道火灾；2010年7月的无锡惠山隧道火灾等[5]。隧道火灾不仅危及人、车安全，造成交通中断，还会损伤隧道结构，影响其使用寿命，甚至会导致局部地区生产秩序的混乱和停顿[6]。采用防火涂料对隧道进行保护，对延缓火灾的传播速度和隧道的坍塌起到重要的作用，为人员安全撤离和火灾救援赢得宝贵时间，是维护隧道火灾安全的有效手段[7]。为此，我国还颁布了《混凝土结构防火涂料》（GA 98—2005）国家标准对隧道防火涂料实行专业监督、检测。膨胀型隧道防火涂料相比于非膨胀型隧道防火涂料具有用量少、涂层薄、耐火性能好、黏结强度高、养护期短、施工效率高等优点，成为国内外防火涂料的研究方向[8]。但目前针对膨胀型隧道防火涂料的研究大多局限于防火性能和黏结性能，而针对其生烟性能、耐水性能、抗菌性能方面的研究还较少[9]。本研究以硅酸盐水泥、水玻璃和硅丙乳液作为复合黏结剂，在多种无机隔热填料及助剂等的配合下，研发出一种具有优异的耐水性能、抗菌性能的低烟膨胀型隧道防火涂料。

* 基金项目：湖南省研究生科研创新项目资助(CX2014B071)；湖南省科技厅重点资助项目(2013SK2004)。

2 试验部分

2.1 试验原材料

硅丙乳液：含固量48%±2%（质量百分数），青岛兴国涂料有限公司；硅酸盐水泥：湖南明德建材有限公司；水玻璃：工业级，湘潭县白云水玻璃有限公司；膨胀蛭石：天津大港油田长虹保温材料厂；玻璃微珠：工业级，秦皇岛奥格玻璃厂；云母粉：工业级，上海昊弗化工有限公司；纳米 TiO_2：粒径 20 nm，舟山明日纳米材料有限公司；聚磷酸铵、三聚氰胺、季戊四醇：杭州捷尔思阻燃化工有效公司。

2.2 试验仪器和设备

SG-65 型三辊机、JDF-400 型砂磨分散多用机，青岛胶南分析仪器厂；火灾实验立式炉，实验室自建；XH-600N 型黏结强度检测仪，北京天地星火科技发展有限公司。

2.3 试样制备

按实验所拟配方（见表1），称取黏结剂、防火助剂、无机隔热填料和助剂，在分散罐中加入适量的水，搅拌下将黏结剂、防火助剂、无机隔热材料及助剂依次缓慢倒入罐中，经过高速分散、三辊机研磨、高速分散三道工序后制得涂料，其中三辊机研磨后涂料的细度满足≤80 μm。

表1 膨胀型隧道防火涂料基本配方

原材料	复合黏结剂	防火助剂	颜填料	助剂
w（%）	40～50	45～55	10～15	4～6

2.4 性能测试与表征

耐水性能按照《漆膜耐水性测定法》（GB/T 1733-93）测试；黏结强度按照《合成树脂乳液砂壁状建筑涂料》（JG/T24—2000）测试；烟气毒性按照《材料产烟毒性分级方法》（GA 132）进行测试；耐火性能按照《混凝土结构防火涂料》（GA 98—2005）在火灾实验立式炉中测试，将涂料均匀涂覆在1 400 mm×1 400 mm×18 mm 的钢筋混凝土试块两侧，涂层厚度为（8 ± 0.2）mm。火灾实验卧式炉参照 UL 1709 进行搭建，规模为 2 m × 4 m × 5 m。

3 结果与讨论

3.1 黏结剂对涂料性能的影响

单纯用无机黏结剂如水玻璃和硅酸盐水泥作为涂料的黏结剂，其耐候性、防水性能较差，在潮湿阴暗的环境下其黏结强度会下降，从而易导致涂层脱落。硅丙乳液由于兼具丙烯酸和有机硅二者的优点，能显著改善涂膜的耐候性、防水性、抗渗性及柔韧性等特性。本研究将硅丙乳液与水玻璃、硅酸盐水泥复配，探讨硅丙乳液对涂料耐水性能和黏结强度的影响，其中复合黏结剂中水玻璃和硅酸盐水泥质量百分数均为10%。硅丙乳液对防火涂料耐水性能和黏结强度的影响如表2所示。

表 2 硅丙乳液对防火涂料耐水性能和黏结强度影响

添加量（%）	0	5	10	15	20	25	30	35
耐水极限（天）	3	3.5	4	4.5	8.5	14	12	10.5
黏结强度（MPa）	0.13	0.15	0.17	0.18	0.19	0.2	0.21	0.21

由表 2 可以看出，硅丙乳液的加入后能提高涂料的耐水性能和黏结强度，其中耐水性能随硅丙乳液含量的增加呈先增加后下降的趋势，当硅丙乳液的添加量为 25%时，耐水极限达到最大值 14 天。防火涂料的黏结强度随硅丙乳液含量的增加而提高，其中当硅丙乳液质量百分数进一步增加到 30%时，黏结强度达到最大值 0.21 MPa，但耐水极限却下降至 10.5 天。综合考虑涂料的黏结强度和耐水性能，硅丙乳液的添加量选取 25%为宜。

3.2 防火助剂对涂料性能的影响

选取聚磷酸铵（APP）—季戊四醇（PER）—三聚氰胺（MEL）膨胀阻燃剂（IFR）与膨胀蛭石、氢氧化铝复配作为涂料的防火助剂，其中 APP、PER、MEL 按质量比为 2∶1∶1，膨胀蛭石和氢氧化铝的质量百分数分别为 15%和 10%。添加不同质量百分数的 IFR 对涂料耐火极限和生烟性能的影响如表 3 所示。由表 3 可以看出，防火涂料的耐火极限随着膨胀阻燃剂的加入而显著提高，但 IFR 在高温下会释放 NH3、HCN 等有毒物质使涂料的烟气毒性增加，其中当 IFR 添加量为 25%时，涂料的安全性能降到 AQ-2 级。因此，为了使涂料的安全性能为 AQ-1 级，膨胀阻燃体系的添加量控制在 20%以下。

表 3 膨胀阻燃剂对耐火极限和生烟性能的影响

IFR 添加量（%）	10	15	20	25
耐火极限（min）	95	128	148	151
毒性	AQ-1	AQ-1	AQ-1	AQ-2

3.3 纳米填料对涂料性能的影响

二氧化钛具有优越的着色力、遮盖力、耐候性、耐热性和化学稳定性，并与膨胀阻燃体系间表现出良好的协同阻燃效果，被广泛应用于涂料领域。本研究利用硅烷偶联剂对纳米二氧化钛进行有机改性后添加到防火涂料中，探讨其含量对涂料性能的影响，纳米 TiO_2 用量对涂料性能的影响如表 4 所示。由表 4 可以看出，纳米 TiO_2 添加量为 0.9%时，改性后的隧道防火涂料性能有很大提高，其耐火极限可提高 25 min，耐水极限可提高 10 天，黏结强度可提高 0.18 MPa，抗菌率也由 21%提高到 98%。因此，添加 0.9%的纳米 TiO_2 能够有效提高隧道防火涂料的性能。

表 4 纳米 TiO_2 用量对涂料性能的影响

纳米 TiO_2 用量（%）	耐火极限（min）	耐水极限（天）	黏结强度（MPa）	抗菌性能（%）
0	148	20	0.12	23
0.5	152	21	0.18	87
0.6	157	23	0.22	91
0.7	160	25	0.26	94
0.8	162	28	0.28	96
0.9	173	30	0.30	98
1.0	174	30	0.30	99

3.4 配方确定及性能分析

经过3.1～3.3试验，筛选出配方如表5所示。根据表5所制备的防火涂料的基本性能如表6所示。由表6可以看出，所研制的膨胀型隧道防火涂料的性能达到《混凝土结构防火涂料》（GA 98—2005）中规定的要求，其中耐火极限、黏结强度等参数还远高于GA—2005的相关技术指标。

表5　膨胀型隧道防火涂料配方

组成	水玻璃	硅酸盐水泥	硅丙乳液	膨胀蛭石	IFR	氢氧化铝	云母粉	纳米 TiO_2	玻璃微珠	助剂
w（%）	10（%）	10（%）	25（%）	15（%）	20（%）	10（%）	1.1（%）	0.9（%）	4（%）	4（%）

表6　隧道防火涂料的性能

检测项目	技术指标	检验结果
在容器中的状态	灰白色颗粒粉末混合物	符合要求
干燥时间，表干（h）	≤24 h	16 h
黏结强度（MPa）	≥混凝土 0.3 MPa	0.48 MPa
干密度（kg/m^3）	≤800 kg/m^3	760 kg/m^3
耐水性（720 h）	涂层不开裂、起层、脱落，允许轻微发胀和变色	符合要求
耐酸性（360 h）	涂层不开裂、起层、脱落，允许轻微发胀和变色	符合要求
耐碱性（360 h）	涂层不开裂、起层、脱落，允许轻微发胀和变色	符合要求
耐冻融循环试验/次	经15次试验后，涂层不开裂、起层、脱落、变色	符合要求
耐湿热型（720 h）	涂层不开裂、起层、脱落、变色	符合要求
烟气毒性	AQ-1 安全1级	符合要求
耐火极限（min）	90 min(8 mm)	173 min

4 结　论

（1）以硅丙乳液作为复合黏结剂可提高防火涂料黏结强度和耐水性能，当硅丙乳液的添加量为25%，防火涂料的黏结强度和耐水极限最佳，分别达到0.2 MPa和14天；以APP-PER-MEL作为防火助剂可提高涂料的耐火极限，其中IFR添加量为20%时，涂料的耐火极限达到148 min和烟气毒性为AQ-1安全级。

（2）以纳米 TiO_2 为颜填料能明显提高防火涂料的阻燃性能和理化特性，当纳米 TiO_2 的添加量为0.9%时，涂料的黏结强度、耐水极限、耐火极限和抗菌性能达到最优，分别为173 min、30天、0.30 MPa和98%。

（3）开发的隧道防火涂料满足《混凝土结构防火涂料》（GA 98—2005）的技术指标，尤其是耐火极限达到172 min远高于国家标准的90 min。

参考文献

[1] 蒋树屏."十五"以来我国大陆公路隧道科技发展[J]. 公路隧道，2012(4):1-5.

[2] Phan L T. Fire performance of high-strength concrete: A report of the state-of-the art[C]. US

Department of Commerce, Technology Administration, National Institute of Standards and Technology, Office of Applied Economics, Building and Fire Research Laboratory, 1996.

[3] Felicetti R. Assessment methods of fire damages in concrete tunnel linings[J]. Fire Technology, 2013,49(2):509-529.

[4] 吴德兴，徐志胜，李伟平. 公路隧道火灾烟雾控制——独立排烟道集中排烟系统研究[M]. 北京：人民交通出版社, 2013.

[5] 彭锦志. 坡度对特长公路隧道火灾烟气蔓延特性影响研究[D]. 长沙：中南大学, 2011.

[6] Zhisheng X, Yangyang L, Rui K, et al. Study on the reasonable smoke exhaust rate of the crossrange exhaust duct in double-layer shield tunnel[J]. Procedia Engineering, 2014, 84:506-513.

[7] 颜龙，徐志胜. 户外耐烃类火灾膨胀型隧道防火涂料的制备及性能研究[J]. 中国安全生产科学技术, 2014(10):118-123.

[8] Kim J J, Mook Lim Y, Won J P, et al. Fire resistant behavior of newly developed bottom-ash-based cementitious coating applied concrete tunnel lining under RABT fire loading[J]. Construction and Building Materials, 2010, 24(10):1984-1994.

[9] 罗伟昂，谢聪，许一婷，等. 防火涂层材料研究及产业化中的关键技术开发的研究进展[J]. 厦门大学学报：自然科学版, 2011(02):365-377.

作者简介： 颜龙（1987—），男，四川乐山人，博士研究生，主要研究方向为阻燃材料。

通信地址：湖南省长沙市天心区韶山南路22号中南大学铁道学院消防工程系，邮政编码：410075；

联系电话：18163650767；

电子信箱：ylong015@163.com。

建筑间超大室内空间消防设计探讨

范　恒
（四川省绵阳市消防支队）

【摘　要】 结合已有的建筑间超大室内空间建筑，针对建筑中出现且现行规范不能解决的消防设计问题，包括结构防火设计、排烟方式选择和设计、独立建筑借用超大室内空间进行疏散的问题，采用性能化防火设计的理念，提出消防设计原则及解决措施，可作为同类建筑消防设计的参考。

【关键字】 建筑间超大室内空间；消防设计；自然排烟；性能化防火设计

近年来，为了提高顾客穿越毗邻建筑的舒适度，加强建筑间的交通联系，改善空间环境，一些建筑开发商在相邻建筑间增设顶盖、雨棚、玻璃幕墙等围护结构，也有采用超大型围合结构将多栋建筑整体围合的情况。这些围合后的大空间，本文统一将其命名为建筑间超大室内空间。新建和改造后的建筑间超大室内空间，其消防设计问题和解决策略有所区别，目前多采用性能化消防设计论证或专家评审会论证的方式解决这类大空间的消防设计问题。本文结合调研的建筑案例，分别对新建和改造后建筑间超大空间的消防设计需注意的地方进行探讨。

1　建筑间超大室内空间建筑特点

1.1　新建的建筑间超大空间

新建的建筑间超大空间，是指超大围护结构将建筑屋面与墙面整体包含。从建筑外超大型围护结构看，属于单个建筑，但围护结构内又存在了多栋独立建筑。目前国内外这种类型的建筑数量非常少，目前已调研到的建筑仅为北京国家大剧院及北京某综合楼。

北京国家大剧院主体建筑由外部围护结构和内部歌剧院、音乐厅、剧场和公共空间及配套用房组成。外部围护结构屋面主要采用钛金属板饰面，中部为渐开式玻璃幕墙。建筑间超大空间主要为交通空间，大空间最高处约 48 m。如图 1 所示。

图 1　北京国家大剧院建筑实景图

北京某综合楼由金字塔玻璃幕墙外罩将四栋独立的塔楼建筑组合而成，大空间下沉至B2层 - 10 m高度。四栋建筑地下二层至地上二层以及大空间地面区域均设置购物、娱乐、休闲等商业功能，各建筑间设置交通连廊。大空间最高处约 84 m。其实景图如图 2 所示，平面布置图如图 3 所示。

图 2　北京某综合楼建筑实景图

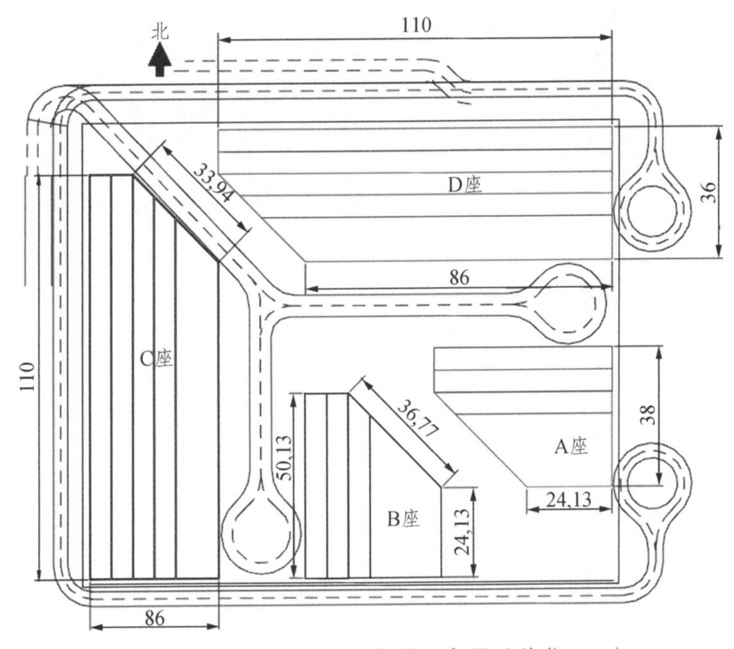

图 3　北京某综合楼平面布置示意图（单位：m）

1.2　改造后的建筑间超大空间

改造后的建筑间超大空间，是指将建筑间的过渡空间设计为室内空间，在舒适度方面，使其具备基本的防风、防雨、遮阳等功能。增设的围护结构不包含建筑屋面与墙面。如北京某办公楼，为提高产业园区南北侧建筑间过渡空间的舒适度，在过渡空间处增设外幕墙。改造前的实景图与改造后的效果图分别如图 4、图 5 所示。

图 4 北京某办公楼建筑间过渡空间改造前的实景图

图 5 北京某办公楼建筑间过渡空间改造后的效果图

2 消防设计问题及解决思路

2.1 防火分隔设计

现行规范规定，防火分区之间应采用防火墙分隔，确有困难时，可采用防火卷帘等防火分隔设施分隔；若参照中庭、步行街与周围功能空间的防火分隔设计，则采用不应低于 1.0 h 的防火隔墙或不应低于 1.0 h 的防火卷帘进行分隔。

各独立建筑与建筑间超大室内空间各自独立划分防火分区，且超大空间的防火分区边界为各独立建筑的外墙。这些外墙通常采用玻璃幕墙进行设计，且多为钢化玻璃，很难满足防火分区及中庭或步行街的防火分隔设计要求。若按规范要求设计，则势必增设很多消防设施，影响建筑造型美观。

建筑间的间距首先应满足各独立建筑间防火间距的要求。由于超大空间内的可燃物主要布置在建筑地面，对各个独立建筑外墙的大部分区域不会造成火灾蔓延风险。可结合可燃物布置特点、高温火焰及烟气的热辐射分析对靠近可燃物区域的建筑外墙采取加强措施。

2.2 防排烟设计

现行规范规定，若空间高度大于 24 m，需采用机械排烟方式。排烟量按照中庭的换气次数法计算，且排烟量将随着建筑体量的增加而增大。按此设计要求需在顶棚布置排烟风机及排烟风管。排烟风机可设置于各个建筑屋顶处，但排烟风管的布置受排烟口不大于室内任一点 30 m 的设置要求以及超大空间顶棚承重能力等因素，布置起来非常困难，影响建筑美观，对大空间内烟气控制效果及排烟效率也可能并不会太好。

基于以上分析，超大室内空间内采用机械排烟方式存在较大难度。调研的已有建筑案例均采用了自然排烟方式，且详细的排烟设计方案均通过了消防性能化的专家评审会。

自然排烟方式的实质就是热烟气与室外冷空气的对流运动，其动力和条件：一是存在着室内外的气体温度差和孔口高度差引起的浮力作用，即热压作用；二是存在着由室外风力引起的风压作用。采用自然排烟方式的缘由大致为：

（1）高大的室内空间具有较强的蓄烟功能。

（2）在建筑顶棚或侧墙设置的通风口，也可与自然排烟结合使用。

（3）《建筑设计防火规范》[1]提出的步行街顶棚自然排烟设计参数可作为超大空间的设计参考，如顶棚应设置自然排烟设施并宜采用常开式的排烟口，且自然排烟口的有效面积不应小于步行街地面面积的 25%。常闭式自然排烟设施应能在火灾时手动和自动开启。

（4）上海《防排烟技术规程》[2]和北京市地标《自然排烟系统设计施工及验收规范》[3]均提出了自然排烟系统的应用范围、设计要求及设计方法，值得借鉴。

（5）已有的科研文章（文献[4-5]）对高大空间的烟气蔓延规律、自然排烟设计的关键参数进行了分析和汇总，这些参数包括火灾规模的设定、烟气上升高度、设计烟层高度与烟层厚度、排烟量、自然排烟口面积、补风风速等。

（6）尽管自然排烟方式容易受室外风环境的影响，处于迎风方向的排烟口在火灾时可能成为烟气的倒灌口或者补风口，造成顶棚处烟气蔓延的紊乱。在室外极端天气下的烟气蔓延状态，可通过数值模拟手段进行模拟分析，并提出控制指标，如在室外多大的风速时，室内烟气蔓延状态已经影响周边独立建筑的消防安全性以及大空间内疏散人员的安全性，此时需联动关闭自然排烟口。

综上所述，从自然排烟方式的设计方法、大空间内烟气蔓延特点及烟控措施角度分析，超大室内空间具备采用自然排烟方式的可行性。为了更好的验证自然排烟方式的可行性，需通过数值模拟进行验证，以了解烟气扩散和蔓延规律、优化排烟设计方案。在建筑落成后，也需采用现场热烟试验方法进行再次验证，确保建筑防排烟设计的可靠性及建筑整体的安全性。

2.3 独立建筑借用超大室内空间进行疏散

各独立建筑的部分外墙与超大室内空间相邻，因而不可避免的将出现部分楼梯不能直通室外的问题。对于这类问题的解决，通常需采取措施保持疏散楼梯出口至室外之间的疏散路径的安全性，如加强防火、防排烟设计，提高应急照明照度等。

疏散路径可选择直通室外的避难走道、作为安全区的超大室内空间的首层。此时需将超大室内空间设计参照《建筑设计防火规范》第 5.3.6 条关于步行街的设计要求。若超大空间内地面建筑面积非常大，可能需零散布置无顶棚的售卖点或者就餐区，此时需控制售卖点和就餐区的建筑面积及布置间距，减小发生火灾蔓延的可能性。

（1）对于售卖点面积建议小于 20 m^2，售卖点之间保持不小于 6.0 m 的间距。

（2）若集中布置不燃制作的餐桌椅，就餐区连续区域面积建议小于 200 m^2，且就餐区不应有明火。就餐区与其他可燃物之间的间距建议保持约 9 m 的间距。

2.4　消防救援设计

现行规范要求，建筑应设置消防车道，且高层建筑应至少沿一个长边或周边长度的 1/4 且不小于一个长边长度的底边连续布置消防车登高操作场地。

对于采用围合结构联系起来的各个独立建筑，消防车道需穿越建筑物，必要时还需在超大室内大空间内设置消防扑救场地。传统扑救场地基本均位于室外，若在室内进行消防扑救，需经过当地消防部门的审批许可。北京侨福花园广场、成都海洋馆由于室内空间超大，在大空间内设置了消防车道和消防扑救场地。

超大室内空间作为消防场地，除应满足规范扑救场地的设计要求外，还需满足其他结构安全的设计要求：

（1）大空间顶棚应满足步行街设计要求，顶棚材料采用不燃或难燃材料，其承重结构的耐火极限不应低于 1.00 h。

（2）若顶棚采用钢结构形式，还需考虑最不利火灾场景下顶棚是否有受热坍塌的风险。随着钢结构温度升高，其强度和刚度有所减弱。

《钢结构及钢-混凝土组合结构抗火设计》[6]指出我国普通钢结构在高温下的力学性能。当温度超过 300 °C 左右时，钢材的屈服强度、抗拉强度和弹性模量开始显著下降。当温度超过 400 °C 后，钢材的强度与弹性模量开始急剧下降；当温度达到 650 °C，钢材已基本丧失承载能力。

若靠近超大空间顶棚的独立建筑功能区发生火灾，高温火焰和烟气通过门窗孔洞蔓延至顶棚处，当温度达到 300 °C 时，钢结构存在坍塌风险，因此需采取措施防止钢结构附近的烟气超过 300 °C。钢结构附近的气流温度预测可通过数值模拟的方式，结合发生火灾的可能位置、建筑顶棚的钢结构位置设置火灾场景进行数值模拟分析，以提出相应的设计建议。

3　结　语

建筑间超大室内空间的消防设计，疏散、灭火、火灾自动报警系统设计等方面均应满足现行规范设计要求。在此基础上，对结构防火设计、排烟方式选择和设计、独立建筑借用超大室内空间进行疏散的问题，可结合建筑实际情况，采用性能化防火设计方法进行探讨、研究和分析，提出有针对性的解决措施。所提出的措施需通过公安部门组织的专家评审会，并在建筑落成时，开展相应的消防验收工作，确保各系统运行可靠。在建筑运营期间，应加强消防安全监督管理和培训工作，确保建筑整体消防安全。

参考文献

[1] GB 50016—2014. 建筑设计防火规范[S].
[2] DGJ 08-88—2006. 防排烟技术规程[S].
[3] DB11/1025—2013. 自然排烟系统设计施工及验收规范[S].
[4] 王旭，石鹤. 国家大剧院高大空间排烟系统的分析设计[J]. 暖通空调，2008，38（9）：52-54.
[5] 华高英. 单体型高大空间建筑的自然排烟设计[J]. 暖通空调，2013，43（5）：93-97.
[6] 李国强. 钢结构及钢-混凝土组合结构抗火设计[M]. 北京：中国建筑工业出版社，2012.

某商业综合体步行街人员疏散亚安全区域设置探讨

陈兆亮
（山东省济宁市消防支队）

【摘　要】 亚安全区的设计形式是近年来在大型商业建筑中采用较多的一种商业布局及人流组织形式，国内现已有较多采用亚安全区这种性能化消防设计方式的超大型商业工程，并且在实际使用过程中起到了良好的交通组织和人员疏导作用。

【关键词】 商业综合体；人员疏散；亚安全区；防火分隔

济宁九龙贵和购物广场项目由塔楼（改造建筑）和商业裙房（新建建筑）组成，其中塔楼总共23层，高度为85 m。商业裙房地上七层，地下二层，高度为41.9 m。

由于本工程商业业态为SHOPPINGMALL形式，这种业态的商业本身就具有建筑面积大、进驻行业及店铺多、购物环境要求高三大特点，所以在设计中也有一定复杂性和独特性。本项目中庭防火分区面积超大，在火灾风险增加的情况下，火灾时以上疏散模式可能给建筑内的部分疏散人员带来安全隐患。所以结合本项目中庭形态及周边商业区域的布置，制定有效的解决方案，把商业步行街设计为一个相对安全的可供人员暂时停留的疏散缓冲区，以保证火灾时建筑内所有疏散人员的安全，如图 1 所示。

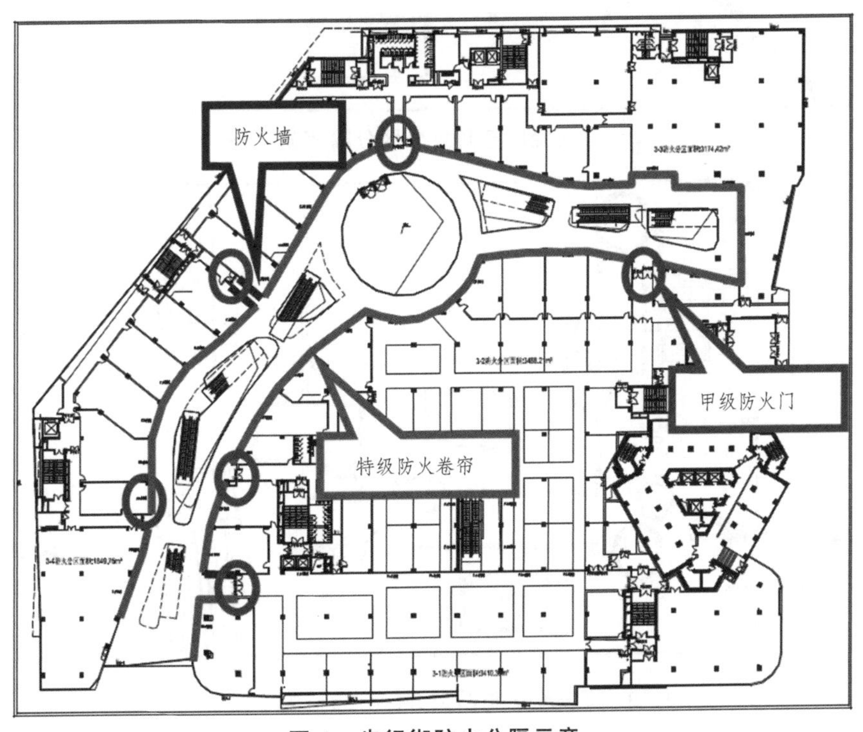

图 1　步行街防火分隔示意

根据本项目步行街设计特点，结合类似案例，拟把商业步行街设计为亚安全区。亚安全区的应用不但能顺利解决人员疏散安全、防火防烟分隔等建筑中存在的问题，同时也能兼顾大型商业建筑通透、舒适的设计要求。它通过在火灾中给人员提供一个相对安全的区域，增加火灾发生时人员可在建筑内滞留时间的方式，保证疏散过程中人员的安全。

1 亚安全区与商业区的防火分隔

要形成亚安全区，主要是使用有效的防火分隔措施把商业步行街内中庭及回廊与商业区分隔，同时又要保证在火灾时人员由亚安全区内疏散至楼梯间过程中的安全。由此在商业区域与亚安全区的防火分隔方面提出下列要求：

（1）亚安全区两侧防火分区内商业区与亚安全区之间其应采用特级防火卷帘进行分隔，如图2所示。

（2）由于亚安全区内人员最终需通过楼梯疏散至室外，所以通往疏散楼梯的通道的安全必须得到最大程度的保障。这就要求包括一至六层亚安全区连接疏散楼梯的通道两侧必须采用防火墙，商业或其他功能房间开向该通道开口位置必须设置甲级防火门，且防火门开启后不得阻碍人员疏散，如图3所示。

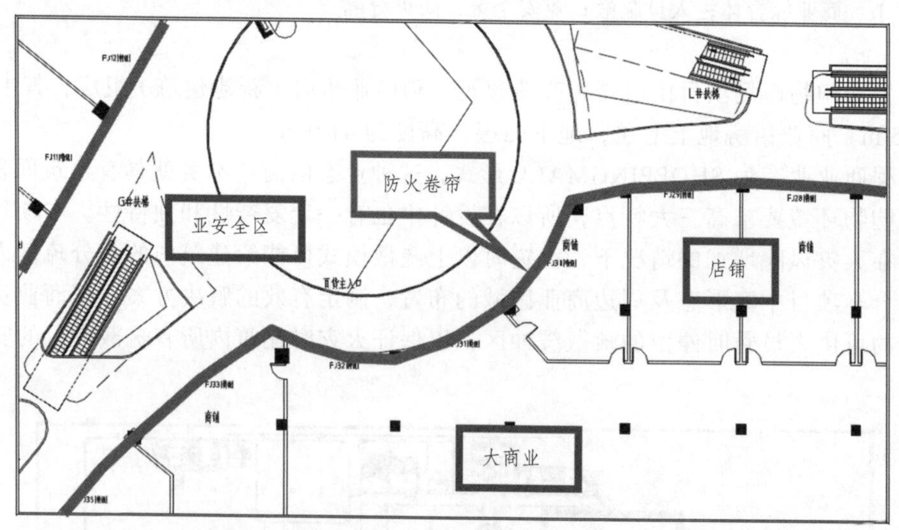

图2 亚安全区与防火分区分隔措施（一）

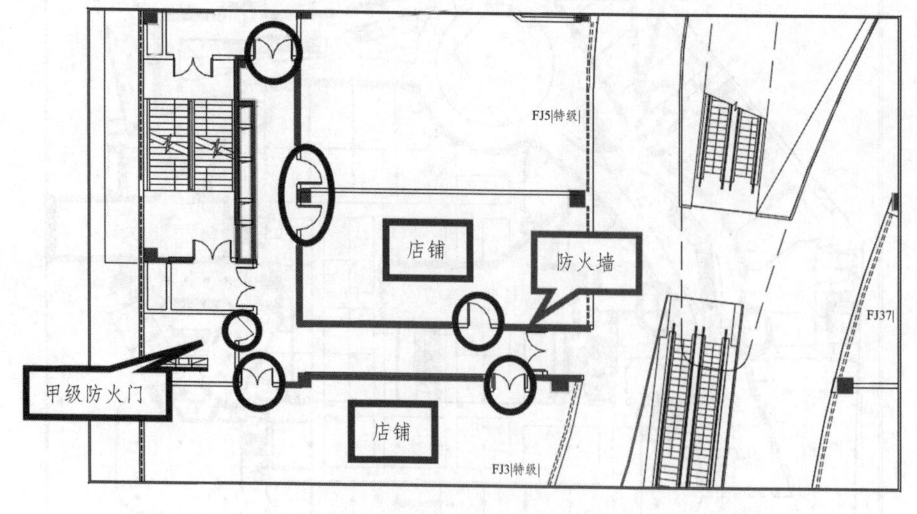

图3 亚安全区与防火分区分隔措施（二）

2 亚安全区消防系统设计

在排烟系统设计方面，最大限度地保证商业区的火灾不影响到亚安全区，但考虑到火灾初期卷帘仍未降落或特殊情况下卷帘无法正常落下时，商业区内烟气可能会影响到亚安全区，所以步行街内的防排烟设计采用二级排烟系统：即步行街中庭顶部仍设计机械排烟系统，商业区内排烟系统为第一级排烟系统，亚安全区顶部排烟系统为第二级排烟系统，如图 4 所示。

（1）为了在最不利条件下（商业区内烟气进入亚安全区或亚安全区本身发生火灾）把亚安全区受烟气影响的范围降低，建议亚安全区内机械排烟系统应设烟气控制分区。根据本工程亚安全区的形态，步行街在水平方向应设 3 个烟气控制分区，如图 5 所示。只有在相应烟气控制分区内的火灾探测器探测到火灾或烟气时，才启动对应的机械排烟系统，避免烟气由于机械排烟系统的抽吸作用在亚安全区内的水平蔓延速度加快。

（2）亚安全区内仍需按照规范设置自动喷水灭火系统：回廊区域设置采用快速响应喷头的自动喷水灭火系统，中庭区域建议采用大空间智能型灭火系统。

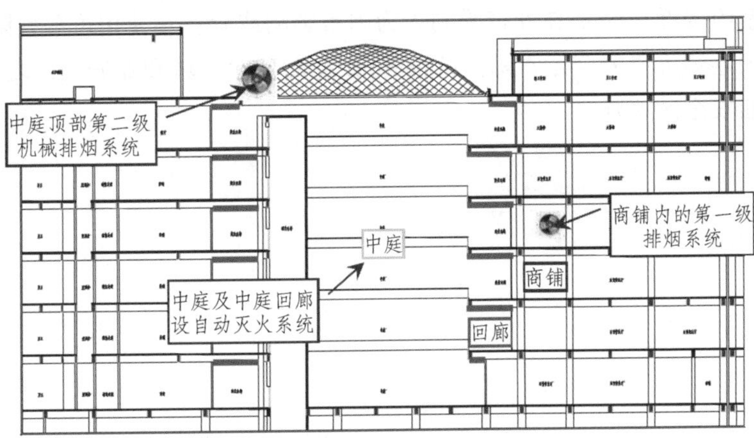

图 4　亚安全区消防系统设计

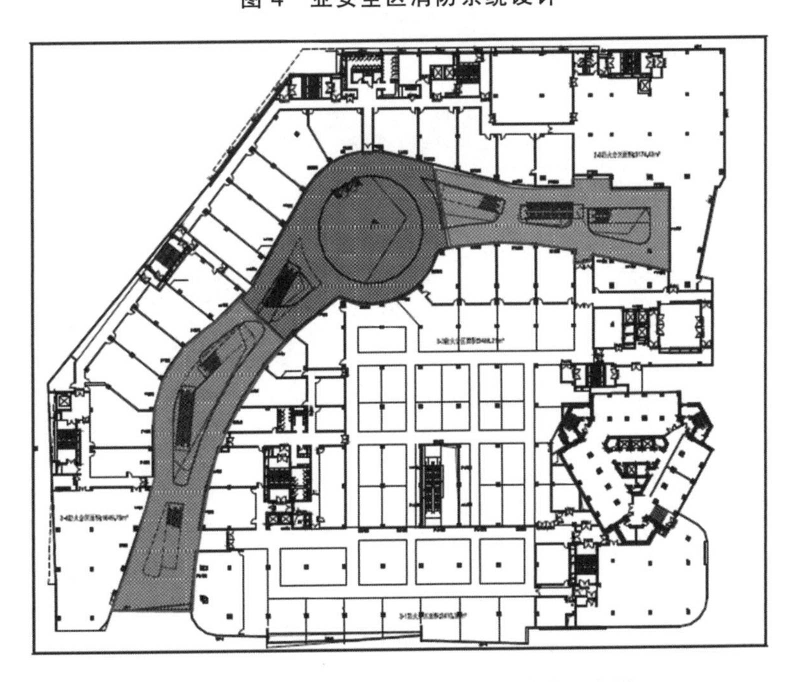

图 5　亚安全区内烟气控制分区划分示意图

3 其他方面的设计和要求

要保证亚安全区在火灾时能达到可作为人员暂时滞留的场所，给建筑内人员提供较长安全疏散环境，保证亚安全区的设计意图得到实现，还需要从以下几个方面进行要求和保障：

（1）采取措施提高亚安全区本身的安全性。主要需要从亚安全区的火灾荷载的控制、火源的控制等方面着手。把亚安全区本身的火灾危险性降到最低，这是亚安全区设计在本工程中实现的前提。

（2）火灾时较多未起火商业防火分区内人员在火灾时需要通过亚安全区疏散，那么就需要加强亚安全区域内本身的疏散系统和疏散辅助系统，如疏散指示系统、照明系统等。

（3）同样由于未起火商业防火分区内人员在火灾时需要通过亚安全区疏散，若亚安全区无法容纳由商业区内疏散出的人员，那么火灾时势必给疏散人员造成心理压力，容易造成疏散事故，所以要求各层亚安全区有足够面积容纳商业区内疏散出的人员，也是保证亚安全区有效性的前提之一。

（4）火灾对亚安全区的影响。即使亚安全区和商业区之间采取了足够的防火分隔措施，同时亚安全区本身的火灾荷载也已最大程度得到控制，但一方面考虑到本项目各层用于分隔亚安全区和商业步行街的防火卷帘总量约接近 2 km，在卷帘受到人为因素影响或者长年使用可靠性降低后，有可能出现火灾时起火分区防火卷帘不能完全正常降落的情况，则此时商业区域和亚安全区之间必然有连通开口，商业区烟气可能朝亚安全区蔓延。

某高台式展览建筑消防设计问题探讨

李宝萍
（陕西省咸阳市消防支队）

【摘　要】 本文结合工程实例，探讨解决历史遗留高台式仿古展览建筑设计存在的消防安全问题，给类似高台式工程消防设计提供参考和借鉴。

【关键词】 高台式展览建筑；消防设计；无消防扑救面；安全疏散

某展览馆有一座仿明清展览建筑（仿历史上著名古渡遗址），是彰显城市历史文化底蕴、提升城市整体形象的标志性景观建筑。该项目于 2002 年 1 月批准立项，2002 年 4 月核发建设工程规划许可证并开工建设，其间，由于项目资金困难等多方面原因，项目建建停停，成为烂尾工程。为解决此问题，项目历经三次变更建设单位主体，2011 年 9 月某建设单位承接该项目，投入大量资金，迅速进行建设、装修工作。截止到目前项目已建设完成，但其申报消防设计审核的工作未同期进行，并在建设过程中，建设单位擅自变更设计图纸，导致申报时，设计图纸与现状不符，工程现状存在较多问题。

1　工程基本概况

该建设工程建筑面积 21 430 m^2，建筑高度 44.2 m，地下 1 层，地上 8 层，二级耐火等级。地下 1 层为设备用房、非燃展品库房和停车 49 辆的地下Ⅳ类汽车库；1 层为多功能报告厅、陈列厅、纪念品商店等；2 层、3 层为陈列厅；4 层为名城厅堂；5 层为纪念品展销；6 层为展览厅；7 层为科教馆；8 层为书画室，是二类高层展览建筑。

2　工程存在的问题

（1）仿古高台式建筑，无消防扑救面。

该建筑共 8 层，一层建筑面积 4 983 m^2，高度 7 m。2、3 层建筑平面尺寸一致，建筑面积 2 521 m^2，2、3 层在 1 层形成的高台上东西向中心各退 20 m，南面各退 10.55 m，在 1 层顶形成一个面积为 2 462 m^2 的大平台。该平台设置了 2 个宽度 8.7 m 的大楼梯，通往室外地面。4 层建筑面积 713 m^2，高度 17.7 m，在 3 层顶由中心向东西方向各退 11 m，南面退 12 m，北面退 13 m，形成面积为 1 796 m^2 的第 2 个高台，该高台在东西两侧各设置 1 个通向 1 层平台 3 m 宽的室外楼梯。5 层建筑面积 560 m^2，高度 24.6 m；6 层面积 483 m^2，高度 27.6 m，设有宽度为 5.25 m 的室外通廊；7 层建筑面积 357 m^2，高度 33.8 m；8 层建筑面积 263 m^2，高度 37.8 m，设有东西北 3 面宽度为 1.65 m，南面宽度为 5.25 的室外通廊。该建筑是仿古高台式建筑，建筑逐层向建筑中心退台（见图 1），导致该建筑无消防扑救面。

图1 仿古高台式建筑

（2）建筑主楼梯T1在1～3层为普通楼梯，从4层开始为剪刀楼梯，为该楼提供双向疏散。剪刀楼梯中的一部楼梯不能直通首层，在4层通过室外通廊到达4层室外平台，经室外楼梯下至2层室外平台，经大楼梯到达首层。

（3）楼梯间T1在4层、6层的内墙上除开设通向前室的门外，还开设门厅门，经该门厅通向室外通廊。

（4）建设单位在建设过程中存在擅自改变防火分区，改变建筑内部部分空间用途，将建筑防烟楼梯间擅自变更为封闭楼梯间等问题。

3 解决方案

本建设工程是高台仿古建筑，要保留原古建筑风貌，建筑四周逐层退缩，在紧靠2层、4层建筑主体处设置了2个大平台，4层平台可通过两个室外楼梯下到2层平台，2层平台可由中部大楼梯到达室外地面。2层平台部分距地面7 m，宽度最大达20 m，最小的也达10.55 m，2层平台下方为建筑首层；4层平台部分比一层平台高10.7 m，最小宽度为11 m。该平台是此类塔式高台建筑的传统典型造型，如图2所示。

现行《高层民用建筑设计防火规范（2005年版）》（GB 50045—95）第4.1.7条规定：高层建筑底边至少有一个长边或周边长度的1/4且不小于一个长边长度，不应布置高度大于5.00 m、进深大于4.00 m的裙房。《建筑设计防火规范》（GB 50016—2014）第7.2.1条规定：高层建筑应至少沿一个长边或周边长度的1/4且不小于一个长边长度的底边连续布置消防车登高操作场地，该范围内的裙房进深不应大于4 m。

火灾中高层建筑通常需要使用云梯车对发生在建筑高层的火灾开展扑救作业和对火灾中的被困人员进行救援，所以要求建筑在设计时，应给消防车辆提供良好的停靠条件，便于消防车辆接近建筑。从登高消防车的功能试验来看，进深在4 m以下的裙房不会对扑救作业产生影响。若裙房建筑尺寸超过4 m，则火灾时可能导致消防车辆无法接近建筑而失去灭火和救援人员的最佳时机。但根据对本工程各层平面布置的分析，首先在建筑4层设较多疏散出口，人员可直接从4层逐次到达2个高台向下疏散，即使平台上由于拥挤出现人员滞留的情况，消防救援车辆也可搭靠到平台上对其进行救援；因此，本工程中平台的设置并不会对消防救援产生实质性影响。此类高台仿古建筑，要保留原古建筑风貌，建筑四周逐层退缩，无法满足消防扑救面裙房进深控制在4 m以下的要求，在加强相应的自救措施后（本工程的消防给水、消防供电、防排烟系统按一类建筑要求设计），可以采用此设计方案。

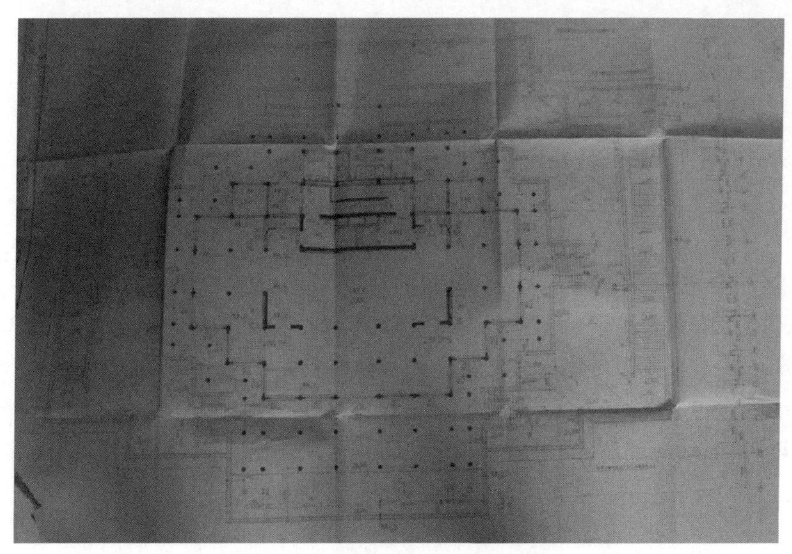

图 2　高台建筑平台设计图

建筑主楼梯 T1 在 1～3 层为普通楼梯，4 层变为剪刀楼梯，剪刀楼梯中的一部楼梯不能直通首层，在 4 层通过室外回廊到达室外 2 个平台下至首层。

T1 楼梯的一个出口直接通过一个门厅到达 4 层室外通廊，室外通廊经台阶到达 4 层疏散平台，所以 4 层室外通廊设计需保证人员疏散时的安全，由于建筑主体靠近通廊一侧全部采用仿古木质门窗，若火灾使玻璃炸裂（4 层火灾辐射和烟气、火灾飞火），炸裂的玻璃和建筑内的火灾均会对疏散人员的安全造成威胁，因此需要采取相应措施解决此危险。保证 4 层室外通廊的耐火完整性和隔热性是保证疏散人员安全的必要条件之一。依据目前的技术措施可以采用两种方案：一是设置固定乙级防火门窗，个别需要开启的设置自动关闭措施；二是在通廊门窗上设置喷淋保护系统。该系统两个主要部分是钢化玻璃和在火灾时启动保护钢化玻璃的喷淋系统，喷淋系统与用作灭火的喷淋系统相互独立，同时使用专用的窗型喷头。

楼梯间 T1 在 4 层、6 层的内墙上除开设通向前室的门外，还开设门厅门，经该门厅通向室外通廊。

现行《高层民用建筑设计防火规范（2005 版）》（GB 50045—95）第 6.2.5.1 条规定：楼梯间的内墙上，除开设通向公共走道的疏散门和本规范第 6.1.3 条规定的户门外，不应开设其他门、窗、洞口。《建筑设计防火规范》（GB 50016—2014）第 6.4.3 条规定：防烟楼梯间内的墙上不应开设除疏散门和送风口外的其他门、窗、洞口。经分析该门厅的实际使用功能，该门厅门可开在楼梯间内墙上，但应按前室的要求设置，尤其是在后期使用中不得作为其他用途，不得采用可燃装修，不得放置可燃物。

建设单位在建设过程中存在擅自改变防火分区，改变建筑内部部分空间用途，将建筑防烟楼梯间擅自变更为封闭楼梯间等问题。

该工程因是烂尾工程，历时十三年之久，因此该工程作为特例，在满足设计图纸消防安全的基础上，完成建审程序。然后在后期的验收阶段，要求建设单位按照图纸的消防设计进行施工，达到消防设计要求。擅自变更部分应经设计院严格按现行设计防火规范设计变更后才能变更，该部分如果不满足现行设计防火规范，则应按原设计进行施工。

4 结 论

本着解决历史遗留问题的精神，在满足消防设计规范强制性要求的基础上，对城市标志性展览建筑进行全面的分析论证，在重点解决消防扑救、安全疏散存在问题的基础上，保证建筑物的消防安全。

参考文献

[1] GB 50045—95. 高层民用建筑设计防火规范[S].
[2] GB 50016—2014. 建筑设计防火规范[S].

作者简介：李宝萍，陕西省咸阳市消防支队，高级工程师；从事建筑防火审核工作。
通信地址：陕西省咸阳市消防支队防火处工程审核科，邮政编码：712000；
联系电话：13992058822；
电子信箱：Libaoping8888@163.com。

普通民用建筑防火设计常见问题浅析

周　超
（四川省凉山州公安消防支队）

【摘　要】 建筑防火设计是建筑设计的一项重要内容，是预防和减少建筑火灾危害、保护人身和财产安全的技术措施。本文分析了普通民用建筑防火设计中常见的建筑防火技术问题，并提出了自己的看法，以供设计和消防设计审核人员参考。

【关键词】 普通民用建筑；防火设计；建筑；常见问题分析

建筑工程设计首先要满足安全要求，防火设计作为保障建筑消防安全的一项重要内容不可或缺。2014 年国家颁布了新的防火设计规范，使新规范更加适应当今建筑对防火设计的要求。作者多年来从事消防设计审核工作，在审核过程中经常遇到一些普遍性、代表性的问题。经过探究与思考，将这些问题提出来，以供大家参考借鉴。

1　消防车道、登高救援场地的设置

在消防车道、登高救援场地的设置过程中应考虑如下几点：

（1）在城市规划时消防车道常被忽略。规范对此有明确规定：应考虑消防车道，道路中心线间的距离不宜大于 160 m；对大的城市综合体建筑还应设环形消防车道。

（2）不是所有的建筑都要设置消防车道。只有规模大（占地面积 3 000 m^2 以上）、火灾危险性大（商店建筑、展览建筑等人员密集场所）的建筑才考虑消防车道。

（3）在进行消防车道的设计时需要考虑消防车道与建筑、取水点的距离，同时消防车道本身也有硬度、宽度、转弯半径、坡度等规定和要求。特别是转弯半径和硬度的要求，在设计时容易忽略，给火灾扑救时带来许多不便。参考图 1，给出转弯半径按照公式：

$$W = R_0 - r_2 \tag{1}$$

$$R_0 = R + x \tag{2}$$

$$R = \sqrt{(l+d)^2 + (r+b)^2} \tag{3}$$

$$r_2 = r - y \tag{4}$$

$$r = \sqrt{r_1^2 - l^2} - \frac{b+n}{2} \tag{5}$$

式中　W——环道最小宽度；

r_1——汽车最小转弯半径；

R_0——环道外半径；

R——汽车环行外半径；

r_2——环道内半径；

r——汽车环行内半径；

X——汽车环行时最外点至环道外边距离，宜≥250 mm；

Y——汽车环行时最内点至环道内边距离，宜≥250 mm。

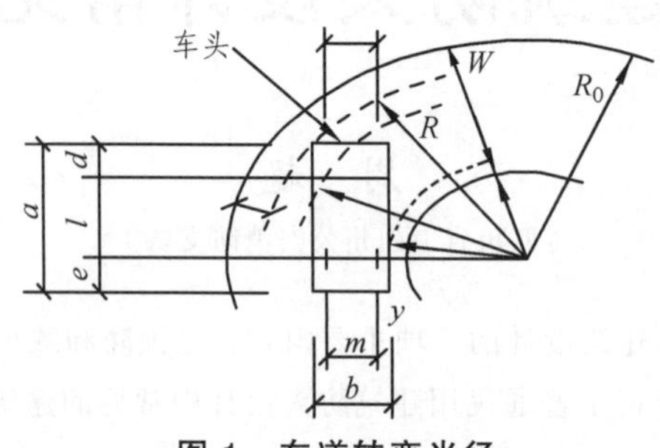

图1　车道转弯半径

进行计算。一般按普通消防车的转弯半径为 9 m，登高车的转弯半径为 12 m，一些特种车辆的转弯半径为 16～20 m 考虑。硬度是指车道应能满足重型消防车通行、作业的需要。目前，许多消防车道下都布置了车库、库房等，在结构设计时应考虑消防车的荷载值。

（4）消防救援场地的设计应满足：在建筑物设计消防车登高操作场地相对应的范围内建筑应设置直通室外的楼梯或直通楼梯间的入口。这主要是考虑火灾救援过程中人员的出入安全。

2　建筑高度、建筑层数的计算

（1）《建筑设计防火规范》（GB 50016—2014）（以下简称《规范》）中建筑高度是非常重要的一个参数，附录 A 对建筑高度的计算方法专门作了说明。在实际的运用过程中应该注意以下几个方面：

① 室外设计地面不一定是±0 所在位置，一般可按消防车能够到达的最不利点作为起算点，到屋面面层（包括保温层）的距离。

② 同一建筑，根据不同的地面、屋面位置计算出的建筑高度值，一般按最大值考虑。

③ 住宅建筑建筑高度的计算方法与其他民用建筑有所不同。《规范》附录 A.0.1 第 6 条的情形不计入建筑高度；

（2）建筑层数一般按建筑的自然层数计算。

按《住宅建筑规范》（GB 50368—2005）第 9.1.6 条，有两点需要明确：

① 建筑住宅与其他功能空间处于同一建筑内时，建筑层数应叠加计算；

② 对建筑层高大于 3 m 的层数，应以这些层的高度总和除以 3 进行折算，余数大于 1.5 m 时，可按 1 层计算。常见的错误是以建筑总高度除以 3 来计算层数，但实际是有区别的。

3　防火间距

城市建设过程中，合理规划与节约用地本身存在矛盾。如何在保证防火安全的同时做到节约用地，是对设计人员的考验。

《规范》防火间距的规定，特别明确了相邻建筑通过连廊、天桥或底部的建筑物等连接时，仍按两幢建筑的防火间距要求考虑。并且对相邻建筑相邻一侧各点、面之间的间距应该满足《规范》中防火间距的要求；对最相邻最近的点、面采取了相应的防火措施满足要求，其他相邻的点、面不能满足防火间距要求的仍然应采取防火措施。

4 疏散楼梯的设计规定

安全疏散是防火设计中的一项重要内容。疏散楼梯作为建筑竖向疏散通道，《规范》从数量、宽度、设置形式、耐火极限、构造等方面进行了规定。在实际的运用过程中容易忽略的有以下几点：

（1）综合楼内疏散楼梯数量的规定。根据综合楼内不同功能的楼层区域，有的需要单独设置楼梯。据统计常见的以下几类场所需要设置独立的疏散楼梯：

① 商住楼，住宅与商业部分的楼梯应分开独立设置；

② 剧场、电影院、礼堂设在其他民用建筑内时，至少应设置 1 个独立的疏散楼梯；

③ 托儿所、幼儿园的儿童用房，老年人活动场所和儿童游乐厅等儿童活动场所设置在高层建筑内时，应设置独立的疏散楼梯。

④ 综合楼内的办公部分的疏散出入口不应与同一楼内对外的商场、营业厅、娱乐、餐饮等人员密集场所的疏散出入口共用。

（2）对建筑高度大于 27 m 但不大于 54 m 的住宅，当只有 1 个单元时，设置一个疏散楼梯的条件是：任一层面积不大于 650 m^2，任一户门至最近安全出口的距离不大于 10 m 时，户门为乙级防火门，疏散楼梯应通至屋面，4 个条件缺一不可。

（3）对共用底层的商住楼，中间楼层设置了休息平台，住宅部分一个或几个单元的人员疏散到平台上再通过平台疏散到室外的情形。如果平台上设置的疏散楼梯独立设置且满足疏散宽度和形式的要求，笔者认为这种设置形式是允许的。理由可参考的规范条款是《建规》第 5.5.11 条和第 5.5.23 条。

（4）歌舞娱乐场所计算人数时应根据场所厅室的建筑面积进行计算，而不是场所的建筑面积。对固定座位的场所，疏散人数可按实际座位数的 1.1 倍，而不是按厅室建筑面积不小于 0.5 人/m^2。

5 中庭的防火设计

中庭这种建筑形式被广泛运用，为了防止中庭烟囱效应的影响，中庭的防火处理措施十分必要。

（1）中庭是由建筑物围合而成，它从属于建筑内部空间，并且是有顶的，通过顶部或侧面采光，一般面积较大。而天井是由建筑和建筑围合或建筑和墙体围合而成，没有顶，天井介于室内、外空间之间，面积相对较小。有没有顶是区分中庭和天井的一个重要指标。

（2）当中庭连通的上下层建筑面积超过防火分区要求时，在每层安装防火卷帘不是唯一的防火分隔措施。可采取防火隔墙、防火玻璃进行分隔，也是将与中庭连通的门、窗设置为火灾时能自行关闭的甲级防火门、窗。

6 楼梯前室的设计

前室是设置在消防电梯、防烟楼梯间之前的过渡空间，包括开敞式的阳台、凹廊等类似空间。

（1）前室内不应开设除疏散门和送风口外的其他门、窗洞口，但是对住宅有特殊的规定：

对建筑高度大于33 m的住宅建筑，户门不宜直接开向前室，确有困难时，每层开向同一遂到的户门不应大于3樘且应采用乙级防火门。

（2）剪刀楼梯间的前室应独立设置，确有困难时可以共用。对楼梯的共用前室与消防电梯的前室合用时，即“三合一前室”，前室面积不应小于12 m^2，且短边不小于2.4 m。

（3）在计算最大安全疏散距离时，可计算到防烟楼梯间前室，而不需要计算到楼梯间入口处。

（4）不大于50 m的公共建筑、不大于100 m的住宅建筑，当前室采用开敞的阳台、凹廊或是前室设有满足开窗面积、不同朝向的可开启窗时，防烟楼梯间可以不设置防烟系统。

参考文献

[1] GB 50016—2014. 建筑设计防火规范[S].

[2] GB 50368—2005. 住宅建筑规范[S].

[3] JGJ 48—88. 商店建筑设计规范[S].

[4] JGJ 67—2006. 办公建筑设计规范[S].

作者简介：周超（1979—），男，四川省消防总队凉山支队防火处工程审核验收科长，工程师，学士；主要从事建筑防火和消防监督工作。

通信地址：凉山州公安消防支队，邮政编码：615000；

联系电话：13881526128。

浅谈高层住宅消防安全隐患原因及对策

严　飞
（江苏省苏州市公安消防支队）

【摘　要】高层住宅因具有火灾致灾因素多样性、人员管理的复杂性和涉及民生的灾后严重性，成为受火灾威胁较大的建筑，消防设计和验收以及监管环节应小心谨慎。本文介绍了高层住宅建筑在消防设计、验收和监管方面目前存在的常见安全隐患，分析了其产生原因，并提出了解决建议，指出采用的措施应当具备针对性和可操作性。

【关键词】　高层住宅；消防；设计；验收；监管

1　引　言

近几年，随着大量住宅新建项目不断涌现，住宅的火灾隐患问题也日益凸显，尤其是部分开发时间靠前的项目和拆迁户动迁的房产项目，普遍存在着设计、验收以及日后管理方面的问题，这些住宅也一直是群众反复举报的重灾区。笔者从自己五年来的审验和监督检查经历入手，探索住宅的火灾防控。

2　设计方面存在的问题

住宅的防火设计要求在规范里都有详尽的阐述，但有些设计未能够考虑全面，这对于将来住宅的使用都造成了不小的麻烦，列举部分如下：

（1）当前，防排烟系统最新规范尚未颁布实施，《高层民用建筑设计防火规范（2005 年版）》（GB 50045—95）第 8.3.3 条明确规定：“超过 32 层的建筑，其送风系统及送风量应当进行分段设计。”这一条款在设计中常常被忽视，风量表对应超过 32 层的楼梯间未提供参数依据，将分段设计的两台风机合二为一设置在屋顶上，导致风量不均匀，靠近顶层的正压送风口的风速往往超过 7 m/s。有时在楼梯间内同时设置了送风系统和可开启外窗，或者在楼梯间的顶层平台处设置通风百叶，使楼梯间内的正压送风系统完全失效。

（2）部分小区在设计时使用消火栓启泵按钮联动正压送风系统启动、切电和电梯迫降。笔者认为，不应当通过人为启动启泵按钮来联动相关系统，因为发生火灾时，人员首先要进行自救逃生，在人员疏散时应该已经启动了的正压送风系统、应急照明灯点亮和电梯迫降等动作，这些消防设施不能通过报警联动，这使人员的疏散安全性无法得到保证。

（3）高层住宅的地下室部分都设置了自行车库，大部分设计按照 500 m^2 划分防火分区，没有设置机械排烟系统。而实际上，现在的自行车库大量停放电动车，而且配置了插座以供充电使用，电动车自燃的危险大大增加，而燃烧产生的烟极为浓厚，这对于火灾扑救带来了不少的阻碍。

（4）地下机动车库均按照 4 000 m^2 划分防火分区，按照 2 000 m^2 划分防烟分区而设置两套排烟系统。通常，该防火分区内会设置两个排烟机房和一个补风机房，但个别设计会将排烟机房设置在相邻的防火分区内，这就会导致灭火时很难找到该火灾分区对应的排烟风机并现场启动。

（5）有些设计会出现一层住户在户内通过楼梯连通地下储藏室的情况，但未在楼梯入口处设置甲级防火门，使得防火分区面积要求不一致的地上住宅部分和地下储藏室连通在一起，未进行使用功能上的划分，而负一层不应设计住宅，在设计时更不会考虑这部分的安全疏散，这样的设计不符合规范上的要求，更无法监督楼梯入口处甲级防火门的使用情况。

3 验收方面存在的问题

消防验收过程中，应当注重实用性，一些小范围可操作的改造能够使系统更加实用可靠，某些细微处会影响到建筑的防火安全和消防设施使用，监督员需要在验收时格外注意，部分列举如下：

（1）消防水池与消防泵连接时，一般都是采用泵直接连通水池的方式，但对于水池储水量大于 500 m^3 而分隔成两个水池时，会因为其中一个水池维修而导致相对应的水泵无法使用，此时消防泵、喷淋泵一主一备的设置要求没有实现，应当设置两个水池之间的外部连通管，从连通管上进行取水。另外，泵安装偏心异径管时，应当做到偏心异径管顶平，能够防止泵的进水口处集气，保证泵无空气进入。

（2）屋顶设置的高位水箱稳压系统常常在水箱的出水管上包裹了防冻材料，而补水管没有进行防冻处理，可能会出现冻结无法补水的问题。设置的电接点压力表也要注意防冻，否则连通出水管的连接管被冻结后将无法反映水压的变化情况，稳压系统便不再自动启泵稳压。同样的，水泵接合器也应当进行防冻处理，以防止未及时排水而使残留水冻结无法向管网进行加压供水的情况出现。另外，高位水箱设置在屋顶设备间时，时常出现通向室外的出水管高于水箱底部的出水管的问题，使底部的水无法靠重力自流进入旁通管。有的高位水箱为箱泵一体的产品，但未提供消火栓和喷淋系统的旁通管接口，需要施工时开设，常会被遗忘。

（3）小区对于绿化率有着严格的要求，常常要借用到消防登高作业场部分面积进行植草，多数会选用塑料材质的植草格，虽然路面进行了硬化再覆土，但仍然会对登高作业造成一定的影响，笔者认为应当采用植草砖，具备一定承重能力也防滑。另外，一层未设置架空层时，登高作业场应当设置在楼梯间的出入口同侧，尽量正对，使消防员能够快速地进入建筑，而施工时位置经常被更改。有时，大厅设置的门头比较高大，进深超过 4 m，这样的设计不符合登高作业面的设置要求，阻碍了消防车的登高作业，应当避免。

（4）消防电梯是高层住宅极为重要的消防设施，应当具备防水功能，要求采用必要的措施，如电梯口处设置 4～5 cm 的漫坡，井内的动力、控制线进行防水处理，但考虑到电梯的日常使用，验收时没有任何住宅会设计防水漫坡，此时井底的排水显得十分重要，一般都会通过井底预埋的排水管道与排污池进行连通，但常常会被砌入墙体或被建筑杂物封堵，造成无法排水。对于消防开关，往往电梯的施工单位将其设置为手动迫降功能，而不是客梯与消防电梯的切换功能。当开关投入消防电梯模式，电梯仍然处于停用状态无法操作。设置切换开关的目的在于防止住户逃生时使用电梯，保证使用电梯的操作人员是消防员，消防员开关应当具备电梯模式切换的功能而不是迫降。另外，消防电梯与消控室的通话功能也是常常被忽略的方面，应当进行测试。

4 监管方面存在的问题

高层住宅的消防监管一直存在较多问题，多种原因使消防方面的问题整改起来十分困难，甚至根本没有办法解决。

使用维修基金阻力大，依据《江苏省物业管理条例》，动用维修基金必须经过业主委员会和三分之二的业主同意，可是在实际操作中，绝大多数无法通过，不少业主觉得消防设施的重要性不同于电梯、供水、供电等设施；再者，很多小区没有成立业主委员会，更何况不少业主进行房屋出租，只通过物业公司无法召集业主大会进行投票，使用维修资金的难度很大。笔者认为，应当将维修基金纳入公共安全专项维修基金，只需经消防部门检查，住建房管部门现场核查便允许使用维修基金，由此，保证设施故障在第一时间得到整改。

有些管理问题在一开始就埋下了隐患，如消防管网断裂而关闭消防进水的问题，因为地基沉降，导致部分小区的消防网管断裂，断裂点不易被找到，即便侦测到的漏水点，有时会在一楼住户室内或者沿街商铺内，对于漏水点的修补遇到了很大的阻力，很难得到业主和租户的配合。笔者认为，应当合理采用新型的材料，有一定的韧性，一定的承压抗压能力，如新型 PPR 热熔管。在具备国家建筑材料或消防产品检测机构出具的合格检测报告,并符合国家关于产品市场准入制度的有关规定的前提下，在管网设计中应当合理使用，不必一概使用铸铁球墨管。

住宅中有些户型，建筑内的前室被开发商作为赠送的入户花园等进行广告和销售，这些前室或者走道基本上都设置了室内消火栓。业主入住后会将这些部位划入自己的使用区域，在疏散门处设置加锁房门，以保证该区域的隐私和安全，导致了此区域内的消火栓被圈占。建议杜绝这样的设计，消除业主占用公共部位的便利条件。

每年，各个小区都会开展一次消防演练，从成效上来看，更多的是“演”，演练的项目都是常规的灭火器和消火栓的使用，而需要业主配合的疏散引导演练开展得很少，尤其是帮助老龄人和残疾人的疏散应当放在首要位置，突出加强这方面的训练，使这部分行动较慢和不便的群体能够得到最及时的帮助。

住宅小区物业管理公司更替频率较快，往往在一个小区管理 2~3 年之后，因为物业费用收缴困难被迫转战其他的小区，留下了诸多因管理不到位而造成的问题，消防系统隐患是很重要的一部分，往往造成该管的时候没人管，想管的时候无力管，下一个小区很可能已经是前任留下的烂摊子了。物业的管理过于被动，消防控制室值班人员的培训、在岗在位情况和定期消防检查等工作浮于表面，尤其在消防车道和登高作业场地的管理方面十分混乱，仅仅停留在告知和劝阻的水平上，很难得到业主的配合。长此以往，面对业主，物业管理人员不再劝导，业主占用车道和登高场地的现象难以消除。关于小区的消防安全隐患举报，消防车道和登高场地一直是反复出现的“顽疾”，交警和城管等执法部门在小区执法难度大，消防部门也因为违规业主众多，恶意违法的取证困难等问题而束手无策。消除这样的违法行为，需要消防、交警、城管和住建等部门联合进行执法，积极与业主工作单位进行沟通，教育业主和督促整改违法行为，使违规停放车辆的问题得到逐步的纠正。

意识是行为的主导，行为是意识的表象。从小区的消防现状来看，小区业主的火灾防控意识有待加强。厨房烹饪无人照看、装修时拆除可燃气体报警装置、外出不关闭窗户、不断电源、地下车库存放瓶装液化气、小区内燃放孔明灯、随意使用消火栓和私占灭火器等等，这些现象都凸显了业主消防安全意识方面的薄弱。单纯的宣传栏，告示等阵地式宣传已经收效甚微了，应当挖掘发现新的教育方式，如小区开展的亲子活动中加入家庭消防安全知识的内容，以整个家庭作为教育对象而不是个人，在家长帮助孩子提升消防意识的同时使自己的意识得到进一步的强化，再比如可以通过社区的微信平台，与业主分享近期火灾的案例教训并及时提醒季节性的火灾防范常识。我们的消防走进了铺天盖地的宣传谜团，认为“海报式”的宣传是最有力的，只求多求广，不求实效，而趣味性强、参与度高的消防活动才是消防宣传的重要途径，119不是1天而是365天，只有这样，消防安全意识才能够在心里扎根，才能够被接受被重视。

5 结束语

总而言之，小区的安全涉及人民群众的生命财产安全，必须得到重视，消防安全的重要性必须得到普遍认同。无论是小区业主、物业管理公司还是消防部门，应当强烈地意识到自己小小的疏忽或者违法行为都极有可能造成无法挽回的损失。只有人人关注消防，人人参与消防，小区的消防安全环境才能够持续地发展下去。

参考文献

[1] GB 50016—2014. 建筑设计防火规范[S].
[2] GB 50116—2013. 火灾自动报警系统设计规范[S].
[3] GB 50316—2000. 工业金属管道设计规范[S].

作者简介：严飞，男，苏州市公安消防支队防火处验收科助理工程师。
通信地址：江苏省苏州市公安消防支队防火验收科，邮政编码：215000；
联系电话：13776179122；
电子信箱：gujingxiaoyu@sohu.com。

浅谈建筑电气火灾成因及防范

姚　刚
（内蒙古兴安盟乌兰浩特市公安消防大队）

【摘　要】 本文介绍了建筑电气火灾成因，并从建筑电气线路火灾防范、建筑电气照明火灾防范、建筑电气系统辅助设备火灾防范、建筑电气监督管理的强化和建筑工程施工前及竣工后的防范措施等几个方面对电气火灾防范进行了初步探讨。

【关键词】 消防火灾；建筑电气；线路；火灾防范

1　电气火灾成因

电气火灾，是指因电气设备或线路自身或诱发故障或使用不当而引发的火灾。据统计，建筑电气火灾中，电气线路引发的火灾占电气火灾的 60%～70%。主要成因是漏电、过载、短路、接触不良导致局部过热。而其中最为常见电气线路火灾又属短路故障引发的火灾和线路长期过载引发的火灾。

目前，建筑电气火灾已成为众多火灾中的主要致灾因素，不仅次数多、损失大，而且多年来一直居高不下。因此，针对电气火灾提出相应的防范措施，对做好电气火灾事故的预防工作，对遏制电气火灾逐年上升趋势，有着积极的意义。

2　建筑电气线路火灾防范

2.1　短路故障火灾防范

短路，是指电气线路中相线与相线、相线与零线之间短接起来的现象。根据欧姆定律，发生短路时，线路中的电流增加为正常时的几倍甚至几十倍，而产生的热量又与电流的平方成正比，使得温度急剧上升，大大超过允许范围。如果温度达到可燃物的燃点，即引起燃烧，从而导致火灾。

建筑电气短路的原因大致分以下几种：① 低压电气电气设备的绝缘老化变质或受到高温、潮湿或腐蚀的作用而失去绝缘能力；② 连接点由于长期震动或冷热变化，使接头松动；③ 铜铝混接时，由于接头处理不当，在电腐蚀作用下，接触电阻会很快增大；④ 配电线路未按《低压配电设计规范》要求装设短路保护、过载保护和接地故障保护；⑤ 由于维护不及时，导电粉尘或纤维进入低压电气设备；⑥ 安装质量差，造成导线与导线、导线与电气设备连接点连接不牢；⑦ 电气施工过程中，由于接线和操作错误也可能造成短路事故。此外，电气施工中防雷措施不完善，在配电柜（箱）导体上产生的静电感应和电磁感应，它可能能使金属部件之间产生火花，从而引起火灾。

防止建筑电气线路短路的措施主要有：① 严格按照《建筑电气防火技术检测评定规程》、《电气设计规程》等标准规范，设计、安装、使用和维修电气线路；② 防止电气线路绝缘老化，除考虑环境条件的影响外，还应定期对线路的绝缘情况进行检查；③ 电气线路中导线和电缆的选择和敷设，应根据相应的标准、规范、规程进行；④ 加强电气线路的安全管理，防止人为操作事故和未经允许情况下乱拉乱接线路。

2.2 线路长期过载火灾防范

过载，也称过负荷运行，是指超过电气线路和设备允许负荷运行的现象。负荷是指电气设备和线路中通过的功率或电流。线路发生过载的主要原因是导线截面面积选用过小，实际负荷远远超出了导线的安全载流量，或在线路中加入过多或功率过大的设备等。

防止建筑电气线路长期过载的措施主要有：

（1）导线材料的选择。很多建设施工单位不按图纸施工，导线线径、材料与图纸设计不符，偷工减料或用铝芯导线代替铜芯导线，对于电气线路要求较高的建筑，以上做法在同等线径要求的情况下，以铝代铜，大大降低了导线截面的载流能力。为改变以上情况，同时也有利于导线的敷设，应用铜芯线。同时进行精确的负荷计算，合理选择导线的截面；

（2）根据不同的环境不同的功能确定导线的敷设方式。一般闷顶内的导线敷设应穿金属管或难燃刚性饲料管进行保护；有腐蚀的场所应采取防腐措施；敷设在潮湿场所的管路，采用镀锌钢管，干燥的场所管路可采用电线管；穿越可燃或难燃材料是，除穿金属管保护外，还要采取隔热阻燃保护等；敷设在可燃装饰夹层内的导线，不能穿金属管时，必须穿长度不大于 2 m 的金属软管等。

（3）高温灯具表面附近的导线应采用耐热绝缘导线（如玻璃棉、岩棉等护套的导线），而不应采用具有阻燃性绝缘导线。

随着社会发展和人民生活水平的提高，电热设备在家庭中的应用越来越广泛，如微波炉、电饭煲、电烤箱、电暖气、电熨斗、电烙铁等，而这些设备都容易使线路过载。电热设备具有功率大、加热温度高、控温时间长的特点。据统计，许多电热设备火灾都是违反操作规程，将电热器放到易燃材料上长时间烘烤，未拔掉插头等，从而烤燃周围可燃物引起的。根据电热设备的火灾危险性，应采取以下隔热、防火措施：① 根据线路承载能力，尽量避免同时使用大功率的电热器具；② 电热设备功率比较大，应防止线路过载，宜采用单独的配电回路；③ 电热器具，如微波炉、电烤箱、电熨斗、电烙铁等，通电时，人员不能离开，应养成人走断电的好习惯，严格遵守电热器具的操作规程及正确使用的有关规定。

3 建筑电气照明的火灾防范

建筑电气照明已经成为建筑体不可缺少的重要组成部分。照明灯具在工作过程，往往要产生大量的热，致使其玻璃灯泡、灯管、灯座等表面温度较高。其火灾危险性十分显著。

为防止电气照明火灾，应采取以下措施：

（1）要根据灯具的使用场所、环境要求选择不同类型的灯具。

（2）超过 60 W 的白炽灯、卤钨灯、荧光高压汞灯、聚光灯、回光灯、炭精灯等照明工具（含镇流器）不应直接安装在可燃材料或可燃构件上，聚光灯聚光点不应落在可燃物上。

（3）聚光灯、回光灯、炭精灯不应安装在可燃基座上，尽可能安装表面温度较低的灯具，采用埋入式安装在吊顶里面的灯具，与吊顶之间应作隔热处理。照明光源尽可能采用冷光源，没有条件的应保证灯具与可燃物之间的安全距离或采取隔热措施。

（4）镇流器与灯管的电压和容量应相匹配，镇流器安装时应注意通风散热，不应把镇流器直接固定在可燃物上。

（5）安装表面温度较高的灯具时，应对灯具正面和散热孔加装防护网或不燃材料制作的挡板，防止灯具碎裂后向下溅落。

（6）一般霓虹灯的工作电压高，火灾危险性大，安装霓虹灯的灯柄、底板应采用不燃材料制作，或对可燃材料进行阴燃处理。当霓虹灯变压器安装在人员能接触到的部位时应设防护措施。

（7）要避免在灯光装置区域悬挂旗帜或发射彩带或用窗帘等可燃装饰物遮挡，以防这些物品与高温灯具直接接触并发生缠绕或高温接触而引发火灾。

4 建筑电气系统辅助设备的火灾防范

建筑电气系统中的开关、接触器、继电器等电气接插件，由于在安装、使用及维护方面的原因，电气接插件容易产生火花、电弧及过热，部分建筑，因未提供正式电源，为了测试、施工和检测的需要，安装有临时电源，这样就加大了建筑电气火灾的危险性。

防止建筑电气系统辅助设备火灾的措施主要有：

（1）认真按照规定选型并按规定正确安装，不应安装在易燃易爆、受震、潮湿、高温或多尘的场所，应安装在干燥明亮、便于进行维修及保证施工安全、操作方便的地方。

（2）避免安装临时插座，有实际需要的应充分考虑到电源线路的负荷承载能力，选择适当型号的电插座，在承载力范围内连接用电器，并要注意它的运行状态。

（3）开关、接触器、继电器等电气接插件应慎重选择，要选择优质合格产品。

5 加强建筑电气的监督管理

国家对建筑电气各项工作都进行了规范，但在实际中往往执行不到位，因此，当务之急是提高各方的意识，按照规范建立完善的责任问责制度，调动各方的积极性，尽可能避免火灾的发生。建筑电气监督管理重点可以从以下几个方面着手。

5.1 制定建筑电气设备使用的安全技术条件

（1）对裸露于地面和人身容易触及的带电设备，采取可靠的防护措施。

（2）设备的带电部分与地面及其他带电部分保持一定的安全距离。

（3）易产生过电压的电力系统，采用避雷针、避雷线、保护间隙等过程电压保护装置。

（4）低压电力系统有接地、接零保护装置。

（5）对各种高压用电设备采取装设高压熔断器和断路器等不同类型的保护措施；对低压用电设备采用相应的低电器保护措施进行保护。

（6）在电气设备的安装地点设置安全标志。

5.2 完善建筑电气设备作业人员要求

（1）持证上岗。对电气施工人员进行专业培训，取得相应的从业证书方可从事电气施工和维护工作。

（2）严格遵守有关安全法规、国家和地方标准、规程、制度，不违章作业。

（3）对管辖区电气设备和线路的安全负责。

（4）认真做好巡视、检查和消除隐患的工作。

（5）架设临时线路和进行其他危险作业时，完备审批手续，否则应拒绝施工。

（6）积极进行电气安全知识宣传教育。

5.3 熟悉建筑电气设备起火时的操作要点

当发现电气设备或线路起火后，首先要设法尽快切断电源。切断电源要注意以下几点：

（1）火灾发生时，由于受潮或烟熏，开关设备绝缘能力降低，因此，切断电源时最好用绝缘工具操作。

（2）高压应先操作断路器而不应先操作隔离开关切断电源；低压应先操作磁力启动器，而不是先操作闸刀开关切断电源，以免引起弧光短路。

（3）切断电源的地点要选择适当，防止切断电源后影响灭火工作。

（4）切断电线时，不同相电位应在不同部位切断，以免造成短路；切断空中电线时，切断位置应选择在电源方向的支持物附近，防止电线切断后断落下来造成接地短路和触电事故。

6 建筑工程施工前及竣工后的防范措施

6.1 图纸审核

电气设计防火审图主要是审查新建、扩建改建工程电气设计、施工图纸中对电气防火安全技术措施的落实情况。重点审查内容：① 看其是否符合防火要求:电工建筑物的位置与耐火等级；② 消防电源种类、进线路数、电源切换方式与位置（点）、消防用电设备的耐火耐热配线；③ 火灾应急照明与疏散标志的位置、照度、装置耐火性能和电源供给；④ 用电设备与开关装置的选型、位置，防火间距、负荷状况等；易燃易爆环境电气防火、防爆措施；⑤ 火灾自动报警与联动控制系统的功能，消防控制室的位置，探测器的类型、安装位置、保护面积，信号传递方式，联动对象和控制方式等。

6.2 竣工验收

建筑工程竣工后 ，建设施工单位应向消防监督审核机构呈交书面验收申请报告，并提供有关文件和资料，消防审核机构受理验收申请，消防审核机构委托建筑电气防火技术检测中介机构，对竣工建筑工程进行建筑电气防火技术检测。有关文件和资料如下：① 建设过程中消防部门的电气防火审核文件、备忘录及其落实情况；② 隐蔽工程检查记录、自检自验和施工单位的安装调试记录、耐压实验记录；③ 施工单位、产品厂家提供的资质证书和产品检测证书；④ 设计单位、监理公司确认是否按设计施工，功能是否达到设计要求的确认文件；⑤ 竣工验收情况表。

6.3 实地检测

当上述文件、资料齐全后，电气检测人员即可在规定时间内到达建筑电气工程施工现场， 运用红外线热像仪、红外线测温仪、超声波探测仪、钳形接地测试仪等设备和检测技术， 对建筑电气施工线路进行实地检测，发现隐患及时整改消除。

参考文献

[1] 山东省质量技术监督局。山东省地方标准. 建筑电气防火技术检测评定规程[S]. 2011.

[2] 张晨光，吴春扬. 建筑电气火灾原因分析及防范措施探讨[J]. 科技创新导报，2009（36）.

[3] 薛国峰. 建筑中电气线路的火灾及其防范[J]. 中国新技术新产品，2009（24）.

浅谈棉花加工企业火灾特点及防控措施

孙丰刚

（新疆维吾尔自治区公安消防总队伊犁哈萨克自治州公安消防支队奎屯市大队）

【摘　要】 随着棉花加工企业的快速发展，小型棉花加工企业的数量与日俱增，棉花加工企业的消防安全也面临着日益严峻的形势。本文通过分析棉花加工企业火灾的特点和危险性，提出相应的火灾防控技术与扑救对策，希望能够给相关人员起到一定的借鉴作用。

【关键词】 消防；棉花加工企业；火灾隐患；火灾防控

1 前　言

新疆具有日照充足、热量丰富、降水稀少、昼夜温差大、利用雪水人工灌溉等特点，为棉花的生长提供了我国其他棉区所不及的良好条件。新疆棉花吐絮好，絮色白，品级高，常年一、二级花在 80%以上，受到国内外的一致好评。新疆奎屯市因地理位置和气候因素等关系，棉花资源丰富，加上政府扶持和技术创新，棉花加工企业不断做大做强，带动农民增收致富，为地方带来巨大经济效益。据统计，全市大中小型棉花加工企业约 90 家，家庭式作坊也以版块模式涌现出来。而在棉花产业经济效益日益显现的同时，消防安全隐患也日渐突出，火灾事故时有发生，对财产和生命造成威胁。2013—2014 年奎屯市共发生棉花加工企业火灾 24 起，损失达 100 余万元。分析发生火灾的原因，主要是由于企业消防设施不健全、业主消防安全意识薄弱等。当前，如何快速、有效地扑救棉花加工企业火灾和有效防范火灾的发生已成为消防部队火灾防控需要研究的重点课题之一。现就本人工作中的一些积累，对棉花工企业消防隐患特点及火灾扑救、防范措施进行分析。

2 奎屯市棉花加工企业现状及火灾特点

2.1 棉花加工企业可燃易蔓延，诱发火灾因素多

棉花加工企业主要生产棉花、棉籽等，半成品、成品、废料堆积，属于易燃物。许多厂房车间、仓库连用，堆垛、仓库等重点部位未进行规范化设立，若疏于管理，容易引发火灾。小型加工企业生产、仓储、生活“三合一”等因素，一旦发生火灾，大量的易燃、可燃物导致燃烧猛烈、火势迅速蔓延[1]。尤其是棉絮粉尘日常清理不到位，极易引发爆炸起火。

2.2 简易钢结构建筑居多，发生火灾易倒塌

棉花市场需求量大，产量也大，棉包、棉絮需要较大的储存空间，为了追求利润，企业主往往选择建筑跨度大、建设工期快、强度高、造价低的简易钢架结构建筑；一旦发生火灾，简易钢结构建筑经高温灼烧通常在 450 ~ 650 °C 时就会失去承载能力，在很短时间内就会导致钢柱、钢梁弯曲，造成建筑物倒塌，扑救难度大，时间长，严重影响营救被困人员和火灾的快速扑灭。

2.3 私搭扩建现象普遍，防火技术不规范

随着企业产量增长，厂房面积需求增加，产品和原材料随意堆放，未合理规划设置安全通道；占用消防通道和安全出口，私搭扩建现象仍然存在，整体厂房跨度越来越大，高度越来越高，结构越来越简单[2]。区块型和个体的小型棉花加工企业大多未经过相关行政审批部门审批同意，不仅建筑耐火等级不符合要求，往往车间与车间、库房与库房相互毗连，防火间距严重不足，甚至多个露天堆垛仅“几米之隔”，一旦发生火灾，易形成“火烧连营”的局面。

2.4 消防安全意识淡薄，消防设施不健全

大部分企业追求最大的经营收益，没有摆正经济效益与消防安全的关系，存在侥幸心理，未重视日常消防安全管理，无火灾应急预案和逃生应急措施，未配置专职消防管理人员；灭火器、消火栓、应急照明灯等基础消防设施配置不到位，且缺乏日常维护，存在随意遮挡，挪动消防设施现象，甚至封闭安全出口；对员工的消防安全知识培训也未加以重视，缺乏必要的防灭火技能，企业一旦发生火灾，很难开展初期火灾控制和逃生自救[3]。

3 棉花加工企业火灾防范对策

3.1 科学规划建设，完善消防设施布局

工业园区和独立棉花加工企业甚至临时厂房在规划设计初期要坚持规划一体化，理清消防、交通、环境、水电等基础设施布局，以提高规划的全局性和系统性。在建设标准问题中，应从满足生产、生活、安全等多角度去健全完善室内外消火栓、蓄水池等消防配套设施和灭火装置配备，按照“一次规划、分步实施、滚动推进”的模式，着力研究、解决消防供水、供电等配套问题。

3.2 职能部门管控，严把行政审批关口

规划、建设、环保、工商、质监、安监和消防等职能部门应逐步完善协作机制，健全项目协调联审、项目决策咨询和竣工验收制度，共同对项目咨询、审议、审批，严格把好入口关，消除先天性火灾隐患。消防部门提前介入，跟踪指导，提供消防技术帮扶；项目建成后责任部门进行综合验收，经验收合格后的企业方可正式投产。

3.3 落实主体责任，推进火灾隐患整治

政府、职能部门、企业要以安全防事故为抓手，层层抓落实，责任到个人，突破消防单打独斗局面，职能部门联合执法，合力整治火灾隐患；街道（乡）、派出所履职尽责，严格按照隐患整治标准加大辖区企业隐患排查力度，强化信息沟通。对监督检查中发现的违法行为和火灾隐患，在做好服务指导的同时，用足法律手段督促整改，严防火灾事故发生。

3.4 加大宣传教育，增强消防安全素质

棉花加工企业员工流动性强，消防安全意识不高导致火灾隐患大量存在的问题已成为棉花加工企业火灾防控的“软肋”，监管部门应多方位开展消防法律法规、消防安全常识的宣传教育，加强帮扶，引导企业严格落实消防安全主体责任，强化自身消防安全培训，确保具备报火警、扑灭初期火灾、自

查自纠火灾隐患、自救逃生的知识和技能；较大企业还应结合实际建立一支应急消防队伍，确保发生火灾时会扑灭初期火灾，会疏散自救，有效增强企业整体消防安全素质。

4 棉花加工企业火灾扑救战术措施

4.1 第一时间调集足够力量

棉花加工企业火灾，由于燃点较低，加上棉花堆垛堆放集中且量大，蔓延速度非常快；接警后必须在第一时间内调集足够力量，迅速抵达火场。力量调集时，一要充分考虑行途中火灾的蔓延扩大；二要充分考虑发生火灾的场所，属于偏远厂区的必须调派企业专职消防队和手抬消防泵进行火势控制；三要充分考虑人员、装备的替换工作，在火灾扑救中，用水量大，扑救时间长，人员易疲劳，器材装备损耗大，必须安排好人员、装备的轮换工作，最大限度保证战斗力，确保整个灭火行动的顺利进行[4]。

4.2 集中打击火势、分片围攻灭火

坚持“先控制，后消灭”。针对棉花加工企业火灾，第一到场力量首要任务是集中力量堵截火势蔓延方向，迅速占领有利地形位置。棉花火灾蔓延方向通常为下风方向，要充分采取水炮与水枪阵地相结合的办法，同时安排水枪对建筑物特别是钢结构材料进行降温，防止高温导致建筑结构损坏而出现坍塌事件[5,6]。在火场力量充足，火势蔓延已经得到有效控制时，集中力量对火势进行有效打击，棉花加工企业产品存放往往以堆垛的形式存放，应集中多支水枪逐一打击堆垛，全面扫射降温，防止棉花堆垛阴燃导致复燃，进攻过程中应注意水枪不宜采用直流，应采用适当开花形式，因为棉花的阴燃特性，直流很容易将表层火种带入棉花堆垛内部，棉花的阴燃时间可以达到一周，很容易留下后患。当火势呈下降阶段时，召集火场力量明确任务，选择火场的重点和突破口，把握有利时机，分段分片消灭余火。棉花本身表面具有防水，水打不进，影响灭火进度，容易形成打消耗战，疲劳战的局面，应及时联系社会力量，调集铲车、叉车等装备及时转移过火的棉花堆垛，消灭火势。

4.3 确保供水不间断

棉花加工企业火灾扑救用水量大，在扑救中应确保供水不间断，特别是在前期到场后，一旦供水间断，很有可能导致火势蔓延，造成更大损失。在布置水枪阵地阻截火势蔓延后，指挥员应及时安排人员本着“就近取水，先内后外、先近后远，先直接供水、后接力供水”的原则寻找水源，组织供水。同时及时调整车辆位置，为后援车辆提供空间。

5 小 结

随着新疆地方经济建设的不断发展，棉花加工生产企业作为奎屯市支柱产业越来越多，发生火灾的可能性也随之增大，需要政府和职能部门发挥群策群力作用，开拓创新，促进产业安全发展；消防部门则通过不断的总结经验，开拓思路，创新技战术措施，努力满足地方经济高速发展对消防部队灭火救援提出的新要求，切实维护好社会经济稳定和人民生命财产安全。

参考文献

[1] 刘振锐. 浅谈江西省棉花新体制企业的生存和发展[J]. 江西棉花，2010（04）:7-17.

[2] 李恒荣. 浅谈棉花加工企业管理的发展趋势[J]. 中国棉花加工，2009（05）：43-44.

[3] 张兴容. 浅析消防工作中违章行为的产生与制止[J]. 化工劳动保护，2001（09）：311-312.

[4] 谭妍龚. 棉花加工单位火灾的扑救[J]. 中国纤检，2004（11）：32.

[5] 项剑领，刘建国. 大跨度、大空间厂房（仓库）火灾扑救实例分析[J]. 消防技术与产品信息，2010（02）：20-23.

[6] 徐超. 大跨度钢结构厂房火灾扑救与分析[C]. 2010 中国消防协会科学技术年会论文集，2010：22.

作者简介： 孙丰刚，男，山东淄博人，新疆公安消防总队助理工程师，新疆大学化学化工学院有机化学专业硕士；从事有机化学研究7年，在国内外期刊发表论文4篇，申请国家专利2个，2012年6月入伍。

通信地址：新疆伊犁哈萨克自治州奎屯市公安消防大队伊犁路119号，邮政编码：833200；

联系电话：18109925833；

电子信箱：021722@163.com。

浅谈隧道火灾及烟气研究进展

刘 锋

（四川省阿坝州消防支队）

【摘 要】 本文综述了近几年国内外对隧道火灾的燃烧特性、烟气特性及烟气控制的研究进展。

【关键词】 隧道火灾；燃烧特性；烟气特性；烟气控制

1 引 言

随着我国经济建设的高速发展，基础交通建设得到了长足的增长。不论是城市中的下穿隧道，还是山地中铁路和高速公路隧道，众多长大隧道不断涌现出来，其火灾安全日益成为一个亟须关注和解决的问题。

隧道内发生火灾虽然是小概率事件，但是一旦发生而又没有采取有效控制的话，带来的损伤结果是灾难性的。近年来发生的几次群死群伤的隧道火灾表明，发生火灾时所产生的有毒有害烟气是导致隧道火灾中人员死亡的最主要因素。因此，研究隧道火灾的烟气特性及如何对其有效控制具有重要意义[1, 2]。

2 隧道火灾燃烧特性研究进展

隧道由于其本身内部空间狭长的特点，造成了其发生火灾时具有明显不同的燃烧特性：隧道内发生火灾时内部烟气不能及时排除，热量聚集温升速度快，易产生轰燃；由于隧道内通风不足，燃烧不充分，有毒气体生产速度远大于其他火灾；隧道火灾最重要的特点是浮力效应明显，隧道内发生火灾时，在隧道顶部形成一定厚度的热烟气，而隧道底部火源不断的生产烟气继续扩大了顶部的热烟气，使其向隧道两侧扩散，而冷空气从隧道底部向火源不断补充，形成循环风流[3]。

由于国外学者对隧道火灾燃烧特性研究早已开展，且主要集中于不同场景下可燃物热释放速率的研究[4]和临界风速与热释放速率关系式拟和。研究表明，对地铁列车而言，热释放总量与火灾持续时间可以计算平均热释放速率[5-7]；隧道内火灾其热释放速率受到隧道截面几何形状、机械通风影响很大[8]。Danziger、Kennedy[9, 10]研究表明，临界风速可以根据 Froude 数和半经验公式计算得到。Bettis[11]、Memorial[12]、Atkinson[13]等对该公式进行了修正，并进一步完善了一维假设条件下临界风速理论计算，没有考虑隧道的宽度对临界风速的影响。Wu 和 Bakar[14]在之前研究基础上添加了不同隧道宽度、相同高度截面进行研究，完善了临界风速计算公式，至今仍有指导意义。

国内由公安部四川消防研究所为首的科研机构，以及中国科技大学、浙江大学等众多院所都对隧道火灾进行了深入的研究。然而我国在这方面主要以模拟实验为主，对大尺寸、大比例的实验不多，尚有大量研究空间可供开展。与此相对应的火灾数字化模拟研究起步也较晚，但还是取得了较为明显的成绩。西南交通大学[15]开发了一种地铁环控软件，可以模拟地铁系统发生火灾时烟气流动和污染物浓度。朱颖心[16]等开发了隧道烟气模拟程序，对天津、深圳地铁进行了数值模拟。

隧道消防安全在实验研究和数值模拟方面已取得了较多的研究成果[17-19]，但是仍存在大量的问题需要进一步深入研究，包括火灾热释放速率变化、火灾动态特性验证数据，以及数值模拟中的紊流模型和燃烧模拟进一步完善等。

3　隧道火灾烟气特性研究进展

据不完全统计，隧道火灾中不完全燃烧所产生的有毒有害烟气是导致人员死亡的最主要因素。因此，对隧道火灾中所产生的烟气特性的研究具有重要意义。在隧道火灾中所产生的烟气流动本身就具有复杂特性，而隧道自身狭长结构的限制以及隧道内纵向风的作用，使得隧道内的烟气流动相比于一般建筑火灾烟气流动更为特殊[20]。

国内学者对隧道火灾烟气的研究一直较为重视，不少高校和研究所等机构都设有专门课题进行研究。陈银等[21]嵌入湍流涡耗散概念（EDC）模型，实现全尺度火灾过程中复杂化学反应的数值模拟及毒性气体产物的捕集。利用该模型研究表明：含 HCN 的烟气毒性评价值较不含 HCN 的烟气超出一个数量级，且超出危险临界值 1.0。霍岩等[22]研究了通道内近上壁面区域的热烟气温度分布情况，并确定了倾斜短通道内近上壁面区域无量纲温度随无量纲距离的变化规律，在水平通道温度变化公式基础上，结合实验结果拟合得到了通道上、下游温度衰减系数随倾角的变化公式。茅靳丰等[23]分析了火源单室内烟气温度分布规律以及烟气层高度特性，表明火源单室水平方向温度分布不均匀，竖直方向温度分布可用“三区域”描述；Alpert 模型更适用于防护工程密闭防火分区走廊顶棚最高温度的预测，走廊内无量纲温度符合幂指数衰减规律。刘方等[24]统计重庆地铁 6 号线区间隧道的断面形式，将隧道断面形状系数 ζ 引入并建立断面形状系数 $\zeta<1$ 的模型实验台，探讨了地铁隧道采用纵向排烟系统时，不同热释放速率及排烟速度的条件下区间隧道内烟气温度纵向分布特征。徐琳等[25]研究了烟气在隧道内的衰减规律，实验结果表明各风口处烟气温度水平衰减系数大于浓度水平衰减系数，而垂直衰减系数小于浓度衰减系数均与火源位置无关。刘克等[26]分析隧道火灾的危险性和排烟设计的复杂性，在常规公路隧道烟气控制基础上对地下交通联系隧道烟气控制进行深入的研究，为该类隧道的烟气控制设计以及规范的制定提供参考。苏亮等[27]研究隧道火灾烟气的运动规律时，基于三维、非定常、黏性不可压缩流体 N-S 方程组，结合数值模拟方法研究了火灾中烟气的纵向和横向的蔓延规律。

可预见的是，我国对隧道火灾热物理特性研究将不断深入，对烟气的物理、化学、分布、流动等将更加专业、更加科学，为控制隧道火灾的烟气提供了更加扎实有效的理论支撑。

4　隧道火灾烟气控制研究进展

隧道火灾难以控制的因素之一在于狭小空间内烟气的控制，这也是为什么要对隧道火灾烟气性质进行深入研究的原因所在。理论的研究都是为实际中控制火灾的蔓延和有效进行排烟服务，正因为如此，学者们对隧道火灾中烟气的控制也进行了更加广泛的研究。

李立明等[28]推导了热释放速率增长率随隧道纵向通风体积流率与火源质量损失速率比值的变化关系，并以此建立了纵向通风对隧道火灾热释放速率的强化作用模型，通过实验表明隧道火灾热释放速率增长率正比于隧道纵向通风体积流率与火源质量损失速率的比值。李颖臻等[29] 研究了纵向通风对隧道火灾的烟气控制，得出了隧道火灾通风临界风速和回流长度的计算式，并得出隧道火灾通风临界风速与回流长度是相互关联的统一体。在火灾热释放率较小时，两者均与火灾热释放率息息相关；而当火灾热释放率较大时，两者都基本与火灾热释放率无关。张志刚等[30] 研究了半横向通风排烟方式下的城市地下交通联系隧道火灾烟气控制，得到了不同火灾规模下合适的排烟方案，并分析了排烟量和排烟口间距对城市地下交通联系隧道火灾烟气控制的影响和效果，该研究成果可为该隧道火灾救援应急预案的制定及其运营管理提供参考依据。袁中原等[31]对区间隧道采用顶部开孔方式实现自然通风，对这一种新的地铁通风方式进行了研究，建立了相关数学模型，可以对隧道内设置通风口边距和长度进行模拟计算，表明单线隧道由于隧道断面狭小而不适宜采用顶部开孔的自然通风方式，而其他情况通风孔口内边距与长度之间的关系式可按相应的计算模型确定。华高英等[32]对城市环隧道的设计规模进行统计研究，分析全横向排烟方案制定的影响因素。采用 FDS 研究不同烟气控制方式下的烟气蔓延状态，对人员疏散安全性进行分析，并提出烟气控制方案的设计建议。建议主隧道防烟分区的长度不大于 150 m。王万通等[33]对公路隧道火灾移动式排烟的烟气控制方法进行研究，结果表明：移动风机的倾角为 0°时不能阻止烟气逆流；有倾角的工况下隧道界面上方风速比下方风速大；倾角大于 15°时 40 s 内能将烟气逆流控制在上游一定位置。邱少辉等[34]利用软件模拟了地下火车站短站台发生列车火灾，对烟气的蔓延过程、能见度、温度场及 CO 浓度等指标进行分析，结果表明该烟气控制模式对控制列车火灾是行之有效的。

虽然国内众多学者都对隧道火灾烟气控制进行了大量的研究和报道，但需要注意的是，大部分的研究都是利用计算机模拟和等比例实验展开的，与实际火灾烟气仍有一定的差别。而笔者所知的公安部四川消防研究具有相关的实验条件，并开展了大量的相关实验，为全尺寸隧道火灾实验提供了有力的硬件实验条件。

5　总结和展望

近年来我国隧道火灾时有发生，即使是小概率事件，其所造成的影响和损失是极其重大的，特别是对人民生命安全造成了极大的威胁。为此，我们不但要从合理的设计、合理的用料等设计施工方面进行提高，更要对发生火灾之后对火灾的蔓延和烟气的流动进行有效控制，进一步保障人民的生命和财产安全。

参考文献

[1] 毛朝君，何世家，兰彬，张庆明. 环保型隧道防火涂料的研究[J]. 安全与环境学报，2005（04）.
[2] 王新钢，毛朝军，叶诗茂，张正卿. 浅谈公路隧道火灾及其结构防火保护措施[J]. 消防技术与产品信息，2005（03）.
[3] 洪丽娟，刘传聚. 隧道火灾研究现状综述[J]. 地下空间与工程学报，2005（01）.
[4] Heselden A J M.Studies of fire and smoke behavior relevant to tunnels[C]. In: Proceedings of the 2nd International Symposium of Aerodynamics and Ventilation of Vehicle Tunnels, 1976.
[5] Subway environmental design handbook. subway environment simulation computer program (SES) . Transit Development Corporation , October, 1975，10（Ⅱ）.
[6] Subway environmental design handbook. subway environment simulation Computer Program (SES), Version 3. U. S. Department of Transportation, 1980，（Ⅱ）.
[7] Subway environmental design handbook. subway environment simulation computer program (SES).

Version 4. U. S. Department of Transportation, 1997（Ⅱ）.

[8] Malhotra H J . Goods vehicle fire test in a tunnel[A]. Proceedings of the 2nd Internationa l Conference on Safety in Road and Rail Tunnels[C] . Granada, Spain , 1995 : 237-244.

[9] Danziger N H , Kennedy W D. Longitudinal ventilation analysis for the Glenwood canyon tunnels [A]. Proceedings of the 4th International Symposium Aerodynamics and Ventilation of Vehicle Tunnels[C], York , UK, 1982 :169-186.

[10] Kennedy W D , Parsons B. Critical velocity : past , present and future[A]. One Day Seminar of Smoke and Criti cal Velocity in Tunnels [C], London, 1996.

[11] Bettis R J, Jagger S F, Wu Y. Interim validation of tunnel fire consequence models; summary of phase 2 tests[R]. The Health and Safety Laboratory Report IRPLPFRP93P11, The Health and Safety Executive , UK, 1993.

[12] Art Bendelius. Memorial tunnel fire ventilation test pro2 gramme [A]. One Day Seminar of Smoke and Critical Velocity in Tunnels[C], London , 1996.

[13] Oka Y, Atkinson G T. Control of smoke flow in tunnel fires[J]. Fire Safety Journal , 1995 , 25 (4) : 305-322.

[14] Wu Y, Bakar M ZA. Control of smoke flow in tunnel fires using longitudinal ventilation systems - a study of critical velocity[J]. Fire Safety Journal, 2000, 35(4) : 363-390.

[15] 冯炼. 地铁环境控制系统的应用及其数值模拟软件[J]. 城市轨道交通研究，1999（2）：37-39

[16] 朱颖心，李先庭，彦启森. 地铁火灾时烟气在隧道内的扩散与人员疏散方案[A]. 全国暖通空调制冷 1996 年学术年会论文集[C]，1996：136-139.

[17] 梁平，韦良义，龙新峰. 基于 FDS 的隧道火灾中烟道作用的数值模拟[J]. 交通科学与工程，2010（01）.

[18] 张念.高海拔特长铁路隧道火灾燃烧特性与安全疏散研究[D]. 北京：北京交通大学，2010.

[19] 田红旗. 中国高速轨道交通空气动力学研究进展及发展思考[J]. 中国科学工程，2015（04）.

[20] 胡隆华. 隧道火灾烟气蔓延的热物理特性研究[D]. 合肥：中国科学技术大学，2006.

[21] 陈银，蒋勇，潘龙苇，叶美娟. 基于 EDC 模型的含 HCN 火灾烟气数值模拟及毒性评价[J]. 安全与环境工程，2015（02）.

[22] 霍岩，赵建贺. 有线长度倾斜通道内火灾近上壁免区域温度特性[J]. 哈尔滨工程大学学报. 2015（04）.

[23] 茅靳丰，邢哲理，黄玉良，周进，毛维. 防护工程火灾烟气分布特性模型实验[J]. 解放军理工大学学报，2015（01）.

[24] 刘方，翁庙成，余龙星，李罡，廖曙江. 地铁区间隧道顶部热烟气温度分布[J]. 中南大学学报，2015（02）.

[25] 徐琳，常健，王震. 长大对到排风口火灾烟气衰减速率分析[J]. 山东建筑大学学报，2015（01）.

[26] 刘克. 城市地下交通联系隧道烟气控制研究[D]. 沈阳：沈阳航空航天大学，2015.

[27] 苏亮，毛军，郗艳红. 深层地铁站火灾烟气流动规律研究[C]. 北京力学会第 21 届学术年会暨北京振动工程学会第 22 届学术年会论文集，2015.

[28] 李立明. 隧道火灾烟气的温度特征与纵向通风控制研究[D]. 合肥：中国科学技术大学，2012.

[29] 李颖臻. 含救援站特长隧道火灾特性及烟气控制研究[D]. 成都：西南交通大学，2010.

[30] 张志刚. 某城市地下交通联系隧道火灾烟气控制研究[D]. 成都：西南交通大学，2013.

[31] 袁中原. 顶部开孔的地铁隧道火灾烟气扩散特性及控制方法[D]. 成都：西南交通大学，2012.
[32] 华高英，李磊，南化祥，李乐. 城市环隧全横向排烟模式的烟气控制分析[J]. 消防科学与技术，2014（01）.
[33] 王万通，李思成，荀迪涛. 移动风机对公路隧道火灾烟气控制效果的模拟研究[J]. 消防科学与技术，2014（04）.
[34] 邱少辉. 某超大型地下火车站列车火灾烟气控制模式研究[J]. 建筑热能通风空调，2014（03）.

作者简介： 刘锋（1978—），男，汉族，河南襄城人，毕业于西南政法大学法律系，四川省汶川县公安消防大队大队长，工程师；主要从事防火监督、法制和建审等工作。

通信地址：四川省汶川县公安消防大队，邮政编码：623000；

联系电话：13990410390；

电子信箱：317904327@qq. com。

浅谈养老院的初步消防设计

张海峰
（陕西省汉中市公安消防支队）

【摘　要】　为了解决养老院的消防安全问题，笔者从养老院火灾现状、存在的常见火灾隐患和消防设计等方面进行了阐述。

【关键词】　养老院；消防；设计；火灾隐患

我国是世界上老年人最多的国家，为了解决养老问题，国家鼓励各种社会力量参与建设经营养老院。随着养老院的不断增加，发生火灾的起数也随之上升，教训十分惨痛。

1　养老院火灾列举

2013年4月24日，黑龙江省肇东市太平乡养老院，发生火灾，事故造成2位老人遇难，1位老人重伤。

2013年5月21日，铜陵市东湖养老院，火灾事故，造成2位男性老人不幸遇难。

2013年7月26日，黑龙江海伦联合敬老院，人为纵火，导致10人死亡、2人受伤，遇难者多为行动不便者。

2014年11月16日，陕西石泉县熨斗镇敬老院，一氧化碳中毒事件，导致3人死亡。

2014年11月18日凌晨，安徽舒城县干汊河镇一敬老院，火灾事故，2位行动不便的老人遇难。

2014年12月20日，河北省邯郸市复兴区一敬老院，发生火灾事件，致1位老人死亡。

2015年1月1日，河南省南阳市南召县白土岗镇，火灾事故，致2位老人死亡。

2015年3月24日，陕西子洲县养老院，火灾事故，致2位老人不幸身亡。

2015年5月25日20时许，河南省鲁山县城西琴台办事处三里河村的一个老年康复中心发生火灾，造成38人死亡、4人轻伤、2人重伤。

2　常见的火灾隐患

（1）建筑合法性。有些养老院地处偏远乡镇，且多为私人建筑，多数未通过消防部门审核及验收。

（2）消防安全管理。消防安全管理制度不健全，养老院从业人员大都是中年妇女，文化程度不高，遇到火灾时的心理素质差，应对能力相对较低。在平时的管理中，没有对管理人员进行消防安全知识培训，也没有专人进行安全巡视检查。内部人员消防意识十分淡薄，不懂灭火器的使用方法，甚至连灭火器放在什么地方都不知道，更不会安全疏散人群。

（3）建筑防火。养老院多为私人自建房，耐火等级低，无防火间距或消防车道被占用。有的为了防止老年人走失，在建筑一层外墙门窗上设置铁栅栏，严重影响了逃生和灭火救援。有的为了降低成本，违规使用易燃、可燃材料彩钢板搭建建筑。

（4）安全疏散。个别养老院存在疏散楼梯的数量不符合规范的要求，疏散通道被占用，安全出口封闭，应急照明及疏散指示标志未保存完好等个性问题。

（5）消防设施器材。火灾自动报警系统和自动灭火系统故障，室内外消火栓无水。灭火器配备数量不足或配备的灭火器型号与场所要求不符。

（6）电器、燃气防火。养老院线路老化，电线都没有穿管保护。一些养老院还存在私拉乱接电线，使用电炉子、电水壶、电褥子等用电设备的现象。

3 消防设计应遵循的几个原则

3.1 严格控制使用易燃、可燃材料

严禁违规使用聚苯乙烯、聚氨酯泡沫塑料等材料。严禁违规使用易燃、可燃材料彩钢板搭建建筑，严禁违规使用聚苯乙烯或聚氨酯泡沫塑料作墙体保温层。

3.2 有利防火、灭火，便于火灾扑救

严格按照《建筑防火设计规范》进行防火设计，保障消防系统的正常运行，保证其设施在火灾时发挥应有的灭火效力。

3.3 确保人身安全

敬老院属于人员密集场所，发生火灾后，安全疏散通道和安全出口是火灾时人们逃生的通路，为此一定要设计好。

4 防火设计内容

4.1 正确定义建筑的火灾危险性

（1）宜选择距离医院、消防队较近，交通方便的位置建造。老年人的疏散能力，自我保护能力相对较弱，需要消防人员在第一时间赶到实施灭火救援。

（2）宜独立建设，周围建筑密度不宜过大，不宜改建或设在其他建筑内。独立建造的老年公寓四周易于布置环形消防车道，方便消防车停靠，对疏散、救援行动不便的被困老人有利。有一部分的老年公寓由居民住宅楼改建，或者设置商住楼等建筑内，这样增加了火灾危险性，也不符合规范要求。当必须设置在其他民用建筑内时，宜设置独立的安全出口，与其他部位做好防火分隔，耐火等级不应低于二级，如设置在三级耐火等级建筑内，则老年公寓不应设置在二层以上，也不应设置在三层及三层以上楼层或地下、半地下建筑（室）内。设置在四级耐火等级建筑内，只能设置在单层。

4.2 合理划分防火分区

按照《建筑设计防火规范》要求，最大防火分区面是 2 500 m^2 计算，每个防火分区要疏散 100 名老人，短时间内及时疏散这些行动不便的老年人，难度很大。宜将防火区做小，增加建筑分隔，阻止火势蔓延，为逃生和救援争取时间。

4.3 安全疏散

安全疏散设计除安全疏散走道、安全疏散门的设计外，还应注意疏散楼梯的设计。不论面积大小必须为两个以上出口；除与敞开式外廊直接相连的楼梯外，其他均为封闭楼梯。隔墙为耐火不少于2 h的隔墙，门为乙级防火门，通道上安装的防火门为常开式防火门；两个出口之间的距离，一、二级25 m，三级20 m，四级15 m，设自喷系统的可增加25%；疏散门不得采用卷帘门、吊门、转门和侧拉门，门口不得设置任何障碍物。

4.4 提高消防设施的配置

不论面积大小均应设自动报警系统；通过烟感、温感、手报、声光报警 、消防广播等警报装置，第一时间发现火灾，启动自动灭火系统，及时疏散；总建面积大于500 m^2，应设置自喷系统；长度超过 20 m 的疏散内走道，应设置排烟设施。按要求设置室内外消火栓系统；疏散走道和楼梯间均应设置应急照明和疏散指示标志。老年人建筑应急照明和疏散指示标志的备用电源的连续供电时间为60 min。

4.5 建筑装修和建筑保温

老年人建筑的内部装修材料应采用不燃、难燃材料，以减少火灾荷载。尽量避免采用燃烧时产生大量浓烟和有毒气体的材料。建筑顶棚应采用A级装修材料，墙面、地面、装饰织物应采用燃烧性能不低于B1级的装修材料。

4.6 电器、燃气防火

按照电气安全规程，所有电气线路均应穿管保护，接线盒、开关盒不应安装在可燃材料上，槽灯、吸顶灯及发热器件均应用非燃材料做隔热处理，避免灯具直接与可燃物接触。使用燃气灶时，应安装熄火自动关闭燃气的装置。以燃气为燃料的厨房、公用厨房，应设燃气泄漏报警装置。宜采用户外报警式，将蜂鸣器安装在户门外或管理室等易被他人听到的部位。

随着社会的不断发展，养老问题日渐突出，养老机构的发展也迅速增加，做好养老机构的消防安全至关重要。

作者简介：张海峰，男，陕西省汉中市消防支队法制科助理工程师。
通信地址：陕西省汉中市前进东路1337号，邮政编码：723000。

浅析如何规范消防设计审核工作

张　清

（陕西省汉中市公安消防支队）

【摘　要】 本文通过分析建设工程消防设计审核工作中容易出现的执法不规范、不廉洁等问题，解析陕西省汉中市消防设计审核体系的具体流程，就如何规范消防设计审核工作进行了初步探讨。

【关键词】 规范；消防设计审核；体系；流程

随着政府行政体制改革的深化以及行政职能的转变，政府的服务职能越来越突出。消防部门作为政府职能部门，担负着防火、灭火和应急救援工作，建设工程消防设计审核工作就是其中一项。建审人员在行政审批过程中，由于主观和客观多方面的因素，往往容易造成执法不规范、不廉洁等问题。笔者经过认真梳理，分析归纳，结合工作实际，初步探讨了建审人员如何在消防设计审核中规范、廉洁执法。

1　消防设计审核不规范的主要表现形式

结合近年来工作实际，笔者发现消防设计审核不规范主要为以下四点。

1.1　项目受理不规范

有些建设单位不按照相关法律法规积极准备申报材料，而是通过各种关系找到相关领导，对消防部门施压，使其建设项目未经过正常受理而受理，导致资料不齐全，受理不规范。

1.2　制度落实不规范

有的消防部门未落实主责承办、技术复核、集体会审等制度，从项目受理到办结，法律文书承办人、复核人均由一人填写。

1.3　系统录入不规范

消防监督管理系统各项功能已基本完善，但仍有部分单位实行“网外审批”，不录入系统，不在系统内审批。

1.4　消防设计审核不“规范”

有些建设单位无视消防法律法规，在未取得消防审批手续的情况下擅自施工，消防部门检查后才去报审，导致了建筑存在先天性火灾隐患。有些建筑属于政府重点建设项目，建设单位提供的政府相关文件、会议纪要上规定这些建筑可以边建边报甚至先建后报，这导致建筑本身不合法，消防部门极为被动，无法“规范”消防设计审核。

2　造成消防设计审核不规范的原因

综合分析，造成消防设计审核不规范的原因主要有：

2.1　建审人员个人素质不高，执法思想不端正

具体表现为：① 对法律法规、技术规范缺乏系统的学习，不能适应建审岗位工作要求；② 执法目的不明确，缺乏职业操守；③ 权力至上的观念根深蒂固，习惯于按领导意志执法和按领导指示办事，忽视法律规定；④ 在处理警民关系、接待办事群众上，定位不准，主次颠倒，特权思想严重，对群众的诉求和呼声无动于衷。

2.2　建审人员队伍不稳定，人员参差不齐

为了加强消防执法队伍的管理，消防机构对重要的、热点岗位（比如工程审核、验收岗位）作出了定期交流的规定，由此导致了建审人员业务素质难以通过长时间的积累和沉淀的方式提高，人员参差不齐。

2.3　政府行政干预现象普遍存在，社会环境影响较大

部分行政领导消防意识不强，对消防法律法规知之甚少，受经济利益的驱动，在招商引资过程中经常会出现“重经济效益、轻消防安全”的现象，有的地方政府甚至采取“保姆式”服务，向外来投资者随意承诺可以缓办消防审批手续，或者边建边报甚至先建后报，导致未批先建的工程经常出现，留下了先天性火灾隐患。

3　陕西省汉中市消防设计审核体系解析

为降低建设工程消防设计审核不规范行为，陕西汉中消防高度重视，先后多次召开会议，分析形势，查找问题，研究对策，建立了一套完整的消防设计审核体系。

（1）专题报告，提请政府在市行政服务中心增设消防窗口。窗口依法受理消防行政许可项目，降低执法不规范几率。

（2）规范完善消防窗口，软硬件配置齐全。根据需要，专门配置互联网和公安网电脑、电话、打印机等。进驻行政服务中心前期，结合现实情况，支队工程审核科、工程验收科两个科室全部6名业务精、能力强的执法人员进驻行政服务中心，实行AB岗工作制，轮流现场办公，每天至少保证2名同志在消防窗口办公，严格落实服务中心上下班等工作制度，确保始终与服务中心的无缝对接。支队领导担任窗口首席代表，定期到消防窗口坐班，面对面地与办事单位交流，现场解答疑难问题。通过一年多磨合，行政服务中心消防窗口现配备了培训合格的消防执法人员1名、消防文员1名。支队领导仍继续担任窗口首席代表，统筹解决遇到的各种问题。

（3）建立支队与窗口之间的紧密联系，确保信息互通有无。项目受理后，窗口人员及时录入消防监督管理系统，呈请领导分工，并且第一时间将申报材料移交至支队相关科室。市行政服务中心专门研发了一套办公系统，窗口人员在录入监督系统的同时录入行政服务中心系统，“双保险”受理。如果资料不齐全，就算有关领导打招呼，系统也无法受理。支队不再受理任何行政许可项目，解决了项目受理不规范的问题。

（4）提前指导，体现热情服务的理念。大型、重点建设工程在进行方案设计时提前介入，主动与政府相关部门配合，协调解决方案设计中存在的消防设计问题，更好地服务社会。

（5）做好“售后”工作，妥善解决消防设计问题。在不合格法律文书送达后，建设、设计单位对设计上有疑问、不清楚的，支队会同行政服务中心召开消防设计回复座谈会，邀请建设、设计单位以及相关部门，沟通解决图纸审查提出的消防设计问题，确保不出现先天性火灾隐患建筑。

（6）严格落实主责承办、技术复核、审验分离和集体会审制度。项目自受理后，受理人员、主责承办人、协办人、技术复核人、审批人、签发领导均为不同人员，从制度落实上杜绝执法不规范。

（7）严格消防监督系统审批流转，杜绝体外循环现象。为了更好、更快、更便捷地服务人民群众，支队对消防设计审核项目严格实行无纸化审批，整个项目在消防监督管理系统内流转，切实避免体外循环的现象发生。

4 消防设计审核规范化的措施

以上列举了消防设计审核不规范表现形式，分析了造成不规范的主要原因，解析了陕西汉中市消防设计审核体系，就如何规范消防设计审核，笔者认为应从以下几方面入手：

（1）加强学习，规范消防设计审核工作。要使消防设计审核规范化，就要提高建审人员个人素质，使其有坚定的政治立场、端正的工作动机。要教育建审人员正确运用和行使法律赋予的权力，牢记职责和使命，树立全心全意为人民服务的宗旨，真正做到严格、公正、文明、廉洁执法。

（2）建立一套程序规范、监督有效的消防设计审核体系。参照陕西汉中做法，建立和完善一套程序规范、监督有效的消防设计审核体系，做到有权必有责、用权受监督、违法要追究。从窗口受理、项目分工、现场勘察、图纸审查、初审意见、技术复核、领导审批、意见反馈，每一个环节都要有明确的职责和制度。在行政服务中心消防窗口公开消防法律法规、行政许可办理情况等，加大执法透明度；同时，自觉接受人大、政协及群众的监督评议，规范消防设计审核工作。

（3）明确法律责任，推进消防安全责任的落实。要帮助政府各部门真正意识到各自在消防工作中应当担负的职责，要将各级政府主要领导、分管领导应履行的消防工作职责定性、定量分解并加以明确。加大对政府部门消防培训教育，切实普及消防常识和各级政府消防安全责任。

（4）加强廉政教育，形成廉洁执法氛围。要逐步建立健全安全风险预警、自查自纠和廉政监督长效工作机制，在部队内外形成廉洁执法氛围，提高人民群众对消防工作的满意度。

消防设计审核工作容易滋生执法腐败、执法不规范等行为，建审人员只有正确地行使法律赋予的行政职权，廉洁执法、更好地维护国家和公民的利益和权利，减少先天性火灾隐患建筑，预防和减少火灾事故的发生，更好地保护公共财产和公民人身安全，为社会营造良好的消防安全环境。

参考文献

[1] 建设工程消防监督管理规定[Z]. 中华人民共和国公安部令第 119 号.

作者简介：张清，男，工学学士学位，汉中市公安消防支队防火处工程审核科工程师；主要从事建设工程消防设计审核工作。

通信地址：汉中市汉台区前进东路 1337 号消防支队，邮政编码：723000；

联系电话：13474330001。

浅议小型商业用房的消防设计审查

姜子港
（山东省东营市公安消防支队）

【摘　要】 小型商业用房以各种形式出现在各类建筑中，现行国家标准明确了商业服务网点的消防设计，但对其他小型商业用房的消防设计没有明确的规定。本文将小型商业用房分成多个不同类型，并逐一分析了安全疏散、消防设施等方面的审查要点。最后，本文对审查时需要注意的几个问题进行了提示。

【关键词】 消防；商业用房；安全疏散；消防设施

1 引　言

小型商业用房一般指独立建造或设置在建筑底部，采用隔墙分割成若干个独立单元的商业用房。由于市场的大量需求，小型商业用房以各种形式出现在各类建筑中，包括独立建造的沿街商铺、住宅底部设置的商业服务网点、公共建筑底部设置的商业用房等。新实施的《建筑设计防火规范》（GB 50016—2014）[1]（以下简称《建规》）明确了商业服务网点的消防设计，但对于其他类型的小型商业用房没有具体规定，由于这些商业用房与普通商业营业厅存在较大差异[2, 3]，造成各地消防设计审查标准不一致，给人们带来不小的困惑[4]。笔者根据新《建规》的有关规定和多年来消防设计审查的经验，试从几种不同类型的小型商业用房谈一下自己的看法。

2 商业服务网点

2.1 定性审查

《建规》对商业服务网点有明确的定义："设置在住宅建筑的首层或首层及二层，每个分隔单元建筑面积不大于 300 m^2 的商店、邮政所、储蓄所、理发店等小型营业性用房。"对商业服务网点定性的审查，要重点把握以下四个方面：一是必须设置在住宅建筑底部；二是层数不超过两层；三是每个分隔单元建筑面积不大于 300 m^2；四是与居住部分采用耐火极限不低于 2.00 h 且无门、窗、洞口的防火隔墙和 1.50 h 的不燃性楼板完全分隔，每个分隔单元之间采用耐火极限不低 2.00 h 且无门、窗、洞口的防火隔墙相互分隔。只有同时满足以上条件，才能按照商业服务网点进行审查。

2.2 安全疏散的审查

对于商业服务网点，其安全疏散应按分隔单元进行审查。《建规》规定，当一个分隔单元任一层建筑面积均不大于 200 m^2 时，该分隔单元可只设 1 部楼梯，在首层可只设 1 个安全出口。对于单层商业服务网点，当一个分隔单元大于 200 m^2 时，应设 2 个安全出口。对于两层的商业服务网点，当一个分隔单元仅首层建筑面积大于 200 m^2 时，首层应设 2 个安全出口，二层可通过 1 部楼梯到达首层；当二层建筑面积大于 200 m^2 时，二层应设 2 部楼梯，首层应设 2 个安全出口；当二层有 1 部楼梯到达首层，同时设有通向公共疏散走道的疏散门时，首层可设置 1 个安全出口。

各分隔单元内设置的楼梯形式不限，可采用敞开楼梯、敞开楼梯间、封闭楼梯间，楼梯宽度不应小于 1.1 m。每个分隔单元内的任一点至最近直通室外出口的直线距离不应大于 22 m，当设置自动灭火系统时，不应大于 27.5 m。室内楼梯的距离按其水平投影长度的 1.50 倍计算。当采用封闭楼梯间时，二层疏散距离可由室内最远点算至楼梯间入口处，但楼梯间在首层应直通室外。

2.3 消防设施的审查

由于商业服务网点的定性是住宅建筑，所以消防设施的设置应按住宅建筑进行审查。当建筑高度大于 21 m 时，应设置室内消火栓系统，根据《消防给水及消火栓系统技术规范》(GB 50974—2014)[5]有关规定，考虑商业服务网点分隔单元的设置，笔者认为只需满足同一平面有 1 支消防水枪的 1 股充实水柱到达室内任何部位即可。当建筑面积大于 200 m^2 时，应设置消防软管卷盘或轻便消防水龙。当建筑高度大于 100 m 时，应同时设置自动灭火系统和火灾自动报警系统。当建筑高度大于 54 m 但不大于 100 m 时，宜设置火灾探测器。

2.4 其他方面的审查

仅设在住宅底部的商业服务网点，因住宅建筑规模限制，一般不会超出防火分区面积。但对于超出住宅主体投影范围的商业服务网点，要审查其总体规模大小，按规范要求划分防火分区。另外，还要审查超出部分是否影响消防车通行和消防车登高操作场地的设置。

3 类似商业服务网点的商业用房

3.1 设置在非住宅建筑底部的商业用房

设置在非住宅建筑底部，同时满足《建规》有关商业服务网点的层数和分隔要求的商业用房，由于火灾危险性和对建筑整体的影响与商业服务网点类似，因此，笔者认为其安全疏散可以按照商业服务网点的要求进行审查，但消防设施的设置应按照所在建筑的使用功能和规模大小确定。

3.2 独立建造的商业用房

独立建造的商业用房，如果层数、分隔单元均符合商业服务网点的要求，由于相对独立，安全疏散也可以按照商业服务网点要求进行审查。消防设施应根据建筑整体规模按照商店建筑确定。当任一层建筑面积大于 1 500 m^2 或总建筑面积大于 3 000 m^2 时，应同时设置自动灭火系统和火灾自动报警系统。当多个商业用房单体建筑满足《建规》第 5.2.2 条有关建筑贴邻建造的要求时，可以按照各单体建筑规模分别审查消防设施的设计。

4 其他类型的小型商业用房

无论是独立建造还是附属在建筑底部，不超过 3 层且每层建筑面积不超过 200 m^2 的商业用房，如果分隔单元之间采用耐火极限不低 2.00 h 且无门、窗、洞口的防火隔墙相互分隔，与其他部分采用相同的防火隔墙和 1.50 h 的不燃性楼板完全分隔时，各分隔单元相对独立，可以按照《建规》第 5.5.8 条规定设置 1 个安全出口或 1 部疏散楼梯。但疏散楼梯应按《建规》第 5.5.13 条规定采用封闭楼梯间或防烟楼梯间，并应直通室外。除以上情形外，每个分隔单元设置楼梯、安全出口的数量不应少于 2 个，楼梯形式亦应满足《建规》要求。楼梯和首层安全出口的宽度应满足《建规》第 5.5.18 条和第 5.5.21 条规定，人员密度应取上限值。疏散距离应按商业营业厅 30 m 的要求进行审查，但对于只设 1 部疏散楼梯的情形，按照 22 m 的要求审查为宜，当建筑设有自动喷水灭火系统时，疏散距离可按规范要求增加 25%。对于消防设施的审查，应按照建筑使用功能和整体规模设计，并符合《建规》相关规定。

5 几个需要注意的问题

消防设计审查作为控制先天性火灾隐患源头的重要手段，不仅要严格执行规范条文，还要考虑建筑物投用后的各种可能性。① 要严格审查商业用房的使用性质。《建规》条文说明中列举了商业服务网点的种类，如百货店、副食店、粮店、邮政所、储蓄所、理发店、洗衣店、药店、洗车店、餐饮店等。笔者认为小型商业用房可以包括但不限于以上用途，不允许经营、存放和使用甲、乙类火灾危险性物品。歌舞娱乐放映游艺场所不能设置在商业服务网点内，在其他商业用房设置时应满足规范的有关规定。另外，还应当明确商业用房内不允许人员住宿，避免形成“三合一”场所。这些要求应尽量体现在消防设计文件里，并告知建设单位和业主。② 要审查商业用房改建的可能性。有的设计单位为解决安全疏散的问题，把相邻的两个分隔单元在二层通过门洞连通成一个空间，形成 2 部楼梯、2 个安全出口，从规范上看是行得通的，但投用后往往把门洞封堵后分开销售，造成单个分隔单元的安全疏散不能满足规范要求。有的建设单位把层高设计在 5 m 以上，为增加层数创造了有利条件，造成日后火灾隐患。

6 结 语

新《建规》的出台，明确了商业服务网点的消防设计，但对其他小型商业用房还没有具体规定，我们期待有关部门能够进一步展开调研，在有关标准中明确这些建筑消防设计的详细规定。

参考文献

[1] GB 50016—2014. 建筑设计防火规范[S].

[2] 黄德祥，等. 商住楼与商业服务网点防火问题探讨[J]. 消防科学与技术，2006（1）：49-51.

[3] 穆海涛. 沿街商业服务网点的消防设计问题探讨[J]. 消防科学与技术，2013（10）：1105-1108.

[4] 李湘宁. 高层建筑商业服务网点消防审查若干问题探讨[J]. 武警学院学报，2012（8）：39-40.

[5] GB 50974—2014. 消防给水及消火栓系统技术规范[S].

作者简介： 姜子港，男，硕士，东营市公安消防支队防火监督处工程审验科高级工程师；主要从事建设工程消防设计审核、消防验收、消防监督检查等工作。

通信地址：山东省东营市东城曹州路 60 号东营市公安消防支队，邮政编码：257091；

联系电话：18954676339；

电子信箱：183452458@qq.com。

天井及凹廊火灾数值模拟分析

李永军
（广西壮族自治区公安消防总队）

【摘　要】 使用 FDS 研究公共建筑中，天井及凹廊对火灾蔓延和人员疏散的影响。采用 T 平方火源，火源面积 8 m^2，最大热释放率 6 MW。结论：①天井及凹廊的设置对安全疏散有很大影响，通过火灾模拟，即使天井尺寸大于一、二级耐火等级多层建筑防火间距要求的 6 m，起火房间产生的温度、烟气、CO_2 均会严重影响人员在走道的疏散。而相同开口尺寸的凹廊相对天井安全，但仍会因温度、烟气影响人员在走道的疏散。②天井、凹廊内起火房间对建筑消防安全的影响主要是烟气、温度和 CO_2，在模拟时间内火灾不会蔓延至建筑其他部位。

【关键词】 火灾场景；天井；凹廊；FDS

随着社会的发展，建筑设计的要求多样化，建筑形式也趋多样化。为了满足使用需求，许多建筑设计了天井和凹廊，我国国家标准对凹廊和天井的防火要求没有明确规定，日常工作中，设计单位、审图单位、消防设计审核部门对其理解不一致，争议较大。

笔者采用 FDS5 火灾模拟软件，通过对天井和凹廊附近进行火灾场景模拟，以此对比其对火灾蔓延和人员疏散的影响。

1　火灾场景

1.1　火灾规模

火灾在发生时，不会在火灾初期就达到火灾的最大热释放率或一直稳定在某个火灾热释放率，而是会经过增长期、稳定期和衰减期三个阶段。在火灾成长的计算上，普遍采用时间-平方火灾，即 *T* 平方火灾，依据火灾成长曲线分，为慢速火、中速火、快速火、超快速火四种。通常模拟中住宅火灾发展类型多采用中速火。笔者采用火灾达到最大热释放率后的稳定燃烧阶段模拟。参考上海市地方标准《民用建筑防排烟技术规程》中对无喷淋的办公室和客房的规定，选取最大热释放率 6 MW，火源面积为 8 m^2，单位面积最大热释放率为 750 kW/m^2，1 s 内达到最大热释放率，燃烧物质为木材。

1.2　建筑模型

起火建筑为办公建筑，建筑层高 3 m，楼板厚度 0.1 m，墙厚度 0.2 m，建筑模拟至第 6 层，第 6 层上方假设为敞开空间。建筑墙体材料均为混凝土，比热为 1.04 kJ/(kg·K)，传导系数为 1.8 W/(m·K)，密度为 2 280 kg/m^3。网格尺寸为 0.1 m × 0.1 m × 0.2 m，模拟时间为 600 s。

起火房间位于第 1 层，尺寸为 4 m × 6 m；房门尺寸为高 2 m、宽 1 m，起火时开启；房间窗口为平开窗，窗口离地高度为 0.9 m，起火时窗扇打开，尺寸为高 1.8 m、宽 2 m。

天井、凹廊尺寸均为 6 m × 6 m，天井、凹廊周围走道宽 1.1 m，实体墙栏杆高 1.1 m。天井周围四面均布置与起火房间相同的房间。凹廊三面布置与起火房间相同的房间，起火房间对面为敞开空间。以上房间门窗起火时均开启，如图1、图2所示。

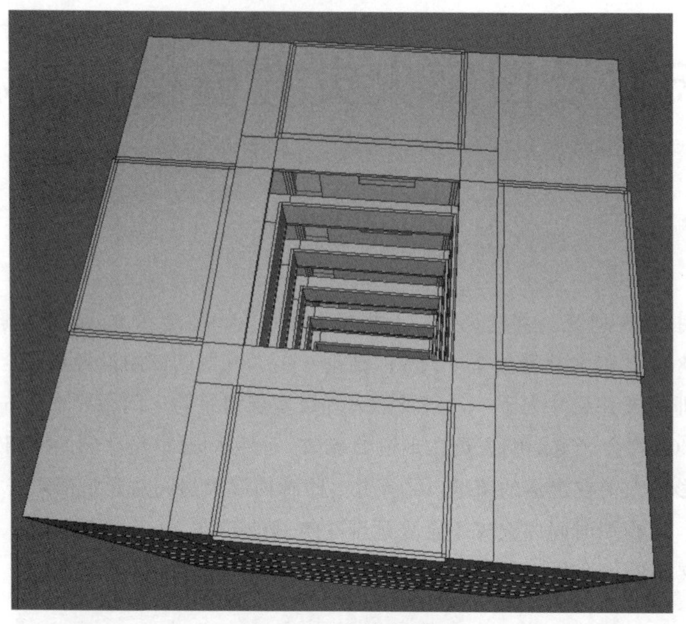

图1 天井俯视图

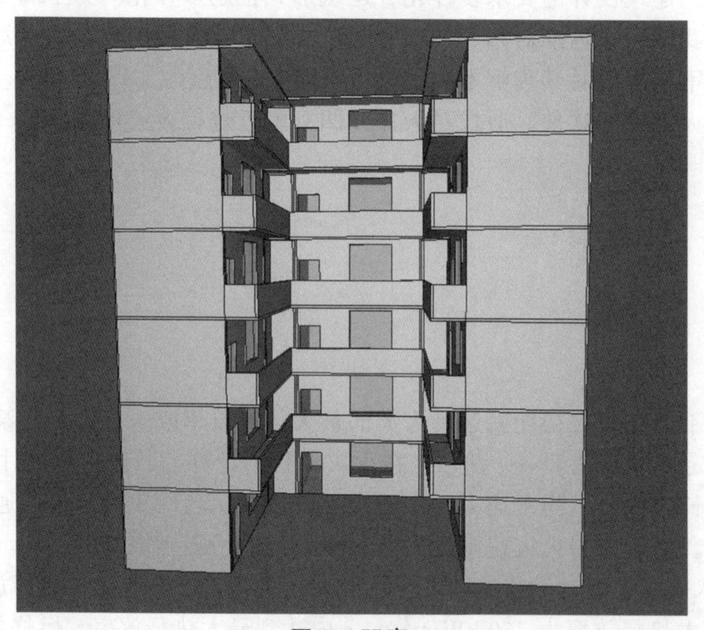

图2 凹廊

2 结果分析

分别在天井、凹廊的起火房间门中部设置温度、能见度、CO_2浓度输出切面，对比其差异。

2.1 温度对比

在天井的模拟中，在600 s内，除着火房间外，其他各房间离地2 m处温度均不超过200 °C，火灾不会蔓延至着火房间上层和对面房间。分别在100 s、130 s时，着火房间上方第2、3层的走道离地

2 m 处温度开始超过 60 °C，参照澳大利亚“生命安全标准”，对人员疏散有影响，如图 3 所示。

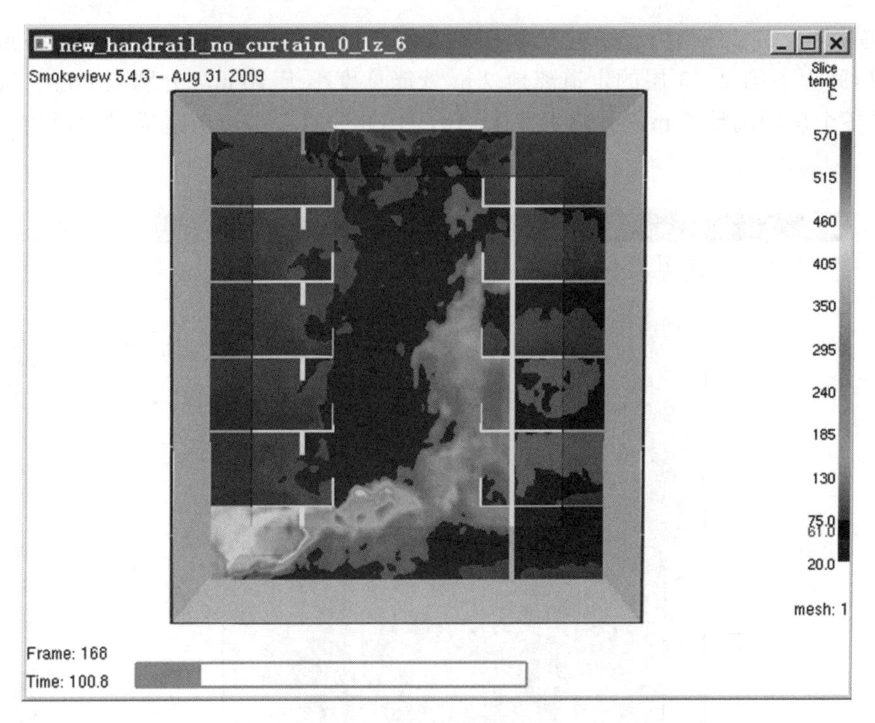

图 3 天井模拟温度

在凹廊模拟中，在 600 s 内，除着火房间外，其他各房间离地 2 m 处温度均不超过 200 °C，火灾不会蔓延至着火房间上层和对面房间。分别在 115 s、213 s 时，着火房间上方第 2、3 层的走道离地 2 m 处温度超过 60 °C，多次出现，但持续时间均很短，如图 4 所示。

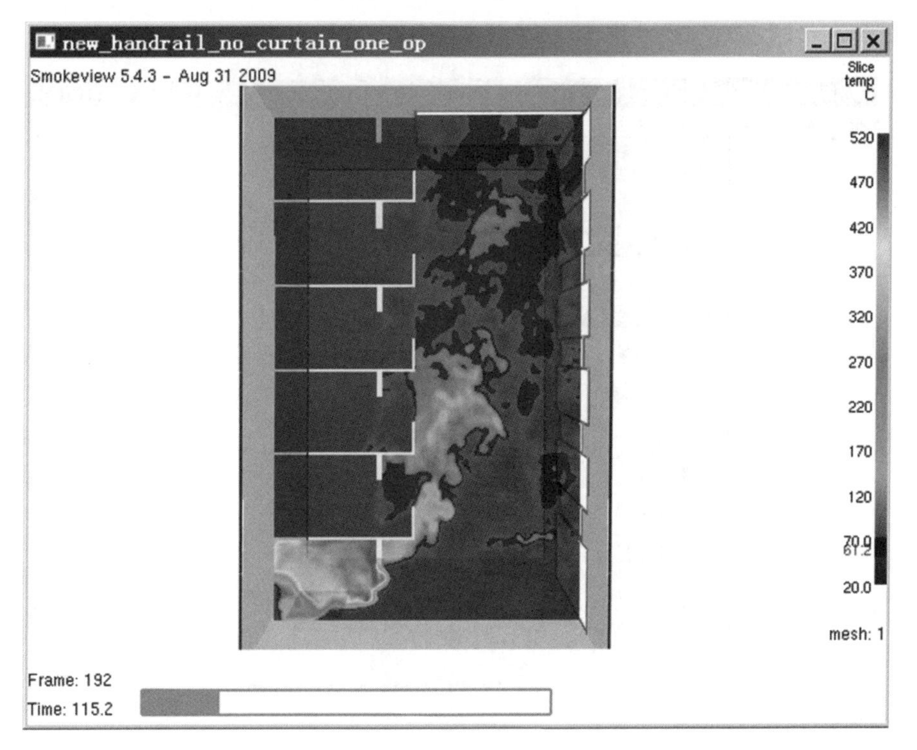

图 4 凹廊模拟温度

2.2 能见度对比

在天井的模拟中，在 15 s 时，起火房间对面的 2 层走道离地 2 m 处能见度小于 10 m。分别在 45 s、59 s 时，着火房间上方第 2、3 层的走道离地 2 m 处能见度小于 10 m。分别在 60 s、120 s 时 2～6 层走道、1～6 层各个房间离地 2 m 处能见度均已小于 10 m，对人员疏散造成很大影响，如图 5 和图 6 所示。

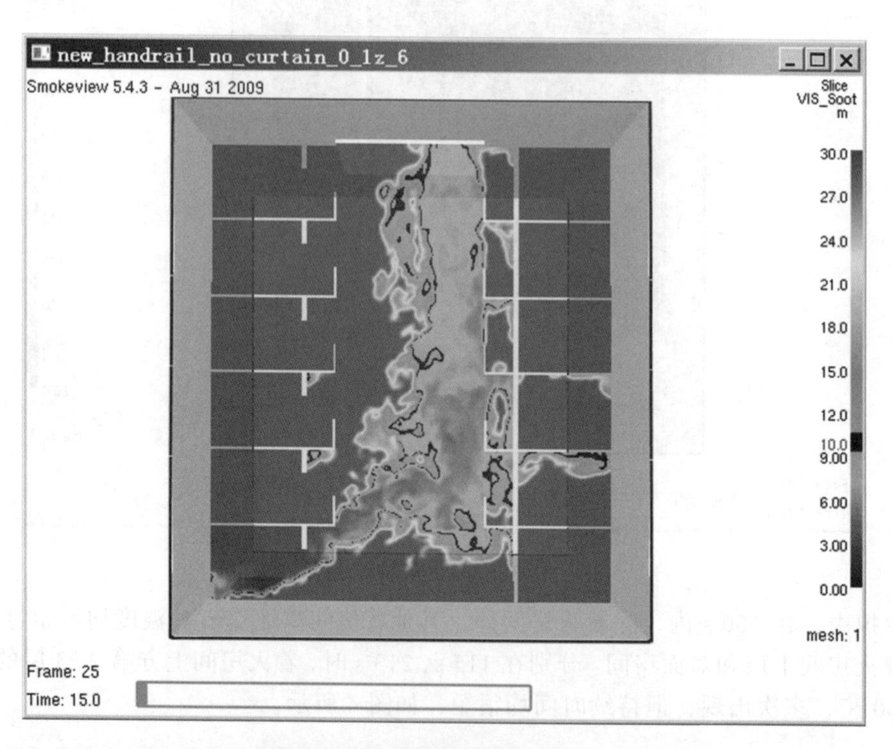

图 5　天井模拟能见度（15 s）

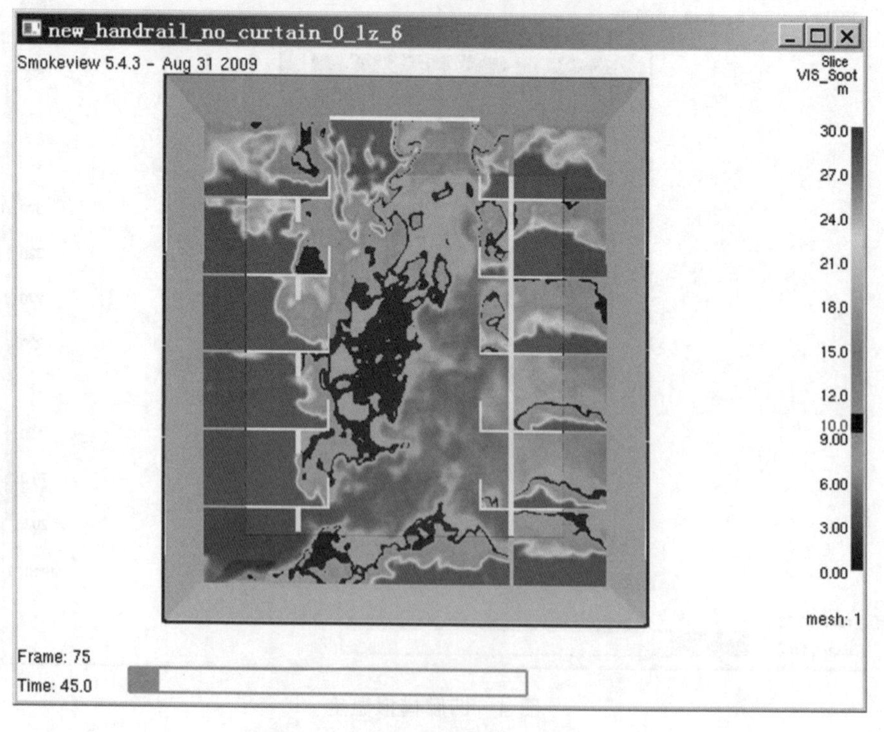

图 6　天井模拟能见度（45 s）

在凹廊模拟中，21 s 时 2、3 层的走道离地 2 m 处能见度小于 10 m，但在 600 s 内 5、6 层走道离地 2 m 处能见度均大于 10 m，如图 7 和图 8 所示。

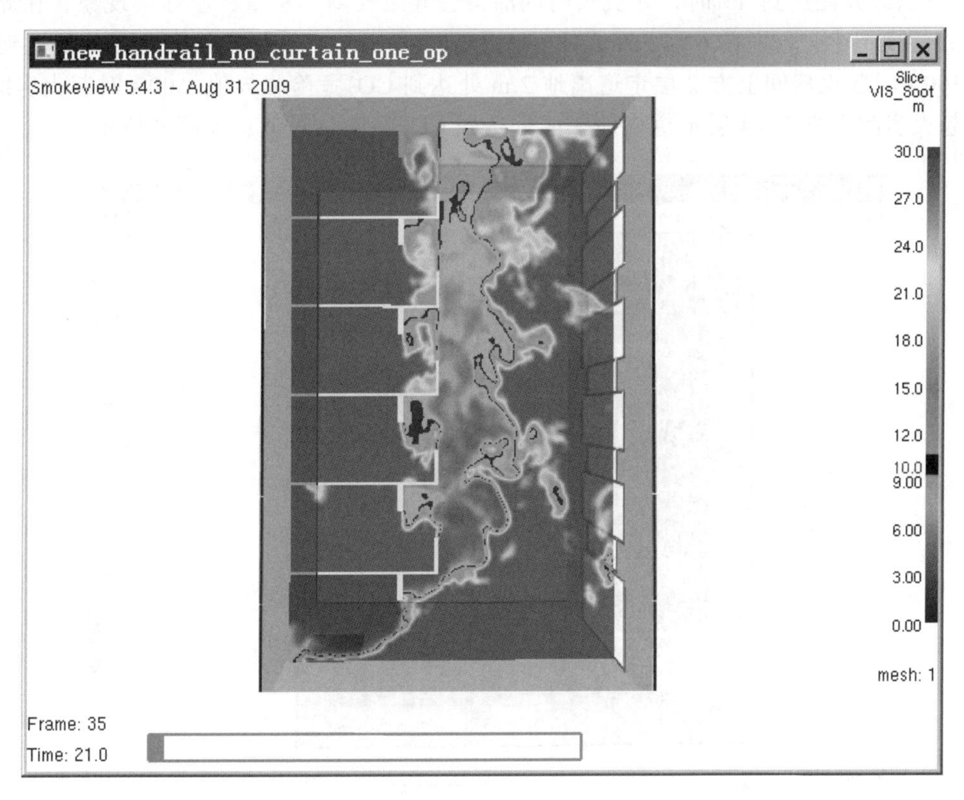

图 7　凹廊模拟能见度（21 s）

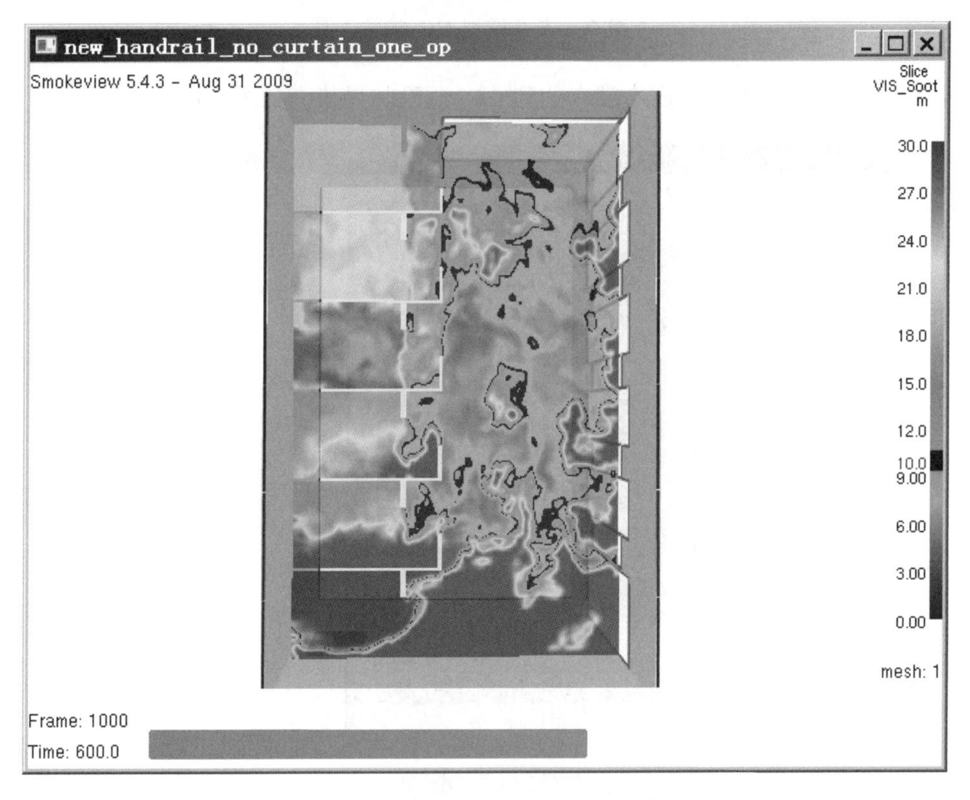

图 8　凹廊模拟能见度（600 s）

2.3 CO_2浓度对比

当 CO_2 体积百分比达到 1%时，人员长时间滞留会导致气闷、头晕、心悸等现象，在此设为危险临界值。天井的模拟中，分别在 63 s、96 s 时，起火房间对面的 2、3 层走道离地 2 m 处达到 CO_2 危险临界值，在 300 s 时起火房间上方 2 层走道离地 2 m 处达到 CO_2 危险临界值。600 s 时起火房间对面 2 ~ 6 层走道和起火房间上方 2 ~ 4 层走道离地 2 m 处达到 CO_2 危险临界值，如图 9 所示。

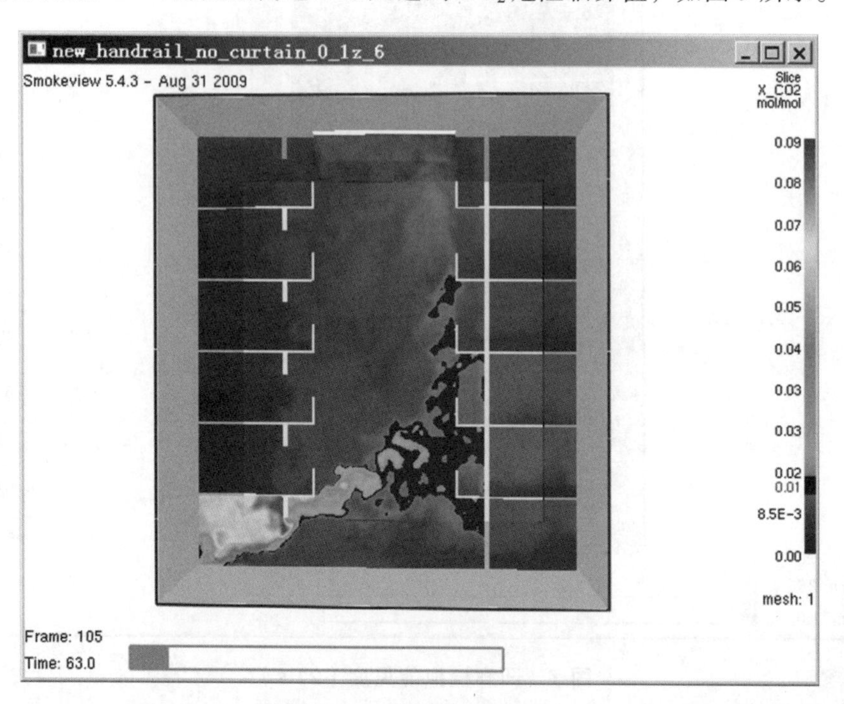

图 9　天井模拟 CO_2 浓度

在凹廊模拟中，600 s 内各层走道均没有达到 CO_2 危险临界值，如图 10 所示。

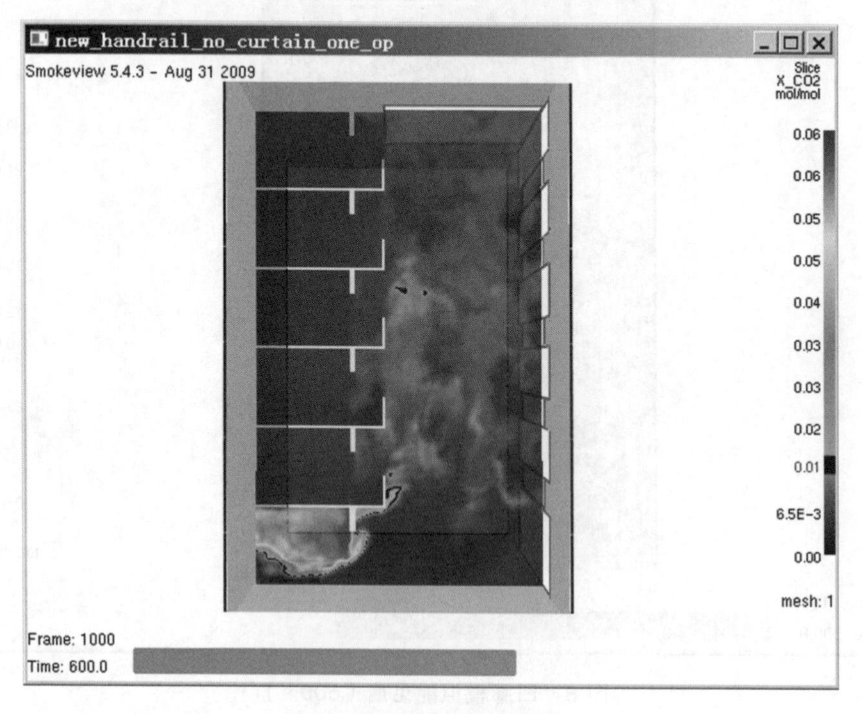

图 10　凹廊模拟 CO_2 浓度

3 结 论

（1）在建筑设计中，天井、凹廊的设置对安全疏散有很大影响，通过火灾模拟，即使天井尺寸大于一、二级耐火等级多层建筑防火间距要求的 6 m，起火房间产生的温度、烟气、CO_2 均会严重影响人员在走道的疏散。而相同开口尺寸的凹廊相对天井安全，但仍会因温度、烟气影响人员在走道的疏散。

（2）天井、凹廊内起火房间对建筑消防安全的影响主要是烟气、温度和 CO_2，在模拟时间内火灾不会蔓延至建筑其他部位。

（3）火灾发生具有不确定性。模拟中假设可燃物为木材，与实际火灾燃烧物有差别；模型只模拟至第 6 层，6 层上方假设为敞开空间，以上设定对数据准确性均有影响。

参考文献

[1] 李引擎. 建筑防火性能化设计[M]. 北京：化学工业出版社，2005.

[2] 王经伟，黄德祥，周子荐，等. 挑檐和窗槛墙阻止火灾竖向蔓延性能的数值模拟分析[J]. 消防科学与技术，2004，23（4）：328-331.

[3] 侯东升，赵金娜，张树平.飘窗纵向防火性能数值模拟[J]. 消防科学与技术，2010，29（157）：113-115.

作者简介：李永军（1978—），男，籍贯为广西桂平，大学本科学历，广西消防总队工程师；主要从事防火监督和建筑防火设计审核工作。

通信地址：广西南宁市东葛路 111 号，邮政编码：530021；

联系电话：13877149199。

性能化方法在体育建筑疏散设计中的应用探讨

田 聪

（贵州省消防总队）

【摘 要】 本文利用软件对大型体育场馆看台区的人员疏散进行模拟，判断疏散设计指标满足规范要求的大型体育场馆人员疏散设计的合理性，并根据模拟结果反映出的疏散瓶颈，有针对性地提出改进措施，提高体育场馆内疏散设施的有效利用率。

【关键词】 体育场馆；性能化；疏散设计

1 前 言

随着我国人民生活水平和文化素养的不断提高，体育事业的飞速发展，为丰富群众文体生活和满足城市举办体育赛事的需要，开始大量建设体育场馆。对于人员密集、疏散复杂的体育场馆建筑，保证疏散设计的合理性是决定火灾等紧急状态下人员安全的重要条件。

在我国的建筑设计中，2015年5月1日前主要依据《建筑设计防火规范》（GB 50016—2006，以下简称《建规》）和《高层民用建筑设计防火规范（2005年版）》（GB 50045—95，以下简称《高规》）对疏散系统进行设计，由两部规范整合修订而成的新版《建筑设计防火规范》（GB 50016—2014）于2015年5月1日正式实施。上述规范主要考虑条文的普适性，对于疏散线路较特殊、疏散特点与普通民用建筑有较大差异的体育场馆等特殊建筑的疏散设计仅提出了基本的设计参数，如走道及疏散出口百人所需最小净宽度、按人流股数计算确定的疏散出口数量等，而对疏散走道位置、出口设计形式、人员疏散行为习惯等因素对疏散出口使用效率的影响并未考虑，导致部分特殊建筑的疏散设计虽满足规范中的参数指标要求，但在建筑投用后发现存在较多疏散瓶颈，而此时已无修改调整余地，降低了建筑整体疏散效率和安全水平。

对此，我们尝试引入性能化方法来开展体育场馆等特殊建筑的疏散设计，在建筑设计阶段即可对人员疏散状态进行可视化模拟计算，也可依据计算结果查找导致疏散瓶颈的设计缺陷，并及时进行调整，从而有效避免先天性隐患，最大限度地保证建筑安全疏散的可靠性。

2 性能化疏散设计

常规疏散设计主要以遵循现行规范条文为基础，只要满足条文规定即可，而性能化疏散设计则主要是综合人在紧急状态下的疏散行为习惯和建筑本身的疏散条件两方面因素来考察疏散设计合理性，其中人的疏散行为习惯决定在当前疏散条件下疏散时间的长短，而该时间也是判断疏散设计是否合理的依据。通过对疏散时间计算过程和结果的分析，即可对疏散设计进行优化完善，这也是性能化疏散设计的核心内容。性能化疏散设计一般有以下步骤：

（1）分析建筑物特点和基本疏散条件；

（2）制定疏散安全目标；

（3）确定疏散模拟参数；

（4）选择合适的模拟软件；

（5）对计算结果进行分析；

（6）制定改进方案。

其中，第（4）、（5）两步可能是一个反复过程，即在根据计算过程和结果制定针对性改进措施后，还需对优化设计方案进行模拟，若结果仍未达到安全目标，则需对设计方案进行再改进再模拟，直到满足安全目标为止。

3 应用实例

本文以某大型体育场馆的性能化疏散设计为例，结合建筑特点和相关规范要求，综合考虑建筑特殊性和影响疏散可靠性的各种因素，通过对其性能化设计过程和结果的分析，探讨该类建筑疏散设计的优化方法，实现设计缺陷的有效过滤，确保人员疏散的安全可靠。

3.1 建筑概况

该体育场馆总建筑面积约 53 944 m^2，看台区共有 5.1 万个座位，在看台区疏散设计方面，观众看台共设有 30 个疏散宽度为 3.4 m 的安全疏散出口，8 个宽度为 2.4 m 的疏散楼梯和 2 个 10 m 宽的开敞式大楼梯，共计疏散宽度为 141.20 m。按现有疏散出口宽度计算，该体育场馆看台区每 100 人疏散宽度指标为

$$\frac{141.2}{51\,000}\times 100\approx 0.28 \tag{1}$$

每个安全出口的平均疏散人数为

$$51\ 000\div 40=1\ 275 \tag{2}$$

在原《高规》《建规》和现行《建规》中，对容纳人数超过 20 000 人的体育场馆人员疏散指标均未明确规定，而在《体育建筑设计规范》中，规定使用人数在 40 001 ~ 60 000 人的体育场馆阶梯地面百人宽度指标不应低于 0.22 m，每个安全出口平均疏散人数不宜超过 1 000 ~ 2 000 人。显然，上述计算结果满足《体育建筑设计规范》要求。

3.2 疏散安全目标

在体育场馆看台区的疏散中，危险状况主要来自在疏散过程中出现严重混乱局面，特别是在人数较多、移动速度较慢的情况下，一旦疏散时间过长，人员极易出现急躁、情绪失控等情况。而体育类建筑由于看台区等位置坡度大、人员密集，如果疏散过程中人员出现急躁情绪，极可能发生拥挤、踩踏事故，造成人员大量伤亡。所以在制定体育场馆疏散安全目标时，需要求看台区观众应能迅速和流畅地疏散至安全的空间，避免出现局部出口疏散人员过于集中的情况。

根据英国《体育场安全指南》（Guide to Safety at Sports Grounds，简称《绿色指南》）的研究，紧急情况下人员疏散时间控制在 8 min 之内时可有效控制疏散人员的情绪，所以该规范提出体育场馆看台区的疏散时间不应超过 8 min 的原则。北京奥运会主体育场“鸟巢”的人员疏散安全研究过程中也采用了该标准作为看台区疏散安全目标，参照此规范要求，我们也把看台区人员疏散时间不超过 8 min 作为人员疏散的安全目标。

3.3　疏散参数的确定

在对疏散行为的性能化研究中，疏散参数所指范围广泛，既包括疏散设施本身的参数设置，也包括建筑内使用者的疏散参数设置。疏散设施本身的参数设置包括出口数量、出口宽度等，通常按照建筑设计文件确定，而建筑内使用者的疏散参数包括建筑内人员构成类型、人员疏散速度等。下面结合案例对使用者参数进行确定。

3.3.1　人员构成类型

本案例中建筑使用功能为体育场馆，结合其功能和参考国外文献，案例中人员构成比例选取如表1所示。

表1　看台区人员类型百分比

成年男性	成年女性	小童	长者
50%	30%	10%	10%

3.3.2　人员行走速度

在体育场馆的疏散中，人员需在有坡度的区域（如看台和楼梯）和水平高度相同的平台移动（见图1），两种位置人的疏散速度差异较大，本文主要根据相关研究资料分别对疏散人员在各区域的行进速度进行确定。

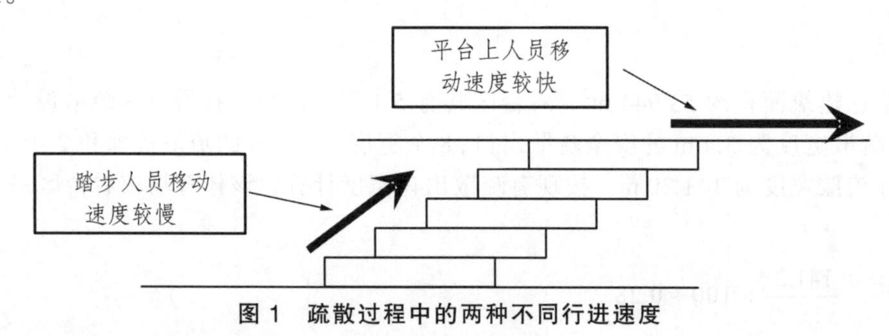

图1　疏散过程中的两种不同行进速度

在对楼梯间、看台坐席的纵向通道等坡度较大部位疏散人员移动速度进行确定时，参照《SFPE消防安全手册》中提供的相关数据，该手册建议为保证疏散楼梯间的安全，楼梯间的人员密度设计应在1.08～2.69人/m^{2}之间，对照研究机构对楼梯间移动速度和人员密度之间关系的统计（见图2），此时楼梯间人员行进速度约为0.5 m/s。而对于观众看台部分单个坐席占地约0.425 m^2，即坐席看台区设计人员密度约为2.22人/m^2，此时人员移动速度也大致保持在0.5 m/s。所以在对本案例进行疏散计算时，人员在看台区和楼梯间的行进速度均设置为0.5 m/s。

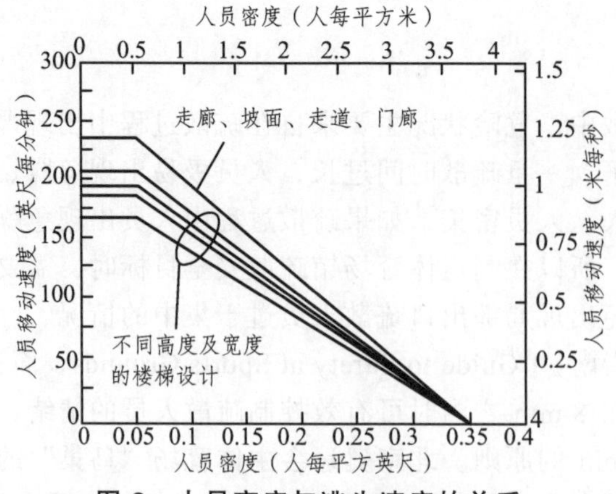

图3　人员密度与逃生速度的关系

在人员平面行走速度方面，参考《SFPE消防安全手册》及疏散计算软件Simulex的建议，成年男性、成年女性、儿童和老人的移动速度分别设置为 1.1 m/s、1.0 m/s、0.9 m/s 和 0.8 m/s。

但无论是楼梯行进速度还是平面行进速度，均只是作为疏散模拟时输入的初始速度。在疏散进行的过程中建筑内各区域人员密度将会发生较大变化，进而导致人员疏散速度发生变化，该过程将由疏散模拟软件自动完成。

3.4 疏散软件的确定

选择优秀的疏散软件能使疏散模拟结果更接近实际状态，在国内的性能化设计中，可供选择的疏散软件较多，如 Steps、Pathfinder、BuildingExodus、Simulex 等，这些软件都是在国外性能化设计中应用较为广泛的商业软件。本案例选择 Steps 作为疏散模拟软件。

STEPS 软件是一种应用于个人计算机的模拟软件，由英国 MottMacDonald 设计，专门用于分析建筑物中人员在正常及紧急状态下的人员疏散状况，适用建筑物包括大型综合商场、办公大楼、体育场馆、地铁站等。从 STEPS 模型里，可观察人员疏散时走动的情况及确认在疏散途中有可能发生瓶颈的位置。

3.5 对计算结果的分析

根据对初始设计的模拟，在体育场馆内满座的情况下观众完全疏散出体育场馆的时间约需 560 s，该时间大于安全目标控制时间（8 min 即 480 s）。经模拟过程分析，发现在体育场馆初步疏散设计方案中东看台出现明显的疏散瓶颈，降低了疏散效率。

首先，按照东看台设计，看台高区和部分中区人员应使用高区出口进入室外大阶梯疏散（见图 3 中 A1 ~ A4 出口），但由于阶梯地面中人员习惯向下运动，在实际疏散过程中东看台使用室外大阶梯出口疏散的人数比预计人数减少，大部分人员集中到低区猫洞疏散（见图 3 中 B1 ~ B4 出口），导致东看台四个猫洞位置人员大量集中，延缓了疏散时间。而模拟中其他方向看台未出现这种情况，原因是南侧和北侧看台座位数较少；西侧看台由于局部升起，设计形式有利于人员分流（见图 4），应从高区出口疏散的人员无法从低区猫洞疏散，不会导致人员过多聚集在西侧低区猫洞位置。

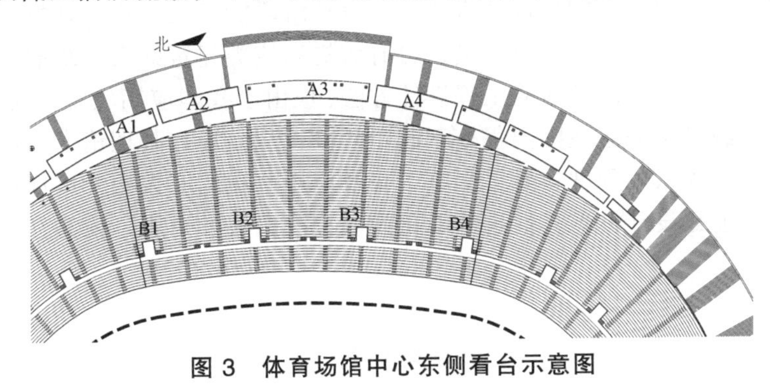

图 3 体育场馆中心东侧看台示意图

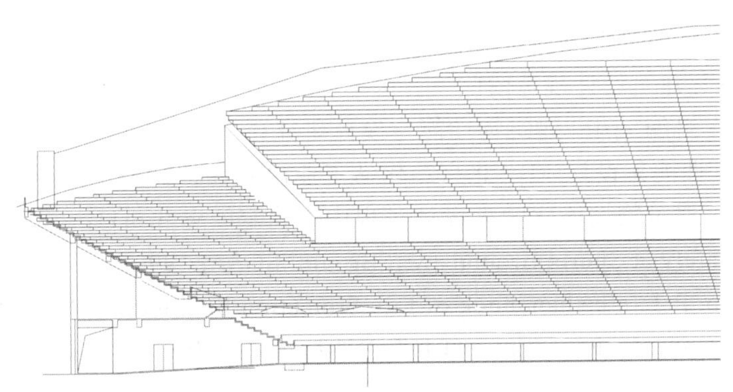

图 4 体育场馆中心西侧抬升看台示意图

其次体育场馆东侧看台通过高区 A1 ~ A4 出口进入室外大阶梯疏散的人员除局部看台区通道正对四个出口外，其他看台区通道人员还需通过看台与配套用房之间宽约 1.8 m 的通道（见图 4.1），才能到达高区出口。计算结果显示，由于看台与配套用房之间通道和高区 A1 ~ A4 出口过窄，高区疏散人员在通道位置和出口位置分别出现了不同程度的拥堵现象，同样增加了高区人员疏散时间。

3.6 改进措施的制定

针对疏散模拟中发现的问题，为提高疏散效率，提出以下改进措施：

（1）尽量加宽东看台配套用房与看台之间的疏散通道宽度，保证配套用房与看台之间的人员疏散流畅。

（2）在东看台二层出口位置向上第 14 ~ 16 排位置间竖向通道上设计栏杆划分疏散分区，引导高区和部分中区人员通过室外大阶梯疏散，减小低区猫洞疏散压力。

（3）调整东侧配套用房布局，减少其面积。把 A1 ~ A4 四个出口调整为两个宽度分别不低于 26 m 的开敞通道，可有效解决东侧高区出口位置的疏散拥堵问题。

（4）看台区疏散走道地面应设置灯光型疏散指示标志，引导人员在紧急情况下朝正确方向疏散。

按以上措施对设计方案进行调整优化后，通过对优化方案的人员疏散状况重新进行模拟，结果显示，优化方案中东看台高、低区各位置人员疏散均较为流畅，疏散时间也由原来的 560 s 降至 435 s，完全满足不超过 8 min 的安全目标。

4 结 语

本文结合某体育场馆的疏散性能化设计案例，简析性能化疏散设计的流程、步骤和参数选取。不难发现，案例的疏散体系设计指标虽能满足规范要求，但因其疏散路线复杂、人员高度密集，局部位置在疏散中仍会出现瓶颈。引入性能化设计方法，在设计阶段能直观、全面地发现疏散体系中存在的问题，并采取针对性措施对设计方案进行改进，可有效提高该类建筑的安全疏散水平。

虽然性能化设计是一种针对性较强的工程设计方法，但由于我国应用较晚，其倚重的基础参数（如建筑人员密度、火灾荷载等）采集在国内仍处于起步阶段，从而导致其理论支撑不足，这也使各地建筑设计审查部门对其认知和认可程度各异，影响了普及应用。我们应大力开展性能化基础数据采集和理论研究工作，制定性能化设计标准，促进性能化设计方法的科学运用，使其在优化设计和保证安全中发挥更大的作用。

参考文献

[1] GB 50016—2006. 民用建筑设计防火规范[S].
[2] JGJ31—2003. 体育建筑设计规范[S].
[3] 消防安全工程工作组编. 国外建筑物性能化设计研究译文集[C]. 2001.
[4] 李引擎. 建筑防火性能化设计[M]. 北京：化学工业出版社，2005.
[5] 邱培芳，倪照鹏. 建筑物性能化防火设计过程中不确定问题浅析[J]. 消防科学与技术，2008.
[6] SGSA. Guide to Safety at Sports Grounds[M]. Britain: SGSA, 1990.
[7] Phlilip J. Di Nenno, P. E. sfpe handbook of Fire Protection Engineering[M]. USA, 2002.
[8] NFPA Life Safety Code. NFPA（Fire）101[Z]. National Fire Protean, Association, 2009.

作者简介： 田聪（1969—），男，大学本科学历，理学学士，贵州三穗人，贵州省消防总队防火监督部高级工程师，中国消防协会聘任的全国消防科学传播专家；主要从事消防产品监督管理、消防产品质量检测、消防监督检查、建筑工程消防设计审核、消防科技管理和研究等方面的工作。

通信地址：贵州省贵阳市南明区沙冲南路231号，邮政编码：550002；

联系电话：13985041309；

电子信箱：649391086@qq.com。

医院建筑消防安全评价体系研究

蔡芸　黄韬

（河北省廊坊市武警学院消防工程系）

【摘　要】 本文结合系统安全的“5 M”模型，在研究医院建筑消防安全特点的基础上，分析影响医院建筑消防安全的风险因素，建立了医院建筑消防安全评价体系。运用层次分析法，计算得到每个层次内指标的权重。以现行的各项规范和调研情况为主要依据，建立各项指标风险值的取值标准，并以系统风险值为依据划分不同风险等级。本文为评价医院建筑的消防安全水平，分析主要风险因素提供了有价值的参考。

【关键词】医院建筑；消防安全评价；指标体系；层次分析法

随着社会经济的快速发展，人民生活水平的不断提高，对医院的发展提出了更高的要求，医院建筑也越来越大型化、高层化、综合化，其消防安全已成为安全工程研究的焦点之一。医院在运行过程中存在很多的火灾隐患[1]：多种多样易燃易爆危险化学品的使用；住院部、门诊部等部门存在大量行动困难的病人；各种医疗和电器设备的使用；照料和探望病人的亲戚朋友众多，人员流量大。因此，一旦发生火灾，火灾蔓延快，人员难以疏散，很容易造成人员伤亡和重大的财产损失。随着大量现代化医院正在逐步投入使用，如何评价医院建筑消防安全、完善医院建筑安全评价指标体系，评估医院建筑风险等级，促进医院建筑消防安全评价水平提高，最大限度减少火灾发生与火灾带来的损失是当务之急。

1　医院建筑消防安全评价体系建立

由于影响整体建筑火灾的因素是一个涉及多方面的因素集，且诸多指标之间各有隶属关系，形成一个有机的多层的系统，因此一般称评价指标为指标体系，建立一套科学的指标体系是建筑火灾风险评价的关键性环节。本文参照“5 M”模型[2]，即建筑消防安全由 Msn-Mission（主要任务和功能）、Man（人为因素）、Mach-Machine（硬件和软件）、Media-Environment（周围环境和操作环境）以及Mgt-Management（包括步骤、原则和规律）的“5 M”决定。通过搜集有关法规、系统安全理论、行业特点等资料，根据医院建筑特点，总结出医院建筑消防安全影响因素有：建筑防火[3]因子、外部环境因子、消防设施因子、消防管理因子、物质特性因子以及医院建筑使用功能因子这六大影响因素。因此，本文中建立的医院建筑消防安全评价体系共有6个一级指标。

根据医院建筑的消防安全特点，借鉴已经有的医院建筑安全评价体系以及系统安全评价体系[4]，对每个一级指标确定其相应的二级指标[5]，共 32 个二级指标，并根据项目内容进行更进一步划分出49个三级指标，同时还对各个指标进行了编号，如表1所示。

表 1　医院建筑消防安全评价指标

一级指标	二级指标	三级指标
建筑防火因子（A）	建筑结构（A_1）	
	耐火等级（A_2）	
	建筑高度（A_3）	
	使用年限（A_4）	
	防火分区（A_5）	最大允许面积（A_{51}）
		分隔构件（A_{52}）
		孔洞（A_{53}）
		管道井（A_{54}）
		防火门和防火卷帘（A_{55}）
	防烟分区（A_6）	最大允许面积（A_{61}）
		防烟分隔物（A_{62}）
		特殊用途场所防烟分区单独划分情况（A_{63}）
	安全疏散（A_7）	建筑物安全出口的位置（A_{71}）
		安全出口数量（A_{72}）
		安全出口宽度（A_{73}）
		安全疏散距离（A_{74}）
		疏散楼梯间选型（A_{75}）
		消防电梯设置（A_{76}）
	内装修（A_8）	隔断材料的燃烧性能（A_{81}）
		顶棚材料的燃烧性能（A_{82}）
		墙面材料的燃烧性能（A_{83}）
		地面材料的燃烧性能（A_{84}）
		固定家具燃烧性能（A_{85}）
		装饰物燃烧性能（A_{86}）
外部环境因子（B）	防火间距（B_1）	
	消防车道和救援场地（B_2）	
	毗邻火灾风险（B_3）	
	室外消火栓及水源（B_4）	
	公安消防队战斗力（B_5）	
	周边消防安全水平（B_6）	

续表

一级指标	二级指标	三级指标
消防设施因子（C）	火灾自动报警系统（C_1）	自动报警系统探测器选型（C_{11}）
		探测器的安装设置（C_{12}）
		探测器的布置间距（C_{13}）
		火灾应急广播（C_{14}）
		手动报警按钮设置（C_{15}）
		消防联动设备（C_{16}）
		消防控制室的设置（C_{17}）
	自动喷水灭火系统（C_2）	自动喷水灭火系统类型选择（C_{21}）
		消防给水方式（C_{22}）
		喷头选型（C_{23}）
		喷头布置间距（C_{24}）
		喷头工作压力（C_{25}）
		系统作用面积（C_{26}）
		喷水强度（C_{27}）
	室内消火栓系统（C_3）	室内消火栓系统的消防给水方式（C_{31}）
		室内消防栓竖管直径（C_{32}）
		消火栓箱器材完备情况（C_{33}）
		消火栓布置部位（C_{34}）
		消火栓的间距（C_{35}）
		消火栓的流量（C_{36}）
		最不利点水枪充实水柱（C_{37}）
	防排烟系统（C_4）	防排烟方式选择（C_{41}）
		管道和风口及阀门的阻燃性能（C_{42}）
		管道内的风速（C_{43}）
		送风量及排烟量设计（C_{44}）
		风口的风速（C_{45}）
	灭火器的设置（C_5）	灭火器选型（C_{51}）
		灭火器摆放位置（C_{52}）
		灭火器的数量（C_{53}）
	其他灭火设备（C_6）	
消防管理因子（D）	消防安全检查（D_1）	
	消防管理制度（D_2）	
	人员消防安全素质（D_3）	
	消防设施维护（D_4）	
	火灾应急预案（D_5）	

续表

一级指标	二级指标	三级指标
物质特性因子（E）	燃烧性能（E_1）	
	热稳定性（E_2）	
	可燃物数量（E_3）	
医院建筑使用功能因子（F）	病房入住率（F_1）	
	平均人口密度（F_2）	
	医院建筑密度（F_3）	
	重点安全部位（F_4）	

2　指标权重的确定过程

通过系统性强、层次关系明确、逻辑性突出的层次分析法来确定指标的权重。首先建立好层次结构，通过咨询10名专家[6]，将同一层次下的指标进行两两比较，将专家的打分取算术平均值（取整）作为结果[7]，这样就构建了判断矩阵。具体的专家对一级指标的评价结果和权重的处理如表2所示。

表2　医院建筑消防安全评价体系一级指标权重

	A	B	C	D	E	F	w
A	1	5	1/3	3	2	1	0.187 7
B	1/5	1	1/7	1/3	1/3	1/5	0.037 5
C	3	7	1	5	3	3	0.400 6
D	1/3	3	1/5	1	1/2	1/3	0.072 5
E	1/2	3	1/3	2	1	1/2	0.113 9
F	1	5	1/3	3	2	1	0.187 7
CR＝0.022 1							

当 $CR = CI/RI$，当 $CR<0.1$ 时，层次分析法是可以使用的，否则必须调整。

在计算医院建筑消防安全评价体系一级指标权重，$CI = 0.027\ 4$，$n = 6$，RI 查表得 1.24，得到 $CR = 0.022\ 1<0.1$，说明在此判断矩阵是可以使用的，从而得到了一级指标的权重。

按照同样的程序步骤，可以计算二级指标和三级指标的权重并且验算 CR 值。

如表3所示是计算得到的各级指标的权重值。

表3　医院建筑消防安全评价体系指标权重

二级指标	三级指标	三级指标权重	二级指标权重	一级指标权重
A_1			0.038 0	0.187 7
A_2			0.064 5	
A_3			0.022 9	
A_4			0.022 9	

续表

二级指标	三级指标	三级指标权重	二级指标权重	一级指标权重
A_5	A_{51}	0.469 9	0.160 6	
	A_{52}	0.141 8		
	A_{53}	0.050 2		
	A_{54}	0.173 9		
	A_{55}	0.164 2		
A_6	A_{61}	0.648 3	0.131 0	
	A_{62}	0.122 0		
	A_{63}	0.229 7		
A_7	A_{71}	0.093 2	0.231 8	
	A_{72}	0.249 2		
	A_{73}	0.249 2		
	A_{74}	0.093 2		
	A_{75}	0.249 2		
	A_{76}	0.065 9		
A_8	A_{81}	0.125 0	0.324 5	
	A_{82}	0.125 0		
	A_{83}	0.250 0		
	A_{84}	0.125 0		
	A_{85}	0.250 0		
	A_{86}	0.125 0		
B_1			0.159 1	0.037 5
B_2			0.082 0	
B_3			0.082 0	
B_4			0.159 1	
B_5			0.455 7	
B_6			0.082 0	
C_1	C_{11}	0.102 3	0.097 9	0.400 6
	C_{12}	0.052 4		
	C_{13}	0.055 5		
	C_{14}	0.121 5		
	C_{15}	0.136 4		
	C_{16}	0.159 6		
	C_{17}	0.372 2		

续表

二级指标	三级指标	三级指标权重	二级指标权重	一级指标权重
C_2	C_{21}	0.210 1	0.288 0	
	C_{22}	0.210 1		
	C_{23}	0.116 0		
	C_{24}	0.116 0		
	C_{25}	0.116 0		
	C_{26}	0.116 0		
	C_{27}	0.116 0		
C_3	C_{31}	0.181 8	0.288 0	
	C_{32}	0.181 8		
	C_{33}	0.090 9		
	C_{34}	0.181 8		
	C_{35}	0.181 8		
	C_{36}	0.090 9		
	C_{37}	0.090 9		
C_4	C_{41}	0.333 3	0.169 5	
	C_{42}	0.166 7		
	C_{43}	0.166 7		
	C_{44}	0.166 7		
	C_{45}	0.166 7		
C_5	C_{51}	0.333 3	0.097 9	
	C_{52}	0.333 3		
	C_{53}	0.333 3		
C_6			0.058 8	
D_1			0.150 9	0.072 5
D_2			0.051 8	
D_3			0.439 7	
D_4			0.274 3	
D_5			0.082 9	
E_1			0.188 4	0.113 9
E_2			0.081 0	
E_3			0.730 6	
F_1			0.393 7	0.187 7
F_2			0.137 4	
F_3			0.075 2	
F_4			0.393 7	

3 各指标风险值的确定

本文需要对二级指标进行打分，将打分的取值范围规定为0~5，分值越大，表示具体医院建筑该项指标的火灾危险性越小；分值越小，火灾危险性就越大。针对不同的指标，可以制定详细的打分细则，主要依现行规范和实际的调研情况。对于规范中的强制条，可以在不满足要求时取最低分或较低分。由于篇幅所限，这里不再给出打分详细规则。

4 医院建筑风险等级划分

根据确定指标的权重 w_i 和指标的风险值 s_i，由下式得出目标建筑的火灾风险值：

$$R=\sum_{i=1}^{n} w_i s_i$$

式中，n 为风险因素（指标）的个数。

然后可按如表4所示的区间划分医院建筑风险等级。其中Ⅰ为最危险风险等级，火灾危险性高；Ⅴ为最安全风险等级，火灾危险性低。

表4 医院建筑风险等级划分

风险取值区间	医院建筑风险等级
(0，1]	Ⅰ
(1，2]	Ⅱ
(2，3]	Ⅲ
(3，4]	Ⅳ
(4，5]	Ⅴ

5 结 语

医院承担着重要的社会功能，随着社会的发展，医院建筑消防安全已经成为社会关注的焦点之一。对医院建筑消防安全进行合理评价越来越重要，这需要我们投入更多的精力进行研究。本文构建的医院建筑安全评价体系可用于医院建筑的消防安全评价，通过打分结果，可以清晰地得到医院建筑存在的不足之处。针对这些不足可提出相应的改进措施，降低医院建筑的火灾风险。

参考文献

[1] 王伟军，田玉敏. 医院火灾特点以及消防安全对策的研究[J]. 消防技术与产品信息，2008（8）：42-43.
[2] 隋鹏程，陈宝智. 安全原理与事故预测[M]. 北京：冶金工业出版社，1988.
[3] 付强，张和平，王辉等. 公共建筑火灾风险评价方法研究[J]. 火灾科学，2007，16（3）：138-142.
[4] 王伟军. 建筑火灾风险评价方法综述[J]. 消防科学与技术，2007，27（7）：477-481.

[5] 任波，韩君. 建筑火灾风险模糊综合评估方法研究[J]. 武警学院学报，2010，26（2）：24-28.

[6] 李强，张源. 基于模糊层次分析法的高层建筑火灾风险评估[J]. 武警学院学报，2010，26（2）：34-36.

[7] 郝岩，单锋，魏丹. 利用模糊层次分析法来确定建筑火灾风险评价体系权值[J]. 沈阳航空工业学院学报，2009，26（4）：68-81.

作者简介：蔡芸，中国人民武装警察部队学院消防工程系建筑防火教研室主任，教授，安全工程硕士研究生导师。

通信地址：河北廊坊武警学院消防工程系，邮政编码：065000；

联系电话：13831674998。

诱导通风系统用于地下车库排烟的数值模拟研究*

唐胜利[1] 王正奎[2] 甘子琼[1]
（1. 公安部四川消防研究所；2. 重庆市北部新区公安消防支队）

【摘 要】 本文通过数值模拟的方式研究了诱导式通风在地下车库火灾中的烟气控制技术。通过地下车库中射流风机运行的场模拟，研究了不同排烟方式的地下车库火灾的烟气流动规律和控制效果。最后得出了诱导式通风在地下车库中有利于排烟控制。

【关键词】 地下车库；诱导通风；数值模拟；排烟控制

随着我国汽车数量的急速增长，全国各地建设了大量的地下车库。与此同时，在消防领域中许多新技术在地下车库中得到了应用。其中，采用射流风机的诱导通风系统以其占用空间少、通风效率高、安装维护方便等优点，逐步应用在一些地下车库工程中。那么发生火灾时，能否采用诱导通风系统进行火灾烟气控制呢？

1 诱导通风系统简介

诱导通风系统，又称为无风管诱导通风系统，主要由送风风机、多台射流风机机组和排风风机组成。系统的工作原理是借助于射流风机喷嘴喷出的少量气体，诱导、搅动风机周围空气并带动其至特定的方向，能够在无风管的条件下，形成从送风机到排风机的定向空气流动，从而达到稀释一氧化碳、通风换气的目的。比起常规通风系统，诱导通风系统比较适用于一些特殊的工程或空间，如地下建筑、大空间建筑等。系统依据的主要理论来自空气动力学中高速喷流的扰动特性，高速喷流能够快速诱导周围静止的空气，从而带动空气流动，喷流的中心速度由喷嘴出口处随着射程的增大逐渐减小，而喷流宽度逐渐增加，所诱导的空气量也逐渐增加，根据动量守恒定律，各个截面的空气总动量是一定的。

诱导通风系统中，射流风机各只喷嘴诱导的气体形成一面活塞式的气墙，理论上讲，在理想情况下，喷流的宽度一直增大，诱导风量也会无限增大，各点速度将减至无限小。但在实际应用中，由于建筑物中梁、柱等障碍物的遮挡作用和其他方向气流的影响，所以在喷嘴风速减至某一速度时，就必须有另一喷嘴来接力，即将诱导空气传送至另一台安装于前一台射流风机射程内的风机，进行再一次的喷流导引，依次下去，直到将室内废气导引至排风口。系统中虽然仍须采用送风机和排风机，但其所需风压远比使用传统通风系统时小，系统中射流风机、送风机、排风机共同作用，送风机的正压送风和排风机的负压排风形成气流的流动，诱导风机形成有组织的气流，两种气流有机结合，达到了稀释 CO 浓度、通风换气的效果。

* 基金项目：本文由公安部四川消防研究所基本科研项目“木垛火及油池火热释放速率预测方法研究”资助。

车库中的射流风机和组合射流分风机分别如图 1、图 2 所示。

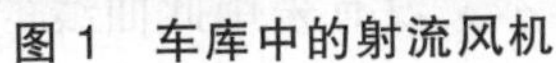

图 1 车库中的射流风机

图 2 车库中的组合射流风机

2 两端开口狭长车库的烟气控制模拟研究

2.1 设计火源

汽车火灾设计得恰当与否对模拟结果有很大影响。目前已有多家研究机构对汽车火灾开展全尺寸的实验研究，由于不同研究机构实验中的实验工况、汽车型号、点燃方式等的差异，造成实验结果之间有较大差别。下面分别给出小汽车火灾实验和中速 t^2 火模型典型的火灾增长曲线。

2.2 小汽车火灾实验

程远平等采用实验室试验的方法，在德国卡尔斯鲁厄大学火灾防护研究所火灾试验大厅对一辆两厢式个人小汽车进行了系统的火灾试验研究。试验结果表明，热释放速率随着火势的发展而增大，在 32 min 时达到最大值 4.08 MW。如图 3 所示为热释放速率峰值为 4 MW 的热释放速率曲线。张晓鸽等在运用 FDS 研究地下车库火灾烟气运动规律时，对 4 MW 小汽车火灾实验进行了数值模拟，表明模拟结果与实验结果有很好的一致性。

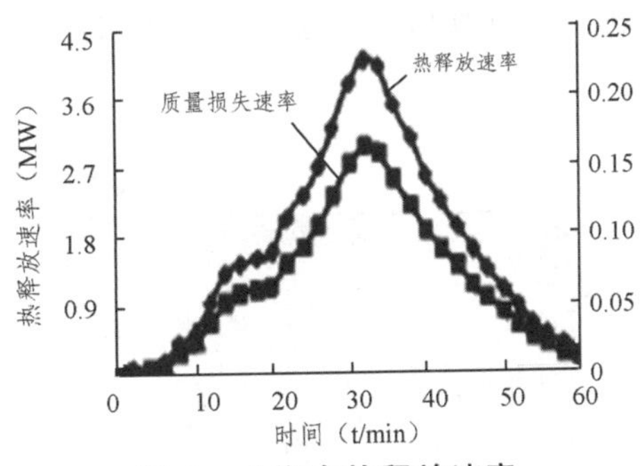

图 3 小汽车热释放速率

2.3 中速 t^2 火模型

中速 t^2 火灾增长曲线是根据 Yuguang Li 等人对新西兰多个地下车库中不同种类汽车火灾的实验数据，归纳出来的一条中速 t^2 火汽车火灾增长曲线模型，热释放速率最大值为 8 MW。这些实验中汽车燃油从油箱泄漏引起爆炸，从而造成了相对较高的热释放速率。热释放速率曲线如图 4 所示。

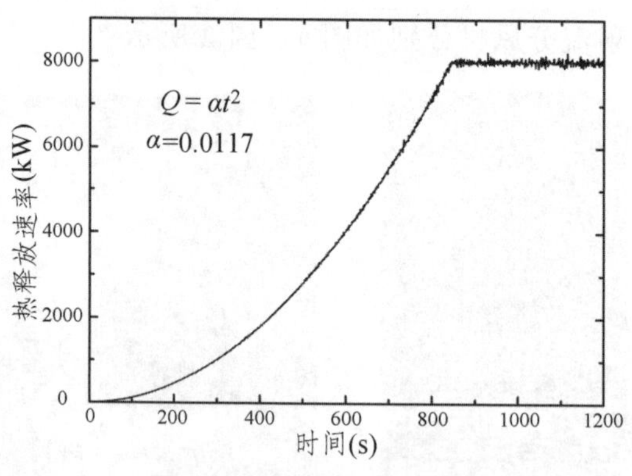

图4　小汽车热释放速率

单个小汽车火灾功率的峰值 4 MW 已被很多学者所接受，本文没有采用此曲线的原因是该模型火灾增长速率太慢，火灾产生的烟气蔓延速率也较慢，不适合当作研究烟气控制系统性能的火灾功率。由于 8 MW 中速 t^2 火灾增长曲线可以模拟出汽车油箱爆炸引起大火的情形，相对比较保守，因而本文采用了此火灾增长曲线。

2.4　火源参数

火源参数的选取对模拟结果有重要影响。对于火源表面，每平方米的峰值热释放速率为 938.97 kW，842.5 s 时火源功率增长到 8 MW。火源的发烟率设置为 0.15 kg/kg，每消耗 1 kg 的氧气释放 13 100 kJ 的热量，临界火源温度为 1 427 °C，环境中氧气的质量分数约为 0.23%，火焰热释放速率的上限为 200 kW/m^2。之所以选取如此大的发烟率，是由汽车中的可燃物决定的。汽车中的典型可燃物如聚氨酯泡沫、轮胎和电缆等材料在燃烧中都会产生大量的烟颗粒，其中聚氨酯泡沫的发烟率为 0.1 kg/kg，轮胎橡胶的发烟率约为 0.2 kg/kg，本文取其平均值 0.15 kg/kg。

2.5　模拟火灾场景

车库的诱导式通风系统辅助排烟中射流风机的作用和隧道纵向排烟中射流风机的作用相似。车库顶部安装的射流风机启动后，将起火汽车产生的火灾烟气向某个方向组织诱导，最终将火灾烟气诱导至排烟口附近，烟气通过排烟口排出，排烟口可以是自然排烟口或是机械排烟口。车库诱导通风系统辅助排烟工作示意图如图 5 所示。

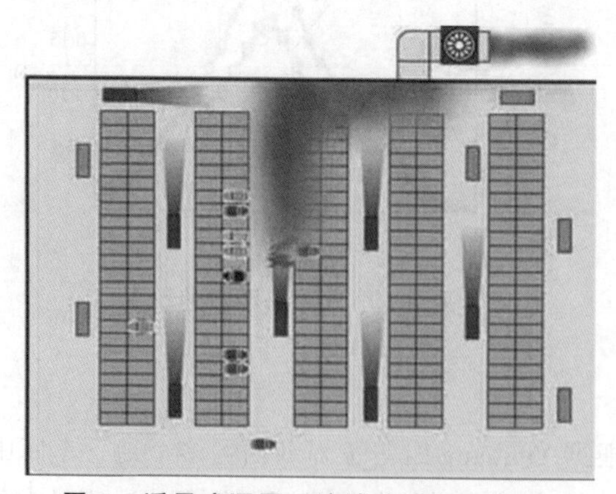

图5　诱导式通风系统辅助排烟示意图

2.6 模拟工况

本文选用的火灾模拟软件是 NIST（美国国家技术标准研究院）开发的 FDS（火灾动力模拟器），设计了三个算例，来研究两端开口狭长车库采用诱导通风系统对火灾烟气的控制效果。

工况一算例，没有设置射流风机，起火汽车产生的火灾烟气通过车库两端的出入口排出，是一种自然排烟。

工况二算例，为诱导式通风系统辅助排烟的模拟算例。车库中，设置了 19 台射流风机。在火灾发生后射流风机向车库一侧开启，诱导火灾烟气通过车库一侧的排烟窗排出。为了减少火灾烟气的输运距离，风机一般向起火汽车所在侧开启。

工况三算例，为传统的风管式机械排烟系统，排烟量按每小时 6 次换气次数设计，划分了两个防烟分区，防烟分区之间采用 0.5 m 高的挡烟垂壁分隔，每个防烟分区通过 8 个 1 m^2 的顶棚排烟口排烟，排烟量为 82 944 m^3/h。

2.7 模型场景的射流风机

射流风机位于车库的顶部，距离车库顶部 0.2 m，风机可以转换风向，即发生火灾时射流风机会向距火源较近的出入口方向开启，风机产生的射流风诱导火灾烟气从此侧出入口排出，这样设计可以缩短烟气输运的距离。车库内共安装了 19 台射流风机，分为 6 列安装。两列风机之间的间距为 12 m。根据每列风机的数量，可以分为三种：每列两台风机、每列三台风机和每列四台风机。当一列中有两台风机时，风机之间的间距为 16 m，风机距离墙壁的距离也为 16 m；有三台风机时，风机之间的间距为 16 m，最边缘的风机距墙壁的距离为 7.8 m；有四台风机时，风机之间的间距为不相等，靠近墙的风机和相邻的风机之间的距离为 12.6 m，中间两台风机之间的距离为 16 m，靠近墙壁的风机距离墙壁的距离为 3.2 m。

2.8 模拟结果

通过针对一个典型的两端开口狭长车库，设计了三个模拟算例。一个算例对应一种排烟方式：一是自然排烟；二是诱导式通风系统辅助排烟；三是风管式机械排烟，使用 FDS 软件进行了数值模拟计算，结论如下：

（1）从能见度模拟结果表明：在火灾发生初期，诱导式通风系统辅助排烟和风管式机械排烟两种方式的排烟效果较好，车库内能见度在 30 m 以上，有利于火灾初期的人员安全疏散，而自然排烟的排烟效果较差，车库能见度在 10 m 以下。在火灾发展蔓延阶段，诱导式通风系统辅助排烟比风管式机械排烟更有利于对火灾烟气的控制，在火灾发生后 600 s 时能保证车库内的大面积区域有较好的能见度 20 m，900 s 时西南角仍有部分区域的能见度 20 m 以上，有利于开展灭火救援，而风管式机械排烟使整个车库内的能见度都降至 5 m 以下。

（2）从三个车道的烟密度模拟结果表明：在距起火汽车较近的车道，诱导通风系统排烟与风管式机械排烟效果相近，车道西侧烟密度较低、东侧烟密度较高，但在机械排烟方式中，排烟口附近的烟密度值明显较小。在距起火汽车较远的南车道，在整条车道上，诱导排烟可以维持车道西侧的烟密度为零，东侧烟密度值远小于机械排烟方式，诱导排烟对烟气的控制效果比风管式机械排烟好。

（3）从温度场模拟结果表明：在火灾发生初期，三种排烟方式对火场温度的控制作用相近，火场温度在 30 °C 以下。但在火灾发展蔓延阶段，诱导通风系统排烟比风管式机械排烟，更有效降低了东库西侧区域的烟气温度，900 s 时西侧区域温度仍在 30 °C 以下，而机械排烟方式火场温度在 60 °C 以上，在起火汽车所在的东侧区域，两种排烟方式对火场温度的控制作用相近。

（4）从三个车道的温度场模拟结果表明：在距起火汽车较近的车道，诱导通风系统排烟同自然排烟和风管式机械排烟一样，会使车道上距火源较近位置的温度很高，但除起火点外，整条车道上的温度均比其他两种排烟方式温度低。距起火汽车较远的南车道，在整条车道上，诱导式通风系统辅助排烟比其他两种排烟效果好，在800 s时南车道西段2 m高处温度均小于20 °C，这对灭火救援工作有重大意义，因为消防队员能通过车道西段接近起火汽车，有利于展开灭火救援，减少火灾蔓延的几率。

（5）在诱导式通风系统辅助排烟方式中，可以将该类两端开口狭长形车库认为是一种扩大了的隧道，射流风机的作用是形成纵向风来推动烟气向前运动，将烟气排出，因此在设计中应以形成纵向风来布置和启动射流风机。在条件允许时，扩大排烟口的面积或设置机械排烟风机，可以提高射流风机的排烟效果，避免排烟口的排烟能力成为限制烟气控制水平的瓶颈。

3 结 论

本文研究了地下车库诱导式通风系统辅助排烟的可行性及其排烟效果。分析了诱导通风系统的特点，通过对射流风机作用下的流场进行数值模拟，验证了 FDS 软件模拟射流风机流场的可行性和准确性。本文用数值模拟方法研究了地下车库汽车火灾场景下，不同排烟方式的火灾烟气运动规律和控制效果，为诱导式通风系统辅助排烟在地下车库中的应用提供了技术支持，具有一定的工程应用价值。

参考文献

[1] 高贵宾. 地下车库机械排烟系统及联动设置探讨[J]. 消防技术与产品信息，2011（7）：52-53.

[2] 刘晋. 地下车库通风、防排烟系统的方案设计及选用[J]. 中国住宅设施，2011（9）：53-55.

[3] 翟波，巩志敏. 地下车库诱导风机通风效果数值模拟研究[J]. 科学技术与工程，2009（7）：1766-1771.

[4] 何开远，樊洪明，赵耀华. 地下车库诱导式通风与风管式通风系统的数值模拟分析[J]. 建筑科学，2008（10）：85-90.

[5] 蔡浩，等. 地下车库诱导通风系统的数值模拟与优化[J]. 流体机械，2004（12）：27-30.

[6] 姬保磊，郭奕进，任玉龙. 地下车库诱导通风与火灾报警系统实验研究[J]. 建筑热能通风空调，2008（1）：72-74.

[7] 李晓冬，等. 地下车库中诱导通风方式的数值模拟[J]. 哈尔滨商业大学学报：自然科学版，2003（5）：603-606.

作者简介：唐胜利，助理研究员，研究方向为建筑防火。

通信地址：四川省成都市金牛区金科南路69号1-507，邮政编码：610036；

联系电话：028-87511960，13666209175；

传真：028-87511960；

电子信箱：tangfee@hotmail.com。

王正奎，硕士，研究方向为建筑防火。

通信地址：重庆市北部新区大竹林街道慈竹苑，邮政编码：401123；

联系电话：13752998617；

电子信箱：289201916@qq.com。

元素分析技术在两种含氮材料燃烧毒性产物分析中的应用研究*

甘子琼　刘军军　唐胜利　何　瑾　郭海东

（公安部四川消防研究所）

【摘　要】 在火灾中，含氮材料聚氨酯硬泡（PU）和聚异三聚氰酸酯泡沫（PIR）燃烧后会产生大量含氮化合物，如氰化氢（HCN）气体。氰化氢（HCN）气体是火灾烟气中阻碍人员逃生的最重要的麻醉性气体之一，危及人员的生命安全。本文采用元素分析法，对这两种含氮材料中的碳、氢和氮元素的含量进行了分析研究。试验结果表明：当样品的进样量为 0.1 ~ 30 mg 时，分析的精度≤1%，取得了较好的重现性。

【关键词】 元素分析法；火灾烟气；毒性；HCN；聚氨酯硬泡；聚异三聚氰酸酯泡沫

1 前　言

随着科学技术和建筑业的飞速发展，高分子材料正以前所未有的速度改变和提高着人们的生活水平，被广泛使用在建筑装修、装修材料和家具制造中。但是，由于大多数高分子材料均属于易燃（B3 级）或可燃（B2 级）材料，在使用中遇到高温会分解燃烧且热释放速率高，极易引发火灾并产生大量有毒烟气，阻碍了人员安全疏散和消防队员的灭火救援行动，由此造成巨大的人员伤亡和经济损失。仅以最近公布的火灾消息为例，2015 年 5 月 25 日 20 时左右河南鲁山康乐园老年公寓发生火灾。截至 26 日凌晨 4 时 30 分，抢险人员共抢救出 44 人，其中：38 人死亡、4 人轻伤、2 人重伤。

近十年来，据不完全统计：国内外的大型、特大型火灾伤亡人员中，70%以上是因烟气中毒丧失逃生能力而死亡的。因此，火灾中烟气对人的生命所造成的危害比燃烧所造成的危害更大。火灾烟气毒性危害问题已经成为当代消防急需解决的重大课题之一。材料燃烧烟气毒性评价是解决火灾烟气毒性危害问题的关键。为了遏制火灾烟气对人的生命安全造成进一步的威胁，世界各国消防科研人员展开了对火灾烟气的分析研究。

火灾表明：火灾中产生的有毒有害气体是火灾中的危险源之一，它蔓延较快，蔓延通道多样，严重阻碍了人员安全疏散和消防队员的灭火救援行动。在火灾中，两种含氮材料聚氨酯硬泡（PU）和聚异三聚氰酸酯泡沫（PIR）燃烧后会产生大量含氮化合物，如氰化氢（HCN）气体。氰化氢（HCN）气体是火灾烟气中阻碍人员逃生的最重要的麻醉性气体之一，危及人员的生命安全。因此，我们很有必要对火灾烟气中的氰化氢气体进行研究。随着元素分析技术的发展，德国 Elementar 公司生产的 cube 系列（Vario micro cube、Vario EL cube）的元素分析仪，可以同时测定样品中的碳、氢和氮元素含量。这正好能满足我们分析聚氨酯硬泡（PU）和聚异三聚氰酸酯泡沫（PIR）中碳、氢和氮元

* 基金项目：本文由四川省科技厅项目“基于转化率的预测技术在火灾危险性评估中的应用研究”资助。

素含量的需要，是研究材料燃烧烟气毒性或火灾烟气毒性之必需。为此，本文采用元素分析技术，对两种含氮材料——聚氨酯硬泡（PU）和聚异三聚氰酸酯泡沫（PIR）中的碳、氢和氮元素含量进行了分析研究。

2 仪 器

本文采用的仪器为德国 Elementar 的元素分析仪 Vario EL cube，它包括的部件和附件有 Elementar 分析工作站。

3 试剂及分析条件

3.1 试 剂

磺胺吡啶、线状铜、氧化钨（颗粒）等。

3.2 分析条件

（1）气体流量。

CHNS 模式：氦气：0.12 MPa；O_2：0.22 MPa。

（2）温度。

CHNS 模式：氧化管：1 150 °C；还原管：850 °C。

4 标样制备和样品分析

4.1 标样的制备

称取标样磺胺吡啶 2.5 mg，用 4 mm × 4 mm × 11 mm 的锡舟包裹制备成标样待测。

4.2 样品的制备

称取样品聚氨酯硬泡（PU）和聚异三聚氰酸酯泡沫（PIR）各 2.5 mg，用 4 mm × 4 mm × 11 mm 的锡舟包裹制备样品待测。

4.3 校正曲线的制作

经过多次试验，反复摸索，我们发现下面的标准系列可保证 H 的测试范围在 0.002 ~ 3.0 mg，N 的测试范围在 0.001 ~ 15 mg。

校准系列：

（1）3 个 2.5 mg 的磺胺吡啶，用于执行条件化；

（2）3 个 2.5 mg 的磺胺吡啶。

4.4 样品的分析

待运行完上述序列后，放入制备好的 3 个聚氨酯硬泡（PU）和 3 个聚异三聚氰酸酯泡沫（PIR）样品进行试验。

5 实验结果

3 个聚氨酯硬泡（PU）和 3 个聚异三聚氰酸酯泡沫（PIR）样品中氢元素和氮元素的含量如表 1 所示。3 个聚异三聚氰酸酯泡沫（PIR）样品中氢元素和氮元素的含量如表 2 所示。

表 1 聚氨酯硬泡（PU）样品中氢元素和氮元素的含量

样品名	进样量（mg）	C（%）	H（%）	N（%）
聚氨酯硬泡（PU）1#	2.442	61.53	4.924	7.78
聚氨酯硬泡（PU）2#	2.528	60.77	4.883	7.68
聚氨酯硬泡（PU）3#	2.607	60.79	4.873	7.70
平均值		61.03	4.893	7.72
SD abs.		0.43	0.027	0.05
相对偏差（%）		0.71	0.551	0.71

表 2 聚异三聚氰酸酯泡沫（PIR）样品中氢元素和氮元素的含量

样品名	进样量（mg）	C（%）	H（%）	N（%）
聚异三聚氰酸酯泡沫（PIR）1#	2.358	63.07	4.741	7.02
聚异三聚氰酸酯泡沫（PIR）2#	2.582	63.23	4.771	7.06
聚异三聚氰酸酯泡沫（PIR）3#	2.497	63.33	4.746	7.08
平均值		63.21	4.753	7.05
SD abs.		0.13	0.016	0.03
相对偏差（%）		0.21	0.337	0.49

6 结果讨论

6.1 碳、氢和氮元素的含量

表 1 和表 2 表明：在聚氨酯硬泡（PU）和聚异三聚氰酸酯泡沫（PIR）样品中都含有碳、氢和氮元素。其中 2.5 mg 聚氨酯硬泡（PU）中碳元素的平均含量为 1.541 mg，氢元素的平均含量为 0.124 mg，氮元素的平均含量为 0.195 mg；2.5 mg 聚异三聚氰酸酯泡沫（PIR）中碳元素的平均含量为 1.567 mg，氢元素的平均含量为 0.118 mg，氮元素的平均含量为 0.177 mg。

6.2 进量范围、检出限和相对标准偏差

在文中所述条件下，对不同进样量的聚氨酯硬泡（PU）和聚异三聚氰酸酯泡沫（PIR）样品进行分析测试，测定其样品重量范围、检测限、相对标准偏差、分析时间，结果如表 3 表示。

表3　聚氯乙烯（PVC）样品的重量范围、检出限、相对标准偏差和分析时间

项目名称	结　果
聚氨酯硬泡（PU）样品的重量范围（mg）	0.1～30
聚异三聚氰酸酯泡沫（PIR）样品的重量范围（mg）	0.1～30
检出限（mg）	C：0.004～40；H：0.002～3；N：0.001～15
相对标准偏差	≤1%
分析时间	约10 min

7　结　论

采用元素分析技术可以同时测定聚氨酯硬泡（PU）和聚异三聚氰酸酯泡沫（PIR）样品中的碳、氢和氮元素含量。检出限为C：0.004～40 mg，H：0.002～3 mg，N：0.001～15 mg。当样品的进样量为0.1～30 mg时，分析的精度≤1%，取得了较好的重现性。相信随着元素分析技术的发展，元素分析法将会在火灾烟气毒性组分分析中得到广泛的应用。

8　下一步工作

在火灾中，含氮材料燃烧后材料中的氮元素转换生成含氮化合物，比如HCN。为此，结合其他分析技术获得含氮材料燃烧毒性产物的种类和浓度，计算材料中元素的含量与材料燃烧毒性产物之间的最大转化率，可实现对材料在建筑火灾中可能产生的毒性组分的浓度的估算。它可以为建筑火灾环境下人员安全疏散提供指南，为建筑火灾危险性评估提供技术基础，更好地保护建筑火灾中人员的生命安全。

参考文献

[1]　范维澄，王清安，姜冯辉，等. 火灾学简明教程[M]. 合肥：中国科学技术大学出版社，1995.
[2]　胡子恒，卫红. 高分子材料防火性能研究II几种新型有机防火材料[J]. 广东建材，2009（4）.
[3]　李旭华，段宁，林学钰，等. 废旧聚氨酯硬泡热解特性[J]. 环境科学研究，2009（10）.

作者简介：甘子琼（1976—），副研究员，研究方向为建筑防火。
通信地址：四川省成都市金牛区金科南路69号1-508，邮政编码：610036；
联系电话：028-87511960，13628056934；
传真：028-87511960；
电子信箱：5955077@qq.com。

超高层建筑火灾特点及防控措施

王迎军
（广西壮族自治区南宁市公安消防支队防火处）

【摘　要】 现代超高层建筑的不断涌现，给我国的消防安全工作提出了新的挑战。本文着重分析了超高层建筑火灾的六个显著特点，并从四个方面提出了超高层建筑火灾防控的具体措施。最后为了降低超高层建筑的火灾风险、减少火灾损失，建议除了立足于“自防自救”以外，还应在防火设计、灭火救援装备上下工夫。

【关键词】 超高层建筑；火灾特点；防控措施

1　前　言

随着经济和科技的高速发展，自 20 世纪 90 年代开始，我国高层建筑如雨后春笋般拔地而起。随后，建筑越修越高，从一百多米到四五百米都有。特别是一些大城市，超高层建筑越来越多，超高层建筑也似乎成为了当地经济繁荣的一种象征。在我国，超高层建筑一般是指建筑高度超过 100 m 的建筑。这些超高层建筑通常体量大、用途多样化、内部功能复杂，往往集商业、影院、办公、酒店等为一体。其随之而来的消防安全问题也引起了全社会的广泛关注。如何应对越来越高的超高层建筑消防安全问题？如何避免火灾给人民群众带来的伤害和财产损失？这是我国现代消防工作的一项巨大的任务。

2　超高层建筑火灾特点

（1）火灾荷载大，燃烧猛烈。

火灾荷载是指建筑物内单位面积可燃物的多少，包括固定火灾荷载和可移动火灾荷载。火灾荷载越大，火灾燃烧越猛烈，燃烧持续时间也越长。不同功能的场所为了用途需要和环境美化，通常需要进行大量的内装修，而这些内装修材料大多是可燃材料，作为固定火灾荷载，为火灾的发展和扩大提供了大量的燃料。随着我国节能减排的要求，现代超高层建筑的外墙保温层也增加了建筑本身的固定火灾荷载。除了建筑内装修材料和外墙保温材料这类固定火灾荷载外，超高层建筑的不同场所内还拥有大量的可移动火灾荷载，比如超高层建筑中办公室内的办公家具及用品，商场内的展示商品及经销商品，宾馆内的客房家具及用品等，这些绝大多数是可燃材料。此外，有的超高层建筑内部还设有可燃物品库房。因此，超高层建筑可燃物多，火灾荷载大，一旦起火，火灾会迅速蔓延，猛烈燃烧。2009 年北京央视大楼北配楼火灾在火势猛烈时焰高达到了近百米。浓烟滚滚，一度将正月十五的圆月完全遮蔽。从发生火灾的大楼上掉落下来的灰烬像雪片一样落在 1 千米范围内。

（2）竖井多，烟囱效应强，火灾竖向蔓延快。

超高层建筑竖向管井多，通常设有电缆井、管道井、电梯井、楼梯间、风道等竖向井道。如果封堵不严密或防火分隔没有做好，这些竖井就会像烟囱一样，在超高层建筑发生火灾时，产生拔风抽力的效果，助长火与热烟气在垂直方向迅速蔓延。资料表明，烟气沿楼梯间或其他竖向管井扩散速度为3～4 m/s。假设一座高度为100 m的高层建筑，在无阻挡的情况下，30 s左右烟气就能顺竖向管井扩散到顶层。有研究表明，建筑高度越高，烟囱效应越强烈。超高层建筑中火灾烟气沿着垂直楼梯间或电梯井等竖向井道垂直上升的速度甚至可达到8 m/s。2001年，台湾一栋30层的大楼发生火灾，从3层开始起火，火势一度获得控制，但接着火势又直接跳到16层开始起火，由于当时条件所限，建筑未做到良好的防火分隔，事后推测极有可能就是由于烟囱效应造成此种延烧方式。

（3）风对火灾蔓延和火势发展的影响大。

在超高层建筑火灾中，风会严重影响到火势的发展，风不仅给燃烧区带来大量新鲜空气，加之超高层建筑内大量易燃、可燃材料，促使燃烧更为猛烈。随着风向的改变，火势蔓延方向会相应改变。大风天气极易形成飞火，迅速扩大燃烧范围。建筑物越高，风速越大。据实测，离地面高度10 m处风速为3 m/s，30 m处风速为9 m/s，60 m处风速为12 m/s，而100 m处风速达到18 m/s，300 m处更是高达60 m/s（见表1）。火灾初起阶段，因空气对流在水平方向造成的烟气扩散速度为0.3 m/s；燃烧猛烈阶段，高温状态下的热对流造成的水平方向烟气扩散速度为0.5～0.8 m/s[1]。风速越大，热对流效应越明显，火灾的蔓延扩大速度也越快。最新研究表明，在美国“9·11”事件中世贸大楼火灾中就有某个着火层出击了移动火源的现象，表明火源在该着火层的位置不是固定不变的，而是移动的。估计这种火灾蔓延现象与风有密切关系。

表1　建筑不同高度的风速及对应的风力

离地面高度（m）	风速(m/s)	对应风力级别、名称	陆地物象
10	3	2级，轻风	感觉有风，树叶有一点响声
30	9	5级，轻劲风	小树摇摆，负面泛小波，阻力极大
60	12	6级，强风	树枝摇动，电线有声，举伞困难
100	18	8级，大风	折毁树枝，前行感觉阻力很大，可使伞飞走
300	60	17级，强台龙卷风	—

（4）易形成立体燃烧，整体坍塌风险高。

由于外墙保温材料在我国现代超高层建筑中的广泛应用，超高层建筑不仅会从内部发生火灾，而且会由建筑外墙保温材料的点燃开始发生火灾，并蔓延到建筑内部，从而形成立体燃烧。例如：沈阳“2·3”皇朝万鑫酒店火灾、上海“11·15”高层居民住宅大火及北京央视“2·9”北配楼火灾，都是因火灾初期点燃外墙保温材料，然后导致火灾由外而里的迅速蔓延，而形成的立体燃烧。此外，超高层建筑往往多采用钢结构或部分采用钢结构，一旦钢结构防火保护层遭到破坏，钢结构就会暴露在高温下，钢结构的耐火能力本身就低，在高温下的力学性能更会显著降低。有资料表明，当温度达到400 °C时，钢材的屈服强度将降至室温下强度的一半，温度达到600 °C时，钢材基本丧失全部强度和刚度。[2]美国“9·11”事件中世贸大楼不是撞塌的，而是因为高温导致钢结构变形，承受不了上面的重量，造成轰然坍塌。即便钢结构进行了防火保护，高大建筑受力构件长时间受火焰高温作用，也容易发生局部结构破坏，失去支承能力，导致整体坍塌[3]。

（5）人员疏散困难，易造成重大人员伤亡事故。

首先，超高层建筑楼层数多，垂直疏散距离长，人员疏散到地面或其他安全区域所需的疏散时间长。其次，超高层建筑建筑规模大，建筑内人员荷载大，加之疏散通道有限，火灾时疏散通道内人员密度大，降低了人员疏散速度，并且在出口处也极易造成拥堵，从而更加延长了疏散时间；有统计资料表明，超高层建筑平均容纳人数为4 000～5 000人，将这么多人全部疏散到安全区域需要几十分钟至几个小时的疏散时间。最后，超高层建筑缺乏针对性的创新疏散方式，传统疏散方式不能满足超高层建筑人员的疏散需要；因为当火灾发生时，普通电梯已自动切断电源停止使用，人员只能通过防烟楼梯间通过步行进行疏散；据消防部门测试，一名训练有素、体质强壮的消防战士在无阻碍和拥堵的情况下从超高层建筑 150 m 的位置向下跑到第一层用了十几分钟，如果是建筑内普通人员或是老人、小孩、残障人员，特别是在人员密集的情况下所需要的疏散时间将会更长，并且从体力上来说也消耗很大，很多人都会吃不消[4]。因此，疏散困难是造成超高层建筑火灾人员群死群伤的致命性因素。

（6）灭火救援难度大。

超高层建筑一旦发生火灾，灭火救援难度相当大，主要表现在以下几个方面：

① 消防车到达火灾现场困难。超高层建筑通常建在各大城市中建筑密集的闹市区，在道路日益拥堵的现代化大都市里，消防车从出发到火灾现场的情况难以得到保证。

② 消防人员从外部灭火困难。超高层建筑的高度比较高，通常都超过了 100 m，甚至达到 400 ~ 500 m，发生火灾时， 消防人员从室外进行扑救非常困难，因为在现有的消防云梯车高度极限范围内外攻很难奏效。目前国内现役最高的消防登高车辆能达到的极限高度为 102 m，与高度不断攀升的摩天大楼无法相比。此外，普通消防车辆的射程有限， 即使是采用消防三辆大功率消防车串联供水，高度也只能达到 160 m，而且灭火用水量相当大，供水也比较困难。例如，2009 年中央电视台新址园区在建的附属文化中心大楼北配楼发生火灾，建筑高度为 159 m，火势猛烈时焰高近百米，北京市 119 指挥中心接到报警后，迅速调派 16 个中队、54 辆消防车赶赴现场。但因消防设备施展不开，只有少量的消防水枪灭火，消防水压不足，消防水枪只能打到三四十米高，一时无法控制近百米的火势。

③ 现场消防人员接近起火点困难。由于受超高层建筑的高度限制，超高层建筑灭火多以内攻为主。但消防人员很难接近火点，因为超高层建筑高度太高，消防队员体力有限，消防队员携带二盘水带和一支水枪徒步登梯超过 24 m 时，体力难以支持；由于超高层建筑内部有各种水平管井或竖井，因种种原因防火处理一般达不到要求，火灾时由于压力差的作用，容易造成火势和烟雾在各楼层内部和各楼层之间的蔓延，特别是建筑较高层的部位，由于风向风力的影响，机械排烟系统难以实现设计理想的排烟效果，从而也增加了灭火救援难度。

3 超高层建筑火灾防控措施

超高层建筑火灾的预防要立足“自防自救”，同时借助“外部力量”，共同防止超高层建筑火灾的发生、扩大，从而将火灾的损失和灾害影响减至最小。

（1）立足自主消防安全管理，从源头上避免火灾的发生。

超高层建筑一流的消防管理水平将大大降低火灾发生的概率。在超高层建筑使用过程中，超高层建筑权属人或使用人，或受其委托的管理人，对建筑消防安全负主体责任，为了防止火灾的发生，必须落实持续有效的自主消防管理措施，落实逐级消防责任制，设立消防岗位工作人员，加强消防岗位人员必须经职业消防培训，确保消防控制室有专人值守，定期进行消防器材及消防系统的检查和维护，保障消防设施完好有效，严格日常消防管理。同时，还要加强超高层建筑内可燃物的管理和各种会引起火灾的不安全行为的规范和管理。比如：严格控制可燃易燃装修材料，减少火灾荷载；禁止可燃物乱堆乱放；严格控制明火和违章作业；加强用电设施和设备的管理，避免设备故障或电线电缆老化引起火灾，据火灾统计资料显示，30%左右的火灾是电气原因造成的，而在超高层建筑内，用电设施设备越多，引发电气火灾的可能性很大；还应在超高层建筑内设置专门的吸烟区，吸烟区禁止存放可燃物，防止因吸烟不慎引发火灾；此外，还应加强安保措施，防止人为纵火。只有在超高层建筑的使用过程中排除了各种火灾隐患，才能有效避免火灾的发生。

（2）从技防措施上，控制火灾的发展和扩大。

一旦超高层建筑起火，为了防止火势的发展和扩大，还要应从技防措施层面，规范超高层建筑的消防安全设计和施工。在超高层建筑的设计过程中，严格执行防火设计规范和标准，合理划分防火分区，利用防火墙或防火卷帘等防火分隔物将建筑平面划分为若干水平防火分区，防止火势水平蔓延和扩大到其他区域；通过楼板等构件将上、下楼层划分为若干竖向防火分区，防止火势水平蔓延和扩大到其他楼层。由于超高层建筑内铺设有各种纵横交错的水平管道和竖向管井，火灾时，火与烟热还会通过这些管道或管井向水平方向和垂直方向蔓延，因此为了防止火灾的蔓延，还应采用有效的防火封堵材料按规定对这些管道或管井进行封堵，特别是在建筑的施工过程中，要严格实施全程消防监管，处理好管井分隔处理。这样，即使超高层建筑发生火灾，也不至于蔓延到其他区域，从而把火灾控制在一定范围内。在建筑的使用过程中，强化自动消防设施的维护保养，建立自动消防设施维护保养机制，做到定期维护，确保火灾时建筑自动消防设施能正常运行，从而做到“早发现、早控制”，把初起火灾控制在较小的范围。

（3）从灭火救援装备上，提高消防部队的作战能力。

灭火救援装备是消防部队的作战必要工具。有所谓“工欲善其事必先利其器”，因此，提高当地消防装备水平也是当务之急。登高消防车、云梯消防车、高喷消防车、大功率泡沫消防车等“高精尖”灭火救人装备等在超高层建筑火灾现场大有用武之地。此外，超高层建筑的消防安全还需要更多、更先进的创新消防装备与之相配套。只有配备了合适、先进的灭火救援装备，消防部队的作战能力才能在实际意义上得到提高。

（4）通过消防宣传和演练，强化消防安全意识，提高自救能力。

超高层建筑火灾的预防首先要立足“自防自救”。因此，开展针对性的消防宣传，制订应急预案和安全疏散避难对策，定期组织消防疏散演习，加强消防安全培训，提高群众消防安全意识和技能，提高建筑内使用人员的自救能力，确保火灾时应急反应准确、及时，才能避免超高层建筑火灾发生时造成混乱或者踩踏等二次灾害事故，从而避免造成群死群伤等重大人员伤亡事故。

4 结束语

超高层建筑的不断涌现，给我国的消防安全工作提出了新的挑战。预防和控制超高层建筑的火灾，仍应遵循“预防为主，防消结合”的八字方针。针对超高层建筑火灾的特点，除了立足于“自防自救”以外，还应在防火设计、灭火救援装备上下工夫，通过创新的防火设计理念和方法解决超高层建筑设计与现行防火设计规范不匹配的问题，从设计上控制火灾的扩大和蔓延；同时，提高当地消防部队的灭火救援装备，从装备上提高消防部队的作战能力，从而降低超高层建筑的火灾风险，减少火灾损失。

参考文献

[1] 许晋阳. 超高层建筑火灾特点及预防[J]. 山西建筑，2011（26）.

[2] 张燕星，邓芝娟高温条件下钢结构的应力-温度-应变的关系[J].建设科技，2005（16）.

[3] 徐廷焕. 超高层建筑火灾防控对策探讨[J]. 武警学院学报，2014（6）.

[4] 张梅红，赵建平. 超高层建筑防火设计问题探讨[J]. 消防科学与技术，2010（3）.

作者简介：王迎军（1975—），女，汉族，广西全州县人，广西大学法学专业，法学学士，现任南宁市公安消防支队防火处处长，防火监督工程师，武警中校。

超高层建筑火灾原因分析及对策

蒋治宇
（四川省成都市公安消防支队）

【摘　要】 超高层建筑由于建筑高、楼层多、体量大、用途广泛，起火原因多样，火灾危险性大，通过对国内外超高层建筑火灾案例及起火原因的调查，对超高层建筑火灾原因进行详细分析，最后从管理层面和技术层面分别提出了超高层建筑的防火对策。

【关键词】 超高层建筑；火灾原因；防火对策

1 前　言

随着人类社会的发展和建设用地的紧张，城市建筑越来越高。现代科技的进步所带来的先进建造技术和先进建筑材料为超高层建筑的实现提供了技术保障，同时社会经济的繁荣又为这一梦想的实现提供了必要的经济支撑。然而，超高层建筑自问世以来，火灾事故就层出不穷，并有愈演愈烈之势。由于超高层建筑发生火灾的原因也千差万别，只有找到了火灾原因才能知道怎么去防止火灾的发生和发展，防火患于未燃、灭小火于初期，从而避免超高层建筑火灾给人们带来的伤害和财产损失。

2 国内外超高层建筑火灾案例

超高层建筑由于建筑高、楼层多、体量大、用途广泛，发生火灾的部位各不相同，起火的原因也各种各样，火灾危险性极大。世界上很多国家的超高层建筑都发生过火灾，比较典型的有美国纽约帝国大厦火灾、美国纽约世界贸易中心大楼火灾、英国伦敦金融城中心某高塔楼火灾、俄罗斯首都莫斯科奥斯坦基诺电讯发射塔火灾和我国中央电视台新址文化中心大楼火灾，以及今年年初发生的阿联酋迪拜“火炬塔”大厦火灾。并且同一栋超高层建筑也很有可能因不同的原因而发生多次火灾。例如：美国纽约帝国大厦自 1931 年修建落成至今，共发生了 3 次火灾，而且原因有多种，第一次是因为飞机意外撞上大楼引起，第二次是因为第 51 层某套房失火引起，第三次则是因为电力变压器爆炸起火；还比如美国纽约世界贸易中心大楼，它曾经是美国纽约的地标之一，也曾是世界上最高的建筑物之一，自建成以来直到在 2001 年的“9·11”事件中倒塌为止，共发生过 4 次多灾，且这 4 次火灾的原因也各不相同，一次是因档案储藏室起火造成，一次是因机房起火，一次是因底层爆炸起火，最后一次也是最致命的一次是人为恐怖袭击所致，这次人为破坏造成了这幢 110 层约 415 米的超高层建筑在众目睽睽之下倒塌下来变成了一堆废墟。国内外典型的超高层建筑火灾案例如表 1 所示。

表1 国内外典型超高层建筑火灾案例及起火原因

起火时间	着火建筑	建筑高度	起火原因
1945年	美国纽约帝国大厦	102层，381米	被一架轰炸机意外撞上引发大火
1975年	美国纽约世界贸易中心大楼	110层，约415米	第11层的档案储藏室起火
1990年	美国纽约帝国大厦	102层，381米	第51层某套房起火
1991年	美国纽约世界贸易中心大楼	110层，约415米	第94层机房起火
1993年	美国纽约世界贸易中心大楼	110层，约415米	第一层发生爆炸起火
1995年	美国纽约帝国大厦	102层，381米	电力变压器爆炸起火
1996年	美国纽约洛克菲勒中心某摩天大楼	70层，约100米	第10层电线出现故障所致
1997年	美国纽约克莱斯勒大厦	77层，约318米	第74层变压器着火
1998年	英国伦敦金融城中心某高塔楼	44层	原因不明
2000年	俄罗斯首都莫斯科奥斯坦基诺电讯发射塔	44层，540米	电视塔内部电缆过载发热起火
2001年	美国纽约世界贸易中心大楼	110层，约415米	人为恐怖袭击所致
2007年	中国上海环球金融中心（在建工地）	492米	电焊工违规作业所致
2009年	中国中央电视台新址文化中心大楼	30层，高159米	违规燃放大型礼花弹引发严重火灾
2009年	中国南京中环国际广场大楼	50层，高187米	原因不明
2010年	中国上海东方明珠广播电视塔塔顶火灾	约469米	雷击
2012年	阿联酋迪拜一栋34层建筑	34层	有人将烟头扔到垃圾桶里，最终酿成火灾
2014年	美国洛克菲勒中心	70层，260米	观景台升降部分上的一台摄像机起火，燃烧物掉到人们身上
2015年	阿联酋迪拜"火炬塔"大厦	79层，约336米	第57层某住宅阳台着火

3 超高层建筑火灾原因分析

国内外超高层建筑火灾案例表明，造成超高层建筑发生火灾的原因有偶然因素，也有必然因素；既可能由雷击等自然灾害引起，也可能由人为破坏或纵火引起。总的来说，引起超高层建筑火灾的原因主要包括以下几个方面：

（1）因人为破坏或纵火。比如2001年9月11日美国世贸大厦恐怖袭击引发的火灾就是一起典型的人为因素破坏造成的火灾。这种火灾是防不胜防的，只能通过加强日常安保管理，防止可疑人员实施这种犯罪行为。

（2）因电气引起的火灾。由于在超高层建筑内，用电设施设备非常多，因此，电气火灾可能性非常之大。例如，因电气线路接触不良或超负荷过载发热可能引燃电线包覆材料而起火，也可能是电线漏电、短路产生电火花引燃可燃物，还可能是电气设备或电视机、空调机、复印机等电器产品发生故障引起火灾。最后还有可能是建筑内用电发热设备如电热器具、照明灯具等发热过大、因散热不佳造成热量聚集，从而引燃近旁的织物、纤维、纸张等易燃物或可燃物后扩大成灾。根据火灾统计数据显示，由电气引起的火灾通常占火灾总数的30%左右。

（3）因违章作业引起火灾。在超高层建筑的建造过程中，以及建筑投入使用后的二次装修或设备维修过程中，通常会动用气割、电焊、电动砂轮等设备，二次装修时还可能会用到易燃液剂。如果在管理上稍有疏忽，或者施工人员违章作业，也容易引发火灾事故。近年来，超高层建筑在建筑施工过程中因违章作业引起火灾尤为突出。

（4）因明火管理不善引发火灾。对这些明火管理不善、使用不当，极有可能引发火灾。比如2009年2月9日发生的北京央视大楼火灾就是建设单位违反烟花爆竹安全管理相关规定，组织大型礼花焰火燃放活动，点燃施工单位大量使用的不合格保温板，从而导致火灾发生，造成重大人员伤亡和经济损失。特别是，超高层建筑内部使用功能复杂，通常会设有餐厅、餐馆、饭店、食堂等餐饮场所，这些场所除了与之配套的厨房会使用明火外，有的甚至会在餐厅内使用卡式炉、火锅、煤气烧烤、酒精加热用火等之类的明火。厨房烹调过程引起的火灾事故在上海超高层建筑中已有发生。

（5）因吸烟不慎引起火灾。现代超高层建筑内通常会有旅馆或酒店供外来人员临时居住，来往人员繁杂，其中不乏吸烟者。这些吸烟者可能会乱扔未熄灭的烟蒂引燃接触到的可燃物品，有的旅客甚至会在客房内躺在床上吸烟引燃易燃的床单、被套等纤维织物，从而酿成大祸。

（6）因机械设备故障引发的火灾。在超高层建筑内部安装有多种机械设备，如送风机、排风机、冷冻机、电动机等。这些机械设备若因质量问题或缺乏维护保养，有可能运行不顺、摩擦发热，从而引发火灾事故。

4 超高层建筑防火对策

国内外超高层建筑火灾案例表明，造成超高层建筑发生火灾的原因很多，应立足于“自防”。充分考虑到上述种种原因，在管理和技术上提出具体措施：

（1）在管理上，加强安全管理、防火患于未然。例如，加强日常安保管理和安保巡逻，安装和维护好安防监控系统，若发现有可疑人员，应及时对可疑人员进行重点监视，以求能在可疑人员实施人为破坏或纵火这种犯罪行为之前及时制止，从而防止人为破坏或纵火这类火灾事故的发生；加强明火管理，禁止违规使用明火；加强施工作业管理，防止施工人员违章操作；超高层建筑内设置专门的吸烟区供吸烟者使用，在摆放易燃物品的区域明确提出“禁止吸烟”的警示标语等。

（2）在技术上，采用先进的故障探测设备，及时发现超高层建筑内用电设施设备和机械设备存在的故障问题，防止电气火灾的发生或因机械故障发热引燃的火灾；同时，安装用先进的早期火灾探测器和早期自动灭火系统等消防设施，可以及早发现火情，并自动扑灭小火或控制火势，避免因小火酿成大火而致灾，最终做到早期探测、早期抑制。

参考文献

[1] 孟昭宁. 超高层建筑火灾发生的原因[J]. 机电安全，2009（4）.
[2] 高云，张浩，弋俊楠. 高层建筑火灾致因因素分析与防火安全对策[J]. 中国安全科学学报，2009（6）.
[3] 韩锋，戴昌龙，刘琦. 高层建筑安全危机管理问题浅析（下）[J]. 中国建设信息，2011（20）.

作者简介： 蒋治宇（1982—），男，四川省成都市公安消防支队；从事消防监督检查、建筑审核工作。
通信地址：四川省成都市草市街2号省市政务中心，邮政编码：610017；
联系电话：13880261169；
电子信箱：17203277@qq.com。

化学危险物品仓库的火灾危险性及防火对策

王迎军
（广西壮族自治区南宁市公安消防支队防火处）

【摘　要】 化学危险物品大多数具有易燃、易爆的特性，从多个方面详细分析了化学危险物品仓库火灾发生的原因；其次从化学危险物品仓库的火灾危险性和危害性出发，分析了其火灾特点；最后，着重从防止火灾发生和防止火灾蔓延两个方面提出了化学危险物品仓库的防火对策，为化学危险物品仓库火灾预防提供了参考。

【关键词】 化学危险物品；仓库；火灾危险性；防火对策

1 引　言

危险化学品仓库是指储存易燃、易爆、毒害、腐蚀、放射性等危险物品的专业仓库。目前世界上有60余万种化学物品，约3万余种有明显的或潜在的危险性。由于化学危险物品大多数具有易燃、易爆的特性，因此化学危险物品仓库具有很大的火灾危险性，并且极易引起火灾或爆炸事故，即使是不慎将性能相异的物品混杂在一起或发生接触，也会意外引起火灾或爆炸。必须充分认识化学危险物品仓库的火灾危险性，了解发生火灾的原因，制定有针对性的防火对策，才能保证危险化学品仓库的安全。

2 化学危险物品仓库的火灾原因

造成化学危险物品仓库发生火灾的因素很多，通常包括接触明火、雷电、静电、电气、自燃和爆炸等。可能会导致化学危险物品仓库发生火灾的原因包括以下几个方面：

（1）接触明火。在危险物品仓库中，明火主要有两种：① 外来火种，如烟囱飞火、汽车排气管的火星、仓库周围的明火作业、吸烟的烟头等；② 仓库内部的设备不良、操作不当引起的火花，如电气设备不防爆，使用铁制工具在装卸搬运时撞击、摩擦等。

（2）雷击起火。化学危险物品仓库，一般都是单独的建筑物，有时会遭受雷击而起火爆炸。

（3）电气起火。电气线路和电气设备在开关断开、接触不良、短路、漏电时会产生电火花，从而引发火灾。

（4）静电起火。在产生和积聚了危险静电的场合，如果空间有爆炸混合物，就有可能因静电火花引起火灾爆炸，不论是可燃固体、粉体物料，还是可燃液体蒸气或可燃气体物料，均可能因静电而引发静电火灾或爆炸。

（5）自燃起火。产品变质。有些危险物品已经长期不用，仍废置在仓库中，又不及时处理，往往因变质而发生事故，如硝化甘油，安全储存期为8个月，逾期后自燃的可能性很大。

（6）爆炸起火。如硝酸甘油，在低温时容易析出结晶，当固、液两相共存时，硝酸甘油的敏感度特别高，微小的外力作用就足以使其分解而发生爆炸。

（7）受热、受潮起火。如果仓库建筑不符合存放要求，造成仓库内温度过高、通风不良、湿度过大，或者漏雨、进水、阳光直射；若不采取隔热降温措施，会使物品受热起火；若保管不善，仓库漏雨进水，会使物品受潮后起火。

（8）物品存储不当起火。若盛装化学危险物品的容器或包装损坏，使物品接触空气也会引起燃烧爆炸事故，如金属钾、钠的容器渗漏，电石桶内充灌的氮气泄漏，盛装易燃液体的玻璃容器瓶盖不严等；化学危险物品存储不符合安全要求也同样会引起火灾事故，如性质相抵触的物品混放发生放热化学反应而起火，硫酸坛之间用稻草等易燃物隔垫，黄磷的容器缺水等。

（9）违反操作规程起火。搬运危险物品没有轻装轻卸，或堆垛过高不稳，发生倒塌；或在库房内改装打包、封焊修理等，违反安全操作规程，容易造成事故。

3 化学危险物品仓库火灾特点

化学危险物品仓库火灾危险性和危害性都很大，通常具有以下特点：

（1）易发生、火灾损失大。仓库储存的化学危险物品很集中，大部分是易燃易爆物品，倘若遇到着火源，极易发生火灾。一旦着火储存物品将付之一炬，还会对仓库建筑、设备、设施等造成严重破坏和引起人员伤亡。

（2）燃烧猛烈、火灾温度高。化学危险品起火后比一般物品燃烧猛烈，并且会产生很高的温度，普通物品仓库燃烧的中心温度通常在 1 000 °C 以上，而化学危险物品（如汽油等）燃烧的温度会更高。高温不仅使火势蔓延速度加快，还会造成库房、油罐的倒塌，破坏性极大。

（3）易发生爆炸、易扩大蔓延。化学危险物品仓库起火后，易引起爆炸，因为化学危险物品仓库通常存储有盛装可燃、易燃物品的罐或桶，着火后由于温度升高罐或桶内部压力快速增大，因此极易发生爆炸危险。并且，储存化学危险物品的仓库，由于储存物品较多， 着火后火势发展迅速，在库外风力作用下，火势会迅速蔓延扩大，导致整个仓库形成一片火海。

（4）存储物品性质各异、火势变化多端。化学危险品种类多，性质各异，有的易燃、易爆，有的遇水燃烧，有的腐蚀性强，有的相互混合即产生剧烈的化学反应。物性各异的化学危险品燃烧状态千差万别，因此火灾时也呈现出变化多端的火势。

（5）火场危险、扑救困难。在火灾情况下，化学危险物品在燃烧或受热后会分解或蒸发出有毒气体，给消防人员的灭火行动增加较大难度；若有酸碱液，则极易飞溅伤人，盛装酸碱的容器渗漏破裂后，酸碱液四处流淌，强酸、强碱的腐蚀作用很大，与某些有机物接触能引起燃烧，与某些化学物品混合能产生剧烈反应，在有酸碱流淌的火场，如用强水流盲射，会因酸碱液飞溅而灼伤人员。火场特别危险，也给火灾扑救人员带来了极大的困难。

4 化学危险物品仓库防火对策

由于危险化学品仓库存储的物品是有毒的或易燃、易爆、易污染的，因此与普通商品仓库相比具有大的危险性和危害性，因此需要针对化学危险物品仓库制定专门的防火对策。鉴于化学危险物品仓库的火灾易发性和灾后危害性，针对化学危险物品仓库，我们应从以下两个方面着重考虑：① 要防止危险化学品仓库起火；② 要考虑一旦起火后需及时阻止火势蔓延和扩大，将灾害控制到最小。

4.1 在防止危险化学品仓库起火方面的对策

众所周知，物质燃烧需要可燃物、点火源和氧气这三个要素同时存在才能发生，因此，我们可以从物质燃烧的三要素出发，重点是控制可燃物和消除点火源。

（1）加强危险化学品的管理，控制可燃物。物质是燃烧的基础，控制可燃物，就是使可燃物达不到燃爆所需要的数量、浓度，从而消除发生燃爆的物质基础，防止或减少火灾的发生。因此，需加强危险化学品的管理，危险化学品的贮存和使用必须符合有关规定。贮存危险化学品的条件应符合防火规定要求：① 仓库周围环境一定距离内不得存放木材、废料等可燃物质；② 加强仓库内通风，使可燃气体、蒸气或粉尘达不到爆炸极限；③ 可挥发性危险化学品应密封存储，防止可燃物质挥发、泄漏；④ 可流动性和扩散性危险化学品应用容器盛装，加强盛装容器的检查和维护，如涂料、溶剂、油料等，若密闭性不好，就会出现“跑、冒、滴、漏”现象，以致在空间发生燃烧、爆炸事故。

（2）消除点火源。点火源是物质燃烧必备的三要素之一，它是火灾发生的诱因。因此，控制或消除引发火灾的着火源就成为危险化学品仓库起火的关键。消除点火源应从五个方面着手：① 消除和控制明火源；② 防止电气火花；③ 防止撞击火星和控制摩擦热；④ 防止静电；⑤ 增设防雷设施。

4.2 在防止火势蔓延和扩大方面的对策

防止火势蔓延和扩大，就是把燃烧限制在一定范围内不扩大、不蔓延。目的在于减少火灾危害，把火灾损失降到最低程度。这主要是通过设置阻火装置或建造防火设施来达到，如采用防火门、防火墙、防火带、水封井、防火堤等。防火门是在一定时间内，连同框架能满足耐火稳定性、完整性和隔热性要求的一种防火分隔物，关闭时紧密，不会窜入烟火；防火墙是专门为减少或避免建筑物、结构、设备遭受热辐射危害和防止火灾蔓延，设置在户外的竖向分隔体或直接设置在建筑物基础上或钢筋混凝土框架上的非燃烧体墙；防火带是一种由非燃烧材料筑成的带状防火分隔物，通常用于无法设防火墙时可改设防火带。此外，在仓库修建、改造时，应尽量采用不燃或难燃材料，取代可燃或易燃材料，若采用了可燃材料须作必要的耐火处理，提高危险化学品仓库的耐火等级。最后，危险化学品仓库内必须配置相应的消防设施和消防器材，并有消防水源、消防管网和消防栓等消防水源设施。消防器材应当设置在明显和便于取用的地方，周围不准堆放物品和杂物，且消防设施和器材必须有专人管理，负责定期检查、保养更新和配置，确保完好无损。

参考文献

[1] 刘小春，周荣义. 国内化学危险品重特大典型事故分析及其预防措施[J].中国安全科学学报，2004（6）.

[2] 刘道春. 危险化学品仓储的消防安全管理[J]. 化学工业，2011.

[3] 陈军. 浅谈化学危险场所火灾的应对措施[J]. 黑龙江科技信息，2009（35）.

[4] 薛福连. 化学危险品仓库的安全防火[J]. 中国个体防护装备，2005（3）.

[5] 贺季堂. 化学危险物品的储存和管理[J]. 有机氟工业，2001（1）.

[6] 孟广诰. 化学危险物品发生事故的原因与对策[J]. 商品储运与养护，1998（3）.

作者简介：王迎军（1975—），女，汉族，广西全州县人。广西大学法学专业，法学学士，现任南宁市公安消防支队防火处处长，防火监督工程师，武警中校。

喷水保护玻璃防火分隔应用技术

陈阳寿

（四川省成都市公安消防支队）

【摘　要】 在现代建筑中，由于传统的建筑防火分隔措施已经不能完全适应现代建筑的发展，使建筑效果与防火设计处于两难境地。而喷水保护玻璃防火分隔技术则很好地解决了这一问题，使建筑物的美观实用与安全经济得到了完美的统一。文章还特别分析了玻璃在火灾中的破裂行为及其危害，以及喷水保护玻璃作为防火分隔的作用机理，并提出了喷水保护玻璃作为防火分隔时在实际应用中应注意的一些问题。

【关键词】喷水保护；玻璃；防火分隔

1　前　言

在现代建筑中，由于防火分隔技术上的限制，往往导致建筑设计在建筑效果与建筑防火设计上进退两难。传统的建筑防火分隔措施主要有：防火墙、防火卷帘、防火门、防火窗和防火水幕等，但这些方式在现代建筑内使用时会有一些不足之处，主要表现在会造成商业人员流线及建筑内视觉不连续，使建筑的使用受到非常大的限制。目前，玻璃已经广泛应用于建筑的门、窗、墙体和顶棚等部位，改善了建筑环境，增强了建筑的通透感等特殊效果。在新型大型商业建筑内，大多采用人行商业街形式，在通道和店铺间也往往采用玻璃等形式分隔。但玻璃在火灾时受热,会因热应力而破裂掉落，从而丧失分隔的作用，使火和烟通过这些开口在建筑内扩散。而喷水保护玻璃防火分隔技术则解决了这一问题，使建筑物的美观实用与安全经济得到了统一,为现代建筑防火分隔提供了一种新的选择。因此，如果能提供一种以水喷淋保护作用下玻璃作为防火分隔的技术，就既满足了建筑发展的需要，也保证了建筑物消防安全的需要。

2　喷水保护玻璃防火分隔的国内外研究现状

国外最早开展水膜保护玻璃作为防火分隔技术的研究。这种技术是通过采用自动水喷淋系统来提高其防火分隔性能。研究表明，玻璃在受到自动水喷淋系统方式保护时，在一定条件下可作为一些特殊位置的防火分隔。

加拿大国家实验室、国家研究院和英国的研究机构对采用自动水喷淋保护窗玻璃的方式及技术进行了研究，主要研究了内部火灾及外部火灾对自动水喷淋系统保护作用下窗玻璃的影响。实验证明火灾发生时，用自动水喷淋系统保护的钢化玻璃能保持一个多小时不致破损。国外的早期研究主要针对用水喷淋作为保护玻璃组件的概念进行，其研究中喷淋系统多采用雨淋系统，研究结果表明，用水持续润湿窗玻璃，在受到火灾影响时不会破裂。加拿大国家实验室采用快速响应喷头，研究单只喷头能保护的最大玻璃宽度，当单只喷头保护 4 m 宽的玻璃时，由于喷头喷水效果限制，在玻璃上部会出现干区，不能受到水膜保护，研究建议采取水喷淋保护玻璃时喷头的间距在 1.8 ~ 3.6 m。水喷淋保护玻璃受外部火灾影响的热辐射影响研究采用一块大辐射板为辐射源，将钢化玻璃固定在窗框内，研究表明，如果玻璃承受的辐射热通量小于 12.5 kW/m^2，钢化玻璃即使不安装水喷淋保护也不会受到破坏；如果辐射热通量超过 12.5 kW/m^2，安装在钢化玻璃内侧顶部的喷头能有效地保护玻璃；而当辐射热通量超过 25 kW/m^2 时，即使水喷淋能启动，也很难保护玻璃。

Beason 采用普通玻璃、钢化玻璃板和多层玻璃进行研究，结果表明在玻璃承受较长时间火焰辐射前，水喷淋必须启动，否则加热后的玻璃受到水喷淋急速冷却作用而易发生玻璃破裂。而普通玻璃和多层玻璃较钢化玻璃的耐火极限差，较易发生破裂，所以建议采用水喷淋作为玻璃保护系统时，不能采用普通玻璃，最好采用钢化玻璃或防火玻璃。Richardson 研究后提出在靠近钢化玻璃顶部安装快速响应的喷头，如果喷淋供水能得到保证，钢化玻璃的耐火极限不低于 1 小时，甚至可达 2 小时以上。

在国内也有一些学校或研究机构开展过水喷淋保护下玻璃作为防火分隔的相关模拟研究或试验研究。比如，公安部四川消防研究所开展了喷水保护单片钢化玻璃作为防火分隔的有效性实验研究，针对建筑常用的 12 mm 厚和 15 mm 厚单片钢化玻璃,利用木垛火开展了实体建筑模拟火灾实验。实验结果表明,在喷水保护作用下,12 mm 厚和 15 mm 厚单片钢化玻璃均能够起到有效的防火分隔作用。同时，还对钢化玻璃防火分隔应用的可行性及技术要求进行了研究分析，对水喷淋保护系统作用下的钢化玻璃分隔的防火分隔性能进行了研究，确定水喷淋保护系统的技术要求。武汉大学土木建筑工程学院方正和陈静等人开展了自动喷水保护下钢化玻璃作为防火分隔的模拟研究，针对目前大型综合性商业建筑拟采用钢化玻璃作为防火分隔物而钢化玻璃作为防火分隔仍然存在争议的情况,通过建立计算机仿真试验模型研究在自动喷水冷却系统保护下钢化玻璃作为防火分隔物的有效性,提出可行的自动喷水冷却系统保护方案。葫芦岛市消防支队和公安部天津消防研究所的张一和路世昌等人开展了商业综合体采用水系统保护的钢化玻璃隔断作为防火分隔实例研究。研究结果表明，在合理的水系统保护方案下,采用钢化玻璃隔断的形式作为商铺与步行街公共区防火分隔物是可行的。公安部天津消防研究所的倪照鹏和路世昌等人联合万达商业规划研究院有限公司开展了自动喷水冷却系统保护下钢化玻璃作为防火分隔物可行性试验研究。在广东某超高层建筑商业裙楼性能化设计中，因裙楼结构复杂、功能繁多，因此在设计时采用了国际上通行的性能化防火设计思想，根据消防安全工程原理，采用喷水保护玻璃防火分隔技术解决了裙楼防火分隔的消防设计难题。

3 玻璃在火灾中的破裂行为及其危害

众所周知，热应力是导致玻璃在火灾环境下破裂的主要因素。火灾时，玻璃中间部分直接暴露于火灾，被火焰和热烟气通过辐射和对流传热作用加热，而玻璃边缘部分被安装框架遮挡，没有受到火焰和热烟气的加热作用。玻璃是热的不良导体，暴露于火灾环境的玻璃吸收的热量不会很快传递到玻璃的边缘和背火面一侧，当玻璃暴露于火灾的中间部分温度迅速升高的同时，边缘和背火面的温度上升较为缓慢，最终在玻璃的中间暴露部分和边缘及背火面产生一定的温差。玻璃中间暴露部分受热膨胀，受到玻璃边缘及背火面的限制，结果在玻璃边缘区域和背火面产生了张力。当张力达到玻璃能够承受的临界值，玻璃就会破裂。通过有关实验研究，当玻璃中间暴露部分与边缘或者背火面的温差达到 60 ~ 80 °C 时，玻璃很容易就发生破裂。特别注意，钢化玻璃是一种预应力玻璃，通常使用化学或物理的方法，在玻璃表面形成压应力，玻璃承受外力时首先抵消表层应力，从而提高了承载能力，增强玻璃自身抗风压性、寒暑性、冲击性等。钢化玻璃具有以下优点：第一是其强度比普通玻璃提高数倍，抗弯强度是普通玻璃的 3～5 倍，抗冲击强度是普通玻璃的 5～10 倍；第二是使用安全，其承载能力增大改善了易碎性质，即使钢化玻璃破坏也呈无锐角的小碎片，对人体的伤害极大地降低了。钢化玻璃的耐急冷急热性质较之普通玻璃有 2～3 倍的提高，对防止热炸裂有明显的效果。但没有任何保护的钢化玻璃遇火 5～8 min 后就会破裂。

在火灾中，玻璃将会受到来自火焰和热烟气两方面原因的非均匀加热。这种非均匀加热包括玻璃中间暴露表面与玻璃边缘遮蔽表面的受热不均匀，玻璃中间暴露表面和背火面的受热不均匀，甚至玻璃暴露表面的垂直方向和水平方向的受热也不均匀。在非均匀加热作用下，玻璃上的温度分布和应力分布具有以下特点:玻璃中间暴露于火灾的部分在火焰和热烟气的作用下，温度迅速升高，而玻璃边缘部分受安装框架遮挡，只接受了从玻璃高温部分经过热传导得到部分热量，温度升高较慢。玻璃暴露表面从火灾环境吸收热量，通过背火面向周围环境中释放热量，暴露表面比背火面温度高。

尽管玻璃是不燃物，但玻璃在火灾中易发生破裂。玻璃破裂后对火灾的发展和蔓延影响巨大。玻璃在火灾中破裂行为的危害性主要表现为:玻璃在火灾中失效后，会形成通风口，加速了火灾的燃烧过程，甚至引起轰燃、回燃，加大了火灾破坏作用;火灾及其产生的有毒烟气会通过玻璃破裂脱落后形成的开口向建筑内其他区域蔓延，扩大了火灾规模，增加了火灾中的生命和财产损失。

4 喷水保护玻璃作为防火分隔的作用机理

喷水保护玻璃作为防火分隔的作用机理就是运用某种特殊的水喷淋系统，在玻璃暴露于火灾的一侧全面形成水膜，避免玻璃直接受热以起到降低玻璃温度，以达到保证其完整性的目的。玻璃分隔在火灾情况下受到水喷淋保护的示意图如图 1 所示。

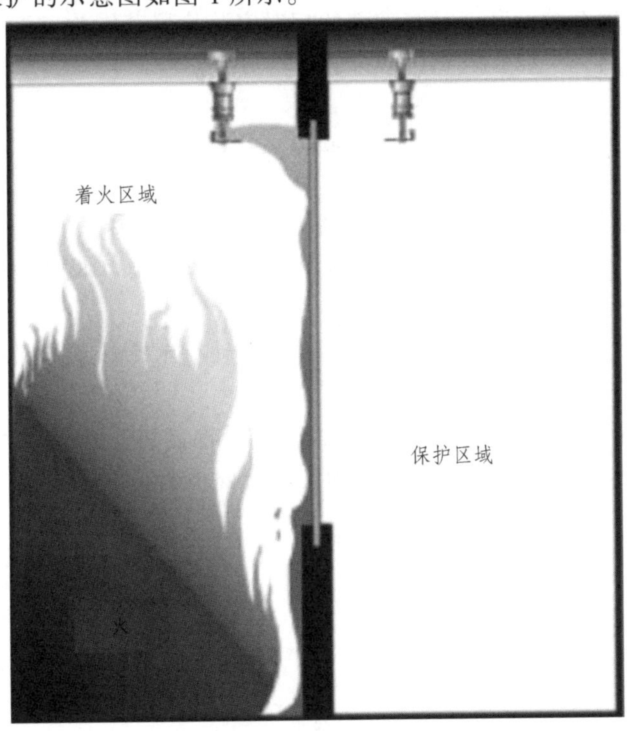

图 1　水喷淋保护玻璃分隔示意图

由于水膜的存在，火焰及其热烟气将不能直接对玻璃进行热辐射，其换热方式转变为：

（1）火焰、热烟气与水膜之间的辐射换热。

（2）水膜与玻璃之间的对流换热。水膜由于受到火焰、热烟气的辐射使其温度升高，当温度升高到一定值时，可能发生相变换热（如沸腾汽化为水蒸气），在常压下，玻璃表面的水膜发生汽化，带走大量的热量；另一方面通过玻璃表面上连续不断的水流也带走了大量的热量。从而避免玻璃直接受热，从而起到降低玻璃温度、保持其完整性和隔热性的作用。从理论上讲，只要保证保护钢化玻璃的喷淋系统有足够的水量，就能维持玻璃一直处于较低的温度而保证其完整性不遭到破坏。

5 实际应用中应注意的问题

采用喷水保护玻璃作为防火分隔时，应注意以下几个方面的问题：

（1）关于玻璃的选择。首先应从玻璃本身的安全性考虑，因此应采用安全玻璃。安全玻璃是指符合现行国家标准的钢化玻璃、夹层玻璃及由钢化玻璃或夹层玻璃组合加工而成的其他玻璃制品，如安全中空玻璃等。

（2）关于喷头的选择。喷水保护玻璃所用的喷头不能采用普通的洒水喷头，必须是专用的窗玻璃喷头。窗玻璃喷头在溅水板的特殊设计和快速响应的热敏能力方面与普通的洒水喷头不同。此外根据国内在关研究机构开展的实体实验研究表明，普通标准下垂型喷头布水效果不好、不均匀，火灾时不能起到保护玻璃的作用，因此采用喷水保护玻璃作为防火分隔时不能使用普通标准下垂型喷头代替窗玻璃喷头，

（3）关于喷头安装位置的确定。对于作为防火分隔的大面积玻璃而言，喷头安装位置决定了其保护玻璃的效果。喷头安装位置包括两个喷头之间的间距和每个喷头与玻璃之间的间距。首先，应严格按照所选用喷头的产品技术说明书针对单个喷头保护宽度来确定喷头安装间距，比如国外产品喷头安装间距最大为 2.4 m，而我国现有专利产品喷头安装间距范围为 2.6 ~ 2.8 m。其次，还要确定与玻璃的相对安装位置，比如我国现有的专利产品与玻璃的相对安装位置范围为 0.1 ~ 1.3 m。只有正确地设置喷头的安装位置，才能达到完全保护玻璃的效果。

参考文献

[1] 方正，陈静. 自动喷水保护下钢化玻璃作为防火分隔的模拟研究[J]. 消防科学与技术，2014(4).

[2] 张一，路世昌. 商业综合体采用水系统保护的钢化玻璃隔断作为防火分隔实例研究[J]. 消防技术与产品信息，2013(9).

[3] 倪照鹏，路世昌，赖建燕，黄益良，郭伟，薛岗. 自动喷水冷却系统保护下钢化玻璃作为防火分隔物可行性试验研究[J]. 火灾科学，2011(3).

[4] 吴和俊，黄益良，阚强，郭伟，超高层建筑商业裙楼性能化设计[J]. 消防科学与技术，2012(4).

[5] 梅秀娟,张泽江. 喷水保护单片钢化玻璃作为防火分隔的有效性实验研究[J]. 消防科学与技术，2007(5).

某地铁车辆基地运用库的消防设计

胡雪彦
（福建省福州市公安消防支队）

【摘　要】 某地铁车辆基地运用库与其上盖物业开发项目组合建造，本文分析由于其建筑特殊性给建筑消防设计带来的难点问题，并从消防救援、防火分隔、防火分区划分、安全疏散设计、消防设施、结构耐火性能及保护措施等方面对其工程消防设计及采取的加强措施进行具体介绍。

【关键词】组合建造；特殊建筑；消防设计

随着经济和社会的快速发展，许多城市进行地铁建设，而为了节约利用土地，充分发挥地铁资源效益，弥补地铁运营亏损，大多数都选择对地铁车辆基地进行上盖开发，引导了城市空间有序发展，并为轨道交通涵养客流，完善地铁周边配套设施，但特殊的建筑形式也给消防设计带来极大挑战。

1　项目基本情况

某车辆综合基地工程（见图 1），一层为车辆基地运用库，占地面积 36 500 m^2，建筑面积 40 087 m^2，位于车辆基地的西南侧，建筑层高为 8.5 m，包括停车列检库、不落轮镟库、洗车库和辅助用房部分（其中局部办公部分为 2 层）；二层为物业开发汽车库，位于运用库正上方，主要功能为上盖物业停车、设备用房、管理用房等，二层平台面积约 69 498 m^2，长 375 ~ 422 m，宽 157 ~ 190 m；二层顶部平台为住宅物业开发平台，面积约 62 613 m^2，长 390 ~ 422 m，宽 72 ~ 156 m，物业开发住宅楼共 22 座，共三排，层数分别为 25 层、27 层和 30 层（含运用库层和汽车库层），建筑最高为 97.9 m（自一层运用库正负零标高计起）。车辆基地用地四周均有市政规划道路。

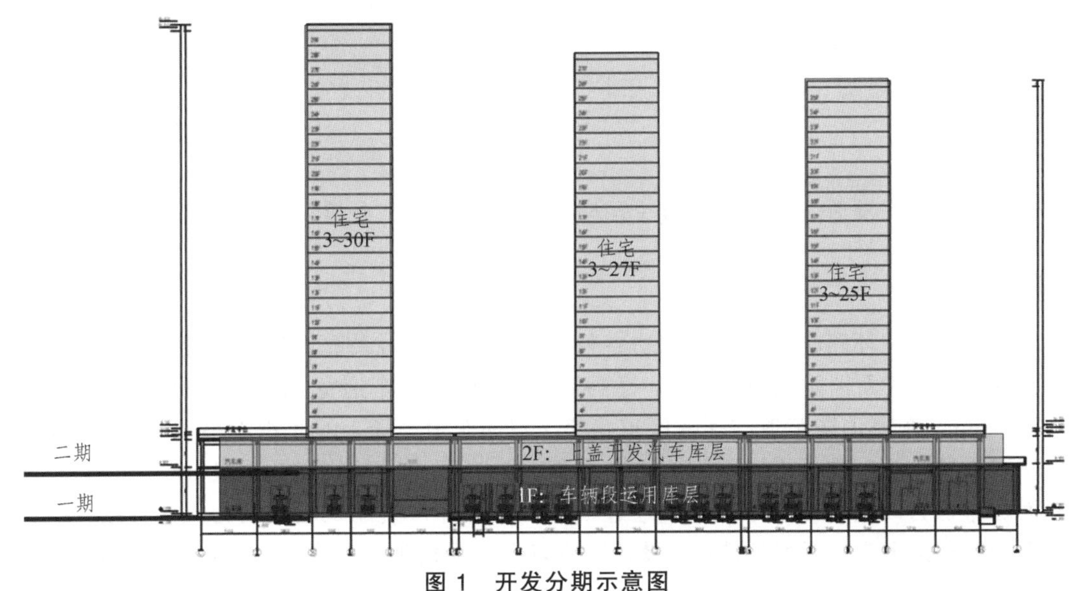

图 1　开发分期示意图

2　消防设计难点

2.1　规范的适用性问题

车辆综合基地运用库工程首层为车辆运用库，主要用途为停车列、不落轮镟、洗车等，其火灾危险性为戊类，根据全国其他城市类似项目的设计经验，在独立建造时，是按照戊类厂房进行设计；在与上盖物业开发项目组合建造时，对于规范的适用就无法把握了。

经咨询相关规范组，认为车辆综合基地运用库属于市政交通公用设施，区别于工业建筑中的厂房和仓库，由于其上需进行物业开发（汽车库和高层住宅），《建筑设计防火规范》对该类建筑与民用建筑组合建造的防火要求未予明确。因此，对设计单位提出的合建时所采取的消防技术措施需要进行专家评审；经专家评审，同意上盖开发物业及运用库在做好完全防火分隔，且上下交通体系、灭火救援设施、安全疏散、消防设施完全分开、互不干涉、自成体系的情况下，分别独立适用对应的国家工程建设消防技术标准相关规定，国家工程建设消防技术标准对运用库无明确规定，则设计参照戊类厂房，并采取加强措施。

2.2　盖下区域消防设计问题

上盖开发平台盖板体量巨大，运用库及周边消防车道、作为地铁列车出入线的东侧封盖咽喉区全部位于盖板下面；运用库区周边设消防车道，且全部位于盖板下：东侧咽喉区道路净高 4.5 m，宽 10.0 m；其他部分（运用库北侧、西侧、南侧）净高 6.0 m，宽 7.0 m。各消防道路中心线与盖板外沿最大距离为 72.6 m，最小距离为 4.6 m，与常规建筑消防车道露天设计不同，运用库虽为地上建筑，四周可直通市政规划道路，但其周边消防车道、咽喉区等均非露天，为侧面开敞的架空层设计，鉴于以上问题，通过消防性能化设计评估，对运用库及上盖物业分别进行了火灾场景及人员疏散分析，提出了一层运用库部分采取的消防设计加强措施。

2.3　结构耐火安全

作为分期建设的组合建筑，由于盖下运用库及咽喉区部分盖上进行预留开发设计，盖下结构的柱、梁、板等受力构件除了承担自身荷载外，还要承担整个盖上开发区施工及使用时的荷载，一旦发生火灾，将危及盖上整体结构的安全。因此，需对运用库的柱、梁、板等受力构件进行耐火性能研究，以保证整个项目的结构耐火安全性。

3　工程消防设计

由于建筑特殊形式及造就的地形，整个消防设计坚持“立足自救，安全防范”的原则。

3.1　消防车道设置

运用库周边设消防环路与车辆基地周边室外道路相连，库内采取加强措施设置贯穿运用库南北的中通道，西、北、南三面消防车道宽 7 m，净高 6 m；东侧咽喉车道宽 10 m，净高 4.5 m；库内中通道宽 4 m、净高 6 m。东侧消防车道与咽喉区道路交叉口回车道（场）的面积不小于 12.0 m × 12.0 m，消防车道均位于一层运用库顶板平台下面，均非露天，为三侧面开敞的架空层设计，其中除东侧与咽喉区相邻的消防车道为两端直接开敞、一侧通过咽喉区开敞外，其他三层侧均为三面直接开敞，鉴于上盖平台位于消防车道上空，不利于排烟，设计采取以下加强措施：① 运用库库区内与消防车道相邻墙体（与架空咽喉区相邻一侧除外）采用防火墙，其上的窗采用电动甲级防火窗，火灾情况下可 FAS 联动关闭，保证消防车道的安全。② 消防车道内设火灾自动报警系统，东侧与咽喉区相邻的消防车道设置自动喷水灭火系统。

上盖开发物业及运用库消防交通体系及灭火救援场地相互独立设置，但运用库建设尚需注意确保从运用库所在标高的市政道路到上盖救援平台之间的消防坡道设计，现设计有两条消防坡道（分别设于南、北两侧），坡度均小于 8%，坡道净宽均为 10 m，确保两辆消防车交汇通行，在局部弯角，设计确保转弯半径内径不小于 12 m。如图 2 所示。

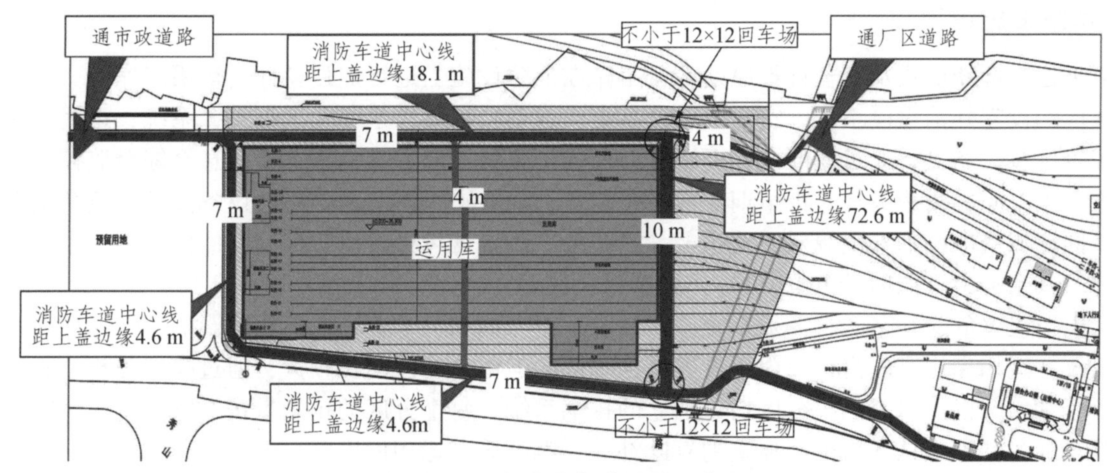

图 2　运用库消防车道设置示意图

3.2　防火分区及防火分隔加强措施设计

为加强盖上、盖下防火分隔，设计增加运用库平台与上部汽车库楼板厚度，耐火极限不低于 3.00 h，变形缝进行防火封堵，并确保封堵部位耐火极限不低于相邻楼板。

运用库参照戊类厂房进行设计，尽管对于戊类厂房防火分区面积没有要求，但因为上盖物业开发原因，为了安全性与防烟考虑，将停车列检库与不落轮镟库、洗车库用防火墙进行分隔，辅助用房变电所和地下消防泵房各划分为独立的防火分区。因此运用库共分为 7 个防火分区。

为增强运用库内防排烟功能，在不影响建筑功能的前提下，在库区内中部平行轨道线处设防火墙，洞口处设置防火卷帘；库区北、西、南侧面对消防车道方位的窗改为电动防火窗，平时可手动开启，火灾时候可 FAS 联动关闭，以防止烟排到消防车道上空。如图 3 所示。

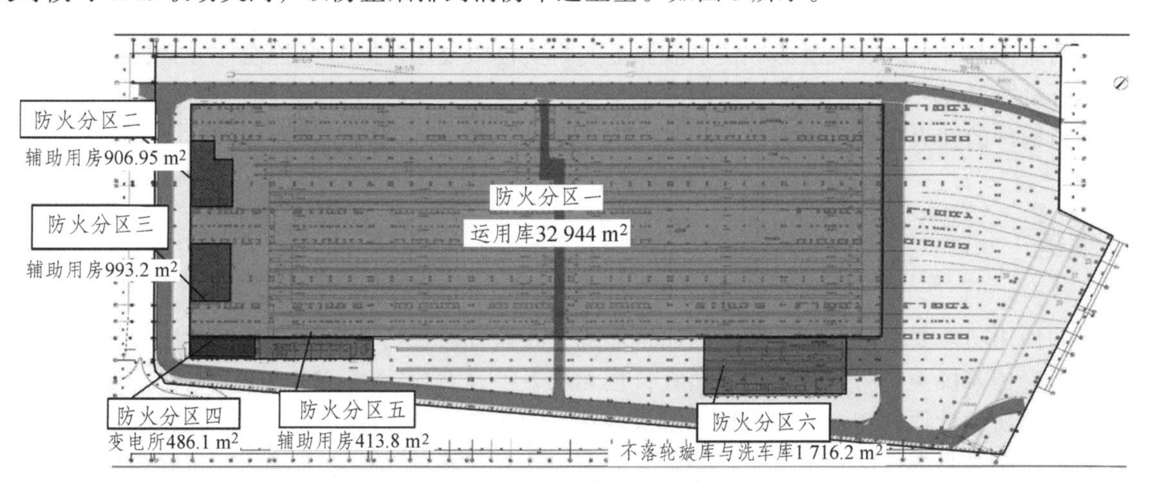

图 3　运用库防火分区示意图

3.3 安全疏散设计

鉴于建筑特殊形式，采用消防性能化设计评估，对运用库及上盖物业分别进行了火灾场景及人员疏散分析，运用库参照戊类厂房，虽然运用库日常使用人员极少，且依据《建筑设计防火规范》（GB 50016—2014），耐火等级一级的戊类厂房内任意一点至最近安全出口的直线距离没有限制，但坚持以人安全自救的设计原则，为了利于快速疏散，在停车列检库的南侧增加一个安全出入口，北侧增加两个安全出入口。

3.4 消防设施设计

鉴于建筑特殊形式及安全自救原则，运用库在消防设施上进行加强设计。运用库库区、辅助用房及咽喉区均设室外消火栓系统、室内消火栓系统、自动喷水灭火系统和火灾报警系统；运用库内设置火灾报警区域控制盘，通过光纤连接至综合办公楼的报警控制主盘，并上传信息至综合监控系统，运用库为高大空间，采用吸气式极早期烟雾报警装置进行火灾探测。消防用电设备按一级负荷供电，由来自不同区域变电站的双电源双回路供电，消防泵、防排烟风机、消防控制室的供电干线采用矿物绝缘电缆，其余动力、照明供电电缆采用无卤低烟阻燃耐火电缆。

从戊类火灾危险性来看，无须设置排烟系统，但考虑到与上盖物业的相互影响，运用库库区设置排烟系统，运用库层高较高，库内不设置挡烟垂壁。但由于库区面积较大，通过模拟分析，将库区划分为4个烟控分区，每个烟控分区均为独立的排烟系统，每个分区的排烟量按30 $m^3/(m^2 \cdot h)$计算。排烟补风通过在咽喉区入库的墙体上的百叶补风；咽喉区与运用库库区以消防车道为分界，整体为一个防烟分区，咽喉区入库区位置的门设电动折叠门，折叠门上方形成3 m高挡烟垂壁，墙体在距离地面2 m范围内设百叶洞口，距离咽喉区盖板边缘小于30 m范围内的区域可采用自然排烟，大于30 m的内部区域设置机械排烟系统，按机械排烟区域投影面积乘以30 $m^3/(m^2 \cdot h)$计算排烟量，补风为自然补风。

3.5 结构防火设计

以往的设计及评估工作中，往往忽略了结构防火问题，在此组合建筑设计中，增加了结构耐火性能研究。由于运用库上盖为开发的汽车库和高层住宅，对运用库顶梁、板和竖向构件的耐火时间提出不小于3.00 h的要求，并利用有限元数值分析软件，对结构进行了热-力耦合分析。为满足运用库顶梁、楼板和竖向构件耐火极限要求，结构上采取了减小板跨、增加板厚、构件保护层厚度、加强变形缝防火封隔等措施。根据耐火性能分析计算结果，地铁运用库及其上盖物业开发工程实施完成后，运用库结构能满足火灾情况下的耐火极限要求，但是在上盖物业开发项目施工过程中，若地铁运用库发生火灾，则运用库的部分大跨度梁及部分柱不能保证其耐火极限要求。通过保护设计方案比选，选择对跨度大于10 m的框架梁、跨度大于15 m的非框架梁、独立的框支柱或者单方向与剪力墙相连的框支柱等结构受力构件的迎火面喷涂隧道防火涂料的防火保护，提高其耐火性能。

4 结束语

特殊的使用功能要求，造就了特殊的建筑形式，在设计时没有相应规范对应，完全按以前的工程实例惯例搬套国家戊类厂房规范要求不适宜，也无从下手，对应这类特殊建筑，坚持“立足自救，安全防范”的消防设计原则和“专家论证，博采众长”的工作方法是十分重要的。在正确理解和掌握规范的基础上，结合具体情况认真分析，特别对大家长期易忽略的结构防火等问题进行积极探索，灵活运用，通过强化内部消防设施、建筑结构等设计，弥补外围扑救缺陷，达到最佳水准的消防安全设计。

参考文献

[1] 吕天启，赵国藩，林志伸，等. 高温后静置混凝土力学性能试验研究[J]. 建筑结构学报，2004，25(1):63-70.
[2] 项凯，王国辉，张晓颖，等. 火灾后混凝土的力学性能[J]. 消防理论研究，2009，28(12):885-888.
[3] GB 50016—2014. 建筑设计防火规范[S]. 北京：中国计划出版社，2014.

作者简介： 胡雪彦（1977-），女，汉族，福建福州人，福州市消防支队防火监督处高级工程师，工程学士，主要从事建筑防火审核。
通信地址：福建省福州市五一中路66号，邮政编码：350005。

防火技术

建筑防火门存在的主要问题及解决方法探讨

陈建峰　李海学

（浙江省嘉兴市公安消防支队经济开发区大队）

【摘　要】 防火门是建筑中最重要的构件，但从实地调查建筑中防火门实际使用情况看，防火门的设计和门本身均存在一系列问题，无法发挥其作用。本文主要列举了建筑内某些部位防火门的设计及使用问题，探讨其解决办法。

【关键词】 防火门；现状；设计；使用；问题；解决方法

防火门是现代建筑中最常见的消防设施，也是重要的消防设施，在建筑防火中发挥着极其重要的作用。《建筑设计防火规范》（GB 50016—2006，以下简称《建规》）和《高层民用建筑设计防火规范（2005 年版）》（GB 500—95，以下简称《高规》）等规范均将防火门作为建筑中重要的防火分隔设施，明确了防火门设置的要求。从各种《规范》的条文理解，防火门的作用丝毫不亚于消火栓、自动报警系统等各类消防系统，正常发挥防火门的作用是人员安全疏散和防止火灾蔓延扩大的重要保障。国家也对防火门作了较详细的规定，出台了《防火门》（GB 12955—2008）规范，并对原防火门的规范进行了修订。

根据《防火门》，目前按防火门的材质主要分为：钢制防火门和木质防火门；按防火门的大小分可以分为单扇防火门和双扇防火门；按耐火性能分类，主要分为：隔热防火门（A 类），部分隔热防火门（B 类），非隔热防火门（C 类），并按耐火和隔热时间分各小项。

1　防火门设置的位置不合理

一些设计单位根据《建规》和《高规》设计时未考虑实际情况，只生搬硬套地按规范要求设置防火门，是理想状态下的防火门，即：① 防火门在日常使用中能像普通门一样绝对地使用方便；② 安装防火门不影响该场所日常其他功能的使用；③ 防火门绝对符合《防火门》第 5.9 条和 5.10 条之关于灵活性和可靠性的要求。一些设计只考虑了防火分隔要求，忽视了以上三条作为目前的普通防火门某些情况下是无法实现的。

1.1　部分建筑的合用前室设置乙级防火门

如图 1 所示，A 为该楼层，B 为合用前室，a 为乙级隔热防火门，b 为该合用前室的自然排烟窗，C 为疏散楼梯，D 为走道，合用前室内设置该建筑唯一的两部电梯 1、电梯 2，电梯 1 兼做消防电梯。这两部电梯平时为人员的主要出入口。图 1 楼层的布置在我们日常遇到的建筑中较为常见，对于公众聚集场所采用该方式进行布置的，在建筑投入使用后，发现主要存在的问题是该防火门处于常开状态。顾客从电梯 1、2 上来后，如果防火门 a 关闭，对场所的使用造成不便的影响。由于防火门较重，使用不方便，尤其是对妇女、老人和儿童，例如：造成儿童手被夹。场所负责人场所便于日常使用，将该建筑的防火门处于常开状态。对于图 1 楼层及上下各层为办公室，同样由于员工经常要出入电梯 1、2

以及疏散楼梯 C，防火门 a 的存在使员工出入不方便，便将防火门 a 处于常开状态。作为办公楼在缺少监管部门的监管情况下，主要存在的问题有：①拆除防火门的闭门器或将防火门用绳子插销之类的固定，使之敞开。②为日常使用需要将防火门直接拆除。拆除后走道 B 可以直接连通自然排烟窗 b，增加了走道的采光和空气流动。一些单位为日常使用方便，在拆除防火门之后安装了电动移门，能自动启闭，在夏冬季节，空调开启后不至于能量损失。③造成防火门损坏速度快。合用前室 B 为该建筑的主要出入口，防火门由于其本身的特点，例如，构造、重量等因素，不具备像普通门一样的功能；例如，经常性启闭，极易造成防火门损坏。因此，该建筑设计，虽符合规范，不符合实际使用情况，在现实使用中问题较多，留下诸多火灾隐患。在建筑投入使用后，我们不难发现：大量存在以上本文所列的问题。

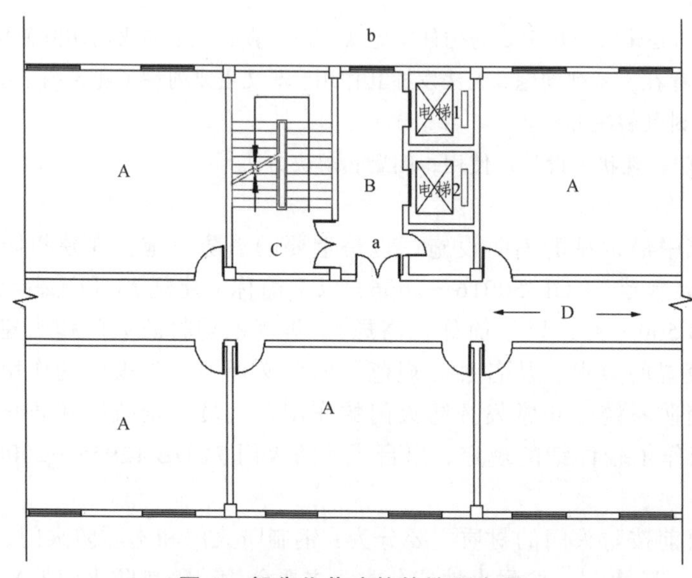

图 1 部分公共建筑的楼层布置

图 2 某商场的平面布置图

1.2 主要的日常人员出入口设置防火门

如图 2 所示，为某商业建筑的平面布置图，A 为该建筑的门厅，B 为主疏散通道，疏散通道 B 两侧设置防火门，将疏散通道 B 与内部功能区进行分隔，C 为次疏散通道，每个次疏散通道口均设置了防火门 a 作为安全出口。图 2 楼层中，通道 B 在使用过程中是主要的顾客出入口，该问题与本文 1.1 节所列情况类似，防火门 a 是重要的防火分隔设施，该建筑使用中，通道 C 与通道 B 人员经常出入。防火门 a 越无法保持关闭状态。如图 3 所示为某较小的公众聚集场所，A 为建筑内疏散走道，B 为疏散楼梯兼平时客梯，防火门 a 为安全出口兼做做人员的主要出入口。按规范，B 应为封闭楼梯间。图 2、图 3 的平面布置在日常使用中的防火门主要存在的问题与本 1.1 节所例情况类似。

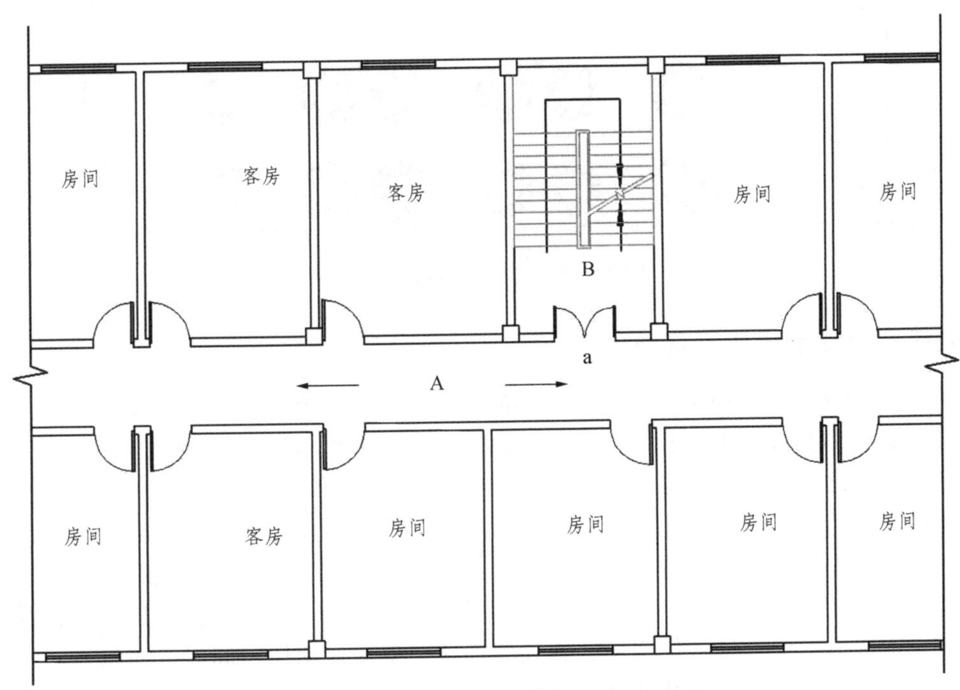

图 3 小型公众聚集场所的楼层布置图

1.3 厨房间设置防火门

如图 4 所示为一厨房的平面布置图，根据《建规》第 7.4.1 条，“使用明火的厨房应进行防火分隔，厨房间的门应为乙级防火门”，A 为厨房的动火区域，a 为乙级防火门。

（1）乙级防火门应常闭，在使用过程中，服务员或厨房的人员要将厨房内的菜端到餐厅内，防火门 a 为主要的出入口与本文 1.1 节和 1.2 节存在的问题类似。另有一些厨房设置传菜口 b，按《建规》传菜口应进行防火分隔，但是设置自闭式乙级防火门对工作人员开展也工作十分不方便。对该问题，可以考虑在 b 位置设置防火卷帘，作为平时的人员出入口，防火门 a 作为疏散门。

（2）在现实中，目前《建规》只规定厨房应进行防火分隔，未明确特殊要求。鉴于厨房比较特殊，常年潮湿，在使用中厨房内部温度较高，冷热交替频繁。在该环境下，容易发生霉变、腐蚀及五金配件锈蚀，防火门寿命极短。对于此问题解决方法为：一是厨房区域不应设置普通木质防火门，二是对普通木质防火门采取防腐和防生锈等保护措施。

以上 1.1 ~ 1.3 所列问题的解决，均可以在设计中考虑设置常开式防火门，防火门与火灾报警系统联动，在火灾发生后关闭。在未设置火灾报警系统的情况下，其联动可参考未设火灾报警系统的防火卷帘的联动方式。

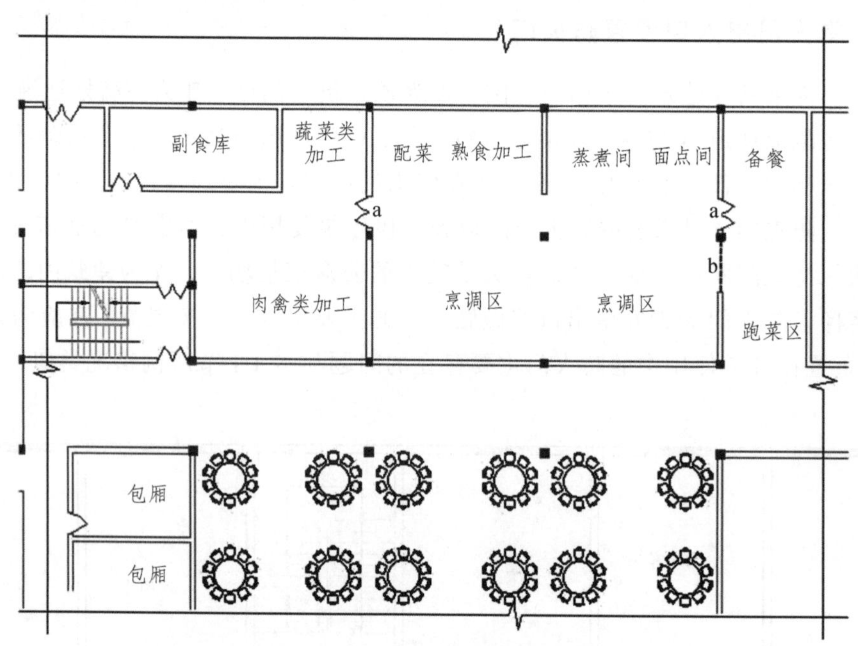

图4　常见的厨房布置平面图

1.4　幼儿园等儿童活动场所设置防火门

如图5所示，2009年的《中华人民共和国消防法》已将幼儿园等纳入人员密集场所范畴，而根据《建规》第5.3.5条，超过2层的人员密集场所应设置封闭楼梯间，封闭楼梯间的门应采用乙级防火门。因此，要求超过两层的幼儿园室内疏散楼梯的疏散门均应设置乙级防火门。虽然《建规》未明确幼儿园的人数及疏散宽度计算，但《幼儿园设计规范》明确了幼儿园应能容纳的人数。对于人员密集场所根据《建规》人员密集场所，疏散门宽度应该是1.4 m，因此必须为双扇门。根据《防火门》第5.1.2条，防火门打开的推力不应大于80 N。根据人员的实际情况，10岁以下的儿童无法顺利打开80 N的防火门，尤其是双扇防火门。日常使用中，在儿童经常上下该封闭楼梯间时，质量重，自闭式的防火门，不仅使用不方便，而且严重威胁儿童人身的安全。即便是设置常开式防火门，由于疏散人员主要是低龄儿童，在紧急情况下也会导致人员疏散中出现问题。既要符合规范要求又要符合实际，幼儿园的疏散楼梯不应盲目套规范，必须为直通外廊的敞开楼梯或室外楼梯。如图6所示。

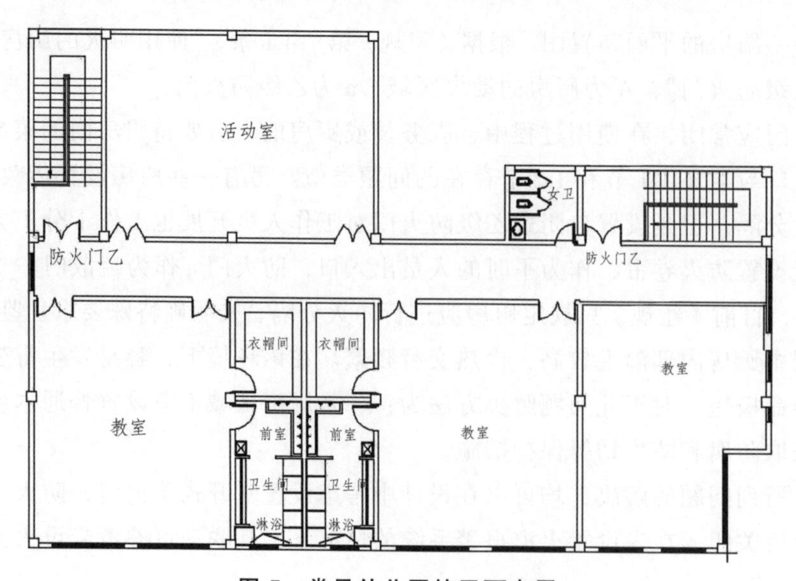

图5　常见幼儿园的平面布置

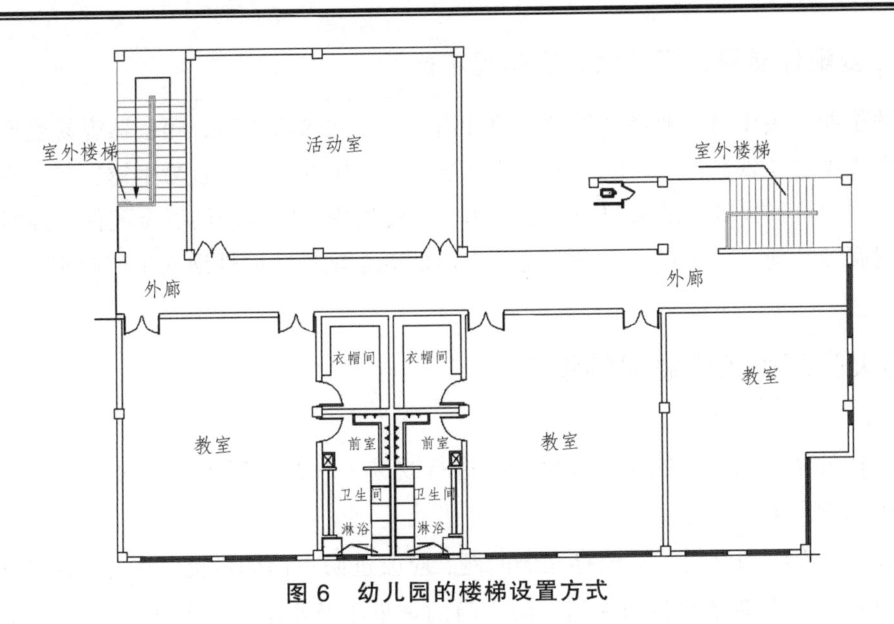

图 6 幼儿园的楼梯设置方式

2 现实中防火门自身的主要问题及解决办法

使用过程中的防火门的门板问题较少，主要在于变形、腐蚀等。防火门常见的主要问题存在于五金配件上面。

2.1 防火门的无法关紧

根据《防火门》第 5.2.1 条之规定，“防火门应正常开启 500 次，没有卡阻现象”，但现实中防火门经常关不紧，安装是其中一个原因；另一个原因是一些防火门的门锁不灵活，在防火门关门动力不足的情况下，锁舌直接卡住了防火门，留下了缝隙。特别是双扇防火门，在一个防火门关闭之后另一防火门的动量很小，无法推动门锁，防火门无法关紧。如图 7 所示。

2.2 双扇防火门的主要问题是按顺序关闭

如图 8 所示，常用的杆式顺位器，要求其必须与防火门的门面垂直，稍有偏差，在防火门关闭的时的较大的冲击力作用下无法一下子抵住防火门 A。特别是钢质防火门表面较为光滑，且钢质防火门的重量较高。解决该问题的方法为：在防火门 a 面上进行处理，增加摩擦系数，或者对防火门 A 的闭门器在关闭时进行缓冲。在设计中应减少使用双扇防火门或在产品生产中，对顺位器进行改进。

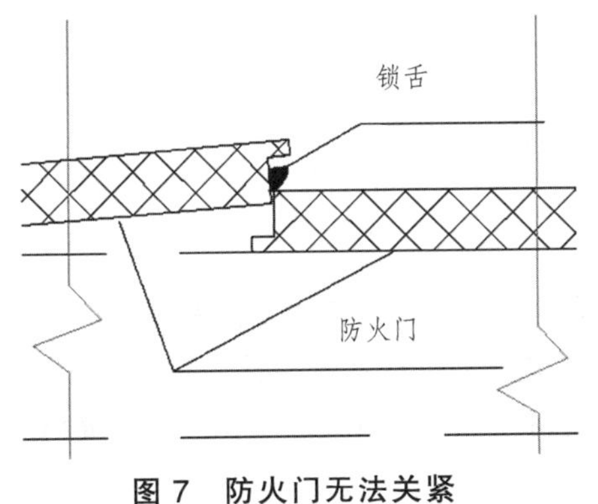

图 7 防火门无法关紧

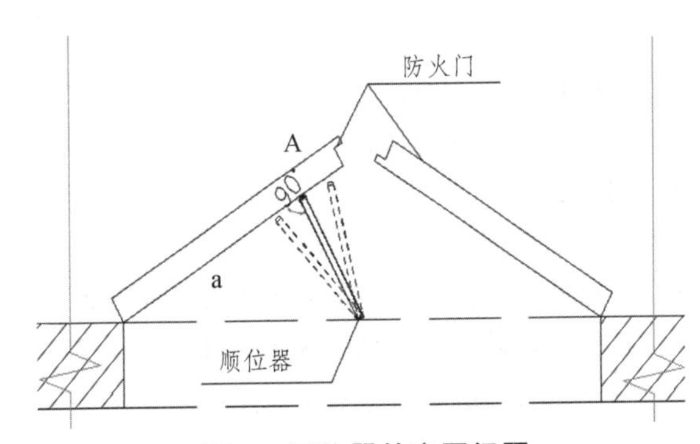

图 8 顺位器的主要问题

2.3 防火门五金配件易损，门越大，启闭越不灵活

防火门的顺位器在关闭时，要经受住较大的冲击力、多次撞击之后，顺位器容易变形脱落。目前防火门上的五金配件主要是铁制的，时间一长，铁制产品在一定的环境下容易生锈，在有些年限较长的防火门上，闭门器、顺位器失效，防火门锁无法锁闭。在使用中，防火门的五金配件要经常保养，或者提高五金配件的耐腐蚀性能，延长使用寿命，将防火门的五金配件防腐性纳入生产要求。

3 对常见防火门产品改进意见的看法

鉴于以上存在的各类问题，能从产品性能上进行改进，既符合现实使用的需要，又符合防火分隔要求，是解决该问题最好的方法。

（1）对于木质防火门和钢质防火门存在的问题，应改进防火门的性能，在符合耐火极限的条件下，使用更轻便的材料，研发新型材料防火门。防火门的重量不及影响日常使用且影响疏散逃生。因此，解决防火门的重量问题，对防火门的实际作用有很大帮助。

（2）对于本文 2.1 节所存在的情况，防火门可以按需而定，防火门锁影响了防火门的关闭性能，部分平时不需要锁闭的防火门，从细节上入手，应不予安装防火门锁。

4. 结论及建议

（1）在有关消防问题的设计中，不应单一地套规范，要结合实际情况和各类产品的性能，合理设置防火门，不能把防火门的功能理想化。防火门跟其他产品一样，其防火功能的发挥，应根据实际情况，因地而异。

（2）跟所有产品一样，防火门也需要不断更新，与时俱进。防火门存在的主要问题还是其本身存在的特点不能满足日常功能的需要导致被损坏、破坏或被拆除，需要对产品不断改进，以符合时代发展、实际使用的需要。

（3）作为设计单位，应经常性对防火设计后的建筑布局的实际效果情况进行调查研究，探索最佳的、合理的设计方案，在为建筑设计和规范的调整提供参考依据，确保每种消防设施都发挥其最有效的作用。

参考文献

[1] GB 50016—2006. 建筑设计防火规范[S].

[2] GB 50045—95（2005 年年版）. 高层民用建筑设计防火规范[S].

[3] GB 12955—2008. 防火门[S].

作者简介： 陈建峰，男，汉族，籍贯浙江嘉兴，浙江省嘉兴市公安消防支队经济开发区大队工程师，浙江工业大学环境工程专业，工程学士学位，研究方向为建筑防火设计及消防监督管理。

通信地址：浙江省嘉兴市禾平街浙江省嘉兴市公安消防支队经济开发区大队，邮政编码：31400；联系电话：13750732363。

岩棉防火隔离带高温体积稳定性研究

彭 超　杨卫波

（中国建材检验认证集团股份有限公司）

【摘　要】 通过高温处理两组不同容重和酸度系数的岩棉样品，研究了岩棉高温体积收缩的影响因素。结果表明容重对岩棉高温体积收缩的影响不明显。酸度系数是影响岩棉高温体积收缩的主要因素，其高温体积收缩率随酸度系数的降低而增大，主要原因是岩棉主要矿物组成（SiO_2-CaO-Al_2O_3-MgO 四元体系）中 SiO_2 和 CaO 的含量会影响 SiO_2-CaO-Al_2O_3-MgO 四元体系的熔化温度和熔化区间，在一定范围内 CaO 含量增大酸度系数降低时体系的熔点降低，熔化温度区间增大，导致岩棉纤维高温下软化、黏结，体积收缩明显。

【关键词】 岩棉；防火隔离带；高温性能；体积稳定性

1 引　言

2009 年公安部、住房和城乡建设部联合发布了《民用建筑外保温系统及外墙装饰防火暂行规定》（公通字〔2009〕46 号文），对外墙外保温系统防火构造提出了严格要求，特别是将防火隔离带作为外墙外保温工程的主要防火构造措施明确提出来[1]，这意味着建筑外墙保温和屋面保温必须按照规定设置防火隔离带。

防火隔离带是设置在外墙外保温工程中能有效阻止火灾蔓延的带形防火构造，如图 1（a）所示。工程实践表明，防火隔离带对提高外墙外保温工程的防火性能十分显著，其防火功能主要通过以下方式实现[2]：① 阻止明火或炙热烟气直接接触上方保温材料；② 阻滞热传导和阻断氧气供应的作用；③ 减小火焰的蔓延范围，使保温工程不具有火焰传播性；④ 托住熔融的有机保温材料不使其滴落伤及救护人员。

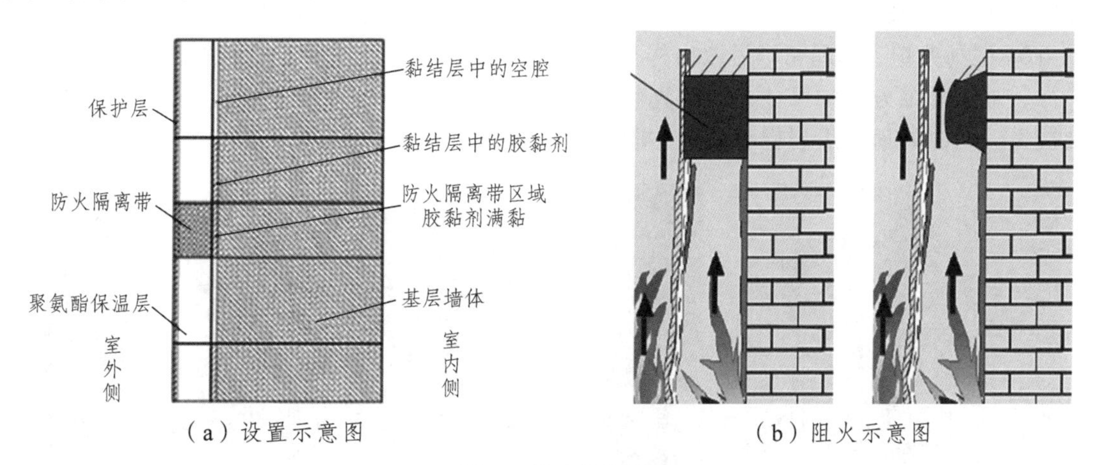

（a）设置示意图　　（b）阻火示意图

图 1　防火隔离带

岩棉因其不燃（满足 A 级不燃材料）、保温效果优越、无毒等特点而被广泛的用作防火隔离带。窗口火在隔离带处温度约为 1 000 °C，因此高温下的体积稳定性极为关键，但大部分岩棉在经历高温作用后存在体积收缩、失去原有强度等问题，作为防火隔离带的岩棉材料在高温冲击下若发生体积收缩，收缩产生的空腔结构将为热量和氧气的传输提供通道，失去阻火功能，如图 1（b）所示。

目前国内还没有岩棉应用于防火隔离带的相关标准，针对岩棉在作为防火隔离应用存在的高温下体积收缩这一问题，本文研究了影响岩棉高温体积稳定性的因素，为今后防火隔离带用岩棉选材提供参考。

2. 实　验

岩棉在生产过程中采用玄武岩或辉绿岩为主要原料，外加一定数量的补助料，经高温熔融离心吹制成人造无机纤维。其主要的化学成分为 SiO_2、Al_2O_3、MgO、CaO，以及在岩棉纤维中加入适量黏结剂、防尘剂、憎水剂等外加剂，经过压制固化可制成具有一定强度的岩棉板。本文将岩棉的容重和酸度系数两个物理参数作为影响岩棉高温体积收缩的主要因素进行研究，试验样品分为两组（每组 5 个试样）：R 组（1# ~ 5#）和 S 组（1# ~ 5#），试样尺寸：50 mm×30 mm×30 mm，性能指标如表 1 所示。

表 1　R 组（1# ~ 5#）和 S 组（1# ~ 5#）试样性能指标

试样编号	R 组		S 组	
	容重（kg/m^3）	酸度系数	容重（kg/m^3）	酸度系数
1	80			1.2
2	100			1.4
3	120	1.8	140	1.6
4	140			1.8
5	160			2.0

目前国内尚无在高温下处理样品后测量体积变化率的试验方法，本文采用《无机硬质材料绝热制品试验方法》（GB/T 5486—2008）处理样品[3]，按标准升温曲线升至 750 °C，恒温处理 0.5 h。试验设备为 XCT-T01 型马弗炉，处理完毕后取出样品冷却至室温，用精度为 0.02 mm 的游标卡尺分别测量两组样品平行、垂直纤维方向的尺寸，并计算收缩率，用精度为 0.001 g 的精密电子天平测量处理后试样的质量损失。高温处理前后岩棉材料尺寸收缩情况如图 2 所示。

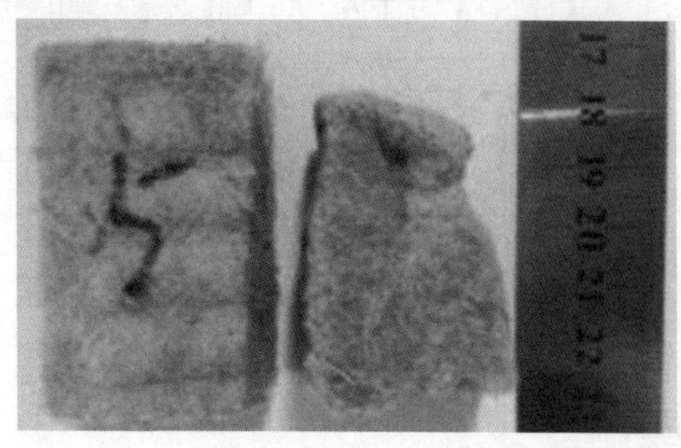

（a）垂直纤维方向试样

（b）平行纤维方向试样

图 2　高温处理前后岩棉材料尺寸收缩情况

3 结果与讨论

3.1 容重与高温体积收缩之间的关系

如图 3 所示为岩棉容重对高温体积收缩的影响，从图中可以看出，垂直纤维方向的高温尺寸收缩率随着容重的增加而增加，而平行纤维方向的高温尺寸收缩率变化趋势则相反；同时可以看到高温处理的后岩棉的质量损失率随着容重的增加略有增加。岩棉材料在制备过程中一般是原料熔融之后经过离心棍甩丝，行程岩棉絮棉，在喷吹冷却成型的过程中，加入一定比例的添加剂（黏结剂、憎水剂等），形成的胶棉经压力设备加工成不同容重的成品。因此，高容重的试样相对低容重的试验含有较多的有机添加物，因而高温处理后质量损失随容重增加略有增加。通过垂直和平行纤维向的尺寸收缩率对比可以发现，R 组试样的垂直纤维向尺寸收缩随着容重的增大而增大，平行于纤维向的尺寸收缩率随着容重的增加呈下降趋势，这一现象说明 R 组岩棉的高温收缩不是由于高温化学反应产生体积效应导致，而是岩棉纤维在高温下软化，在局部塌陷、黏结导致的收缩。总体而言，R 组样品的高温尺寸收缩在 6%以内，因此容重对岩棉高温体积收缩的影响不明显。

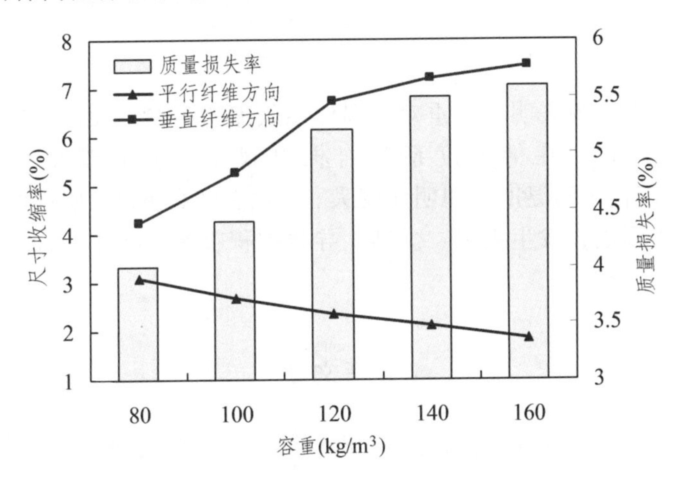

图 3 岩棉容重对高温体积收缩的影响（R 组）

3.2 酸度系数与高温体积收缩之间的关系

酸度系数是指岩棉纤维中 SiO_2、Al_2O_3 含量之和与 MgO、CaO 含量之和的比值。如图 4 所示是不同酸度系数的岩棉（S 组）高温体积收缩与质量损失的情况。

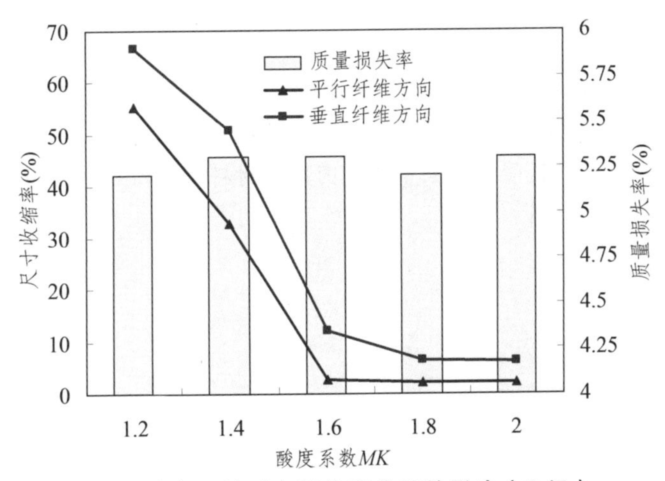

图 4 酸度系数对高温体积收缩的影响（S 组）

从图4可以看出，酸度系数在1.2时样品垂直纤维方向的最大尺寸收缩达到68%，随着酸度系数的增大，垂直和平行纤维方向的尺寸收缩都急剧减小，当酸度系数达2.0时，岩棉两个方向的尺寸收缩率均降到4%左右；高温处理后样品的质量损失率在5%～5.5%波动；酸度系数低于1.6的两组样品高温处理后表现为密度增大，纤维粉化并呈板状状，有轻微的烧结，并伴有少量的液相生成；而酸度系数高于1.6的样品处理后外形完整，纤维形态明显，局部有轻微塌陷。采用多元相系统分析方法，将S组样品主要矿物组成看作是SiO_2-CaO-Al_2O_3-MgO的四元体系，在低酸度的样品中，CaO和MgO含量相应较高，其高温性能的变化主要表现为CaO含量对四元体系的影响，SiO_2-CaO-Al_2O_3-MgO四元体系中在SiO_2含量固定的前提下，随着CaO含量的增加，体系的熔化区间温度区间会明显变大，熔化区黏度下降[4]，因此低酸度的岩棉样品在高温下更易发生软化失去强度，发生塌陷、黏结，导致体积收缩；而随着SiO_2和Al_2O_3含量的增加，四元体系的熔化区间变小，出现液相初始温度升高，纤维在高温下不发生软化，所以高酸度系数的岩棉样品经过相同高温处理后纤维形态完整，未发生明显塌陷和黏结，体积收缩不明显。

4 结 论

两组岩棉高温体积收缩现象表明，容重对高温体积收缩的影响不大；岩棉材料的高温体积稳定性主要受其化学组成的影响，在低酸度系数岩棉材料中，高含量的CaO会导致四元体系SiO_2-CaO-Al_2O_3-MgO的熔化区间温度区间明显变大，熔化温度和下降，使得低酸度系数的岩棉样品更易在高温下发生软化失去强度，发生塌陷、黏结，导致体积收缩。因此在岩棉防火隔离带的选材上应该倾向选择高酸度系数的岩棉。

参考文献

[1] 龙晓飞，胡永腾. 外墙外保温用增强竖丝岩棉板防火隔离带的研究[J]. 消防科学与技术，2012，31（12）：1332-1335.

[2] 朱春玲. 外墙外保温系统中防火隔离带的机理与作用[J]. 建设科技，2013，11：30-33.

[3] GB/T 5486—2008. 无机硬质材料绝热制品试验方法[S]. 北京：中国标准出版社，2008.

[4] 夏俊飞，许继芳，等. CaO和SiO_2含量会影响CaO - SiO_2-Al_2O_3-MgO熔渣熔化性能的影响[J]. 过程工程学报，2010，10（1）：78-80.

作者简介： 彭超（1984—），安徽桐城人，2005年毕业于武汉理工大学，工程师，任职于中国建材检验认证集团股份有限公司从事保温绝热材料的研究与检验认证工作。

通信地址：北京市朝阳区管庄东里1号中国建筑材料科学研究总院南楼108室；

联系电话：13381289656；

电子信箱：pc@ctc.ac.cn。

单层铯钾防火玻璃在屏蔽型中庭防火分隔中的应用

周白霞
（云南省昆明市公安消防部队昆明指挥学校）

【摘　要】 建筑中庭能提高建筑内部的采光度和通透性，正越来越多地应用到大型公共建筑中，但连通多楼层的中庭布置却增加了火灾烟气蔓延扩大的危险。为有效防控火灾烟气，建筑中庭需要按照规范进行防火分隔，单层铯钾防火玻璃是建筑中庭中既能保证良好的采光度和通透性能，又能满足规范中防火设计要求的新型材料。

【关键词】 建筑中庭；防火分隔；火灾烟气；防火玻璃

建筑中庭是以建筑物内部空间为核心，贯穿多个楼层，并与各楼层相通而形成的体积很大的空间。中庭能够大大增强建筑物的采光、通风性能，在使建筑更具现代美感的同时，也使建筑物内的人员更有舒适感。因此，中庭越来越成为现代建筑广泛运用的形式之一。近年来，出现了各式各样的中庭建筑，对中庭的分类也存在许多不同的标准，消防安全工程依据防火分区方式的不同，将国内常见的中庭分成三大类，分别是屏蔽型中庭、回廊型中庭和楼层开敞型中庭。屏蔽型中庭是指中庭与其周围建筑间使用内幕墙隔断（见图 1），这类中庭的特点是中庭与周围的建筑物之间相对独立，即使中庭发生火灾，火灾烟气也难以进入周围的楼层（见图 2）。为达到防火防烟的效果，规范对内分隔墙提出了相应的要求。

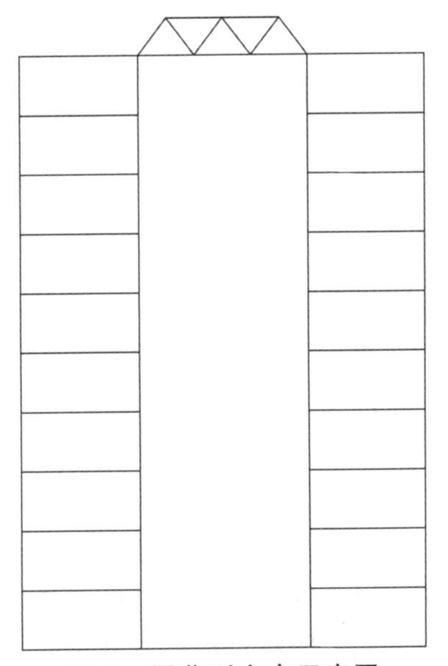

图 1　屏蔽型中庭示意图

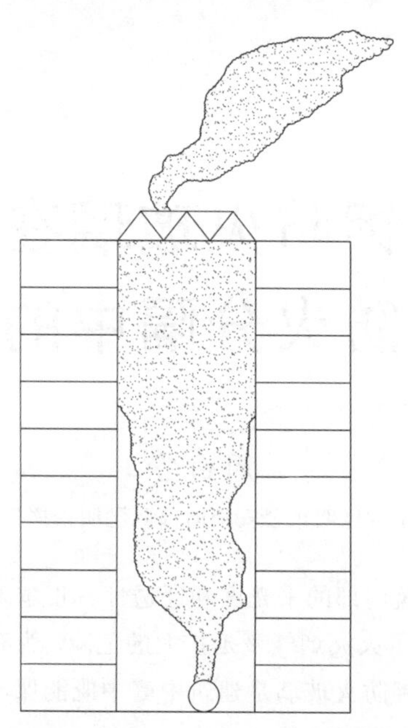

图2　屏蔽型中庭防火分区及烟火蔓延示意图

1　建筑设计防火规范对中庭内分隔墙的要求

为保证中庭与各楼层形成不同的防火分区单元，我国新实施的《建筑设计防火规范》（GB 50016—2014）对建筑中庭提出了相应的强制性要求。依据规范5.3.2条，当建筑内设置中庭时，其防火分区的建筑面积应按上、下层相连通的建筑面积叠加计算；当叠加计算后的建筑面积大于本规范第5.3.1条的规定时，应符合下列规定：与周围连通空间应进行防火分隔，采用防火隔墙时，其耐火极限不应低于1.00 h；采用防火玻璃墙时，其耐火隔热性和耐火完整性不应低于1.00 h；采用耐火完整性不低于1.00 h的非隔热性防火玻璃墙时，应设置自动喷水灭火系统进行保护；采用防火卷帘时，其耐火极限不应低于3.00 h，并应符合本规范第6.5.3条的规定；与中庭相连通的门、窗，应采用火灾时能自行关闭的甲级防火门、窗。基于中庭空间应具备良好的采光透光性能要求，目前，国内的很多屏蔽式中庭都采用防火玻璃作为内分隔墙。

2　防火玻璃的类型及耐火性能

防火玻璃经过十几年的发展，生产工艺以及产品性能尤其是耐火性能发生了很大的变化。在建筑消防安全中发挥的作用也越来越大。建筑用防火玻璃按生产工艺和结构组成不同分为夹层防火玻璃、夹丝防火玻璃和单片防火玻璃。

2.1　夹层防火玻璃

夹层防火玻璃是由两层或两层以上玻璃片材经防火胶粘剂复合而成，或由一层玻璃片材与有机耐火隔热材料复合而成，或在两片或两片以上的单层玻璃的四周先用边框条密封好，然后由灌注口灌入防火胶复合而成，并满足相应耐火性能要求的特种玻璃。在室温下和火灾发生初期，夹层防火玻璃和普通平板玻璃一样具有透光性能和装饰性能。发生火灾后，随着火势的蔓延扩大，火灾温度升高，夹层防火玻璃防火夹层受热膨胀发泡，形成很厚的防火隔热层，起到防火隔热和防火分隔的作用。

2.2 夹丝防火玻璃

夹丝防火玻璃是在两层玻璃中间的有机胶片或无机浆体夹层中夹入金属丝网构成的复合体。丝网加入后不仅提高防火玻璃的整体抗冲击强度，而且能与电加热和安全报警系统相连接，起到多种功能的作用；但夹丝防火玻璃内部的金属网丝影响了防火玻璃的透光率和视觉效果。

2.3 单片铯钾防火玻璃

单片铯钾防火玻璃是在一定耐火时限内具有耐火完整性、能够有效阻隔火焰及烟雾蔓延但不具备隔温绝热功效的单层透明特种玻璃；是我国近年才引进的防火玻璃生产技术，其生产工艺是对单片的普通浮法平板玻璃通过特殊的物理化学处理，在高温高压状态下进行 20 多小时离子交换替换玻璃表面的金属钠，经再生产制成的高强度高耐火、能抵抗强度快速变化和热浪冲击的特种安全玻璃。单片铯钾高强防火玻璃的强度是普通玻璃的 6 ~ 12 倍，是钢化玻璃的 1.5 ~ 3 倍。单片铯钾高强防火玻璃通过国家防火建筑材料质量监督检验中心的检测，其防火性能达到并超过《建筑用安全玻璃防火玻璃》（GB 15763.1—2001）所规定的 C 类 I 级的要求，在 1 000 °C 火焰冲击下能保持 96 ~ 183 min 不炸裂，从而有效地阻止火焰与烟雾蔓延，有利于第一时间发现火情，使人们有足够时间撤离现场，并为救灾工作争取时间。单片铯钾高强防火玻璃由于表面的内应力效果，当玻璃破碎时碎块呈现微小钝形颗粒状态减少对人体造成伤害。单片铯钾高强防火玻璃与夹层防火玻璃、夹丝防火玻璃相比，除了高强度高耐火性能之外，最大的特点是高透光性和耐候性。在紫外线及火焰高温作用下不会生成乳化变白隔热层，依然保持通透功能。由于单片铯钾防火玻璃的高强度、高耐火性、高通透性和优秀的耐候性，已广泛应用于高层建筑外幕墙代替传统幕墙玻璃、建筑内挡烟垂壁代替钢筋混凝土挡烟垂壁，以及建筑内的防火分区构件。本文主要分析单层铯钾防火玻璃在屏蔽型中庭防火分隔中的应用。

3 采用防火玻璃分隔中庭空间

由于受防火玻璃技术的限制，我国早期建造的中庭建筑多采用回廊型中庭。回廊型中庭是指中庭通过回廊与周围楼层发生空间上的联系，若各楼层使用区域与回廊之间防火分隔处理不好，则容易导致烟火在中庭和各楼层快速蔓延，加大了建筑的火灾危险性。为提高建筑的消防安全，近年来，越来越多的建筑采用防火玻璃分隔的屏蔽型中庭设计方式。表 1 是我国部分采用防火玻璃做内分隔墙的建筑。

表 1 我国部分采用防火玻璃做内分隔的建筑

建筑名称	建筑及中庭参数	防火分隔方法
上海中心	建筑总面积 379 875 m^2，高 492 m，地上 101 层，地下 3 层；建筑沿竖向空间布置有多个中庭	双层玻璃幕墙中的内层玻璃采用单层铯钾防火玻璃，使各楼层与各个中庭空间分隔
中国国家图书馆	建筑总面积 191 900 m^2，高 42.5 m，地上 5 层，地下 2 层；建筑沿地上 5 层布置贯通的中庭空间	中庭与各层书库或阅览区之间用防火玻璃分隔，同时用喷淋保护防火玻璃
广州太古汇	总建筑面积 462 388 m^2，其中地上面积 293 393 m^2；裙楼商业中心设计有多个中庭，每个中庭上有天窗	商场与回廊之间采用防火玻璃分隔，沿商场店铺玻璃墙和玻璃门的一侧，安装加密喷淋保护
北京京澳中心	主体建筑为两栋高 22 层的建筑，两栋建筑的 1 ~ 5 层为共享型中庭，中庭高 24 m。该中庭与 3 ~ 5 层主楼的办公区相连	原设计拟采用复合防火玻璃，后改为水喷头保护 12 mm 厚钢化玻璃的方案

中庭防火分隔是建筑安全设计中一个十分重要的内容。中庭分隔使用的玻璃构件必须满足防火分隔墙的要求，只有这样才能将火焰和烟气限制在某一区域、防止其蔓延，同时也可为尽快扑灭火灾提供有利条件。随着防火玻璃技术的发展，单片铯钾防火玻璃已经应用到中庭防火分隔构造中，能发挥更好的防火、阻火作用。根据《建筑设计防火规范》对中庭防火设计的规定，笔者认为防火玻璃分隔墙的设计应符合以下要求。

3.1 防火玻璃分隔墙主龙骨的选择

我国玻璃分隔构件在设计施工时，采用比较广泛的是铝合金骨架隐框玻璃幕墙。但由于铝合金型材的耐火性能比较差，铝合金结构型材在250～300 °C 即失去承载能力。另外隐框玻璃分隔构件用硅硐胶、橡胶与铝合金框胶合，硅硐胶的耐高温程度也只有200 °C，超过200 °C 时胶的黏合力降低也会使玻璃脱落，影响防火玻璃幕墙的完整性和稳定性。

钢材作为一种"轻质高强"的不燃性建筑材料，其火灾高温力学性能并不是很好，当钢结构作为建筑承重结构时，钢构件在火灾高温作用下强度损失很快，需要在表面涂覆防火涂料加以保护。但钢材在防火玻璃幕墙体系中作为非承重的幕墙横向、竖向龙骨构件时，通过实验表明，钢龙骨在表面无防火涂料保护情况下可在1 200 °C 高温下耐火180 min 仍保持完整只是略有变形，但不影响防火玻璃幕墙的支撑稳定和整个幕墙体系的完整。因此，在确定使用防火玻璃幕墙作为建筑的外维护工程时，钢龙骨成为防火玻璃幕墙中主龙骨的必然选择。

3.2 防火玻璃分隔墙玻璃的选择

防火玻璃分隔墙中的防火玻璃除满足耐火要求以外，还应满足建筑使用人员对玻璃分隔墙透光性等视觉效果的要求，即分隔墙视觉效果也必须保证与普通玻璃幕墙一致。因此，选用的防火玻璃应满足普通幕墙玻璃的透光性和高耐候性，而夹丝防火玻璃内部的金属网丝影响了防火玻璃的透光率和视觉效果；夹层防火玻璃在紫外线照射及火焰高温作用下很快生成乳白色隔热层，影响了玻璃幕墙的透视效果；单片铯钾高强防火玻璃与夹层防火玻璃、夹丝防火玻璃相比，除了高强度高耐火性能之外，最大的特点是高透光性和优秀的耐候性。单片铯钾防火玻璃分隔墙具有与传统玻璃分隔墙相近的外视和内视效果。目前，我国正在施工中的上海中心大厦中庭的内分隔墙玻璃采用的就是单片铯钾防火玻璃。

4 结 语

随着防火玻璃技术的提高和中庭建筑的快速发展，更加安全的防火玻璃分隔墙必将受到更广泛的关注，我国在上海中心等超高层建筑的中庭空间中推广应用单层铯钾防火玻璃的成功经验，也为我国在越来越多的中庭建筑中推广应用单层铯钾防火玻璃分隔墙奠定了理论和实践基础，新的《建筑设计防火规范》对中庭防火设计的严格要求，也必将推动单层铯钾防火玻璃分隔墙的新发展。

参考文献

[1] 中华人民共和国建设部. 建筑设计防火规范[M]. 北京：中国计划出版社，2005（09）.

[2] 王立，况凯骞. 大型商业购物中心中庭防火分隔与人员疏散[J]. 消防科学与技术，2012（01）：36-39.

[3] 蒋建伟，张晨杰. 风险评估在建筑中庭消防设计中的运用[J]. 南昌高专学报，2004（01）：91-93.
[4] 陆刚. 探析建筑用防火玻璃的类型和功能特性[J]. 现代技术陶瓷，2012（4）：32-38.
[5] 肖永清. 防火玻璃的市场与发展. 建筑玻璃与工业玻璃[J]，2012（3）：14-18.
[6] 易明. 推广防火玻璃有助提高建筑防火能力[J]. 消防与生活，2011（1）：37-37.
[7] 陈冬明，吕锋. 浅谈中庭开敞式商场的消防设计[J]. 消防科学与技术，2005（5）：30-31.

作者简介：周白霞（1969—），女，江西南昌人，云南省昆明消防指挥学校训练部副部长，副教授，主要从事建筑防火设计、建筑消防设施研究。
通信地址：云南昆明消防指挥学校训练部；
联系电话：13708435253。

对于内部装修材料防火等级判定依据的研讨

孔祥宇　张巍娜　冯 波

（辽宁省新纳斯消防检测有限公司）

【摘　要】 我国现有2本标准对内部装修材料的燃烧性能进行了分级，分别为《建筑材料及制品燃烧性能分级》（GB 8624—2012）和《建筑内部装修设计防火规范》（GB 50222—1995，2001年修订版）。本文主要通过对比两部标准的内容、试验方法，并结合国内消防检测部门选用标准的情况和国家颁布的防火检测文件，对内部装修材料的防火等级判定依据进行了分析。研究结果表明《建筑材料及制品燃烧性能分级》（GB 8624—2012）为国内最新最权威的燃烧性能分级标准，应选用此标准作为内部装修材料防火等级判定依据。

【关键词】 消防；内部装修材料；GB 8624—2012；GB 50222—1995

《建筑材料及制品燃烧性能分级》（GB 8624—2012）适用于建设工程中使用的建筑材料、装饰装修材料及制品等的燃烧性能分级和判断[1]；而《建筑内部装修设计防火规范》（GB 50222—1995，2001年修订版）适用于民用建筑和工业厂房的内部装修设计[2]。从上述字面描述可以看出，GB 50222—1995（2001年修订版）仅适用于内部装修材料的防火检测；而GB 8624—2012适用于所有建筑材料的防火检测，所用范围更广。而当检测材料为大理石、阻燃板、地毯、地板和窗帘这些建筑内部装修材料时，选用哪部国标当实验依据能准确、方便地判断该材料的燃烧性能呢？

1 内容对比

将GB 50222—1995（2001年修订版）和GB 8624—2012对材料燃烧性能等级判定进行对比，如表1所示。

表1

<table>
<tr><th>内容</th><th>GB 50222—1995（2001年修订版）</th><th colspan="3">GB 8624—2012</th></tr>
<tr><td rowspan="3">A级材料判定条件</td><td rowspan="3">1.炉内平均温升不超过50 °C；
2.试样平均持续燃烧时间不超过20 s；
3.试样平均质量损失率不超过50%</td><td>A_1级</td><td colspan="2">炉内升温$\Delta T \leqslant 30$ °C；
质量损失率$\Delta m \leqslant 50\%$；
持续燃烧时间$t_f=0$；
总热值$PCS \leqslant 2.0$ MJ/kg</td></tr>
<tr><td rowspan="2">A_2级</td><td>炉内升温$\Delta T \leqslant 50$ °C；
质量损失率$\Delta m \leqslant 50\%$；
持续燃烧时间$t_f=20$ s</td><td>（或）
总热值$PCS \leqslant 3.0$ MJ/kg</td></tr>
<tr><td colspan="2">平板状建筑材料及制品：
燃烧增长速率指数$FIGRA_{0.2\,MJ} \leqslant 120$ W/s；
火焰横向蔓延未达到试样长翼边缘
600 s的总放热量$THR_{600\,s} \leqslant 7.5$ MJ
铺地材料：
临界热辐射通量$CHF \geqslant 8.0$ kW/m^2</td></tr>
</table>

续表

内容		GB 50222—1995(2001年修订版)	GB 8624—2012		
B_1级材料判定条件		1.试件经过难燃试验燃烧的剩余长度平均值≥150，其中没有一个试件的燃烧剩余长度为0； 2.没有一组试验的平均烟气温度超过200 °C； 3.经过可燃性试验，且满足可燃性试验的条件	B级	平板状建筑材料及制品	燃烧增长速率指数 $FIGRA_{0.2\ MJ} \leqslant 120$ W/s 火焰横向蔓延未达到试样长翼边缘 600 s的总放热量 $THR_{600\ s} \leqslant 7.5$ MJ
					60 s内焰尖高度 $F_s \leqslant 150$ mm； 60 s内无燃烧滴落物引燃滤纸现象
				铺地材料	临界热辐射通量 $CHF \geqslant 8.0$ kW/m^2
					20 s内焰尖高度 $F_s \leqslant 150$ mm；
		地面装饰材料，经辐射热源法试验，最小辐射通量大于或等于0.45 W/cm^2	C级	平板状建筑材料及制品	燃烧增长速率指数 $FIGRA_{0.2\ MJ} \leqslant 250$ W/s 火焰横向蔓延未达到试样长翼边缘 600 s的总放热量 $THR_{600\ s} \leqslant 15$ MJ
					60 s内焰尖高度 $F_s \leqslant 150$ mm； 60 s内无燃烧滴落物引燃滤纸现象
				铺地材料	临界热辐射通量 $CHF \geqslant 4.5$ kW/m^2
					20 s内焰尖高度 $F_s \leqslant 150$ mm；
B_2级材料判定条件		经可燃试验，同时符合下列条件： 1.对下边缘无保护的试件，在底边点火开始后20 s内，五个试件火焰尖头均未达到刻度线； 2. 对下边缘无保护的试件，除符合以上条件外，应附加一组表面点火，点火开始后的20 s内，五个试件火焰尖头均未达到刻度线	D级	平板状建筑材料及制品	燃烧增长速率指数 $FIGRA_{0.2\ MJ} \leqslant 750$ W/s
					60 s内焰尖高度 $F_s \leqslant 150$ mm； 60 s内无燃烧滴落物引燃滤纸现象
				铺地材料	临界热辐射通量 $CHF \geqslant 3.0$ kW/m^2
					20 s内焰尖高度 $F_s \leqslant 150$ mm
			E级	平板状建筑材料及制品	60 s内焰尖高度 $F_s \leqslant 150$ mm； 60 s内无燃烧滴落物引燃滤纸现象
		地面装饰材料，经辐射热源法试验，最小辐射通量大于或等于0.22 W/cm^2		铺地材料	临界热辐射通量 $CHF \geqslant 2.2$ kW/m^2 20 s内焰尖高度 $F_s \leqslant 150$ mm；
窗帘幕布类装饰织物燃烧性能判定条件	B_1级	损毁长度≤150 mm； 续燃时间≤5 s； 阴燃时间≤5 s	指数 $OI \geqslant 32.0\%$； 损毁长度≤150 mm，续燃时间≤5 s，阴燃时间≤15 s； 燃烧滴落物未引起脱脂棉燃烧或阴燃		
	B_2级	损毁长度≤200 mm； 续燃时间≤15 s； 阴燃时间≤10 s	氧指数 $OI \geqslant 26.0\%$； 损毁长度≤200 mm，续燃时间≤15 s，阴燃时间≤30 s； 燃烧滴落物未引起脱脂棉燃烧或阴燃		
塑料材料燃烧性能判定条件	B_1级	氧指数≥32； 水平燃烧法达到1级； 垂直燃烧法达到0级	电线电缆套管	氧指数 $OI \geqslant 32.0\%$； 垂直燃烧性能V-0级； 烟密度等级SDR≤75	
			电器设备外壳及附件	垂直燃烧性能V-0级	
	B_2级	氧指数≥27； 水平燃烧法达到1级； 垂直燃烧法达到1级	电线电缆套管	氧指数 $OI \geqslant 26.0\%$； 垂直燃烧性能V-1级	
			电器设备外壳及附件	垂直燃烧性能V-1级	

从上面对比可以看出，国标（GB 8624—2012）与国标 GB 50222—1995（2001 年修订版）对燃烧等级均划分为 A（不燃制品）、B_1（难燃制品）、B_2（可燃制品）、B_3（易燃制品）4 个等级。国标 GB 8624—2012 同时建立了与欧盟标准分级 A_1、A_2、B、C、D、E、F 的对应关系，并采用了欧盟标准 EN 13501-1:2007 的分级依据，且指出满足 A_1、A_2 级即为 A 级，满足 B 级、C 级即为 B_1 级、满足 D、E 即为 B_2 级。

国标 GB 8624—2012 较国标 GB 50222—1995（2001 年修订版）所做的检测试验更多，但做的试验少是不是也能准确地判断其燃烧等级呢？

A 级材料及制品：从内容来看，GB 50222—1995（2001 年修订版）在 A 级检测里只进行不燃试验，GB 8624—2012 中的 A 级检测实验中包括不燃试验、热值试验和单体燃烧试验。对于 GB 8624—2012 中的热值试验，测试的是单位质量的材料完全燃烧所产生的热量；而单体试验中，得到的两个试验参数，分别是试样燃烧释放量达到一定时的燃烧增长速率指数以及 600 s 的总释放热量。此些项目的增加，更利于人们对所检测材料性能的了解，对其燃烧性能得到更直观的认识。

B_1\B_2 级装饰平板材料：GB 50222—1995（2001 年修订版）和 GB 8624—2012 的不同在于前者做的难燃试验更侧重于表面现象，后者做的燃烧单体试验是从理论数值表达。

B_1\B_2 级铺地材料：GB 8624—2012 较 GB 50222—1995（2001 年修订版）多添加了可燃试验，可燃试验能更直观的表达材料是否燃烧，给判断提供了一个依据，使结果更有说服力。

B_1\B_2 级装饰织物：GB 8624—2012 较 GB 50222—1995（2001 年修订版）多添加了纺织品氧指数试验。氧指数试验方法能准确的判读材料在空气中与火焰接触时燃烧的难易程度，氧指数越高，材料越不容易燃烧。

B_1\B_2 级塑料燃烧性能：GB 50222—1995（2001 年修订版）较 GB 8624—2012 缺少了烟密度试验，而在塑料加工过程中的部分添加剂可能在燃烧后产生有毒烟气，所以在衡量其阻燃性能时，同时考虑到对于影响环境和人身安全问题，说明 GB 8624—2012 的编制者考虑问题更全面、更人性化。

2 国内现状

2012 年修订的《建设工程消防监督管理规定》中第十八条第四项中列出，选用的消防产品和具有防火性能要求的建筑材料符合国家工程建设消防技术标准和有关管理规定；第二十一条建设单位申请消防验收应当提供下列材料：第四项指出具有防火性能的建筑构件、建筑材料、装修材料符合国家标准或者行业标准的证明文件、出厂合格证[3]，但均未具体指明使用哪个国建标准。而经过调查，国家防火建筑材料质量监督检验中心、辽宁省防火消防产品质量安全监督检验中心、包括我公司辽宁新纳斯消防检测有限公司等很多家检测单位均选用 GB 8624—2012，而北京市消防产品质量监督检验站选用 GB 50222—1995（2001 年修订版）作为实验依据。

从标准颁布时间可以看出 GB 8624—2012 是最新的，从 1988 年到 2012 年经过 4 次修改变更。而 GB 50222—1995（2001 年修订版）从 1995 年发布至今只有在 2001 年进行过 1 次修订，可以看出 GB 8624—2012 从建立系统、检测手段方面更趋于完善，也紧随着科技发展与时俱进。GB 50222—1995（2001 年修订版）重点在于建筑内部装修防火设计，及施工部位选用相应等级的装修材料，而对于装修材料燃烧性能等级划分只在附录 A 中提到，而 GB 8624—2012 却用全篇内容对燃烧性能的等级进行了阐述。

3 结 论

综上可知，GB 8624—2012 为国内最新最权威的建筑材料及制品燃烧性能分级标准，应选用此标准作为内部装修材料防火等级判定依据。随着科技的发展，服务于消防检测技术的材料性能分级标准也在不断更新；消防人才通过不断地学习与探索，消防检测科学会会更加完善。

参考文献

[1] GB 8624—2012. 建筑材料及制品燃烧性能分级[S].
[2] GB 50222—1995（2001 年修订版）. 建筑内部装修设计防火规范[S].
[3] 中华人民共和国公安部令第 119 号. 公安部关于修改《建设工程消防监督管理规定》的决定[Z]. 2012.

新型防火金属装饰板——钢塑复合材料的研究开发

王小红
（湖南省长沙市塑料研究所，湖南科天新材料有限公司）

【摘　要】　本文主要研究了新型防火金属复合装饰板材料的制备技术及其各项性能测试，并从试验结果参数对其燃烧性能和物理力学性能进行了评价分析，因而对防火金属板在建筑装饰装修上的材料选用具有一定的指导意义。

【关键词】　钢塑复合板；建筑装饰装修板材；防火安全性；燃烧性能评价

1　前　言

随着国民经济水平和人民消防意识的不断提高，特别是近年来多起建筑外墙外保温装饰材料引发的重大火灾事件的发生，使得金属复合装饰板材料越来越受到建筑装修行业以及社会各界的重视，因而对金属复合装饰材料的研究开发及防火安全性能评价的分析越来越深入。无卤高阻燃防火钢塑复合板材料的研制成功，大大提高了建筑物抗火灾的能力，是一种新型的防火环保型装饰材料。

防火钢塑复合板（以下简称防火钢塑板，FR SCM）是以优质镀钢锌钢合金涂层板作面板，无卤阻燃材料作芯材的新型墙体装饰建材产品。防火钢塑板除保持了普通钢塑板较高的物理力学特性外，还具有优异的防火性能，达到国际防火标准，发烟稀少，是一种环保型绿色建材，目前已在建筑内外墙装饰领域推广使用。

2　防火钢塑板研制的技术原理

防火钢塑板是一种环境友好型（无毒无公害化）和资源节约型（可节约基础树脂）的阻燃安全材料。该技术项目以无毒无公害化的环保型阻燃剂（填充70%以上）来阻燃改性聚乙烯基础树脂，通过采用阻燃剂聚合包覆活化技术、无卤阻燃复配增效技术、接枝共聚改性相容剂等核心技术研发而成。

2.1　技术关键和难点

防火钢塑复合板研制的技术目的是在达到防火等级的基础上，保持钢塑板的其他性能，具有良好的物理机械性能；技术关键是低烟无卤高阻燃芯材的配方研制及挤出复合生产工艺的各项技术参数的调整配合；技术难点是满足钢塑板连续热压复合生产线的工艺要求，具有良好的加工成型性能。

2.2　技术原理与工艺路线的选择

钢塑板是以塑料为芯层，外贴预滚涂镀锌钢板的三层复合板材。其生产工艺一般采用热贴工艺。

其钢面板与阻燃芯层的黏合是通过一种在聚乙烯薄膜上多层共挤有一层高分子热熔胶的层合高分子膜，在高温、高压和一定时间条件下，纯聚乙烯层与塑料芯层软化相容而黏合，高分子热熔胶具有极性与钢板黏合，再经冷却定型得到钢塑复合板。该工艺能保持生产连续，自动化程度高，产品质量稳定性好，工艺操作简单，产品质量稳定。

2.3 工艺流程

防火钢塑板和工艺流程如图 1 所示。

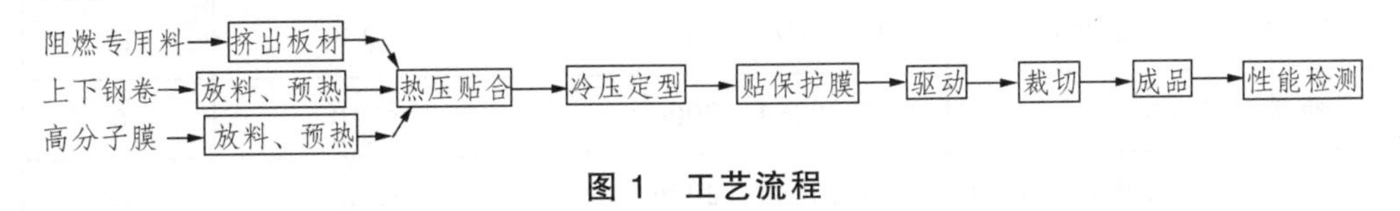

图 1 工艺流程

3 防火钢塑复合板的试制与性能评价

3.1 主要原材料

无卤阻燃专用料：KT-A1621，湖南科天新材料有限公司；

氟碳辊涂花纹镀锌钢合金钢板：厚度 0.35/0.30/4.0 mm；

高分子黏结膜：厚度 0.05 ~ 0.10 mm，工业品。

3.2 主要生产设备

涂装生产线：公司自制；

在线挤出连续热压复合生产线：75/3 600 双螺杆排气式挤出机，主电机 132 kW。

3.3 性能测试

我公司研发生产的环境友好型无卤阻燃功能材料经湖南省塑料产品质量监督授权站和中国建材行业铝塑复合材料阻燃技术研发中心联合检测，其物理力学性能检测如表 1 所示。

表 1 阻燃材料物理力学性能检测数据

序号	测试项目	单　位	测试方法	指　标	检测结果	评价
1	熔融指数	g/10 min	GB/T 3682	0.3 ~ 1.2	0.45	合格
2	氧指数	%	GB/T 2406	大于 40	43	合格
3	燃烧热值	MJ/kg	GB/T 14402	不大于 13.0	12.3	合格
4	拉伸屈服强度	MPa	GB/T 1040	大于 8.0	12.0	合格

采用我公司研发开发的无卤阻燃料，在上海和武汉某建材公司钢塑复合板生产线上，分别连续热压复合生产的建筑幕墙用阻燃型防火钢塑复合板，性能测试试验情况如下：

（1）经国家防火建筑材料监督检验中心对产品按照《建筑材料及制品燃烧性能分级》（GB 8624—2012）标准进行测试，符合 B-s1、d0、t0 级，产烟毒性达到准安全 1 级（ZA1），燃烧热值为 12.3 MJ/kg。详见表 2 检测报告，编号：201412058。

表2　研制的防火钢塑复合板燃烧性能检测结果

检验项目			检验方法	技术指标		检验结果	结论
1	燃烧增长速率指数，$FIGRA_{0.2\,MJ}$（W/s）		GB/T 20284—2006	B	≤120	0	合格
2	600 s内总热释放量，$THR_{600\,s}$（MJ）		GB/T 20284—2006		≤7.5	0.4	
3	火焰横向蔓延长度，*LFS*（m）		GB/T 20284—2006		*LFS*<试样边缘	符合要求	
4	焰尖高度（F_s）（mm）		GB/T 8626—2007		≤150	15	
5	烟气生成指数，*SMOGRA*（m^2/s^2）		GB/T 20284—2006	s1	≤30	0	合格
6	600 s内总产烟量，$TSP_{600\,s}$（m^2）		GB/T 20284—2006		≤50	18	合格
7	燃烧滴落物/微粒		GB/T 20284—2006	d0	600 s内无燃烧滴落物/微粒	符合要求	合格
8	过滤纸被引燃		GB/T 8626—2007		过滤纸未被引燃	符合要求	
9	产烟毒性（级）		GB/T 20285—2006	t0	达到ZA1	ZA1	合格
10	燃烧热值（*PCS*）	金属板（MJ/kg）	GB/T 14402—2007	—		0.0	—
		芯材（MJ/kg）				12.3	
		整体制品（MJ/kg）				6.8	

（2）经国家建筑材料质量监督检验中心对产品按照《建筑幕墙铝塑复合板》（GB 17748）标准进行测试，各项物理力学性能指标，符合GB/T 17748标准要求。尤其是滚筒剥离强度和热变形温度，均高于最新报批稿标准。剥离强度实测数据结果为平均值≥221 N·mm/mm、最小值≥198 N·mm/mm，热变形温度≥112 °C，全部超过标准技术要求。详见表3检测报告，编号：WT2014B02N01229。

表3　防火钢塑复合板物理机械性能检测

序号	检验项目	标准指标	检验值	单项判定
1	弯曲强度	≥100 MPa	175 MPa	合格
2	弯曲弹性模量	≥2.0×10^4 MPa	5.7×10^4 MPa	合格
3	贯穿阻力	≥7.0 kN	14.8 kN	合格
4	剪切强度	≥22.0 MPa	46.7 MPa	合格
5	剥离强度	平均值≥130 N·mm/mm 最少值≥120 N·mm/mm	平均值≥221 N·mm/mm 最小值≥198 N·mm/mm	合格
6	耐热水性	无异常	无异常	合格
7	热变形温度	≥95 °C	112 °C	合格
结论	样品所检项目的检验结果符合GB/T 17748的技术要求			

4 生产制造工艺和挤出复合生产工艺参数对性能的影响

拥有了无卤阻燃材料配方技术不等于就能生产出合格的 B-s1、d0、t0 级阻燃芯材产品及防火复合板。根据配方特点要求，因无卤阻燃剂在芯材中的用量较大，达 70%以上，如果使用不当，会降低板材的理化性能，影响加工流动性，从而在连续热压复合生产时会影响复合效果，废品率提高，不能连续生产，这便是目前许多企业同样拥有了无卤阻燃技术却不能形成规模生产的原因之一。

挤出生产板材时，除严格控制原材料的低分子物如水分含量<0.3%外，还应控制好挤出工艺温度、挤出速度与喂料速度的匹配、熔体压力、真空度等参数，以保证挤出的板材表面平整无凹陷、密实无气孔、塑化均匀。复合时，应适当调整复合工艺参数，如放料张力、热压辊轮温度、驱动线速度、辊轮间隙等及其配合，以保证连续热压复合生产的防火钢塑板各项物理力学性能指标，尤其是滚筒剥离强度和热变形温度，不低于 GB/T 17748—2015 最新报批稿标准要求。

5 结 语

（1）本研究项目的技术关键是低烟无卤高阻燃芯材的研制及挤出复合生产工艺的各项技术参数的调整配合；技术难点是满足钢塑板连续热压复合生产线的工艺要求，保证产品既具有优良的燃烧性能和物理机械性能，又有良好的加工成型性能，从而具有实用价值。

（2）研制的防火钢塑板，经权威检测，各项燃烧性能和物理机械性能均达到或超过 GB 8624 及《钢塑复合板》（GB/T 17748）标准的指标要求，与国外同类最新产品性能相当，达到国际先进水平。

（3）本项目已建成年产 12 000 吨的生产能力并批量投产，打破了该材料仅有德国、日本等少数公司能够生产的格局。

（4）该材料可节省 50%的金属材料和塑料树脂材料，项目应用推广后可大量节约资源和减少二氧化碳排放，可以满足人们对防火安全的要求：遇大火时无烟毒释放，有利于人们的撤离和消防预防工作，提高公共安全。

作者简介：王小红（1967—），男，研究员级高工，主要从事金属复合装饰板的防火安全特性评价研究及无卤阻燃高分子材料的研发生产，已发表相关论文 20 多篇。

电子信箱：wxh602@vip.sina.com。

防火门的技术性能与施工要点分析

刘　冬
（山东省滨州市公安消防支队）

【摘　要】　在城市化快速发展的今天，各种结构形式的建筑林立，增添了城市的繁荣性。但同时火灾严重威胁了人们的生命财产安全，楼层防火逐渐成为人们关注安全的焦点。而随着科技的发展，防火门技术的应用，有效地防护了火灾的蔓延，为人们的逃生争取了时间，降低了火灾带来的损失。因此，本文着重分析了防火门的技术性能，以及防火门在实际应用中的重要意义，进而探讨了其施工的要点，以期对防火门技术的发展有所借鉴。

【关键词】　防火门；技术性能；施工要点

1　前　言

随着人们对火灾安全重视程度的加深，在现代工业和民用建筑中已广泛应用了防火门技术，使得建筑在发生火灾时，有效地隔离了火势的蔓延，阻隔烟雾的扩散，为人员的安全撤离争取了宝贵的时间。防火门在现代的消防用品中占有重要地位，对保障人们的生命安全具有重要意义，因此，在对建筑的防火门进行设计时要充分了解其技术特点和性能，并在施工中把握住要点，才能充分发挥防火门在实际火灾中的作用。

2　防火门概述

防火门是一种具有特殊作用的门，它能在火灾发生时防止火势蔓延，并有效地隔离烟雾，确保人员的疏散。防火门需要满足能在一定时间内满足耐火性、完整性和隔热性等要求。通常防火门设置在以下部位：① 封闭的疏散楼梯通向走道间和封闭的电梯间；② 划分防火区，控制分区建筑面积所设防火墙和防火墙上的门，当建筑设置防火墙有一定的限制时，可用有水幕保护的防火卷帘门来代替防火墙；③ 电缆井、排烟道等竖向管道井的检查门；④ 按照国家规范规定或设计特别要求的防火防烟的隔离墙分户门。

一般来讲按照不同的分类方法，防火门的种类也不同，例如：按照材质分则有木质防火门、钢质防火门、钢木防火门等，其中，木质防火门要求用难以燃烧的木材制作门框、门面；而钢质防火门则需要在门扇内部填充对人体无害的防火隔热材料，同时采取相应的保护措施，保证防火门的耐热性；钢木质防火门则是由钢质和难燃木质材料共同制成的门。而按技术分类可有电子防火门、内置防火闭门器多功能防火门等。按照耐火极限可以分为甲、乙、丙三级。总之，防火门的种类和型号众多，在实际应用时，需要根据建筑的特点，因地制宜，科学合理地选取所需要的防火门种类，以确保在发生火灾时充分发挥作用。

3 防火门的技术性能的分析

耐火的极限性是防火门技术性能的关键指标。作为建筑构件的重要组成部分，防火门的耐火极限可以通过实验测得，按照国家《建筑构件耐火实验方法》（GB 8897）中的规定，来进行燃烧实验，以测定防火门的耐火性。通常判定防火门耐火极限有三个指标，即门垮塌而失去的支撑能力、门的完整性遭到破坏；发生裂缝或穿孔现象，门的隔烟防火功能丧失；其背火面温度超过了实验室的实验温度。三个指标构成一个整体，实验当中任何一个指标被打破则说明防火门已达到耐火极限。通常根据实验的测定，甲级的耐火极限是 72 min 左右，耐火时间最长；而乙级和丙级的耐火时间相对较短，都小于 1 h，分别为 54 min 和 36 min。通过上述分析可以知道，防火门的耐火性有限，一旦达到防火门的耐火极限，防火门将不再起到防火作用，因此，即使在有防火门构件的建筑中，时间也是宝贵的，要在防火门达到防火极限前及时撤离。

由于不同材质的防火门在受热时都会发生不同程度的膨胀，进而引起防火门变形，因此为了防止防火门在受热后发生变形的现象，就需要根据不同材质的门采取相应的措施。对于木质防火门应当保证其水分率不大于 12%，采用窑干法干燥木材，并需要对木质防火门进行难燃处理，在安装时需要在横楞和上下冒头钻通气孔，而防火门门面则需要敷设难燃的无害的材料，内腔则需填充阻燃隔热的石棉板等材料，以防止木质防火门在受热后变形。对于钢质防火门则需要对钢板经过冷加工成型，以冷轧钢板为主要材料，并且门面内腔同样需要填充隔热耐火材料。对于钢质复合材料的防火卷帘门则常用在建筑面积超过相关规定的情况下，该种类型的防火门的耐火极限通常选用甲或乙等级，其不仅具有手动操作的动能，还可以在烟感、温感等消防系统的控制下进行火灾报警，并自动关闭，有效地阻止了火势的蔓延。通常其技术指标要求如下，报警分贝要大于或等于 100 dB，卷帘速度为 5 m/min，烟气泄漏则小于 1.5 $m^3/(min \cdot m^2)$。

此外，近几年新型的防火玻璃门，除了具有一定的艺术装饰外，还能隔音、隔热，在火灾发生时防火玻璃将会因膨胀而发泡，进而形成较厚的防火隔离层，有效地起到了防火作用。目前我国防火玻璃主要以夹层防火玻璃为主，通常防火玻璃的耐火指标主要有耐高温、耐弯曲度、耐冲击性等。

4 防火门的施工要点

不同类型和材质的防火门具有不同的技术特性，在其施工安装过程中，施工的要点也有所不同，需要根据实际情况来进行合理科学的施工。通常，防火门的施工要点主要有以下几个方面。

（1）运输和贮存的要点。在运输和贮存的过程中需要注意保持防火门的干燥和通风，需要采取一定的防晒、防潮和防腐蚀措施；由于防火门门面内腔大多都填充有防火耐热材料，这就要求我们在安装转运过程中，要注意避免对防火门的挤压碰撞，以防止防火门内部结构遭到破坏，进而影响防火的效果。

（2）不同材质的防火门施工的要点。在安装木质防火门的时候，要注意门框的尺寸不能太大，在标准上应当小于洞口尺寸 20.0 mm，且门框下脚需要埋入地下 20.0 mm，以避免存在缝隙；同时门框应当牢固的固定在墙体，并保持通角垂直；同时还应当注意立樘、撑樘平直通角，以避免刨锯；门框两侧固定点要 ≥3 cm，间距要小于 80 cm。在钢质防火门的安装中，需要采取一定的措施防止门框弯曲变形，通常可在门框宽的方向上设定木方支撑，门框下脚同样需要下埋 2 cm，并且墙体预埋件需要和门框进行焊接，然后等待门框上角墙体洞口中的混凝土凝固后才能使用。在洞口注入的混凝土原料通常由水泥、沙、膨胀珍珠岩等按照 1∶2∶5 的配比混合而成。

（3）要注意防火门的缝隙。由于火灾常会产生大量的浓烟，严重威胁了人们的生命安全，若防火门的缝隙过大，则不能有效的保证其密闭效果，不仅不能控制火灾和浓烟的蔓延，还可能会产生其他的严重后果。因此，在安装防火门时留缝宽度必须按照国家规定的标准实施，例如：对木质防火门要求门扇对口缝和门扇与门框之间的立缝要控制在 1.50 ~ 2.50 mm，框与扇间的上缝则控制在 1.00 ~ 1.50 mm，门扇与地面之间的缝隙控制在 8 mm 以内。

（4）防火卷帘门的施工要点。对于钢质复合型材料的防火卷帘门安装，需要注意配备水幕加以保护，可设置单排喷头喷向卷帘门。而卷帘门根据轨道设置的位置不同，可以分为墙侧和墙中两种安装方式。

（5）防火门的安全设施。一方面，为了保证防火门能在火灾发生时自动关闭，在施工时对单扇门应当装设闭门器，对双扇门则保证门间有盖缝板，并安装顺序器，合页上禁用双向弹簧；另一方面，在防火门上应当使用防火门锁，这样可以有效的防风，避免风向带来的火势蔓延，通常使用于建筑外开的防火安全门。

5 结束语

总之，随着近几年来科学技术的发展，防火门的种类也越来越多，新的复合型材料的防火门也不断涌现，在这种情况下，我们更应该掌握防火门的技术性能和施工要点，进而针对不同类型的防火门，实施不同的施工方案，切实保证防火门在火灾中发挥作用。同时，我们也应当不断地创新发展防火门技术，以适应不断变化的环境条件。

参考文献

[1] 吴新宇. 防火门施工应用技术[J]. 中国西部科技，2013（09）：54-55.
[2] 滕洪泽. 防火门的技术性能及施工要点[J]. 建筑安全，2001（03）：43-44.
[3] 吴伟志. 防火门的性能要求与质量保证[J]. 中国建筑金属结构，2008（07）：22-26.

作者简介： 刘冬，滨州市公安消防支队经济开发区大队工程师。
通信地址：滨州市黄河五路渤海二十四路北 100 米消防大队，邮政编码：256600；
联系电话：13954376853。

改性聚苯乙烯防火保温板：防火达到 A 级

李碧英　张泽江　朱 剑　屈文良　文桂英
（公安部四川消防研究所）

2011 年 3 月 15 日，公安部消防局强势发布了《关于进一步明确民用建筑外保温材料消防监督管理有关要求的通知》(第 65 号文件），并明确规定无论是住宅、公建还是既有建筑改造所用保温材料，燃烧等级均必须达到 A 级。2014 年 8 月，公安部、住建部联合发布的新版《建筑设计防火规范》（GB 50016—2014)，明确规定人员密集公共场所，100 米以上住宅建筑，以及 50 米以上的其他建筑所使用的外墙保温材料，燃烧等级均必须达到 A 级。为贯彻执行公安部第 65 号文件及《建筑设计防火规范》（GB 50016—2014）精神，公安部四川消防研究所对聚苯乙烯防火保温板的研究及应用技术开展了研究，目前已研制出不燃聚苯乙烯防火保温板。经国家建筑防火材料中心检测，满足 GB/T 8624—2012 A2、s1、d0 级测试要求，且比重小于 120 kg/m^3，热值小于 3.0 MJ/kg，导热系数≤0.055 W/（M·K)，10%形变抗压强度大于 100 kPa；同时具有在 10%酸、碱性溶液中浸泡 20 天后不开裂、不脱落，以及燃烧后炭层结构不粉化、不爆裂等优点。

此外，不燃聚苯乙烯防火保温板还具有如下优势：① 成果易转化实施，设备投资费用低，仅需在现有 B2、B1 级保温板材生产基础上，增加一套包覆改性设备即可批量生产，另外厂房空间需求小，可以挽救一大批濒临死亡的 EPS 泡沫保温板材生产企业；② 可显著降低建筑成本，由于质轻、易搬运、运输无破损、装卸安全、劳动强度低、易裁切、易施工等优点，一方面可显著降低施工成本，另一方面还可以显著降低建筑负荷；③ 性能优异，具有出色的抗压、抗拉拔强度，高防水、高耐酸碱性能，线性变形率低，施工后不产生裂缝，以及保温性能持久、燃烧后炭层结构强度高等优异性能等；④ 广阔的应用领域，可广泛应用于外墙保温、屋面保温、甲乙丙级防火门、防火隔墙、钢结构防火保护板、彩钢夹心保温板等领域，必将成为今后保温行业的赢家。因此，随着无机保温砂浆材料、胶粉聚苯颗粒保温砂浆材料、无机发泡水泥保温系统的先后限制或禁止使用，不燃聚苯乙烯保温板必然会成为较为理想的替代产品之一。

作者简介： 李碧英（1979—)，女，硕士研究生，主要研究方向：阻燃塑料，防火保温材料。
联系电话：13408568563；
电子信箱：libiying980321@163.com。

高载能企业矿热炉及中控室安全防范设计探讨

郑 华

（宁夏回族自治区消防总队石嘴山支队）

【摘 要】 本文通过对矿热炉喷炉事故发生的原因及目前全国矿热炉及中控室安全防范和设计存在缺陷的分析，对矿热炉及中控室安全防范和设计提出对策及建议，为企业安全提供参考。

【关键词】 高载能；矿热炉及控制室；安全防范；设计对策

高载能产业是能源成本在产品产值中所占比重较高的产业，又叫能源消耗密集型产业；主要指钢铁、有色、建材、石油加工及炼焦、化工、电力这六大高耗能行业。近十年来随着西部大开发的深入，在宁夏、内蒙古、新疆等电力资源相对丰富的地区建设了许多高载能工业企业，高载企业在给地方经济发展带来可观的财政收入的同时也伴随着安全事故接二连三地发生。在这些安全事故中尤其是矿热炉喷炉事故引发的作业平台及矿热炉中控室操作工的伤亡人数最多。

1 高载能企业矿热炉喷炉事故

1.1 造成高载能企业矿热炉喷炉事故频发的原因

（1）炉体循环水系统漏水遇高温铁水或电石使炉内氢含量增加，或因水遇熔池高温迅速汽化，产生猛烈的爆炸。使炽热的半成品、炉料、电石等喷射、散射至炉外，造成操作人员的烧伤，设备及建筑物的损坏。

（2）因电极糊质量差、压力环压力偏高、电极糊粒度偏大、糊柱高度偏低而引起电极糊流入熔池，接触熔融的高温电石，产生氢气等可燃气体，与空气形成爆炸性混合物，发生爆炸，造成人员伤亡、设备损坏。

（3）密闭炉环型料仓和电极糊添加装置氮气保护不好，或电石炉压为负压，有空气进入电石炉内，在炉内形成爆炸性混合气体，发生爆炸事故。

（4）炉壁烧穿、炉底烧穿是由于炉体砌筑质量不合格，原料中杂质过多，副反应多的结果。特别是炉料中的氧化镁、氧化硅的危害，氧化镁在高温熔融区被还原为金属镁，镁蒸气在扩散过程中发生氧化反应放出大量的热，使炉膛内局部温度过高，破坏熔池硬壳，使熔融电石，硅铁由熔池向外侵蚀炉衬，导致炉壁发红、炉体烧穿。如果炉内喷出的熔融物烧坏设备的冷却水管或直接遇水就会发生爆炸。

（5）若使用水分较多或冻结的泥球堵炉眼，或用受潮电石粉末垫炉嘴和垫锅底，也会引起爆炸。

（6）炉体检修后，烘炉不彻底即投料生产，炉内产生大量水蒸气造成炉内压力升高也可能导致喷炉。

1.2 导致高载能企业矿热炉作业平台及中控室操作人员伤亡的原因

1.2.1 作业平台人员伤亡的原因

作业平台工作人员由于长期处于高温工作环境中，造成工作人员安全生产操作规程中要求的每个工作人员工作期间必须穿戴如防红外护目镜、隔热工作服、工作鞋等防护装备的很少或者没有，进而导致在矿热炉发生喷炉事故时产生的大量高温气体或液体灼烫伤亡。

1.2.2 中控室操作人员伤亡的原因

（1）中控室建筑结构耐火等级低导致矿热炉在喷炉事故发生中产生的高温气体冲击波或高温液体将操作室玻璃击碎，造成中控室操作人员的伤亡。

（2）中控室安全出口通向操作面，导致矿热炉在喷炉事故发生中，人员无法疏散。

2 矿热炉以及中控室安全设计存在缺陷分析

2.1 安全防范方面存在缺陷

对于高载能企业中最危险的矿热炉设计制作属于非标设计范畴至今尚无统一的国家标准设计。制作单位繁多，从业混乱，无资质、无证单位与个人大量介入，设计上参数结构各异，总体装备落后，电炉功率因数偏低，生产技术指标落后等原因使矿热炉的安全设计及防范无法统一提出安全设计措施，导致国内外先进的安全防范技术在安全设计阶段无法引进，导致矿热炉的安全设计防范出现先天性缺陷。

2.2 安全设计存在的缺陷

虽然高载能企业发展已有很多年的历史，但是，矿热炉厂房及中控室的安全设计以及相关部门的审核主要依据《建筑设计防火规范》进行。依据《建筑设计防火规范》(GB 50016—2006）中高载能企业矿热炉厂房的火灾危险性划分为丁类，按照丁类生产车间的火灾危险性来其确定其防火分区及疏散距离：① 防火分区：按照《建筑设计防火规》(GB 50016—2006）第 3.3.1 条规定对于火灾危险性为丁类且耐火等级为二级建筑的防火分区最大允许面积不限制；② 疏散：按照《建筑设计防火规》(GB 50016—2006）第 3.7.1 条的规定矿热炉所在的生产厂房的安全出口应分散布置且每个防火分区、一个防火分区的每个楼层，其相邻 2 个安全出口最近边缘之间水平距离不应小于 5 m；第 3.7.4 条规定丁类厂房内任意一点到最近安全出口距离不限。从以上标准和规范得出全国无统一的标准及规范或参照规范失之于宽致使矿热炉的作业平台以及中控室的防火分区及安全疏散在发生喷炉事故造成伤亡人数的增多是由于设计缺陷所致。

3 对矿热炉及中控室安全设计对策及建议

3.1 矿热炉炉喷安全设计对策

在 2011 年建成并投产的各高载能工业企业结合自身矿热炉循环水的实际安装循环水失压报警系统，及时监控水压、水温变化，当矿热炉总管压力下降至设定值时，中控室发出声光报警，同时启动备用水泵；在各支管设置有失压温度报警装置，当压力低时流量变小温度上涨，温度上涨至设定温度时发出报警；另外，在各支管设置有接触元件和底部环，对循环水管路出口压力、温度实现双向报警；当压力及温度靠近设定值时，系统发出蜂鸣提示音报警，并发出屏幕报警显示。根据报警中控室人员按照单位应急预案进行处置。

3.2 矿热炉中控室安全设计对策

（1）矿热炉中控室在厂房设计尤其是建筑消防设计备案审核时建议参照《建筑设计防火规范》（GB 50016—2006）以及《有色金属设计防火规范》（GB 50630—2010）将其划分为独立的防火分区，鉴于矿热炉发生喷炉事故时产生的高温气体或喷出的高温液体，当工作需要开设相互联的门时，建议采用甲级防火门；中控室需开设的观察玻璃须采用甲级防火玻璃。

（2）按照《建筑设计防火规范》（GB 50016—2006）第 7.4.12 条的规定，矿热炉中控室的疏散用门应向疏散方向开启，对于大于 60 m^2 的中控室其安全出口不应少于 2 个，且其中一个必须直通室外。

4 结束语

高载能企业矿热炉及中控室安全设计和防范是一个系统工程，由于全国没有统一的标准，笔者只是从多年建筑工程消防设计审核、验收、监督检查和发生的矿热炉喷炉事故调查总结、经验教训的角度对矿热炉及中控室安全防范和设计提出一些粗浅的对策及建议，希望这些对策和建议能对降低矿热炉喷炉事故中减少人员伤亡发挥作用。

参考文献

[1] GB 50016—2006. 建筑设计防火规范[S].
[2] GB 50630—2010. 有色金属设计防火规范[S].

作者简介：郑华（1972—），男，汉族，现任宁夏消防总队石嘴山市消防支队高级工程师，主要从事防火检查火灾原因调查。
联系电话：15909526333。

国内外钢结构防火涂料耐候性测试方法

周振宇　娄黔川
（上海市阿克苏诺贝尔防护涂料（苏州）有限公司）

【摘　要】 钢结构防火涂料作为一种最简单而有效的防火保护方式，在钢结构处于火灾条件下，在一定的时间内保护钢结构的力学强度，故钢结构防火涂料在各种各样的建筑钢结构领域得到了广泛的应用。建筑的设计使用寿命往往要达到几十上百年；而钢结构防火涂料与其配套的底漆和面漆体系，由于其材料的特性往往是无法达到与建筑同等使用寿命的。国内外对于钢结构防火涂料常用的认证包括 BS 476，UL 263，GB 14907 等，本文提取了国内外相关标准中对于钢结构防火涂料的耐候性测试的要求，以期帮助大家对于钢结构防火涂料耐候性的测试要求有更多的理解。

【关键词】 钢结构防火涂料；耐候性；测试方法

1 前　言

钢结构防火涂料按照国内外标准，对于产品的分类有一定的差异。国内 GB 14907—2002 版按照厚度区分为厚型、薄型和超薄型；按照使用环境区分为室内型和室外型。国外的标准 BS 476、UL 263、UL 1709 等对于产品的分类是按照防火涂料抗火保护的原理来区分的，故分为膨胀型和非膨胀型。膨胀型基本上等效于薄型和超薄型，非膨胀型基本上等效于厚型。对于膨胀型防火涂料再细分的话，按照成膜物质的类型，又可以分为以丙烯酸树脂为主要成膜物质的单组分膨胀型防火涂料和以环氧树脂为主要成膜物质的双组分膨胀型防火涂料。

关于防火涂料的耐候性，还没有统一明确的概念。相关一些文献将耐久性列为两个主要的问题：涂层与基材黏结力问题；涂层的防火性能是否持久的问题。防火涂料的耐候性也受很多因素的影响，包括防火涂料材料本身的性能以及防火涂料应用的外部环境等。

国内外认证的测试标准中，并不是所有标准对防火涂料的耐候性都提出了明确的测试要求，有的是在相关的其他标准中提出相应的耐候性测试。所见的标准中，国内 GB 14907—2002 对于防火涂料的耐候性提出了明确的测试要求；BS 8202-2 建筑构件的防火涂层-防火用金属衬底膨胀涂层使用的实施规程中对耐久性提出了多项的测试要求；在 UL 1709 钢结构保护材料快速升温火试验模拟环境暴露中提出了明确的测试要求；Norsok M501 rev6 对于 System 5A 环氧膨胀型防火涂料的体系提出了相应的测试要求。

2 测试方法

2.1 GB 14907—2002 中对于耐候性的测试要求

GB 14907—2002 中对于耐候性的测试要求，包含了耐水性、耐曝热性、耐湿热性、耐冷热循环性、耐冻融循环性、耐酸性、耐碱性和耐盐雾腐蚀性的测试。如表 1 所示。

表1 GB 14907膨胀型防火涂料耐候性的测试要求

	室内超薄型/薄型	室外超薄型/薄型
耐水性（h）	≥24 涂层应无起层、发泡、脱落现象	—
耐曝热性（h）	—	≥720 涂层应无起层、脱落、空鼓、开裂现象
耐湿热性（h）	—	≥504 涂层应无起层、脱落现象
耐冷热循环性（次）	≥15 涂层应无开裂、剥落、起泡现象	—
耐冻融循环性（次）	—	≥15 涂层应无开裂、脱落、起泡现象
耐酸性（h）	—	≥360 涂层应无起层、脱落，开裂现象
耐碱性（h）	—	≥360 涂层应无起层、脱落，开裂现象
耐盐雾腐蚀性（次）	—	≥30 涂层应无起泡、明显变质、软化现象

耐水性：按照GB/T 1733—1993的9.1进行检验，试验用水为自来水。

耐曝热性：将试件垂直放置在(50±2) °C的环境中保持720 h。

耐湿热性：将试件垂直放置在湿度为90%±5%、温度(45±5) °C的试验箱中，到规定时间后，取出试件垂直放置在不受阳关直接照射的环境中，自然干燥。

耐冷热循环性：将试件置于(23±2) °C的空气中18 h，然后将试件放入(– 20±2) °C低温箱中，自箱内温度达到 – 18 °C时起冷冻3 h再将试件从低温箱中取出，立即放入(50±2) °C的恒温箱中，恒温3 h。

耐冻融循环性：将试件置于(23±2) °C的水中18 h，然后将试件放入(– 20±2) °C低温箱中，自箱内温度达到 – 18 °C时起冷冻3 h再将试件从低温箱中取出，立即放入(50±2) °C的恒温箱中，恒温3 h。

耐酸性：将试件的2/3垂直放置于3%的盐水溶液中，到规定时间后，取出垂直放置在空气中让其自然干燥。

耐碱性：将试件的2/3垂直放置于3%的氨水溶液中，到规定时间后，取出垂直放置在空气中让其自然干燥。

耐盐雾腐蚀性：按照GB 15930—1995中6.3条的规定进行检验；完成规定的周期后，取出试件垂直放置在不受阳光直接照射的环境中自然干燥。

GB 1409—2002是按照GB 9978的标准纤维类火灾的升温曲线编写的，故相应认证的产品理论上适用于纤维类火灾的钢结构的防火保护。其中室内型对于钢结构防火涂料的耐候性测试要求较少，包括了耐水性和耐冷热循环。在实际的一些项目上，虽然防火涂料最终应用的环境为室内条件，但在施工过程中存在半暴露或暴露环境下，遇到气候条件不好情况，如雨雪天气，施工过程中防火涂料没有进行适当的保护或没有及时施工防火涂料面漆，可能就会导致防火涂料早期失效，或即使看上去没有问题，后续使用过程中甚至出现开裂脱落等问题。室外型防火涂料的测试项目较为完善，考虑到实际使用情况下的耐候性的需求。需要注意的，其中耐冻融循环性的测试，最低温度为 – 20 °C，常规超薄型的单组分丙烯酸类防火涂料，由于材料的特性，其耐低温性能有一定的局限性。如果存在极端低温的环境下，低于 – 20 °C以下的情况，需要另外考察其耐极端低温的性能。在一些实际案例中，也出现过此类产品在非常低的温度条件下使用，出现开裂剥落等情况。

2.2 BS 8202-2中耐候性的测试

BS 8202-2中耐候性的测试是按照应用的环境进行区分的，测试项目包括耐曝热性、耐洗涤、耐冻融循环、耐二氧化硫测试、耐湿热性、耐老化性、耐盐雾性和户外曝晒。如表2所示。

表 2　BS 8202-2 耐候性测试项目

	室外	部分室外	室内包含施工阶段	室内
耐曝热性测试	√	√	√	√
耐洗涤测试 20 个循环	√	√	√	√
耐冻融循环	10 个循环	10 个循环	5 个循环	5 个循环
耐二氧化硫测试	20 个循环	10 个循环	5 个循环	5 个循环
耐湿热测试（h）	1 000	1 000	250	250
耐老化测试（h）	2 000	1 000	—	—
盐雾测试（h）	2 000	1 000	—	—
户外曝晒测试 （1）在工业环境下； （2）在海洋环境下	最低 2 年	最低 1 年	最低 0.5 年	—

耐曝热性测试：在（50±2）°C 环境下 6 个月暴露测试。

耐洗涤测试：20 个循环，每个循环用 2.5%的肥皂水彻底湿润样品，不进行洗涤，在空气中干燥。

耐冻融循环：循环包括在 – 20 °C 下保持 24 h，然后在 20 °C 下保持 24 h。

耐二氧化硫测试：按照 BS 3900-F8：1976 标准在 300 L 的反应室中加入 0.2 L 的 SO_2。

耐湿热测试：按照 BS 3900-F2：1973 标准。

耐老化测试：按照 BS 3900-F3：1971 标准。

盐雾测试：按照 BS 3900-F4：1969 标准。

户外曝晒测试：① 在工业环境下；② 在海洋环境下。

BS 8202-2 与 GB 14907 在适用环境和测试项目上有一定的相似性，但 BS 8202-2 并没有规定防火涂料按照什么类型的升温曲线进行测试。适用环境按照室内和室外，再进行细分，形成 4 种适用环境。BS 8202-2 相比于 GB14907 在室外环境下，对耐曝热性、耐湿热、耐盐雾性能要求更高，对耐冻融循环的测试要求低一些，在其他项目上测试要求有一定的差别；在室内环境下对于耐老化的要求也不是很高。其中有一项，BS 8202-2 中提出了工业环境和海洋环境下的户外暴晒的测试，这项测试对防火涂料提出了长时间的实际使用情况下的模拟测试，可以很好地验证防火涂料相关耐候性的性能。

2.3　UL 1709 钢结构保护材料快速升温火试验

UL 1709 耐候性测试项目，如表 3 所示。

表 3　UL 1709 耐候性测试项目

耐老化测试（D）	270
耐湿热测试（D）	180
工业环境测试	√
盐雾测试（D）	90
耐冻融循环测试（次）	12
耐酸性测（D）	5
耐溶剂测（试）	5

耐老化测试：将试样放置于(70±2.7) °C下的空气循环烘箱270天。

耐湿热测试：将试样放置于湿度为97%～100%、温度(35±1.5) °C的试验箱中180天。

工业环境测试：在反应室中加入1%体积比的 SO_2 和 CO_2，反应室底部保持有部分水，温度为(35±1.5)°C，将试样放置30天。

盐雾测试：按照ASTM B117-90盐雾测试标准，放置90天。

耐冻融循环测试：在雨量为0.7 in/h下保持72 h，然后在温度(4±1.5) °C下保持24 h，然后在温度(60±2.7) °C的干燥环境下保持72 h。试样循环12次。

耐酸性：将2%体积比的HCl气体溶于水中，在每80 cm^2 的水平表面样件上每小时喷射1‰～2‰溶液，保持5天。

耐溶剂性：采用(21±2.7)°C的典型溶剂丙酮和甲苯喷射至样件表面直至样件不再吸收溶剂，喷射溶剂，干燥6 h；然后喷射溶剂干燥18 h。重复5个循环。

UL 1709钢结构保护材料快速升温火试验是在耐火测试标准要求中，提出了相应的耐候性的测试要求。而UL 1709是针对烃类火灾的测试标准，所以相比于GB 14907和BS 8202-2测试方法有一定的差异，测试要求也高许多，特别在耐湿热、耐老化、耐盐雾等方面。考虑到烃类火灾的场景，主要是在石油化工、海上油气平台等这样的属于苛刻性腐蚀环境的条件下，为了保证防火涂料能够起到要求的防火保护的前提下，不因高的腐蚀环境而导致防火涂料性能的降低和失效，起到防火保护和防腐蚀保护一体的效用。

2.4　ISO 20340

Norsok M501 Rev6环氧膨胀型防火涂料的体系，System 5A需要通过预审测试，测试标准参考ISO 20340循环腐蚀测试的要求。

ISO 20340测试要求是25个循环，一共4 200 h，每个循环持续168 h，包括：

（1）72 h的紫外线和水的暴露，依照ISO 11507的要求；

（2）72 h盐雾试验，依照ISO 7253；

（3）24 h低温暴露试验(－20±2) °C。

Norsok M501 Rev6中明确提出了对于环氧膨胀型防火涂料体系的耐候性的测试，而此种类型的防火涂料在海上油气平台有大量的使用，主要用于烃类火灾条件下的防火保护，故可以与UL 1709的要求结合去看。而且此处的测试要取4 200 h的循环腐蚀测试要求，对于海上腐蚀环境下，与大气区域的防腐蚀涂层的耐候性测试要求是一致的，所以也可以认为对于环氧膨胀型防火涂料的体系耐候性测试，其目的就是要满足防火保护和防腐蚀保护一体化的要求。所以相比于GB 14907和BS 8202-2的要求，Norsok M 501 rev6和UL 1709是针对烃类火灾，在苛刻性腐蚀环境下使用，故其提出的耐候性测试的要求是更高的。

3　结　语

本文总结并讨论了不同标准中对于钢结构防火涂料耐候性的测试要求。在钢结构防火涂料的认证测试中，如GB 14907、BS 476、UL 263、UL 1709等，并不是所有的认证测试都对防火涂料的耐老化性能提出了明确的测试要求。这也导致了在实际情况下，大家都更多的只关注于产品的防火性能有没有达到相应的要求，而忽视了产品的耐老化性能。故本文汇总了GB 14907、BS 8202-2、UL 1709、Norsok M501 rev6中对钢结构防火涂料耐老化性测试的要求，并比较了其测试的差异，以及应用的区别。其中 GB 14907 和 ISO 8202 有比较多的共性，不管是对于应用环境的区分还是相应的测试项目。对耐纤维类火灾的钢结构防火涂料的耐候性测试要求，总体上 BS 8202-2 的要求是比 GB 14907 更高一些，特别在户外暴晒项目上，对于室外和室内的，提出了 2 ~ 5 年的要求，这个对于防火涂料产品的稳定性和耐候性提出了相对长效的测试要求。而 UL 1709 和 Norsok M501 rev6 主要是针对快速升温的耐烃类火灾产品的耐候性测试提出了相应的要求，Norsok M501rev6 更是明确了对于环氧膨胀型防火涂料的测试要求。这两个标准中，相比于 GB 14907 和 BS 8202-2 的要求是更高的，考虑到了防火涂料最终应用的场景为石油化工，以及海上油气平台的环境。同时相关的测试要求，也体现了对于在这种苛刻性腐蚀环境下，对于防火涂料以及相应的防火涂料体系提出了防火保护和防腐蚀保护一体化的要求。

参考文献

[1] GB 14907—2002. 钢结构防火涂料[S].
[2] BS 8202-2. 建筑构件的防火涂层-防火用金属衬底膨胀涂层使用的实施规程[S].
[3] UL 1709. 钢结构保护材料快速升温火试验[S].
[4] Norsok M501 Rev6. 表面处理和防护涂层[S].

环保防火涂料的现状与发展前景

王媛原

（云南省昆明市公安消防部队高等专科学校）

【摘　要】　本文通过介绍当前具有可观发展前景的环保型防火涂料——水性防火涂料和无溶剂防火涂料，对当前我国环保防火涂料的发展现状进行了分析，并探讨了环保型防火涂料的发展前景。

【关键词】　环保防火涂料；水性防火涂料；无溶剂防火涂料；现状；发展前景

防火涂料是特种涂料的其中一个品种，是防火建筑材料中的重要组成部分。防火涂料是指涂装在物体表面，可防止火灾发生，阻止火势蔓延传播或隔离火源，延长基材着火时间或增加绝热性能以推迟结构破坏时间的一类涂料。由于建筑工程的高层化、集群化、工业的大型化及有机合成材料的广泛应用，防火工作引起了人们的高度重视，而采用涂料防火方法比较简单、适应性强，因而在公用建筑、车辆、飞机、船舶、古建筑及文物保护、电器电缆、宇航等方面都有应用。

防火涂料按用途和使用对象的不同可分为：饰面型防火涂料、电缆防火涂料、钢结构防火涂料、预应力混凝土楼板防火涂料等。我国防火涂料的发展，较国外工业发达国家晚15~20年。虽然起步晚，但发展速度较快。

在环保法规日益完善、人们对环境污染及人身健康日益重视的今天，挥发性有机化合物含量很高的溶剂型涂料的使用受到越来越严格的限制。早在20世纪70年代，国际室内空气科学学会提出了VOC（挥发性有机化合物）概念，意识到了VOC对环境的污染。日本在1997年就制定了防止大气污染的修正法和化学物质排放管理的促进法（Pollutant Release and Transfer Register, PRTR法）。我国在1994年颁布了《环境标志产品技术要求》，明确提出环保型涂料在“产品配制或生产过程中不得使用甲醛、卤化物溶剂或芳香族碳氢化合物”；1996年出台了《大气污染物综合排放标准》；2000年出台了《中华人民共和国大气污染防治法》；2001年又推出了强制性国家标准《室内装饰装修材料内墙涂料中有害物质限量》，明确要求室内用涂料的VOC不得大于200 g/L，游离甲醛的浓度不得大于0.1 g/L。所有这一切，都对涂料行业提出了一个新问题，那就是必须加快开发不用或少用有机溶剂的涂料，也就是开发所谓的“环境友好型涂料”。环境友好型涂料主要有：水性涂料、粉末涂料、光固化涂料等。针对防火涂料而言，由于粉末涂料和光固化涂料的特殊性，仅水性防火涂料和无溶剂防火涂料具有可观的发展前景。

1　水性防火涂料

水性防火涂料的成膜物质可以是聚合物乳液，也可以是水溶性树脂或经有机树脂改性的无机黏合剂。就环保性来讲，无机黏合剂型最为出色，但其涂层理化性能具有无法克服的不足。水溶性氨基树脂、脲醛树脂本身有良好的综合防火效果，有较好的阻燃能力且可帮助成碳，但产品中含甲醛量较多，难以满足环保要求。目前，市场上较多的是聚合物乳液型防火涂料，研究也多集中于此。武汉理工大学研制出以硅丙乳液为基料的膨胀型防火涂料，并进行成分的优化设计，达到良好的防火及装饰效果。西安涂料研究所研制出以苯丙乳液为基料，以易溶于水的季戊四醇、聚磷酸铵、三聚氰胺、碳酰胺等作阻燃剂的膨胀型水性防火涂料。四川消防研究所研制了一种可在潮湿环境中使用，火灾发生时无有害气体产生的环保型隧道水性防火涂料；该涂料的黏结强度为 0.4 MPa，耐水性大于 20 天，烟气毒性达到 AQ-1 级；该产品已工业化并应用于一些标志性隧道工程，但此种防火涂料如何实现低温施工还有待进一步研究。

虽然水性防火涂料有很好的应用前景，但同时也存在大量问题亟待解决，耐水性就是其中一个最为突出的问题。对于解决这个问题有些初步探索，如对防火阻燃剂进行表面处理或用纳米技术对涂料进行改性，但就目前来看问题还没有得到根本性解决。

我国水性防火涂料在整个水性涂料中的份额很少，以至于未被统计在内。与美国水性防火涂料占其整个防火涂料生产规模的 2/3 相比有较大差距。因此，从涂料洁净化的发展趋势来看，国内的研究工作者应加大对水性防火涂料的研究开发力度。

2 无溶剂型涂料

无溶剂型涂料即超高固体分涂料，主要是以低相对分子质量、低黏度的液体树脂及固化剂体系为基料，并用活性稀释剂来进一步降低体系黏度从而保证涂料体系的综合性能。此类防火涂料基本不含挥发性有机物，对环境、人体完全无害，且耐化学腐蚀性优异，因而是取代溶剂型防火涂料的最佳品种。

2.1 无溶剂涂料

无溶剂涂料最突出的优点是环保性和耐化学腐蚀性，能够减少有机溶剂挥发对空气的污染。所以其应用最广泛的领域是船舶用及地坪用防腐耐候涂料。当前世界各国对环境的要求越来越高，尤其是一些发达国家，对涂料中的挥发性有机物的含量（VOC）均给予了限制，对挥发性有机物的排放也给予了限制。从目前来看，超高固体分防火涂料的相关报道很少。海洋化工学院一直从事相关研究，他们从基料和膨胀体系入手，着重于聚磷酸铵—三聚氰胺—季戊四醇膨胀体系的改进，经过多年努力已取得突破性进展，已使膨胀基料在涂料中的用量由占涂料总量的 60% ~ 70%下降到 30%左右，并且涂层的耐化学介质性也有了很大提高。改进后的膨胀层与原先的膨胀层相比，在膨胀层的高度、强度、耐烧性方面均有很大的提高。

当前欧美发达国家对造船业使用的涂料有严格的 VOC 规定，相信不久的将来其他国家也会有更严格的规定。我国作为一个发展中国家，为了赶超世界先进水平、走可持续发展的道路、避免少走先污染后治理的弯路，提高我们的环保要求，这一点在我国的“大气污染综合排放标准”中就有体现。对原有污染源和新污染源的排放标准以二甲苯为例，从 90 mg/m^3 提高到 70 mg/m^3，这也说明我国政府越来越重视环境保护。因此，严格限制涂料中的 VOC，以致最大限度地减少对环境的破坏，达到零排放将是今后的方向。在重防腐涂料中，涂料的无溶剂化、水性化都将是未来的发展方向，而无溶剂环氧涂料在当前条件下更具有实用性。

2.2 无溶剂涂料的特点

2.2.1 成膜厚、不易产生裂纹

无溶剂涂料具有一次性成膜较厚、边缘覆盖性好、涂层收缩小、内应力较小不易产生裂纹、有机物挥发少、对环保有利等特点。

2.2.2　减少涂料消耗量

由于无溶剂涂料的无挥发性或极少挥发性，其高固体含量及一次成膜较厚的特点，可以在相同膜厚度的情况下减少材料使用量。相对于溶剂型涂料而言，单位面积的涂料消耗可以减少，并且由于一次成膜厚度极高，可以减少施工时间。辰光无溶剂涂料的施工、良好的施工团队、极高的市场信誉度，为工厂节约了涂装的生产周期、减少了涂料消耗量、节约了成本、提高了效率。因此，虽然无溶剂涂料价格要比一般的环氧涂料高，但每平方米所耗的综合费用却并不高。

3　环保型防火涂料的发展前景

提高防火涂料的环保性已经成为大势所趋，也是在环境日趋恶化的现状下的当务之急。国内大部分成果还处在基础研究阶段，由于技术力量及产品成本等多方面因素，距环保型产品的大幅市场化还有很大距离，特别是与发达国家之间存在较大差距。因此，在这方面的研究需投入更多的研究力量。

随着环保意识的加深，大量的环保型防火涂料必然受到重视。水性防火涂料和无溶剂型防火涂料将会有更为宽阔的空间。在加强相关研究的同时，国家需通过一定的规范限制不达标产品的使用，从而调整产品结构。新型阻燃剂的开发可以从研发新品种入手，也可以借鉴复合材料的发展思路，通过复合体系的使用达到理想效果并缩短研发周期。除了在原料选择上的考虑，还应注意涂料在生产、涂装工艺流程中的改进，在工艺角度寻找新技术的突破口。

参考文献

[1]　何益庆. 防火涂料[J]. 涂料技术与文摘，2004，6：7-8.

[2]　孙有清. 新材料新装饰[J]. 化学与防火涂料，2004（5）：15-16.

[3]　王贤明，王华进，胡静，等. 环保型防火涂料发展现状[J]. 涂料工业，2002（12）：48-56.

作者简介： 王媛原，云南省昆明市小石坝昆明消防指挥学校专业基础教研室教师。

联系电话：15912541728；

电子信箱：1009541492 @qq.com。

建筑外保温装饰材料防火综合研究

董芳芳
（新疆维吾尔自治区昌吉回族自治州公安消防支队）

【摘　要】 建筑火灾的发生给人们生命财产安全带来巨大威胁，总结近年来建筑火灾事故发生的原因，建筑外保温装饰材料引起火灾的可能性较大，因此，加强对建筑外保温装饰材料防火综合研究是十分必要的。建筑外保温装饰材料自身具有可燃性，所以在选择和应用过程中要注重材料的防火性，提高建筑消防安全。本将结合建筑外保温装饰材料应用现状，针对几种外保温材料的具体应用进行综合研究。

【关键词】 建筑；外保温；装饰材料；防火性；消防安全

近年来我国经济高速发展，带动我国建筑行业不断前进和创新，与此同时在建筑工程开展过程中对建筑消防越来越重视，以全面提高建筑应用性能，提升人们生命和财产安全保障。从近年来建筑应用安全性角度来看，建筑火灾时有发生，既造成了恶劣的社会影响，同时又给人们带来严重的损失。从建筑火灾发生原因来看，与建筑外保温装饰材料的易燃性有着紧密联系，因此，加强建筑外保温装饰材料防火综合研究具有重要意义。

1　建筑外保温装饰材料应用现状

现阶段我国建筑外保温装饰材料应用包括无机类、有机类、无机有机复合类。无机类建筑外保温装饰材料主要应用类型包括玻璃棉、泡沫混凝土、TH 无极发泡防火保温板等；有机类建筑外保温装饰材料主要应用类型包括聚苯乙烯膨胀泡沫塑料、挤塑聚苯乙烯泡沫材料、聚氨酯喷涂、酚醛树脂泡沫塑料等；无机有机复合类建筑外保温装饰材料主要应用类型包括聚苯乙烯膨胀塑料材料薄拌灰外墙保温系统、聚苯乙烯膨胀塑料泡沫材料现浇混凝土外墙保温系统、聚苯乙烯膨胀塑料材料钢丝网架现浇混凝土外墙保温系统等。其主要应用性能及防火性能如表 1 所示。

表 1　建筑外保温材料物理性能及防火性能

保温材料	密度(kg/m^3)	导热系数	燃烧释放出气体	抗火度使用温度范围（°C）	备　注
玻璃棉	160 ~ 220	< 0.066	无毒	200 ~ 450	A 级保温材料
泡沫混凝土	200 ~ 450	0.03 ~ 0.1	无毒	不燃性	A 级保温材料
TH 无极发泡防火保温板	150 ~ 300	0.063	无毒	< 1 000	A 级保温材料
聚苯乙烯膨胀泡沫塑料	30 ~ 40	< 0.041	有毒	−180 ~ 85	B2 级保温材料
挤塑聚苯乙烯泡沫材料	25 ~ 32	< 0.03	有毒	−180 ~ 85	B2 级保温材料
聚氨酯喷涂	60 ~ 90	0.016 ~ 0.024	毒性强	−90 ~ 120	B3 级保温材料
酚醛树脂泡沫塑料	55 ~ 60	0.026 ~ 0.036	无毒	−150 ~ 150	B1 级保温材料

2 几种常用建筑外保温装饰材料防火性能分析

据调查统计近年来建筑火灾发生率逐年上升，给人们的生命财产安全带来重大损失，建筑领域对建筑材料的选择与应用更加重视，对建筑外保温装饰材料的防火性能研究也更加深入。

2.1 聚苯乙烯膨胀泡沫塑料

聚苯板（EPS）阻燃建材是引进建筑材料，于20世纪80年代开始应用。聚苯乙烯为我国城市建筑中广泛应用的建筑材料，具有良好的社会效益和经济效益。近年来随着我国材料应用技术的不断发展和创新，建筑外保温系统也逐渐完善和升级，成为建筑墙体竞争中具有强烈竞争性的构成部分。聚苯乙烯膨胀塑料属于B2耐火等级材料，明确记录在GB/T 10801.1中，符合绝热用模塑聚苯乙烯泡沫塑料。该保温装饰材料含有93%聚苯乙烯，其发泡剂含量达到7%左右。同时聚苯乙烯膨胀塑料还在包装中有所应用，但主要应用在墙体中。结合聚苯乙烯相关深入研究来看，该墙体保温材料的防火应用性能不断提升，通过添加阻燃剂纳米化工工艺处理，对聚苯乙烯聚合物分子量进行合理设计，使聚合物分子间作用力得到有效调节，提升聚苯乙烯膨胀泡沫塑料防火整体等级到B1级。

2.2 挤塑聚苯乙烯泡沫材料

传统挤塑板（XPS）聚苯乙烯泡沫材料属于B2等级防火材料，在建筑材料应用中具有较强的易燃性。近年来我国建筑节能水平不断提升，人们对建筑保温材料的应用效果要求越来越高，且要求建筑整体的墙体厚度有效降低。挤塑聚苯乙烯泡沫材料具有良好的导热性，且应用效果优于聚苯乙烯膨胀塑料泡沫，在建筑长期应用中该材料的吸水性较弱，因此，挤塑聚苯乙烯泡沫材料在潮湿环境下保温效果更好，且时间更长。为提高挤塑聚苯乙烯泡沫材料的保温强度，可通过该原理进行建筑施工操作，也因该特性使其在建筑保温装饰材料中应用广泛。挤塑聚苯乙烯泡沫材料应用优势较多，但也存在一些应用不足，如其防火应用性能的提升空间较大，在建筑工程应用中存在一定的消防安全隐患。

在科技高速发展的背景下，挤塑聚苯乙烯泡沫材料的研究与应用力度不断提升。目前挤塑聚苯乙烯泡沫材料的防火性能已经达到A级标准，完全符合建筑防火材料的应用标准。随着挤塑聚苯乙烯泡沫材料防火性能的提高，结合其节能效果明显，在温度较高时也不会出现软化现象、融滴现象。因此即使在建筑发生火灾的情况下也不会产生大量的烟，其火焰也不会随意扩散。其良好的耐火性能够控制建筑火灾的影响程度。

2.3 聚氨酯

硬质聚氨酯具有良好的耐高温效果和较强的热工性能导热系数较低。在研究中发现聚氨酯的密度为35 kg/m^{3}时，导热系数为0.018 W/（m·K）；当聚氨酯的密度为40 kg/m^{3}时，导热系数为0.024 W/（m·K），这种导热性能为聚苯乙烯膨胀泡沫塑料的一半。同时，该材料是目前建筑材料中导热系数最低、防火性能最好的材料。聚氨酯防潮、防水性能良好，且能够耐高温。聚氨酯与阻燃剂融合在一起能够作为一种良好的自熄性材料，其软化点高达250 °C，超过250 °C时才会出现分解。

3 加强建筑外保温装饰材料防火性能监管

从目前建筑外保温装饰材料的可燃性和易燃性来看，要加强对这种外保温材料的控制应用，通过有效控制措施将火灾隐患控制在最小范围内。针对建筑外保温材料的防火控制与管理，各相关部门要通过政策性手段进行干预和管理。

相关部门将建筑外保温材料与“建设工程设计审核”与“消防抽查检验与验收”等工作划在统一范围内，即所有建设工程消防设计审核都要对建筑外保温装饰材料防火性能、燃烧性能进行审查和验收，并对所有建筑外保温装饰材料进行抽查检测。只有保证管理与监督到位，才能为建筑外保温装饰材料防火性能打好保证，故必须始终坚持应用建筑外保温材料燃烧性能 A 级材料。

4 结束语

综上所述，建筑外保温装饰材料与消防安全有关联性，在保证建筑外保温装饰材料防火性能良好的前提下才能为消防安全打下良好安全基础。建筑外保温系统的消防安全，与建筑外保温材料质量以及其防火性能有着直接关系，只有在保证两者均安全的前提下才能为火灾预防做好前提工作。同时，在今后的建筑外保温装饰材料应用过程中，要加强消防安全检验，提高管理力度与审查力度，使防火材料性能与质量均达到合格标准，保证建筑防火安全。

参考文献

[1] 李子彬，张爱泉.民用建筑外保温装饰材料现状[J]. 合作经济与科技，2012，10：57-58.
[2] 范平安. 浅析民用建筑外保温装饰材料的应用[J]. 消防技术与产品信息，2012，05：26-29.
[3] 赵秋丽. 浅析民用建筑外保温装饰材料的应用[J]. 黑龙江科技信息，2013，08：280.
[4] 赵钧，于永彬. 保温节能与防火要求双重制约下的建筑外保温材料的发展[A]//沈阳市委、沈阳市人民政府. 第八届沈阳科学学术年会论文集[C]. 沈阳，2011.
[5] 于秉宇. 浅析民用建筑外墙保温装饰材料的防火现状及对策[A]//中国消防协会. 2012 中国消防协会科学技术年会论文集（下）[C]. 北京：中国消防协会，2012.

作者简介：董芳芳，新疆昌吉回族自治州公安消防支队。
联系电话：18997807891。

利用SBI单体燃烧实验装置研究外墙保温材料的燃烧性能

高元贵　孟凡明　杨　启　冯世同

（辽宁省沈阳市新纳斯消防检测有限公司）

【摘　要】　为了研究外墙保温材料在真实火灾中对燃烧的反应和燃烧性能，并规范其使用范围，利用单体燃烧试验装置对常用的5种保温材料进行测试，测定材料的燃烧增长速率、总热释放量、烟气增长速率、总生烟量和火焰横向传播等关键参数。结果表明，通过单体燃烧试验装置评定各材料的燃烧性能，酚醛板性能最佳，聚氨酯泡沫保温板性能最差。

【关键词】　外墙保温材料；单体燃烧试验装置；热释放速率；燃烧增长速率；烟气生成速率

近年来，随着建筑业的蓬勃发展，建筑外墙保温系统的应用越来越广泛，但同时也带来了一系列问题。其中，火灾危险性是建筑外墙保温材料最为重要且亟待解决的问题。保温材料目前可分为无机材料、有机材料和复合材料三大类；其中有机保温材料是最常应用的，但有机保温材料容易燃烧，一旦发生火灾，火势会很快蔓延至整个建筑，带来严重后果[1]。因此，国内外学者进行了大量的燃烧性能研究。本文利用单体燃烧实验装置对常用的五种有机保温材料的燃烧性能进行研究，以期对建筑保温材料的使用提供参考。

1　试验仪器

试验采用单体燃烧实验装置（SBI），如图1所示。

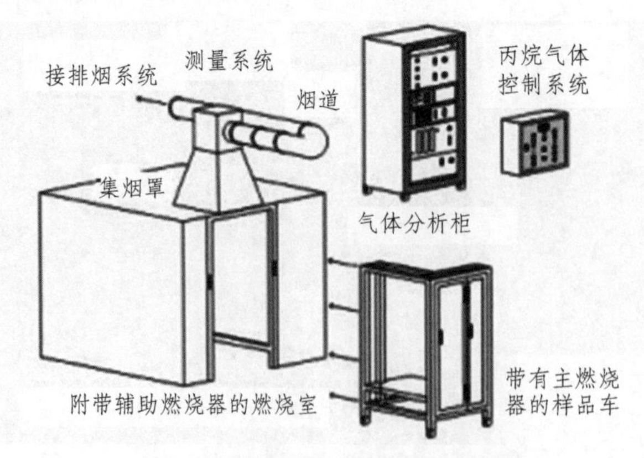

图1　单体燃烧试验装置示意图

SBI 试验系统由燃烧室、试验主体装置、燃气供应与控制系统和数据采集系统等组成。该试验装置通过测量试验期间氧气浓度、二氧化碳浓度、烟气流量、光通量等关键参数的变化，从而获得试样燃烧过程中的燃烧增长率指数（*FIGRA*）、热释放率（*THP*）、产烟率（*SPR*）、烟气生成速率指数（*SMOGRA*）等参数作为判断材料燃烧性能的重要指标，同时，在试验期间还可通过观察获得火焰在试样长翼上的传播（*LFS*）[2]。

2 试验材料

选取酚醛板、聚苯乙烯保温板、XPS 挤塑板、聚氨酯泡沫保温材料和橡塑保温材料作为试验样品。样品尺寸：长翼为 1 000 mm × 1 500 mm、短翼为 495 mm × 1 500 mm，成直角置于样品推车内，并在各组试样距离底边 500 mm 和 1 000 mm 处划一道标记线。

3 试验结果及分析

3.1 燃烧试验结果

根据 GB 20284—2006 附录 A.5 计算燃烧增长率指数 $FIGRA_{0.2\ \mathrm{MJ}}$、$FIGRA_{0.4\ \mathrm{MJ}}$ 以及在 600 s 内的总释放热量 $THR_{600\ \mathrm{s}}$ 值。每种样品试验所得燃烧增长率指数 *FIGRA*、600 s 内总热释放量 *THR*、烟气生成速率指数 *SMOGRA*、600 s 内总产烟量 $TSP_{600\ \mathrm{s}}$ 测试数据如表 1 所示。

表 1　5 种有机保温板的燃烧试验结果

测试项目	板材种类				
	聚苯乙烯保温板	XPS 挤塑板	酚醛板	聚氨酯泡沫保温板	橡塑海绵
FIGRA-0.2（W/s）	80.614	64.168	23.537	1 804.836	343.291
FIGRA-0.4（W/s）	80.614	64.168	23.537	1 804.836	343.691
$THR_{600\ \mathrm{s}}$（MJ）	5.271	4.914	2.627	16.762	6.572
SMOGRA/（m^2/s^2）	27.579	470.579	13.759	1473.396	373.629
$TSP_{600\ \mathrm{s}}$（m^2）	128.352	312.097	41.734	926.284	370.998
横向火焰传播（*LFS*）至边缘[是/否]	否	否	否	否	否
燃烧滴落物/颗粒物＞10 s、表面闪燃、试验的部分坠落、变形、垮塌、出现可提前结束试验的情况[是/否]	否	否	否	否	否
燃烧长度 $F_s \leqslant 150$ mm[是/否]	是	是	是	是	是

由表 1 可知，在厚度规格相同的条件下燃烧增长指数最小的是酚醛板，挤塑板次之，聚氨酯泡沫保温材料最大。600 s 内的总热释放量和产烟量，以及烟气生成速率均是此规律。判定几种材料的燃烧性能的依据是《建筑材料及制品燃烧性能分级标准》（GB 8624—2012）[3]，其中对于建筑材料单体燃烧性能的要求为：B 级材料 $FIGRA_{0.2\ \mathrm{MJ}} \leqslant 120$ W/s 且 $THR_{600\ \mathrm{s}} \leqslant 7.5$ MJ，C 级材料 $FIGRA_{0.4\ \mathrm{MJ}} \leqslant 250$ W/s 且 $THR_{600\ \mathrm{s}} \leqslant 15$ MJ，D 级材料 $FIGRA_{0.4\ \mathrm{MJ}} \leqslant 750$ W/s。由此可知，酚醛板、XPS 挤塑板、聚苯乙烯保温

板为B级材料，燃烧性能较好；橡塑海绵为C级材料，燃烧性能相对较好；而聚氨酯泡沫保温材料无法满足 D级要求，燃烧性能最差。

3.2 热释放速率

热释放速率（*HRR*）是指在预置的入射热流强度下，材料被点燃后，单位面积的热量释放速率。*HRR* 越大，说明材料燃烧释放的热量越大，形成火灾的危险性亦越大。在单体燃烧试验中，*HRR* 数值由试验装置根据采集的实时耗氧量数据计算得出。图2为5种保温材料样品的 *HRR* 曲线。

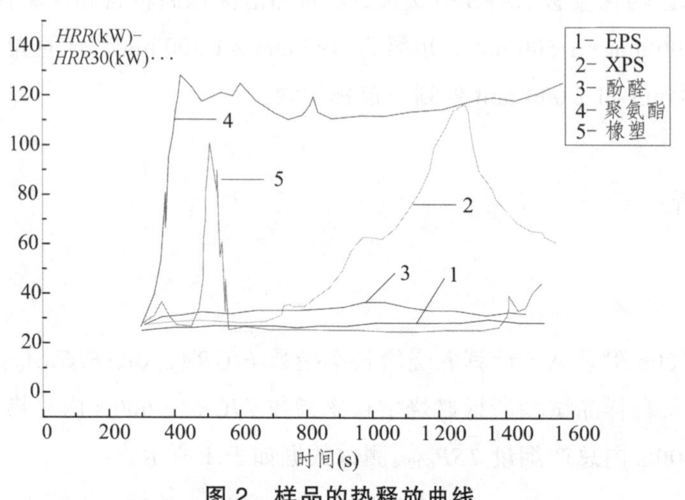

图2 样品的热释放曲线

由图2可知，橡塑海绵和聚氨酯的热释放速率都很大；XPS板稍小；橡塑海绵和聚氨酯的热释放速率出现峰值的时间较早，燃烧热值曲线较陡。说明材料在燃烧过程中较易发生轰燃，但橡塑海绵火焰不具有传递性，所以曲线在峰点后急剧下降，也就是橡塑海绵在燃烧轰塌后火焰就不再传递。但聚氨酯当燃烧热释放值达到最大时，热值仍然有增长的趋势，在燃烧过程中火焰蔓延也较迅速，而且热释放峰值出现的较早，这不利于火灾现场人员逃生；峰值出现得越晚，留给人员逃生的时间就越多[4, 5]。聚氨酯和橡塑海绵热释放峰值出现时间比XPS板的热释放峰值早近600 s左右。由于XPS板在遇到火焰后会发生熔缩、熔化、滴落，滴落后的材料热量积聚到一定程度后会继续燃烧，所以热释放值峰值出现会滞后较长时间。

3.3 燃烧增长速率

由图3可以看出，酚醛板的燃烧增长率指数最小，然后依次是XPS挤塑板酚醛板、聚苯乙烯保温板和橡塑保温材料，聚氨酯泡沫保温材料的燃烧增长速率指数最大。酚醛板遇火后燃烧增长率指数迅速增大，随后基本保持不变。在试验开始时XPS挤塑板没有明显燃烧现象，熔融并产生滴落物，燃烧增长率指数为 0，随着时间推移，滴落物开始燃烧，因此，在中期阶段，燃烧增长率指数开始逐渐变大。聚苯乙烯保温板在试验受火后迅速熔融并产生滴落物，燃烧增长率指数迅速增大；而由于样品燃烧持续时间较短，导致燃烧增长速率指数迅速减小，但熔融滴落物开始燃烧，使得燃烧增长率指数维持在一定水平，并一直持续到试验结束。橡塑保温材料受火后迅速燃烧，燃烧增长率指数迅速增大，随着试验的进行，可燃材料燃烧殆尽，燃烧现象逐渐减弱，燃烧增长率指数迅速降到较低的水平。聚氨酯泡沫保温材料的燃烧更加剧烈，燃烧增长速率指数迅速增长到最大值，随后受火位置附近的可燃物燃烧殆尽，燃烧增长率指数迅速下降；但此时熔融滴落物开始燃烧，使得燃烧增长率指数又逐渐变大。

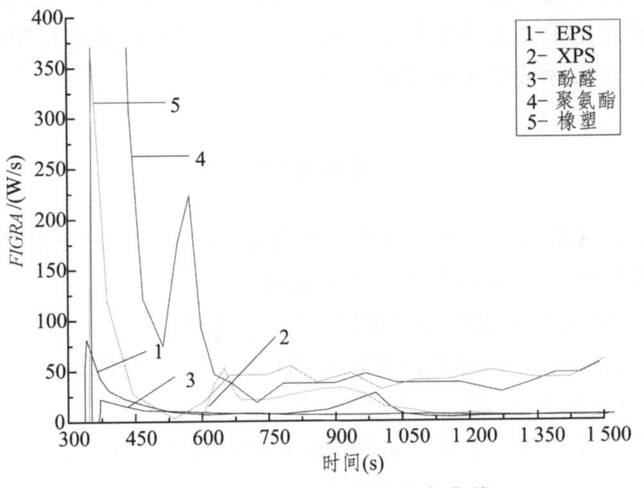

图 3　样品的燃烧增长速率曲线

3.4　烟气生成速率

样品的 *SMOGRA* 曲线如图 4 所示。酚醛板开始时即产生烟雾并将持续整个试验过程，由图 3 可知聚苯乙烯保温板和 XPS 挤塑板在试验中期才开始熔融滴落物的燃烧，故烟雾产生也在试验中期。聚氨酯泡沫保温材料和橡塑保温材料受火后迅速燃烧产生大量的浓烟，烟雾生成速率迅速升高。随着试验的进行，可燃物燃烧完全，烟雾生成速率也降低至 0。

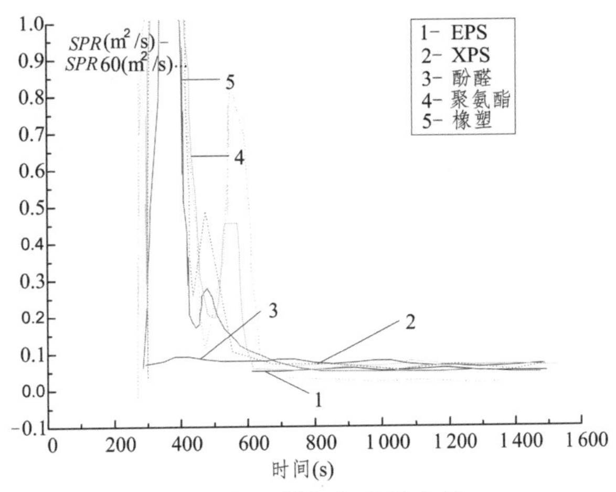

图 4　样品的烟气释放曲线

4　结　论

（1）依据 GB 8624—2012 中对材料性能的要求，酚醛板、XPS 挤塑板、聚苯乙烯保温板为 B 级材料，燃烧性能较好；橡塑海绵为 C 级材料，燃烧性能相对较好；而聚氨酯泡沫保温材料无法满足 D 级要求，燃烧性能最差。

（2）聚氨酯泡沫保温材料和橡塑保温材料遇火后迅速燃烧并释放大量热量和烟气，不利于火灾现场人员逃生；XPS 挤塑板遇到火焰后以熔融为主，滴落后的材料热量积聚到一定程度后会继续燃烧，热释放值峰值出现会滞后较长时间，留给人员逃生的时间多。酚醛板和聚苯乙烯保温板遇火后释放热量非常小，是相对安全的保温材料。

（3）通过单体燃烧实验发现，酚醛板、聚苯乙烯保温板和XPS挤塑板的热释放速率、燃烧增长速率、烟气生成速率都很低，是很好的外墙保温材料。聚氨酯泡沫保温材料和橡塑保温材料的各项指数均较高，安全隐患较大，在实际使用中不建议选择。

参考文献

[1] 曹广飞，朱秀雨. 不同材质有机保温材料单体燃烧实验研究[J]. 新型建筑材料，2013，31（4）:79-83.
[2] GB 8624—2012. 建筑材料及制品燃烧性能分级[S].
[3] GB/T 20284—2006. 建筑材料或制品的单体燃烧实验[S].
[4] 易爱华，刘建勇，赵侠，等. 三种不同有机保温材料燃烧性能的研究消防理论研究[J]. 消防科学与技术，2010，29（5）：373-375.
[5] 马烨红，李建新，罗振海，等. 几种不同保温材料燃烧性能的研究[J]. 广东化工，2012，39（16）：60-61.

作者简介：高元贵（1989—），男，满族，辽宁新纳斯消防检测公司。
联系电话：18742477626；
电子信箱：254854768@qq.com。

外墙保温材料火灾危险性研究

鲁广斌
（安徽省消防总队）

【摘　要】 近年来，我国建筑外墙保温材料火灾事故频发，造成了重大的人员伤亡和财产损失，引起了社会对外墙保温材料消防安全管理状况的高度关注。本文研究建筑外墙保温材料的基础构成，结合新版建筑设计防火规范的实际应用，解决外墙保温材料火灾隐患突出问题。

【关键词】 外墙保温材料；消防；《建筑设计防火规范》

1 引　言

近年来，建筑可燃外墙保温材料引发的火灾频发，北京央视新址火灾、上海胶州路教师公寓火灾、沈阳皇朝万鑫大厦火灾，以及 2014 年 4 月 21 日大连星海广场高层住宅火灾、2015 年 4 月 28 日山西灵石中凯大厦火灾等都是典型案例。外墙保温材料一旦燃烧火势凶猛，立体蔓延迅速、黑烟滚滚，加剧了群众的恐慌心理，影响社会和谐稳定。而 2009 年之前，国家并无针对外墙保温材料防火性能的要求，受当时施工工艺和造价的影响，目前在用的大批建筑采用了可燃外墙保温材料，这些建筑已进入中年期，外墙表面逐渐老化、受损，可以预见今后一段时间内，可燃外墙保温材料火灾事故仍将多发，如何提高外保温材料的防火性能、安全应用外墙保温材料，已经成为人们关注的焦点。

2　外墙保温材料应用情况

保温材料一般是指导热系数小于或等于 0.2 的材料。所谓外墙保温，是指将保温材料、抹面层、固定材料（胶黏剂、辅助固定件等）按一定方式复合在一起并安装在外墙外表面的非承重保温构造的总称。它通过隔断室内外热量传递，可以有效解决室内外温差大而造成的能源损失问题，并对外墙体起到保护和装饰作用，是目前国际建筑节能领域普遍采用的一种施工方法。

2.1　外墙保温材料的类型

目前，市场上的建筑外墙保温材料主要分为有机保温材料和无机保温材料两大类。其中有机保温材料主要为聚苯板（EPS）、挤塑板（XPS）、聚氨酯泡沫塑料（PU）、酚醛泡沫（PF）等；无机保温材料主要有岩棉、矿棉、玻璃纤维、膨胀珍珠岩、膨胀蛭石、加气混凝土、泡沫玻璃、泡沫混凝土等。

无机保温材料与有机保温材料相比，应用温度范围广，不燃性能好。但综合各种材料的理化特性来比较，岩棉、矿棉等保温材料虽然价格略低，但污染环境，且使人浑身刺痒；玻璃纤维不是硬质块状材料，应用较困难；膨胀珍珠岩、膨胀蛭石等颗粒状松散保温材料，吸水率高、制品不抗冻融、松散不易使用；加气混凝土密度大、吸水率高；泡沫混凝土保温材料具有保温隔热、防火、抗震、环保、价格低等特点，但存在密度较大、韧性较差、保温性较差、易碎、韧性不足等缺点。有机保温材料，如聚氨酯硬泡塑料 PU、酚醛树脂泡沫塑料（PF）虽然不燃性较 EPS、XPS 略好，但造价较高。

2.2 外墙保温材料的火灾危险性

2.2.1 存在可燃、易燃的特性

我国目前最常用的外墙保温材料是聚苯板（EPS）、挤塑板（XPS），这两种材料市场份额超过 60%。但如果未经过特殊处理，其燃烧性能为 B2 或 B3 级，且该类材料为热塑性材料，受火后极易形成大面积滴落、流淌火灾，火灾危险性极大。另一种常见材料是 PU 板及现场发泡 PU，燃烧性能一般为 B2 级，也难以达到不燃要求。且这些材料在燃烧后，会分解产生氰化氢、一氧化碳等剧毒性气体，使人吸入后几秒钟就中毒身亡，且燃烧产生大量烟气，降低空间能见度，使人失去逃生能力。而一些燃烧性能相对较好的外保温材料，因为环境污染、保温效果差、吸水性高、施工难度大等原因，无法得到大面积应用。

2.2.2 施工构造存在缺陷

除了材料的燃烧性能，外墙保温材料一个重要的火灾危险性来源于施工构造，火焰自下而上的卷吸及燃烧后产生的滴落、流淌，容易造成外保温材料垂直方向上的蔓延。尤其是幕墙内部常使用薄抹灰或现场喷涂，再进行幕墙施工，幕墙—空气间层—保温层这一类的大量应用，该种构造中保温板在幕墙内与幕墙保持一定的空隙，空隙内存在大量空气，保温材料一旦被引燃，内部极易形成“空腔”，火灾迅速蔓延。且该类火灾因为幕墙遮挡影响消防用水接触燃烧表面，火灾扑救难度极大。

2.2.3 施工现场环境复杂

在进行外墙保温材料施工过程中，特别是在寒冷地区要进行采暖和烘干，需要临时拉接线路，极易引起电气火灾。由于施工过程中经常要使用切割机等工具，切割过程中产生火花喷溅，易引燃周围可燃材料。当对一些设备、管道或支架构件进行焊接时，操作不慎，也易引起火灾。上海胶州路教师公寓、大连星海广场住宅火灾均是由于电焊不慎引发的。同时施工现场使用大量的照明设施，其中碘钨灯和大功率的白炽灯泡的使用率较高，这些高温照明灯具的表面温度远超过一般可燃物自燃点，极易诱发火灾。

3 防控的手段与对策

外墙保温材料火灾多发，对各级安全主管部门和行业部门提出了新的要求，必须尽快采取有效措施，破解目前外墙保温材料监管的难题，减少火灾损失，保障广大人民群众的生命和财产安全。

3.1 完善法规体系

公安部于 2009 年、2011 年分别发出通知，要求进一步加强建筑外墙保温材料的监管，并提出了具体举措，但制定标准过高，相关职能部门未广泛推广，实现难度较大。公安部又于 2012 年 12 月取消了该文件的执行，致使一段时间内，针对外墙保温材料防火性能要求政令不一，基层监督执法困难，社会单位意见较大。2015 年 5 月 1 日，正式实施的新版《建筑设计防火规范》（GB 50016—2014）专门设置章节，对外墙保温和外墙装饰提出了具体的要求，明确了不同建筑的外墙耐火要求。

3.2 部门联合整治

由于外墙保温材料施工过程时间长，工艺相对复杂，消防部门的现场施工检查往往无法有效监督外墙保温施工全过程。因此要加强与住建部门的协调，分工负责，联合整治。督促住建部门落实行业主管责任，加强对使用可燃外墙保温材料建筑改建、扩建、二次装修等施工作业管理。切实整治外墙保温材料封堵不严，防护层脱落、开裂，保温材料裸露的问题。

3.3 严格依法治患

针对当前外墙保温材料市场偷工减料、以假充真的问题，消防部门必须采取有效措施，进一步加大对外保温材料的监管力度，保护人民生命、财产安全。在工程消防设计审核中，必须对外墙外保温系统设计严格审查，对设计中选用不符合要求的保温材料的，在责令改正的同时依法追究设计单位责任并从严处罚；在施工过程中，必须加强对施工现场的检查力度，严格落实施工、监理单位责任，对于现场发现使用不符合要求保温材料的，要追究施工、监理单位责任并从严处罚；要督促建设、监理单位充分重视外墙外保温材料产品现场见证取样环节，确保送检材料的真实有效，保证结果的科学性和准确性；在建筑工程消防验收阶段，要在见证取样结果的基础上，大力加强现场的实地检查，切实把好验收这一最后关口。

3.4 加强宣传教育

从火灾案例来看，多数外墙保温材料火灾是由烟花爆竹、明火及施工阶段的用火不慎引起，因此，必须有针对性地加强对特殊人群的消防安全宣传，提高群众对外墙保温材料火灾危险性的认识。对于已使用可燃外墙保温材料的建筑，要督促管理使用单位在醒目位置设立外墙保温材料燃烧性能等级和防火要求标识，提示禁止在有保温层的外墙上设置广告牌、灯箱等高温用电设备；加强“禁燃禁放”宣传，合理划分燃放烟花爆竹区域；教育周围群众不得燃放孔明灯等危险装置，单位要定期组织消防安全演练。

3.5 强化执勤备战

针对外墙保温材料火灾燃烧速度快、蔓延迅速、容易形成立体火灾、烟气毒害性大、高空坠物多等特点，消防部门必须提前谋划，认真做好外墙保温材料火灾的灭火救援准备。要根据外墙保温材料的火灾特点，深入研究与室内火灾扑救的差异性，在装备使用的实战效能上下工夫，科学合理地制定灭火作战预案，根据不同天气状况对外墙火灾的影响，组织火灾扑救和疏散救人的实战演练，有效提高扑救外墙火灾的能力和水平。

4 几点建议

针对新版《建筑设计防火规范》(GB 50016—2014，以下简称《规范》)所提出的保温材料的要求，笔者认为还应重视以下几点。

(1)《规范》中强调非人员密集场所可以使用低烟、低毒的B1级保温材料，应明确何种材质或是达到什么标准的为低烟、低毒材料,《规范》中过于笼统，不便于基层实际操作运用。

(2)当保温系统与装饰层、墙体中间有空腔时,《规范》提出应设置防火堵料每层封堵。但该条款不是强制性条文。从实际火灾危险性考虑，空腔内若存在可燃材料，或是不燃材料脱落，裸露可燃部分，难以发现，一旦发生火灾极易立体燃烧，因此，应将其纳为强制性条款，同时明确防火堵料封堵厚度，满足耐火极限要求，并严格执行。

（3）电气线路在穿越B1、B2级保温材料时，《规范》要求穿金属管并采用不燃材料进行隔离，插座、开关采取不燃材料保护措施。建议明确不燃材料保护间距，便于一线监督人员量化执法，防止因自由裁量造成群众不满。

参考文献

[1] 欧志华，刘锡军，王彦. 建筑外墙外保温系统的火灾特征及防火措施[J]. 建筑科学，2010，11(26).

[2] 杨宗焜，杨玉楠，华校生，等. 从建筑保温材料的源头遏制建筑火灾隐患的设想和建议[J]. 建筑节能，2009，9（37）.

作者简介：鲁广斌，安徽省消防总队防火监督部。

通信地址：安徽省合肥市滨湖新区广西路，邮政编码：230001；

联系电话：13955169345。

浅谈防火玻璃系统技术及应用

施　睿

（江苏省南京市消防局）

【摘　要】 防火玻璃系统技术是建筑防火的重要环节，而理想的框架设计是实现防火玻璃系统耐火性能的关键，自国内单片防火玻璃批量生产以来，防火玻璃系统将得到更加广泛的应用。

【关键词】 防火玻璃；防火特性；框架系统；工程应用

建筑防火是建筑安全设计中一个十分重要的项目，建筑防火分区的要求往往使建筑师在建筑美学与建筑防火上进退两难，然而玻璃作为现代建筑的时尚，它所具有的通透的效果和华丽的外观，使得防火玻璃成为现代建筑师们乐于使用的材料。

1　防火玻璃系统的技术要求

防火玻璃，在防火时的作用主要是控制火势的蔓延或隔烟，是一种措施型的防火材料，其防火的效果以耐火性能进行评价。它是经过特殊工艺加工和处理，在规定的耐火试验中能保持其完整性和隔热性的特种玻璃。防火玻璃的原片玻璃可选用浮法平面玻璃、钢化玻璃、复合防火玻璃，还可选用单片防火玻璃制造。

1.1　防火玻璃的防火特性

防火玻璃按耐火性能可分为隔热型防火玻璃和非隔热型防火玻璃。隔热型防火玻璃是耐火性能同时满足耐火完整性和耐火隔热性的防火玻璃，即 A 类防火玻璃；非隔热型防火玻璃是耐火性能仅能满足耐火完整性要求的防火玻璃，即 C 类防火玻璃。防火玻璃按耐火极限分 5 个等级：0.5 h、1.0 h、1.5 h、2.0 h、3.0 h。防火玻璃按结构可分为复合防火玻璃和单片防火玻璃。目前国内单片防火玻璃主要有两种技术路线，即采用综合增强处理的高强度单片防火玻璃和特种防火玻璃（以硼硅酸盐防火玻璃为主）。复合防火玻璃是由两层或多层玻璃原片附之一层或多层水溶性无机防火胶夹层复合而成。火灾发生时，向火面玻璃遇高温后很快炸裂，其防火胶夹层相继发泡膨胀十倍左右，形成坚硬的乳白色泡状防火胶板，有效地阻断火焰，隔绝高温及有害气体。复合防火玻璃的生产方法分为夹层法和灌浆法两种，其优点是隔热，缺点是不能直接用于外墙，难于深加工，长期紫外线照射下易起泡、发黄甚至失透。与复合防火玻璃相比，单片防火玻璃的优点是耐候性好、强度高、易于深加工及安装便捷等，但不隔热。单片防火玻璃和复合防火玻璃因性能上的差异在建筑应用上属互补关系。

自国内单片防火玻璃批量生产以来，防火玻璃得到了更加广泛的应用。单片防火玻璃有其无可比拟的优越性，但在发生火灾时，由于不具备隔温绝热功效，其热辐射对防火分区外的可燃物、易燃物以及人员安全通行都会产生影响，如何使单片防火玻璃在具有通透的外观，满足耐火完整性的条件下，同时具备隔热性的要求成为设计师突破的问题。研究表明，通过对单片防火玻璃施加自动喷水灭火系统可以解决单片防火玻璃的隔热问题。当火灾发生后玻璃背火面空气温度达到喷淋头动作温度时，背火面自动喷水灭火系统启动，玻璃背火面形成持续水幕，带走了因热传递而使玻璃吸收的热量，使防火玻璃即使在很高的火灾荷载下也能维持较低的温度。在自动喷水灭火系统的保护下，单片防火玻璃的隔热性得到了明显改善，热辐射被有效削弱，玻璃耐火时间大大延长，在一定程度上，可以替代防火卷帘。

1.2　防火玻璃的框架系统

防火玻璃框架系统主要由防火玻璃、耐火框架和防火密封材料组成，是在一定时间内满足耐火完整性或隔热性要求的非承重系统，包括防火玻璃幕墙、防火玻璃门窗、防火玻璃非承重隔墙、防火玻璃挡烟垂壁等。不同的框架系统对防火玻璃的耐火性能有重要影响。

纯铝材料的强度低，不能承重荷载。在纯铝中加入一定量的 Mg、Mn、Si 等元素后，可制成强度高的铝合金。铝合金框结构属非燃烧体，在火灾荷载作用下，随着温度的升高其强度逐渐下降，当温度超过 250 °C 时，其强度急剧下降到原来的 1/2，370 °C 左右抗拉强度几乎全部损失，且铝合金的熔点低（600 ~ 700 °C），在火灾荷载的作用下，框架系统会很快熔融、垮塌，进而导致火灾蔓延。因此，铝型材不能作抗火结构，只适宜用于 30 min 以下耐火极限要求的防火隔断、门窗，30 min 以上的耐火极限通常选用具有抗高温氧化性能的耐热钢型材，钢型材作为一种“轻质高强”的建筑材料，是理想的抗火材料。防火玻璃钢框架为非承重结构，与主体承重钢结构有较大差别，实践证明它在表面无防火涂料保护情况下仍可耐火 180 min 及在 1 200 °C 高温下略有变形但保持完整。而作为承重钢结构在火灾中，由于高温作用，强度损失很快，需要在表面加上混凝土或防火涂料等保护。

理想的框架设计是实现防火玻璃系统耐火性能的关键，而在设计中合理地选择防火密封材料是防火系统的保证。在火灾中，因受烟雾中毒、窒息而死亡的人占有较高的比例。因此在防火系统中，密封是非常重要的环节。防火玻璃在安装时，除了钢框架结构，还需要耐火垫块、防火膨胀密封条、防火密封胶、门窗密封件等系列辅助材料，这类材料应采用不燃或难燃材料。耐火垫块可采用硅酸钙基或硅酸铝基的不燃材料，安装在防火玻璃的底边钢框架内，起到把玻璃和钢构件隔开、支撑玻璃的作用，并防止钢构件导热快、使玻璃边部局部过热而炸裂的情况出现。防火膨胀密封条一般基于可膨胀石墨的膨胀机理，着火时在约 200 °C 可迅速进行三维膨胀，形成稳定的隔热阻火层，起到防火防烟的作用。防火密封胶一般为单组分中性硅酮胶，主要用于接缝密封，并起到美化外观的作用。安装过程中，防火玻璃与框架不得直接接触，玻璃四周与框架凹槽底部应保持一定的空隙，每块玻璃下部应至少放置两块弹性定位耐火垫块，垫块应能承受该分格玻璃的自重荷载。

2　防火玻璃系统的实际应用

近年来，中央电视台北配楼、沈阳皇朝万鑫酒店、上海胶州路住宅楼等高层建筑火灾引起我们高度的重视和深刻的反思。建筑物外围护结构所选定的保温材料应具有可靠的防火性能。目前，国家在大举推行建筑外墙保温的节能举措，在建筑保温材料燃烧性能未达到 A 级的情况下，采用防火玻璃门、窗结合应用的措施，是阻止火灾蔓延、减少火灾破坏的一个有效方案。

2.1　技术标准的规范依据

《建筑设计防火规范》（GB 50016—2014，以下简称《建规》）第 5.3.2 条规定，建筑内设置中庭时，当防火分区的建筑面积按上、下层叠加计算大于规范规定时，可采用防火玻璃墙进行防火分隔，其耐火隔热性和耐火完整性不应低于 1.00 h，或采用耐火完整性不低于 1.00 h 的非隔热性防火玻璃墙，并设置自动喷水灭火系统进行保护。《建规》第 5.3.6 条规定，步行街两侧建筑的商铺，其面向步行街一侧的围护构件的耐火极限不应低于 1.00 h。当采用防火玻璃墙（包括门、窗）时，其耐火隔热性和耐火完整性不应低于 1.00 h；当采用耐火完整性不低于 1.00 h 的非隔热性防火玻璃墙（包括门、窗）时，应设置闭式自动喷水灭火系统进行保护。《建规》第 6.7.7 条规定，建筑高度大于 27 m，但不大于 100 m 的住宅建筑，当建筑的外墙外保温系统采用燃烧性能为 B1 级的保温材料时，建筑外墙上门、窗的耐火完整性不应低于 0.50 h。

2.2 防火玻璃的工程应用

国家会议中心采用了防火玻璃内幕墙系统。上海中心大厦内幕墙系统是目前在建高层建筑工程中最为复杂的建筑幕墙系统之一，首次使用了从未出现在 350 m 以上超高层建筑中的双层玻璃幕墙，幕墙类型主要为单元式、框架式防火玻璃幕墙系统，该项目将使用近 10 万 m^2 的单片防火玻璃，并配以精密钢铝型材支架系统。南京紫峰大厦整体设计高度达 450 m（包括天线 69 m），高度位居世界第七，中国第四，其内部使用了钢质防火玻璃隔墙。南京南站、上海虹桥站、天津南站均采用了防火幕墙系统。广州国际会议展览中心和奥林匹克体育场采用了中空防火玻璃等产品。

3 结 论

防火玻璃系统技术是建筑防火的重要环节，而理想的框架设计是实现防火玻璃系统耐火性能的关键，以防火玻璃及钢型材（或钢铝结合型材）为主体的防火玻璃系统可满足建筑门、窗、幕墙和隔墙等的不同防火要求，随着全社会对建筑防火问题的愈发重视，防火玻璃系统将会有良好的发展空间和前景。

浅谈建筑外墙保温材料存在问题及防范对策

张　伟

（宁夏回族自治区消防总队固原消防支队）

【摘　要】　当前，我国建筑外保温材料火灾事故频发，造成了重大的人员伤亡和财产损失，引起了社会各界对外墙保温材料消防安全管理状况的高度关注。本文在集中分析建筑外墙保温材料的基础上，探讨符合我国实际的防火对策。

【关键词】　外墙保温；原因分析；防火对策

近年来，随着我国大力推行“节能减排”工作的逐渐深入，建筑中大量使用外墙保温材料，既能节省能源，又能起到较好的保温效果；但正是由于这些大量使用的外墙保温材料的防火性能达不到相关要求，它已成为了影响建筑安全的重要因素之一。例如：南京中环国际广场、哈尔滨经纬360度双子星大厦、济南奥体中心、上海胶州路教师公寓、沈阳皇朝万鑫大厦相继发生了与建筑外墙保温材料密切相关的火灾。有的是由于点火源点燃了外保温材料引起的火灾；有的是由于引燃外保温材料导致火灾的蔓延扩大等。在我国，对外墙保温材料安全性的要求在标准和规范上还未得到充分体现，尤其在防火安全性方面一直都存在着较大隐患。如何提高国内各类建筑外墙保温材料的防火安全已成为事关民生安全的重要课题。

1　外墙保温材料的种类及优缺点分析

保温材料的英文是“thermal insulation material”，一般是指导热系数小于或等于0.2的材料。所谓外墙保温，是指将保温材料、抹面层、固定材料（胶黏剂、辅助固定件等）按一定方式复合在一起并安装在外墙外表面的非承重保温构造的总称。它通过隔断室内外热量传递，可以有效解决室内外温差大而造成的能源损失问题，并对外墙体起到保护和装饰作用，是目前国际建筑节能领域普遍采用的一种施工方法。保温材料对于建筑外墙外保温系统非常重要，它关系到系统的保温隔热性能，是防止建筑物能耗损失最经济、最有效的技术措施。从目前来看，市场上的建筑外保温材料从材质上区分，可以分为有机材质和无机材质两种。

有机类保温材料：主要来源于石油副产品，包括膨胀聚苯板（EPS）、挤塑聚苯板（XPS）、聚氨酯喷涂（SPU）以及聚苯颗粒等；它最大的优点是质轻、保温、隔热性好，最大的缺点则是安全性差、易老化、易燃烧，并且燃烧时烟雾大、毒性大，特别是EPS、XPS的耐火性更差，在80 °C以上就会熔融变形并形成融滴。

无机类保温材料：通常是指由岩、矿棉制作而成的外墙外保温材料，一般为岩棉、玻璃棉、膨胀玻化微珠保温浆料等；在火灾过程中没有氧化还原反应发生，属于不燃性材料，自身不存在防火安全问题。但从容重比、导热系数等作为外墙外保温材料的重要性能指标来看，与有机保温材料相比则相差甚远。特别是无机外墙外保温材料在吸附了水分后，增加了材料的自重，使之向下滑动位移，加大了外墙下部挂件的负荷，加剧了挂件的锈蚀，影响了挂件的使用寿命。

2 建筑外保温材料的应用现状

目前，有机类外墙外保温材料占据了我国当前外墙外保温市场75%以上的份额。国外大量采用岩、矿棉作为高等级、具有防火性能的外墙外保温主体材料已经有几十年的历史，并且有成熟的产品标准。而我国目前的无机类外墙外保温材料大部分使用高炉炼铁矿渣等固体废弃物为主要原料，也就是说，我国岩、矿棉保温材料中大部分产品实际上是矿渣棉，且绝大部分是用于蒸汽管道和炉墙的保温，产品在质量、外观上与大规模用于墙体保温的材料要求还相差甚远。2011 年 3 月 14 日，公安部消防局发布的《关于进一步明确民用建筑外保温材料消防监督管理有关要求的通知》（俗称“65 号文”），其中规定：民用建筑外保温材料应采用燃烧性能为 A 级的材料，否则不予验收通过；从而造成有机保温材料和无机保温材料价格大幅上升。但据行业协会的相关数据显示：2011 年，有机材料的市场份额并没有减少太多，依然是建筑外墙保温产品的主体。

3 建筑外墙外保温材料引发火灾原因分析

因为易燃的外保温材料普遍被使用，施工工地的消防安全责任制和施工过程中的安全管理制度没有落实，导致了我国在短短的时间段内，发生了从中央电视台新址大楼火灾起，到后来发生的南京中环国际广场、上海胶州路教师公寓、沈阳皇朝万鑫大厦等一系列与建筑外墙外保温材料有关的重特大火灾。但是通过对以上火灾的深入思考，得出这样一个事实：这几起大火确实与建筑外墙外保温材料有关联，但又确实都是在外因的作用下，引发了建筑的火灾，而不是因为建筑外墙外保温材料自身引发的火灾。除去上述引起人们注意的火灾之外，建筑工地在施工的中后期在建筑外墙外保温材料进场后，也极易因建筑外墙外保温材料引发火灾。可以得出建筑外墙外保温材料发生火灾的三个原因：①是建筑外墙外保温材料进场后的堆垛期，这时发生火灾多是因为乱丢烟头或火种管理不当引起的；② 是建筑外墙外保温材料安装施工期，因为施工现场消防安全责任制没有落实，施工进度安排不合理，多工种交叉作业，如安装外墙外保温材料和焊接作业同时进行，且安全防护工作不到位造成的，如哈尔滨经纬 360、济南奥体中心等火灾；③ 安装完外墙外保温材料，建筑物竣工投入使用或接近完工进入工程收尾阶段，因外界各种原因引发的火灾，如央视大楼因燃放烟花引起的火灾、上海胶州路教师公寓因外墙施工围网着火引燃建筑外墙外保温材料而发生的火灾、沈阳皇朝万鑫大厦因燃放烟花爆竹引发的火灾等。

4 外墙保温材料在建筑使用中的防火对策

笔者认为，解决外墙保温防火安全问题：一方面要在技术上采取措施，使外墙保温材料、保温系统具有保障安全状态的能力；另一方面要强化管理，加强施工现场的消防管理措施，达到系统的和谐，以实现整个系统的安全。

4.1 制定外墙外保温系统防火规范

国外对外墙外保温防火安全性的要求一直作为技术应用的首选条件，在欧美等国家，对不同外墙外保温系统和保温材料均有防火测试方法和分级标准，同时对不同防火等级的外墙外保温系统在建筑中的使用范围进行了规定：在德国的法律法规中明确规定超过 22 m 的建筑严禁使用有机可燃保温材料，因此聚苯板外保温系统只能用于低于 22 m 的建筑中，高于 22 m 的建筑大部分使用岩棉外保温系统；在欧洲标准规范《有抹面层的外墙外保温复合系统欧洲技术标准认证》（ETAG 004）中规定对外保温防火性的测试需进行2次：一次为整个体系，另一次仅为保温材料；在英国，18 m以上建筑必须采用按英国标准0级或欧洲标准B级以上的材料，即必须采用不燃或难燃性材料；在美国纽约州建筑指令中明确规定耐火极限低于2 h的聚苯板薄抹灰外墙外保温系统不允许应用在高于22.86 m的住宅建筑中。遗憾的是，我国的外墙外保温技术尽管推广应用多年，现行标准中除了对保温材料的燃烧性能有所规定外，并没有对系统的燃烧性能、适用范围作具体的规定。必须尽快借鉴国外成熟的规范标准，制定严格的国家技术规范，发挥国家规范的淘汰性作用，尽快淘汰低端产能，严格规范市场行为，保证产业的健康安全发展。

4.2　加大对外墙保温材料的监管力度

当前混乱的外墙外保温材料市场要求建设、消防、质监等部门必须采取有效措施，进一步加大对外保温材料的监管力度，保护人民生命、财产安全。在建筑工程消防设计审核及消防设计备案抽查过程中，必须对外墙外保温系统设计重点严格审查，对设计中选用不符合要求保温材料的，在责令改正的同时一律追究设计单位设计责任并从严从重予以处罚；在施工过程中，必须加强对施工现场的检查力度，严格落实施工单位及监理单位责任，严格从源头监管，对于现场发现使用不符合要求的保温材料的，一律追究施工单位、监理单位责任并从严从重处罚；在施工检查中，要督促并指导施工单位建立施工现场消防安全责任制度，落实动火、用电、易燃可燃材料等消防管理制度和操作规程，保障施工现场具备消防安全条件，保证在建工程竣工验收前消防通道、消防水源、消防设施和器材、消防安全标志等完好有效；要督促建设单位、监理单位充分重视外墙外保温材料产品现场见证取样环节，并加大公安消防部门直接抽样送检的频次，确保送检材料的真实性和代表性，保证结果的科学性和准确性；在建筑工程消防验收及竣工验收备案抽查阶段，要在见证取样结果的基础上，大力加强现场的实地检查，以高度的责任心做好外墙外保温材料的管理和监督工作。

4.3　在建筑结构或构件上采取防火分隔

由于历史的原因，在短时间内，我国的不燃外保温材料产能还难以满足使用需要。因此，必须考虑一些构造措施，提高外墙外保温系统的整体防火安全性。外墙外保温系统的防火构造措施主要有三个方面：无空腔构造、防火隔断和防火保护面层。

（1）无空腔构造：有机保温板与基层墙体之间或与装饰面层之间如果有空腔存在，将在火灾发生时为燃烧提供氧气，在火灾发生后提供烟囱通道，加速火灾的蔓延。因此，无空腔做法可解决空腔带来的火灾危害。所以在保温板的施工工艺中，要避免使用产生空腔的点黏法，尽量采用满黏法。

（2）防火隔断：即系统的防火隔离条带构造或防火分仓构造，能够有效地阻止火焰蔓延，防止外墙外保温系统墙面整体燃烧。防火隔断可选择矿棉和玻化微珠保温浆料等不燃材料，并且在垂直方向和水平方向都应该设置。也可以利用窗台或伸缩缝，采用混凝土板做隔火条带。防火隔断的尺寸应该根据建筑的重要性和保温材料的燃烧性能确定，外形要与建筑里面效果协调。

（3）防火保护面层：保护面层可以减少和消除火灾对保温材料的侵袭，水泥砂浆就可以作为保温层的防火保护面层，不过在火灾条件下，普通水泥砂浆容易开裂，影响防护效果，应该改善防护砂浆的耐火性能；也可以采用玻化微珠保温浆料和岩棉等不燃材料作为防火保护面层。防火面层的厚度越厚，防火保护效果越好，应该通过试验和外墙外保温的防火要求确定防火保护面层的种类和厚度。

4.4　增强施工过程中的安全管理和防范意识

外墙外保温材料火灾在起火原因上具有一定的特殊性，从已知的火灾案例来看，多数外墙外保温材料火灾为烟花爆竹及施工阶段的用火不慎引起，因此，必须有针对性地加强施工阶段及节假日等特殊时段的火灾预防。针对施工阶段的防范，应重点在外保温系统施工区域及时段采取特殊措施。在施工现场动用电焊、切割等明火时，必须确认明火作业涉及区域内没有裸露的可燃性外保温材料，并设专人监督，做好应急措施，必要时可在外保温材料表面设置水泥砂浆等不燃材料作为保护层及考虑在外保温材料进入施工现场前涂刷防火界面漆等。要特别加强外墙外保温系统施工现场消防安全的“四个能力”建设，施工单位应结合施工现场的特点，有重点地进行消防安全知识教育，增强职工的消防安全意识，使施工人员了解外保温材料的火灾危险性及特点，会扑救初期火灾，会自救逃生疏散，确保消防安全宣传到位、制度到位、设施到位、责任到位。针对节假日等特殊时段的防范，要科学合理地划定烟花爆竹燃放区域及燃放时段，并严格加以执行。建筑物业管理单位要加强“四个能力”建设，要担负起宣传、教育的重任，在特殊时段加强“禁燃禁放”或燃放规则的宣传；要担负起发现和消除火灾隐患的重任，对于特殊时段要不间断的进行防火巡查，及时发现火灾隐患并扑救初期火灾；要担负起群众应对突发状况培训的重任，保证火灾情况下逃生有措施、疏散不慌乱。

5 结束语

外墙外保温的防火不能顾此失彼，既不能只讲究防火而放松对保温效果的要求，也不能只要求保温效果而忽视防火性能，更不能因为害怕火灾的产生而不节能。外墙保温的防火问题是一个综合性的问题，不能单单靠保温材料的防火性能来防止火灾的发生。我们应该在规范和标准制定、进行防火构造处理、严格施工现场管理等方面入手，以提高建筑物的消防安全水平，防患于未然。

参考文献

[1] 杜宝玲. 外墙保温系统防火对策[J]. 消防产品技术与产品信息，2012，1：9-10.
[2] 公安部消防局. 关于进一步明确民用建筑外保材料消防监督管理有关要求的通知[S].（公消通字〔2011〕65号），2011，2：1-2.
[3] 马恩强. 保温材料之困无机材料火爆的“政策市”[N]. 中国房地产报，2012-01-16.

作者简介：张伟（1983—），男，宁夏消防总队固原市消防支队防火处工程师；主要专业方向：消防监督。
电子信箱：zhwei119@sina.com。

浅析防消模块在民用高层建筑防火封堵领域的应用

任 彬 杜 坤

（陕西沃尔思消防技术有限公司）

【摘 要】 本文探讨了在民用高层建筑中采用自动装置防消模块替代传统防火封堵材料的理念，对自动装置防消模块性能及特点与传统防火封堵材料进行了比较。

【关键词】 高层建筑；防火封堵；JF自动装置防消模块

《建筑设计防火规范》（GB 50016—2014）中有关防火封堵强制性标准条文6.2.9-3、6.3.5、6.5.3-4对防火封堵有明确的规定及要求，国内外民用高层建筑行业电气火灾的经验教训告诉我们：如果在民用高层建筑设计中，对防火设计缺乏考虑或考虑不周密，一旦发生火灾，会造成严重的人身伤亡和经济损失。因此，民用高层建筑内的配电柜、电缆竖井、电缆槽盒、电缆沟道、电缆穿墙孔洞及线缆穿越防火分区的防火封堵显得尤为重要。必须遵循"预防为主，防消结合"的方针，要立足于自防自救，确保民用高层建筑的消防安全。

高层建筑物的火灾具有这样一些特点：火势蔓延快、疏散人群缓慢、扑救火灾困难、火灾隐患多等。从火灾扑救实践来看，登高消防车当在扑救高度 24 m 以下的建筑物火灾时最为有效，再高的建筑物扑救效果就减缓。一些规模大、空间大、功能复杂的建筑物，如智能大厦、综合办公楼及大型商场等内的高低压柜及用电设备，电缆密集，一旦这些高层建筑发生火灾，必然会造成严重的经济损失和人员伤亡。因此，民用高层建筑的电气防火工作应做到：减少建筑内的可燃物；楼内装修陈设尽可能采用不燃或阻燃材料；设置自动灭火系统以及划分防火及防烟分区。其中最有效的办法是划分防火及防烟分区，其作用是：当发生火灾时可将火势控制在一定的范围之内阻止火势蔓延，以利于扑救从而减少经济损失和人身伤亡。

民用高层建筑楼内的电缆井、管道井、通风道、电缆竖井等竖向井道，如果防火封堵处理不好，发生火灾时，这些竖井就像一个个小烟囱，成为火势迅速蔓延的途径。有资料介绍，火灾燃烧水平方向扩散速度最大为0.5 ~ 3 m/s，而沿竖井的扩散速度为3 ~ 4 m/s，100 m高的民用高层建筑，在无阻拦的情况下，半分钟烟气可沿竖井扩散到屋顶，尤其电缆竖井，一旦发生火灾，因非消防电缆不是耐火电缆，火势可沿着烧着的电缆向上蔓延，热量由下而上的传递，很容易增加到燃爆的程度。因此，从防火、减灾的目的出发，民用高层建筑防火封堵设计必须标注防火封堵部位及施工做法，严格按照《建筑设计防火规范》的相关要求，保证防火封堵的实效性及有效性，便于严格规范施工及消防验收。目前民用高层建筑防火封堵设计只注重防火封堵材料而忽略了防火封堵部位及施工工法，给施工及消防部门验收带来一定的困难，所以民用高层建筑防火封堵设计必须按照防消结合的设计理念，应将防火封堵部位及施工工法作为防火设计重要组成部分，提高民用高层建筑电气线缆防火封堵等级，杜绝火灾隐患。

传统的防火封堵材料只能起到防火阻燃功效，不具备早期自动灭火性能；采用新型自动装置防消模块对上述防火分区进行防火封堵，既可防火阻燃切断火势蔓延，又可早期抑制瞬间扑灭初期火患，对于民用高层建筑防火封堵来讲，采用具有自动灭火及防火阻燃双重功能的自动装置防消模块是今后民用高层建筑防火封堵材料的发展趋势。

JF 自动装置防消模块采用当今世界先进的热膨胀原理，使用无毒阻火材料制成；结合无机材料严密可靠和有机材料便于增扩容的优点，配合分散型自动灭火装置彻底克服了传统防火封堵产品遇热滴流、遇冷不黏结、不防潮耐腐、码放易坍塌、有效期短、不能早期抑制、瞬间灭火等缺点。

JF 自动装置防消模块集防火和灭火于一体，作为一套简单低成本且高度可靠独立自动灭火装置，它无需任何电源、无需专门探测器、无需复杂设备及管线，是防消行业的一个创新发明，可迅速将初期火患扑灭在萌芽状态，有效降低了火灾带来的人员伤害和经济损失，解决了困扰消防行业防火封堵领域长期针对电气设备、控制箱、电缆竖井及电缆隧道、电缆槽盒等隐蔽部位易发生火患空间只能被动防火而不能早期抑制瞬间扑灭火灾这一市场空白。

JF 自动装置防消模块灭火机理：火灾发生时，火焰的热能使消防模块自动灭火装置内灭火剂发生化学反应，气化膨胀直至装置破裂顷刻释放出大量的惰性气体与水融合喷洒于燃烧物表面，灭火剂中带阻燃物质的材料阻断了可燃物的燃烧链。此外在化学反应中，还生成一种扩散性极好的游离物质，覆盖于燃烧物的表面隔绝空气，防止复燃。在整个灭火过程中，该灭火装置发挥了冷却、阻氧和阻断燃烧链的作用。

JF 自动装置防消模块产品性能特点介绍：

（1）耐火时间长。产品采用高性能隔热膨胀材料，产品耐火时间达到国家标准；若有特殊要求，耐火时间还可更长。

（2）使用寿命长。产品采用无机材料耐老化性能好，施工后封堵组件机械强度高，因此，有效期长，经国家法定单位检测使用寿命达十年。

（3）耐水、耐油、耐腐蚀性好。产品不溶于水油等物质，稳定性好。灭火防火同步合一，探测反应时间快，迅速将火患扑灭在萌芽状态。

（4）安全环保。遇火不产生有毒气体，没有飞絮，不脱落，整体产品无卤素成分，对线缆桥架不造成腐蚀，隔热效果好，散热快。

（5）重量轻。产品干密度为 0.7 t/m^3，密度不到传统防火封堵产品的一半，可大大减轻封堵产品对电缆桥架和建筑物的荷载。

（6）产品重复使用。产品采用各种模块形成，有序不会坍塌，外观平整美观，在遇到封堵部位增扩容时，只需简单拆卸移动即可，不需专业人员重新施工。

（7）产品具有良好的气密性及隔音效果。防止粉尘侵入，可有效降低噪声，距离被保护物近，灭火效率高。

（8）经国家权威部门检测，产品具有独特防鼠嗑咬功效。

（9）产品中配置分散型自动灭火装置，遇火燃烧达到一定温度，模块中自动灭火装置启动气液两项灭火，局部灭火范围可达到 5 m^2，有效地抑制了早期火患的发生，而且启动后的自动灭火装置中的灭火材料不但可以有效地扑灭火焰，部分材料喷洒在电缆及保护区域还可以形成阻火层。

民用高层建筑内的电气设备、控制箱、高低压配电柜、电缆竖井、电缆槽盒及电缆隧道局部空间防火问题一直是困扰电气设计人员及业主的难题，有没有一款产品既能防火封堵，又能针对局部初期火灾及时早期扑灭，而产品价格又不超越防火封堵产品本身价位，使用户既能节约成本费用，又能防消兼顾，JF 自动装置防消模块解决了这一行业难题，其不仅具备防火功能，同时因距离接近火源，把火源控制在小火状态并加以扑灭。它的优点是大大减少了损失和火灾蔓延，真正做到扑灭小火没有大火，让用户花相同的费用，做到既能防止火势蔓延，又能起到早期抑制、瞬间扑灭火灾的作用，提高了用户电气设备防火等级，杜绝了电气线缆火灾隐患。

参考文献

[1] GB 50016—2014. 建筑设计防火规范[S].
[2] XJJ 068—2014. 民用建筑电气防火设计规程[S].

作者简介：任彬，陕西沃尔思消防技术有限公司总经理。
通信地址：西安市金花北路169号天彩大厦大座11601室，邮政编码：710043；
联系电话：18991878066。

杜坤，陕西沃尔思消防技术有限公司新疆办事处办事处主任。
通信地址：乌鲁木齐北京南路320号新疆财经大学南校区13栋，邮政编码：830011；
联系电话：18999193010。

浅谈膨胀型防火涂料的研究进展

陈红海

（四川天府防火材料有限公司）

【摘　要】 本文主要阐述了膨胀型防火涂料四大组成部分，包括基料、膨胀防火体系、填料和助剂等的作用机理和研究进展。

【关键词】 膨胀型防火涂料；机理；进展

1 引　言

随着社会和经济的不断发展，人们已经意识到火灾是威胁公共安全和社会发展最常见、最普遍的主要灾害之一。研究火灾的发生、蔓延、传播、熄灭以及抗御火灾的对策、技术，对提高人们综合抗灾能力、保证社会经济平稳发展和人民生命财产安全具有切实意义。

防火涂料作为人们抗御火灾的手段之一，按照防火机理可以分为膨胀型和非膨胀型两种。其中膨胀型防火涂料较非膨胀型涂料具有明显的优势：施工厚度小、黏结性能优异、耐火性能优秀等，使得该类型防火涂料广泛应用于机场、石化、公共建筑、高层建筑、船只等。由于该类型防火涂料应用范围广泛，具有极大的市场价值和切实的需要，使其一直成为国内外研究的重点[1]。

2 膨胀型防火涂料的研究进展

膨胀型防火涂料主要由基料、膨胀防火体系、填料和助剂四部分组成。这四部分虽各由不同的物料组成，但是其相互间存在紧密而又复杂的协调作用，使其成为一个不可分割的整体。

2.1 基　料

对现阶段防火涂料而言，基料是指在涂料中所使用的树脂或乳液。基料的一个作用是起到与基材的黏结作用；另一个重要的作用是能够让涂料中所添加的其他组分有效分散于基料之中。除此之外，涂料的抗水性、抗酸性、抗碱性、耐老化等性能也是选择基料时所需要考虑的问题。

国内诸多高校、研究所以及相关企业都对基料展开了深入的研究。孙鹏[2]等通过有机硅改性环氧丙烯酸酯乳液，使该乳液的防火涂料热稳定性能良好，碳质层结构致密完整且发泡快速、强度高、环保无污染，具有良好的防火性能。辛颖[3]等选取双环戊二烯改性的不饱和聚酯树脂作为基料制备膨胀型防火涂料，芳香族磷酸酯分解释放出的不燃性气体（氨气等）不但可以稀释氧浓度，还促使成碳质层迅速膨胀形成表面致密坚硬内部多孔的碳质层，阻隔氧气流和热辐射，获得了很好的阻燃效果。张广宇[4]等使用环氧改性丙烯酸乳液，合成了苯丙乳液，研究了以苯丙乳液与环氧改性丙烯酸乳液拼合作为基料的防火涂料耐火性能，该涂料碳质层发泡快，整体发泡致密均匀、强度好、结构完整。关迎东[5]等通过合成了水性环氧改性丙烯酸杂化乳液，制得的环氧-丙烯酸酯乳液具有 VOC 低、干燥速度快、硬度大、耐水性和附着力好的特点，由此制备了性能优异的膨胀型防火涂料。黄晓东[6]等以聚氨酯树脂为研究对象，研发出高效膨胀型聚氨酯防火涂料，分析并研究了它们的阻燃机理。

可以发现：现阶段的防火涂料主要仍然以丙烯酸树脂为基料，但是各种新型基料，包括环氧树脂、聚氨酯、各种改性树脂或乳液以及一些特种树脂都在广泛地被研究和开发。在上述基料中引入特定基团或结构，涂料的耐火和耐候性能都有明显的提高。

2.2 膨胀防火体系

膨胀型防火涂料主要采用化学膨胀防火体系，由酸源、碳源和气源等组成。酸源也称为成碳促进剂，是自由酸加热时能产生无机酸的物质，一般认为酸源产生的酸性物质可以催化成碳或与成碳剂一起参与成碳反应；碳源多为含羟基的富碳化合物，它在酸催化下失水而碳化，为发泡层提供碳骨架，是形成膨胀碳化层的基础；气源也称为发泡剂，一般在受热分解时产生不燃性气体，为形成膨胀碳化层提供气体动力。该体系中三源的原料种类繁多，性能各异，但三者之间必须相互协同、缺一不可[7]。

为了提高防火效果，研究者们提出了许多方案，包括添加协调剂以起到催化增加成碳剂、提高碳层品质等作用[8]；表面改进技术以改善膨胀体系与基料的黏结力和界面亲和力[9]；微胶囊技术改善膨胀体系与基料的不相容问题[10]；超细化技术提高强度、抗热震、抗氧化等以提高阻燃效果[11]；膨胀阻燃体系直接与基料进行共聚反应，将阻燃体系合成为一个阻燃剂分子，提高阻燃效率[12]；新型成碳剂的应用，包括多羟基化合物、含氮有机化合物、成碳聚合物等产品的研究，提高成碳层品质[13]；石墨烯、碳纳米管、富勒烯等协同阻燃作用的研究结果也表明，它们在阻燃剂中同其他阻燃物质的协同作用大大提高阻燃效果[14]。

就现阶段而言，膨胀防火体系已基本形成了多种系列化的产品，新的概念和技术包括纳米和纳米改性、石墨烯、富勒烯等的不断引入和研究，对防火涂料中防火体系进行了新的开发和拓展，低毒、无烟、无卤、高效等要求在不断地被实现。

2.3 填　料

填料是一种固体添加剂，它可以增加涂料的固含量，同时使涂料受火及持续火焰作用不会分解损失，起到稳定碳层骨架的作用，从而实现提高膨胀型防火涂料的高效防火隔热性。填料的另一重要作用是对涂料增强，对膨胀型防火涂料而言其产生作用的机理主要在于所使用的填料与基料之间产生化学键。

张广宇[4]等通过对纳米氢氧化铝的表面改性，改善其在涂料中的分散性，发现纳米氢氧化铝含量增加耐火时间会提高、降低燃烧初期钢材升温速率，同时能有效地降低烟密度，并且符合室内以及室外的各项理化性能，如耐腐蚀和耐老化性能的标准要求。王震宇等[15]用 Solsperse17000 超分散剂对纳米二氧化硅和纳米氢氧化镁表面进行包覆改性,结果表明纳米阻燃母液能有效提高防火涂料的耐水性，且不损害它的热降解行为和防火性能。邹敏等[17]以纳米 TiO_2 为添加剂来提高钢结构防火涂料的各项性能，经硅铝复合包膜改性后的纳米 TiO_2 粒子具有较好的分散性；改性钢结构防火涂料的性能有较大的提高，其耐热极限、耐水极限、黏结强度、抗菌率都得到一定的提高。邹敏等[18]还以氧化锌晶须和锐钛型纳米二氧化钛为添加剂来提高钢结构防火涂料的各项性能，改性后的氧化锌晶须具有较好的分散性，防火涂料的耐火极限、耐水极限、黏结强度都得到了不同程度的提高。

可以发现，填料的作用已经超出原本填料的意义，已经不止于降低成本和改善涂料理化性能，对传统填料的改性包括纳米化、微胶囊化、表面处理等新手段和技术不断使用，使得填料出现了全新的作用，对改善涂料的性能起到了更大的作用。

2.4 助 剂

防火涂料由基料、膨胀体系和填料组成，但是彼此之间单独配合是不能达到预定的理化性能要求的，这就要求使用辅助材料来实现预期的要求，甚至通过辅助材料来实现涂料特定的新功能，这些辅助材料称为添加剂或助剂。

王国建等[19]通过正交试验发现防火助剂是影响防火涂料防腐蚀性能的关键因素，防火涂料的防腐蚀性能随着防火助剂水溶性的降低以及粒度的减小而显著提高。吴润泽等[20]对水性超薄膨胀型钢结构防火涂料配制时助剂的选择，通过分散剂、增稠剂、成膜助剂及 pH 调节剂的选择，制得贮存稳定性优异的防火涂料。Alexandrovich 等[21]对纳米材料在防火涂料中的应用进行了深入的报道和研究。

助剂的添加优化了涂料其他各组分之间的有效配合，提高了涂料有效组分间的发挥效率，对提高涂料的性能和质量有着重要作用。而不同厂家之间不同的配方和原料，对助剂的要求会越来越多样化和特殊化，这些要求在促进助剂发展的同时也在提高涂料本身的性能。

3 总结和展望

近三十年来，我国对膨胀型防火涂料的开发、应用及其机理研究都取得了长足的发展，不但取得了巨大的经济效益，也取得了良好的社会效益。与此同时，研究者们不断地向环保、高性能、高耐候以及极端环境条件防火涂料的方向研发，引入纳米、表面处理、改性树脂等一系列技术和概念，为提高防火涂料的各项性能起到了重要作用。

参考文献

[1] 覃文清，李风.材料表面涂层防火阻燃技术[M]. 北京：化学工业出版社，2004.

[2] 孙鹏,张爱黎. 硅烷改性环氧丙烯酸酯乳液的合成及性能研究[J]. 沈阳理工大学学报,2012(06).

[3] 辛颖. 膨胀型不饱和聚酯树脂防火涂料的研制及阻燃机理的研究[D]. 吉林：吉林大学，2014.

[4] 张广宇. 纳米氢氧化铝改性超薄型钢结构防火涂料的研究[D]. 杭州：浙江大学，2013.

[5] 关迎东. 水性环氧改性丙烯酸酯膨胀型饰面防火涂料的研制[D]. 青岛：青岛科技大学，2010.

[6] 黄晓东. 膨胀型聚氨酯防火涂料的研究与应用[D]. 福州：福建农林大学，2005.

[7] 徐晓楠，周政懋. 防火涂料[M]. 北京：化学工业出版社，2004.

[8] 张爱黎，张发余，高虹，等. 改性丙烯酸树脂钢结构防火涂料制备研究[J]. 电镀与精饰，2009（10）.

[9] Duquesnea S, Delobel R, Le Bras M.A comparative study of the mechanism of action of ammonium polyphosphate and expandable graphite in polyurethane[J]. Polymer Degradation and Stability, 2002.

[10] Wang Z Y, Han E H, Ke W.Influence of nano-LDHs on char fomation and fire-resistant properties of flam-retardant coating[J]. Progress in Organic Coatings, 2005.

[11] RonSmith.Applied science how fire rotecetive coatings should be applied to structural steel work[J]. Fire Prevention Journal and Fire Engineering, 2002.

[12] Michael Grafe, Alan Grafe, Martin Sheeran.Thermally reflective substrate coating and method for making and applying same[J]. US Pat6391143B1, 2002.

[13] B. Bodzay, K. Bocz, Zs. Bárkai, Gy. Marosi. Influence of rheological additives on char formation and fire resistance of intumescent coatings[J]. Polymer Degradation and Stability, 2010（3）.

[14] Wang Guojian, Yang Jiayun. Influences of binder on fire protection and anticorrosion properties of intumescent fire resistive coating for steel structure[J]. Surface & Coatings Technology, 2009 （8）

[15] Junwei Gu, Guangcheng Zhang, et al. Study on preparation and fire-retardant mechanism analysis of intumescent flame-retardant coatings[J]. Surface & Coatings Technology, 2007（18）.

[16] Tugba Orhan, Nihat Ali Isitman, et al. Thermal degradation of organophosphorus flame-retardant poly (methyl methacrylate) nanocomposites containing nanoclay and carbon nanotubes[J]. Polymer Degradation and Stability, 2012（3）.

[17] 邹敏，王琪琳. 采用ZnO晶须/纳米TiO_2复合粒子改善钢结构防火涂料的性能[J]. 纳米技术与精密工程，2009（01）.

[18] 邹敏，王琪琳，刘国钦，赵英涛. 纳米 ZnO 晶须改善钢结构防火涂料性能研究[J]. 涂料工业，2006（08）.

[19] 王国建，高堂铃，刘琳，等. 海泡石对水性钢结构防火涂料性能的影响[J]. 建筑材料学报，2007（04）.

[20] 吴润泽，王桂银，刘琪，等. 水性超薄型钢结构防火涂料助剂的选择及耐火性能测试[J]. 上海涂料，2015（03）.

[21] Alexandrovich A, Alexandro N, Alexandrovna T. et al.Composition for fire-protection coating[J]. European Patent:1136529, 2001.

浅谈水性超薄型防火涂料的研究进展

盛　瑞
（四川天府防火材料有限公司）

【摘　要】 综述了国内对水性超薄防火涂料的研究进展。
【关键词】 水性超薄型防火涂料

1 引 言

传统的溶剂型超薄钢结构防火涂料 VOC 含量高，对环境的污染日益加剧，同时能源消耗也过大，其使用受到限制，如北京已要求在 2016 年对所有的溶剂型涂料全面禁止使用。在此契机之下，因为水性超薄型钢结构防火涂料具有低 VOC 排放的优势，降低了防火涂料在生产、施工、应用等环节中对人体的危害和对环境的污染，符合节能减排、绿色环保的发展趋势，是防火涂料研究的重点[1]。

2 水性超薄型防火涂料的研究现状

水性超薄型钢结构防火涂料已经在以公安部四川消防研究所为首的与消防相关的专业研究单位以及国内众多高校，包括中国科技大学、浙江大学、北京理工大学等高校，进行了专项而深入的研究。

范方强[2]对水性超薄型钢结构防火涂料的防火性能差、膨胀倍率低、膨胀层结构强度低、耐水性差等问题进行了深入研究，并对成膜物质（醋叔聚合物）的热分解过程和成炭机理、聚磷酸铵对醋叔聚合物热分解过程的影响进行了讨论；探索性地研究了纳米二氧化锆及水性含磷聚合物在防火涂料中的应用。

刘芳等[3]对以丙烯酸乳液为基体树脂，以多聚磷酸铵、三聚氰胺和季戊四醇构成的膨胀型阻燃剂和阻燃协效剂为阻燃体系，制备了水性超薄膨胀型钢结构防火涂料，系统考察了防火涂料中阻燃剂和阻燃协效剂的含量对耐火性能的影响，通过正交实验对阻燃剂中各组分间的配比进行了优化。

赵雷等[4]以丙烯酸类树脂作为涂料的基料，以水为溶剂，以聚磷酸铵、季戊四醇、三聚氰胺和可膨胀石墨为防火体系，以氢氧化铝、磷酸锌和硼酸锌为防腐蚀体系，并添加了少量其他改善涂料性能的助剂，所研制的防火涂料与现有水性防火涂料进行了性能对比。结果表明，该涂料具有黏度和黏结强度高、单次涂敷厚度较大、干燥时间相对较短、无污染、无火灾危险、生产施工方便、生产成本较低等特点。

赵艳红[5]以氯偏和硅丙混合乳液作为成膜物质，以聚磷酸铵、季戊四醇、三聚氰胺与氯化石蜡拼合作为膨胀阻燃体系，以氢氧化镁和氢氧化铝作为复合阻燃添加剂，水为分散介质制备了水性超薄型钢结构防火涂料；将涂料中的聚磷酸铵、氢氧化镁和氢氧化铝利用硬脂酸进行改性，改善了它们在涂料中的分散性，从而提高了涂料的理化性能，有效延长了涂料的耐火时间。所制水性超薄型钢结构防火涂料具有良好的防火性能、环境友好，具有广阔的应用前景。

刘学军[6]研究钢结构的防火协同作用机理和各组分对涂料防火性能的影响规律，将可膨胀石墨应用到钢结构防火涂料中，利用可膨胀石墨膨胀后成蠕虫状穿插于膨胀炭质层中，来增强炭质层的强度，延长钢结构的耐火极限，最后开发出一种水性超薄膨胀型钢结构防火涂料，能够达到2个小时的耐火极限，既满足环保要求又节约施工成本。该防火涂料以水为溶剂，根据不同的固含量开发了不同的制备工艺，为下一步工业化制备做好了准备。

刘斌等[7]通过正交试验对膨胀阻燃体系中各组分间的配比进行了优化，结果表明，APP、MEL、PER按质量比6：5：2时，所得膨胀型阻燃剂具有较佳的阻燃效果；采用硼酸和可膨胀石墨（EG）改性防火涂料，研究表明，同时用 W（硼酸）= 3%、W（EG）= 5%改性以氨基功能性单体为基料的防火涂料，涂层的耐火极限达到87 min；对膨胀炭层进行扫描电镜（SEM）测试表明，膨胀炭层生成致密的“蜂窝”状结构炭层。

舒凯征等[8]指出水性硅丙树脂超薄膨胀型钢结构防火涂料当遇到火焰或高温热源时，脱水成炭剂聚磷酸铵的分解产物与炭化剂季戊四醇发生酯化反应生成磷酸酯，涂料体系在此过程中软化熔融，在汽化剂三聚氰胺分解出的气体作用下体系发生膨胀，磷酸酯进一步脱水并炭化，形成一层低导热系数的多孔炭质层，起到绝热作用，延缓钢结构的温升，从而达到保护建筑物的目的。通过对涂料遇火时的升温曲线、热失重曲线的考察发现钛白粉的加入不影响防火阻燃剂之间的反应，而是使涂层在高温情况下具有更高的炭层残余量；通过对膨胀炭层的电镜分析发现，钛白粉的加入使得膨胀炭层具有更致密的结构，有效阻止了热量向钢板基材的传导，延长了防火时间。

滕丽影等[9]以环氧乳液为基料，以聚磷酸铵、三聚氰胺、季戊四醇为阻燃体系，以可膨胀石墨为阻燃助剂，分别以粉煤灰漂珠、纳米二氧化钛、钼酸铵、三氧化二铁为无机填料，采用共混法制备了水性环氧超薄型钢结构防火涂料。以纳米二氧化钛为无机填料的防火涂料防火性能最佳，纳米二氧化钛的添加不仅增强了炭层的强度，同时增加了焦磷酸钛的生成量，使燃烧后形成的无机层隔热防火功能更强。粉煤灰漂珠在燃烧前后均能保持结构的完整性，燃烧时在基材表面形成无机固体保护层，对提高防火涂料的防火性能也较优。

何亚东等[10]对水性无卤超薄型钢结构防火涂料进行了试验研究。水性无卤超薄型钢结构防火涂料通常包括基料树脂、阻燃剂、填料及助剂等组分。研制的防火涂料与现有水性防火涂料进行性能对比，发现本涂料具有阻燃时间长、黏度和黏结强度高、单次涂敷厚度较大、干燥时间相对较短、无污染、无火灾危险、生产施工方便、生产成本较低等特点。

刘万鹏等[11]研究了环氧改性丙烯酸乳液合成的配方及工艺条件；合成了苯丙乳液；研究了以苯丙乳液与环氧改性丙烯酸乳液拼合作为防火涂料的基料，以聚磷酸铵（APP）、季戊四醇（PER）、三聚氰胺（MEL）为膨胀体系的防火涂料耐火性能。结果表明：涂层表干时间为1.5 h，附着力为1级，耐水性符合要求；涂料碳质层发泡快，整体发泡，致密均匀，强度好，结构完整。膨胀阻燃体系及无机阻燃剂，填料来源广泛、便宜易得，与基料复合性能好，具有较好的阻燃性能；水性防火涂料的制备及无卤阻燃剂的使用符合环保要求。

关迎东等[12]首先合成了水性环氧改性丙烯酸杂化乳液，考察了聚合反应条件对单体最终转化率的影响。结果表明：APP、PER、MEL以及乳液基料的热分解温度范围基本一致，能够达到较好的匹配；TiO_2 与APP在高温下反应生成的 TiP_2O_7 在阻燃阶段后期发挥了主要的作用；EG能够在膨胀碳层内部通过表面粘连和断层穿插来增加碳层强度，改善碳层结构，提高防火性能。考察了不同抑烟填料对涂层燃烧时烟毒性能的影响。结果表明：抑烟填料的加入，能够将涂层材料防火过程中的烟毒释放控制在较低的水平。

3 总结和展望

近年来，我国对水性超薄型防火涂料进行了广泛的研究。但是就目前而言，我国的水性超薄型防火涂料仍然面临不少问题，包括防火性能、耐候性、黏结强度等都与溶剂型涂料有着明显的差距。因此，水性超薄型防火涂料在实际工程中的应用量相对来说是比较少的。

在国家现有的大力发展水性涂料的政策背景下，水性超薄型防火涂料迎来了极好的发展契机，这就需要研究所和高校进一步加强研发力度，使开发的产品尽可能产业化，为实现我国具有自主知识产权的水性防火涂料而努力。

参考文献

[1] 覃文清，李风. 材料表面涂层防火阻燃技术[M]. 北京：化学工业出版社，2004.
[2] 范方强. 水性超薄型钢结构防火涂料的制备及防火作用机理研究[D]. 广州：华南理工大学，2013.
[3] 刘芳，孙令，廖炳新，等. 水性超薄膨胀型钢结构防火涂料的制与性能[J]. 涂料工业，2009(04).
[4] 赵雷. 水性超薄型钢结构防火涂料研制及性能研究[D]. 长沙：湖南大学，2009.
[5] 赵艳红. 水性超薄型钢结构防火涂料制备与性能研究[D]. 西安：西安科技大学，2006.
[6] 刘学军. 水性超薄膨胀型钢结构防火涂料的研制[D]. 北京：北京化工大学，2005.
[7] 刘斌. 水性超薄膨胀型钢结构防火涂料的制备与研究[D]. 上海：华东理工大学，2011.
[8] 舒凯征. 水性硅丙树脂超薄膨胀型钢结构防火涂料的研制[D]. 南京：南京工业大学，2006.
[9] 滕丽影. 水性环氧膨胀型钢结构防火涂料的制备与研究[D]. 淮南：安徽理工大学，2013.
[10] 何亚东. 水性无卤超薄型钢结构防火涂料试验研究[D]. 长沙：湖南大学，2007.
[11] 刘万鹏. 环氧改性水性丙烯酸树脂超薄钢结构防火涂料的研制[D]. 沈阳：沈阳理工大学，2010.
[12] 关迎东. 水性环氧改性丙烯酸酯膨胀型饰面防火涂料的研制[D]. 青岛：青岛科技大学，2010.

可膨胀石墨在膨胀型钢结构防火涂料中的应用

曾　倪

（四川天府防火材料有限公司）

【摘　要】　本文分析了可膨胀石墨及其阻燃机理。通过与P-N-C防火体系对比，介绍了可膨胀石墨在膨胀型钢结构防火涂料中的应用优势。

【关键词】　可膨胀石墨；防火涂料

1 简　介

石墨晶体具有由碳元素组成的六角网平面层状结构。层平面内的碳原子之间以 sp^2 杂化轨道结合成很强的共价键，层与层之间以较弱的范德华力相结合。石墨的这种层状结构使得层间存在一定的空隙。因此，在适当的条件下，酸、碱、金属、盐类等多种化学物质可插入石墨层间，并与碳原子结合形成新的化学相——石墨层间化合物（Graphite Intercalation on Compounds，GIC），又称可膨胀石墨（Expandable Graphite，EG）。图1为硫酸插层的可膨胀石墨，式（1）为硫酸与石墨反应的反应方程式。

$$C(\text{石墨}) + H_2SO_4 \xrightarrow[KMnO_4]{(CH_3O)_2O} \underset{\text{可膨胀石墨}}{C_x^{n+}(HSO_4\ 2H_2SO_4)_x^{n-}} \tag{1}$$

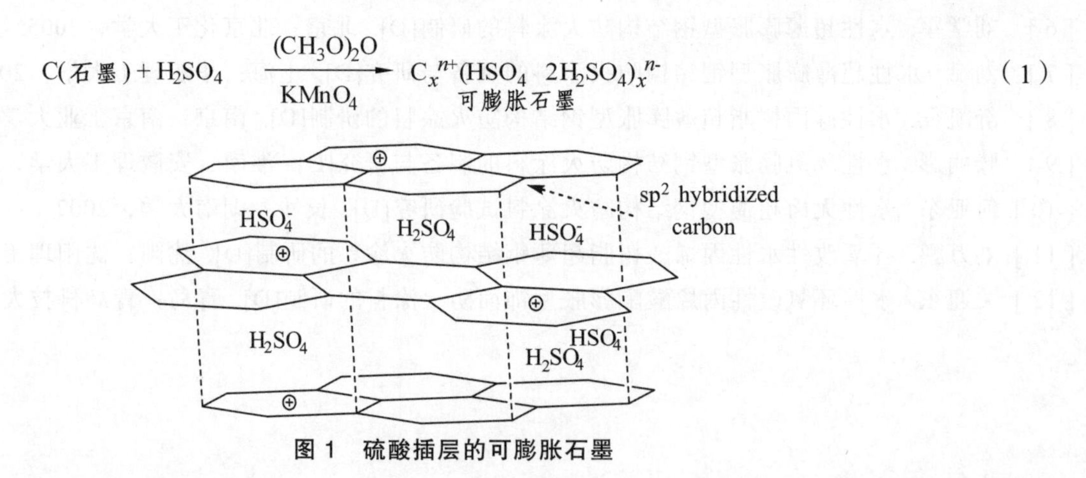

图1　硫酸插层的可膨胀石墨

可膨胀石墨是一种利用物理或化学方法使非碳质反应物插入石墨层间，与碳素的六角网络平面结合的同时又保持了石墨层状结构的晶体化合物。它不仅保持石墨优异的理化性质，而且由于插入物质与石墨层的相互作用而呈现出原有石墨及插层物质不具备的新性能。

自1941年德国人Schaufautl最先发现可膨胀石墨以后，可膨胀石墨引起了科研工作者的极大研究兴趣。美国联合碳化物公司在1963年首先申请可膨胀石墨制造技术专利，并于1968年进行工业化生产。我国作为天然石墨资源第一大国（世界上2/3的天然石墨储量在我国），随着可膨胀石墨生产技术的不断开发，近年来可膨胀石墨行业发展迅速。

长期以来，可膨胀石墨主要应用于密封材料领域，直到20世纪90年代以后，可膨胀石墨因其高膨胀倍率和优质的绝热膨胀层，在阻燃领域得到重视和研究，现已广泛应用于阻燃塑料和防火涂料等领域。

2 可膨胀石墨——物理膨胀型阻燃剂

物理膨胀型阻燃的概念是相对于化学膨胀型阻燃而提出的。物理膨胀型阻燃剂是指在加热或火焰条件下，阻燃剂自身发生物理膨胀（而不是组分间的化学作用），在材料表面形成膨胀层，通过该膨胀层的隔热、隔氧的作用达到阻燃防火的目的。

可膨胀石墨是一种典型的物理膨胀型阻燃剂。当可膨胀石墨高温受热后，吸附在石墨层间的化合物开始分解，产生一种沿石墨层间 *C* 轴方向的推力，这个推力远大于石墨粒子的层间结合力，在这个推力的作用下石墨层被推开，从而使石墨粒子沿 *C* 轴方向膨胀成蠕虫状、结构疏松、富有韧性的新物质，即膨胀石墨[1]，反应方程式如式（2）所示。当涂料中添加可膨胀石墨后，涂层高温受热就会在钢结构表面形成一层结构疏松的发泡碳层，该碳层能够在高温下稳定存在，使涂料在火灾中能够持续抵抗火焰侵袭。涂料高温受热后形成的发泡涂层导热系数低，能够有效减小热量向基料的传递速度，同时隔绝空气与钢基材接触，以达到防火阻燃的目的。

$$\underset{\text{可膨胀石墨}}{C_x^{n+}(HSO_4\ \ 2H_2SO_4)_x^{n-}} \xrightarrow{200\sim1000℃} C(\text{膨胀石墨}) + CO_2(\text{少量}) + SO_2 + H_2O \tag{2}$$

3 可膨胀石墨在膨胀型钢结构防火涂料中的应用

3.1 钢结构防火涂料的分类

钢材因其优异的物理性能和机械性能，被广泛应用于各类建筑领域，但是钢材的机械性能，如屈服点、抗拉及弹性模量等均会因温度的升高而急剧下降。一般不加保护的钢材的耐火极限仅为 15 min 左右。

钢结构防火涂料是指涂覆于钢结构表面，能形成耐火隔热保护层以提高钢结构耐火极限的涂料[2]。钢结构防火涂料按防火机理可将其分为膨胀型和非膨胀型。非膨胀型钢结构防火涂料，又称厚型钢结构防火涂料，其主要成分为无机绝热材料，遇火不膨胀，自身具有良好的隔热性。膨胀型钢结构防火涂料遇火发泡膨胀，在钢基材表面形成一层蓬松多孔的炭层，该发泡碳层导热系数低，具有隔热、隔氧且不支持燃烧等特点。膨胀型钢结构防火涂料涂层较薄，具有一定的装饰性能，从防火效果、装饰效果以及经济成本角度考虑，膨胀型钢结构防火涂料应用领域更广泛[3]。

3.2 与经典化学膨胀型阻燃剂的性能对比

化学膨胀型阻燃技术起源于 20 世纪 30 年代出现的膨胀型防火涂料。在这一时期，明确了酸源、碳源及气源组成的基本概念及各组分功能。化学膨胀型阻燃剂是指受热发生化学反应生成一层蓬松多孔封闭结构的炭质泡沫层，通过隔热、隔氧起到阻燃防火效果的阻燃剂。

目前，在膨胀型钢结构防火涂料领域中，主要以聚磷酸铵、三聚氰胺、季戊四醇的混合物为防火体系（以下简称 P-N-C 防火体系）。该防火体系是一种经典的化学膨胀型阻燃剂，是以聚磷酸铵为酸源、以三聚氰胺为气源、以季戊四醇为碳源的复合型阻燃剂，是应用磷-氮协同、不燃气体发泡、多元醇和酯脱水碳化形成阻燃碳化层等多种阻燃机理共同作用而起到阻燃效果的阻燃剂。

本文以 P-N-C 防火体系和可膨胀石墨做比较，分析两种防火体系在膨胀型钢结构防火涂料中的性能差异。

3.2.1 隔热性能

P-N-C 防火体系受热发生一系列协同的化学反应，通过形成蓬松多孔封闭的隔热碳层延缓热量向钢基材的传播速度，以达到涂料的防火效果。其中，季戊四醇是一种可燃烧的有机化合物，季戊四醇脱水反应是一个放热反应，反应时产生大量的热量。如果涂层在自然环境中遭到破坏，季戊四醇在火灾中受热反应时未能与酸充分接触，或者季戊四醇与空气中的氧反应，不仅会影响碳层的生成，还会产生更多的热量。

可膨胀石墨受热膨胀属于物理反应，该物理反应热释放率很低，膨胀倍率高。另外，生成的膨胀物（即膨胀石墨）作为膨胀体系中的碳源，导热系数低，即便在压力为 2.8 MPa、温度为 1 500 °C 的纯氧介质中，膨胀石墨也不燃烧、不爆炸，也无明显的化学变化，可以长时间保持高效的隔热性能。

因此，可膨胀石墨具有更高的隔热防火性能。

3.2.2 安全环保性能

给钢基材涂刷钢结构防火涂料的目的是提高钢结构的耐火极限，提供足够的时间供人员和财产转移。然而，在实际火灾情境中，75%～80%的人由于燃烧产生的大量烟气致死[4]。因此，在研发防火涂料的过程中，不仅要考虑涂料的耐火性能，同时还要避免涂料受热产生大量烟气。

P-N-C 防火体系是一种化学膨胀型阻燃剂，通过一系列复杂的化学反应达到阻燃效果，该阻燃剂发生的化学反应会释放大量有毒烟气如 CO_x、NH_3、NO_x、丙烯醛等[5]，给未及时撤离火灾中的人员带来极大的安全隐患。

可膨胀石墨的受热膨胀属于物理型膨胀，自身无毒，不含任何致癌物，对环境没有危害，受热膨胀产生少量的烟和低腐蚀性气体。

因此，基于可膨胀石墨膨胀型钢结构防火涂料具有更高的安全环保性。

3.2.3 耐候性、耐久性

膨胀型钢结构防火涂料，尤其是室外膨胀型钢结构防火涂料一般都要经受日光、紫外线照射、酸碱腐蚀、盐雾腐蚀、冷热循环、冻融循环等各种复杂自然环境的考验，从而导致涂料的分解、降解和老化等，严重影响涂料防火性能[6]。

由膨胀型钢结构防火涂料的防火机理可知，防火体系是影响涂料防火性能的关键因素之一。P-N-C 防火体系的各组分均为有机化合物，在上述复杂的自然环境中使用的时间越久，其氧化、分解的程度就越大，由此导致涂料的防火性能逐步衰减，直至最终失效。

可膨胀石墨是一种无机化合物，在常温下以晶体的形式稳定存在，其本身具有极强的抗高低温、抗腐蚀、抗辐射特性。在各种气候中变化缓慢，具有优异的耐候性和耐久化。可膨胀石墨的膨胀是一种物理变化，其膨胀特性不会随着时间的变化而变化。

因此，将可膨胀石墨引入膨胀型钢结构防火涂料，有利于提高涂料的耐候性和耐久性。

4 结束语

随着人们对自身安全和健康的重视，对阻燃剂的要求也越来越高。可膨胀石墨作为一种环境友好型阻燃剂，具有无卤、低烟、低毒、理化性能优异的特性。与当今主流的 P-N-C 防火体系相比，可膨胀石墨在阻燃性、耐候性、耐久性等方面具有突出的优势，为环境友好型钢结构防火涂料的研发提供了新思路。

参考文献

[1] 刘国钦，肖开淮. 膨胀石墨及其制备技术[J]. 攀枝花学院学报，1995，12（1）：39-46.

[2] GB 14907—2002. 钢结构防火涂料[S].

[3] 李风，覃文清. 钢结构防火涂料的研究和应用[J]. 涂料工业，1999，29（3）：31-34.

[4] 于永忠，吴启鸿，葛世成. 阻燃材料手册[M]. 北京：群众出版社，1997.

[5] 中国涂料工业协会. 第 2 届中国涂料资讯报告会暨第 4 届中国建筑涂料战略研讨会论文集[C]. 北京：出版者不详，2006.

[6] 程海丽. 钢结构防火涂料的耐久性问题[J]. 新型建筑材料，2003（9）：1-2.

气凝胶在建筑保温材料中的应用

周 清 戚天游 邓蜀生

（四川天府防火材料有限公司）

【摘 要】 气凝胶作为一种新型功能材料，在保温隔热性能上有着其他传统有机保温材料所无法比拟的优势，是理想的建筑保温隔热材料。本文着重介绍了气凝胶材料在国内外的研究进展和发展前景，并阐述了气凝胶材料在建筑保温隔热系统中的应用方式。

【关键词】 气凝胶；保温材料；建筑保温；耐火材料

1 引 言

能源问题是制约我国经济和社会发展的最大障碍之一，建筑能耗则是我国能源消耗中的重要组成部分，约占全国总能源消耗的27%，其中最主要的组成部分是采暖和制冷能耗，约占到总建筑能耗的20%[1, 2]。作为能源消耗大户的建筑业，我国对建筑节能材料和节能技术改造十分重视，为实现可持续发展战略的推进，相继出台了一系列节能法规和政策以促进建筑领域节能技术的实施。建筑保温材料是构建节能建筑和实施节能改造的重要组成部分，可有效减少建筑室内与外环境之间的热交换，降低建筑空调机负荷，减少采暖和制冷能耗。

传统建筑保温材料主要包括无机保温隔热材料（如泡沫水泥、矿物棉保温隔热材料、无机玻化微珠砂浆保温隔热材料等）、有机保温隔热材料（如聚合物泡沫塑料）等。由于传统保温材料在保温性能、防潮性能、耐火性能方面的缺陷，限制了其进一步的发展和应用。随着纳米技术的不断发展，气凝胶因其优异的隔热保温性能、良好的耐候性、耐火性，近年来逐渐引起了人们的广泛重视，成为保温隔热材料的研究热点。

2 气凝胶技术概况

气凝胶是一种结构可控制的低密度的纳米多孔结构非结晶固体材料，孔隙率最高可达到99.8%。气凝胶中存在大量细小气孔，直径处于纳米级，典型尺寸为10～100 nm。气凝胶的表面积高达200～1 000 m^2/g，也使得气凝胶具有极低的热导率系数，通常低于0.02 W/（m·K），甚至低至0.013 W/（m·K），比空气的热导率系数[0.023 W/（m·K）]更低[1, 2]。相较于其他保温隔热材料，气凝胶保温隔热性能的优势突出，因此，保温隔热是气凝胶的典型应用。

常见的气凝胶种类有 SiO_2 气凝胶和碳气凝胶等，其微观网络骨架与空隙一般都进入纳米范畴。自Kister[3]在1931年首次以水玻璃为原料采用超临界流体干燥方法成功地制备了 SiO_2 气凝胶以来，这种轻质、高比表面积的特殊材料就一直是世界各国研究人员的研究重点。进入20世纪80年代后，气凝胶的研究异常活跃，在制备和性能以及基础应用研究方面均已取得了瞩目的进展。

目前，国外对气凝胶的研究机构主要有美国国家航空航天局、劳仑兹利物莫尔国家实验室、桑迪亚国家实验室、劳仑兹伯克利国家实验室、马歇尔航天飞行中心、法国的蒙彼利埃材料研究中心、德国的巴伐利亚应用能源研究中心、瑞典的LUND公司以及美国、德国、日本的一些高等院校。20世纪90年代期间，我国相继开始了对气凝胶材料的研究[4-5]。1995年，同济大学的沈军等[6, 7]研究了硅气凝胶的制备技术、分形特性等，并对硅气凝胶的改性进行了初步的研究；随后姜鸿鸣等[8]也对气凝胶进行了研究，对气凝胶制备过程中的影响因素进行了一定的探讨，并对硅气凝胶的热处理等进行了一定的研究。此外，中科院物理与化学研究所开展了有机气凝胶及碳气凝胶的研究；国防科技大学、武汉科技大学、山西煤化所、南京大学、中国科技大学等也相继展开了对气凝胶的研究[8, 9]。

目前，世界上生产硅气凝胶的主要厂家有美国的WR. Grace公司、Aspen公司，英国的Crosfield公司，日本的Fuji-Silysia公司等[8, 10, 11]。近年来我国的硅气凝胶商业化生产也开始进入试生产阶段。越来越多的国内厂家开始注意到气凝胶材料在未来保温隔热、化工生产催化、航空航天等领域所具有的潜在巨大市场，也开始投入气凝胶的研发和生产中来，如绍兴纳诺高科有限公司、山西天一纳米材料科技有限公司等，其生产规模逐年扩大。

3 气凝胶在建筑保温材料中的应用

建筑保温材料的应用与推广已经成为我国提高建筑节能效率的主要措施，建筑行业对保温隔热材料的需求也逐年增加，对材料的各项性能也提出了越来越高的要求。目前，建筑外墙常用的保温材料主要为有机聚合物多孔泡沫材料，如发泡聚苯乙烯EPS、发泡聚氨酯PU、酚醛泡沫PF等，以及无机纤维棉和泡沫无机保温材料，如泡沫混凝土、岩棉保温材料等。

有机聚合物以其优异的保温效果、较轻的材料密度、方便的施工操作等特性占据了绝大多数市场份额。有机类保温材料虽然优点很多，但是易燃是其致命缺点，这使得这类保温隔热材料在应用中存在很大的火灾隐患，且当火灾发生时，还有可能成为火势蔓延的帮凶[9]。北京中央电视台的央视大楼外墙火灾、上海“11・15”火灾事件都是由于在外墙保温施工过程中操作不当，由保温材料引发的特大火灾事故。为了提高保温材料的燃烧等级，人们开始大力推行A级燃烧等级的无机保温材料，如岩棉、无机玻化微珠砂浆等，但各类无机保温材料也存在一些缺点，例如：岩棉保温系统存在吸水率高的缺陷，影响其在潮湿环境中的保温性能，在外墙保温应用中需要做防水处理，加之岩棉保温材料产量有限，无法满足实际工程应用的需求量[5]；无机玻化微珠砂浆也存在易受潮的缺陷，同时玻化微珠砂浆保温性能有限，热导率系数较高，若要达到建筑节能设计标准，则需要增大保温材料的厚度，或者采用内外墙复合保温设计，在实际推广中受到了很大限制[11, 12]。

气凝胶作为低热导率系数的阻燃型保温材料，不仅可以代替现有的有机保温材料，还可以利用其结构的高度可控性，应用在其他传统保温材料不能满足要求的领域。

3.1 气凝胶建筑外墙保温隔热材料

现有建筑外墙保温系统主要有外墙内保温、外墙外保温和外墙夹芯复合保温三种施工形式。外墙保温系统施工方便、保温系统覆盖面高、对建筑使用面积无影响，是当前建筑领域应用最广泛的一种墙体保温系统。

气凝胶作为一种高效保温隔热材料，在建筑外墙保温系统中具有巨大的应用前景。国外已有企业在外墙保温系统中应用到了气凝胶复合材料，并取得了一定成果，如美国Aspen公司生产的玻璃纤维针刺毡板复合SiO_2气凝胶隔热材料，不仅具有比传统有机保温材料更低的热导率系数，同时也能满足建筑外墙防火等级要求。国内气凝胶生产厂商也在不断尝试气凝胶复合毡板在保温系统中的商业化推广，如浙江纳诺高科有限公司推出的适用于化工行业节能保温的玻纤针刺毡板复合气凝胶保温材料就是一种燃烧等级为A级的不燃材料，在化工生产过程中提升了能量利用效率，并延长了保温材料使用寿命。

3.2 气凝胶保温玻璃窗

据统计，目前我国的建筑能耗中有近 1/3 是通过建筑围护结构中的门窗而散失损耗的，因此，门窗隔热保温是我国建筑保温系统中最薄弱的环节。门窗结构的保温性能对整个建筑节能保温性能有着极大的影响。当前，我国门窗的隔热保温水平与发达国家相比还有很大差距，在相同气温条件下，我国门窗单位面积能耗几乎是国外发达国家的 2 倍。门窗玻璃作为门窗的主要结构材料，增强门窗玻璃的保温隔热性能是提高建筑节能效率的重要途径。

玻璃的保温隔热性能由玻璃的遮蔽系数和传热系数所决定。节能保温玻璃正是通过对这两个参数的优化调节来达到保温节能的目的。通过在玻璃上增加一层干涉膜，可以提高玻璃表面对光的反射、吸收能力，从而达到降低玻璃遮蔽系数的目的。通过在玻璃中加入低热导率系数夹层，如中空玻璃、真空玻璃、夹层玻璃等，可以降低玻璃的传热系数。

传统中空和真空夹层保温玻璃生产工艺繁琐，生产成本较高，同时保温玻璃的厚度较普通玻璃有明显增加。气凝胶作为优异的保温材料，其结构具有很强的可调控性，由气凝胶作为保温夹层的保温隔热玻璃可以在保证隔热性能的同时，将玻璃的厚度降低到传统中空和真空玻璃的一半以内，同时保持透光率在 45%以上[13，14]。

3.3 气凝胶保温涂料

气凝胶颗粒可以作为涂料的保温组分，添加到涂料中制成保温涂料，作为建筑保温系统的补充措施。目前，市面上已经有纳米保温涂料在销售，上海世博会零碳馆就应用了这种涂料，在建筑节能上有突出效果[14]。该涂料以纳米 SiO_2 气凝胶为保温组分，颗粒直径在几十微米，通过特殊工艺复合而成，其比表面积可以达到 600 m^2/g，孔隙率可保持在 90%以上，满足保温隔热要求，具备了应用在保温涂料中的性能[16]。

4 结 语

综上所述，气凝胶材料因其具有特殊的纳米多孔结构而具有优异的隔热保温性能。气凝胶可以与玻纤针刺保温毡板复合制成外墙保温隔热材料，具有优异的保温性能和燃烧等级，可以提高建筑节能效率，同时减少火灾隐患。通过控制凝胶工艺，透明气凝胶可以作为保温夹层应用在保温玻璃中，相对于传统的中空和真空保温窗，气凝胶夹层保温窗能提高门窗保温性能，并降低保温窗的厚度。气凝胶颗粒则可应用在涂料中，赋予涂料优异的保温性能，作为建筑保温系统的补充措施。因此，气凝胶材料在建筑保温隔热领域具有广阔的应用前景。

参考文献

[1] 邓忠生，王钰，陈玲燕. 气凝胶应用研究进展[J]. 材料导报，1999，13（6）：47-49.

[2] 张志华，王文琴，祖国庆，等. SiO_2 气凝胶材料的制备、性能及其低温保温隔热应用[J]. 航空材料学报，2015，35（1）：87-96.

[3] S S Kistler. Coherent Expanded Aerogels and Jellies[J]. Nature, 1931, 127（3211）：741-741.

[4] J B Peri. Infrared study of OH and NH_2 groups on the surface of a dry silica aerogel[J]. The Journal of Physical Chemistry, 1966, 70（9）：2937-2945.

[5] J Fricke, A Emmerling. Aerogels-Recent progress in production techniques and novel applications [J]. Journal of Sol-Gel Science and Technology, 1999，13（1-3）：299-303.

[6] 沈军，王钰，甘礼华，等. 溶胶凝胶法制备 SiO_2气凝胶以其特性研究[J]. 无机材料学报，1995，1（10）：69-75.
[7] 沈军，王钰，吴翔. 气凝胶——一种结构可控的新型功能材料[J]. 材料科学与工程，1994，3（12）：1-5.
[8] 姜鸿鸣，高金华. 气凝胶透明绝热材料的研究[J]. 山东科学，1997，1：18-23.
[9] 宋杰光，刘勇华，陈林燕，等. 国内外绝热保温材料的研究现状分析及发展趋势[J]. 材料导报，2010，24（15）：378-394.
[10] 楚军田，申连喜. 外墙保温材料燃烧性能标准研究[J]. 建筑安全，2012，1：54-57.
[11] 赵南，冯坚，姜勇刚，等. 纤维增强 Si-C-O 气凝胶隔热复合材料的制备与表征[J]. 硅酸盐学报，2012，40（10）：1473-1477.
[12] 高庆福，冯坚，张长瑞，等. 陶瓷纤维增强氧化硅气凝胶隔热复合材料的力学性能[J]. 硅酸盐学报，2009，37（1）：1-5.
[13] J Fricke. Aerogels highly tenuous solids with fascinating properties[J]. Journal of Non-Crystalline Solids, 1988, 10（1-3）：169-173.
[14] R Caps, J Fricke. Infrared radiative heat transfer in highly transparent silica aerogel[J]. Sol Energy, 1986, 36（4）：361-364.
[15] 王欢，吴会军，丁云飞. 气凝胶透光隔热材料在建筑节能玻璃中的研究及应用发展[J]. 建筑节能，2010，230（4）：35-37.
[16] 程颐，成时亮. 气凝胶材料及其在建筑节能领域的应用与探讨[J]. 建筑节能，2012，251（40）：59-63.

透明防火涂料在木构古建筑防火保护中的应用*

王新钢

（公安部四川消防研究所）

【摘　要】 本文介绍了木构古建筑的火灾危险性，必需对其进行阻燃处理，采用透明防火涂料对木构古建筑可燃材料进行处理，是降低木构古建筑火灾危险性的重要措施；还介绍了透明防火涂料的防火隔热原理和国内外的研究状况以及检测标准。

【关键词】 木构古建筑；火灾；阻燃；透明防火涂料

1　前　言

相对于西方古建筑的砖石结构体系来说，中国的古代建筑以木结构为其主要特点。单体古代建筑主要由砖石台基、木结构的屋身和瓦屋顶组成。木结构古建筑的柱、梁、枋、檩、椽、斗拱等承重构件以及门、窗、隔断等非承重构件都由木质材料构成。古建筑中的各种木材构件，具有良好的燃烧和传播火焰的条件，耐火等级低、火灾载荷较大、扑救相对困难。木构古建筑的防火工作，一定要坚持“以防为主、以消为辅”的方针。在古建筑物内及周围应设消防设施，如安置各种灭火器、蓄水池以及防火管道与消火栓等。另一方面，给木构古建筑木构件进行阻燃处理，以提高其耐火性能，也是重要和必要的措施。

2　古建筑木构件阻燃处理

对于木质构件的阻燃处理按处理工艺可以分为两类：溶剂型阻燃剂的浸渍处理和表面涂覆。用溶剂型阻燃剂浸渍木材，根据处理工艺可以分为常压法和真空-加压法两类，其目的是使阻燃剂有效的借助于分子扩散作用进入木材内部，但是这两类方法都需要将木材浸渍在阻燃液中，而对已建的柱、梁、枋、檩、椽和楼板等主要木质构件，其表面一般都有装饰层，浸渍法既无法有效地使阻燃剂进入木材内部也无法使其浸渍在阻燃液中，除非是在对古建筑进行维修加固时期，更换的新木构件可以采取浸渍处理后，再对其进行安装和表面装饰。表面涂覆是在木质构件表面上，涂覆饰面型防火涂料或在其表面上粘贴不燃性物质，如防火板材类，通过这一保护层达到隔热、隔氧的阻燃目的。在木质构件表面上粘贴不燃性物质会改变基材的装饰外观，在实际应用中一般很少采用，而在木质构件的表面涂刷或喷涂饰面型防火涂料，造成一层保护性的阻火膜，以降低木材表面燃烧性能，阻滞火灾迅速蔓延，无论从性能、成本方面考虑，还是从施工的方便性方面考虑，饰面型防火涂料均是古建筑防火保护的一种比较理想的阻燃处理方法。但是从整个防火涂料现有的产品结构来看，大量推广应用的基本上是有色涂料，这些涂料的应用都会改变基材的外观，如果使用这些有色防火涂料，对于本身就有较强装

* 公安部技术研究计划项目“古建筑防火与阻燃关键技术研究”（2014JSYJB041）。

饰作用和不希望改变外观的古建筑，就显得美中不足，甚至完全不适合了，而透明防火涂料是既能保持古建筑基材外观，又能满足古建筑木质构件防火的需求而发展起来的一类饰面型防火涂料，其理想性是不言而喻的。

2.1 透明防火涂料防火隔热原理

透明防火涂料也称为防火清漆，是近几年发展起来并趋于成熟的一类饰面型防火涂料。透明防火涂料一般以人工合成的有机高分子树脂为主体，该有机高分子树脂经特殊的基团改性，树脂本身可带有一定量阻燃基团和能发泡的基团，再适当加入少量的发泡剂、阻燃剂、碳源等组成防火体系。

从燃烧的条件知道，要使燃烧不能进行，必须将燃烧的三个要素（可燃物、氧气、热源 ）中的任何一个要素隔绝开来。目前，我国生产的透明防火涂料均为膨胀型饰面型防火涂料，膨胀型防火涂料成膜后，在常温下是普通的漆膜；在火焰或高温作用下，涂层发生膨胀炭化，形成一个比原来厚度大几十倍甚至几百倍的不燃的蜂窝泡沫状炭质层，它可以割断外界火源对基材的加热，从而起到阻燃作用。以传热公式表示如下：

$$Q = A \cdot \lambda \cdot \Delta t / L$$

式中 A——传热面积；

λ——传热介质的导热系数；

Δt——介质（涂层）两侧的温度差；

L——传热距离（即涂层厚度）；

Q——传导的热量。

上式中膨胀型防火涂料涂层膨胀后形成的泡沫炭化层厚度 L 要比未膨胀的厚度大几十倍，甚至可达 200 倍。此外，一般涂层的导热系数λ值约为 $1.163 \times 10^{-1} \sim 8.141 \times 10^{-1}$ W/（m·K），而泡沫炭化层的λ值却要小得多[接近气体的λ值，即 2.326×10^{-2} W/（m·K）]。因此，通过泡沫炭化层传给底材的热量 Q 只有未膨胀涂层的几十分之一，甚至几百分之一了，从而起到有效阻止外部热源的作用。

另一方面，在火焰或高温作用下，涂层发生软化、熔融、蒸发、膨胀等物理变化以及高聚物、填料等组分所发生的分解、解聚、化合等化学变化，涂料通过这些物理和化学的变化，吸收大量的热能，抵消一部分外界作用于物体的热能，从而对被保护物体的受热升温过程起延滞作用。涂层在高温下发生脱水成炭反应和熔融覆盖作用，隔绝了空气，使有机物转化为炭化层，从而避免了氧化放热反应发生。另外，由于涂层在高温下分解出不燃性气体，如氨、水等，稀释了空气中可燃性气体及氧的浓度，从而抑制有焰燃烧的进行。

2.2 透明防火涂料国内外研究状况

国外对透明防火涂料的研究起步比较早，并取得了较大进展。目前，在国际市场上有德国的 Hoest 公司下属的 Herberts 涂料公司推出的 Unitherm 木材用透明防火涂料，该涂料无色透明，水性不含有机溶剂，可根据需要添加颜料设计成不同的色彩，但价格较贵；日本西崎织物染色公司研制出 FR-650 防火涂料，用于木材防火是一种无色透明的水溶液，可通过刷涂、喷雾、浸泡等方法处理木材；美国马里兰州国家标准技术研究所开发了一种新型阻燃漆，用于家具及装饰木材，是由高分子聚合物——聚乙烯醇加入少量马来酸酰胺构成；此外，以色列专利 IL 100165 报道了以氨基树脂为成膜剂的透明阻燃膨胀涂料的研制。

我国对透明防火涂料的研制起步较晚，但是国内许多企业和研究单位正在研制和开发透明防火涂料，20 世纪 80 年代至 21 世纪初我国主要采用的是以醚化氨基树脂和多功能性的磷酸酯/磷酸盐制备膨胀型透明防火涂料的思路。该类体系由于含有充足的 P、N、C 等膨胀阻燃体系必需的元素，具有良好的防火性能。20世纪80年代，公安部四川消防研究所采用无机黏结剂磷酸盐系为基料，用金属氧化物为固化剂来改善基料的自固性研制出了E60-2透明防火涂料；上海建科院研制出双组分的透明防火涂料，以三聚氰胺甲醛树脂为成膜树脂，加入膨胀阻燃体系作为底涂料，再以聚氨酯清漆等作为装饰性面涂料。

近年来，国内所使用的膨胀型透明防火涂料中，有些活性成分在潮湿条件下会慢慢析出，影响了防火效果，而不让活性成分析出是保持防火涂料耐久性和耐候性的关键，而环氧树脂由于其优异的封闭性，不存在类似问题。环氧树脂是指分子中含有两个或两个以上环氧基因的有机高分子化合物，固化后的环氧树脂，具有优良的耐化学腐蚀性、耐热性、耐酸碱及良好的电绝缘性，用它配制的透明防火涂料具有优良的附着力、防腐蚀性和机械强度。因为环氧树脂透明防火涂料具有极佳的封闭性，阻燃成分不会迁移到涂层面，因此，其防火性能受时间和环境的影响较小。国内的马志领等[5]合成了一种酸式磷酸酯固化剂，将其与卤化环氧树脂以1：1混合可以固化得到透明的防火涂层，该酸式磷酸酯由五氧化二磷和多种醇反应制得。许凯等[6]将伯胺类化合物与醛、亚磷酸二酯类化合物反应获得了具有高效、低毒、低发烟量等优异阻燃性能的固化剂。目前，环氧树脂体系的透明防火涂料的研究重点在于开发含磷固化剂和改性剂等，虽然取得了一些成果，但效果仍不是十分理想，还需进一步研究。

2.3　透明防火涂料国内测试标准

由于透明防火涂料属于饰面型防火涂料，我国的透明防火涂料质量检验按照国家标准《饰面型防火涂料通用技术条件》（GB 12441—2005）中的指标要求进行。透明防火涂料的技术应符合表1中所列要求。

表1　透明防火涂料技术指标

序号	项　目		技术指标	缺陷类别
1	在容器中的状态		无结块，搅拌后呈均匀状态	C
2	细度（μm）		≤90	C
3	干燥时间（h）	表干	≤4	C
		实干	≤24	
4	附着力，级		≤3	A
5	柔韧性（mm）		≤3	B
6	耐冲击性（kg·cm）		≥20	B
7	耐水性（h）		经24 h试验，不起皱、不剥落，起泡在标准状态下24 h能基本恢复，允许轻微失光和变色	B
8	耐湿热性（h）		经48 h试验，涂膜无起泡、不脱落，允许轻微失光和变色	B
9	耐燃时间（min）		≥15	A
10	火焰传播比值		≤25	A
11	质量损失（g）		≤5.0	A
12	炭化体积（cm^3）		≤25	A

当透明防火涂料不能同时达到表 1 中某一级别规定的性能指标时，则按最低一级性能数据作为分级的依据。

3 结 语

当前，我国众多古建筑面临火灾隐患的威胁，如果发生火灾，火势将较难控制，极易造成难以挽回的损失。因此，必须加强对木结构古建筑的阻燃处理，使用透明防火涂料刷涂在古建筑的表面，正常的情况不改变古建筑的外观和颜色等，受火时可膨胀并形成均匀而致密的蜂窝状或海绵状的炭质泡沫层，对木结构古建筑具有良好的保护作用，使古建筑不受火灾的侵害，以确保这些古建筑的防火安全；使用透明防火涂料对木结构古建筑进行阻燃处理，不但具有很高的防火效率，而且使用十分简便，有广泛的适应性，在古建筑的防火安全保护措施中具有重要的作用。因此，进一步开展环氧树脂体系的透明防火涂料的研究，使之能有更多更好的产品问世，并与木结构古建筑防火保护的发展和需求相适应，并且对充实和完善防火涂料的体系，也具有重要的意义。

参考文献

[1] GB 12441—2005. 饰面型防火涂料通用技术条件[S].
[2] 王冬，周丹，潘成，等. 浅谈古建筑的火灾特点和扑救方法[J]. 消防科学与技术，2002，4：29.
[3] 赵何灿. 浅谈古建筑的防火问题及对策[J]. 云南消防，1996，3：25-27.
[4] 杨佳庆，张正敏. 透明防火涂料研究探索[J]. 消防科学与技术，2001，1：46-47.
[5] 马志领，唐健，裴建发，等. 一种室温固化透明膨胀型阻燃环氧树脂防火涂料及其制备方法：中国，ZL 101050331[P]. 2007-10-10.
[6] 许凯，张靓靓，陈鸣才，等. 含磷环氧树脂固化剂及其制备方法和应用：中国，ZL 1916049A[P]. 2007-02-21.

火灾后钢筋混凝土梁剩余承载力计算方法的讨论

陶 昆

（云南省昆明市消防指挥学校）

【摘 要】 建筑发生火灾后，钢筋混凝土的构件在高温作用下构件的承载能力和抗弯刚度都有所降低，通过计算高温作用后钢筋混凝土梁剩余承载力，作为确定火灾后结构构件梁破损程度评估的依据。本文通过计算火灾后钢筋混凝土梁剩余承载力方法的讨论，对火灾发生时构件截面温度场分布和火灾后钢筋和混凝土的力学性能进行分析，提出了用分层法来计算高温后钢筋混凝构件的剩余承载力，并与使用等效截面缩减法计算剩余承载力的方法相比，得出分层法的误差较小，而且使用该方法的计算值小于试验值的结论。

【关键字】 火灾；钢筋混凝土梁；剩余承载力；计算

1 前 言

建筑物抗火性能的研究在国内外已取得大量成果，研究工作的重点及主要成果基本上是建筑构件、结构在正常的使用荷载和火灾共同作用下的反应分析，结构火灾损伤评估等方面的研究。而对于火灾后钢筋混凝土构件的剩余承载力这方面的分析研究较少。

建筑发生火灾后，钢筋混凝土的构件在高温作用下的承载能力和抗弯刚度都有所降低，要想正确地对火灾后结构构件的破损程度进行评估，就必须有一定的理论依据。因此，本文通过对高温作用后钢筋混凝土构件的剩余承载力进行计算，作为对火灾后结构构件破损程度评估的理论依据。由于结构受损程度的不同，结构的残余承载力也不同，国内目前还没有一个与构件高温剩余承载力实际情况相符合的计算公式。钢筋混凝土构件在高温后的破坏形态、截面极限应变和应力分布等在目前已有试验和理论分析，得出与常温构件相似的结论。所以对常温构件的计算原则和方法都适用于高温后的构件，仅仅是钢筋和混凝土的强度和变形指标在高温后劣化，需要依据截面温度分布作出相应的修正。本文在研究计算剩余承载力方法上做了一个初步的尝试，通过对火灾发生时构件截面温度场分布和火灾后钢筋和混凝土力学性能的分析，提出了用分层法和等效截面缩减法计算之间的差异。

在等效截面缩减法中，可以把高温后钢筋强度视为不变，而把原有截面面积视为减小。在分层法中，可利用有限差分法将火灾后构件截面的混凝土强度通过加权平均，从而获得整个截面的混凝土强度的降低系数，弥补了由于构件截面上温度不均匀而产生的混凝土强度不同的缺陷。

2 计算原理和基本假设

火灾后钢筋混凝土梁的强度计算要满足两个基本条件:① 梁在使用荷载和高温作用后在一定时间内能保持其承载力不变；② 火灾作用后结构经过修复可以再次使用。

火灾后钢筋混凝土梁按强度计算承载力，按位移计算正常使用的可能性的两种极限状态。结构的挠变可在火灾后现场测取，再通过受到火灾影响的刚度和变形来复核。如果其挠度值发生突变，则表明梁将丧失其承载能力。例如：当梁的跨中挠度值达到其长度的1/50时，梁就丧失了承载能力。已损坏的和受火严重损伤的钢筋混凝土结构可以不进行开裂计算，因为梁截面上的温差引起的应力远远超过导致开裂的应力值，受到中等和轻微烧损时，梁只产生不规则的表面温度间断微裂缝，该裂缝对结构受力影响不大，但为了限制裂缝在结构继续使用时进一步扩展，可以进行裂缝计算。

结构的剩余承载力计算为火灾后钢筋混凝土结构的修复补强提供了技术依据。选择计算截面时应以结构最不利承受荷载和最高受火温度的原则进行。

3 分层计算法

在高温过程中，梁截面内温度沿截面高度分布不均匀，整个梁截面内在高温后混凝土构件的抗压强度的分布也是不均匀的。本文采用分层法来计算钢筋混凝土梁的剩余承载力，弥补由于梁截面上温度不均匀而产生的混凝土强度分布不均匀的缺陷。

本文对火灾后钢筋混凝土梁的剩余承载力计算做了五个假设：

（1）假设受压区每个差分网格内混凝土强度相同。

（2）假设在整个受压区截面面积上加权平均得到混凝土强度的等效降低系数。

（3）假设忽略受拉区混凝土的剩余承载力。

（4）假设火灾过程中，钢筋和混凝土之间无相对滑移。目前，常温状态下钢筋和混凝土的黏结-滑移问题有比较成熟的研究，但在高温下的两者之间的黏结-滑移问题研究较少。本文假设两者间无相对滑移，都采取了防滑移措施，即将梁的钢筋两端可靠地锚固在支座或节点区，保证两者的总变形等值。在确定计算参数后，可适当考虑相对滑移的影响。

（5）假设忽略梁截面上温度应力的作用，不考虑温度-应力对混凝土高温强度的影响。钢筋混凝土梁的混凝土一旦出现裂缝，热量侵入，就会影响附近的温度分布，且沿轴线不再等值。但由梁裂缝数目有限，深度不大，影响较小。因此在钢筋混凝土梁的裂缝不大、保护层没有脱落的情况下，假设截面温度场不变。

在建筑火灾发生中，钢筋混凝土梁表面温度随着火场温度的升高而升高，而混凝土梁内部温度升高造成混凝土内部存在着很大的温度梯度，因此采用较细的单元划分和较小的时间增量为步长更为准确。计算时首先对截面进行网格划分。设梁截面尺寸为 $b\times h$，对其离散化将截面沿横向用节点 $i(i=1,2,\cdots,n+1)$等分为 n 等分，$\Delta b=b/n$；沿纵向用节点 $j(j=1,2,\cdots,m+1)$等分为 m 等分，$\Delta h=h/m$。截面离散化后得到的 $n\times m$ 个微元。一定火灾加热时间微元（i,j）所经历的最高温度记为 $T_{i,j}$，假定同一网格（单元）内各处温度相同，取网格中心点处的温度代表整个网格的温度。

由传热学基础知识，假定混凝土是各向同性材料，确定钢筋混凝土梁的初始条件、边界条件和材料的热工参数后，应用 ANSYS 有限元软件分析不同受火时间 t_i 时梁截面所经历的最高温度分布。把截面内的温度场分成若干个区域，根据每一区域所经历的最高温度，计算高温后混凝土强度，由强度计算模型求出每一个区域所对应的混凝土抗压强度降低系数 $\bar{\varphi}_{CTi}$，然后再利用分层法把整个截面进行加权平均，得出整个截面的混凝土强度降低系数 $\bar{\varphi}_{CT}$。用公式（1）得出整个截面的混凝土强度降低系数 $\bar{\varphi}_{CT}$。

$$\overline{\varphi}_{CT}=\frac{\sum\overline{\varphi}_{CT_i}\cdot S_i}{\sum S_i} \tag{1}$$

式中　S_i——受压区第 i 区域内的混凝土面积；

$\overline{\varphi}_{CT_i}$——第 i 区域内混凝土抗压强度降低系数；

4　等效截面缩减法

等效截面缩减法也要有基本假设，本文设定与分层计算法的假设相同。本文为避免计算火灾后钢筋强度，提出用等效截面缩减法来计算高温后钢筋混凝土梁的剩余承载力，把高温后钢筋和混凝土的强度设定不变，把原有的截面面积等效减小。

4.1　钢筋的缩减截面

火灾后钢筋混凝土梁强度降低，本文把受火后钢筋强度设为不变，把原有截面积设为减小。钢筋混凝土中的每根钢筋只有一个温度，随着温度的增加钢筋的强度在下降，温度上升对应强度折减系数，所以钢筋所能承担的外力是钢筋的抗压强度、材料强度折减系数以及钢筋面积的乘积，所有受压钢筋承载力之和为该轴心受压梁钢筋的承载能力。

抗拉钢筋或者抗压钢筋达到极限时所能受的力为公式（2）。即

$$\sum A_{si},f_y,T_i=f_yA_{sT} \tag{2}$$

式中　A_{sT}——钢筋的缩减截面，$A_{sT}=\sum K_{si}A_{si}$；

A_{si}——第 i 根钢筋的面积；

K_{si}——第 i 根钢筋的强度折减系数；

f_yT_i——温度 T 作用后第 i 根钢筋的强度。

由于钢筋强度在高温冷却后会有比较好的恢复，所以计算高温后钢筋混凝土梁剩余承载力时考虑了黏结情况。

设高温冷却后钢筋强度的折减系数为 K_s，黏结强度折减系数为 K_τ。由平衡条件，则钢筋的最大工作应力为 σ_{sT} 为

$$\sigma_{sT}=\frac{4i_a}{d}K_\tau\tau_u \tag{3}$$

式中　d——钢筋直径；

τ_u——常温时黏结强度；

i_a——钢筋实际锚固长度，即计算截面到钢筋两个端头处的较小距离。当为焊接接头时，按连续整根钢筋考虑。当 $i_a>1\,500$ mm 时，取 $i_a=1\,500$ mm。

设常温下钢筋充分发挥作用时最小锚固长度为 l_a（规范规定值），由平衡条件有

$$f_y=\frac{4l_a}{d}\tau_u \tag{4}$$

将式（4）代入式（3）得

$$\sigma_{sT}=\frac{4i_a}{d}k_\tau\tau_u=\frac{4i_a}{d}k_\tau f_y\times\frac{d}{4l_a}=\frac{i_a}{l_a}k_\tau f_y \tag{5}$$

从火灾后钢筋强度本身来讲，即使黏结强度足够，其强度值只能取 $f_yT=K_sf_y$(K_s为钢筋强度折减系数)。显然，钢筋的最大工作应力即强度取值应由两个条件控制，即钢筋本身强度 K_s 和锚固情况 $\frac{i_a}{l_a}k_\tau f_y$。所以计算梁剩余承载力时只能在两者中取其较小值：

$$f_{yT}=\min\left[K_s,\frac{i_a}{l_a}k_\tau\right]f_y=K'f_y \tag{6}$$

上式表明，当 $K_s>\frac{i_a}{l_a}k_\tau$ 时，由钢筋强度本身来控制钢筋的计算强度取值；当 $K_s<\frac{i_a}{l_a}k_\tau$ 时，应由锚固情况控制钢筋强度的取值。

4.2 混凝土矩形截面宽度折减系数 K_s

在这里矩形截面宽度折减系数引用分层法中提到的按宽度方向折减的方法，把梁矩形截面按$\Delta\chi$、Δy 划分网络，取每一小方格单元中心温度作为该单元的温度，根据四川消防科研所试验结果，表 1 求出相应的强度折减系数。

表 1 混凝土强度折减系数 K_c的取值

T (°C)	100	200	300	400	500	600	700	800
K_c	0.94	0.87	0.76	0.62	0.50	0.38	0.28	0.17

整个截面所能承担的外力应为各单元承载力之和，每一单元所能抵抗的外力为：

$$\Delta F\cdot K_{ci}\cdot f_c=\Delta x\cdot\Delta y\cdot f_{cT} \tag{7}$$

式中 f_c——混凝土常温抗压强度设计值；
$\Delta x\cdot\Delta y$——网格宽度和高度；
ΔF——网格面积；
f_{cT}——高温后混凝土抗压强度；
K_{ci}——第 i 个网格的材料强度折减系数。

在截面宽度 b 方向对每一个单元求和，得出在竖条为 s 时，高为Δy 的混凝土小条可抵抗的外力为：

$$\sum_b\Delta y\cdot\Delta x\cdot K_{ci}f_c=\Delta y\cdot f_c\sum_b(K_{ci}\cdot\Delta x)=\Delta y\cdot f_c\cdot K\cdot b \tag{8}$$

式中 K——混凝土在高温后矩形截面宽度折减系数。

由于 K 值随混凝土小条竖标 s 而变化，故可写为

$$K(s)=\frac{\sum_b K_{ci}(s)\cdot\Delta x}{b} \tag{9}$$

式中 $\sum_b$ ——截面宽度 b 范围内求和。

经过宽度折减系数 K_s 可以把高温后钢筋混凝土梁的剩余承载力计算转化为常温时的计算。通过宽度折减系数 K_s，可把宽为 b、高为 h 的矩形截面受火后的有效截面按合力相等、形心不变的原则，化

为由小条组成的阶梯形。

对于火灾中三面高温的梁，随着梁内部温度的升高和时间的延长，顶面的温度也逐渐上升。而对于三面受火中的拉区高温梁和压区高温梁虽然在相同的升温条件下，有着相同的截面温度场，但其高温后的力学性能相差悬殊。所以在计算剩余承载力时它们也有着不同的方法，这是因为拉区高温梁的拉区钢筋高温后屈服强度损失很大，而压区高温梁的受拉钢筋位于低温区，屈服强度损失很小。所以在这里我们对钢筋混凝土梁进行剩余承载力计算时分两种情况计算：受拉区受火梁和受压区受火梁。

5 结 论

通过用分层法和等效截面缩减法计算的结果，与过镇海[1]的高温下混凝土的强度和变形性能试验研究的试验值进行比较后得出，计算值和试验值的绝对误差在允许范围内，验证了这两种算法的正确性。分层法和等效截面缩减法相比，分层法的误差较小，而且利用分层法得到的计算值小于试验值。这是因为在分层法中，采用了有限差分将每个差分网格的混凝土强度折减都考虑在内，而且在基本假设时忽略了梁截面上温度应力的作用，实际上由于温度应力的作用会出现应力重分布的现象。相反，利用等效截面缩减法得到的计算值大于试验值，这是因为在等效截面缩减法中忽略了当温度大于500 °C时钢筋的作用，实际上这时钢筋是起到一定作用的。

参考文献

[1] 过镇海，时旭东. 钢筋混凝土的高温性能及其计算[M]. 北京：清华大学出版社，2003.
[2] 吴波. 火灾后钢筋混凝土结构的力学性能[M]. 北京：科学出版社，2003.
[3] DBJ 08-219—96. 火灾后混凝土构件评定标准[S]. 1996.
[4] CECS 252:2009. 火灾后建筑结构鉴定标准[S]. 北京：中国计划出版社，2009.
[5] GB 50010—02. 混凝土结构设计规范[S]. 北京：中国建筑工业出版社，2002.
[6] 王跃琴. 火灾后钢筋混凝土结构强度损伤的分析与计算[J]. 消防技术与产品信息，2005(7).
[7] 王振清，何建. 钢筋混凝土结构非线性分析[M]. 哈尔滨：哈尔滨工业大学出版社，2009.

作者简介：陶昆（1977—），女，本科，学士学位，昆明指挥学校防火教研室讲师；主要从事建筑防火、固定消防设施、消防制图等方面的教学和研究工作。
通信地址：昆明市经开区阿拉乡小石坝昆明消防指挥学校防火教研室，邮政编码：650208；
联系电话：18987130508；
电子信箱：907767090@qq.com。

灭火技术

超细干粉灭火剂改性技术

陆曦 赵磊 刘方圆
（北京市公安部消防产品合格评定中心）

【摘　要】 超细干粉灭火剂以其灭火效率高、价格低等特点具有广泛的应用。本文简述干粉灭火剂分类、灭火原理及存在的问题，论述了干粉灭火剂超细化处理及表面改性技术。

【关键词】 干粉灭火剂；吸潮；超细化；表面改性

干粉灭火剂是一类干燥、流动性好的微细固体粉末，主要由一种或多种具有灭火能力的微细无机粉末和防潮剂、防结块剂、流动促进剂、染色剂等添加剂构成。其可适用的场所有：① 甲、乙、丙类液体和可燃气体火灾；② 电器设备火灾；③ 燃烧熔化的可燃固体火灾以及粉尘火灾；④ 一般固体木材、纸张、纤维等物质火灾。干粉灭火剂的优点主要体现在以下几个方面：灭火效率高、速度快；干粉基料来源广泛、制备工艺简单、价格低廉；对人畜无毒或低毒，对环境影响甚微。

1 干粉灭火剂分类

根据干粉灭火剂应用范围可划分为以下三类。

（1）BC 类干粉。该类干粉主要用于扑救液体火灾（甲、乙、丙类）、可燃气体火灾以及带电设备的火灾，是一类普通干粉。主要品种有钠盐干粉、改性钠盐干粉、钾盐干粉和氨基干粉等。

（2）ABC 干粉。该类干粉不仅适用于液体火灾、可燃气体火灾和带电设备火灾，还适用于扑救一般固体物质火灾，是一类多用干粉。这类干粉的主要品种有：以磷酸铵盐（磷酸二氢铵、磷酸氢二铵、磷酸铵或焦磷酸盐等）为基料的干粉；以磷酸铵盐与硫酸铵的混合物为基料的干粉；以聚磷酸铵为基料的干粉。

（3）D 类干粉。该类干粉基料主要包括氯化钠、碳酸氢钠、石墨等。

2 干粉灭火剂灭火原理

干粉灭火效能主要体现在窒息、冷却以及对有焰燃烧的化学抑制作用。

（1）干粉灭火剂中灭火组分是燃烧反应的非活性物质，当进入燃烧区域火焰中时，分解产生的自由基与火焰燃烧反应中产生的 H 和 OH 等自由基反应，捕捉并终止燃烧反应产生的自由基，降低了燃烧反应的速率。当火焰中干粉浓度足够高，与火焰接触面积足够大时，自由基中止速率大于燃烧反应生成的速率，链式燃烧反应被终止，从而火焰熄灭，因此，化学抑制在干粉灭火过程中起主要灭火作用。

（2）干粉灭火剂在燃烧火焰中吸热分解，因每一步分解反应均为吸热反应，故有较好的冷却作用。

（3）高温下磷酸二氢铵等物质的分解，在固体物质表面生成一层玻璃状薄膜残留覆盖物覆盖于表面阻止燃烧进行，并能防止复燃。

3 常用干粉灭火剂存在的问题

（1）干粉灭火剂粒子粒径与其灭火效能直接相关联。常用干粉灭火剂粒度在 10 ~ 75 μm，这种粒子弥散性较差，比表面积相对较小，定量干粉所具有的总比表面积小，单个粒子质量较大，沉降速度较快，受热时分解速度慢，导致捕捉自由基的能力较小，故灭火能力受到限制，一定程度上限制了干粉灭火剂的使用范围。

（2）吸湿率大。市场主流磷酸二氢铵干粉灭火剂中磷酸氢二铵组分的存在易与水分子形成氢键结合，使得干粉有较大的吸潮结块性，进而影响其灭火效能，降低灭火剂及灭火器使用年限。

（3）抗复燃能力差，尤其当扑救 B 类火灾时干粉易沉入可燃液体中引起火灾复燃。

针对现有干粉灭火剂存在的灭火效能低、易吸潮结块、抗复燃能力差等缺点，通过一定的改性处理方法降低干粉灭火剂粒径、提高干粉粒子灭火效能、降低粒子吸水性是干粉灭火剂改性的重点。

4 干粉灭火剂超细化处理

目前，干粉灭火剂的超细化工艺技术已较为成熟，国内外大多采用球磨工艺或气流粉碎法。此外喷雾干燥法、两相反应法等技术具有干粉超微细性能优异等特点，但因成本高、工艺复杂等不合适工业化生产。

Abbas A 等[1]对氯化钠悬浊液进行超声处理，对处理液进行喷雾干燥从而获得立方形的超细氯化钠晶体，其平均粒径可达到约 2 μm。代梦艳等[2]采用反溶剂法制备出超细氯化钠干粉，通过添加表面活性剂来调控干粉晶体生长，有效降低其吸湿和团聚结块性，能显著改善干粉灭火剂流动性和分散性。唐聪明等[3]采用超音速气流粉碎机和特殊的表面处理方法对磷酸铵盐干粉进行超细化和硅化处理，制备出了平均粒径为 7.28 μm、比表面积为 1.80 m^2/cm^3 的超细磷酸铵盐干粉灭火剂。

5 超细干粉表面改性技术

干粉灭火剂粒子易吸水结块是由于干粉粒子在制备中残存微量水分，以及粒子与大气接触吸潮，都会导致粒子之间由于表面溶解和重结晶而形成无数“盐桥”，从而使粉粒之间发生连接作用，并逐步结块而丧失流动性，同时潮解的干粉对贮存容器具有很强的电化学腐蚀作用。

干粉超细化改性后其粒径大幅度降低，比表面积增加，表面能升高，其吸水能力也随之提升，极易引起超细干粉的团聚结块，因此，在干粉超细化技术的基础上，提高超细干粉灭火剂粒子防潮性能是超细干粉表面改性技术的重点。

为增强干粉粒子的疏水性和抗结块能力，国内外研究人员开发了多种添加剂对干粉粒子的表面进行改性处理。早期添加剂多是比干粉粒子更细小的疏水性物质，如云母粉、石墨粉、硬脂酸盐等，利用它们在干粉粒子之间的机械隔离作用来打破粒子间“盐桥”的生成，防止干粉的吸潮黏结，从而保持超细干粉的流动性。Warnock W R 等[4]研究发现，漂白土、滑石粉、硅酸镁等作为灭火剂吸湿组分时可吸收干粉粒子中的水分且不影响干粉化学性质。另外，该类填料还可以明显降低干粉松密度、降低灭火器中充装比。

随着技术研究的发展，现代干粉灭火剂大都采用在干粉粒子表面涂覆或接枝疏水性物质形成连续的单分子膜的方法来实现粒子的疏水性。特别是近年来发展的微胶囊技术对干粉粒子的表面改性提供了强有力的技术支持[5]。该技术以汽油或丙酮作溶剂，以活性白土、二氧化硅、碳酸镁、硅酸铝等作聚合催化剂，与含有一定水分的超细干粉加入高速搅拌机中，在水分的作用下，硅油首先水解成硅醇，硅醇在高速搅拌产生的热量和催化剂的作用下，聚合成网状的硅氧烷。在具有网状结构的聚硅氧烷分子中，Si—O 键具有明显的极性，氧原子紧紧吸附在具有极性的无机盐干粉粒子的表面上，烷基则远离粒子的表面。因此，聚硅氧烷可定向排列在粒子的表面，形成疏水性单分子膜，起到防潮、防结块与防腐蚀的作用。

不同类型的硅油对超细磷酸铵盐干粉表面处理的效果相差很大，甲基硅油表面处理的效果差，而经甲基含氢硅油或端甲氧基硅油表面处理的超细磷酸铵盐干粉灭火剂，其疏水率高，吸湿率低于 3%，表面处理效果好。这是由于甲基含氢硅油和端甲氧基硅油侧基含有大量的高反应活性的氢原子或端甲氧基，存在较强分子间氢键作用，活性基团在较温和的条件即可发生水解、氧化、交联聚合。所形成的微胶囊膜通过 Si—O 键牢固地结合在干粉粒子表面，同时硅氧主链上的侧链基团甲基排布在外，分子间距大，甲基内聚能密度小、斥水性强，从而赋予了磷酸铵盐干粉很强的斥水性能。

经上述微胶囊改性处理的超细干粉灭火剂具有优良的防潮防腐耐结块能力，但当用于 B 类火灾灭火作业时，由于干粉粒子表面疏水微胶囊具有较强的亲油性，干粉粒子易沉入油中，不能在火源表面形成覆盖层起到阻隔火源的作用，火焰扑灭后极易因高温或局部火苗的引发复燃。目前，国内外尚未见优异的抗复燃干粉实际应用，X. H. FU 等[6]采用氟碳表面活性剂 FK-510 结合喷雾干燥工艺制备超细磷酸二氢铵干粉灭火剂，以期在干粉粒子的表面形成兼具疏水性和疏油性的微胶囊膜，使其在扑救 B 类火灾时浮在可燃油表面，有效解决超细干粉灭火剂复燃性问题，但该技术成本较高、工艺复杂是其发展的瓶颈。开发此类干粉的技术关键难点在于控制干粉粒子的大小、表面形态和单分子膜的耐温强度。

6 结 论

随着灭火剂技术的快速发展，开发吸湿率低、粒径小、表面形态可控的多功能超细干粉灭火剂具有较大的发展前景，高灭火效能的超细干粉灭火剂必将得到广泛的推广应用。

参考文献

[1] Abbas A， Srour M， Tang P, et al. Sonocrystallisation of sodium chloride particles for inhalation[J]. Chemical engineering science, 2007，62（9）：2445-2453.

[2] 代梦艳，胡碧茹. 纳米 SiO_2 表面改性无团聚氯化钠微粒的制备及其表征[J]. 过程控制学报，2008，8（4）：829-832.

[3] 唐聪明. 超细磷酸铵盐干粉灭火剂研究[J]. 精细化工，2004，21（5），398-400.
[4] Warnock W R. Extinguishing agent for combustiblemetals: U.S, 2937990 [P]. 1960.
[5] 叶宏烈，傅学成，胡英年. 国内外灭火药剂的发展和现状[J]. 消防科学与技术，1999，3：36-40.
[6] X. H. FU, Z. G. SHEN, C. J. CAI. Influence of Spray Drying Conditions on the Properties of Ammonium Dihydrogen PhosphateFire-Extinguishing articles[J]. Particulate Science and Technology, 2009, 27: 77-88.

作者简介：陆曦，公安部消防产品合格评定中心，信息室主任。
通信地址：北京市西城区永外西革新里甲108号，邮政编码：100077；
联系电话：13426306230；

赵磊，公安部消防产品合格评定中心，认证业务处工程师。

刘方圆，公安部消防产品合格评定中心，认证评定处工程师。

大空间建筑火灾灭火救援对策研究

滕　峰
（江苏省淮安市消防总队淮安支队）

【摘　要】 由于大空间建筑规模大、火灾荷载大、火灾危险性大、人员流动性大、疏散困难等原因，使得一旦发生火灾，经济损失大、人员伤亡大、扑救难度大，从而会造成严重的财产损失和人员伤亡，给灭火救援带来许多新的难题。本文通过对大空间建筑火灾特点和救援难点的研究，总结出适合扑救大空间建筑火灾的对策，为消防部队扑救此类建筑火灾提供一定的借鉴。

【关键词】 大空间建筑；灭火救援；难点；对策

1 引　言

随着我国社会经济的发展，各种大空间建筑也越来越多，这些大空间建筑大都规模巨大、设施先进、功能复杂、装饰豪华。大空间建筑对城市的总体形象起到了积极的作用，但也给发生火灾后现场的人员疏散与火灾扑救提出了一个难题，由于大空间建筑人员密集、物品繁杂、线路繁多，火灾危险性大，发生火灾后，将会导致重大的财产损失和人员伤亡。一旦大空间建筑发生火灾事故，人员生命将会受成很大的威胁。这些火灾事故要求消防人员有正确的灭火救援对策和方法，而在导致火灾扑救的各种不利因素中，建筑的结构特点、人员疏散、防排烟、火灾扑救方法都对其有着至关重要的影响，所以加强对这几个方面的问题研究，是确保大空间建筑发生火灾事故时，成功进行人员疏散和火灾扑救的一个重要课题。而在此基础上，制定出一套能正确的应对不同结构特性的大空间建筑火灾扑救对策，从而对大空间建筑火灾进行有效的控制和扑救，减少人员伤亡具有重要的意义。

2 大空间建筑的火灾危险性分析

2.1 大空间建筑的火灾特点

大空间建筑往往规模巨大、用途广泛、人流量大，一旦发生火灾事故，很容易造成群死群伤的恶性事故。人员密集的大空间建筑，材料使用更加复杂，同时由于人流量大以及人员的不确定性而带来人员疏散的不确定性、火灾危险性和火灾危害性更高。大空间结构建筑较之一般建筑，发生火灾时有其明显特点。

2.1.1 火势蔓延快

大空间建筑由于空间大，一般来说初起阶段火势蔓延比较迟缓，燃烧产物也不多，但经过一段时间后，由于参加燃烧的物资增多，空间温度升高，物质分解出气体的速度不断加快，使燃烧强度急剧增大，火势蔓延速度加快，很快进入猛烈燃烧阶段。

2.1.2 极易形成大面积火灾

大空间建筑空间跨度大、占地面积大、有些大空间建筑门窗多、通风好、可燃物料多，一旦发生火灾，蔓延途径多、火势蔓延快、燃烧猛烈，由于燃烧区和周围温差较大，会形成强烈的空气对流，从而产生大量飞火，出现多处新的火点，在热气流的作用下，很快形成大面积火灾。

2.1.3 人员疏散困难

对于大空间建筑，一般平面面积巨大，人员到达安全出口的距离较长，因此疏散时间就长。而且来到这里的人员通常是自发性、临时性、无组织的，如到展览馆参观的参观者，到体育场馆观看比赛的观众，或是在候车、机、船大厅等待交通工具的旅客等，他们都对疏散路线不熟悉。此外，在休闲放松状态或情绪激动时，人员的消防安全意识也比较淡薄，造成其心理恐慌，所以在短时间内有序地组织人们迅速疏散到室外成为了一个极为困难的问题。

2.1.4 建筑有局部或整体坍塌的危险

大空间建筑一般跨度在 60 m 以上，多采用钢为主要材料，钢结构骨架建造的建筑，在遭受火灾的过程中，当温度升至 350 °C、500 °C、600 °C 时，钢结构的强度分别下降 1/3、1/2、2/3。在全负荷情况下，钢结构失稳的临界温度为 500 °C。此外，钢构件在受高温作用后，钢结构冷热聚变，受热膨胀，遇冷水后会急剧收缩，火灾时某一部分变形受损会破坏整个构件的整体受力平衡，所以尤其是当大跨度大空间厂房这类钢结构建筑发生火灾时，钢构件极易受高温作用后较短时间内就会发生扭曲、变形，进而导致整个建筑的倒塌，救援难度增大[1]。

2.2 大空间建筑火灾灭火救援难点分析

2.2.1 人员疏散困难

大空间建筑进深和跨度都很大，而规范规定，从室内任何一点到安全出口的距离不应大于 30 m，一些大空间建筑内部至安全出口距离超过 30 m。为此，安全疏散距离长，使得人员安全疏散非常困难。大空间建筑发生火灾后，人群会发生恐慌，如果在得不到有序的疏散和指挥情况下，往往会在建筑的楼梯口、主要出口等疏散瓶颈处发生拥挤践踏；在大空间建筑中，一旦发生火灾，烟气等火灾产物将使人们难以判断正确的疏散通道，从而产生盲目跟从的从众行为[2]。

2.2.2 防排烟困难

大空间建筑中火灾烟气量很大，当空间顶棚较高时，许多烟气可能升不到顶棚便开始缓慢沉降；空间不高、面积很大的建筑会出现烟气弥散现象。当烟气沿水平方向蔓延到几十米以外的区域时也会发生局部沉降现象，这说明大空间建筑烟气层分布不均匀。另外，由于建筑内部热风压的影响，尤其是南方地区，大空间上部常会形成一定厚度的热空气层，即所谓的热障效应，它也会阻止火灾烟气上升到大空间的顶棚，甚至可能导致自然排烟的失效。因此，大空间建筑早期火灾烟气运动的弥散、沉降现象和热障效应特点，导致烟气层高度很不均衡，烟气控制较为复杂。此外，由于大空间建筑空间大、净空高，火灾时产生的热烟气在上升过程中热量散失，温度下降，热烟气在上升到一定高度时，将不在继续上升，而是向水平方向和下方扩散，造成烟气大面积扩散，给排烟系统设置带来困难，即使设置了排烟系统，排烟效果也不理想。所以大空间建筑一旦发生火灾，防排烟异常困难。

2.2.3 火灾扑救困难

大空间建筑规模大、用途复杂、可燃物多，发生火灾时从楼外进行扑救相当困难，一般要立足自救，依靠室内消防设施。在大空间建筑发生火灾后，内部热辐射强、烟雾浓、火势蔓延速度快和途径多，消防人员难以堵截火势蔓延；同时扑救大空间建筑火灾缺乏实战经验，指挥水平不高。大空间建筑的消防用水量均是按照扑救初期或中期火灾考虑的，当形成大面积火灾时，其消防用水量明显不足，需要消防车供水；同时大空间建筑多采用大跨度结构，内部结构承载能力会在火灾发生后降低，承重结构断裂，出现倒塌现象；空间较大，燃烧区和周围环境温差较大，易形成强烈的空气对流，从而产生大量飞火，出现多处新的火点，这些因素都使火灾扑救异常困难。

3 大空间建筑火灾灭火救援对策分析

3.1 人员疏散对策

在大空间建筑发生火灾后，火场上人员受到火势、浓烟、毒害等威胁时，在施救者能够进入的情况下，必须立即组织精干人员组成救人小组，强行进入内部，组织营救工作，同时要积极控制火势的蔓延和对人员的威胁。疏散人员的方法如下。

（1）选择最佳的安全疏散路线，合理设置部分火情提示装置，使受灾人员能及时正确地判断火灾，选择正确的逃生线路。

（2）负责疏散的人员应迅速到位，组织人员疏散，不断用广播、口头稳定被困人员情绪，维持好疏散秩序，防止拥挤践踏。在出口处设立警戒，防止已经疏散出去的人员或寻找亲人的亲属进入火区增加疏散难度。

（3）在疏散的过程中注意排烟，打开上部窗口或利用排烟设施排烟，保障疏散线路畅通。

（4）尽量利用建筑内已有的固定消防设施进行安全疏散。如利用消防电梯、室内外楼梯、阳台、缓降器、救生袋、避难层等进行安全疏散。

3.2 排烟对策

当大空间建筑发生火灾时，排烟方式主要有自然、人工、机械排烟三种。

3.2.1 自然排烟

对具备自然排烟条件的大空间建筑，开启能通向室外的窗户、自然排烟口、通风口、排烟管道口、普通电梯、楼梯间等部位，将烟雾排出。当排除室内烟雾时应将上风方向的下窗开启，将下风方向的上窗开启，利用风力加速横向排烟[3]。利用对流原理和抽拔作用排除烟雾，还应当在着火层和着火层上层开启外窗或砸碎玻璃，以有效地排除烟雾[4]。

3.2.2 人工排烟

在大空间建筑火灾发生后，有必要进行人工排烟。

（1）破拆建筑结构排烟。破拆防烟，除了破拆大空间建筑的门、窗扇、外墙等，当大空间建筑的层高不是很高且是单层建筑时，破拆屋顶的某个位置也是排烟的一种方法。破拆时尽量在着火点的正上方屋顶开口，使燃烧范围集中，可以利于排烟。

（2）高倍数泡沫排烟。大空间建筑虽然占地面积大、空间大、层高大，但是很多大空间建筑都设置了一定的防烟分区和防火卷帘，着火时可以使用这些消防设施，分隔空间，在一定的着火分隔区域内使用高倍数泡沫，使其迅速充满着火的空间，可达到降温、除尘、防排烟的目的。

（3）喷雾水流排烟。在着火的大空间防火区域内，可利用喷雾水降温除尘，当喷射雾状水流时可产生自压区从而起到驱烟作用[5]。

3.2.3 机械排烟

对于大空间建筑火灾，最好使用机械排烟，其设施分为固定排烟设施和移动排烟设施两类。

（1）利用固定排烟设施排烟。

大空间建筑的固定排烟设施一般都是与火灾报警系统联动的，当火灾报警后，防、排烟风机自动启动，相应防烟分区的防火阀自动打开，浓烟通过排烟口和排烟竖井向外排出。防排烟设施一般能满足初期火灾阶段的风量，在疏散救人灭火过程中，要随时把封闭楼梯的门和防烟楼梯间的门及时关闭，否则再大的送风量也是不够的，正压送风也是无效的，反过来会影响人员安全疏散。因此指挥员到达火场后，应迅速派人员佩戴空气呼吸器逐层检查楼梯间上的防火门是否关闭，特别要注意着火层和上部各层楼梯间上的防火门是否处于关闭状态，对敞开的防火门应及时关闭，以保证正压送风系统和排烟系统充分发挥应有的作用，迅速有效地防排烟。

（2）利用移动排烟设施排烟。

大空间建筑火灾在使用移动排烟设施时也多使用火场上的移动排烟风机、排烟车、排风扇等设备排烟。相对来说，大空间建筑空间比较大，移动排烟风机、排风扇和电风扇的排烟效果不是很理想。移动排烟车对低层的大空间建筑排烟效果好，对高层的大空间建筑排烟困难比较大。

3.3　火灾扑救对策

3.3.1　全面进行火情侦察

在大空间建筑火灾的火情侦察中，除一般的侦察内容外，应着重侦察起火时间和建筑的梁、柱、人字架等构件有无扭曲、变形、垮塌等迹象，有针对性地采取各种灭火救援措施和防护措施，重点侦察火灾燃烧性质、燃烧面积和蔓延主要方向，以便及早准备并做好力量部署。要通过各种方式展开火情侦察，以获取起火时间、起火部位、被困人员情况、燃烧物质性质、火势蔓延的途径、火灾范围等重要信息。

（1）利用消防控制中心进行火情侦察，消防控制中心火情侦察的主要方法如下。

① 通过消防控制室值班人员和控制操作显示器，了解、查看在哪个部位、哪个火灾探测器最先报警，以及其他火灾探测器报警的顺序情况，依次能够基本确定最先发生火灾的部位和蔓延方向等情况。

② 通过向消防控制室工作人员了解自动喷水灭火系统中水流指示器的报警情况，确定火灾发生的具体楼层或具体防火分区。

③ 通过火灾自动报警系统、自动喷水灭火系统及侦察人员侦察结果综合分析，确定火灾范围。

④ 检查、观察控制中心控制操作显示器的联动控制的情况确认防火分卷帘和防火门是否关闭；通风、空调系统等非消防电源是否切断；防排烟系统是否启动；普通电梯是否逼降；消防广播是否将安全疏散指令发出；消防水泵是否启动。通过各种情况显示，进一步明确起火部位、火灾范围、火势蔓延方向和自动启动设备的运行情况以及联动控制情况。

（2）要向单位负责人了解起火的准确位置，当前火势的发展和人员疏散情况，有无人员被困。

（3）要组成火场内部强攻侦察组，深入内部侦察摸清起火的准确位置和火势发展状况，尤其是要确定着火点在哪个防火分区，火势是否蔓延到其他分区，以及防火分区构件是否发挥作用。

（4）火灾扑救过程中要反复侦察，不断掌握火势的发展和人员被困情况，避免火灾扑灭后再发现人员被困，丧失火场主动权。

3.3.2　充分发挥固定消防设施作用

灭火救援准备中首先考虑启动大空间建筑内部消防设施。在固定系统不能正常运转的情况下，现场指挥员要根据现场情况，立即采取相应办法，强行启动建筑内部消防设施。当联动系统出现故障时，要采用手动方式启动喷淋、防排烟、防火卷帘等系统[6]。实践告诉我们，在扑救大空间建筑火灾中，必须要在第一时间内正确使用固定消防设施，充分发挥其作用，才能有效控制火势、扑灭火灾。

（1）启动消防泵供水灭火。大空间建筑内的灭火系统主要是自动喷水灭火系统和消火栓系统，扑救这类火灾，消防队员到场后必须在第一时间内启动消防泵，优先利用固定的灭火系统灭火。

（2）向水泵接合器供水灭火。扑救大空间建筑的火灾，需要源源不断地组织供水，为此，消防队员到场后，必须在第一时间内向水泵接合器供水，以满足供水需求。大空间建筑火灾，在正常情况下，自动喷水灭火系统启动，消防队员利用室内消火栓灭火，消防管网的压力流量一般是不够的。当消防水泵没有自动启动或出现故障或不能满足消防用水量时，责任区消防中队在第一时间内，必须使用大功率消防车双干线向消火栓水泵接合器和自动喷水灭火系统水泵接合器供水。

（3）关闭防火分隔物。规模较大的大空间建筑一般都有两个或两个以上的防火分区，而且都有自动扶梯、共享空间，构成立体形的防火分区。消防队员在侦察火情时，若发现消防设施没有联动，防火门、防火卷帘没有关闭，应立即在控制中心或现场将所有防火分区的防火门、防火卷帘关闭，防止火势向另外区域蔓延。当扑救这些大空间建筑火灾时，必须要争取时间、争取主动，将火势控制在一个防火分区内，绝不能让火势蔓延扩大至另一个防火分区。

（4）开启火灾应急广播。开启火灾应急广播可以稳定人员情绪，分层、分区下达疏散命令。火场指挥员进入消防控制室后，应通过消防广播系统疏散着火层、着火层上一层和着火层下一层以及相邻防火分区的人员。

（5）使用大空间建筑的通信系统指挥灭火救援。利用消防控制室内的消防广播系统指挥消防员的灭火行动，及时发布火场指挥命令，并提醒消防员在灭火救援中的注意问题；大空间建筑在设计施工时，均在每个防火分区和消防控制室、消防水泵房、风机房、发电机房、消防电梯等处安装对讲电话插孔，消防员可携带对讲电话机，将电话机插入电话插孔与有关部位的人员进行通话，以保障信息畅通。

3.3.3 选准控制点，有力遏制火势发展

在大空间建筑火灾扑救中，能否抢占要塞，选准首战水枪阵地，是争取火场主动权的关键。

（1）要充分利用建筑防火分区设施控制火势发展，依托防火分区设阵地。消防设施既有防火功能，又有阻火、灭火功能，防消相辅相成。上万平方米的大空间都是靠防火卷帘分隔成若干分区，充分利用防火卷帘等分隔设施可控制火势蔓延。

（2）要控制火点的防火分区，在主要孔口处设置进攻水枪阵地，堵住火势蔓延，将其控制在原有的分区内。

（3）要抢占火势向上蔓延的通道，力争将火势控制在着火层。大空间建筑火灾向上层蔓延有三种途径：一是通过上下连通的共享空间、疏散楼梯、自动楼梯和管道竖井进行；二是通过外墙门窗火焰翻卷烧向上层；三是大量的高温烟雾在某一区域积聚，积热引燃可燃物。

因此，大空间建筑发生火灾，消防队到场后，如果火势仅限于着火层，还没有或正在向上层蔓延时，消防指挥员必须迅速布置优势兵力占领上述部位，否则就意味着放弃上层乃至整个建筑。

3.3.4 集中兵力于火场，力求强攻近战

消防调度指挥中心要一次性调足兵力。大空间建筑着火后火势发展迅猛，因此，消防调度指挥中心在接到大空间建筑火灾报警后，兵力调派除按预案调度外，还要保证前方有强大的水枪阵地，后方能形成可靠供水，以保证救人灭火同步进行的兵力为标准。同时要调动公安、交警、医疗、自来水、

煤气、电业等社会抢险救灾联动单位到场，集重兵于火场，各种力量紧密协同，保障火灾扑救的顺利进行。在布置水枪阵地和组织搜救人员的战略战术上必须坚持强攻近战。

（1）要强攻固守。侦察掌握火情后，要抓住战机，选准要害部位组织优势兵力强行进攻。强攻的起始点即为火势蔓延途径的通道，也就是着火层向上层的共享空间、疏散楼梯、自动扶梯等竖向通道或着火层水平方向上各个分区的孔口处，对这些部位要派精兵强将，作好个人防护的同时，打好遭遇战。

（2）要内攻近战。根据大空间建筑的火灾特点，扑救大空间建筑火灾时，必须采取内攻近战。内攻和近战是一体的，只有攻入内部，才能有利于灭火与搜救工作，发挥最佳的灭火救人效能。当火势处在一个分区，燃烧范围不大时，要快速抓住这一有利时机带好各种装备，快速利用室内墙壁消火栓出枪灭火。在火势发展较猛烈，消防员很难正常进入内部的情况下，要组织多个强攻小组，在水枪的掩护下，强行深入内部开展灭火与搜救工作，强行内攻的指战员，需做好个人防护，外部指挥员要组织安排预备人员定时进行轮换。

3.3.5　救人第一，救人与灭火同步进行

大空间建筑有时会聚集大量人员，一旦发生火灾，人们由于恐慌严重，会阻碍他们的自救逃生，大量的人员在短时间内很难疏散出去。因此，在火灾扑救中必须坚持救人第一的指导思想，在火灾扑救的各个环节，反复侦察，做到救人灭火同步进行，只要有人员被困就必须采取措施积极施救。消防队到场初期，必须采取强有力的措施堵截控制火势，通过广播引导被困人员疏散并稳定他们的情绪，避免烟火对其的直接威胁，减轻他们的心理压力，延长人们的有效疏散逃生时间，要组织单位员工利用一切安全出口引导顾客有秩序疏散。疏散救人要分轻重缓急，以燃烧范围为中心，平面从着火的分区开始由近及远地疏散，立体按着火层、着火层上层逐层疏散。如果有人员直接受火势严重威胁，则要组织突击小组，在水枪掩护下强行营救，要选择火势蔓延的主要方向和对人员威胁严重的部位设置水枪阵地，堵截火势，为疏散救人创造有利条件。

3.3.6　选择进攻突破口，打开内攻通道

大空间建筑物火灾，必须在火灾初期阶段准确选择进攻突破口，建立有效的进攻通道。当选准进攻突破口时，应充分考虑到进攻路线的快捷、有效，在短时间内控火、灭火。要重点以内部通道为依托选择突破口；以建筑防火分区为依托选择进攻突破口；以存放物资少、火灾荷载小的地段或区域为依托选择突破口；同时要充分考虑建筑的形状，如建筑形状不对称或呈不规则形状时，应选择在跨度最短处作为进攻突破口，并尽量选择上风或侧上风方向；选择燃烧相对较弱的部位作为进攻突破口，对称布阵、同步设防、堵截火势、消灭火灾。在火灾处于发展阶段，已经形成较大面积燃烧，或控制困难、内攻无法进入，建筑物大部分还没有燃烧等情况下，必须采取强行破拆、打开进攻通道的办法，实施内攻控火。在火场已经形成大面积燃烧，且内攻无法有效实施，破拆条件又不具备的情况下，应考虑采用干粉、高倍数泡沫、空气泡沫等灭火剂强行压制火势，快速建立控火进攻区域，随后水枪阵地快速跟进，实施有效控火、灭火蔓延的隔离带。

3.3.7　合理选择供水方式，保证不间断供水

在充分考虑有效利用建筑内部消防水源供水的同时，还要选择就近可靠的消防水源。总之要选择好的供水方法，熟悉装备器材性能，掌握大空间建筑的基本情况，灵活机动，量体裁衣，这样才能为灭火救援提供有力保障。

（1）发挥车辆性能，尽量采用直接供水。当大空间建筑发生火灾时，在火灾周围水源丰富的情况下，不要总采用接力供水，在距离主战车 800 m 范围内可考虑采用接力供水。

（2）合理运用和选择接力供水和运水供水。大空间建筑火灾的火场用水量大，多采用接力供水和运水供水。采取接力供水的方式向火场直接供水，供水距离在 2 000 m 范围内，供水车辆 3～4 辆较好；超过 2 000 m 要采用运水供水，要利用现有大吨位水罐车远距离运水供水，同时也可调用地方环卫、园林、交通等单位供水车辆协助供水。

（3）灵活选用其他器材供水。由于大空间建筑火灾用水量大，水渍损失多，可利用浮艇泵等消防器材收集现场废水，实现循环用水等，以确保火灾现场的大量灭火用水需要。

4 结束语

扑救大空间建筑火灾没有固定的技战术方法，只能参照建筑特点和人员装备进行救援。火灾异常复杂，不可预知的情况很多，在火灾扑救的对策研究上，从最复杂、最危险、最困难的救援难点出发，得出最全面的人员疏散、防排烟和火灾扑救对策，最科学合理的技战术手段，最周全的后勤保障方法。研究大空间建筑火灾是一项复杂烦琐的工作，随着对大空间建筑火灾研究的深入，以及消防部队扑救当前大空间建筑火灾的发展需要，需要更为深入系统地对大空间建筑火灾进行研究，结合消防部队装备实际，形成一定的战术和保障体系，为消防部队今后扑救此类火灾提供理论支持，确保大空间建筑火灾能够正确有效地进行扑救。

参考文献

[1] 中国消防协会科普教育工作委员会. 公众聚集场所防火[M]. 北京：中国劳动社会保障出版社，2006.
[2] 吴建强. 浅析大型商场火灾的安全疏散[J]. 消防技术与产品信息，2008，6：32-33.
[3] 戴维. 自然排烟在大空间建筑中的适用性研究[D]. 北京：北京科技大学，2007.
[4] Wu.h. The use of fans to extend[J]. The Summer Comfort Envelope in Hot Arid Climate，2000.
[5] 李建华，康青春，商靠定，等. 灭火战术[M]. 北京：群众出版社，2004.
[6] 吴华，张勤. 自动喷水灭火系统应成为建筑灭火设施的主要系统[J]. 消防科学与技术，2005（01）：14-20.

作者简介：滕峰，男，江苏省淮安市公安消防支队。
通信地址：淮安市威海路 8 号；
联系电话：15996166622。

蛋白型泡沫灭火剂类型及蛋白原料提取工艺研究进展

周　甜

（浙江省杭州市公安消防支队经济技术开发区大队）

【摘　要】 本文首先介绍了蛋白、氟蛋白、抗溶性蛋白、成膜氟蛋白及抗溶性成膜氟蛋白泡沫灭火剂的主要特征及使用范围；其次，总结前人的研究结果，将蛋白型灭火剂的蛋白原材料来源归纳为动物型蛋白、植物型蛋白和剩余污泥三大类，并阐述了这三大类原材料的优缺点；最后，概述了从动物原材料、植物原材料以及剩余污泥中提取蛋白的工艺以及最佳提取工艺参数。

【关键词】 泡沫灭火剂；动物蛋白；植物蛋白；剩余污泥；提取工艺

迄今为止，蛋白型泡沫灭火剂依靠其优异的使用效果一直占据着泡沫灭火剂市场的主导地位[1]。究其原因，是因为蛋白型泡沫灭火剂可靠性强、安全系数高，在灭火过程中及灭火后，对现场保护好，并且它具有优异的生物降解性，是唯一的 100%可生物降解的泡沫灭火剂，是合成型泡沫灭火剂不能实现的。近年来，已有较多学者做了蛋白型泡沫灭火剂的相关研究，包括各种蛋白型泡沫灭火剂的灭火原理和蛋白原料提取工艺[2-4]等。本文将通过介绍市场上常见蛋白型泡沫灭火剂的类型，归纳近年来蛋白型泡沫灭火剂的蛋白原料来源和提取工艺，以期为相关学者提供理论参考。

1　常见蛋白型泡沫灭火剂的类型

1.1　蛋白泡沫灭火剂

蛋白泡沫灭火剂是最基本的一种泡沫灭火剂，由水、水解蛋白及稳定、抗冻、持续释放、腐蚀、黏度控制等添加剂组成，具有生产工艺简单、成本低、水质要求低、泡沫稳定性良好等优点。但与其他类型泡沫灭火剂相比，其泡沫流动性差，不能用于液体喷射火灾，主要用于油类火灾扑救。

1.2　氟蛋白泡沫灭火剂

氟蛋白泡沫灭火剂是由水、异丙醇和“6201”氟碳表面活性剂按 4∶3∶3 的质量比配制成的水溶液，加到蛋白泡沫灭火剂中得到的。由于碳氟化合物表面活性剂使水溶液和泡沫性发生了显著变化，从而提高其灭火效率。氟蛋白泡沫灭火剂的问世，提升了蛋白型灭火剂的市场地位，可用于扑救各种非水溶性液体和一些可燃固体火灾。

1.3　抗溶性蛋白泡沫灭火剂

由于蛋白泡沫、氟蛋白泡沫灭火剂不能用于水溶性易燃液体，因此，在火灾扑救过程中必须用抗溶性泡沫来扑救。目前，市场上添加蛋白的抗溶性泡沫灭火剂主要有两种：一种是以水解蛋白为发泡剂，添加海藻酸盐一类天然高分子化合物而制成的；另一种是以蛋白泡沫液添加多种金属盐和特制的氟碳表面活性剂制成的。该灭火剂主要用于扑救醇、酮、酯等一般水溶性易燃液体的火灾，不宜用于扑救低沸点的醛、醚、有机酸和胺等有机液体的火灾。

1.4 成膜氟蛋白泡沫灭火剂

成膜氟蛋白泡沫灭火剂是在氟蛋白泡沫灭火剂的基础上添加触变性多糖等原料制得的，它能够适当降低泡沫液的凝固点、增强泡沫性能，有助于泡沫的形成。当把泡沫喷射到燃烧的油面上时，泡沫一边在油面上散开，另一边在油面上形成一层水膜，抑制油品的蒸发，使其与空气隔绝，并使泡沫迅速流向尚未直接喷射到的区域，进一步灭火。

1.5 抗溶性成膜氟蛋白泡沫灭火剂

抗溶性成膜泡沫灭火剂是一种多用途的泡沫灭火剂，由氟碳表面活性剂、碳氢表面活性剂、助剂、稳定剂、极性成膜剂、抗燥剂、防腐剂、抗冻剂、发泡剂等配制而成。该类型泡沫灭火剂除具有成膜泡沫灭火剂的灭油类及石油产品物质火灾特点外，还具有抗溶性泡沫灭火剂的扑救酒精、油漆、醇、酯、醚、醛、酮、胺等极性溶剂和水溶性物质火灾特点。当该灭火剂喷射到极性易燃液体或油类上时，泡沫能够快速地在极性易燃液体或油类上形成封闭性的水膜，达到隔绝空气的效果；同时抗溶性成分有效防止泡沫中的水分被水溶性溶剂吸收，依靠泡沫和保护膜的双重作用扑灭火灾，提高了现场灭火的效率。

2 蛋白原料来源

2.1 动物蛋白

角蛋白存在于多种动物体内，动物毛皮、角、蹄、及羽毛中角蛋白含有量在 80%以上[2]。目前，国内利用动物蛋白生产的灭火剂，大多是利用酸性或碱性溶液水解动物的角蛋白得到的；但在水解过程中严重污染了环境，并在这个过程中会产生大量含硫化物的恶臭气体。此外，在传统的生产过程中，会排放大量的废水（包括碱性、酸性废水及生产环节中的各类废水），是高浓度有机废水，排放到环境中会污染土壤、危害水资源，已被国家禁用[5]。

2.2 植物蛋白

植物蛋白泡沫灭火剂不仅克服了生产动物蛋白泡沫灭火剂和扑救火灾时的环境污染，而且避免了化学灭火剂对环境和火灾现场的污染和损坏，是值得推广的技术。目前，植物蛋白均是由作物种子的饼粕来制取的，由于其蛋白含量较高，一般用于食品添加剂或饲料添加剂；如果用于生产蛋白灭火剂成本极高，消防系统难以承受。但也有相关学者利用味精厂的米渣[3]和酒厂的酒糟[4]提取粗蛋白，如果该工艺能进行有效开发和利用，不仅能减少和防止米渣和糟液对环境的污染，而且也能带来巨大的经济效益。

2.3 剩余污泥

随着社会经济和城市化发展，污水处理率在不断提高从而导致污泥产生量显著增加。据统计，2008 年我国城市污水若全部得到处理，干污泥总量将增至 8.4×10^6 t/a，约占我国总固体废弃物的 3.2%[6]；另外，蛋白质含量可达到 41%以上[7]。然而，目前国内对剩余活性污泥处理或处置方法主要包括焚烧、肥料、建筑材料、投海、填埋、微生物减量化等[8]。如果将余活性污泥技术与蛋白泡沫灭火剂的配制相集成，从而可以解决剩余污处理和处置及蛋白质灭火剂的原料来源的难题，具有巨大的经济和社会效益。

3 原料提取工艺

3.1 动物型蛋白

角蛋白为纤维状的结构，如果不经过水解反应是不能被直接消化吸收的。为了获得水解蛋白，常见的处理方法包括有钙水解法和无钙水解法。朱广军[2]（1994）研究认为，水解动物羽毛或羽毛梗的适宜投料比为：羽毛或羽毛梗：氢氧化钙：水 = 100：24：320；水解猪指甲的适宜投料比为：猪蹄指甲粉：氢氧化钙：水 = 20：4.8：70。该工艺的创新之处在于用氨基磺酸作中和试剂，避免了由于 $CaSO_4$、$CaCO_3$ 沉淀所需的第二次过滤，使水解效率提高了 20%以上，但该工艺是猪、鸡毛分开处理的，在操作上较烦琐。

林远声等[9]（1999）对新工艺无钙水解法和传统有钙水解法的效果进行了对比，发现新工艺产品在发泡、灭火和抗烧等几个主要指标上具有绝对优势，尤其在相同浓度下，新工艺产品的发泡倍数和流动性远远高于旧工艺。另外，新工艺在同样浓度下，不管猪毛或鸡毛原料，其产品的发泡无较大差别，并且解决了猪、鸡毛产品长期不能相混的难题。此外，由于新工艺采用无钙复合水解剂水解，除了得到上述好处之外，还明显简化了工艺流程、缩短了生产周期，因而相对提高了劳动生产效率，降低水、电用量和能耗，从而降低了成本近 20%。

3.2 植物型蛋白

有些植物蛋白提取工艺与提取动物蛋白的工艺是互通的。例如：李大鹏等[10]（2004）采用碱提酸沉法，进行低温脱脂豆粕中大豆分离蛋白提取工艺的研究，通过实验，确定了碱提的最佳工艺条件为：液固比为 10：1、碱提 pH 值为 9.0、碱提温度为 50 °C、碱提时间为 50 min、最适的酸沉温度为 45 °C、酸沉 pH 值为 4.6，实现蛋白提取率为 79.36%，蛋白含量为 90.1%；李亚东[3]（2005）研究得出提取味精厂米渣中蛋白工艺条件为：用石灰调 pH 至 11.5 °C、121 °C 条件下水解 3 h。

另外，酶水解法不仅可以用于动物蛋白提取，而且也可用提取植物蛋白，只不过相对应酶的种类不同而已。刘志强等[11]（2004）用水相酶解法提取菜籽油与菜籽蛋白，所得菜籽蛋白液进行超滤处理，所得菜籽蛋白纯度及回收率均在 90%以上，效果优于酸沉法。同时，毕波[4]（2014）探讨了碱—醇法提取植物蛋白的工艺条件，发现酒糟蛋白提取的最佳工艺参数为：碱—醇比为 2.22：1、液料比为 31.91：1、反应温度为 33.86 °C、反应时间 75.4 min，酒糟蛋白的提取率可以达到 10.18%。

3.3 剩余污泥

近年来，一些学者也开始探索在剩余污泥中提取蛋白质的最佳工艺条件，常见的提取方法有酸水解、碱水解、酶水解、盐提-酸沉等方法等，同时配合高温、超声波等辅助手段提高提取效率。Chishti 等[12]（1992）采用了碱水解法提取蛋白质，当 pH 为 12.5 时，蛋白提取率较高，最高可使污泥中 90%的蛋白质溶解。华佳等[13]（2008）采用 HCl 水解，在固液比为 1：2、时间为 6 h、温度为 120 °C、pH 为 1.5 的水解工艺条件下提取蛋白质。赵顺顺等[14]（2008）采用了碱法、超声联合处理法提取剩余污泥蛋白质的水解实验，其中碱法提取剩余污泥中蛋白质水解的最优工艺条件是温度为 70 °C、pH 为 12.5、时间为 5 h、固液比为 1：4。

物理、化学水解法存在着水解反应温度高或时间较长等缺点，如果利用酶水解并在提取过程中联用超声波，便可较大提高提取效率。李萍等[6]（2012）运用了木瓜蛋白酶、超声波和蛋白酶联合使用的 2 种处理方法水解剩余污泥蛋白，发现提取最佳条件是：固液比为 1∶4、水解时间为 5.5 h、水解温度为 55 °C，木瓜蛋白酶的浓度为 6%，蛋白质的提取率为 51.71%；超声波和蛋白酶联合的最佳条件是：时间 45 min、超声波功率 30 W，蛋白质的提取率为 66.60%。

4 总 结

蛋白型泡沫灭火剂具有较高的可靠性和安全系数的特点，在使用后对现场保护性能好、残留物可以被生物 100%降解，在泡沫灭火剂市场中占据着较高的市场份额。但蛋白质是蛋白型泡沫灭火器不可或缺的原料之一，如何获取满足生产工艺要求的蛋白来源是个关键性的问题。从剩余污泥中提取蛋白是个很好的选择，可以将剩余污泥变废为宝，既能够减少剩余污泥对环境的污染，又可获得廉价的蛋白原料来源；同时，剩余污泥提取过程避免了像动物蛋白提取过程中废水和废气对环境造成污染以及在扑救火灾时产生恶臭的气体，又不像植物蛋白那样需要较高的原料成本，是具有良好社会效益和经济效益的原材料之一。对于蛋白的提取工艺，由于酸碱提取工艺效果存在时间周期长或者需求温度高等缺点，同时提取过程的废水对环境造成污染，是不值得提倡的工艺。从环境保护和提取效率的角度考虑，采用酶提取同时配合相应的超声波、超滤膜浓缩等先进的生产技术是比较可行的，不仅可以较少提取过程的副产物对环境的污染，而且提高了提取效率和产品的质量。蛋白型泡沫灭火剂在今后的发展过程中，除了要不断进行升级换代外，同时也要重视原材料和提取工艺的优化，不仅要考虑到原材料成本和供给数量，而且也要重视原材料加工的环境清洁度。

参考文献

[1] 赵德君，刘征. 过期蛋白泡沫灭火剂的再生[J]. 消防技术与产品信息，2001，4：32-34.
[2] 朱广军. 从角蛋白中提取水解蛋白的研究[J]. 精细化工，1994，03：56-58.
[3] 李亚东. 利用味精厂米渣生产发泡粉和蛋白质灭火剂[J]. 环境科学与技术，2005，28（03）：96-97，120-121.
[4] 毕波. 利用酒糟生产蛋白泡沫灭火剂的研究[J]. 消防科学与技术，2014，33（1）：92-95.
[5] 陈哲浩，杜占合. 蛋白泡沫灭火剂的污染与治理对策[J]. 中国石油和化工标准与质量，2011，31（5）：48,78.
[6] 李萍，李登新，苏瑞景，等. 2 种处理方法水解剩余污泥蛋白质的研究[J]. 环境工程学报，2012，5（12）：2859-2863.
[7] Tanaka S, K obayash i T, K am iyama K, et al. Effects of the Rm ochemical pretreatment on the anaerobic digestion of waste activated sludge[J]. Water Sci Technol，1997，35（8）：209-215.
[8] 应诚威，诸玉辉，修光利. 剩余活性污泥中微生物蛋白质的提取工艺研究[J]. 环境科学与管理，2011，36（8）：73-76.
[9] 林远声，林德航，赵仕培，等. 生化灭火剂研究Ⅲ. 毛类原料生产蛋白泡沫灭火剂中试结果[J]. 中山大学学报：自然科学版，1999，S1：108-110.
[10] 李大鹏，赵睿. 低温脱脂豆粕中大豆分离蛋白提取工艺的研究[J]. 农产品加工（学刊），2007，12：22-24.
[11] 刘志强，曾云龙，吴苏喜，等. 水相酶解法菜籽蛋白提取液超滤工艺研究[J]. 中国粮油学报，2004，9（1）：52-56.

[12] Chishti S S, Hasnaina S N, Khanb M A. Studies on the recovery of sludge protein[J]. Wat. Res., 1992, 26（2）：241-248。
[13] 华佳，李亚东，张林生. 改进污泥水解制取蛋白质工艺的研究[J]. 中国给水排水，2008，24（1）：17-21。
[14] 赵顺顺，孟范平，王震宇. 碱水解法提取剩余污泥蛋白质的条件优化[J]. 城市环境与城市生态，2008，21（5）：17-20。

作者简介： 周甜，浙江省杭州市公安消防支队经济技术开发区大队，助理工程师。
通信地址：浙江省杭州市下沙经济技术开发区10号大街与25号路交叉口，邮政编码：310012；联系电话：13666695095。

排烟对快速响应喷淋系统动作影响的研究

邓 玲 韩 峥 冯小军
（公安部四川消防研究所）

【摘 要】 模拟商场设置火灾场景，先用计算机计算排烟风机对快速响应喷淋系统动作的影响程度；在相同火灾场景的情况下，通过实体火灾实验，验证排烟风机对快速响应喷淋系统动作的影响程度；计算机模拟及实体火灾试验差距较大，但同时都显示启动排烟风机后明显延迟了喷头的动作时间，并且增加了喷头的动作数量。

【关键字】 机械排烟；快速响应喷淋系统；计算机模拟实验；实体火灾实验；木垛火

1 前 言

近年来，随着自动喷水灭火系统的广泛使用，按照《自动喷水灭火系统设计规范》的相关规定，越来越多的快速响应喷头或早期抑制快速响应喷头应用在公共娱乐场所、中庭环廊；医院、疗养院的病房及治疗区域；老年、少儿、残疾人的集体活动场所；地下的商业；仓库等建筑场所。这些场所火灾危险性大，火灾蔓延迅速，而且大都设置有机械排烟系统；快速响应喷淋系统设置成功与否，直接决定建筑物消防设置是否安全可靠。本文通过计算机模拟及实体火灾实验来分析验证机械排烟系统对快速响应喷淋系统的影响。

2 排烟系统对喷淋系统影响的分析

按照我国目前《火灾自动报警系统设计规范》（GB 50116）的相关规定，在建筑物发生火灾后，火灾探测器探测到一个防火分区两个独立的信号后，信号传送给报警主机，经确定后发出警报信号，联动自动启动相关消防设施，消防排烟风机开始启动运行。而此时喷淋系统可能还没有启动，使用快速响应喷头或早期抑制快速响应喷头的场所大都火灾蔓延迅速，火灾初期大量的烟气被排烟系统排除，喷淋系统的启动时间将大大推迟延后，喷头动作时，火灾可能已经发展到较大的规模。众所周知，喷淋系统的作用主要是扑救或者控制初期火灾。同时随着火灾的持续增长，喷头动作的个数也相应增加，由于动作喷头数量增加，从而增加了大量水渍。严重的情况是当动作喷头数超过设计数量时，喷淋系统喷头出水压力降低到可接受的水平之下，从而也就宣告喷淋系统设置失效。

3 试验场地选择

我们在公安部四川消防研究所的大空间实验室内开展了针对商场的机械排烟对快速响应喷淋系统动作影响的火灾实验研究。实验区域为大空间实验室的一部分，面积为 27.6 m × 23 m、层高为 5 m。

3.1 实验房间设置

按照《建筑设计防火规范》（GB 50016）及在编《建筑防排烟系统技术规范》的相关规定，在实验室的顶棚均匀布置四个排烟口，总排烟量为 27 060 m^3/h；并均匀布置 10 只感烟探测器和 50 只快速响应喷头，详见图 1～图 4。

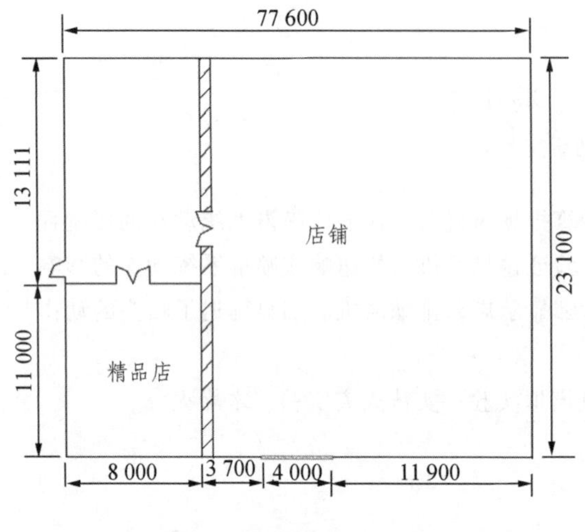

图 1 实验场地平面图

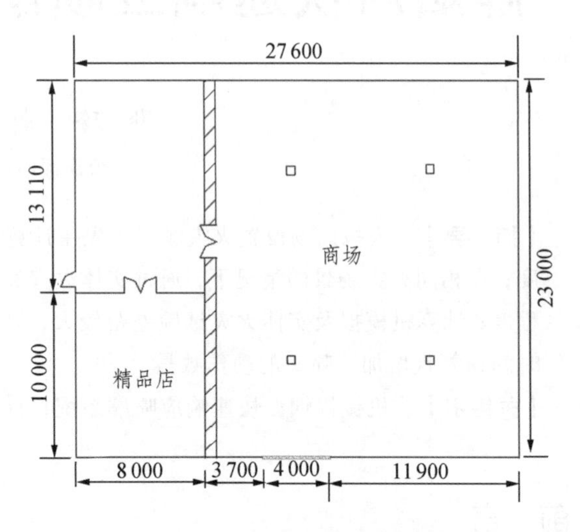

图 2 排烟口分布示意图

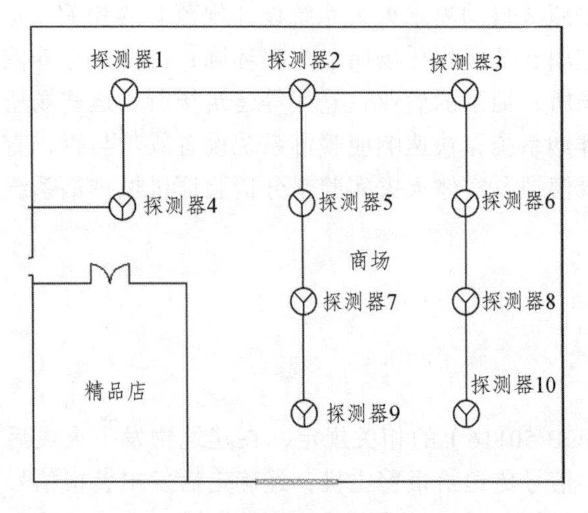

图 3 感烟探测器分布示意图

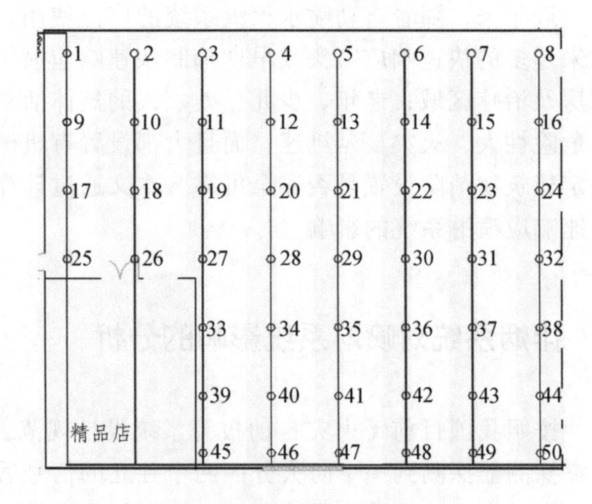

图 4 喷头分布示意图

3.2 热电偶设置

在实验房间火源正上方设置有 4 只热电偶，分别编号为 1#～4#，通过热电偶温度曲线，我们可以分析喷头的动作时间和喷淋系统对火源的控制情况。热电偶与火源上表面的距离分别为 0.5 m、1 m、1.5 m、2 m。

3.3 火灾功率设置

参照上海市地方标准（见表 1），实验场景选取“设有喷淋的商场”，热释放量为 3 MW。实验过程中，我们采用 3 MW 的木垛火作为火源。

表 1 热释放量

实验场景	热释放量 Q（MW）
设有喷淋的商场	3
设有喷淋的办公室、客房	1.5
设有喷淋的公共场所	2.5
设有喷淋的汽车库	1.5
设有喷淋的超市、仓库	4
设有喷淋的中庭	1
无喷淋的办公室、客房	6
无喷淋的汽车库	3
无喷淋的中庭	4
无喷淋的公共场所	8
无喷淋的超市、仓库	20
设有喷淋的厂房	1.5
无喷淋的厂房	8

注：设有快速响应喷头的场所可按本表减小 40%；

摘自上海市地方标准《民用建筑防排烟技术规程》（DGJ 08-88—2006）。

3.4 火灾试验场景设置

火灾场景 1：系统处于联动情况下，起火点位于实验室中部，排烟量为 27 060 m^3/h，每个排烟口的面积为 0.2 m^2。

火灾场景 2：系统处于联动情况下，起火点位于实验室中部，无排烟。

4 实 验

实验分为计算机模拟计算及实体火灾试验两部分。

4.1 计算机模拟计算

4.1.1 火灾场景 1 模拟结果分析

模拟过程中，由于受到水喷淋系统的影响，火源的发展未能达到设计规模，模拟进行到 200 s 左右达到峰值 900 kW，此后火源功率在 700 ~ 900 kW 振荡，模拟进行到 1 000 s 后火源开始呈现衰减趋势，在 1 800 s 左右熄灭。如图 5 所示。

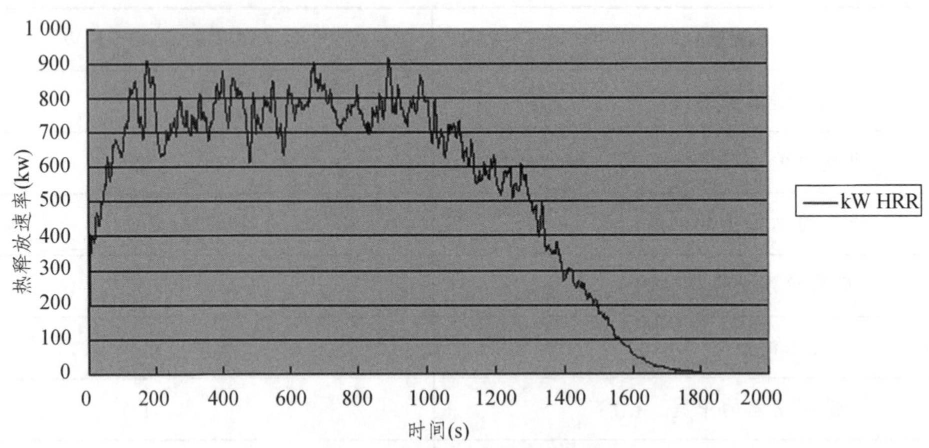

图 5　模拟过程燃烧曲线

当模拟进行到 104 s 时 30 号喷头首先动作，145 s 时 29 号、21 号、22 号喷头陆续动作，210 s 时 36 号喷头动作，412 s 时 35 号喷头动作，703 s 时 23 号喷头动作。模拟过程中一共动作了 7 只喷头。如图 6 所示。

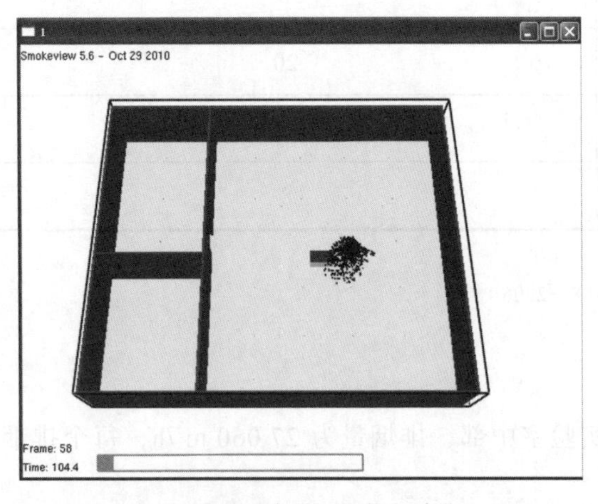

（a）104 s 时 30 号喷头动作

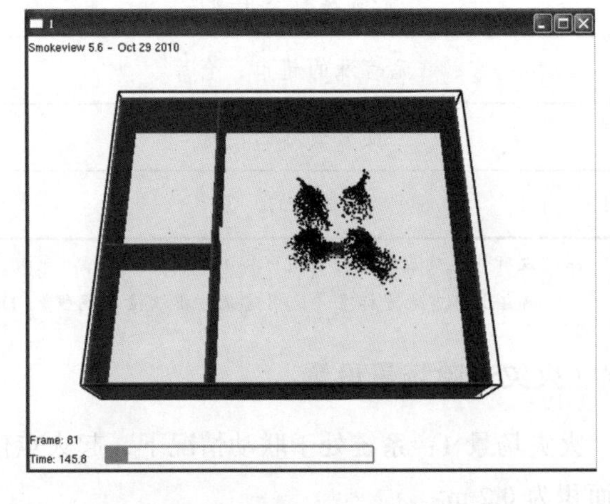

（b）145 s 时 29、21、22 号喷头动作

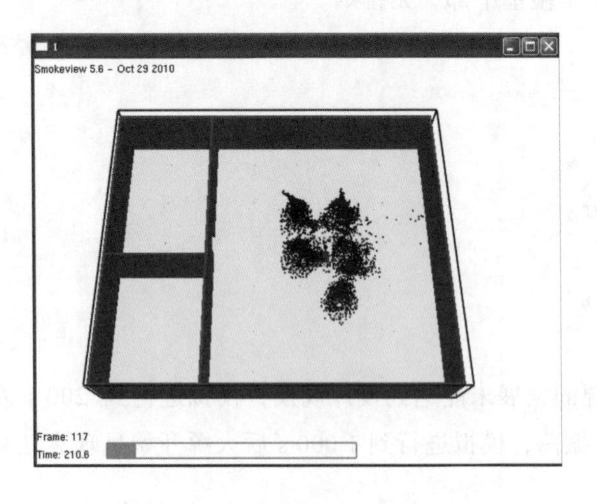

（c）210 s 时 36 号喷头动作

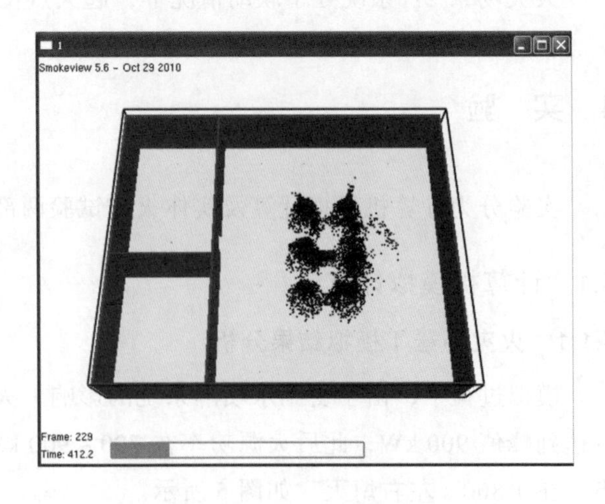

（d）412 s 时 35 号喷头动作

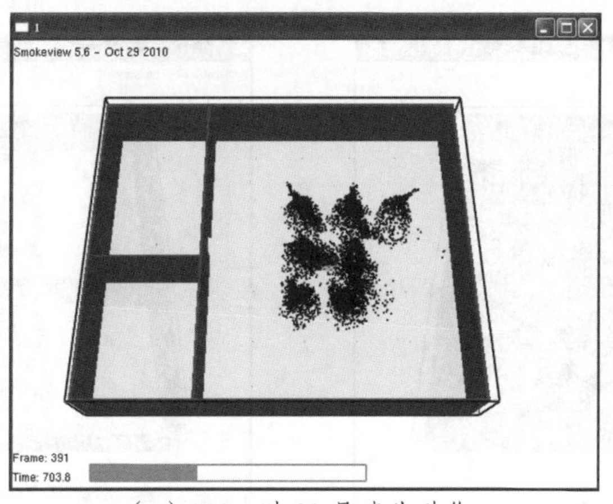

（e）703 s 时 23 号喷头动作

图 6　模拟喷头动作过程图

当模拟进行到 25 s 时 5 号感烟探测器首先报警，30 s 时 6 号感烟探测器报警，报警 5 s 后排烟系统启动。各时间烟气分布如图 7 所示。

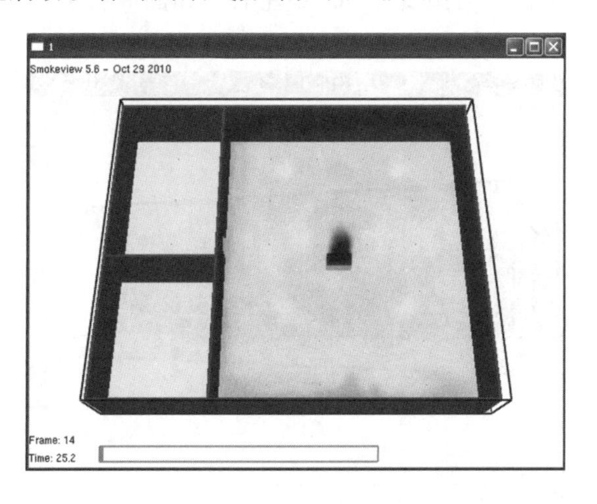

（a）25 s 时烟气分布

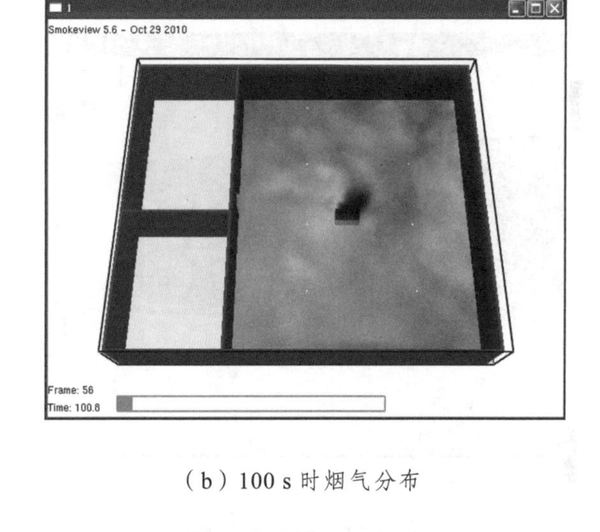

（b）100 s 时烟气分布

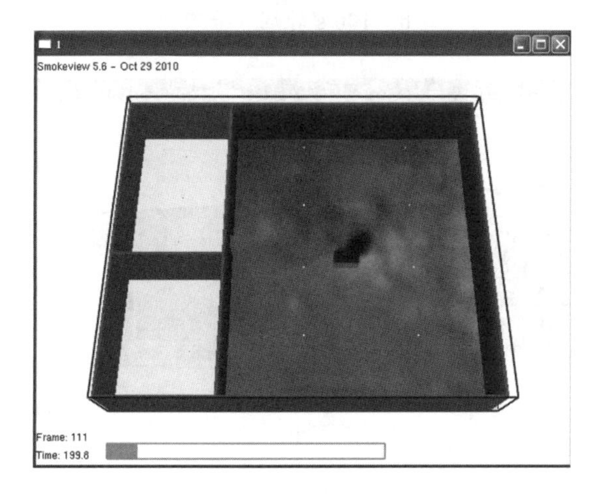

（c）200 s 时烟气分布

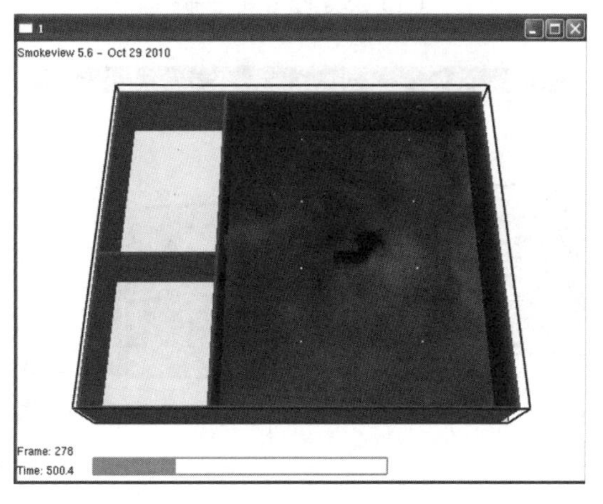

（d）500 s 时烟气分布

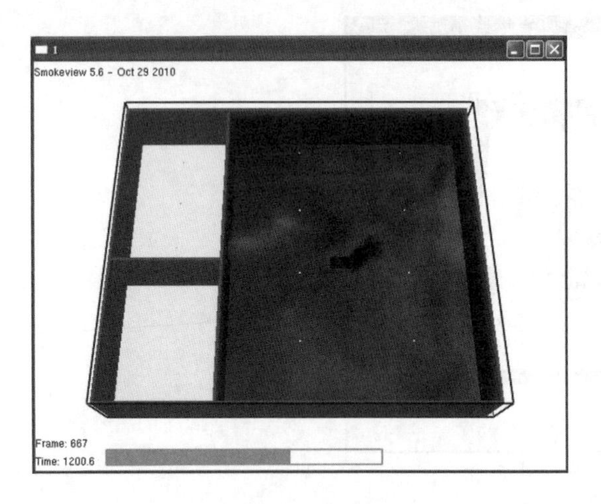

（e）1 200 s 时烟气分布

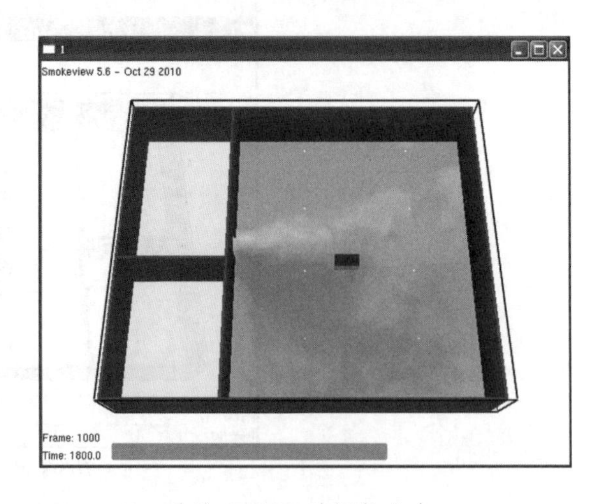

（f）1 800 s 时烟气分布

图 7　模拟烟气分布图

通过温度切片可以看到，上层烟气温度最高为 85 °C，平均温度在 60 °C 左右。如图 8 所示。

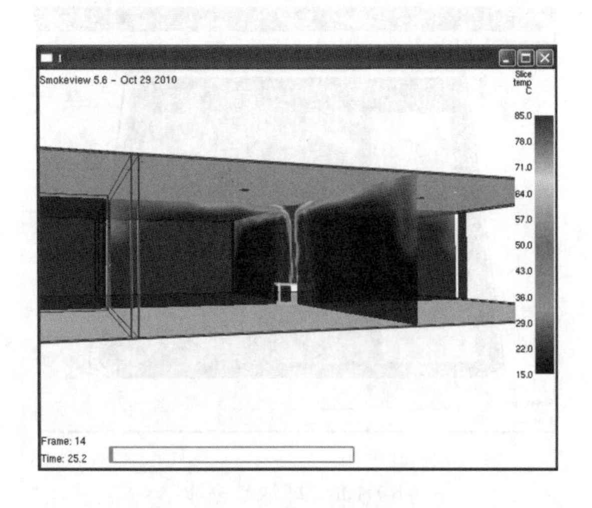

（a）25 s 时烟气分布

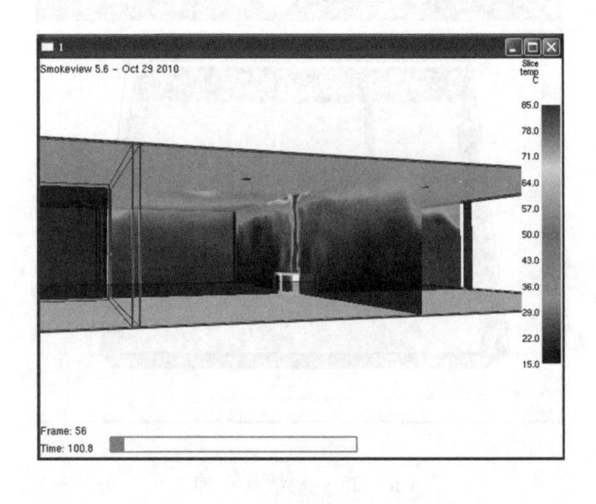

（b）100 s 时烟气分布

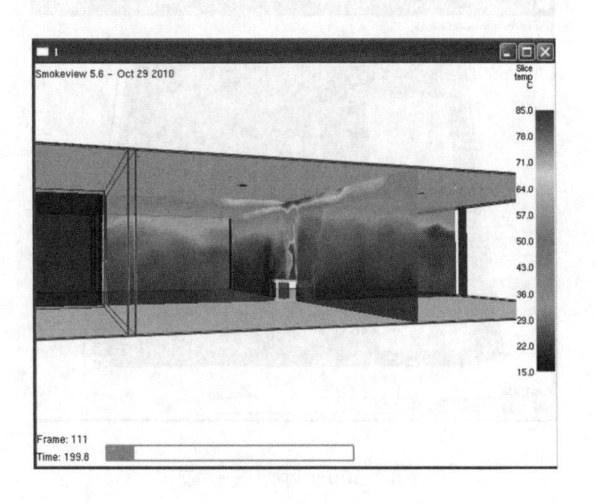

（c）200 s 时烟气分布

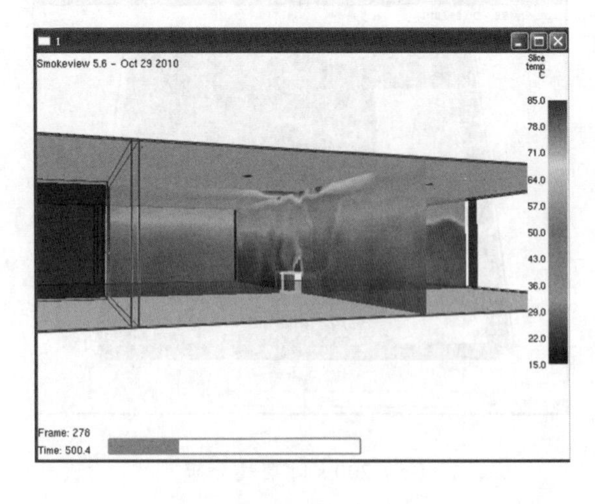

（d）500 s 时烟气分布

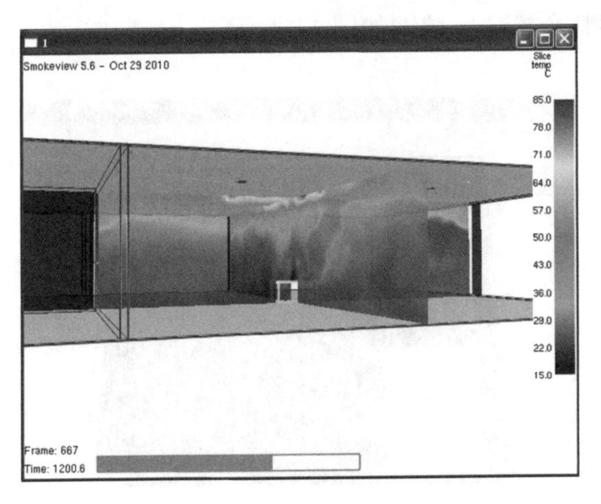

（e）1 200 s 时烟气分布

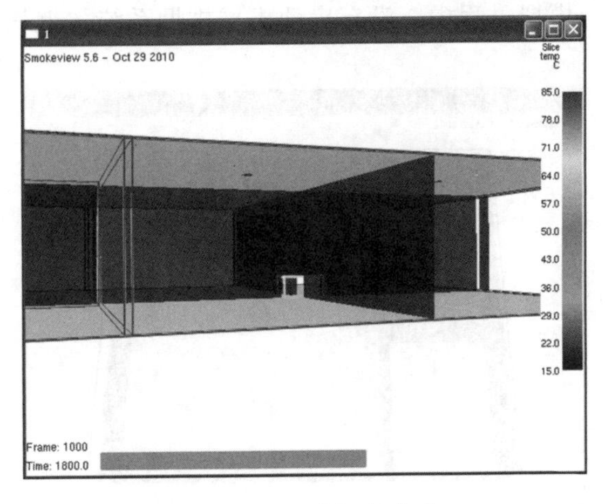

（f）1 800 s 时烟气分布

图 8 模拟烟气温度分布图

4.1.2 火灾场景 2 模拟结果分析

模拟过程中，由于受到水喷淋系统的影响，火源的发展未能达到设计规模，模拟进行到 200 s 左右达到峰值 800 kW，此后火源功率持续衰减，在 1 200 s 左右熄灭。如图 9 所示。

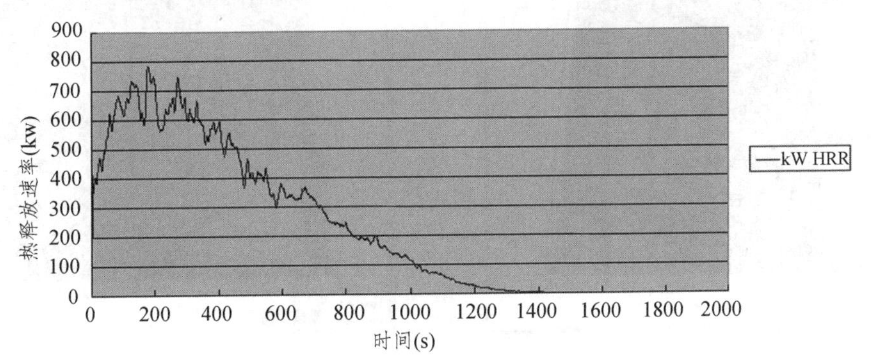

图 9 模拟过程燃烧曲线

当模拟进行到 90 s 时 29 号喷头首先动作，106 s 时 30 号喷头动作。模拟过程中一共动作了 2 只喷头。如图 10 所示。

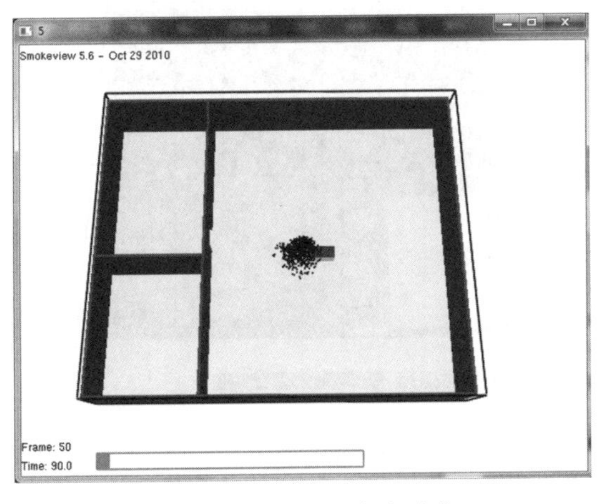

（a）90 s 时 29 号喷头动作

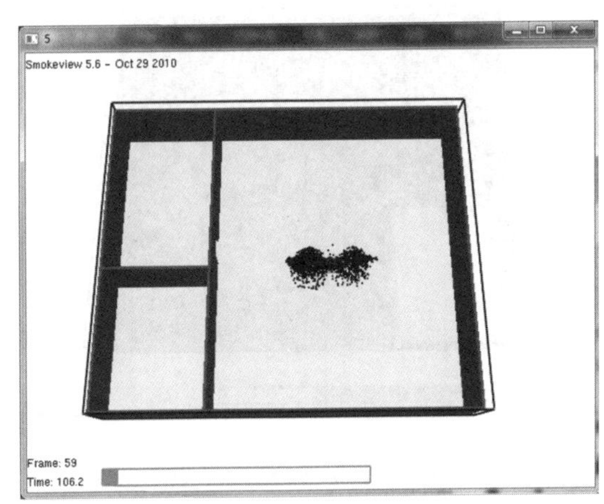

（b）106 s 时 30 号喷头动作

图 10 模拟喷头动作过程图

模拟过程中，没有启动机械排烟系统，烟气充满整个模拟区域。如图 11 所示。

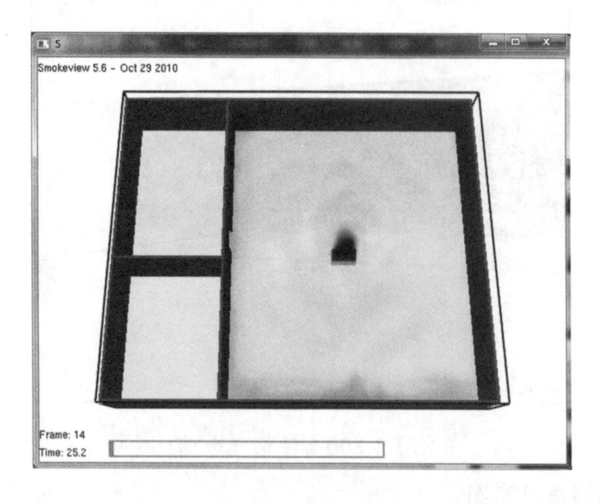

（a）25 s 时烟气分布

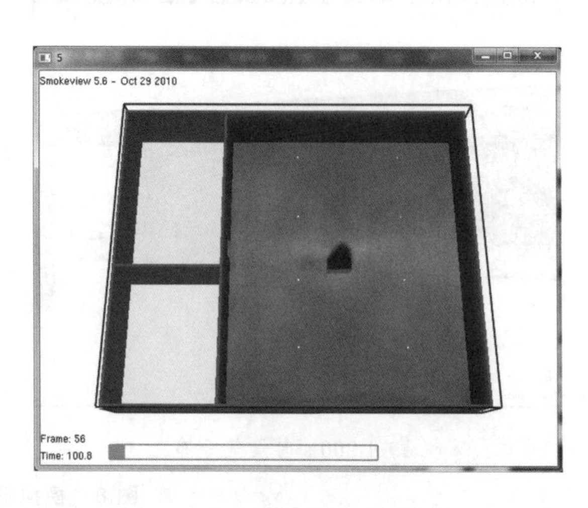

（b）100 s 时烟气分布

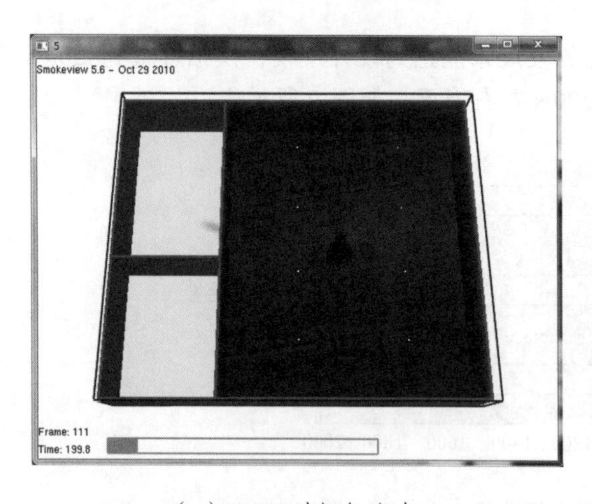

（c）200 s 时烟气分布

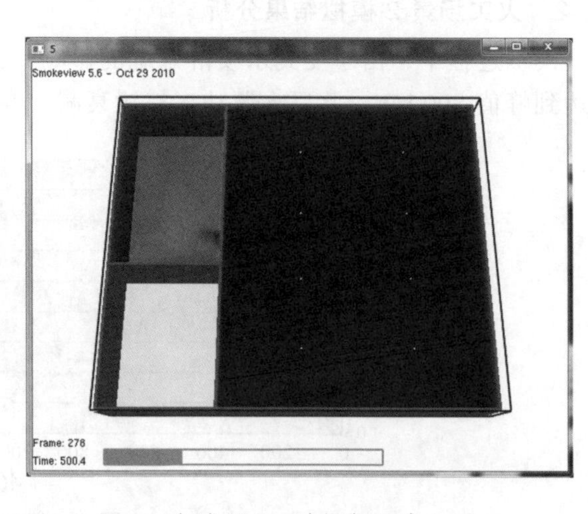

（d）500 s 时烟气分布

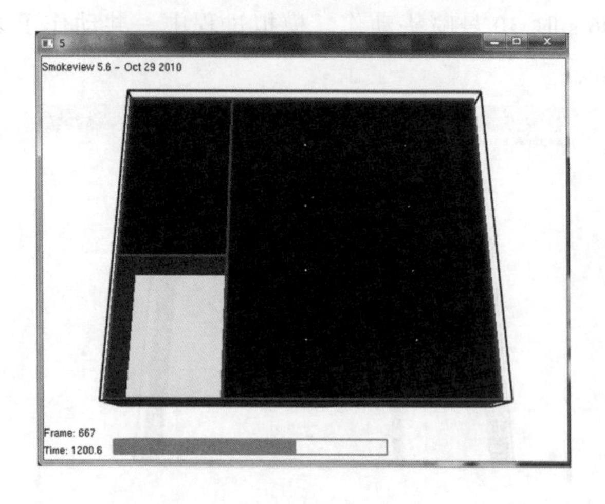

（e）1 200 s 时烟气分布

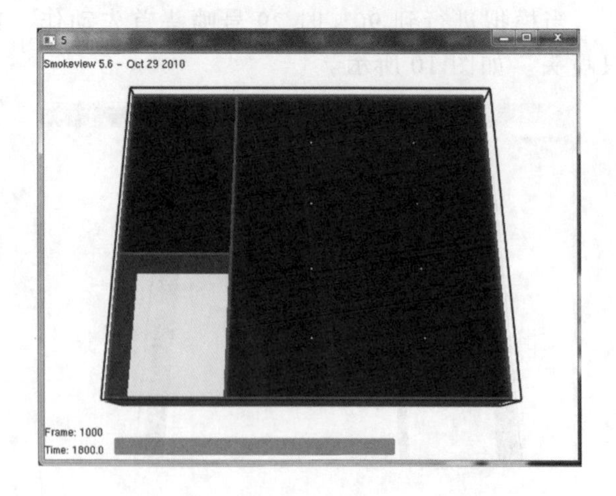

（f）1 800 s 时烟气分布

图 11　模拟烟气分布图

通过温度切片可以看到，上层烟气温度最高为 100 °C，平均温度大概在 60 °C。如图 12 所示。

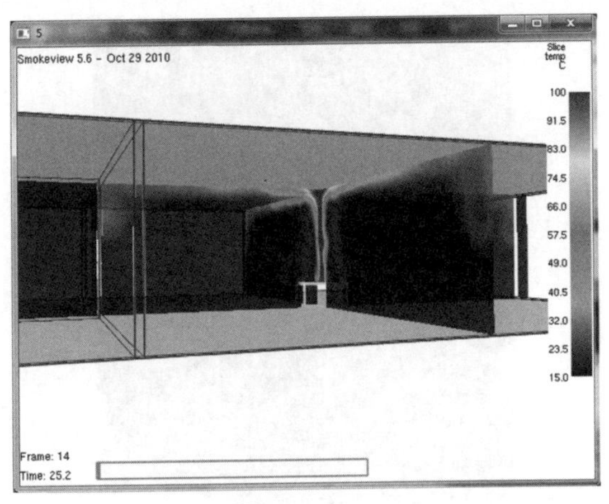

（a）25 s 时烟气分布

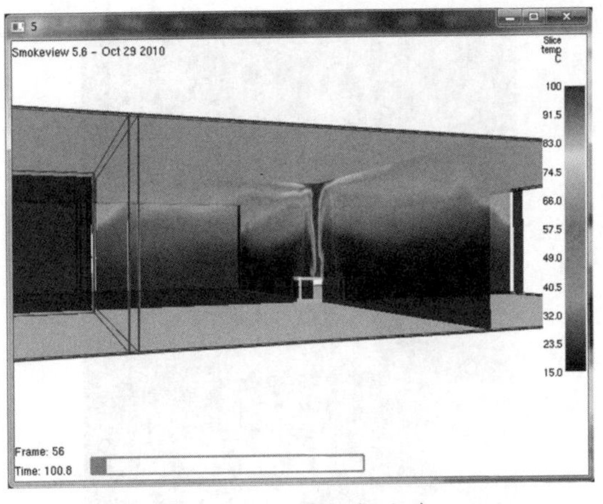

（b）100 s 时烟气分布

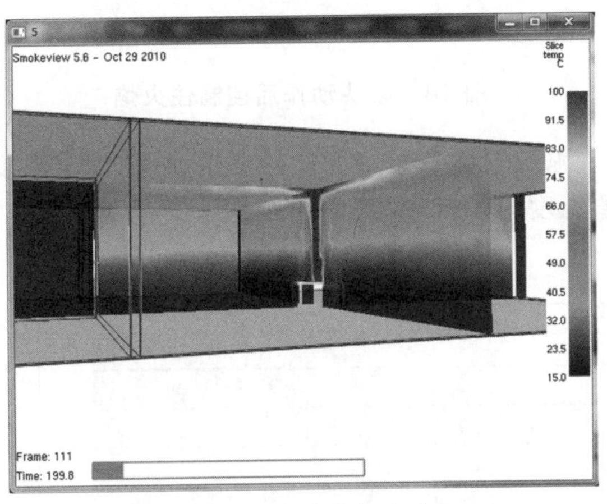

（c）200 s 时烟气分布

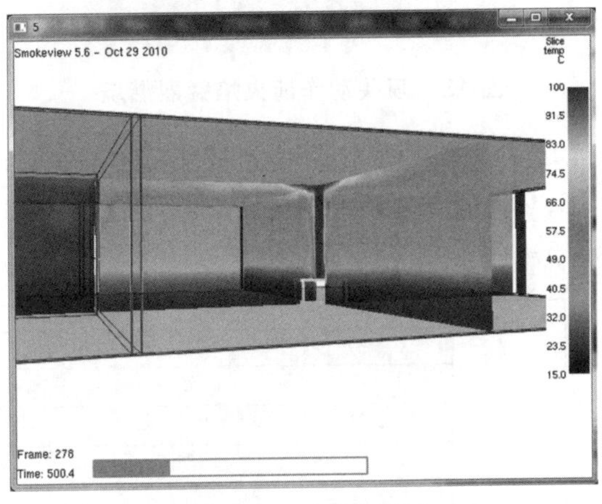

（d）500 s 时烟气分布

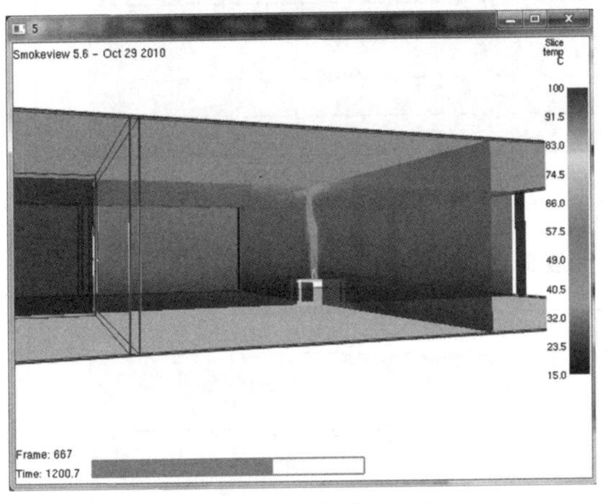

（e）1 200 s 时烟气分布

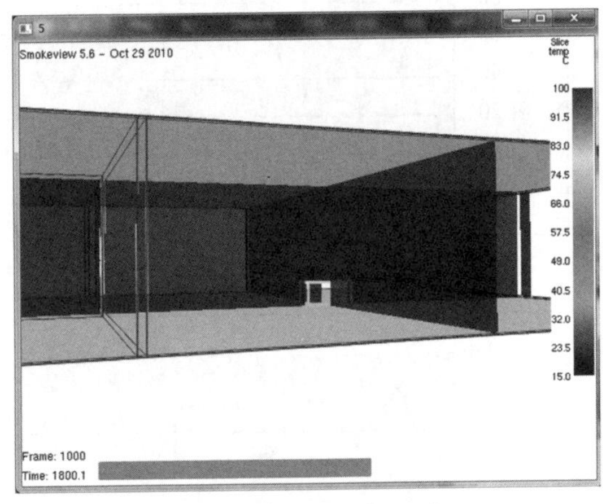

（f）1 800 s 时烟气分布

图 12 模拟烟气温度分布图

4.2 实体火灾试验

4.2.1 火灾场景 1 实验结果及分析

实验进行到 30 s 时 7#感烟探测器报警，33 s 时 5#感烟探测器报警，2 只探测器报警 5 s 后机械排烟风机启动，第一只喷头的动作时间约为 210 s，整个实验过程中一共动作了 4 只喷头，动作 4 只喷头后火被抑制，但未能扑灭。如图 13、14 所示。

图 13　喷头动作前火焰猛烈燃烧

图 14　喷头动作后控制住火焰

4 只热电偶的温度曲线也明显反映了喷头动作后火源的温度变化情况。热电偶 1 的峰值温度为 180 °C,热电偶 2 的峰值温度为 220 °C,热电偶 3 的峰值温度为 160 °C,热电偶 4 的峰值温度为 150 °C。如图 15 ~ 18 所示。

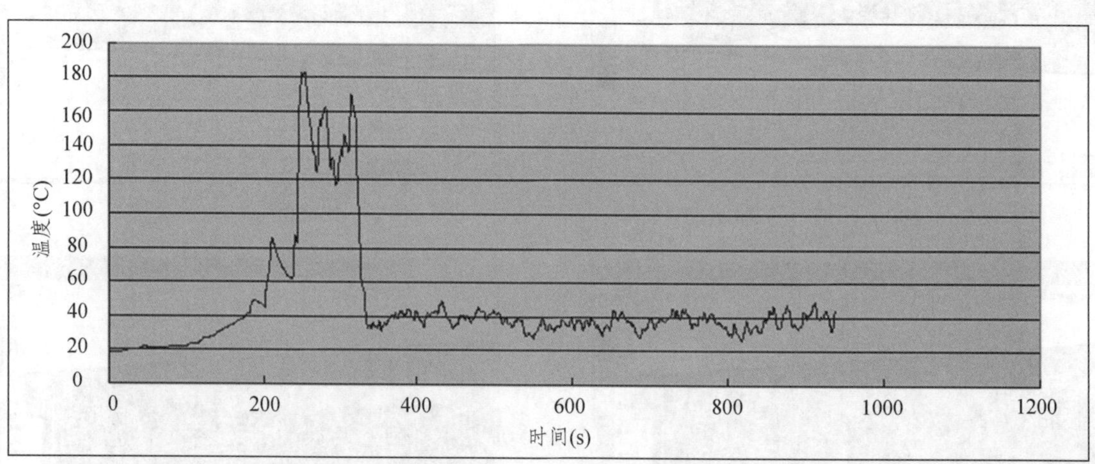

图 15　1#热电偶温度曲线

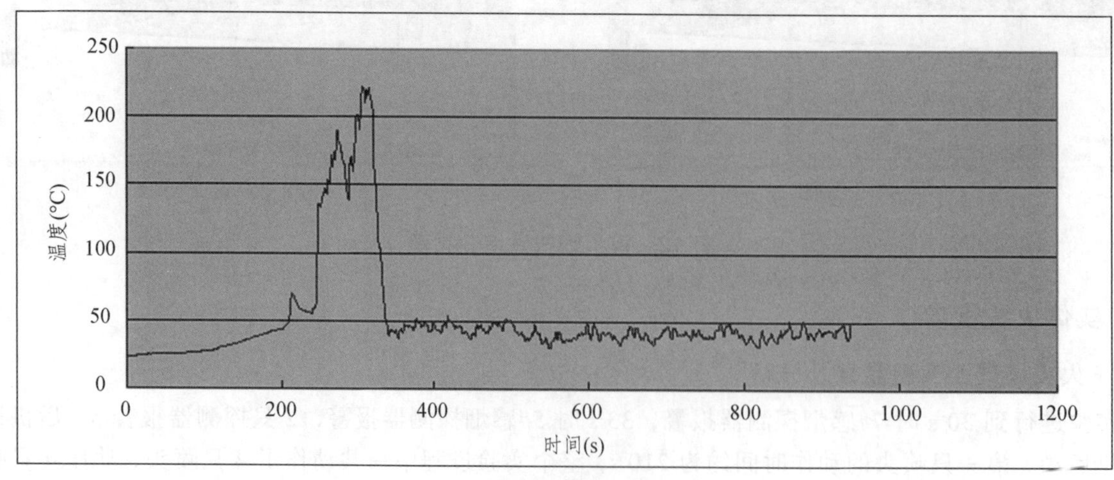

图 16　2#热电偶温度曲线

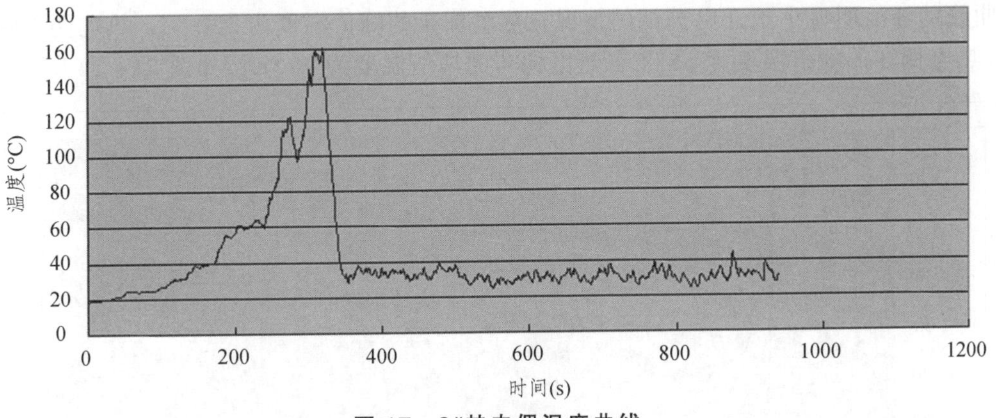

图 17　3#热电偶温度曲线

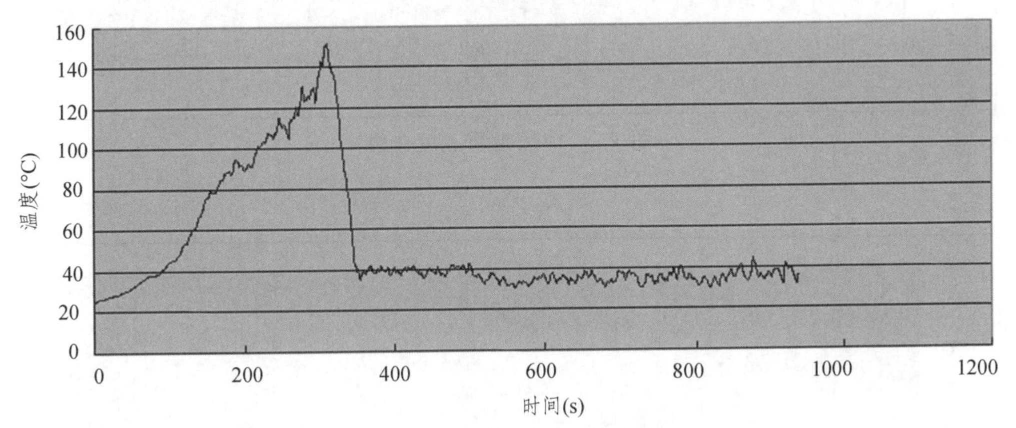

图 18　4#热电偶温度曲线

4.2.2　火灾场景 2 实验结果及分析

实验进行到 30 s 时，感烟探测器报警，第一只喷头的动作时间为 120 s，实验过程中一共动作了 2 只喷头。如图 19、图 20 所示。

图 19　燃烧过程中产生大量浓烟

图 20　喷头动作后控制住火焰

当实验没有启动机械排烟时，喷头动作较快，喷头动作数 2 只，有效控制了火源规模，基本能将火扑灭。

温度曲线的峰值明显小于开启排烟的情况。热电偶 1 的峰值温度为 130 °C，热电偶 2 的峰值温度为 70 °C，热电偶 3 的峰值温度为 55 °C，热电偶 4 的峰值温度为 70 °C。如图 21 ~ 24 所示。

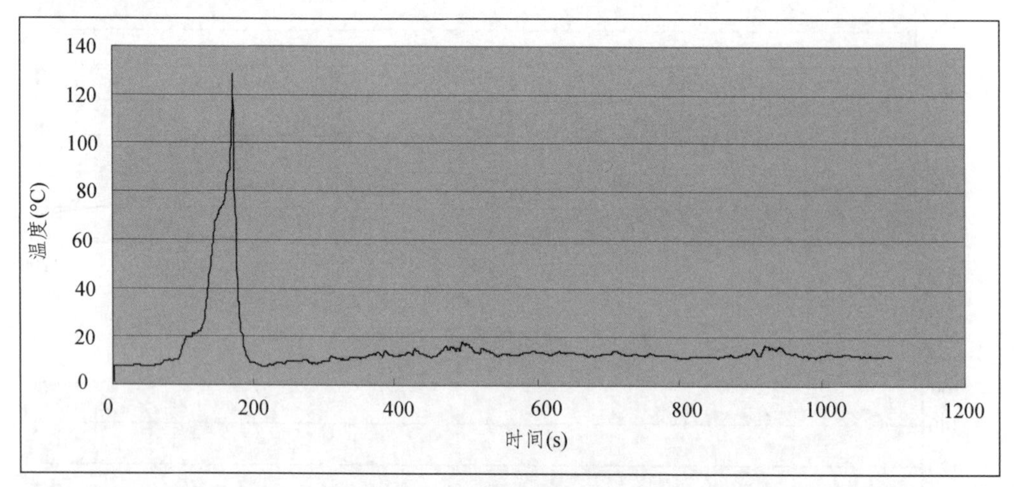

图 21　1#热电偶温度曲线

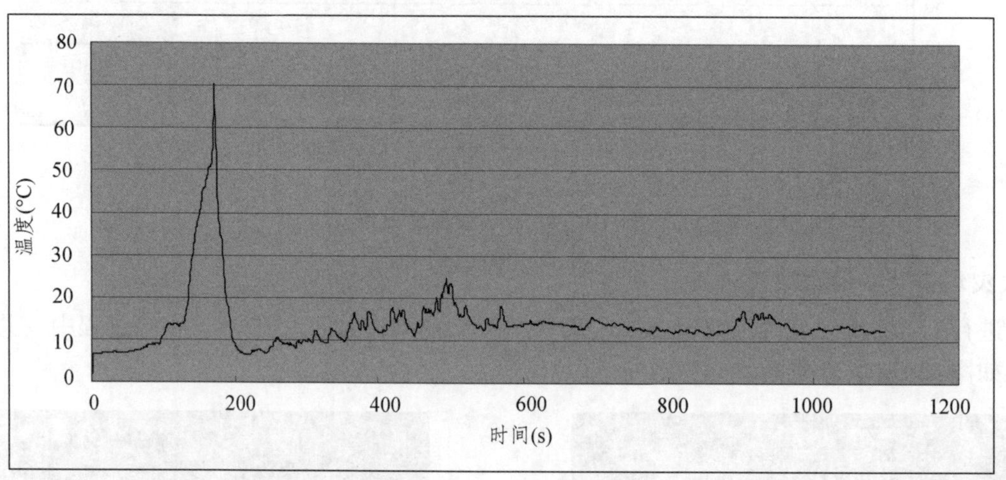

图 22　2#热电偶温度曲线

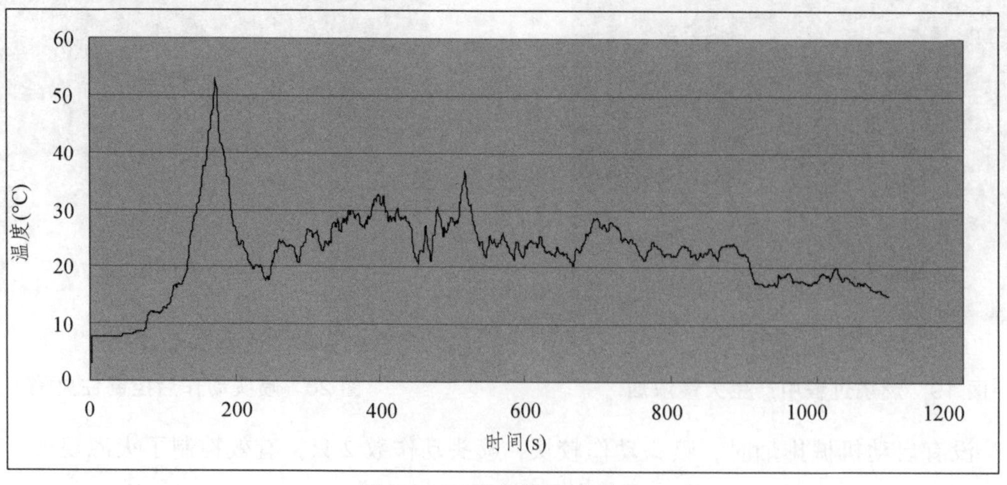

图 23　3#热电偶温度曲线

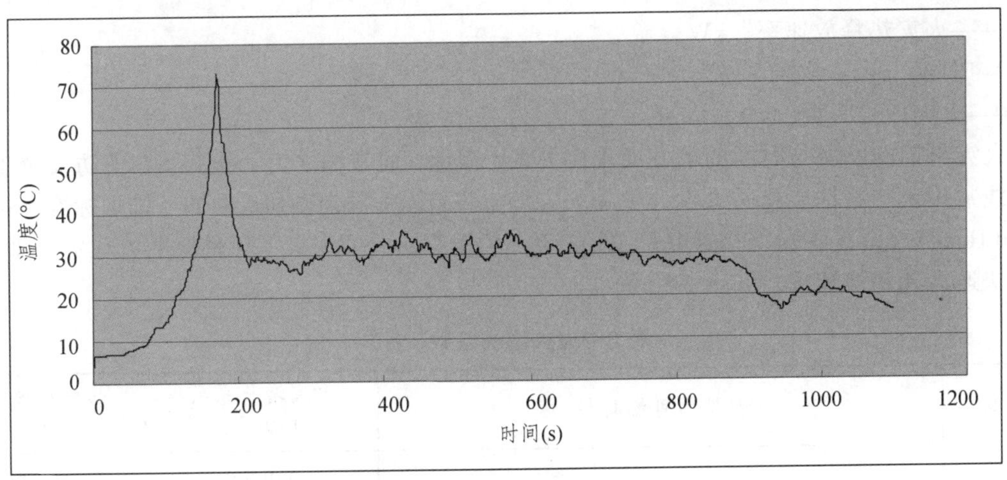

图 24　4#热电偶温度曲线

5　试验总结与计算分析

5.1　试验总结

将计算机模拟实验与实体火灾实验相关结论归类，如表 2 所示。

表 2　实验汇总

场景	项　目	计算机模拟	实体火灾实验
火灾场景 1（排烟）	报警时间（s）	25	30
	排烟机启动时间（s）	35	38
	第一只喷头动作时间（s）	104	210
	动作喷头（个）	7	4
火灾场景 2（不排烟）	报警时间（s）	25	30
	第一只喷头动作时间（s）	90	120
	动作喷头/个	2	2

由表 2 总结如下：

（1）对于报警时间及排烟机启动时间，计算机模拟实验与实体火灾实验无论是火灾场景 1 还是火灾场景 2，其吻合度较高，基本一致。

（2）对于第一只喷头动作时间，火灾场景 1 计算机模拟实验与实体火灾实验相差较大（106 s），火灾场景 2 相差不大（30 s）。

（3）对于动作喷头数，火灾场景 2 相同，都为 2 只。火灾场景 1 相差较大，一个为 7 只，一个为 4 只；计算机模拟火灾场景 1 与火灾场景 2 动作喷头数差距 3.5 倍，实体火灾实验喷头数差距 2 倍。

5.2　计算分析

火灾发展一般会经历早期生长、完全燃烧、后期衰减三个阶段，NFPA 指出早期火灾生长按 t^2 规律进行，如公式（1）所示。

$$Q_f = \alpha t^2 \tag{1}$$

式中　Q_f——火灾热释放速率，kW；

t——时间，s；

α——火灾增长系数，kW/s^2。

由于火灾早期的发展与时间的平方成正比关系，因此，通常称之为 t^2 火灾。在消防安全工程学中，这一条曲线常用于一些性能化防火设计中的火灾场景设计。美国消防协会标准《排烟标准（Standard of Smoke and Heat Venting）》（NFPA204M，2002年）中根据α的值定义了4种标准 t^2 火灾，即慢速火、中等火、快速火和超快速火，如表3所示。

表3　火灾增长系数（α）

火灾类别	典型的可燃材料	火灾增长系数（kW/s^2）	热释放速度达到1 000 kW的时间
慢速火	—	0.002 9	600
中速火	棉质/聚酯垫子	0.012	300
快速火	装满的邮件袋、木制货架托盘、泡沫塑料	0.044	150
超快速火	池火、快速燃烧的装饰家具、轻质窗帘	0.187	75

当实体火灾实验时，火灾场景1与火灾场景2第一只喷头动作时间分别为120 s与210 s，根据公式（1），以中速火为例，分别计算出场景1与场景2喷头动作火灾热释放速率。

场景1：$Q_{f1} = 0.012 \times 120^2 = 173$（kW）

场景2：$Q_{f2} = 0.012 \times 210^2 = 529$（kW）

火灾热释放速率差距3倍以上，需要说明的是，实体火灾时火源为木垛，即火灾不会蔓延，考虑实际火灾情况下火的蔓延，动作的喷头数量可能会更多。

6　结论与建议

本文根据计算机模拟实验及实体火灾实验，分析计算及验证了排烟对快速响应喷淋系统动作的影响。在火灾场景设置完全一致的情况下，无论是计算机分析计算或实体火灾验证，在发生火灾得到报警信号启动机械排烟系统后，喷淋的动作时间都大大推迟，导致火源功率大幅度增大，动作喷头数亦成倍增加。

在实际应用中，建议考虑当联动控制时控制排烟风机的开启时间，从而减少对喷头的影响；或者对设置快速响应喷淋系统的场所增大其作用面积，以增加喷淋系统可靠性。

参考文献

[1] GB 50084. 自动喷水灭火系统设计规范[S]. 北京：中国计划出版社，2005.

[2] GB 50116. 火灾自动报警系统设计规范[S]. 北京：中国计划出版社，2014.

[3] GB 50016. 建筑设计防火规范[S]. 北京：中国计划出版社，2014.

高层建筑自动消防设施应用与综合管理效能浅析

张小帅
（海南省海口市消防支队）

【摘 要】 本文参照高层建筑火灾防控当中的高层建筑需充分发挥高层建筑固定消防设施原则，对自动消防设施在高层建筑中的应用和管理进行研究和探讨。结合实际发生的高层建筑火灾特点，在高层建筑自动消防设施的实际效能问题及高层建筑消防安全监管、管理等方面进行分析，为强化高层建筑火灾防控自救能力和高层建筑消防安全管控能力提供理论及现实依据。
【关键词】 高层建筑；自动消防设施应用及管理现状；对策研究

随着社会经济的快速发展，城市化建设不断深入，城市建筑逐步向高层发展，高层建筑呈现数量存量大、高度体积日益增大、功能多样复杂、建筑群落密集化等发展趋势。伴随着高层建筑综合化、异形化、集成化和智能化的发展，火灾安全风险也在随之增加。在高层建筑当中，自动消防系统得到了广泛的应用，也发挥了应有的作用。目前，我国自动消防设施发展并不平衡，运行状况也不乐观。同样，我市高层建筑的消防安全形势也日益严峻，特别是高层建筑管理单位的管理水平相对滞后、居民消防安全意识相对薄弱等问题也日益凸显。

1 高层建筑火灾成因分析

1.1 设计不足，缺乏维护

早期高层建筑物的设计大部分只考虑其使用功能，鲜有考虑防火问题，例如：没按国家消防规范要求设计防火分区、自动消防系统、疏散通道等；或即使设计但不到位，各管道竖井在连接或穿过各楼层、地面、墙壁时的封堵措施、技术保障不到位，导致“阻燃”结构不阻燃。部分高层建筑因产品缺陷、劣质施工或得不到正常的维修保养，而导致高层建筑设有的自动喷水灭火系统、火灾自动报警系统、机械防烟系统及自动气体灭火系统等大规模瘫痪，在发生火灾后不能发挥其应有的作用，因此，埋下严重的先天性火灾隐患。

1.2 意识淡薄，管理滞后

因高层建筑内入驻单位性质不同，且对外接触频繁，出入人员复杂，有些人员不一定能遵守大楼的管理规定，如在禁烟区吸烟、未经人同意擅自触动电器开关或闯入机房重地、有意或无意地把易燃易爆物品带入大楼等，给高层建筑留下众多的火灾隐患。高层建筑在二次装修过程中电气安装不符合用电规范或将电气线路敷设在可燃材料上；电焊、气焊等切割作业违章操作，不履行动火审批手续或者是进行无防火措施的直接作业，也增加了火灾发生的几率。

1.3 不堪负荷，隐患不断

在高层建筑中，大量增设了各种电气设备和先进的办公设备，伴随电气设备而来的是配电线路的增多、用电负荷的增加，而用电负荷的增加是以电流的加大为前提的，若过载运行，久而久之，易使线路由于短路接触电阻过大等原因，产生电火花、电弧或引起电线、电缆过热，造成起火，或因绝缘层老化碰线而燃烧，火烟便会迅速随着导线扩散蔓延，再加上造成火灾易燃可燃的材料多，火灾荷载大。

2 消防产品与消防施工问题

资本逐利的本质决定了开发商追求的是利润最大化与投入最小化。在当前乃至今后一段时期内，开发商对消防设施投入的被动接受性心理仍将占据主导位置。因此，导致消防产品鱼目混珠、施工单位恶性竞争等现象仍十分突出，一些高层建筑也因此埋下严重的先天性火灾隐患。由于产品缺陷、劣质施工或得不到正常的维修保养，而导致高层建筑设有的自动喷水灭火系统、火灾自动报警系统、机械防烟系统及自动气体灭火系统等大规模瘫痪，在发生火灾后不能发挥其应有的作用。造成的后果又该由谁埋单？若所需费用全部由物业承担，必然使物业公司费用收支失衡；若所需费用由用户分摊，则会激起群愤；若视而不见则责任重大，一旦失火又是谁之过？即使不发生火灾，问题的存在将使相关职能部门的监管压力与日俱增。

3 自动消防设施应用的现状

3.1 自动消防设施的基本情况

高层建筑内的自动消防设施是指含有下列部分或全部的消防工程：火灾自动报警系统、自动喷水灭火系统、气体灭火系统、防火卷帘系统、防排烟系统等。与自动消防设施配套联动的系统还有火灾事故广播、消防电梯、消火栓、备用发电机、消防通信等系统。

3.2 自动消防设施存在的主要问题

（1）部分高层建筑工程的分项工程自动消防设施未施工完毕就投入使用，致使自动消防系统未完工，自动消防设施始终处于瘫痪状态。同时建设单位急于投入使用，自动消防设施尚未进行检测，系统是否存在问题，运行是否稳定可靠，消防部门、建设单位、业主单位不能准确掌握，潜在的火灾隐患便由此产生。

（2）未按照原设计施工或擅自降低施工标准导致施工质量不高，选用产品与设计不符，造成系统配套设备运行质量低下，故障率高，维护管理困难，二次装修施工人员技术力量参差不齐，随意变动主机逻辑关系，或者擅自更改原土建消防设施配置方式，造成系统编程混乱，甚至主机瘫痪。

（3）多种原因导致高层建筑工程自动消防系统设计存在漏洞。有的设计有缺陷，导致系统逻辑关系错误；有的设计不符合环境条件要求，导致工程一交工就存在问题。

（4）业主单位未能按期及时维护自动消防设施，一旦出现问题，便擅自关闭、停用自动消防系统，业主单位管理人员不懂自动消防工程，消防系统运行状态正常与否不清楚，出现故障的原因也不清楚，不能及时解决问题，导致自动消防系统“带病”运行。

4 存在问题的原因

（1）改革开放初期，大型建筑、高层建筑大量涌现，自动消防设施刚刚应用，全社会对自动消防设施认识不足，重视程度不够。一些工程，特别是一些“形象工程”，消防投资被大量削减，导致部分工程未安装自动消防设施或虽安装但不完整。

（2）由于自动消防工程技术未被人们认识或认识不足，自动消防设施未能与建筑工程同步建设，致使当建筑工程竣工时，自动消防系统未施工完成或未得以及时检测，建筑工程未经验收擅自投入使用，导致自动消防系统遗留问题得不到及时解决，带故障运行或处于瘫痪状态。

（3）随着社会的进步，新技术、新产品的不断出现，一些消防技术规范的更新，各类消防专业队伍素质没有跟上时代的发展，使一些“不违法”的落后产品被大量使用到自动消防系统中，导致系统联动功能不完整，运行不稳定，经常处于故障状态，设备、产品得不到及时更换、维修，自动消防系统“带病”运行。

（4）部分单位经济不景气，经营尚难维持，自动消防设施中出现的问题也不能及时解决，致使问题越积越多，积重难返。

（5）部分自动消防系统设计、施工单位人员素质低下，对消防技术规范及消防产品知之甚少或不求甚解，导致在设计和施工中埋下隐患。

（6）个别部门监督不到位，执法力度不够，致使自动消防系统在运行中存在的问题不能及时从根本上解决，导致工程一而再、再而三地出现问题。

5 解决问题的对策研究

（1）积极开展社会化消防监督管理。自动消防系统工程的设计、施工、监理、检测等单位是国家消防技术规范标准的贯彻执行者，其素质的高低决定着自动消防系统工程质量的高低，因此，加强对他们的管理和培训，也就抓住了工程的质量。设计师的责任心与设计水平的好坏直接决定商住楼消防设计的质量。要真正提高建筑的消防安全性能，首先在立法上，就必须明文规定设计师与设计院法人组织的法律责任与义务，以此促进设计院的自审工作，建立设计终身负责制。在资质准入门槛上，要增加建筑工程消防设计、施工资质证书的等级管理要求，提高消防专业技术人员的业务承接准入门槛，从而提高设计、施工的质量。通过资质定级的单位要严格按资质等级要求进入建筑市场，不得越级，不得借证，更不允许无证单位进入市场。

（2）加强宣传力度，提高人员消防安全意识，杜绝“习惯性”违法行为。公安消防部门要积极同公安、教育、建设、房产、城管、广电等部门，结合正在开展的消防安全“四个能力”建设，充分运用各种宣传媒介和手段，广泛深入地宣传消防法律法规，在社会普及防火、灭火和自救逃生知识。特别是要在高层建筑内设立 LED 显示屏、宣传展板等，让群众在不经意间，时时看到警示图片与视频。内容上要重点突出如何报火警、初起火灾的扑救、消防设施的使用、人员疏散逃生以及常见的“习惯性”违法行为等基本常识。通过宣传，提高人员的消防安全意识，增强火灾防控能力，有效预防和遏制群死群伤恶性火灾事故。

（3）广泛开展消防法律、法规、专业知识培训。对各单位法人、主管消防领导、保卫干部以及自动消防系统专业设计、施工、监理、检测、维修操作人员，分类、分步、定期组织培训，切实通过培训使其从宏观到微观，从表面到深层全面掌握，从而达到提高认识、解决问题的目的。

（4）严格物业消防管理。高层建筑物业管理单位在高层建筑防火工作中起到关键作用，应对高层建筑消防工作负总责。物业管理单位首先应当与各经营、业主单位签订消防安全协议，落实消防安全责任制，确定消防安全责任人，并制定消防安全制度和保障消防安全的操作规程，建立健全各项消防业务档案，制定灭火和应急疏散方案，定期组织消防演练；其次是要组织对建筑内灭火器材和消防安全标志等消防设施的完好有效性进行检查，确保疏散通道、安全出口保持畅通，制止违反消防安全规定的行为，及时消除火灾隐患；再次是要建立高层建筑的消防设施及器材的管理、维护资金保障制度，在管理费用中落实消防经费。各业主单位和广大居民则要充分认识到加强建筑消防安全管理的重要性和必要性，要成立业主委员会在物业管理单位的领导下开展消防安全工作，积极配合物业管理单位定期对建筑消防安全进行检查，自觉主动地做好建筑消防设施的维护保养工作，把建筑消防设施由物业管理单位管理维护上升为各业主的自觉检查维护，形成群防群治、共同管理的良好局面。

（5）严格执法，不断促进自动消防设施工程质量的提高。自动消防系统是建筑安全工程中的重要内容，是建筑消防安全系统中的核心。消防法律、法规、标准能否在建筑工程建设中得以贯彻实施，公安消防监督机构的工作是根本保障。因此，在日常消防监督工作中消防监督机构要注意做好如下两方面工作。

① 严格审核，严格验收。通过项审核和技术复核，加强审核质量，确保工程设计阶段不留隐患，不留漏洞。同时鼓励和提倡消防专业队伍积极采用先进技术、先进设备，选优创新。消防监督机构要对交验的自动消防系统进行软、硬件验收，即对消防工程设备、系统和管理制度、组织机构、人员配备等情况进行综合验收。对验收合格者要责令其签订系统的维修保养合同，制定相应的措施，确保当系统中出现问题时能够及时解决、维修和保养，专兼职维修、保养、操作人员应保证其岗位稳定。日常监督要执法严肃，严禁以罚代管，确保自动消防系统得以定期检测，对上岗人员要求定期培训，持证上岗。

② 严格管理，监督始终。把自动消防系统纳入工程监理之中，规范管理、严格管理，这是提高自动消防系统施工质量的必然趋势，也是经过实践证明行之有效的办法。监理公司无论在人员配备、时间安排，还是在实施过程上；无论在工程设计、施工、消防产品的选用上，还是在工程验收移交上，都能全方位、全天候做到随时检查、随时记录，并备有完整的档案，这些都比目前的公安消防监督机构在工作方式上有绝对的优势。公安消防监督机构要积极提倡、广泛开展自动消防系统工程监理制，加强对监理公司的消防工程专业知识培训，严格监督工程监理质量和工程施工质量。

随着城市人口的不断增长和城市现代化建设的需要，高层建筑已成为社会发展的必然趋势。与此同时，防火安全的任务也将越来越繁重，笔者认为，我们不仅要在设计源头上消除“先天性”火险隐患，而且要跟上科技发展的脚步，将新技术、新科学不断合理运用到高层火险隐患的预防及扑救工作中，遏制和杜绝群死群伤等重特大恶性火灾事故的发生，不让血的悲剧一次次重演。

D类超细干粉灭火剂的表面改性技术研究

朱 剑[1] 潘仁明[2] 屈文良[1]
（1. 公安部四川消防研究所；2. 江苏省南京市南京理工大学）

【摘 要】 以超细化的D类干粉灭火剂为研究对象进行表面改性技术研究。通过测试吸湿率、斥水性、松密度、流动性及抗结块性等理化性能，得到了较为合适的表面改性工艺。制得的超细干粉灭火剂的性能指标为：吸湿率为2.328%，斥水性合格，松密度为0.538 g/cm^3，流动性为0.319，抗结块性为针穿透干粉，到达烧杯底部，远远大于16 mm。

【关键词】 D类超细干粉灭火剂；氯化钠；表面改性

1 引 言

目前用于金属火灾扑救的灭火剂主要为D类干粉灭火剂。氯化钠干粉灭火剂是一种灭火效能高、对环境无污染的D类火灾灭火剂，它在大多场所具有良好的扑救效果[1]。但因干粉灭火剂颗粒较大，施放后易于沉降，不易与金属类粉尘充分混合，从而影响了其抑爆功能的发挥。为此，若将D类干粉灭火剂超细化，改善其颗粒弥散性，这将有利于提高其灭火抑爆效能，拓展其应用范围[2]。但是超细化的D类粉体，易于吸潮和团聚，影响其贮存稳定性、分散性和流动性，使其施放效果变差，灭火效能降低[3]。鉴于此，本文就D类超细干粉灭火剂的抗潮和防团聚技术进行研究，得到了较优的表面改性工艺。

2 实 验

2.1 实验原料及设备

氯化钠（质量含量85%，平均粒径10.22 μm），云母、活性白土、疏水白炭黑，均为工业级。SHR高速加热式混合机。

2.2 主要性能指标

（1）吸湿率。采用GA 578—2005中6.3的方法进行测试；

（2）斥水性。采用GA 979—2012中6.5的方法进行测试；

（3）松密度。采用GA 979—2012中6.2的方法进行测试；

（4）抗结块性。采用GA 979—2012中6.4的方法进行测试；

（5）流动性。按照《金属粉末-振实密度的测定》（GB 5162—85）进行测试。

3 结果与讨论

3.1 硅油的影响

干粉灭火剂制备中常用的硅油有甲基硅油、甲基含氢硅油、甲氧基硅油等。其中甲基硅油的线性聚硅氧烷分子间作用力较慢，反应需要的温度较高，水解交联反应慢，硅油固化需要较长的时间，因此对固化条件要求较高。本实验选择高沸硅油和甲基含氢硅油作为改性剂，通过测试改性后产品的吸湿率、斥水性和抗结块性来评价表面改性效果，结果见表1。

表1 不同类型硅油对表面改性效果的影响

硅 油	吸湿率（%）	斥水性（1 h）	抗结块性（mm）
高沸硅油（5%）	4.530	合格	49.96
甲基含氢硅油（5%）	3.214	合格	穿透干粉，到达烧杯底部

由表1可以看出，经两种硅油表面改性后，所研制的干粉灭火剂斥水性均合格，说明两种硅油均能在干粉表面形成一层致密的包覆膜。其中，甲基含氢硅油中的活性氢由于对反应温度要求较低，在较温和的条件下就能发生交联聚合，且甲基含氢硅油改性的超细干粉的吸湿率相对较小，且抗结块性较好，因此甲基含氢硅油处理效果较好。

3.2 温度的影响

一般情况下，硅油聚合成膜温度在 60～90 °C，本实验选取不同的改性温度，对改性后产品的理化性能进行测试，实验结果见表2和图1。

表2 聚合温度对表面改性效果的影响

温度（°C）	60	70	80	90
斥水性（1 h）	合格	合格	合格	合格
抗结块性（mm）	44.80	穿透干粉，到达烧杯底部	穿透干粉，到达烧杯底部	穿透干粉，到达烧杯底部

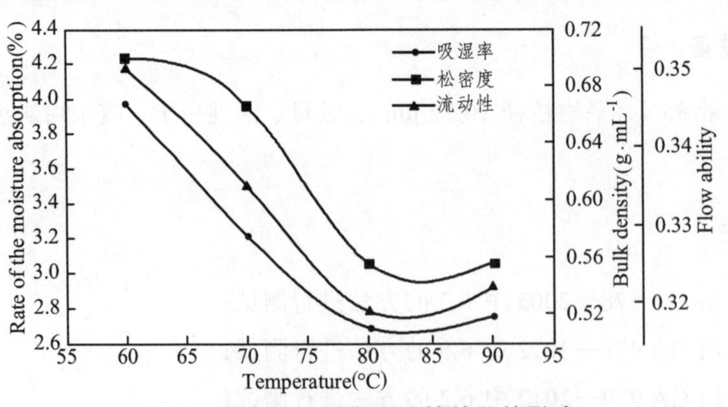

图1 聚合温度对表面改性效果的影响

由表2可以看出，当温度大于 70 °C 时，均具有较好的斥水性和抗结块性能。由上图1可以看出，随着温度的升高，吸湿率、松密度、流动性均先降低后升高，当温度到达 80 °C～85 °C 时，干粉灭火剂的吸湿性、松密度以及表征流动性指标的参数值均相对较低。其中流动性指标参数值越低，干粉灭火剂的流动性能越好。此外，随着温度的升高既容易损坏设备，又加大了能耗。综合产品性能及能耗损失，当改性温度为 80～85 °C 时为相对较优温度。

3.3 硅油用量的影响

选择不同用量的硅油改性，研究硅油的用量对改性效果的影响，结果如表 3 和图 2。

表 3 硅油用量对表面改性效果的影响

硅油用量（%）	1.0	2.0	3.0	4.0	5.0	6.0	7.0
斥水性（1 h）	合格	合格	合格	合格	合格	合格	合格
抗结块性（mm）	45.51	穿透干粉，到达烧杯底部	穿透干粉，到达烧杯底部	穿透干粉，到达烧杯底部	穿透干粉，到达烧杯底部	穿透干粉，到达烧杯底部	穿透干粉，到达烧杯底部

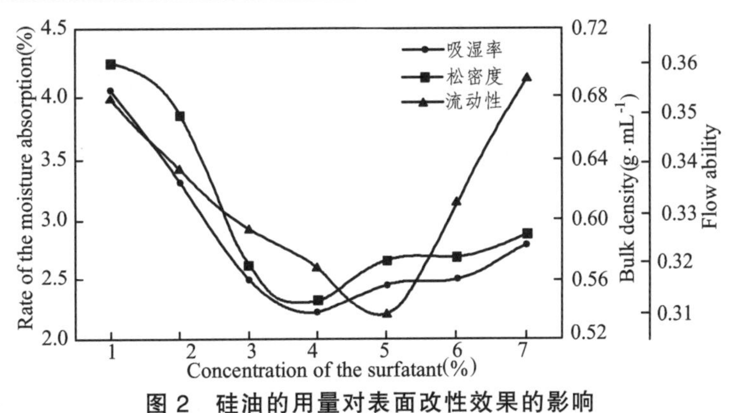

图 2 硅油的用量对表面改性效果的影响

由表 3 可以看出，当硅油用量大于 2%时，干粉灭火剂的斥水性及抗结块性能均相对较优。由图 2 可以看出，随着硅油用量的增加，干粉灭火剂的吸湿率、松密度、流动性均先降低后升高。当硅油用量在 4.0%时，干粉的吸湿性和松密度最好。当硅油用量在 5%时，表征干粉灭火剂流动性指标的参数值最低，说明此时干粉灭火剂的流动性最好。综合考虑干粉灭火剂的改性效果和制造成本，本文选择硅油用量在 4%时为较优添加量。

4 结 论

（1）采用硅化法对 D 类超细干粉灭火剂进行表面改性，通过改变改性工艺条件，制备了相应的超细干粉灭火剂。通过对理化性能的比较和分析，得到较优的改性工艺：改性剂为甲基含氢硅油，改性剂用量为 4%，改性温度 80 °C 左右。

（2）对优化条件下制得的 D 类超细干粉灭火剂进行系统性能测试，结果比对 GA 979—2012 的规定技术要求，该 D 类超细干粉灭火剂性能全部达标。

参考文献

[1] ZALOSH R. Metal hydride fires and fire suppression agents[J]. Journal of Loss Prevention in the Process Industries, 2008, 21（2）: 214-221.

[2] YIN Zhiping, PAN Renming, CAO Liying. Extinguishing ability of superfine ammonia phosphate extinguishing agent in class B fire[J]. Journal of Safety and Environment, 2007, 7（4）: 125-128.

[3] WU Yilun. The general principle of dry powder fire extinguishing agent[J]. Fire Technique and Products Information, 2000, 02: 19-25.

自动喷水灭火系统网栅配管与树状配管之比较

王玉宏[1] 叶 沁[2]

（1. 江苏省苏州工业园区盛泰消防安全科技有限公司；2. 江苏省苏州市公安消防局）

【摘 要】 本文介绍了自动喷水灭火系统的管网供水方式，将目前通用的树状供水和网状供水的水力计算的方式进行比较，为更加经济的网状供水方式提供设计方法和水力计算依据，为消防设计提供技术说明，为后期消防施工、调试、测试应用等提供技术和方法，也为规范制修订提供依据。

【关键词】自动喷水灭火系统；供水；水力计算；树状管网

自动喷水灭火系统，一方面因其系统简单、灭火效率高、使用价廉的水作为灭火剂、能应付多种情况的火灾、安全可靠、投资成本低，安装自动喷水灭火系统的场所可以放宽其他建筑装修材料上的要求，亦可降低保险费用，是消防灭火设备中极为普遍的设备。另一方面，我国经济发展迅速，各地城市大楼矗立竞相争高，但是消防灭火救援的云梯车救灾高度却有其限制，所以高层建筑物主要依赖建筑物内部自身的灭火设备来自救,而大楼内部自身的灭火设备就以自动喷水灭火系统最为经济有效。

自动喷水灭火系统管道之设计，常用的有两种方法，管径规格法（pipe schedules）及水力计算法（hydraulically designed system）。采用管径规格法设计时，管径依管表选定，管表中表列出管径可安装喷淋头的个数，按表设计。水力计算法管径之选定则以压损为计算基准，设计出足以供应之最小设计水压或水量，并合理均匀分布在防护空间内。但 2010 年最新 NFPA 14 Standard for the Installation of Standpipe and Hose Systems 已取消使用管径规格法计算方式，而采用水力计算法设计，在国内依据《自动喷水灭火系统设计规范》，同样也是采用水力计算法来设计。依水力计算法，管道的沿程水力损失和局部水力损失计算，各国采用的计算公式略有不同，但基本原则还是大同小异，依照 NFPA13，自动喷水灭火系统水力计算的基本 16 个步骤[1]如下：

步骤 1：先定义目标场所的用途及危险等级。

步骤 2：决定喷淋头假想作用面积的尺寸大小。

步骤 3：决定目标场所设计要求的喷淋密度。

步骤 4：确认在喷淋头假想作用面积内的喷淋头个数。

步骤 5：决定喷淋头假想作用区域的形状及其位置。

步骤 5：计算假想作用区域最远端喷淋头所需最小流量。

步骤 7：计算假想作用区域最远端喷淋头所需最小工作压力。

步骤 8：计算假想作用区域最远端喷淋头至下一个喷淋头间的摩擦损失。

步骤 9：计算下一个喷淋头所需流量。

步骤 10：对于与最远端喷淋头位，在同一条分支管路（branch line）上的喷淋头，按顺序重复步骤 8 ~ 9，计算其所需流量及其摩擦损失。

步骤 11：假设所取的假想作用区域横跨过主管路（cross main），则对面的分支管路亦需按照步骤 6 ~ 10 计算其所需流量及其摩擦损失。而这互相交叉的分支管路，其压力必须以最高压力来平衡。

步骤 12：计算上升接头（riser nipple）的 K 值。

步骤 13：重复步骤 8 ~ 9 计算假想作用区域内所有上升接头的摩擦损失及其流量。

步骤 14：计算管路中的其他阀类、接头摩擦损失、管路位能变化。

步骤 15：增加消火栓之水量。

步骤 16：比较水泵供应性能曲线是否足以供应水力计算所需。

依照上述的水力计算步骤，整个计算过程繁杂困难，若系统管道采用环路或网栅配管方式，其计算过程更是困难重重。但由于网栅配管其干管彼此相通，水流四通八达，供水能力比树状供水能力大 1.5 ~ 2.0 倍（在管径和水压相同的条件下），依工程经验及相关研究报告[2]，以网栅配管方式，在材料成本方面，网状较树状便宜 25.8% ~ 44.4%，在工资成本方面，网状较树状便宜 9.5% ~ 18.5%，在总成本方面，网状较树状便宜 14.1% ~ 25.2%，所以采用网栅配管方式是值得业主和工程师去推广应用的。当然，这不是要求所有消防技术人员必须逐一计算每个喷头、管道的水头损失、流量、流速等数据。所谓工欲善其事，必先利其器，在了解水力计算之原理及过程后，采用可靠方便的计算机水力计算软件，将是消防技术人员简单容易的选择途径。

KYPIPE 计算机水力计算软件发展至今已超过 40 年，其核心公式是由美国肯塔基大学以及美国太空总署共同开发，其软件依模式特性再分成 KYPipe、Goflow、Surge、Gas、Steam、SWMM（Storm water）等，是现今少数能够计算水锤现象的水力软件，目前全球有已超过 2 万个使用单位，在美国有超过 50 个中、大型城市采用 KYPipe 作为官方水力计算工具，知名的丘博（CHUBB）保险集团在全球各地分公司，亦采用 KYPIPE 对 NFPA、FM 法规设计的消防水系统进行验证。除了消防常见的 Go flow 用于计算符合 NFPA13 的自动喷水灭火系统设计外，KYPIPE 也适用于一般消防水系统设计、城乡供水系统、污废水收集系统、冷热水系统、空调系统、工业制程加压管道、气体及蒸气系统等的设计。

笔者采用 KYPIPE 水力计算软件对自动喷水灭火系统进行网栅配管及树状配管之设计作比较。以一实际的现场设计为例。

保护场所火灾危险等级：仓库危险级Ⅱ级。

保护场所条件：楼地板面积尺寸 140 m×80 m = 11 200 m^2，场所高度 6 m。

作用保护面积：200 m^2，采用闭式湿式自动喷水灭火系统。

喷头流量系数 $K = 115$，动作温度 68 °C，采用快速响应喷头。

（1）树状配管方式。

本场所设计采用两组喷淋泵，每组水泵各自对应一套湿式报警阀组，由于两组喷淋泵系统完全相同，计算机模拟设计时只需创建一套模拟系统即可。采用 KYPIPE 计算机水力软件进行设计，使用配管自动建模产生工具（见图 1），可迅速建立喷淋系统的树状分布模型。系统模型建立之后，以群组方式输入各个喷淋头之 K 值、高度，以及各管段之材质、长度、摩擦系数等元件属性，创建后的树状喷淋灭火系统（图 2），其主干管管径 DN200，横向干管管径种类有 DN65、DN100、DN150、DN200，支管管径种类有 DN32、DN40、DN50、DN65，系统以额定扬程 $H = 600$ kPa、喷淋水泵以出水量 $Q = 65$ L/s 供应给水。

树状配管喷淋系统仿真建模完成后，即可进行水力模拟分析，以树状配管喷淋系统最远端的喷水防护区域 200 m^2 为例，要求最远端的 25 只喷淋头同时喷水，因此模拟情形如图 3 及图 4 所示，最远端 25 只喷淋头同时喷水时喷淋头的最小压力及最小流量分别是 272 kPa、2.8 L/s。

（2）网栅配管方式。

同样的场所条件，若以网栅配管方式来设计，创建后的网栅状喷淋灭火系统如图 5 所示，其主干管管径 DN200 及 DN150，横向支管只有一种规格 DN50，系统同样以额定扬程 $H = 600$ kPa、出水量 $Q = 65$ L/s 之喷淋水泵供应给水。

网栅配管喷淋系统仿真建模完成后，进行水力模拟分析，以网栅配管喷淋系统最远端的喷水保护区域 200 m^2 为例，要求最远端支管中间的 25 只喷淋头同时放水，模拟情形如图 6 及图 7 所示，最远端 25 只喷淋头同时喷水时喷淋头之最小压力及最小流量分别是 315 kPa、3.0 L/s。

（3）树状配管与网栅配管模拟设计后的比较。

由上述水力软件模拟结果，可以看出以网栅配管方式最远端作用区域的压力及流量均比树状配管方式要大，这验证了网栅配管比树状配管的供水能力大，表明网栅系统的水泵相同情况下可以选择较小的规格，相对的可以节省建造成本及水泵机房占用空间。

再从配管使用的规格种类来分析材料成本及工资成本，两种配管方式除了湿式报警阀组一次测DN200及喷淋头短管（nipple）DN32相同外，网栅配管系统采用的管径规格只有2种，且大部分是DN50，而树状配管之管径规格却有6种，这使得树状配管时，附加的管件较多，施工时间也会拉长。两种配管方式使用的材料数量及价格比较如附表。由两张价格分析表结果可以看出，树状配管系统工程总经费达128.6万元，而网栅配管系统工程总经费只需要93.5万元，树状配管系统工程经费是网栅配管系统工程经费的1.37倍，

因此，不论是从性能或是市场成本来分析，网栅配管系统模式优于树状配管模式，是业主及消防工程设计师的最佳选择。采用网栅配管设计时，用手工计算，其过程重复、繁杂、困难；但如果运用计算机模拟水力软件来完成，则可以将任务变得简单、准确、高效。当前时代竞争激烈，凡事讲求精确与效率，消防技术人员于系统设计规划之初或是竣工验收之时，在自身优秀的专业能力上再辅以绝佳的计算机软件，肯定是如鱼得水、如虎添翼。本文以实际设计案例作为分享，让读者一窥KYPIPE计算机水力计算软件的些许功能，抛砖引玉，下期望更多的专家能分享更多、更深入的研究与应用，以提升国内消防、水力以及各领域的技术能力。

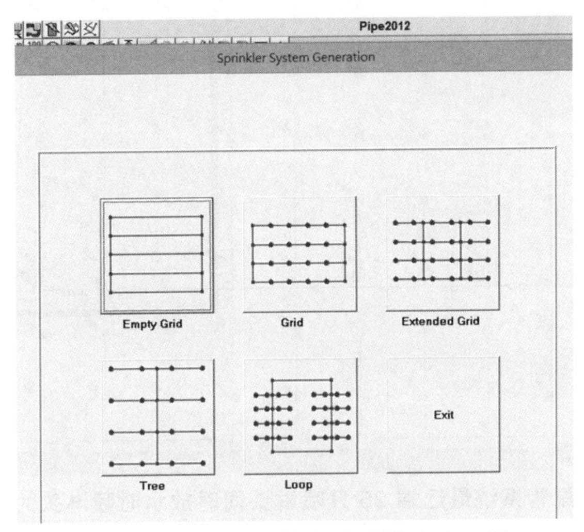

图1　KYPIPE配管自动建模产生工具

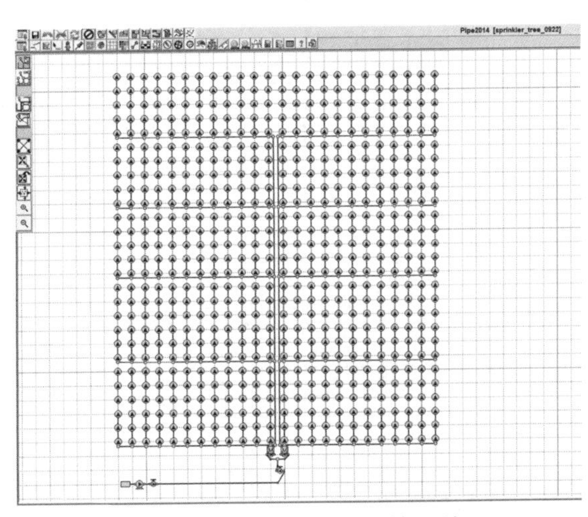

图2　KYPIPE树状配管系统

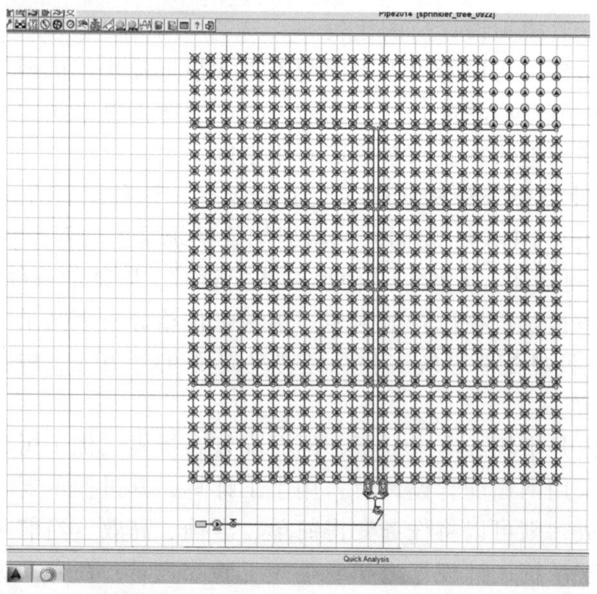

图3　树状配管系统最远端25只喷淋头同时放水模拟

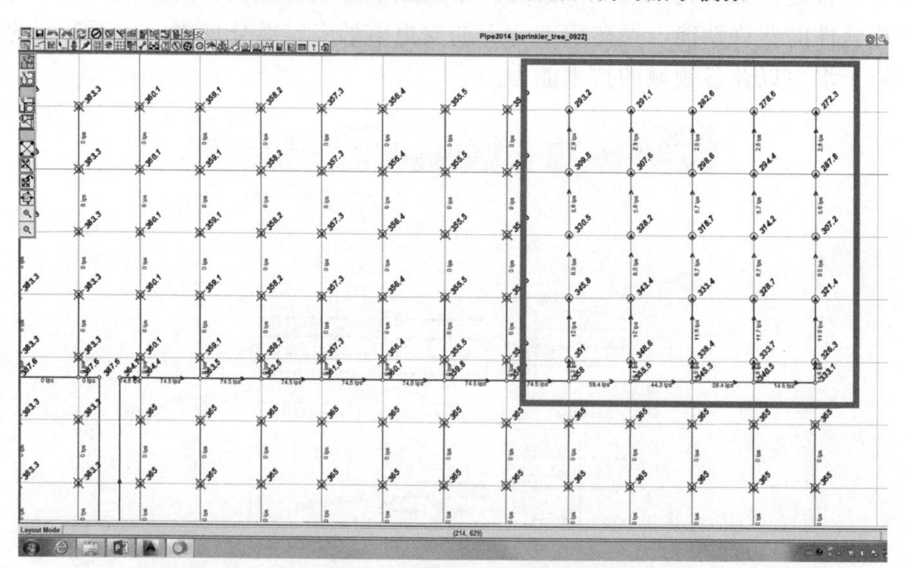

图4　树状配管系统最远端25只喷淋头同时放水时喷淋头的压力及流量

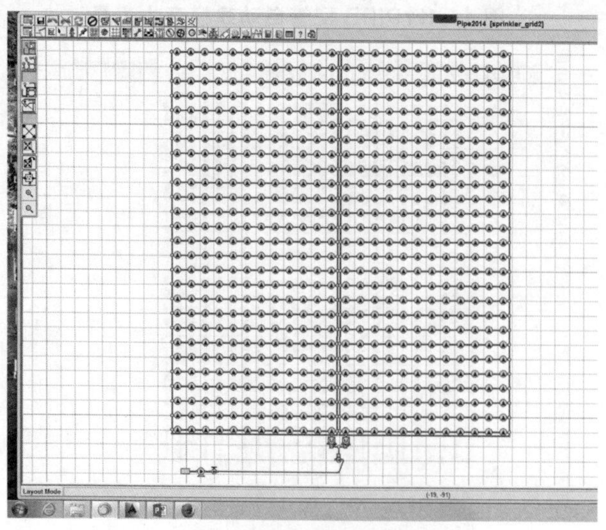

图5　KYPIPE网栅配管系统

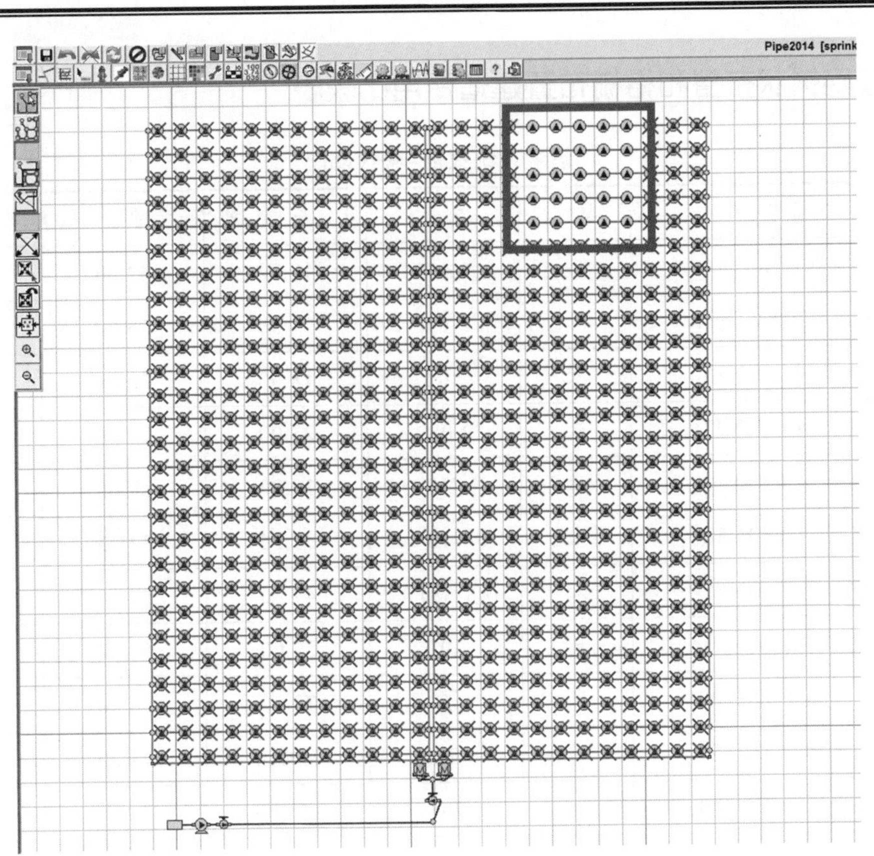

图 6　网栅配管系统最远端 25 只喷淋头同时放水模拟

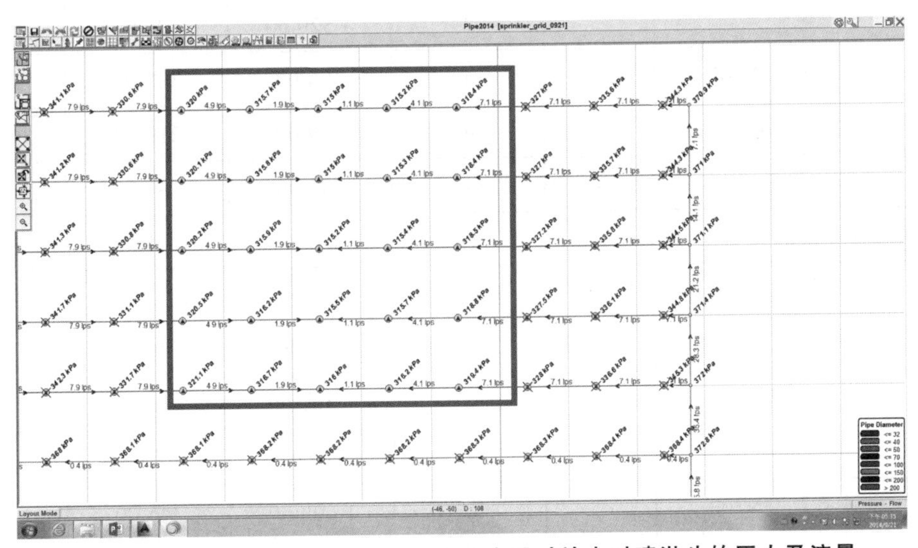

图 7　网栅配管系统最远端 25 只喷淋头同时放水时喷淋头的压力及流量

附表 喷淋管网树状布置和格栅布置建造费用比较表

喷淋系统报价-树状设计

序号	设备名称	单位	数量	设备单价(元)	安装单价(元)	合价(元)
1	喷淋头 K115	只	1 485	19.80	42.00	91 773.00
2	喷淋头 K200(ESFR)	只	0	71.00	56.00	0.00
3	镀锌钢管 DN25	米	0	18.00	20.00	0.00
4	镀锌钢管 DN32	米	2 082	23.00	24.46	98 811.72
5	镀锌钢管 DN40	米	713	30.00	29.65	42 530.45
6	镀锌钢管 DN50	米	713	32.20	34.23	47 364.59
7	镀锌钢管 DN65	米	1 381	47.00	44.60	126 499.60
8	镀锌钢管 DN80	米	0	57.00	51.32	0.00
9	镀锌钢管 DN100	米	153	73.20	56.00	19 767.60
10	镀锌钢管 DN150	米	72	111.10	93.20	14 709.60
11	镀锌钢管 DN200	米	906	176.00	132.40	279 410.40
12	常闭排水喇叭口	只	6	26.40	15.60	252.00
13	流量计	只	2	3 520.00	800.00	8 640.00
14	水流指示器 DN200	只	4	396.00	382.00	3 112.00
15	信号蝶阀 DN200	只	4	539.00	219.00	3 032.00
16	末端放水装置	套	4	341.00	167.30	2 033.20
17	自动排气阀	套	24	64.35	105.00	4 064.40
18	湿式报警阀(DN200)	套	2	3 300.00	1 200.00	9 000.00
19	蝶阀 DN200	个	2	855.00	420.00	2 550.00
20	减压阀 DN200	个	2	1 300.00	350.00	3 300.00
21	压力表	个	4	120.00	78.00	792.00
22	Y 型过滤器 DN200	个	2	1 600.00	345.00	3 890.00
23	阀门井 DN200	个	2	2 400.00	1 250.00	7 300.00
24	各项辅材(卡箍等)	项	1	60 000.00	45 000.00	105 000.00
25	支　架	千克	6 783.75	6.50	14.00	139 066.88
26	管道试压及冲洗	米	6 020	0.00	5.50	33 110.00
27	管道油漆	m^2	1 565.67	11.03	2.40	21 026.95
28	系统管道试压	项	1	0.00	5 000.00	5 000.00
29	总　计	项	1			1 072 036.38

续表

序号	设备名称	单位	数量	设备单价(元)	安装单价(元)	合价(元)
1	喷淋头 K115	只	1 188	19.80	42.00	73 418.40
2	喷淋头 K200(ESFR)	只	0	71.00	56.00	0.00
3	镀锌钢管 DN25	米	0	18.00	20.00	0.00
4	镀锌钢管 DN32	米	1 045	23.00	24.46	49 595.70
5	镀锌钢管 DN40	米	0	30.00	29.65	0.00
6	镀锌钢管 DN50	米	3 876	32.20	34.23	257 482.68
7	镀锌钢管 DN65	米	0	47.00	44.60	0.00
8	镀锌钢管 DN80	米	0	57.00	51.32	0.00
9	镀锌钢管 DN100	米	0	73.20	56.00	0.00
10	镀锌钢管 DN150	米	844	111.10	93.20	172 429.20
11	镀锌钢管 DN200	米	194	176.00	132.40	59 829.60
12	常闭排水喇叭口	只	6	26.40	15.60	252.00
13	流量计	只	2	3 520.00	800.00	8 640.00
14	水流指示器 DN200	只	4	396.00	382.00	3 112.00
15	信号蝶阀 DN200	只	4	539.00	219.00	3 032.00
16	末端放水装置	套	4	341.00	167.30	2 033.20
17	自动排气阀	套	8	253.00	105.00	2 864.00
18	湿式报警阀(DN200)	套	2	3 300.00	1 200.00	9 000.00
19	蝶阀 DN200	个	2	2 025.00	420.00	4 890.00
20	减压阀 DN200	个	2	1 300.00	350.00	3 300.00
21	压力表	个	4	120.00	78.00	792.00
22	Y 型过滤器 DN200	个	2	1 600.00	345.00	3 890.00
23	阀门井 DN200	个	2	2 400.00	1 250.00	7 300.00
24	各项辅材	项	1	35 000.00	24 000.00	59 000.00
25	支　架	千克	7 862.4	6.50	14.00	161 179.20
26	管道试压及冲洗	米	4 914	0.00	5.50	27 027.00
27	管道油漆	m^2	1 328	11.03	2.40	17 835.04
28	系统管道试压	项	1	0.00	5 000.00	5 000.00
29	总　计	项	1			931 902.02

参考文献

[1] 李东霖. 消防自动喷淋系统管路配置之研究[D]. 台北：台北科技大学，2006.
[2] 中华人民共和国消防法[S].
[3] GB 50016—2014. 建筑设计防火规范[S].
[4] GB 50084—2001（2005年版）. 自动喷水灭火系统设计规范[S].
[5] GB 50261—2005. 自动喷水灭火系统施工及验收规范[S].
[6] GB 50974—2014. 消防给水及消火栓系统技术规范[S].

作者简介： 王玉宏，男，苏州工业园区盛泰消防安全科技有限公司工程师；主要从事消防新科技、新技术的研究工作。

叶沁，女，苏州市公安消防局；主要从事消防监督、建筑审核等方面的工作。

通信地址：江苏省苏州市园区中新大道西198号。

如何扑救化学危险物品仓库火灾

刘纯兵
（四川省成都市公安消防支队）

【摘　要】 从化学危险物品仓库火灾的危险性出发，提出了化学危险物品仓库火灾灭火基本原则和战术要点，制定了三步灭火措施，并提出了对化学危险物品仓库火灾灭火现场指挥的要求，最后还提出了消防队员在灭火时的注意事项，为最终达到灭火效果和保证消防队员的生命安全提供了有用的建议。

【关键词】 化学危险物品；仓库；火灾；扑救

危险化学物品种类繁多，在一定条件下能引起燃烧、爆炸和导致人员的灼伤、伤亡等，稍有不慎就有可能引起火灾爆炸事故。由于化学危险物品大多数具有易燃、易爆的特性，因此化学危险物品仓库具有很大的火灾危险性。发生火灾或爆炸后，如果消防队员不熟悉化学危险物品的性能和灭火方法，采用了不适当的灭火器材和灭火方法，反而会使火灾扩大，造成更大危险，比如用水扑救油类和遇水燃烧物品或用二氧化碳扑救闪光粉、铝粉一类的轻金属粉等。因此，充分认识化学危险物品仓库火灾的危险性，并制定相应的扑救对策，对于保护消防队员的生命安全，正确扑灭化学危险物品仓库火灾是十分重要的。

1　化学危险物品仓库火灾灭火案例

1993 年 8 月 5 日 13 时 26 分，广东深圳市安贸危险物品储运公司清水河化学危险品仓库发生特大爆炸事故，爆炸引起了大火，1 小时后着火区又发生第二次强烈爆炸，造成更大范围的破坏和火灾；在组织部门的正确决策和果断指挥下，在抢险救援部队的努力下，于 8 月 6 日凌晨 5 时终于扑灭火灾，大火历时 16 个小时。这次事故造成了 15 人死亡，有 101 人住进医院治疗，其中重伤员 25 人，事故造成的直接经济损失超过 2 亿元。事故的直接原因是干杂仓库 4 号仓内混存的氧化剂与还原剂接触。这是一起典型易燃易爆化学品储存不当造成的火灾事故案例。

2002 年 3 月 11 日下午 1 时 15 分左右，江苏省兴化市唐刘加油站发生油罐爆炸事故，当场炸死 2 人，另有 2 人受伤。事故原因是加油站油罐改造施工中，罐内残余油气遇明火导致爆炸。

2　化学危险物品仓库火灾灭火基本原则

鉴于化学危险物品仓库火灾具有很大的危险性和危害性，在进行化学危险物品仓库火灾灭火时，有以下两个方面的基本要求：

（1）确定警戒范围，疏散危险区人员，避免重大伤亡。

（2）正确使用灭火剂，合理选择进攻路线，快攻近战灭火。

3 化学危险物品仓库火灾灭火战术要点

针对化学危险物品仓库火灾危险性和特点，制定化学危险物品仓库火灾灭火战术时，必须把握好以下几个要点：

（1）准确划定警戒范围。

（2）正确选用灭火剂。多数可燃液体火灾都能用泡沫扑救，其中抗溶性的有机溶剂火灾应用抗溶性泡沫扑救；可燃气体火灾可以用二氧化碳、干粉、干沙土、水泥以及特殊灭火剂覆盖灭火；有毒气体火灾，酸、碱液体引起的火灾，可用雾状或开花水流稀释，酸液用碱性水，碱液用酸性水更为有效；遇水燃烧物质及轻金属火灾，宜用干粉、干沙土、水泥以及特殊灭火剂覆盖灭火。

（3）正确实施灭火措施。必须做到以下两点：一是要“快攻近战、以快制快”；二是要“重点突破、冷却防爆”。

4 化学危险物品仓库火灾灭火措施

实施化学危险物品仓库火灾灭火时需做到以下三个步骤：第一步是侦查火情，第二步是迅速调集相应灭火剂，第三步是正确组织危险物品的疏散和保护，如图1所示。

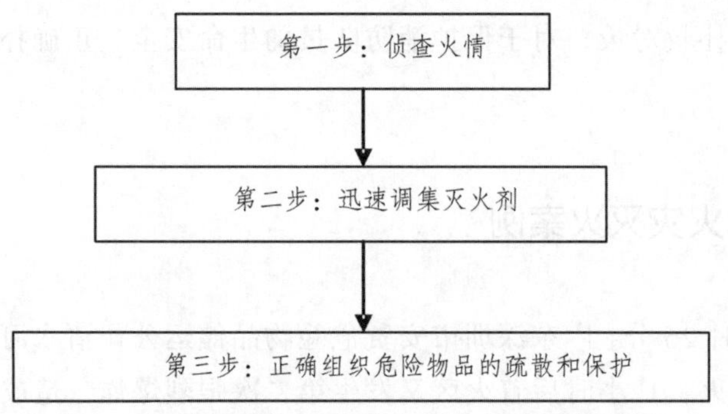

图1 化学危险物品仓库火灾灭火的三个步骤

4.1 侦查火情

进行火情侦查时，应做到以下几点：

（1）外部观察和询问知情人。迅速了解仓库的起火部位、扩散范围、危险物品种类、数量、储放形式及毗邻仓库的有关情况，比如库内存放物品及邻近库房物品的理化性质、储存数量、储存形式、何种物品燃烧、库房建筑结构、可供灭火展开和疏散物资的通道等。

（2）查明有无爆炸危险。若已经发生爆炸，则要查明爆炸的威力、人员伤亡情况和建筑物破坏程度，以及有无再次爆炸的可能。

（3）查明现场有无人员被困或伤亡。

（4）查明战斗展开、疏散物资的通道及通行状况。

4.2 迅速调集相应灭火剂

根据扑救火灾能使用的灭火剂类型，确定需要数量及调集方法。对于忌水或不宜用水扑救的物品要组织好其他灭火剂的供给。

4.3 正确组织危险物品的疏散和保护

疏散危险化学品时，要有安全的防护装具，并正确操作。疏散出的危险物品，要加以看管，分类存放。

5 化学危险物品仓库火灾灭火指挥要求

在化学危险物品仓库火灾扑救过程中，现场指挥是尤其重要的。只有在正确的统一指挥下，通过各个消防员协同作战，才能取得火灾扑救的成功。因此，要求在进行化学危险物品仓库火灾扑救时，灭火现场指挥应注意做到以下几点：

（1）调足灭火力量。危险化学品仓库火灾可燃物多，燃烧时间长，因此要在加强第一出动的同时，要一次性调足力量，以适应繁重灭火任务的需要。

（2）做好安全防护。危险化学品仓库火灾烟雾浓烈，烟气中有毒成分多，前沿作战人员必须佩戴空气呼吸器着隔热服，必要时需穿着防化服。

（3）搞好火场通信联络。危险化学品仓库火灾参展力量多，因此要加强火场通信，确保统一指挥，使灭火战斗在任何情况下都能顺利进行。

（4）组织好前沿作战人员的替换。危险化学品仓库火灾一般扑救时间长，火场温度高，消耗体力大，火场指挥员应组织好前沿作战人员的替换。

（5）搞好后勤保障工作。要保证及时供应作战车辆的燃料、灭火剂、战斗员的食品。

（6）防止盲目进攻。在灭火和疏散物质的同时，要防止爆炸，屋顶坍塌，造成人员伤亡，因此应防止盲目进攻。

6 化学危险物品仓库火灾灭火时的注意事项

在扑救化学危险物品仓库火灾时，消防队员将会面临极大的生命危险，因此在实施灭火行动时，消防队员应注意以下几个方面：

（1）所有参战消防人员均应按各自分工和任务，搞好个人防护，携带好器材和工具后，方可投入战斗。

（2）当火场有毒气体扩散时，除了加强作战人员的防护外，应积极组织疏散、撤离毒气扩散区域内的无关人员。

（3）火灾扑灭后，要特别注意清理火场，防止复燃、复爆。

（4）做好其他灭火剂的物品供给及调集。

（5）明确进攻与撤退信号。

参考文献

[1] 陈军. 浅谈化学危险场所火灾的应对措施[J]. 黑龙江科技信息，2009（35）.

[2] 翁兴德，李锋华. 仓库火灾的特点及预防措施[J]. 商品储运与养护，2002（2）.

[3] 孟广诰. 化学危险物品发生事故的原因与对策[J]. 商品储运与养护，1998（3）.

[4] 王前光. 化学危险品仓库火灾特点及其对策[J]. 河南消防，1994（10）.

作者简介： 刘纯兵，（1972—）男，重庆合川人，成都市公安消防支队工程师。

联系电话：13980813119。

阻燃技术

氢氧化铝及 IFR 对耐火硅橡胶的力学性能和热性能影响研究*

葛欣国[1] 张秉浩[1,2] 李平立[1] 刘 徽[1] 赵乘寿[2]
（1. 公安部四川消防研究所；2. 四川省成都市西南交通大学）

【摘 要】 在本文中，以混炼甲基乙烯基硅橡胶为基材，通过配方试验，采用力学性能测试、热失重分析，测试研究了不同氢氧化铝以及 IFR 含量对硅橡胶性能的影响。
【关键词】氢氧化铝；IFR；耐火硅橡胶；力学性能；热学性能

1 前 言

耐火电缆的性能直接关系到火灾中消防用电设备能否正常启动和工作。硅橡胶的应用范围非常广泛。它不仅作为航空、尖端技术、军工技术部门的特种材料使用，而且也用于国民经济各部门，其应用范围已扩展到建筑、电子电气、纺织、汽车、机械、皮革造纸、化工轻工、金属和油漆、医药医疗等领域。澳大利亚于 2004 年成功研制出陶瓷化耐火硅橡胶电缆，并得到了商业运用。氢氧化铝是用量最大和应用最广的无机阻燃剂，通常在 100 份硅橡胶里加入 50 份氢氧化铝，硅橡胶的氧指数可达到 33 以上。考虑到耐火硅橡胶材料需要添加无机矿物材料作为瓷化粉，而改性后的氢氧化铝与硅橡胶有着较好的相容性，因此可以作为耐火硅橡胶成瓷材料的填料，并适当的添加一些膨胀型阻燃剂（IFR）使复合硅橡胶材料既有成瓷性能的同时又有阻燃性能。

2 实验材料与仪器

实验材料：甲基乙烯基硅橡胶（VMQ）、氢氧化铝、季戊四醇、聚磷酸铵 APP、高岭土、玻璃粉及其他助剂，均为市购商品。

实验仪器：开炼机（青岛鑫城一鸣橡胶机械有限公司）、平板硫化机（上海西玛伟力橡塑机械有限公司）、马弗炉（衣钲）、万能力学测试仪（Instron）。

3 样品的制备与表征

3.1 样品制备

将甲基乙烯基硅橡胶、阻燃剂、硫化剂及加工助剂按配方称量，在双辊炼胶机上进行共混加工，混炼 15 分钟。将混合均匀的硅橡胶复合材料在平板硫化机上模压硫化成型，制备国标 5A 型力学样条，模压成型加工温度为 140 ~ 145 °C。

*基金项目：基本科研业务费专项项目（编号 20148807Z）资助课题。

表1是根据上述工艺条件制备出的陶瓷化耐火硅橡胶电缆料的配方。

表1 陶瓷化耐火硅橡胶电缆料基本配方

名　称	VMQ	Al（OH）$_3$	APP+PER+zeo	高岭土	氯铂酸	双二四	玻璃粉（1 200 °C）
硅橡胶-0	300 g	0 g	0 g	0 g	0 g	3 g	0 g
硅橡胶-1	300 g	100 g	0 g	0 g	1×10^{-4} g	3 g	0 g
硅橡胶-2	300 g	0 g	50 g	50 g	0 g	3 g	0 g
硅橡胶-3	300 g	0 g	100 g	0 g	0 g	3 g	0 g
硅橡胶-4	300 g	50 g	50 g	0 g	0 g	3 g	0 g
硅橡胶-5	300 g	150 g	0 g	0 g	0 g	3 g	40 g

3.2 性能表征

（1）力学性能按照 ASTM/D 638 标准进行测试，测试采用 Instron 万能材料试验机，拉伸速度为 50 mm/min。

（2）TGA 分析，用 TA Q5000 型热重分析仪，升温速率为 10 °C/min，氮气气氛，气体流速 50 mL/min，温度范围：室温～800 °C。

4 结果与讨论

4.1 氢氧化铝及 IFR 对耐火硅橡胶的成瓷性能的影响

成瓷性能是决定耐火性能的重要指标。耐火硅橡胶依靠自身在高温中灼烧后，自身残余物之间相互紧密连接而形成致密的陶瓷化体，这种致密的陶瓷化体能够阻止火焰向内蔓延，并且隔热隔氧起到防火的作用。而这种陶瓷化体能否形成则是硅橡胶材料能否达到耐火标准的关键，而成瓷后的弯曲强度则决定了瓷体结构的坚固程度。本文研究了不同添加量的氢氧化铝和 IFR 对耐火硅橡胶的成瓷性能影响，当样条在 1 000 °C 下灼烧 30 min 后，发现残余物难以结成陶瓷状如图1所示。

（a） 硅橡胶-2 在 1 000 °C 灼烧后

（b） 硅橡胶-3 在 1 000 °C 灼烧后

（c） 硅橡胶-4 在 1 000 °C 灼烧后

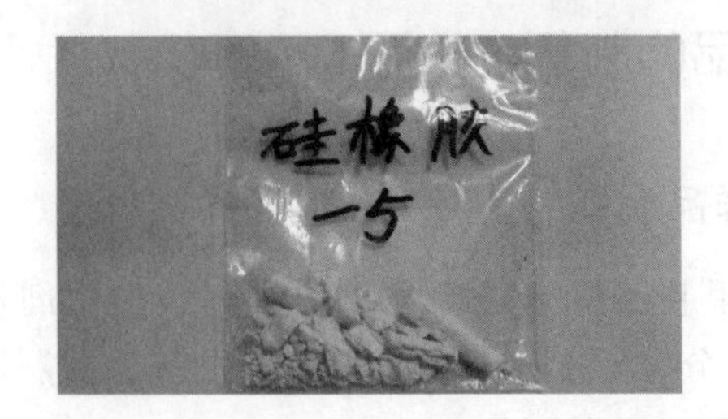

（d） 硅橡胶-5 在 1 000 °C 灼烧后

图1 样品在 1 000 °C 下灼烧 30 min 后照片

从图中可以看出添加了 IFR 的硅橡胶-2、硅橡胶-3 和硅橡胶-4 的残余物都粉碎得非常严重，无法形成完整的块状物质，特别是同时添加了 IFR 和氢氧化铝的硅橡胶-3 碎裂得尤为严重，原因可能是 IFR 和氢氧化铝分解时，IFR 在燃烧过程中分解使得残余物的量减少，氢氧化铝释放出的大量水蒸气很容易将残余物吹裂。而且由于氢氧化铝和 IFR 的高温分解，使得硅橡胶残余物之间会形成大量间隙，而这些间隙之间没有一个能够将其互相连接的物质，最终使得硅橡胶残余物不能形成完整的结构。硅橡胶-5 中由于没有 IFR，且含有玻璃粉，在烧结时能够形成部分条状瓷化物质，但是强度不高，在取样时不能保持完整性。

4.2 氢氧化铝及 IFR 对耐火硅橡胶力学性能的影响

为了研究基材树脂中各组分含量对其物理机械性能的影响，本文对硅橡胶-0 ~ 硅橡胶-5 的模压力学样条进行了拉伸性能测试，表 2 列出了硅橡胶-0 ~ 硅橡胶-5 的物理机械性能参数。

表 2 耐火硅橡胶电缆料模压样条力学性能参数

名 称	拉伸强度（MPa）	断裂伸长率（%）	弹性模量（MPa）	载荷（N）
硅橡胶-0	7.4	688.4	7.7	63.0
硅橡胶-1	5.9	410.6	14.4	88.6
硅橡胶-2	5.3	233.9	43.8	41.3
硅橡胶-3	4.6	302.7	19.5	45.0
硅橡胶-4	4.4	386.7	21.1	33.2
硅橡胶-5	4.8	357.5	39.1	40.8

从表 2 中可以看出，随着瓷化粉和阻燃剂的加入，硅橡胶的拉伸强度和断裂伸长率都明显降低，而弹性模量成倍增长。纯硅橡胶的拉伸强度最高为 7.4 MPa。而对比分析硅橡胶-1 的拉伸强度为 5.9 MPa，硅橡胶-3 的拉伸强度为 4.4 MPa，说明添加相同组分的氢氧化铝的拉伸强度要优于添加相同组分的 IFR，其主要原因在于，IFR 没有经过表面处理，与硅橡胶基材的相容性差，且 IFR 粒径过大，影响力学性能，硅橡胶-1 添加了少量的氯铂酸，使得硅橡胶交联度增加，所以拉伸强度较高。而硅橡胶-2 的拉伸强度为 5.3 MPa，硅橡胶-3 的拉伸强度为 4.6 MPa，说明如果添加相同的组分，添加氢氧化铝的拉伸强度最高，其次是高岭土，最后是 IFR。而硅橡胶-5 的拉伸强度为 4.8 MPa，比硅橡胶-1 少了 1.1 MPa，说明添加量的增加对拉伸强度的影响很大，但硅橡胶-5 的弹性模量为 39.1 MPa，可能是因为高熔点玻璃粉的加入能极大增加硅橡胶的弹性模量。比较硅橡胶-3 和硅橡胶-4 可以看出，当添加 50 gIFR 时，材料的拉伸强度已经下降得非常大了，并且断裂伸长率和弹性模量都很低，同样可以说明，IFR 对硅橡胶的力学性能影响非常大。

4.3 氢氧化铝及 IFR 对耐火硅橡胶热稳定性的影响

本文研究了添加不同含量的氢氧化铝和 IFR 对电缆料基材的热稳定性影响。图 2 和图 3 分别是各样品在氮气气氛下的热重曲线和 DTG 曲线。从图中可获得的主要的热分解参数有：热失重 5*wt* %时的分解温度 $T_{5\%}$；定义为样品的初始分解温度；最大失重速率时的温度 $T_{\max}$；以及样品在 600 °C 下的残留物质量百分数数据 wt_{R}^{600}。各样品的上述热分解参数见表 3。

表 3　基材树脂的 TGA 测试数据表

名　称	$T_{5\%}$（°C）	T_{max1}（°C）	T_{max2}（°C）	wt_R^{600}（%）
硅橡胶-0	439.48	633.77		55.87
硅橡胶-1	303.56	320.56	489.43	50.22
硅橡胶-2	286.65	324.00	—	29.37
硅橡胶-3	264.78	317.19	—	37.81
硅橡胶-4	421.78	490.37	—	54.09
硅橡胶-5	334.18	317.95	493.39	59.74

注：$T_{5\%}$ ——始分解温度（热失重 5*wt*%时的分解温度）；
T_{max} ——最大失重速率时的温度；
wt_R^{600} ——样品在 600 °C 下的残留物质量百分数数据。

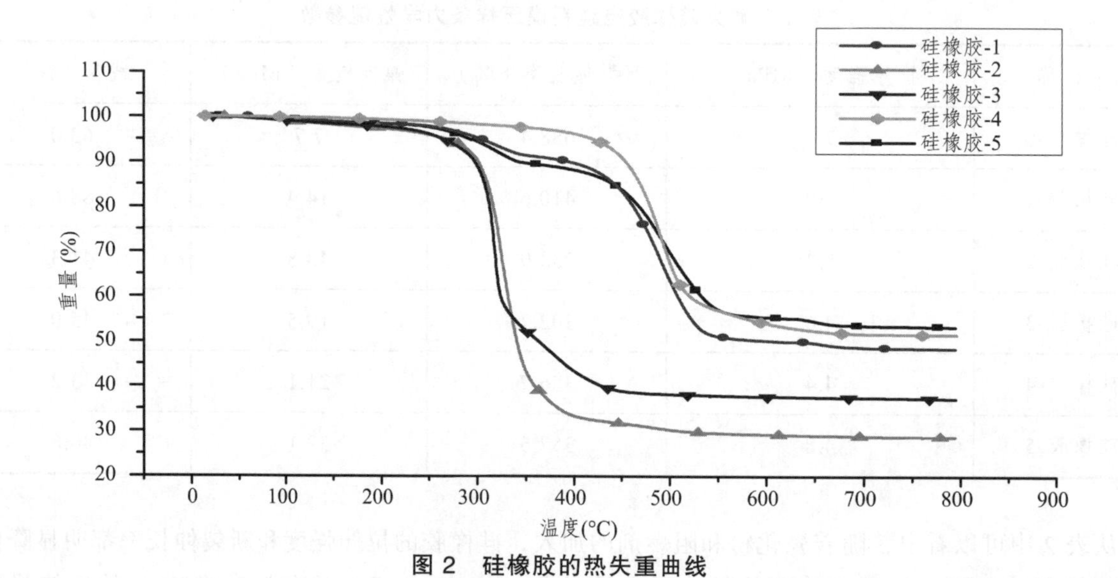

图 2　硅橡胶的热失重曲线

图 3　耐火硅橡胶的 DTG 曲线

对于共混硅橡胶体系，硅橡胶-0 ~ 硅橡胶-5 的分解过程都与不加任何耐火材料的硅橡胶有着显著的区别，其中硅橡胶-1 和硅橡胶-5 是分为两步分解，而硅橡胶-0、硅橡胶-2、硅橡胶-3 和硅橡胶-4 是一步分解，这可能是因为硅橡胶-1 和硅橡胶-5 含有大量的氢氧化铝，而氢氧化铝先在较低温度区域会分解释放出水蒸气，然后硅橡胶基材在 500 °C 左右分解，而不含有氢氧化铝的硅橡胶-2 和硅橡胶-3 均为一步分解，可能是因为硅橡胶基材因受到 IFR 的影响而分解有些提前。从 $T_{5\%}$可以看出，硅橡胶-0 的初始分解温度最高，为 438.77 °C，硅橡胶-1、硅橡胶-2 和硅橡胶-5 三个样品的初始分解温度都在 300 °C 以上，而另外两个样品的初始分解温度都在 300 °C 以下，可见虽然添加 IFR 和添加氢氧化铝均会降低硅橡胶的初始分解温度，但添加氢氧化铝相比添加 IFR 有着较好的热稳定性，而硅橡胶-5 的初始分解温度比硅橡胶-2 的初始分解温度从 303.56 °C 增加到了 20.62 °C，说明添加玻璃粉，能使硅橡胶的初始分解温度提高。从样品在 600 °C 下的残留物质量百分数数据来看，同样是添加了 IFR 的硅橡胶配方最低，硅橡胶-2 和硅橡胶-3 的残余物都只有 29.37%和 37.81%远低于纯硅橡胶 55.87%的残余率，说明了 IFR 几乎已经完全分解，并且可能带动了硅橡胶基体的分解。添加了氢氧化铝的硅橡胶-1、硅橡胶-4 和硅橡胶-5 在 600 °C 的残余率均在 50%以上，说明添加氢氧化铝并不会明显影响到硅橡胶燃烧后的残余物的量，而 IFR 则对残余物剩余量的影响则会很大。

5 小 结

本文研究结果表明：

（1）添加相同组分氢氧化铝的硅橡胶材料力学性能优于添加相同组分 IFR 的硅橡胶材料，IFR 与硅橡胶基材之间较差的相容性会极大地影响到耐火硅橡胶的力学性能。

（2）氯铂酸的少量添加可以提高硅橡胶的交联度，从而提高硅橡胶的拉伸强度和硬度。

（3）添加 IFR 和氢氧化铝均会降低硅橡胶的热稳定性，并且添加 IFR 后硅橡胶燃烧的残余物的量很少，对硅橡胶的成瓷能力影响较大。

环保型阻燃聚丙烯座椅制品的研究

李碧英 张泽江 朱 剑 屈文良 文桂英

（公安部四川消防研究所）

【摘 要】 针对公共场所阻燃聚丙烯座椅制品需求，本文对聚丙烯座椅制品的阻燃技术进行了研究，最后研究出了一种阻燃聚丙烯座椅制品。经测试阻燃座椅的燃烧性能满足 GB 8624—2012 B1级指标要求，且氧指数达到 34.3%，垂直燃烧达到 V_0 级，燃烧热值由 42.1 kJ/g 下降到 25.3 kJ/g，拉伸强度达到 20.5 MPa，弯曲强度达到 32.2 MPa，无缺口冲击强度达到 36.5 kJ/m^2。

【关键词】 低卤；低毒；阻燃聚丙烯座椅；燃烧性能；热值

1 前 言

城市公共场所诸如：城市公交、轨道交通以及影剧院、录像厅、礼堂等放映场所，舞厅、卡拉 OK 厅等歌舞娱乐场所，网吧、有娱乐功能的夜总会、音乐茶座和餐饮场所以及宾馆（饭店）等的建设随着我国经济社会的快速发展和城市人口密度的不断加大而不断增多。与此同时，大量可燃或易燃的高分子聚合物大量涌现并应用于各类公共场所，极易引发火灾，同时在燃烧时还可能放出大量浓烟和有毒气体，给建筑物留下了严重的火灾隐患，尤其是在人员密集的公共场所，发生群死群伤的火灾风险性将进一步增大。其中 2009 年“6・5”成都公交车火灾，2011 年“7・22”京珠高速客车自燃火灾等更是给了我们惨痛的教训。鉴于此，公共场所（诸如影剧院、礼堂、公交车、快速列车、体育场馆等）座椅用环保型阻燃聚烯烃座椅制品的研究便成了目前消防科研人员的研究热点。

本文针对目前公共场所座椅用无卤阻燃聚丙烯座椅材料所存在的阻燃性能、耐候性能以及加工性能还不够理想等方面的问题，拟研制一种综合力学性能优异用环保型阻燃耐候聚烯烃复合材料的公共场所座椅，同时研究该聚烯烃复合材料的配方及成型工艺，有效解决座椅用阻燃聚烯烃材料成型过程中阻燃剂与树脂相容性差、阻燃剂析出、耐候性不够理想以及加工成型困难等问题。

2 实验部分

2.1 实验主要原料

注塑型聚丙烯树脂，市售；EVA14-2，北京有机化工公司；PP -g-MAH 接枝剂：南京德巴化工有限公司提供；IFR 阻燃剂，实验室自制；十溴二苯乙烷，雅宝公司提供；Sb_2O_3，市售；抗氧剂 1010，抗氧剂 168，工业品，瑞士 Ciba 精化公司；硅烷偶联剂：YDH 602，南京裕德恒精细化工有限公司；钛酸酯偶联剂 NDZ 201，南京曙光化工厂生产；光稳定剂 uv531，光稳定剂 944，光稳定剂 622，光稳定剂 700 均为市售工业品。

2.2 实验设备

注塑机：JM-800 SVP，震雄机械（宁波）有限公司；25 吨平板硫化机：上海第一橡胶机械厂制造；双螺杆挤出机组：SHJ-50，兰州天华化工机械及自动化研究院；高速混料机：SHR-100A，昆山强威粉体材料有限公司；氧指数测试仪：HC-2 型，南京江宁分析仪器厂；垂直燃烧测试仪：南京江宁分析仪器厂；电子万能材料试验机，5967，美国 Instron 公司；微型量热仪：FAA，英国 FTT 公司。

2.3 环保型低卤低毒阻燃聚烯烃座椅制品的制备

挤塑造粒：将 PP 树脂、阻燃剂、抗氧剂、光稳定剂、接枝剂等原料按配方称量后加入到高速搅拌机中，室温下高速混合 5 min，然后将上述混合料在双螺杆挤出机中熔融挤出，螺杆温度分别为 160 °C、165 °C、170 °C、175 °C、175 °C、180 °C、185 °C、185 °C、180 °C，螺杆转速为 100 r/min 时熔融挤出，最后经水冷拉条切粒即得到共混料。

座椅制品注塑成型：将上述挤塑造粒后共混粒料经干燥后倒入注塑机中，在注塑机螺杆温度分别为 165 °C、175 °C、175 °C、180 °C、180 °C、175 °C、160 °C、145 °C 下注塑成座椅制品。

2.4 性能表征方法

本文拟通过测试所研制阻燃聚丙烯座椅料的拉伸强度、弯曲强度、缺口冲击强度、氧指数、垂直燃烧、热值等来表征阻燃聚丙烯座椅料的力学性能、燃烧性能以及加工性能，具体表征性能及测试方法如下：

（1）氧指数：采用南京江宁分析仪器厂 HC-2 型氧指数测试仪进行测试，依据《塑料用氧指数法测定燃烧行为第 2 部分：室温试验》（GB/T 2406.2—2009），实验室自测和委托国家防火材料检测中心检测得到，用方法 A 进行测试。试样尺寸 100 mm × 10 mm × 3 mm。

（2）垂直燃烧测试：依据《塑料燃烧性能的测定　水平法和垂直法》（GB/T 2408—1996），实验室自测和委托国家防火材料检测中心检测得到，试样尺寸 125 mm × 10 mm × 3 mm。

（3）热值测试：采用 FTT 公司 FAA 微型量热仪测定，样品微量。

（4）拉伸强度测试：日本岛津 AG-10TA 电子万能材料试验机，按 GB/T1040.1-2006 进行测试，拉伸速度 50 mm/min，试样类型为 I 型，实验室自测和委托四川大学分析测试中心。

（5）弯曲强度测试：Instron 5967 电子万能试验机，按 GB/T 9341—2008 进行测试，实验室自测和委托四川大学分析测试中心测定。

3 结果与讨论

（1）低卤低毒阻燃配方对座椅制品燃烧性能的影响。

无卤阻燃剂具有较好的环保性能及耐老化性能，然而在实际火灾中，无卤阻燃聚丙烯座椅制品存在自熄性不够理想、座椅制品长时间放置后阻燃剂易析出、制品表面易产生白斑等方面问题，为解决上述不足，本文探讨了低卤低毒复合阻燃剂配方，旨在通过几种阻燃剂的阻燃机理相协同，解决座椅材料自熄灭性不够理想等方面问题，结果如表 1 所示。

表 1　低卤低毒阻燃剂配方对材料燃烧性能的影响

配　方	卤锑系阻燃剂（%）	膨胀型无卤阻燃剂（%）	氧指数（%）	垂直燃烧	座椅制品着火后自熄灭性
1	6.7	28	33	V0级	离火即熄灭
2	6.8	27	35.0	V0级	离火即熄灭
3	7.0	25	32.0	V0级	离火即熄灭
4	7.1	23	28.0	V0级	离火即熄灭
无卤阻燃聚烯烃座椅料	0	34	35.0	V0级	离火后缓慢燃烧，未立即熄灭

由表1可以看出，在一定的卤系阻燃剂协同阻燃作用下，材料的自熄灭性得到了明显改善，其中当卤锑系阻燃剂添加量与膨胀型无卤阻燃剂添加量分别为7.0%和25%时，材料的氧指数可达到32%，且座椅制品着火后离火即可熄灭。

（2）阻燃协效剂对聚丙烯座椅材料性能的影响。

为考察阻燃协效剂对聚丙烯座椅材料燃烧性能及力学性能的影响，本文在上述选定的较优条件下，固定基体树脂等条件不变，仅改变阻燃协效剂的添加比例，通过FAA微型量热计、氧指数议测试材料燃烧性能，并测试对材料的力学性能影响，结果如表2所示。未阻燃体座椅料热值和较优协效添加量下阻燃座椅料热值分别如图1、图2所示。

表 2　阻燃协效剂用量对座椅材料性能的影响

协效剂添加量（%）	热值（kJ/g）	热释放峰值（W/g）	LOI（%）	拉伸强度（MPa）	弯曲强度（MPa）	无缺口冲击强度（kJ/m²）
0	33.5	612.8	32	22.5	33.0	54.2
0.98	26.9	487.2	34	21.9	32.5	41.7
1.08	25.3	465.4	34.3	20.55	32.22	36.5
1.3	30.8	574.9	31	19.6	30.5	32.7
未阻燃座椅材料	42.1	1028.5	17.0	24.5	38.2	109.4

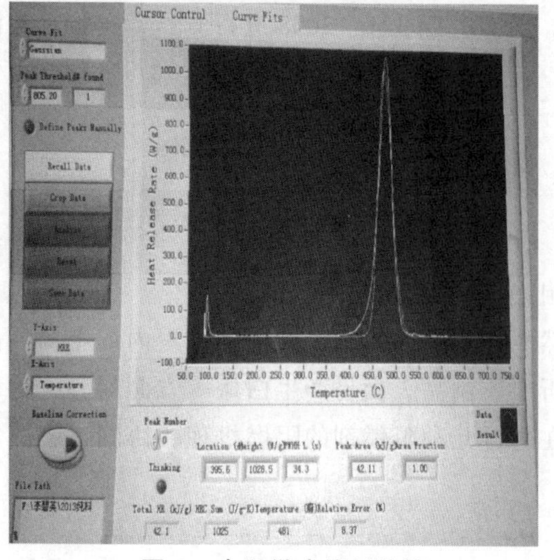

图 1　未阻燃座椅料热值

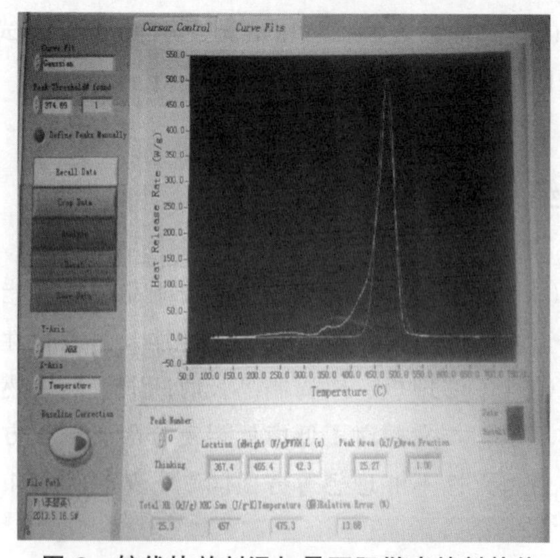

图 2　较优协效剂添加量下阻燃座椅料热值

由上述图表可以看出，阻燃后座椅料的热值由 42.1 kJ/g 下降到 25.3 kJ/g，热释放速率峰值也由 1 028.5 W/g 下降到 465.4 W/g，显著地降低了座椅材料在火场中的热值贡献。另一方面，由表 2 可以看出，随着协效剂量的增加，材料的热值和热释放速率峰值均先降低后升高，当协效剂添加量为 0.98%～1.08%时，氧指数由 32%增加到 34%，且座椅材料的热值相对较低。另外从座椅材料的力学性能来看，随着阻燃协效剂添加量的增加，材料的力学性能呈逐步下降趋势。综合材料的力学性能及燃烧性能，当阻燃协效剂添加量为 0.98%～1.08%时，座椅材料的热值及力学性能均相对较优。

4 结论

通过以上研究得出以下结论：

（1）通过对低卤低毒复合阻燃剂的研究，结果表明，当卤锑系阻燃剂添加量与膨胀型无卤阻燃剂添加量分别为 7.0%和 25%时，材料的氧指数达到 32%，且座椅制品着火后离火即可熄灭，为相对较优添加比例。

（2）通过研究阻燃协效剂对聚丙烯材料性能的影响研究，结果表明，当协效剂添加量为 0.98%～1.08%时，座椅材料的燃烧性能满足 GB 8624—2012B1 级燃烧标准要求，同时氧指数达到 34.3%，座椅料的热值由 42.1 kJ/g 下降到 25.3 kJ/g，热释放速率峰值也由 1 028.5 W/g 下降到 465.4 W/g，显著地降低了座椅材料在火场中的热值贡献。

作者简介：李碧英（1979—），女，硕士研究生，主要研究方向：阻燃塑料，防火保温材料。
联系电话：13408568563；
电子信箱：libiying980321@163.com。

高熔点有机磷系阻燃剂的合成及其应用研究*

杨志义　陈 磊　张志业　王辛龙　陈晓东　杨 林
（四川省成都市四川大学化学工程学院）

【摘　要】 针对低熔点有机磷系阻燃剂包装和运输的困难以及阻燃复合材料的加工难度大等缺点，论文介绍了一种高熔点有机磷系阻燃剂的合成工艺，并采用傅里叶红外光谱（FTIR）、差示扫描量热法（DSC）、氢谱（^{1}H-NMR）、磷谱（^{31}P-NMR）、碳谱（^{31}P-NMR）和质谱（MS）等常用的分析测试方法证明了对苯二酚双（二苯基磷酸酯）（HDP）和对苯二酚双[二（1-甲基-2苯基）磷酸酯]（HMP）的合成工艺是成功的。并且测得HDP的熔点大约90 °C，HMP的熔点大约98 °C。将间苯二酚双（二苯基磷酸酯）（RDP）、HDP和HMP分别添加到丙烯腈-丁二烯-苯乙烯（ABS）和成炭剂酚醛树脂（NP）中制备阻燃复合材料，并对其进行极性氧指数（LOI）性能测试和垂直燃烧测试，证明HDP复合材料和HMP复合材料阻燃效果更好，可以取代RDP。通过评估高熔点有机磷系阻燃剂的单位生产成本可知该合成工艺路线具有较好的经济效益。

【关键字】 高熔点；阻燃效果；成本

1 引 言

市场上的有机磷磷酸酯阻燃剂基本上为液体，例如RDP，RDP的缺点是在制备高分子阻燃复合材料过程中，加工难度大；包装和运输困难。高熔点有机磷系阻燃剂凭借优越的阻燃性能、高熔点、热稳定性、挥发温度、无卤性和相容性会有很好的应用前景。因为高熔点有机磷系阻燃剂有较高的熔点，所以加工难度小；包装和运输方便，同时低熔点阻燃剂在材料中容易迁移到表面，寿命相对较短，而高熔点阻燃剂在材料中不容易迁移到表面，因此寿命更长，所以HDP和HMP可以替代RDP。本文介绍了高熔点有机磷系阻燃剂的合成和应用进展。

2 实验部分

2.1 高熔点有机磷系阻燃剂的合成

本文所介绍的高熔点有机磷系阻燃剂的合成主要分为两步反应。

第一步反应：以过量的三氯氧磷和对苯二酚为原料，以无水三氯化铝为反应催化剂，反应温度控制在80 °C，反应30 min，得到中间产物对苯二酚四氯双磷酰氯，经减压蒸馏除去未反应的三氯氧磷，得到较纯的固体中间产物。第一步基本反应方程式如下：

$$\mathrm{HO{-}C_6H_4{-}OH} + \mathrm{Cl_2P(=O)Cl} \xrightarrow[\triangle]{\mathrm{Cat}} \mathrm{Cl{-}P(=O)(Cl){-}O{-}C_6H_4{-}O{-}P(=O)(Cl){-}Cl} \quad (1)$$

* 本论文得到了国家高技术研究发展计划的支持（项目编号2011AA06A106）。

第二步反应：将中间产物对苯二酚四氯双磷酰氯加入到过量的酚类中，以无水三氯化铝为反应催化剂，在 120℃ 条件下反应 2 h，最终得到粗产品 HDP（R 为 H）和 HMP（R 为 CH_3）。第二步基本反应方程式如下：

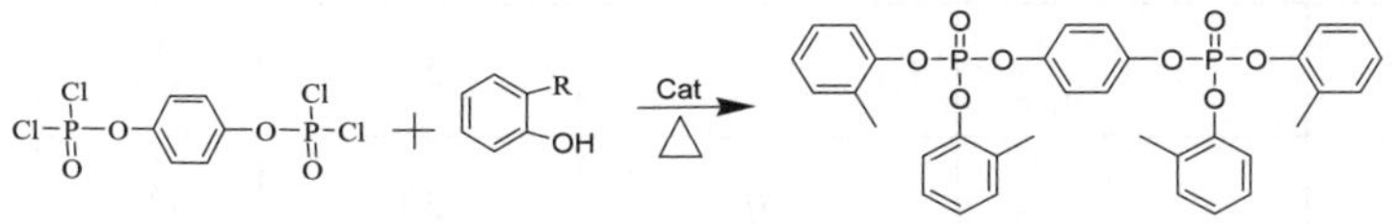

（2）

反应得到的粗 HMP 中含有杂质。整个除杂过程主要包括酸洗、碱洗和水洗过程。最后在冷水中结晶。经过滤、干燥得到产品[1]。

2.2 复合材料的制备

根据表 1～表 3 分别进行称样、混样、成塑、压板和切制备复合材料以备氧指数测试和垂直燃烧的测试。

表 1　RDP，NP 和 ABS 的称样数据表

样品序号	ABS 含量（%）	RDP 含量（%）	NP 含量（%）	LOI（%）	UL-94
ABS/RDP/NP -1	70	0	30	26.2	Failed
ABS/RDP/NP -2	70	5	25	29.6	Failed
ABS/RDP/NP -3	70	10	20	28.9	Failed
ABS/RDP/NP -4	70	15	15	25.8	Failed
ABS/RDP/NP -5	70	20	10	23.7	Failed
ABS/RDP/NP -6	70	25	5	23.3	Failed
ABS/RDP/NP -7	70	30	0	22.5	Failed

表 2　HDP，NP 和 ABS 的称样数据表

样品序号	ABS 含量（%）	HDP 含量（%）	NP 含量（%）	LOI（%）	UL-94
ABS/RDP/NP -1	70	0	30	26.0	Failed
ABS/RDP/NP -2	70	5	25	29.0	Failed
ABS/RDP/NP -3	70	10	20	31.0	Failed
ABS/RDP/NP -4	70	15	15	26.0	Failed
ABS/RDP/NP -5	70	20	10	23.6	Failed
ABS/RDP/NP -6	70	25	5	23.0	Failed
ABS/RDP/NP -7	70	30	0	22.5	Failed

表 3　HMP，NP 和 ABS 的称样数据表

样品序号	ABS 含量（%）	HDP 含量（%）	NP 含量（%）	LOI（%）	UL-94
ABS/RDP/NP -1	70	0	30	24.9	Failed
ABS/RDP/NP -2	70	5	25	29.7	Failed
ABS/RDP/NP -3	70	10	20	33.5	V-1
ABS/RDP/NP -4	70	15	15	29.0	Failed
ABS/RDP/NP -5	70	20	10	24.1	Failed
ABS/RDP/NP -6	70	25	5	23.1	Failed
ABS/RDP/NP -7	70	30	0	22.2	Failed

3　结果与讨论

3.1　高熔点有机磷系阻燃剂的结构表征

本文对阻燃剂 HDP 的结构分析主要采用 FTIR、DSC、1H-NMR、31P-NMR、13C-NMR 和 MS 等常用的分析测试方法。

图 1 和 2 为阻燃剂 HMP 的傅里叶红外光谱图。从图中出现的几个强吸收峰基本可以确定 HMP 的化学键组成。其中，在 1 585 ~ 1 461 cm^{-1} 之间的吸收峰为苯环中 C═C 双键的伸缩振动，1 301 cm^{-1}、1 304 cm^{-1} 处吸收峰为 P═O 的伸缩振动，1 217 ~ 969 cm^{-1} 的吸收峰为 P—O—C（芳香基）的振动吸收峰[2, 3]。

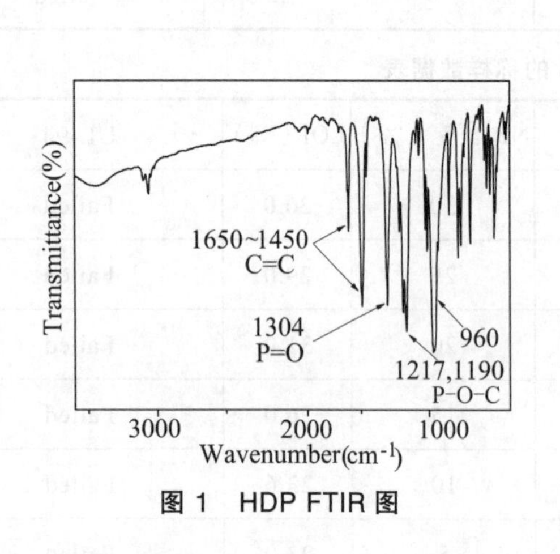

图 1　HDP FTIR 图

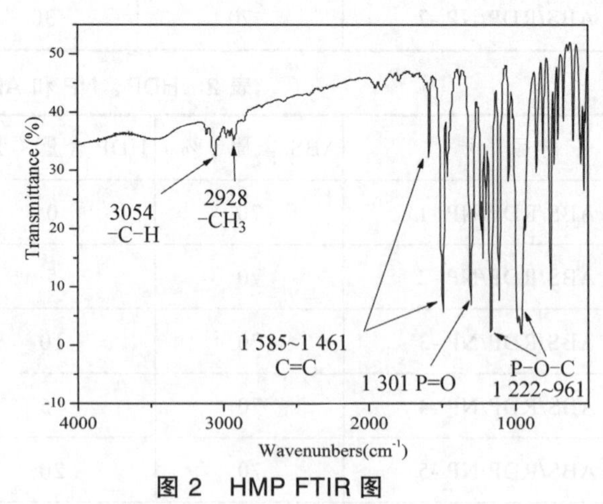

图 2　HMP FTIR 图

通过图 3 和图 4 的 DSC 图可以说明，阻燃剂 HDP 和 HMP 相比常温下为液体的有机磷阻燃剂 RDP、BDP 和常温下固体的 HDP 而言，其具有更高的熔点。HDP 的熔点大约为 90 °C，HMP 的熔点大约为 98 °C。

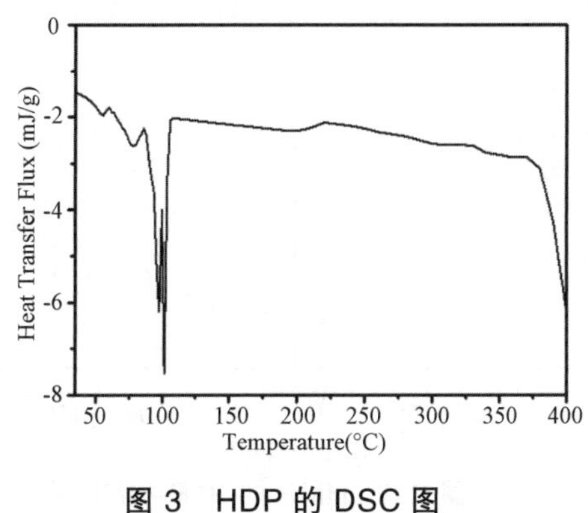

图 3　HDP 的 DSC 图

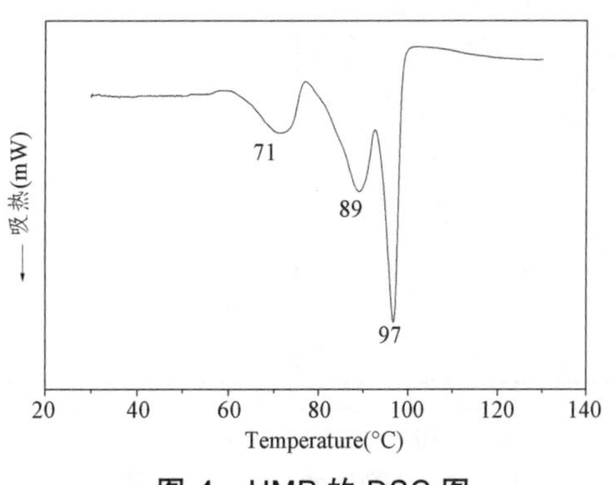

图 4　HMP 的 DSC 图

图 5 中 7.45 ppm 位置是苯酚结构中的间位氢原子振动产生的吸收峰，7.38 ppm 为对苯二酚中的 4 个氢原子振动产生的吸收峰，7.30 ppm 是苯酚结构中的邻位和对位氢原子振动产生的吸收峰，同时从图谱中能够看到非常小的水峰，说明产品中含有少量的水。通过以上的氢原子键结构分析，其分析结果与红外光谱的分析结果一致，基本能够确定产品的分子结构为设计的阻燃剂 HDP 的结构。

图 6 中 7.42 ppm 为邻甲酚结构中的与甲基对位和甲基邻位上氢原子振动产生的吸收峰，7.28 ppm 为对苯二酚中的 4 个氢原子振动产生的吸收峰，7.15 ppm 为邻甲酚结构中的酰基对位和酰基邻位上氢原子振动产生的吸收峰，2.17 ppm 是苯甲基-CH_3 上氢原子振动产生的吸收峰。同时，从 ^{1}H NMR 谱图中还能够看到非常小的水峰，说明产品中含有少量的水。通过上述氢原子键结构分析，其分析结果与红外光谱的分析结果基本一致，基本能够确定产品的分子结构为实验设计的阻燃剂 HMP 的结构[3]。

（3）

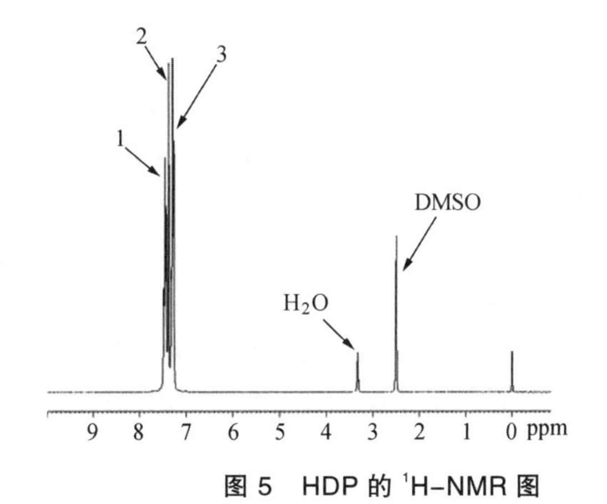

图 5　HDP 的 ^{1}H-NMR 图

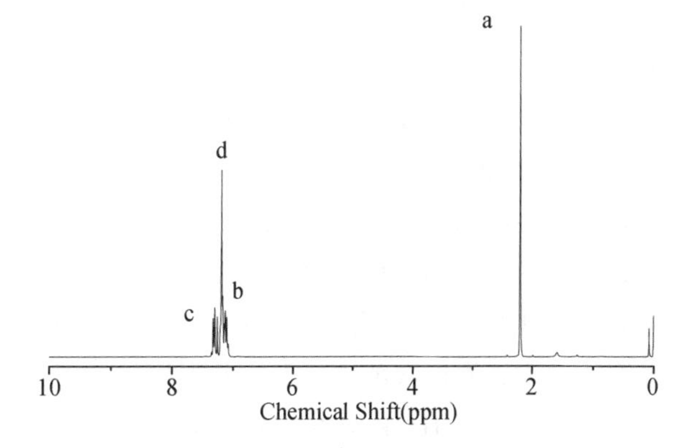

图 6　HMP 的 ^{1}H-NMR 图

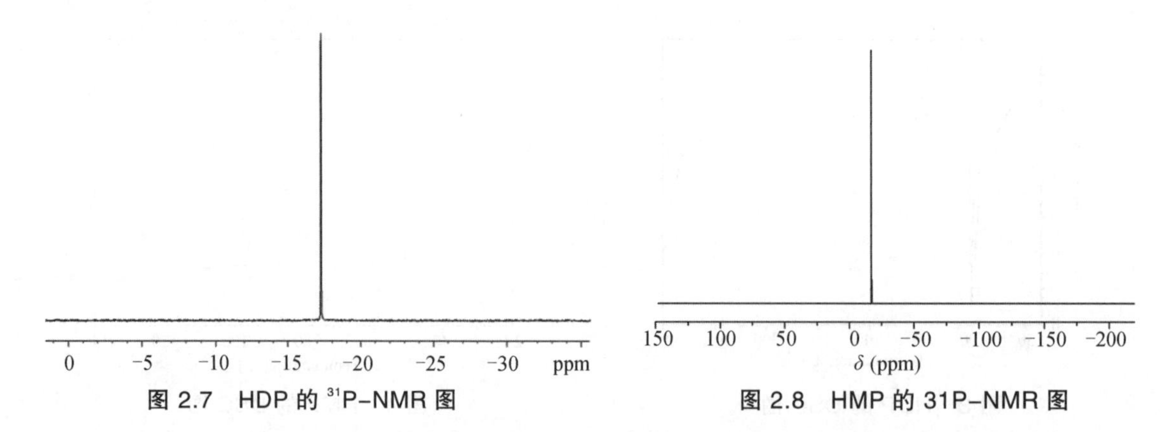

图 2.7　HDP 的 ^{31}P-NMR 图　　　　图 2.8　HMP 的 31P-NMR 图

图 7 和图 8 中都只有一个 P 原子的出峰位置，说明两种化合物中，不存在含磷杂质。

图 9 中，吸收峰的位置为 HDP 与一个钠离子（Na^+）结合后的分子量，测试结果分子质量为 597.085 4，钠离子质量为 22.989 8，则 HDP 的分子质量为 574.095 6，与理论分子质量 574.094 1 非常接近，同时分子组成为 $C_{30}H_{24}O_8P_2$ 与理论组成一致，所以可以确定 HDP 化合物结构[2]。

如图 10 所示所对应的 C 原子如下：149 ppm 附近是 C—O—P 键振动产生的吸收峰；147 ppm 附近是对苯二酚中间位碳原子振动产生的吸收峰；其余 6 处的峰分别为苯甲基-CH_3 所在苯环上的六个碳原子的振动产生的吸收峰；16.23 ppm 附近是苯甲基-CH_3 上碳原子振动产生的吸收峰；77 ppm 附近是氘代氯仿中的碳原子振动产生的吸收峰。通过以上的碳原子键结构分析，进一步能够确定产品的分子结构为设计的阻燃剂 HMP 的结构。

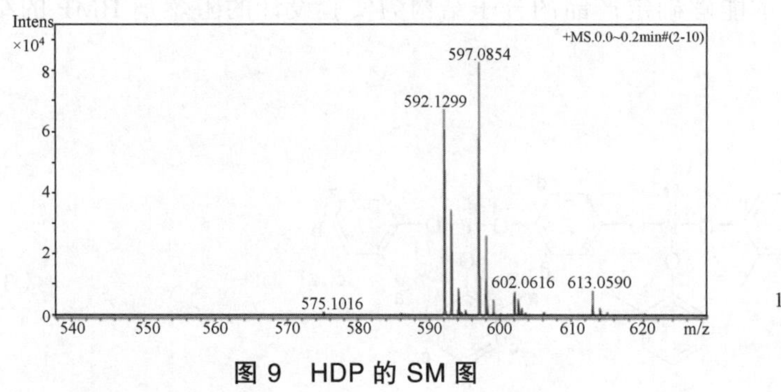

图 9　HDP 的 SM 图

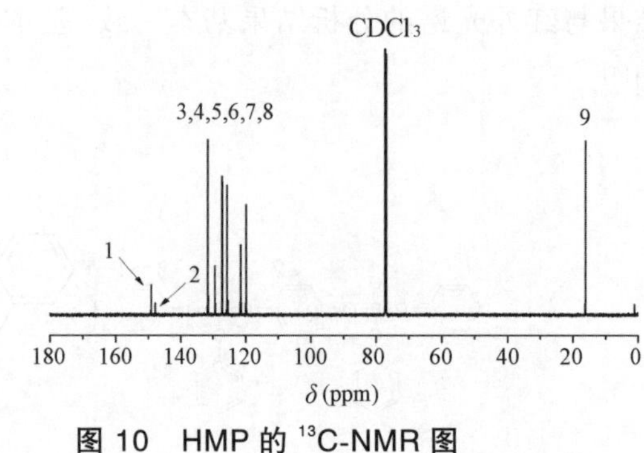

图 10　HMP 的 ^{13}C-NMR 图

3.2　阻燃效果

3.2.1　复合材料的 LOI 测试

通过表 1 ~ 表 3 作出图 11。由图 11 可知阻燃剂与 NP 的添加比例从 1∶2 到 5∶1 的范围内变化时，ABS/RDP/NP、ABS/HDP/NP、ABS/HMP/NP 的阻燃效果依次增强。首先观察 ABS/HDP/NP 复合材料测试曲线，当 HDP 与 NP 的添加比例较高时，其阻燃性能较差，随着 HDP 与 NP 添加比例的降低，复合材料的阻燃性能随之增加，当 HDP 与 NP 的添加比例为 2∶1 时，ABS/HDP/NP-3 的氧指数达到最大值 31.0，之后随着 HDP 与 NP 的添加比例降低又开始逐渐减小。

观察 ABS/HMP/NP 复合材料测试曲线，当 HMP 与 NP 的添加比例高于 2∶1 时，随着阻燃剂与成炭剂比例的增大，氧指数随之降低，但添加比例低于 2∶1 之后，随着阻燃剂与成炭剂比例的减小，氧指数也随之下降。当 HMP 与 NP 的比值为 2∶1 时，ABS/HMP/NP-3 的氧指数值达到最大值 33.5。

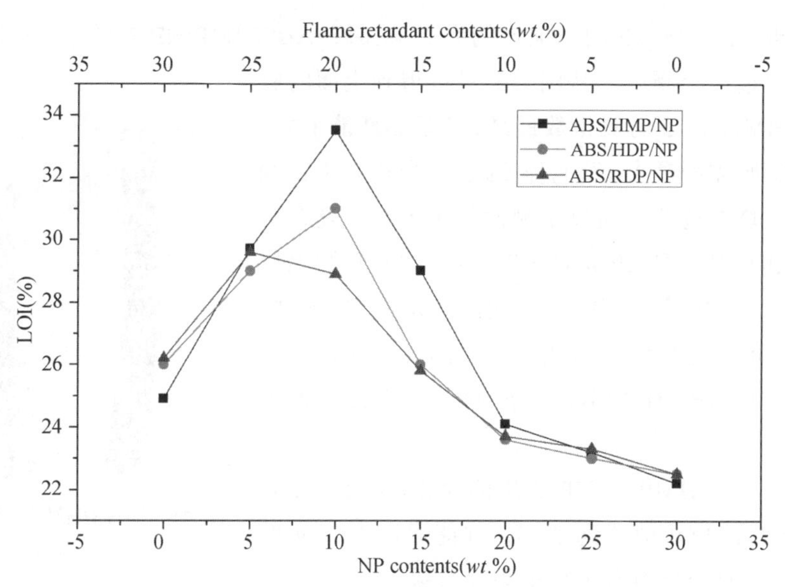

图 11　三个复合材料系列的 LOI 测试

ABS/RDP/NP 复合材料的氧指数变化趋势也是先增后减，但是当 RDP 与 NP 的添加比例为 1：1 时，ABS/RDP/NP-4 的氧指数达到最大值 29.6 明显低于 ABS/HDP/NP 的氧指数最大值 31.0 和 ABS/HMP/NP-3 的氧指数最大值 33.5。所以 HDP 和 HMP 可以替代 RDP。

极性氧指数测试燃烧后的图片（如图 12、13、14 所示）。

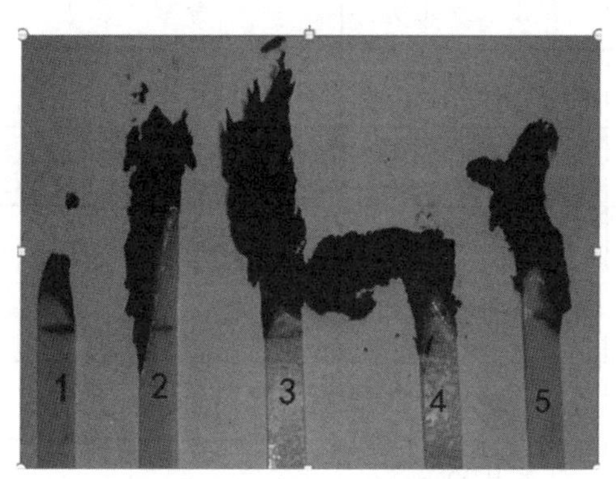

图 12　ABS/RDP/NP 复合材料燃烧照片

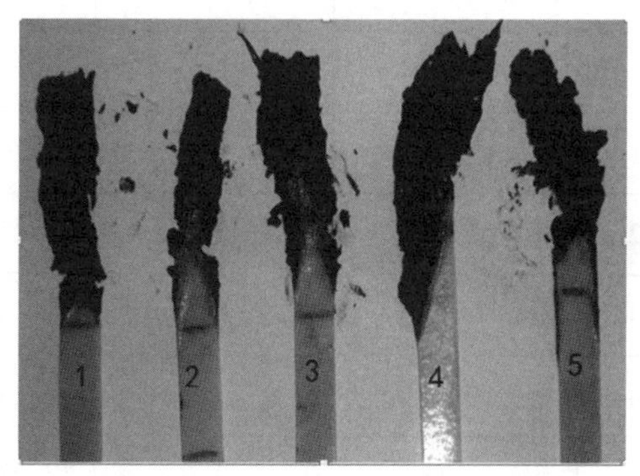

图 13　ABS/HDP/NP 复合材料燃烧照片

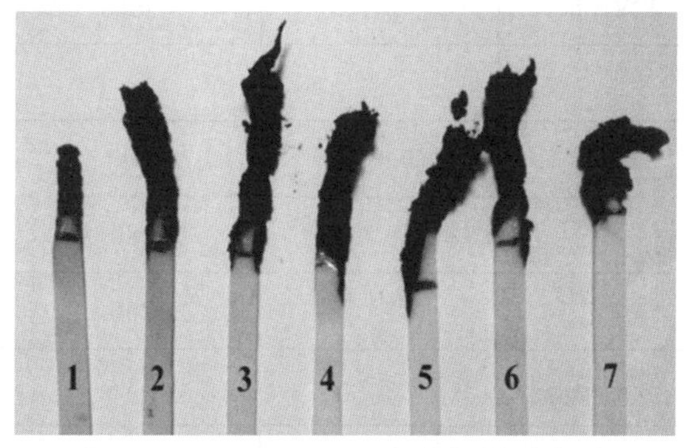

图 14　ABS/HMP/NP 复合材料燃烧图

3.2.2 阻燃复合材料的垂直燃烧分析

从表 3 可知，当 HMP 与 NP 的添加比例为 2∶1 时，ABS/HMP/NP-3 复合材料通过了 V-1 级，而其他的样品都没有通过这个测试。从图 15 可以得到全面的验证。复合材料 ABS/HMP/NP-3 的氧指数最高，其阻燃性能最好，其燃烧之后残炭的膨胀体积最大、发泡程度最好，所以在 UL-94 测试中基本上没有燃烧的迹象，通过了测试的 V-1 级。复合材料 ABS/HMP/NP-2 和复合材料 ABS/HMP/NP-4 虽然有轻微燃烧的痕迹，完全没有滴落的现象，远不如复合材料 ABS/HMP/NP-3，这也正是它们氧指数、残炭的膨胀体积、发泡程度都不如复合材料 ABS/HMP/NP-3 好的缘故，其阻燃性也不如后者。

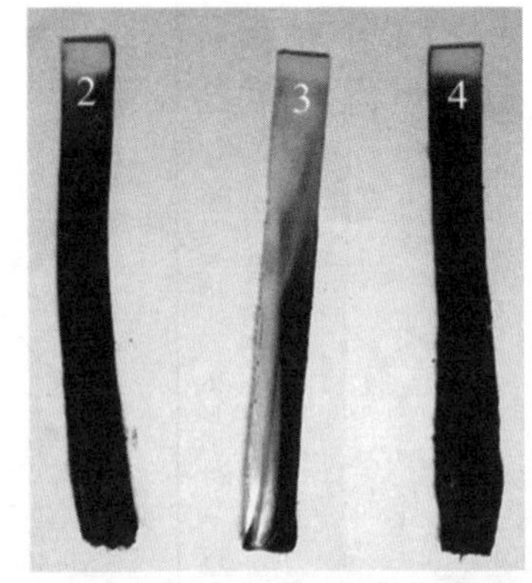

图 15 ABS/HMP/NP 复合材料 UL-94 测试燃烧图

由以上分析可知，当 HMP 与 NP 的比例为 2∶1 时，复合材料 ABS/HMP/NP-3 的 LOI 值达到 33.5，并能通过 UL-94 的 V-1 级，比其他组成的复合材料有更好的阻燃效果。

3.3 生产成本的估算

3.3.1 HDP 生产成本的估算

单位生产成本估算如表 4 所示。

表 4 单位生产成本估算表

项 目	单 位	消耗定额	单价（万元）	金额（元）	
1 原材料				15 682	
1.1 三氯氧磷		0.682	0.50	3 410	
1.2 对苯二酚		0.221	3.00	6 630	
1.3 苯酚	吨	0.694	0.75	5 205	
1.4 氯化铝		0.011	0.25	275	
1.5 草酸		0.018 2	0.45	82	
1.6 氢氧化钠		0.032	0.25	80	
2 动力电	kW · h	70	0.6	42	
3 副产品					118
3.1 氯化氢	吨	0.395	0.03		118
4 生产费用			280	280	
5 工资和福利费			260	260	
6 资产折旧			333	333	
7 生产成本				16 597	

3.3.2 HMP 生产成本的估算

单位生产成本估算如表 5 所示。

表 5 单位生产成本估算表

项 目	单位	消耗定额	单价（万元）	金额（元）	
1 原材料				21 958	
1.1 三氯氧磷		0.617 36	0.50	3 087	
1.2 对苯二酚		0.200	3.00	6 000	
1.3 邻甲酚	吨	0.746	1.70	12 682	
1.4 氯化铝		0.010 90	0.25	25	
1.5 草酸		0.018 2	0.45	82	
1.6 氢氧化钠		0.032 8	0.25	82	
2 动力电	kW·h	70	0.6	42	
3 产品	吨				108
3.1 氯化氢		0.360	0.03		108
4 生产费用			280	280	
5 工资和福利费			260	260	
6 资产折旧			333	333	
7 生产成本				22 873	

RDP 的市场价格是 30 000 元/吨，所以 HDP 凭借其优异的阻燃性能和廉价的成本，会有很大的利润空间。

4 总 结

本文主要研究了高熔点有机磷系阻燃剂 HDP 和 HMP。通过 FTIR、DSC、^{1}H-NMR、^{31}P-NMR、^{13}C-NMR 和 MS 等常用的分析测试方法证明了 HDP 和 HMP 的合成工艺是成功的。通过 DSC 测试得出 HDP 的熔点大约为 90 °C，HMP 的熔点大约为 98 °C。通过和常温下为液态的有机磷系阻燃剂作对比，可以得出结论：在有 ABS 和 NP 的参与下，HDP 和 HMP 相对于 RDP 有更加优良的阻燃效果。

参考文献

[1] 付全军，王辛龙，张志业，等. 磷酸酯阻燃剂 HDP 的合成新工艺及其在 ABS 中的阻燃作用[J]. 高分子学报，2013，2:166-173.

[2] Yanyan Ren, Lei Chen, Zhiye Zhang, et al. Synergistic effect of hydroquinone bis（di-2-methylphenyl phosphate）and novolac phenol in ABS composites[J]. Polym Degrad Stab（IF = 2.633）, 2014, 109（1）: 285-292.

聚磷酸铵的表面改性及其在聚丙烯中的阻燃性

肖 洁 杨 林 王辛龙 张志业 陈晓东
（四川省成都市四川大学化工学院）

【摘 要】 采用原位聚合法，用三聚氰胺甲醛树脂（MF）和丙烯酸树脂（BA）对聚磷酸铵（APP）进行双层包覆改性得到BMFAPP。将改性前后物质用于阻燃聚丙烯（PP）复合材料，用极限氧指数仪（LOI）、水平垂直燃烧测试仪（UL-94）测定复合材料阻燃性能，结果表明微胶囊化的聚磷酸铵具有更好的阻燃性和抗水性。

【关键字】 聚磷酸铵；改性；聚丙烯；阻燃性

1 引 言

随着高分子材料在各个领域的广泛应用，高分子材料在给生产生活带来巨大利益的同时也带来了潜在的火灾隐患，所以如何提高高分子材料的阻燃性能，已引起了国内外研究者的广泛关注。以聚磷酸铵为主的膨胀型阻燃剂（IFR）作为一种环境友好型的无机阻燃剂，由酸剂、成碳剂和发泡剂三部分组成，受热燃烧时，可在表面形成一层均匀的具有良好的热稳定性的炭质泡沫结构物，从而起到隔热、隔氧、抑烟等作用，并能防止熔滴，具有很好的阻燃效果。相比于传统的含卤阻燃剂，膨胀型阻燃剂更加亲和环境，但由于聚磷酸铵的制备受到生产条件的限制，在现有的工艺和设备条件下，得到的 APP 的聚合度都比较低，因此其疏水性能很差[1-3]。APP 为无机聚合物，其极性很强，将其单独添加到高分子材料中时会出现与高分子材料不相容的问题。因此，为使 APP 作为高分子材料的优良阻燃剂，必须对其进行适当的表面改性处理[4-7]，改善它的水溶性以及与高分子材料的相容性，从而达到期望的完美目的。

2 实验方法

2.1 MFAPP 的合成方法

在 1000 ml 三口烧瓶中加入一定量的 APP 溶液，再加入约 100 ml 水控制其 pH 值约为 5 ~ 6 的范围，在搅拌的情况下于集热式恒温加热水浴锅中进行加热以备用，加热温度为 85 °C；同时在另一边，准确称量 25.2 g 三聚氰胺粉末、44 ml 甲醛溶液和 50 ml 去离子水浴 500 ml 的三口烧瓶中，在搅拌的情况下在 80 °C 的集热式恒温加热水浴锅中进行加热，直至烧瓶里溶液由浑浊变澄清，迅速转移到前面备用好的 1 000 ml 三口烧瓶中，保持 85 °C 的温度继续反应 2 h。反应完成后将溶液转移到培养皿中于 105 °C 的烘箱烘干至恒重即可得到经过 MF 树脂改性后的聚磷酸铵产物。预聚体 MFAPP 的配料比如表 1 所示。

表 1　预聚体 MFAPP 的配料比

MF 树脂和 APP 的比值	MF 树脂预聚物的合成			APP-II（g）	纯水（ml）
	三聚氰胺（g）	甲醛（ml）	纯水（ml）		
1∶1	25.2	44	50	43	150
1∶1.5	25.2	44	50	64.6	150
1∶2	25.2	44	50	86	150

2.2　BMFAPP 的合成方法

于 250 ml 的恒压漏斗中分别准确量取一定量的丙烯酸丁酯单体和丙烯酸溶液，摇匀备用；然后在 250 ml 的三口烧瓶中加入 133.3 ml 乙醇作为溶剂，加入一定量上步实验得到的不同比例的 MFAPP-II 和 0.4 g 过氧化苯甲酰铵（BPO）作为引发剂。将加好物料的三口烧瓶于集热式恒温加热水浴锅中加热并搅拌，直至温度为 85 °C 时将准备好的恒压漏斗中的液体架于三口烧瓶中，控制液体的滴加流速，使其在一个小时内全部滴加完全，保持该温度继续反应 4 h，使其进一步发生聚合。最后将反应好的液体倒入培养皿中于 85 °C 的烘箱中干燥至恒重，即得到两步改性后的聚磷酸铵产品。合成 BMFAPP 的配料比如表 2 所示。

表 2　合成 BMFAPP 的配料比

包覆有机物含量（%）	溶液总量（g）	固含量（%）	乙醇（ml）	MFAPP（g）	丙烯酸丁酯（ml）	丙烯酸（ml）	引发剂 BPO（g）
10	200	40	133.3	72	9.0	0.02	0.4
20	200	40	133.3	64	18.0	0.04	0.4
30	200	40	133.3	56	27.0	0.05	0.4
40	200	40	133.3	48	36.0	0.07	0.4
50	200	40	133.3	40	44.9	0.09	0.4
60	200	40	133.3	32	53.9	0.11	0.4

3　表征方法

3.1　水溶性测定

称取 4 g BMFAPP 样品于 250 ml 烧杯中，用量筒准确量取 100 ml 纯水加入其中，用保鲜膜封住烧杯口，以免其他杂质掺入，然后在搅拌的情况下于集热式恒温加热水浴锅中保温 1 h，保温温度为 25 °C。等到 BMFAPP 充分溶解于纯水中，取出静置 1 h 后过滤。过滤需过滤两次，第一次先用两层 ϕ 11 mm 的慢性定量滤纸在玻璃漏斗进行过滤，将所得滤液用保鲜膜封住再静置 1 h，然后再一次使用用两层 ϕ 11 mm 的慢性定量滤纸在玻璃漏斗进行过滤。最后将所得的滤液用 20 ml 的移液管准确移取 20 ml

滤液于 50 ml 的小烧杯中（事先记录好小烧杯的质量为 m_1，进行两次平行实验），放到烘箱里在 100 °C 的温度下干燥至恒重，冷却后称其重量为 m_2。

最后 BMFAPP 的水溶性的测定结果为两次平行实验所得结果的算术平均值，要求两次平行实验测定结果的绝对差值不得大于 0.1 g/（100 ml 纯水）。

3.2 材料的阻燃性能分析

在实验室条件下，最有效地评价材料燃烧性能等级的方法有极限氧指数法（LOI）和垂直燃烧法（UL-94 等级测试）。

极限氧指数的测试方法：把 100 mm × 10.5 mm × 3 mm 的测试样条在其一端 50 mm 处用黑色签字笔做出一道标记，然后将样条垂直夹持于透明燃烧筒内，通入一定比例的氮氧气流。将测试样条的上端点燃并开始记录燃烧时间，观察随后的燃烧现象，当测试样条在 3 min 内刚好燃烧至先前做好 50 mm 标线时，此时的氧指数就是该样条极限氧指数值。

UL-94 等级的测试方法：将 100 × 13 × 3 mm 的测试样条夹在垂直燃烧法测定仪的架子上，控制火苗移动到测试样条的正下方进行多次点燃测试，依据《塑料燃烧性能的测定水平法和垂直法》（GB/T 2408.2—2008）的规定，得出样条的 UL-94 等级。

4 结果与讨论

4.1 水溶性分析

BMFAPP 的溶性测试结果如表 3 所示。

表 3 BMFAPP 的水溶性测试结果（g/100 ml 纯水）

水溶性	1∶1	1∶1.5	1∶2
10%	0.61	0.65	0.67
20%	0.53	0.54	0.57
30%	0.49	0.44	0.50
40%	0.46	0.47	0.45
50%	0.46	0.45	0.48

未经包覆改性的 APP 水溶性为 0.42 g/100 ml 纯水，经过 MF 第一层包覆改性得到的 MFAPP 的水溶性为 0.76，其中 MF/APP 为 1∶1，则 APP 为 0.38 g/100 ml 纯水。MFAPP 经过第二层包覆改性得到的 BMFAPP 的水溶性为 0.61，则 APP 为 0.27 g/100 ml 纯水。其抗水性能明显加强。从表 3 中也可以看出，当 MF/APP 的比值不变时，BMFAPP 的水溶性随着 BA 的包覆量的增加而呈下降的趋势，当 BA 包覆量大于 40%时，BMFAPP 的水溶性则几乎不变。以上的结果表明了通过改性后 APP 的抗水性能确实得到了很大改善。

4.2 复合材料的阻燃性能分析

选择第一层包覆改性后产物和第二层包覆改性后产物(MF/APP = 1 : 1(摩尔比),BA 包覆为 10%)和 APP 分别加入 PP 中，测试其阻燃性能，得到的结果如表 4 所示。

表 4 为复合材料的极限氧指数值（LOI）和 UL-94 测试的数据。从表 4 中可以看出当 APP 的添加量相同时，PP/MFAPP/PER 和 PP/BMFAPP/PER 的 LOI 值都大于 PP/APP/PER，且更加容易通过 UL-94 测试。当 APP 的添加量为 6%时，PP/BMFAPP/PER 的 LOI 值略大于 PP/MFAPP/PER，当 APP 的添加量为 9%和 12%时，PP/MFAPP/PER 和 PP/BMFAPP/PER 的 LOI 值非常接近。且当 APP 的添加量为 12%时 PP/MFAPP/PER 和 PP/BMFAPP/PER 在 UL-94 中达到 V-0。这是因为，虽然第二层包覆物质 BA 为易燃性材料，但双层包覆结构有利于形成稳定的炭层结构。

表 4 复合材料的阻燃性能测试结果

Sample	APP-II（*wt* %）	PP（*wt* %）	BA（*wt* %）	PER（*wt* %）	LOI（%）	UL-94
Pure PP-1	0	100	0	0	19	RN
PP/PER-2	0	92	0	8	20.4	RN
PP/APP-II/PER-3	6	86	0	8	25.9	RN
PP/APP-II/PER-4	9	83	0	8	27.5	RN
PP/APP-II/PER-5	12	80	0	8	31.9	V-0
PP/MFAPP-II/PER-6	6	83	0	8	27.8	RN
PP/MFAPP-II/PER-7	9	78.5	0	8	30.5	V-1
PP/MFAPP-II/PER-8	12	74	0	8	34.0	V-0
PP/BMFAPP-II/PER-9	6	82	1	8	28.2	RN
PP/BMFAPP-II/PER-10	9	77	1.5	8	29.8	V-1
PP/BMFAPP-II/PER-11	12	72	2	8	33.3	V-0

5 结 论

用三聚氰胺甲醛树脂和丙烯酸树脂对 APP 进行双层包覆改性。比较一层包覆和双层包覆改性得到的产物 MFAPP、BMFAPP 以及 APP 的水溶性，得出 BMFAPP 的水溶性大大提高。LOI 和 UL-94 结果显示复合材料 PP/BMFAPP/PER 的极限氧指数值明显高于 PP/APP/PER，且与 PP/MFAPP/PER 的极限氧指数值接近。改性后的 APP 能形成炭层，提高了复合材料的阻燃性，能通过 UL-94 测试的 V-0 级。

参考文献

[1] 梁诚. 聚磷酸铵合成技术和应用进展[J]. 塑料科技，2005，2：60-64.

[2] 吴育良，王长安，许凯，等. 无卤磷系阻燃聚合物研究进展[J]. 高分子通报，2005，6：37-42.

[3] 高峰，朱梦如. 有机磷系阻燃剂的研究与应用[J]. 武警学院学报，2009，25（4）：9-12.

[4] P. Kiliaris, C.D. Papaspyrides, R. Xalter Study on the properties of polyamide 6 blended with melamine polyphosphate and layered silicates [J]. Polym Degrad Stab2012，（17）:1215-1222.
[5] 曹堃，王开立，姚臻. 聚磷酸铵的改性及其对聚丙烯阻燃特性的研究[J]. 高分子材料科学与工程，2007，23（4）：136- 139.
[6] 耿妍，陶杰，崔益华，等. 聚磷酸铵微胶囊化的工艺研究[J]. 玻璃钢/复合材料，2006，（3）:39- 41.
[7] 洪晓东，黄金辉，梁兵. 微胶囊聚磷酸铵的制备及其阻燃环氧树脂的性能研究[J]. 涂料工业，2012，42（12）：7-10.

作者简介：肖洁，四川省成都市四川大学化工学院。
通信地址：四川省成都市一环路南一段24号四川大学化学工程学院，邮政编码：610225；
联系电话：15208206545。

我国阻燃 PVC 壁纸研究现状及国内外相关标准

张　波

（甘肃省庆阳市公安消防支队）

【摘　要】 本文综述了我国 PVC 壁纸的研究现状以及国内外相关的测试标准，指出了阻燃 PVC 壁纸研究和生产目前面临的困难及国内发展趋势。

【关键词】 阻燃；PVC；壁纸；标准

1 前　言

壁纸作为房间的一种内装饰材料，不仅广泛应用于饭店宾馆等公共场所，而且随着人民生活水平和住宅条件的改善，已步入千家万户。装饰壁纸，虽然可以美化房间，但由于一般使用的壁纸都是易燃的，这就潜存着火灾危险。一旦房间发生火灾，就可能引燃壁纸，或使火焰沿壁纸蔓延，使火势扩大。从防火安全的角度出发，研制和使用不燃或阻燃的壁纸很有必要。

目前使用量最大的壁纸是 PVC 壁纸，PVC 壁纸通常由纸基层和 PVC 面层组成。PVC 分子中含氯达 56%，是一种自熄性聚合物，其极限氧指数>45%。但在墙纸生产过程中，为了使墙纸富有弹性和柔软性，需要在 PVC 中加入 30%～80%的增塑剂。当 PVC 由于增塑剂或其他添加剂的稀释作用而使其总含氯量降到约 30%时，制品的氧指数将大大下降。如表 1 所示是广泛使用的增塑剂邻苯二甲酸二辛酯（DOP）用量对 PVC 燃烧性能的影响。

表 1　增塑剂用量对 PVC 燃烧性能的影响

PVC（份）	100	100	100	100	100	100	100
DOP（份）	0	30	40	50	60	70	80
氧指数（%）	45～49	23.5	23.2	22.8	22.0	21.6	20.6

壁纸的 PVC 面层糊料中增塑剂的含量可多达 70 份（100 份 PVC），基纸的氧指数一般为 19～20，复合而成的 PVC 壁纸，其氧指数在 21 左右，容易燃烧。

2 研究现状

PVC 墙纸的阻燃处理目前分为 PVC 面层的阻燃处理和基纸的阻燃处理两个过程。

2.1 面层的阻燃处理

对 PVC 面层进行阻燃处理最常用的方法是加入三氧化二锑（Sb_2O_3）。Sb_2O_3 用量在 5%左右时，制

品的氧指数随 Sb_2O_3 用量的增加而明显提高；当 Sb_2O_3 用量增至 10%左右时，制品氧指数随 Sb_2O_3 用量增加而提高的趋势渐渐平缓；Sb_2O_3 用量再增加，制品的氧指数无明显增加。在 PVC 100 份、DOP 50 份、稀释剂 10 份、Sb_2O_3 10 份的条件下可测得制品氧指数为 25，因而难以使 PVC 墙纸，特别是高泡墙纸达到消防部门要求的阻燃指标，并且由于 Sb_2O_3 的加入，材料燃烧时的发烟量急剧增加。

PVC 燃烧的发展过程大致可分为分解、热引燃、燃烧传播、燃烧反应、燃尽等阶段。这些特点决定了阻燃的关键是控制材料的热引燃及抑制燃烧的传播速度。单纯加入 Sb_2O_3，主要靠 Sb_2O_3 与 PVC 热分解产生的 HCl 作用，生成氯氧化物：$Sb_2O_3+2HCl \rightarrow 2SbOCl+H_2O$。氯氧化锑受热继续分解，最后生成三氯化锑。三氯化锑可以在火焰温度下分解出 Cl^- 游离基捕捉火焰中的活性基团，如 H^+、HO^- 等，抑制燃烧的链反应，从而抑制火焰蔓延。

根据上述分析，Sb_2O_3 在抑制燃烧的传播速度方面显然是有效的，但若从控制材料的热引燃要求分析，虽然由于生成的 $SbCl_3$ 蒸汽比重大，覆盖在聚合物表面可部分起到隔氧的屏蔽作用，使燃烧延缓进行，但仅有这些作用仍是远远不够的。

在此基础上引进一些具有凝相阻燃机理的阻燃剂，部分改变 PVC 的热分解途径，使分解产物生成碳，从而减少可燃性气体的生成。另一方面，在 PVC 热解初期，促使阻燃剂分解发生大量吸热反应，抑制因热解温度急剧上升而引发燃烧。将这些具有不同阻燃机理的阻燃剂进行复合使用，则复配后的阻燃体系既能有效抑制火焰蔓延，又能有效抑制材料的热分解。

2.2 基纸的阻燃处理

2.2.1 在 PVC 面层塑化完成后对基纸进行阻燃处理

此方案的优点是基纸阻燃剂无需承受高温，因而对纸张的物理性能影响较小；缺点是必须在原有的设备基础上再增加一套基纸阻燃液涂复装置和基纸干燥装置，造成设备和厂房费用增加，且由于两次干燥，能耗大增[2]。

2.2.2 对基纸进行阻燃处理后再用于壁纸生产

此方案的优点是壁纸厂不必增加设备和能耗。缺点是对基纸的阻燃加工难度提高，因为它必须同时满足下列条件才能适用：

（1）基纸在高温下不变色。

（2）基纸在高温下仍有足够的强度。

（3）基纸在高温下不发脆、耐折。

目前多数墙纸生产厂选择后一方案，即希望由造纸厂直接提供阻燃基纸，而造纸厂为了争取基纸市场，也在全力研制阻燃基纸。

2.2.3 阻燃基纸生产所面临的困难

（1）采用不溶性阻燃剂如氢氧化铝、氧化锑等作为纸浆填料，从而使基纸达到阻燃。

此方法的最大困难是牵涉到工厂白水的利用程度，即与填料留着率有关。如果造纸厂的用水不是全封闭循环，则将造成阻燃剂大量流失，且污染环境。

（2）采用可溶性无机阻燃剂对基纸进行浸渍，从而达到阻燃。常用可溶性无机阻燃剂处理基纸的效果如表 2 所示。

表 2 基纸经不同阻燃剂处理后性能的变化

阻燃剂	180 °C 下烘烤 45 s 后基纸的性能	备注
空白样	拉力 3.4 kN/m；撕裂强度 480 mN；白度 80%	阻燃剂用量为 5%～10%，阻燃纸可达到离火自熄，氧指数为 28%～30%。
溴化铵	纸张白度 46%～47%，吸潮	
氯化铵	严重变黄，吸潮	
硫酸铵	严重变黄	
磷酸铵	严重变黄	
尿素	严重变黄	
聚磷酸铵	严重变黄	
硼酸/硼砂	不变色，但拉力下降 50%～60%，撕裂强度下降 70%～80%，极脆	

由表 2 可知，多数可溶性的无机阻燃剂在高温下均易分解而使纸张变黄。硼酸盐阻燃剂虽然不会使纸张变黄，但对纸张的强度及耐折度影响很大。

为了解决采用无机阻燃剂处理基纸所带来的纸张变黄等问题，惠州大学的周卫平等[3]采用有机阻燃剂乳化液处理墙纸基纸，并在其中适当加入增强剂补强，加入柔软剂改善手感及提高耐折度，虽然阻燃效果提高，但是撕裂强度下降超过 60%。

武警学院杨守生等采用的工艺是将规定量的阻燃剂加入一定量的水中，搅拌均匀，再加入所需量的原浆纸浸泡一定时间，在 50 °C 条件下用搅拌机搅拌碎浆，将纸浆稀释后进行抄纸、烘干。m（海泡石）：m（氯化石蜡）：m（三氧化二锑）为 7：1：2 时，对基纸有很好的阻燃效果，且对纸张的白度不产生负面影响；且该配比阻燃剂掺量在 30%时，基纸的强度较高，阻燃纸的阻燃性能达到 GB/T 14656—93 的要求[4]。

3 国内外阻燃壁纸检测标准

壁纸属内装修材料，国内外有代表性的内装修材料的燃烧性能测试标准主要有以下三种。

3.1 美国标准

美国《建筑材料表面燃烧特性的标准测试方法》（NFPA225）（等同于美国 $ASTME_{84}$，UL_{723}），即 25 英尺斯坦纳隧道试验。

此试验能于受控条件下在火焰冲击区提供温度为 1 400 °F（760 °C）的中等曝火环境，试样的尺寸相当大，足以模拟材料内部的接头和不均匀性产生的影响以及复合表面装饰材料的综合反应。方法是在加热炉上部的架子上安放宽 20 吋（508 mm），长 25 英尺（7.62 m）的试件，正面朝下，点燃燃烧器，观察试样面层的火焰蔓延情况，确定火焰蔓延值。石棉水泥板的火焰蔓延值为 0，红橡木板的火焰蔓延值为 100，测得样品的相对火焰蔓延指数，一般说来，测定值越高，燃烧危险性就越大。

美国《生命安全规范》（NFPA101）对内装修材料的分级如表 3 所示。

表3 美国《生命安全规范》(NFPA101)对内装修材料的分级

级别	火焰蔓延指数
A	0 ~ 25
B	26 ~ 75
C	76 ~ 100

在美国的建筑规章中，对垂直通道限制最为严格，要求其火焰蔓延指数不超过25（A级），而水平通道则要求火焰蔓延指数不超过75（B级）。

3.2 日本标准

日本《建筑物内装修材料的难燃性试验方法和实验程序》(JISA1321)包括基材试验、表面试验、发烟性及附加试验。

基材试验在（750 ± 10）°C的加热炉中进行，放入试件后，炉内最高温度要求低于810 °C。

表面试验装置为有主、副热源的加热炉，并在加热炉上方装有长方体集烟箱和光量侧定装置，加热炉的主热源电热板，副热源为城市煤气，用标准板标定标准温度曲线。试样受热面为18 cm × 18 cm，根据要测试的难燃级别，确定加热时间。如表4所示。

表4 日本《建筑物内装修材料的难燃性试验方法和实验程序》(JISA1321)中不同难燃级别的加热时间

难燃级别	副热源 加热时间（分）	副热源主热源 同时加热时间（分）	总加热时间（分）
难燃1级	3	7	10
难燃2级	3	7	10
难燃3级	3	3	6

测试结果，符合下面①~⑤时为合格：

① 试样没有整个厚度的熔融，试样背面龟裂的深度小于总厚度的1/10，并且没有其他在防火上的显著有害变形。

② 残焰必须在加热结束后30秒内熄灭。

③ 测试的排气温度曲线在整个加热过程中不得超过标准温度曲线。但难燃2级和难燃3级，在测试开始3分钟后，可允许不超过④的规定范围。

④ 超过温度曲线部分的排气曲线和标准温度曲线所围成的面积（单位：°C × 分），难燃2级必须在100（°C × 分）以下，难燃3级必须在350（°C × 分）：以下。

⑤ 求出单位面积的发烟系数（C_A）：

$$C_A = 240\lg\frac{I_0}{I}$$

式中 I_0为测试开始时的光强度；I为测试时光强度最低值。

表 5　不同难燃级别的发烟系数

难燃性级别	每单位面积的发烟系数 C_A
难燃 1 级	≤30
难燃 2 级	≤60
难燃 3 级	≤120

根据测试结果分级，如表 6 所示。

表 6　分级方法

难燃级别	试验方法
难燃 1 级	通过基材试验和表面试验
难燃 2 级	通过表面试验
难燃 3 级	通过表面试验

日本的阻燃壁纸，标有难燃级别标志。

3.3　国内标准

3.3.1　《纺织品燃烧性能实验氧指数法》（GB/T 5454—1997）

氧指数是指在规定条件下，试样在氧气和氮气的混合气流中，维持稳定燃烧所需的氧气浓度，用混合气流中氧气所占的体积百分数的数值表示。这种测试方法，应用比较广泛，国内外都有生产这种测试装置的。如四川省地方标准《聚氯乙烯发泡型阻燃塑料壁纸》（DB/51-025—90）中规定：一级氧指数值≥30，二级氧指数值≥27，三级氧指数值≥25。

3.3.2　《阻燃纸和纸板燃烧性能试验方法》（GB/T 14656—2009）

该标准适用于厚度 1.6 mm 以下，经过阻燃处理的纸和纸板，也适用于经涂布或印刷加工、厚度 1.6 mm 以下的阻燃纸制品。该标准将阻燃纸分为耐水性阻燃纸和非耐水性阻燃纸。测试方法类似垂直燃烧实验的测试方法。对非耐水性阻燃纸，试验结果满足下述条件时，判定该样品阻燃性能合格：

① 平均炭化长度≤115 mm。

② 平均续焰时间≤5 s。

③ 平均续灼燃时间≤60 s。

对耐水性阻燃纸，经浸泡之后，试验结果满足下述条件时，判定该样品阻燃性能合格：

① 平均炭化长度≤115 mm。

② 平均续焰时间≤5 s。

③ 平均续灼燃时间≤60 s。

3.3.3　《建筑材料及制品燃烧性能分级》（GB 8624—2012）

该标准将阻燃壁纸分为 A_1、A_2、B、C、D、E、F 七个级别，如表 7 所示。

表 7 《建筑材料及制品燃烧性能分级》(GB 8624—2012) 分级方法

燃烧性能等级		试验方法	分级判据
A	A1	GB/T 5464[a] 且	炉内温升$\Delta T \leqslant 30$ °C； 质量损失率$\Delta m \leqslant 50\%$； 持续燃烧时间 $t_f = 0$
		GB/T 14402	总热值 $PCS \leqslant 2.0$ MJ/kg [a] [b] [c] [e]； 总热值 $PCS \leqslant 1.4$ MJ/m^2 [d]
	A2	GB/T 5464[a] 或 (且)	炉内温升$\Delta T \leqslant 50$ °C； 质量损失率$\Delta m \leqslant 50\%$； 持续燃烧时间 $t_f \leqslant 20$ s
		GB/T 14402 (且)	总热值 $PCS \leqslant 3.0$ MJ/kg [a] [e]； 总热值 $PCS \leqslant 4.0$ MJ/m^2 [b] [d]
		GB/T 20284	燃烧增长速率指数 $FIGRA_{0.2MJ} \leqslant 120$ W/s； 火焰横向蔓延未到达试样长翼边缘； 600 s 的总放热量 $THR_{600\,s} \leqslant 7.5$ MJ
B_1	B	GB/T 20284 且	燃烧增长速率指数 $FIGRA_{0.2MJ} \leqslant 120$ W/s； 火焰横向蔓延未到达试样长翼边缘； 600 s 的总放热量 $THR_{600\,s} \leqslant 7.5$ MJ
		GB/T 8626 点火时间 30 s	60 s 内焰尖高度 $Fs \leqslant 150$ mm； 60 s 内无燃烧滴落物引燃滤纸现象。
	C	GB/T 20284 且	燃烧增长速率指数 $FIGRA_{0.4MJ} \leqslant 250$ W/s； 火焰横向蔓延未到达试样长翼边缘； 600 s 的总放热量 $THR_{600\,s} \leqslant 15$ MJ
		GB/T 8626 点火时间 30 s	60 s 内焰尖高度 $Fs \leqslant 150$ mm； 60 s 内无燃烧滴落物引燃滤纸现象
B_2	D	GB/T 20284 且	燃烧增长速率指数 $FIGRA_{0.4MJ} \leqslant 750$ W/s
		GB/T 8626 点火时间 30 s	60 s 内焰尖高度 $Fs \leqslant 150$ mm； 60 s 内无燃烧滴落物引燃滤纸现象
	E	GB/T 8626 点火时间 15 s	20 s 内的焰尖高度 $Fs \leqslant 150$ mm； 20 s 内无燃烧滴落物引燃滤纸现象
B_3	F	无性能要求	

a. 匀质制品或非匀质制品的主要组分。
b. 非匀质制品的外部次要组分。
c. 当外部次要组分的 $PCS \leqslant 2.0$ MJ/m^2 时，若整体制品的 $FIGRA_{0.2MJ} \leqslant 20$ W/s、$LFS <$ 试样边缘、$THR_{600\,s} \leqslant 4.0$ MJ 并达到 s1 和 d0 级，则达到 A1 级。
d. 非匀质制品的任一内部次要组分。
e. 整体制品

该标准对壁纸在点燃后的质量损失、温度升高、火焰蔓延速度、释放的热量、产烟量以及毒性进行综合评价并分级，比采用单一评价方法更全面、更科学。按照该标准的要求，阻燃壁纸需达到 B_1 级才合格。

4. 总 结

随着人们消防及环保意识的增强及一系列国家标准，如《建筑内部装修设计防火规范》（GB 50222—95）、《公共场所阻燃制品及组件燃烧性能要求和标识》（GB 20286—2006）、《建筑材料及制品燃烧性能分级》（GB 8624—2012）、《室内装饰装修材料 壁纸中有害物质限量》（GB 18585—2001）等的颁布与实施，室内装修材料，如壁纸等面临更新换代的局面，未阻燃壁纸或使用毒性较大的阻燃剂处理的壁纸即将被淘汰，市场正呼唤新的环保型阻燃壁纸技术。

参考文献

[1] 李芬，陈港. 壁纸的生产工艺特性及应用[J]. 上海造纸，2008，39（1）：41-48.
[2] 周卫平，方振遴，万新山. PVC 墙纸基纸阻燃研究[J]. 化学建材，1997（4）：152-154.
[3] 杨守生. 壁纸阻燃基纸的研制[J]. 新型建筑材料，2005（7）31-33.

作者简介：张波，男，工程硕士，甘肃省庆阳市公安消防支队支队长，高级工程师；主要从事建筑防火和消防监督工作。
通信地址：甘肃省庆阳市西峰区长庆大道 88 号，邮政编码：745000；
联系电话：18293096999。

一种影剧院公共座椅用阻燃聚氨酯泡沫的研究*

王新钢

（公安部四川消防研究所）

【摘　要】 本文介绍了影剧院公共座椅用聚氨酯泡沫的火灾危险性，指出必须对其进行阻燃处理，这是降低软质聚氨酯泡沫火灾危险性的重要措施；研制了一种外观和使用功能满足《影剧院公共座椅》（QB/T 2602—2013）的使用要求且燃烧性能达到《建筑材料及制品燃烧性能分级》（GB 8624—2012）的阻燃B1级要求的阻燃软质聚氨酯泡沫。

【关键词】 影剧院；公共座椅；聚氨酯泡沫；阻燃

1　火灾危险性

根据艺恩EBOT日票房智库数据显示，截止至2013年6月30日，上半年内地电影票房已达到108.11亿元，全国累计观影人次超过3亿。公安部第39号令《公共娱乐场所消防安全管理规定》中影剧院属于非公益性质的公共娱乐场所，它最大的特点是影剧院绝大多数容纳人员较多，建筑空间大，存在着大的流通空气，有着天然的燃烧条件，同时可燃物品多，火灾荷载大。因为影剧院为了追求豪华、高档次及良好的观影效果，其座椅基本都是采用高回弹软质聚氨酯泡沫作为填充物，遇到火源极易猛烈燃烧并迅速蔓延。由建设部发布的行业标准《电影院建筑设计规范》（JGJ 58-2008）的4.1.1中规定电影院的规模按总座位数可划分为特大型、大型、中型和小型四个规模，其中特大型电影院的总座数应大于1 800个，中型电影院的总座位数宜为701 ~ 1 200个，由数量如此多的聚氨酯泡沫座椅可见，影剧院内部火灾负荷之大。

软质聚氨酯泡沫火灾与其他可燃固体火灾相比，其具有独特的燃烧特点，主要表现在燃烧速度极快且火焰温度高，烟雾大且毒性强，软质聚氨酯泡沫的燃烧产物很多，主要有CO、CO_2、H_2O、NO、NO_2、NH_3和HCN等。其中HCN（见表1）、CO（见表2）毒性最大。实验测得，燃烧1 g聚氨酯泡沫塑料，可产生0.008 g HCN，0.21 g CO等。烟雾和毒性给安全疏散和灭火战斗带来了极大的危险和困难，增加了火灾危害。

表1　HCN浓度与中毒症状

HCN浓度（ppm）	症　状
18 ~ 36	数小时后出现轻度症状
45 ~ 54	0.5 ~ 1 h无大的损害
110 ~ 125	0.5 ~ 1 h有生命危险或致死
135	30 min致死
181	10 min致死
270	立即死亡

* 公安部四川消防研究所基科费项目“影剧院公共座椅用改性聚氨酯泡沫的阻燃技术及应用（20148809Z）

表 2　CO 对人体的作用

CO 浓度（ppm）	作　用	血液中（COHb%）
50 ~ 100	允许暴露 8 h	—
400 ~ 500	1 h 内，人体无明显反应	—
600 ~ 700	1 h 后刚引起明显作用的浓度	—
1 000 ~ 1 200	1 h 时刻人体感觉不适但无危险	—
1 500 ~ 2 000	暴露 1 h 时的危险浓度	35
4 000	人在 1 h 内死亡	50+
10 000	人在 1 min 内死亡	

因此作为影剧院公共座椅填充物使用的高回弹软质聚氨酯泡沫必须进行阻燃处理，如何在制作软质聚氨酯泡沫的工艺过程中添加阻燃剂，使阻燃效果达到最佳状态，且保证该软质聚氨酯泡沫的拉伸强度、硬度、回弹等性能指标没有不同程度的下降，同时添加的阻燃剂不会打破催化剂的平衡作用，对制品工艺和配方没有较大影响，这是该影剧院公共座椅用阻燃聚氨酯泡沫必须要考虑的问题。

2　软质聚氨酯泡沫的阻燃研究

软质聚氨酯泡沫的阻燃剂、添加剂，对软质聚氨酯泡沫的防火性能影响很大。对于软质聚氨酯泡沫而言，发泡性与防火性能有着同等的重要性，这就要求所选用的阻燃剂、各添加剂必须要与基料协调一致，不仅达到最佳防火效果，同时也达到理想的发泡度。这里同样有两个方面：一方面是合理选用阻燃剂和各种添加剂，简而言之，就是阻燃剂和添加剂种类的确定；另一方面就是阻燃剂和各种添加剂的量的确定。研究工作从这两个方面入手，首先筛选出了能尽可能小地影响软质聚氨酯泡沫发泡性的阻燃剂和添加剂，在此基础上，根据阻燃剂、添加剂的物理性质和化学性能，分析它们的结构以及它们同基料间可能存在的一些化学反应，按它们在基料中的溶解性最大所需反应条件来控制反应，以使软质聚氨酯泡沫发泡性最佳。其次再确定这些阻燃剂、添加剂的最佳量。在实验研究中发现：如果在同量的基料中，阻燃剂、添加剂加入过量，软质聚氨酯泡沫的耐火性能好，但发泡度有降低；如果阻燃剂、添加剂的量过少，软质聚氨酯泡沫虽发泡度好，但耐火效果要降低；只有当阻燃剂、添加剂与基料之间配比恰当时，软质聚氨酯泡沫可达较理想的防火效果与发泡度。因而我们只能兼顾这两个方面。

2.1　原　料

聚醚多元醇（PPG）GEP-330N，聚合物多元醇（POP）GPOP-36/28G，开孔剂：上海高桥石化公司；PMDI（聚合二苯甲烷二异氰酸酯）PM-200，改性 MDI：烟台万华聚氨酯有限公司；甲苯二异氰酸酯（TDI）：沧州大化；泡沫稳定剂 L-5309、低挥发性的泡沫稳定剂，反应型催化剂：美国迈图；三乙醇胺：美国 DOW；普通催化剂，聚脲多元醇（PHD）：黎明化工研究院；阻燃剂，三（2-氯乙基）磷酸酯（TCEP），氯化石蜡和三氧化二锑，聚磷酸铵，三聚氰胺，季戊四醇，氢氧化铝：济南金盈泰化工有限公司。

2.2 实验室基础配方

如表 3 所示为该影剧院公共座椅用高回弹软质聚氨酯泡沫的基础配方。

表 3 高回弹软质聚氨酯泡沫的基础配方

原料		用量（质量数）
A 组分	聚醚多元醇	40 ~ 60
	聚合物多元醇	60 ~ 40
	泡沫稳定剂	0.6 ~ 1.0
	水	3 ~ 5
	交联剂	1 ~ 2
	开孔剂	5 ~ 10
	催化剂	0.5 ~ 1.0
	阻燃剂	5 ~ 20
B 组分	TDI/PMDI 掺混物	异氰酸酯指数为 0.9 ~ 1.0

2.3 发泡工艺

按配方称取一定量的聚醚多元醇、聚合物多元醇、催化剂、发泡剂、泡沫稳定剂、交联剂、阻燃剂等助剂于一容器中，搅拌均匀，作为 A 组分，控制其温度在 20 ~ 25 °C；在另一容器中按配方称取一定量的异氰酸酯，作为 B 组分，控制其温度在 20 ~ 25 °C。将 B 组分迅速倒入 A 组分的容器中，高速搅拌 5 ~ 8 s，立即倒入已预热到（50 ± 5）°C 的模具中，快速合模，待泡沫熟化 5 ~ 6 min 后脱模，放置 48 h 后再进行泡沫物性和阻燃性能测试。

2.4 阻燃性能

如表 4 所示列出了在基础配方定量的条件下，阻燃剂、添加剂之间各种配比时，对软质聚氨酯泡沫阻燃效果与发泡度之间关系的部分实验数据。

表 4 各阻燃剂和添加剂对堵料的影响

实验号	阻燃剂	添加剂	阻燃软质聚氨酯泡沫的性能	
			发泡情况	阻燃效果
20	10%	5%	好	不太好
30	10%	8%	较好	较好
35	10%	12%	不太好	较好
45	5%	9%	好	不好
50	8%	9%	好	较好
55	15%	9%	好	好
65	20%	9%	不太好	好

从表 4 的实验数据看出，当基料一定时，阻燃剂、添加剂之间存在一个最佳值。在这时软质聚氨酯泡沫的阻燃性能与发泡性为较理想，即 55 号左右几组配方较理想。将较好的几组配方进行多次重复实验，并考察其理化性能，最后采取氧指数实验法和热分析法来确定软质聚氨酯泡沫的最佳配方。

2.5 中试生产

从最终氧指数实验数据及热分析数据可以得出该影剧院座椅用阻燃聚氨酯泡沫的最佳配方，将该配方进行中试生产，具体如图 1 ~ 图 4 所示。

图 1 聚氨酯低高压发泡机

图 2 影剧院座椅聚氨酯泡沫模具

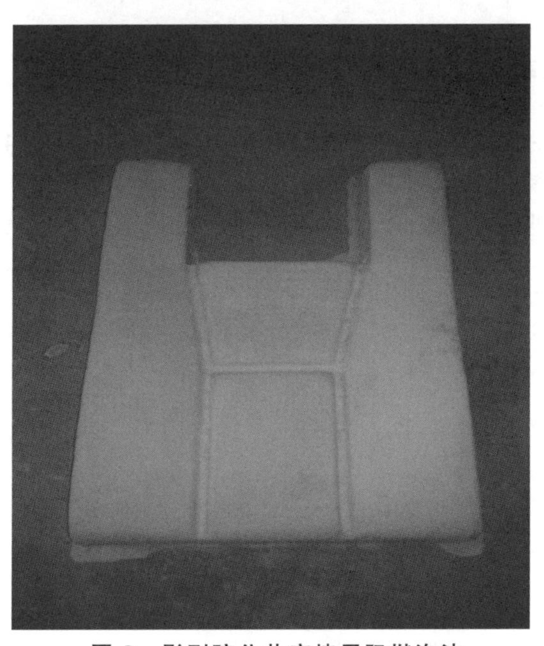

图 3 影剧院公共座椅用阻燃泡沫

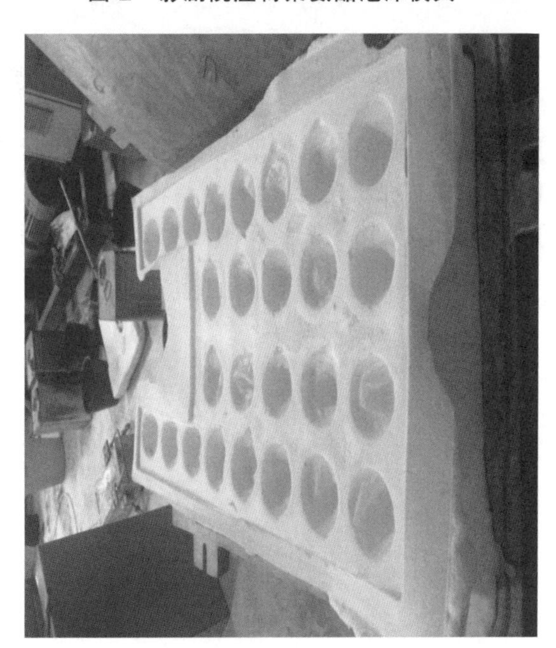

图 4 影剧院公共座椅用阻燃泡沫

将中试生产的影剧院公共座椅用阻燃软质聚氨酯泡沫样品分别送到国家防火建材质量监督检验中心和国家家具产品质量监督检验中心（成都），按照《建筑材料及制品燃烧性能分级》（GB 8624—2012）和《影剧院公共座椅》（QB/T 2602—2013）进行燃烧性能和理化性能检测，其检测结果如表 5 所示。

表5 影剧院公共座椅用阻燃聚氨酯泡沫检测结果

检验项目	检验结果	技术要求
燃烧性能	B1 级	B1
热释放速率峰值（kW/m^2）	301	400
平均燃烧时间（s）	10	平均燃烧时间≤30
平均燃烧高度（mm）	180	平均燃烧高度≤250
底座软质聚氨酯泡沫密度（kg/m^3）	45.7	≥40
其他部位软质聚氨酯泡沫密度（kg/m^3）	45.5	≥30
泡沫回弹性（%）	50	≥35

3 结 论

在软质聚氨酯泡沫发泡过程中添加不同的复合阻燃剂，考察其阻燃性能、产品外观、发泡效果等，最终得到阻燃效果好、对产品外观及其他物理性能影响较小的阻燃配方；通过聚氨酯发泡机在模具中添加阻燃处理过的聚氨酯原料的方式来制备成型化的阻燃软质聚氨酯泡沫；对软质聚氨酯泡沫进行工业化生产进行成型系统研究；研制合适的模具，对模具内所需聚氨酯原料配比数量，脱模剂品种及稀释比例进行研究；所生产的成型聚氨酯泡沫不塌陷、不变形，制品表面无缺陷；最终得到一种外观和使用功能满足《影剧院公共座椅》（QB/T 2602—2013）的使用要求且燃烧性能达到《建筑材料及制品燃烧性能分级》（GB 8624—2012）的阻燃 B1 级，平均燃烧时间 10 s，平均燃烧高度 180 mm 的影剧院公共座椅用阻燃软质聚氨酯泡沫。

参考文献

[1] 张立英，顾尧. 难燃聚氨酯软质泡沫的制备及性能研究[J]. 聚氨酯工业，2003，18（4）：14-17.
[2] 柴多里，张道芝.阻燃聚氨酯软泡的研制[J]. 安徽化工，1997，90（5）:20-22
[3] 朱国强，蓝铭，顾志宏.阻燃性软质聚氨酯泡沫塑料的研制[J]. 聚氨酯工业，1996，11（1）：19-23.

阻燃硬质聚氨酯泡沫保温材料的研究进展

王　涛
（西藏自治区昌都市公安消防支队）

【摘　要】 本文对硬质聚氨酯泡沫保温材料的热降解机理、阻燃改性现状以及其阻燃机理进行了系统全面的综述。

【关键词】 硬质聚氨酯泡沫；保温材料；阻燃

1 引　言

硬质聚氨酯泡沫（RPUF）是一种具有闭孔结构的低密度多孔聚合物材料。由于具有较低的导热系数，优良的机械性能，耐化学性强，且质量轻、易于成型、不产生熔滴等优异性能，RPUF 作为一种性能优秀的保温隔热材料被广泛应用于建筑保温领域，如建筑物的墙体、屋顶、门窗等。RPUF 的保温性能是有机建筑保温材料中最优秀的，其导热系数仅为 0.024 W/（m·K）。

但是，RPUF 是易燃材料，其极限氧指数（LOI）一般低于 20，其燃烧速度快、放热量大、产烟量大，在燃烧过程中会释放出一氧化碳、氰化物、氮氧化合物等有毒有害气体。与常规无机建筑保温材料相比，RPUF 等有机保温材料存在很大的火灾安全隐患。例如，近年来在北京央视、上海静安区教师公寓、沈阳皇朝万鑫大厦等相继发生的有机建筑外保温材料火灾，就造成了重大人员伤亡和财产损失。由于我国前期的建筑消防规范未对建筑保温材料的防火问题进行限制，为了遏制建筑易燃可燃外保温材料火灾高发的势头，国家相关部委多次发文对建筑保温材料的消防监管问题进行规范要求。2015 年发布的最新版《建筑设计防火规范》首次对建筑保温材料防火问题作出了规范性要求，必将推动建筑保温材料阻燃防火技术的进一步发展。因此，阻燃改性研究已成为 RPUF 保温材料研究领域最重要的课题之一。

2 RPUF 的燃烧热降解机理

硬质聚氨酯泡沫属于易燃材料，其分子链中含有大量可燃的碳-氢分子链段。通常认为，在有焰燃烧的情况下，RPUF 热降解的类型主要有三种：链端断链、随机断链、交联。总体上 RPUF 的燃烧热降解过程可分为三个阶段：① RPUF 遇到外部火源而受热，其分子链的共价键在有限的空间内发生复杂的振荡和旋转；② 分子链发生断裂，产生多种自由基片段和小分子链段，这些自由基和小分子链段同时也可能发生重组或进一步的裂解；③ 热分解产生的碎片发生蒸发、扩散、碳化[1,2]。一般情况下，RPUF 热降解的产物主要包括挥发性的 HCN、CO、NO_x、胺类等化合物以及成分复杂的残炭[3,4]。

3 RPUF 的阻燃机理

硬质聚氨酯泡沫的阻燃改性一般有两种方法：结构型、添加型。

结构型阻燃改性使用到的反应型阻燃剂为分子结构中同时含有活性官能团和阻燃成分的有机化合物，使阻燃成分成为RPUF分子链上的一部分。在RPUF分子链上引入的阻燃成分可以是含阻燃元素如磷、氮、卤素元素的醇类或胺类物质等，或是含苯环等的耐热基团。

添加型阻燃改性是在RPUF制备时，添加阻燃剂提高阻燃性能。添加型阻燃改性是RPUF阻燃改性最为常用的方法。无机阻燃剂的阻燃机理可分为两种：① 冷却作用，通过吸收热量降低温度，达到阻燃目的；② 阻隔作用，通过形成隔离结构，阻隔热量和可燃性气体的传递，达到阻燃目的。有机阻燃剂的阻燃机理与阻燃剂的成分具有非常密切的关系，主要通过消耗可燃性气体、促进聚合物基体成炭、阻隔氧气、抑制高分子材料燃烧等方式起到阻燃的作用。

4 RPUF阻燃的研究进展

4.1 结构型阻燃改性

结构型阻燃改性常用的反应型阻燃剂主要包括含有磷、氮等元素的多元醇或异氰酸酯等。结构型阻燃改性具有阻燃性能稳定，阻燃效率较高，添加量少等优点；但存在制备工艺复杂、制作成本较高等不足，这在很大程度上限制了其应用和发展。Mequantint等制备了具有交联结构的磷酸盐-聚氨酯聚合物，该磷酸盐-聚氨酯聚合物在热分解后具有较高的残炭率，能够阻止聚合物燃烧时释放可燃性气体，研究结果表明其阻燃效果随该聚合物中磷含量的增加而提高[5]。Paciorek 等用硼酸衍生物改性的多元醇作为硬质聚氨酯泡沫的反应型阻燃剂，研究发现所制备的阻燃聚氨酯泡沫的阻燃性能和力学性能都得到了明显的提高[6]；Yanchuk 等制备了一系列乙烯基二磷酸酯盐，并将其与异氰酸酯共聚来制备阻燃聚氨酯泡沫，结果表明，随着磷酸盐含量的增加，聚氨酯泡沫的点火时间明显延长[7]。

4.2 添加型阻燃改性

添加型阻燃改性常用的阻燃剂为含有碳、铝、硼、卤素、磷、氮等元素的阻燃化合物。按照阻燃剂的性质，添加型阻燃剂可分为有机阻燃剂和无机阻燃剂两大类。

4.2.1 无机阻燃剂

目前，实际应用较多的无机阻燃剂包括红磷、氧化锑、氧化锌、氢氧化镁、氢氧化铝、硅酸盐、硼酸盐、可膨胀石墨等。无机阻燃剂通常具有热稳定性高、制备工艺简单、成本低等优点，但是也存在添加量大、与RPUF基体相容性差等问题。

氢氧化铝是应用较为广泛的一种无机阻燃剂，在受热时，会大量吸收热量，分解释放出水蒸气，降低聚合物基体的局部温度，从而起到阻燃作用。研究表明[8]，添加70-80 wt%的氢氧化铝可以使RPUF的垂直燃烧性能达到V-0级，但RPUF的力学性能会受到较大的影响。

无机纳米粒子由于具有较大的表面积和热稳定性，因而也具有较好的阻燃性能。王荣涛等[9]研究了纳米镁铝水滑石含量对聚氨酯泡沫材料的阻燃性能影响，其研究结果表明当该阻燃剂含量为40 wt%时，阻燃材料的氧指数能够达到27 %以上。

可膨胀石墨是近几年研究较多的无机阻燃剂。可膨胀石墨在燃烧过程中会膨胀形成“蠕虫状”结构，形成碳层保护结构，从而起到阻燃作用。Meng 等采用可膨胀石墨与聚磷酸铵复配阻燃RPUF，研究发现：当可膨胀石墨与聚磷酸铵的比例为1∶1时，添加总量为15*wt*%的阻燃剂能使阻燃RPUF的LOI达到30.5%，其协同阻燃效应达到最佳值，而且可膨胀石墨与聚磷酸铵的协同体系填充RPUF的力学性能优于单一阻燃剂填充的 RPUF[10]。Ye 等研究了可膨胀石墨与十溴二苯乙烷（DBDPE）复配体系阻燃 RPUF 的性能，研究结果表明 DBDPE 取代部分可膨胀石墨后，RPUF 的泡孔结构变得比较完整，力学性能更好[11]。

4.2.2 有机阻燃剂

有机阻燃剂是指含有磷、氮、硅、硼、卤素等阻燃元素的化合物。有机阻燃剂的种类较多，应用广泛，其阻燃效率高、热稳定性适中。

卤系阻燃剂常用的有十溴二苯乙烷、磷酸三氯乙酯等。虽然卤系阻燃剂的阻燃效果好，但其在燃烧过程中会释放有毒烟气，存在较大的危害性。

氮系阻燃剂在燃烧时会产生不燃性气体降低可燃性气体的浓度或覆盖在材料的表面发挥阻燃作用。常用的氮系阻燃剂是蜜胺类、胍类和脲类，一般情况下，氮系阻燃剂单独使用阻燃效率不高，通常与磷系阻燃剂配合使用才能显示出出色的阻燃性能。

磷系阻燃剂常用的有甲基膦酸二甲酯、磷酸三甲苯酯等。Lorenzetti 等研究了多种磷系阻燃剂对 RPUF 阻燃性能的影响，研究结果表明：聚磷酸铵只在凝聚相发挥作用，磷酸三乙酯和二甲基吡唑磷酸盐主要在气相中发挥阻燃作用，磷酸铝可在凝聚相和气相发挥阻燃作用[12]。

膨胀型阻燃剂是近几年才出现的一类新型高效、环境友好的无卤阻燃剂。膨胀型阻燃剂的添加量通常都比较大，对聚合物材料的力学性能具有较大的影响，使得其在 RPUF 中的应用受到了很大的限制。胡源等[13]发明了一种纳米复合膨胀阻燃聚氨酯泡沫塑料，能够有效降低 RPUF 燃烧时的热释放速率和总热释放量，提其高氧指数和垂直燃烧性能，减轻膨胀型阻燃剂对 RPUF 力学性能的影响。Tarakcilar 等[14]考察了由聚磷酸铵、季戊四醇组成的膨胀阻燃体系在 RPUF 中的应用，研究结果表明该膨胀阻燃体系能够明显提高 RPUF 的阻燃性能，当添加 5 *wt*%的组成比为 2∶1 的膨胀阻燃体系时，该阻燃 RPUF 的综合性能达到最佳。

5 结 语

随着我国节能减排政策的不断推进和相关消防规范的进一步完善，以及世界范围内对绿色环保要求的不断提高，综合性能优越的硬质聚氨酯泡沫保温材料将会受到更加广泛的关注和应用。从消防安全的角度来看，阻燃性能的提高是硬质聚氨酯泡沫保温材料广泛应用的前提条件。对硬质聚氨酯泡沫的阻燃改性研究已经持续了多年，也取得了很多成果，但是随着人们对消防安全性认识的不断提高，世界各国对材料阻燃性能的要求也不断提升。因此，硬质聚氨酯泡沫的阻燃改性仍然是一个意义重大而又异常紧迫的研究课题。

参考文献

[1] Semsarzadeh M A, Navarchian A H. Effects of NCO/OH ratio and catalyst concentration on structure, thermal stability, and crosslink density of poly(urethane-isocyanurate)[J]. J Appl Polym Sci, 2003, 90: 963-972.

[2] Oprea S. Effect of structure on the thermal stability of curable polyester urethane urea acrylates[J]. Polymer Degradation and Stability, 2002, 75: 9-15.

[3] Font R, Fullana A, Caballero J A. Pyrolysis study of polyurethane[J]. Journal of Analytical and Applied Pyrolysis, 2001, 58: 63-77.

[4] Shi J, Wang J, Li S F. Study of FTIR spectra and thermal analysis of polyurethane[J]. Spectroscopy

and Spectral Analysis, 2006, 26（4）: 624-628.

[5] Mequanint K, Sanderson R, Pasch H. Thermogravimetric study of phosphated polyurethane ionomers[J]. Polymer Degradation and Stability, 2002, 77（1）: 121-128.

[6] Paciorek-Sadowska J, Czuprynski B, Liszkowska J. New polyol for production of rigid polyurethane-polyisocyanurate foams, Part 2:Preparation of rigid polyurethane- polyisocyanurate foams with the new polyol[J]. J.Appl. Polym. Sci., 2010, 118（4）: 2250-2256.

[7] Yanchuk N. Organic solvents as catalysts of formation of phosphorus-containing thiosemicarbazides[J]. Russian Journal of General Chemistry, 2006, 76（8）: 1236-1239.

[8] Pinto UA, Visconte LLY, Reis Nunes RC. Mechanical properties of thermoplastic polyurethane elastomers with mica and aluminum trihydrate[J]. European Polymer Journal, 2001, 37（9）: 1935-1937.

[9] 王荣涛，梁小平，王小会，等. 纳米镁铝水滑石的制备及其对聚氨酯阻燃性能的影响[J]. 功能材料，2009（12）: 2119-2122.

[10] Meng XY, Ye L, Tang PM, et al. Effects of expandable graphite and ammonium polyphosphate on the flame-retardant and mechanical properties of rigid polyurethane foams[J]. Journal of Applied Polymer Science, 2009, 114（2）: 853.

[11] Ye L, Meng XY, Liu XM, et al. Flame-retardant and mechanical properties of high-density rigid polyurethane foams（RPUF）filled with decabrominated dipheny ethane（DBDPE）and expandable graphite（EG）[J]. Journal of Applied Polymer Science, 2009, 111: 2372.

[12] Lorenzetti A, Modesti M, Besco S, et al. Influence of phosphorus valency on thermal behaviour of flame retarded polyurethane foams[J]. Polymer Degradation and Stability，2011，96(8): 1455-1461.

[13] Ali Riza Tarakcilar. The Effects of intumescent flame retardant including ammonium polyphosphate/ pentaerythritol and fly ash fillers on the physico mechanical properties of rigid polyurethane foams[J]. J. Appl. Polym. Sci., 2011, 120: 2095-2102.

[14] 胡源，倪健雄，宋磊，等. 一种纳米复合膨胀阻燃聚氨酯泡沫塑料及其制备方法：中国，200910116277[P]. 2009.

消防管理

某灭弧式短路保护器对木质结构传统村落应用探讨*

郑　锦[1]　文邦友[1]　余龙山[2]

（1. 贵州省黔东南州公安消防支队；
2. 上海华宿电气股份有限公司）

【摘　要】　为实现对贵州省黔东南地区连片木质结构传统村落电气火灾的“源头控制”，当地政府组织某公司研发了某灭弧式短路保护器并实施应用试点安装。文中阐明了该地区木质结构火灾尤其是电气火灾的严峻形势及有关消防工作开展情况，重点介绍了该灭弧式短路保护器原理和其对某木质结构村寨应用试点的实施情况及方法。提出了该灭弧式短路保护器对连片木质结构房屋村寨火灾事故的防控能产生一定的作用，对传统村落的木质结构特色建筑保护与传承有重要意义，作出应进行整体评估和系统研究后再对该灭弧式短路保护器进行全面推广等方面的结论和建议。

【关键词】　电气；连片木质结构房屋；灭弧式短路保护器；应用；试点；探讨

1　引　言

贵州省黔东南苗族侗族自治州农村木质结构房屋村寨众多，仅 50 户以上的村寨就达 3 922 个，占全州农村村寨总数的 87%。其中，50 ~ 99 户有 2 444 个，100 ~ 199 户有 1 102 个，200 户以上有 376 个。其中，含中国历史文化名村 7 个，中国世界文化遗产预备名单村 21 个，国家级生态村 5 个，中国传统村落 276 个。黔东南州的传统村落 95%以上为木质结构，建筑结构耐火等级低且集中连片，加之社会经济发展严重滞后和存在农村传统的生活用火方式较为落后、村民消防意识薄弱、消防基础设施不足、农村消防队伍建设不规范等诸多薄弱环节，火灾防控形势一直十分严峻。

2　黔东南州近年农村火灾及电改基本情况

2009 年 1 月 1 日至 2014 年 12 月 31 日期间，黔东南州共发生农村村寨火灾 677 起，占本地区该期间总火灾总起数 1 381 起的 49.02%，死亡 56 人，过火面积 331 457.8 平方米，受灾户数 3 811 户，造成 15 000 人受灾而返贫。据不完全统计，一次性烧毁 5 户及以上木质结构房屋的“火烧连营”火灾为 67 起，占该期间农村火灾总起数的 1%。期间，在 6 年间的火灾中，火灾原因为电气火灾的火灾起数占较大比重，达 377 起，占该期间农村火灾总起数的 56.69%，如图 1 所示。

在前期已开展的诸多农村消防工作的基础上，黔东南州自 2013 年起全面启动农村消防电改工作，已累计投入 8 900 余万元完成 72 903 栋木质房屋消防电改建设。整个工程采取州、县财政匹配，项目

* 基金项目：科技部科技型中小企业技术创新基金（代码：12C2621310710）、2015 年黔东南州政府重点课题。

资金捆绑、群众自筹的方式，计划通过 3 年时间，预计投入 3.6 亿元完成对 3 093 个木质结构房屋集中连片村寨的 29 万余栋建筑实施包括更换电气线路、安装空气开关及标准插线板等内容的消防电改。为进一步增强传统村落木质结构房屋的火灾防控水平，本着试点现行、科技推动的原则，当地政府和有关单位于 2015 年初选取黎平县肇兴大寨作为试点村寨，开展了某灭弧式短路保护器在该村寨安装应用方面的探讨。

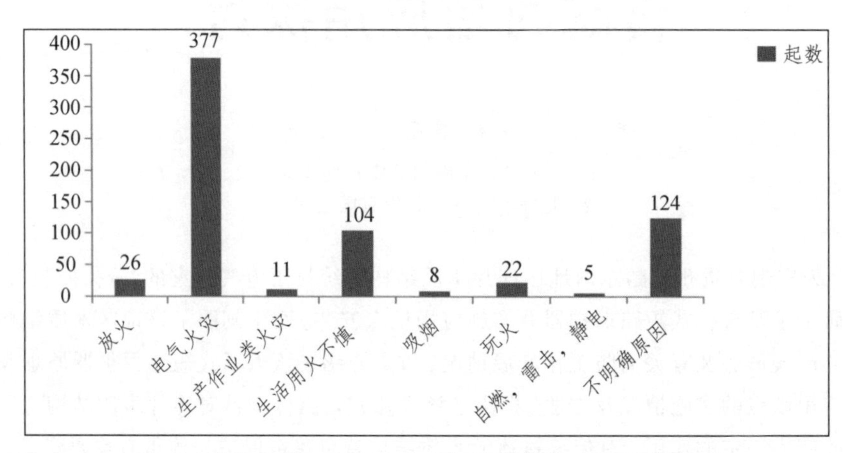

图 1 黔东南州 2009-2014 年间农村火灾原因分析图

3 某灭弧式短路保护器工作原理及技术参数

某灭弧式短路保护器的工作原理是对配电回路进行工作电流状态的实时检测，对整个回路的过电流、短路状态进行监控，当发现工作电流异常（短路或过载）时，保护器将及时切断电源，明显不同于一般的电气火灾监控系统只具有监控、报警的功能。其特性是具有灭弧式瞬间动作，可以实现短路或过载故障点无危险电弧火花产生，从源头上避免短路或过载引发的火灾危险。该产品的过载电流阈值可根据需求自主设定，切电时无机械损耗，并具有故障自诊断功能。其外观美观，小巧精致，如图 2 所示。

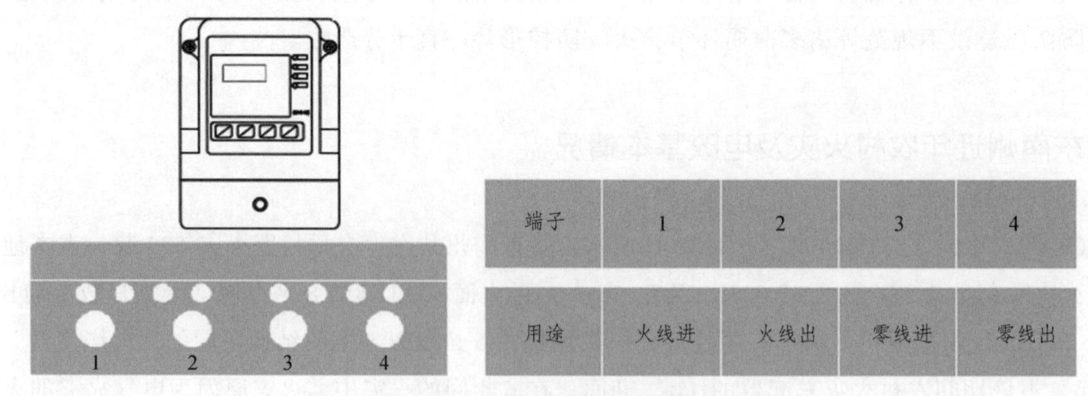

图 2 某灭弧式短路保护器及其端子分布说明

某灭弧式短路保护器自 2009 年研发成功后，先后通过了“国家电控配电设备质量监督检验中心”及公安部沈阳消防研究所消防电子质检中心的产品检验。该产品使用环境条件为环境温度：－15～+40 °C，海拔高度：不超过 2 500 m，使用场所应具有防雨设施。其技术参数主要见表 1。

表 1　某灭弧式短路保护器技术参数

工作电源：220 VAC 50 Hz	自耗功率：小于 3 W
额定电流：40 A MAX	相对湿度：10%～95%
绝缘等级：>100 MΩ	报警声压级：>70 dB
耐压等级：>1 500 V 60 s	安装方式：背部螺丝固定安装
默认短路动作电流：>8 ×I	外形尺寸：155 mm×110 mm×60 mm
默认短路动作电流：>1.3 ×I	工作制和供电模式：24 小时工作，现场供电

4　某灭弧式短路保护器在黎平县肇兴大寨的应用试点

4.1　肇兴大寨基本情况

此次实施某灭弧式短路保护器应用试点是贵州省黔东南州肇兴大寨是原生型的侗族村落，在较为封闭的环境中不断发展，由最初的一个定居点派生出相同结构的几个村落，为进入第一批中国传统村落名录的村寨，系国家 4A 级风景名胜区。该村寨坐落在群山环抱的山间坝子中，清澈的肇兴河穿寨而过，共有居民 1 012 户，6 000 余人，房屋 790 栋，基本为侗族居民，民房沿河流布置，是黔东南地区木质结构房屋村寨的典型见图 3。基于该村寨的典型性和风景名胜区的特性，该村寨成为黔东南地区（乃至全国）第一个开展灭弧式短路保护器应用试点的连片木质结构房屋村寨。

图 3　黎平县肇兴大寨概貌

4.2　某灭弧式短路保护器应用试点

应用试点施工之前，某公司技术人员在肇兴大寨的寨前广场现场进行某灭弧式短路保护器的灭弧及切断故障电气线路实验的演示，让村民知晓其功效。同时，安排专业技术人员对该村的气候环境进行调查。调查发现该村寨海拔 410 米，属中亚热带季风湿润气候，年平均气温 16 °C 左右，最高温度 30 °C，极端最低气温 – 9.8 °C，相对湿度为 78%～84%。综合调查结果，村寨所处环境适合安装某灭弧式短路保护器。又经过技术人员进一步核算，决定选用某灭弧式短路保护器的“HS-M8K”型产品在黎平县肇兴大寨进行试点安装，其电气表示方法如图 4 所示。

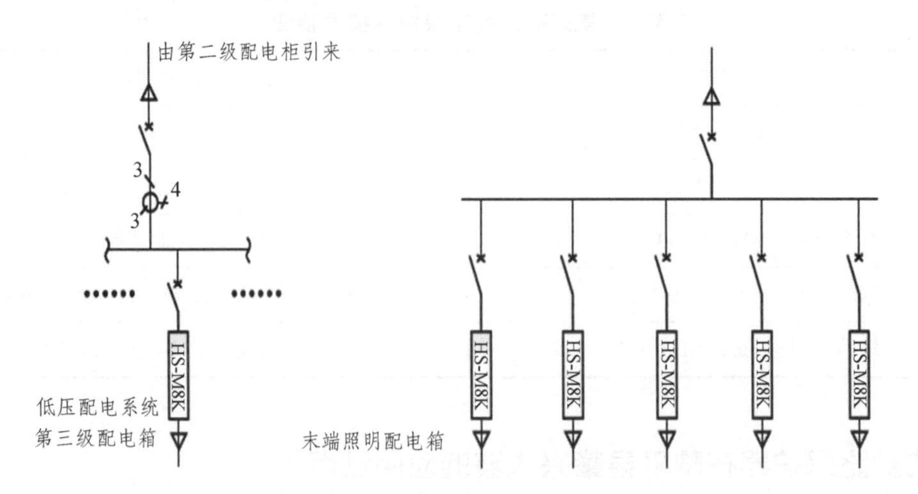

图 4 某灭弧式短路保护器的电气表示方法

由于黎平县肇兴大寨的村民户数较多，但试点经费有限，经对农户按照木质结构建筑集中连片、房屋建造或者使用年代超过 50 年和常住人员为老弱病残等留守人员等三个条件进行综合考虑后，确定了对 60 户农户安装某灭弧式短路保护器的试点。事实情况是，该灭弧式短路保护器的试点应用未能实现对集中连片木质机构房屋的全面覆盖。正式安装时，60 个灭弧式短路保护器的具体安装位置均位于有关农户处于室外的进户电表后，满足防雨、防尘、干燥、通风良好及不受震动等方面的条件。安装高度控制在 2.2 m 左右，与相邻电表箱或者空气开关箱平行，二者的水平距离在 40 cm 左右，满足该产品技术参数要求的其侧面与相邻的开关或其他电气装置不小于 60 mm 的要求，其安装实例如图 5 所示。试点实施完毕至 2015 年 6 月的近半年时间里，安装该灭弧式短路保护器的农户均反映该产品性能良好，未有不良反映者，均实现了安全用电。

图 5 某灭弧式短路保护器在黎平县肇兴大寨试点安装的实例

5 结论和建议

（1）某灭弧式短路保护器具有瞬间消除电弧及火花并能及时切断故障电路，对处处是火灾隐患的木质结构建筑的火灾事故防控能产生一定的积极作用，对少数民族传统村落的保护与传承有重要意义。

（2）通过试点，综合计算，平均建筑面积在 100 m^2 的木质建筑的农户，按照日常生活用电考虑，在每户的电表后的进户线上应安装一台某灭弧式短路保护器。

（3）某灭弧式短路保护器的安装位置及实施方法应科学合理、简单方便，且应确保能实现对整个农户户内电气线路的安全保护。

（4）该灭弧式短路保护器下一步的试点应用仍应安排在经过电改等消防试点建设，或具有一定消防基础设施的连片木质结构房屋村寨实施，坚持以筑牢此类村寨的第二道消防安全屏障为出发点，应进行整体性和系统性的综合性评估、研究后再对该产品进行全面推广。

参考文献

[1] 郑锦，文邦友，孟凡茂. 某阻燃液对木质结构房屋应用探讨[J]. 消防科学与技术，2012，31（11）：1207-1207.

[2] 李经明. 民族民居火灾危险性及预防对策[J]. 消防科学与技术，2012，31（7）:753-756.

[3] 肖俊红. 民族民居木结构建筑群规划与布局探析[J]. 消防科学与技术，2012，31（8）:881-882.

[4] DB 52/T 700—2010. 电气火灾监控系统设计、安装及验收技术规程[S].

作者简介：郑锦（1980—），男，汉族，云南武定人，2007年毕业于昆明理工大学，工学硕士，贵州省黔东南州公安消防支队防火监督处工程审核科科长、工程师；主要从事建设工程消防设计审核和消防监督管理工作。

通信地址：贵州省凯里市凯棉路118号，黔东南州消防支队，邮政编码：556000；

联系电话：15870240411。

电子信箱：325869145@qq.com。

浅析社会单位消防安全户籍化管理系统应用中存在的问题

程　朗

（陕西省汉中市公安消防支队，723000）

【摘　要】 本文分析了社会单位消防安全户籍化管理系统在实际工作中的优点和存在的问题，并对如何解决这些问题，完善提高社会单位消防安全户籍化管理系统进行初步的研究和探讨。

【关键词】 消防安全；社会单位；户籍化；管理系统

1　引　言

社会单位消防安全户籍化管理系统（以下简称“户籍化”管理系统）于2012年开始在全国消防安全重点单位应用，在两年的运行中，“户籍化”管理系统给消防安全重点单位的管理带来了方便，规范了重点单位的消防安全管理，但是在运行过程中，也存在着一些问题。

2　“户籍化”管理系统给消防工作带来的改变

2.1　建立了消防部门和重点单位的互动平台

过去在有文件或通知时，要通过电话、传真或取、送邮寄等方式才能传达到单位。但是，有了“户籍化”系统后，只需要在系统通知通告中放入文件，消防安全重点单位进入系统就能够看到；与此相对，消防安全重点单位一些需要报的材料，也只需要放到“户籍化”管理系统中，消防部门就能接收到，这样就节省了大量的人力、时间和金钱。

2.2　规范了消防安全重点单位内部管理

“户籍化”管理系统设计非常全面，包括单位基本情况、消防安全管理制度和职责、机构和人员、建筑消防设施、消防工作记录、安全报告备案六个方面，基本涵盖了消防安全单位消防工作的全部内容。消防安全重点单位如果严格按照“户籍化”管理系统规定的内容严格执行，不仅能够把自身的消防工作做好，而且也会把单位的消防安全管理引向规范。

2.3　便于消防部门掌握消防安全重点单位的管理和人员变更情况

未使用“户籍化”管理系统之前，经常会出现消防安全重点单位的消防安全管理出现问题或消防安全责任人和消防安全管理人在发生人员变更后，消防部门不能及时掌握情况的现象。“户籍化”管理系统应用后，消防部门可以通过“户籍化”管理系统查看重点单位消防安全责任人、管理人及消防队伍建设、消防设施维护与保养、消防工作开展情况等。使消防部门可以有重点的对消防安全重点单位的消防工作进行检查，对消防工作滞后的单位，督促其加强消防工作的开展。

3 “户籍化”管理系统应用中存在的问题

3.1 消防安全重点单位互联网未全面覆盖

目前，在很多消防安全重点单位，消防安全管理部门还没有配备互联网：一是因为单位消防安全管理部门属于非盈利性部门，需要用到互联网的地方不多，所以很多单位没有给消防安全管理部门配备互联网；二是很多单位出于保密或内部业务的需要，不允许使用互联网，使用的是内部系统网络，如中航工业系统、电力系统、银行系统等。这给消防安全管理部门在使用“户籍化”管理系统进行网上备案和网上录入增加了困难。

3.2 消防安全重点单位在使用“户籍化”管理系统时还存在很多问题

一是“户籍化”管理系统投入应用以来，虽然各地的消防部门对消防安全管理人就系统的使用进行过一次或多次培训，但在实际应用中，很多人还是不熟悉系统的操作使用，经常忘记录入消防工作或忘记按时备案。二是多数消防安全重点单位的消防安全管理人员都选用的是有一定安全工作经验的人，这些人在安全管理中发挥着重要的作用，但是这些人员都年龄偏大，电脑操作很不熟悉，有些人甚至都不会打字，这也给“户籍化”管理系统的应用带来了很大困难。

3.3 工作量增大导致“户籍化”管理系统使用率降低

“户籍化”管理系统虽然提升了单位的消防工作水平，但是也增加了消防安全管理人员的工作量。“户籍化”管理系统设有的每月自我评估备案中，分值的高低要通过平时系统消防工作的录入实现，这就要求单位消防工作在完成书面记录时，还要录入到“户籍化”管理系统，这样才能得到高分。这无形中增加了消防安全管理人员的工作量，特别是有自动消防设施的单位，工作量更是大大增加，导致消防安全管理人员产生抵触情绪，对使用“户籍化”管理系统的积极性也随之下降。

3.4 消防部门代社会单位使用系统

一些消防安全重点单位由于上述的几种原因不能每月按时完成消防设施维保备案和自我评估备案，导致本级消防部门经常受到上级通报批评。为了避免受到上级部门的通报批评，一些基层消防部门使用消防安全重点单位的账号、密码进入系统，帮助重点单位完成消防设施维保备案和自我评估备案。

3.5 一些消防安全重点单位使用“户籍化”管理系统时弄虚作假

在自我评估备案中，分为 A、B、C 三级，一些单位之所以自我评估备案中取得 A 或 B，是不按照本单位的实际情况进行录入，而是弄虚作假，录入系统的工作全是好，从而在自我评估中得到 A 或 B。

3.6 互联网“户籍化”管理系统平台不稳。

“户籍化”管理系统投入使用后，各省的后台运行平台并不一致，一些省份使用的平台很不稳定，经常要进行维护，一段时间内用户无法登录，给用户的工作带来了不便，导致用户使用“户籍化”管理系统进行工作的积极性降低。

4 “户籍化”管理系统应用提高措施

4.1 加强“户籍化”管理系统的应用培训

一是坚强消防部门“户籍化”管理系统管理人员的培训，使其能完全掌握“户籍化”管理系统的使用，并能够对消防安全重点单位的相关人员进行培训。二是加强消防安全重点单位“户籍化”管理系统操作人员的培训。重点单位最好能固定操作人员，由消防部门对其进行培训，确保其能熟练使用“户籍化”管理系统，很快能在网上完成各项工作。

4.2 以对消防安全重点单位的实际检查核对“户籍化”管理系统中单位的工作

针对一些消防安全重点单位在“户籍化”管理系统备案和录入存在弄虚作假的情况，消防部门要定期对其进行实地检查；如果发现弄虚作假的单位，必须给予严厉的批评教育；情节严重的，按照存在火灾隐患的严重程度，依据《消防法》进行处罚。

4.3 提高“户籍化”管理系统网络平台性能

提高“户籍化”管理系统网络平台性能，保持“户籍化”管理系统网络平台的稳定，不但能够给使用“户籍化”管理系统的消防部门和消防安全重点单位带来很大的方便，而且会提高工作效率，提升用户使用“户籍化”管理系统的积极性。

总的来讲，“户籍化”管理系统的应用，给消防工作带来了很多的方便，但还存在以上的诸多问题，在以后的工作中，“户籍化”管理系统应该得到更好的升级和完善，才能更好地为消防工作服务。

刍议多产权高层建筑消防安全管理现状及对策

吴海卫
（江苏省苏州市公安消防局）

【摘　要】 本文概述了目前我国多产权高层建筑现状，分析了多产权高层建筑消防管理工作存在的问题，针对多产权高层建筑消防管理工作中存在的问题，提出了相应的应对措施，对当今多产权高层建筑消防安全管理具有一定的指导意义。

【关键词】 多产权；高层建筑；消防安全；管理

1 引　言

随着社会的迅速发展，城市用地日趋紧张，多产权高层建筑得到了快速的发展。据预测，未来20年中国将建成不少于50 000座高层建筑。由于多产权高层建筑一般集综合功能于一体，服务功能多，性能复杂，往来人员密集，用电量大，一旦发生火灾，极易造成重大损失。高层建筑火灾由于很难在外部扑救，往往依赖于建筑内的固定消防设施。因此，深入分析多产权高层建筑的消防安全管理现状及存在的问题，研究消防安全管理对策，是目前消防管理工作的一个重要课题[1]。

2 多产权高层建筑概况

多产权高层建筑，即指有两个以上产权人的写字楼、住宅、宾馆、商场、娱乐场所等高层建筑。因多产权建筑产权隶属不同性质单位和使用功能不同等原因,使得多产权高层建筑出现了火灾隐患多，整改难度大，整改资金落实涉及多个单位等问题。之所以会有多产权高层建筑，无外乎是因为以下几方面的原因：企业改制或者破产；抵押给银行或个人；多方投资；出租或者出售给个人；法律责任不清[2]。这些多产权高层建筑的消防安全管理工作大都由专业的物业服务公司负责。由于不少高层建筑建设年代较为久远，建筑内公共消防设施相对缺乏，或因年久失修已无法正常工作。即使新建高层建筑的室内消防设施通过了消防部门的验收，但是后期维护保养不到位，使很多已处于半瘫痪状态。

3 多产权高层建筑消防管理工作存在的问题

3.1 物业服务公司不会管

《中华人民共和国消防法》(以下简称《消防法》)中对物业服务企业的消防安全职责和包括消防设施在内公共设施维护保养、经费使用提出了明确要求。在日常消防安全检查中频繁出现消防设施带病运行或甚者形同虚设，发生火灾时不能派上用场的情况。物业服务公司作为多产权高层建筑的管理主体，对消防设施的管理不是不愿管而是管不了、不会管。在对物业管理公司（包括设立分公司）的调查了解中也发现只有少数经过培训的专职消防管理人员。有些物业公司的工程、保安等人员虽然从事消防安全管理，但都是赶鸭子上架或者仅是单纯的“候鸟”式等待消防设施维保单位来整改问题。

3.2 消防管理经费不落实

消防安全管理经费涉及消防设施设备的维护保养和日常消防安全管理费，管理经费主要来自两个渠道：一是开发商提供的一定比例的物业管理维修资金；二是物业管理公司向业主或物业使用者收取的物业管理费。但有些开发商提供的物业管理维修资金没有法定主管部门监督提留，全部由业主和用户来承担，这样就造成物业管理收取费用过高，维修资金难以落实的问题；而物业管理公司与业主之间仅靠契约，物业管理资金使用、管理的不规范，使缴纳者产生误解，因而消防管理费用难以收取。

在一些地方法律规定中仅对消防系统维护费作出明确规定，但每年这些消防系统维护费远远低于实际需要。而数额较大时则需动用维修基金，因申请程序相对复杂，用于消防设施维护较为困难。这就造成了平时消防设施维护保养、设施器材更换、灭火器药剂更换等众多项目只能从物业服务公司正常收取的物业费中列支。

3.3 消防安全管理责任不明确

现代建筑多为综合性建筑，集经营、住宿、餐饮、娱乐、服务、办公、居住为一体，有的一幢楼有100多家业主，多产权或产权与使用权分离的现象非常普遍，造成使用单位各自为政，消防安全管理工作无人牵头，产权和使用单位均不能很好地履行相应的消防安全职责，致使消防安全组织机构不健全。有些虽然形式上设有管理机构，但职责不清，责任不明，工作不落实，安全形势令人担忧。

3.4 部分多产权高层建筑消防设施管理缺失

从全国范围来看，大部分多产权高层建筑消防设施总体情况良好，但仍有少部分存在不同程度的问题。有的单位消防设施长期无人管理，甚至还将消防设施长期闲置停用；有的多产权高层建筑管理人员不熟悉消防设施的运行原理和功能，存在不会操作、不会检查、不会保养等现象[3]；由于缺乏专人操作和维护消防设施，造成消火栓、自动喷水灭火设施因管道泵、阀门锈蚀而不能出水；有的火灾探测器多年不清洗，误报率逐年上升，最终导致火灾探测器失效；有的防火卷帘门由于电机损坏而不能运行；有的灯光疏散指示标志和火灾事故应急照明损坏后不能得到及时修复；大楼管理单位未做到应有的每日检查、季度试验和检查、年度检查试验，建筑消防设施自建好后就一直沉睡的现象时有发生。

4 做好多产权高层建筑消防安全管理工作的对策

4.1 强化依法监管，提高法律规章的约束能力

结合《消防法》出台相应的地方法律规章，明确政府、建设、房管等部门以及建设单位、物业公司的消防安全职责，形成消防部门、房产管理部门、工商等部门协作机制，把多产权建筑消防安全状况，结合有关部门许可、年审工作共同把关审查，增加多产权高层建筑消防安全管理范围和广度，鼓励多产权高层建筑实行统一物业管理。同时，政府应采取有效措施，大力推进和加强社会专业物业管理部门建设和发展，让物业管理部门担负起多产权高层建筑消防设施管理、维护和保养的责任。我国法律对建筑物实行物业管理未作强制规定，因此，在日常工作中，加强消防宣传和协调，真正实现“政府统一领导、部门依法监管、单位全面负责、公民积极参与”的工作格局。

4.2 加强保障机制建设，实行社会化消防安全管理

《消防法》鼓励商业保险、明确建设、设计、施工、消防检测等单位责任的条款，起到了推动消防

安全管理模式改革的作用。只有健全更加有效的社会化消防安全管理、运行和保障机制，才能从根本上解决当前多产权高层建筑消防安全管理方面的弊端。首先，要加速推进消防中介机构建设，把建筑审核、消防设施运行保养、消防安全评定纳入专业中介机构负责，实行市场化运作。其次，要建立消防安全评价体系，根据火灾危险性、消防设施建设和日常安全管理情况综合评定安全等级，出台解决历史遗留隐患的办法，正视现实，客观解决矛盾和问题。再次，要推出公共消防安全管理和保障机制。在管理方面，实行政府考评、行业审核、单位自查、中介评价、消防监督的市场化管理运行机制，使考评、审核、验收、管理、检查责任相互独立，确保各个主体部门和单位责任清晰、责任自负。在保障方面，建立全社会消防保障金机制，由政府在建筑维修基金中通过科学测算设立合理比例的消防设施维护保养经费项目，统一征收，统一管理使用，用于解决现有不符合消防安全标准问题的整改和今后消防设施的维护保养。

4.3 加强消防监督管理，严把消防审核验收关

公安机关消防机构应加大对多产权高层建筑的消防监督检查力度，把多产权高层建筑消防安全作为监管的重点，适时组织开展多产权高层建筑消防安全专项治理。对无物业管理的多产权高层建筑，应积极协调各使用单位由一方牵头成立消防安全工作领导小组，实施统一消防管理；对有物业管理的多产权高层建筑则积极指导物业管理单位加大对建筑使用单位的消防安全管理，确保消防安全。在加强消防监督检查的同时，公安消防机构应突出把好消防审核验收关。在进行多产权高层建筑设计过程中，必须结合建筑的各种功能要求，认真考虑防火安全，设计单位应对工程的防火设计负责，凡不符合设计防火规范的工程设计，不得上报审批或交付使用；施工单位对建筑工程的防火构造、技术措施和消防措施等，必须严格按照经消防设计审核合格的设计图纸进行施工，不得擅自更改。竣工验收要严格执行《建设工程消防验收评定规则》，深入细致地对每项内容进行检查测试，加强竣工验收管理，对达不到合格标准的工程，坚决不予以通过验收。同时，在审验过程中，应特别强调三个方面：一是合理布置多产权高层建筑总体布局和防火分区；二是确保建筑物耐火能力；三是加强自然排烟设计及安全疏散设施设置。

4.4 严格落实消防安全责任制，督促社会单位认真履职

通过对多产权高层建筑火灾原因进行分析，80%以上的火灾是由于人的疏忽大意或操作不当造成的。起火原因大多是由于用火不慎、电气设备的短路或超负荷用电以及照明灯具或电热设备靠近可燃物等引起火灾。除此以外，还有特殊工程人员违章操作、无证上岗或临时动用明火作业等违章行为造成的火灾。因此，每个经营者、管理者和居住者应该增强责任意识和防火意识，把预防工作作为整个管理工作的一个重要部分，使防火工作经常化、制度化、社会化。所有多产权高层建筑单位应严格落实消防工作责任制，牢固树立消防安全责任主体意识，强化法定代表人为单位第一责任人的法律意识，强化各岗位人员责任意识，明确分工，责任到人。公安机关消防机构要督促单位加强日常管理，规范日常消防安全检查和每日防火巡查，确保安全出口和疏散通道畅通，确保建筑消防设施完好有效；加强消防控制室值班和建筑消防设施维护管理，严格执行审批制度，规范用火用电行为；强力推行单位建筑消防设施社会化维护保养机制，着力提升建筑消防设施维保行业整体业务水平；加强对建筑消防设施维保行业监管，依法严肃查处违反消防安全技术规定维修、保养消防设施的行为，着力营造规范、有序的建筑消防设施维保行业氛围，严格市场准入门槛。

参考文献

[1] 司戈. 中国高层建筑火灾[J]. 消防科学与技术，2010（29）：863-866.
[2] 李雅巍. 浅谈多产权建筑的消防安全现状和管理对策[J]. 科技信息，2009（16）.
[3] 吴柯妮. 多产权建筑的消防安全现状及对策研究[J]. 理论观察，2011（4）：54-55.

作者简介：吴海卫，男，苏州市公安消防局防火监督科；主要从事消防监督、建筑审核等方面的工作。
通信地址：江苏省苏州市工业园区中新大道西198号，邮政编码：215021；
电子信箱：258656785@qq.com。

关于加强文物古建筑消防安全工作的几点思考

朱华卫
（河北省消防总队）

【摘　要】 本文通过对河北省文物古建筑消防安全现状的调研，分析了文物古建筑的火灾危险性，指出了检查的重点及防火要求，提出了加强古建筑消防安全工作监管的工作建议。
【关键词】 文物古建筑；火灾危险性；检查的内容和重点；防火要求；监管思考

1 引　言

古建筑通常指建于清代以前，具有较高文物价值、历史价值和艺术价值的建（构）筑物，如宫殿、陵墓、坛庙等，以及部分建于民国时期但结构、形式、用材、工艺等与古建筑类同的建筑。它们是珍贵的文化艺术遗产。由于古建筑多为木结构或砖木结构，耐火等级低，火灾荷载较大，一旦发生火灾，火势难以控制，极易造成难以挽回的损失。因此针对文物古建筑存在的各种火灾隐患制定切实有效的防火对策已经刻不容缓，一方面要正视古建筑自身的特性，掌握古建筑火灾的特点；另一方面要采取行之有效的处理措施，最大限度地降低火灾对文物建筑所造成的危害和损失。现结合我省前期部署开展的文物古建筑消防安全治理及调研活动情况进行分析。

2 古建筑的火灾危险性

2.1 消防管理不到位、消防安全责任未有效落实

受历史遗留、经济状况等因素影响，部分文物古建筑产权不清、消防责任不明、消防管理不到位。一些文物古建筑单位负责人对消防工作不够重视，未建立健全消防组织机构，消防安全责任制未得到有效落实，消防安全管理不够到位。

2.2 建筑防火间距不足，不能满足消防安全要求

由于历史原因，一些古建筑根据地理环境，依山就势，自由布局，建筑连串、成片布置，导致建筑物之间无防火间距或防火间距不足，一旦着火，容易出现“火烧连营”。特别是河北省部分古城地处平原开阔地区，四季风力较强，加之古城内地势不平、建筑物高度不一，火灾时火借风势，风助火威，极易形成“火龙”迅速向下风方向及四周蔓延的立体火灾局面。有的古城内除主街外，其余街道弯曲、狭窄、平整度不够，无法满足消防车道宽度等条件要求。

2.3 建筑耐火等级低，火灾荷载大

大多数文物建筑都是木质建筑，有大量柱、枋、梁、椽等木质材料构件，耐火极限较低。部分建筑中存放有木制家具，木材长期风化干燥，极易燃烧。加之，一些古建筑中大量悬挂帐幔、经幡、伞

盖、挂毯等各种棉、麻、毛制品，增大了建筑火灾荷载，一旦失火，室内散热差，温度升高快，很容易引起轰燃，造成极大的火灾危险。

2.4　用火、用电管理不规范，容易引发火灾事故

由于照明、生活需要，大多古建筑内违章敷设了电气线路。这些线路存在老化、私拉乱接、不穿管直接敷设在木制构件上等问题。古建筑内，尤其是寺庙内，烧香、焚纸现象依然存在；景区旅游旺季和举办庙会等活动时游客数量较多，吸烟在很大程度上也增加了火灾危险性。有的古城中心内商铺林立，在临街的各家商铺中，各种易燃小商品堆满了店面。而且在各商铺中不乏各种用火、用电操作，如餐饮作业等，还有烟蒂、外漏无保护的电线等，这些均成为易引起火灾的火源。

2.5　消防设施匮乏，火灾扑救难度大

在各级政府大力支持下，通过公安消防机构和文物部门共同治理，全省木结构文物古建筑消防安全环境得到明显改善，基本按照国家消防技术标准和规范配备了消火栓、灭火器等各类消防设施，利用市政供水设施、天然水源设置了消防水源，开辟了消防车通道。但由于历史、地理以及文物保护等因素的影响，全省仍有木结构文物古建筑存在消防设施配备不足或故障、缺少消防水源及无消防车通道的问题。

以我省文物古建筑分布来看，其分布比较广，大部分远离城镇，这些文物古建筑普遍缺乏足够的自防自救能力，没有足够的训练有素的专职消防队员，消防设施有的也不完备，大多数古建筑都缺乏消防水源，存在消防车通道狭窄或不畅、自动灭火设施故障、灭火器配备不足等问题。而消防队（站）主要分布在大、中城市和县城集镇，受水源条件、道路条件、建筑结构耐火等级低等多种条件制约，一旦发生火灾，消防车辆难以及时赶到，区域自救能力有限，外部力量增援所需时间长，即使到达但因缺乏消防给水，消防战斗展开空间有限，难以及时有效扑灭火灾。

3　文物古建筑主要检查内容及重点部位

主要检查内容：消防安全责任制，五类人员培训，日常检查巡查，消防设施及维护保养，人员安全疏散，装修装饰材料，用火用电管理，灭火应急预案制定和演练等。

检查重点部位：① 殿宇、庙宇、居住区、展览厅、文物库等性质重要或火灾危险性大的区域；② 消防控制室、消防水泵房、变配电室、自备发电机房等保障消防安全的场所。

4　文物古建筑主要的防火要求

文物古建筑防火要求有以下几点：

（1）公共娱乐场所严禁设置在文物古建筑内。

（2）禁止利用古建筑改建旅店、食堂、招待所或职工宿舍。

（3）严禁在文物古建筑之间或比邻文物古建筑违章搭建建构筑物。

（4）宗教等场所的装饰材料宜采用不燃或难燃材料，或采取阻燃处理。

（5）与文物古建筑比连的其他房屋，应有防火分隔墙或开辟消防通道。

（6）距离公安消防队较远的被列为全国重点文物保护单位的古建筑群管理单位应设置专职消防队。

（7）国家级文物保护单位的重点砖木或木结构的古建筑，宜设置室内消火栓系统。

（8）国家级文物保护单位的重点砖木或木结构的古建筑的非消防用电负荷宜设置电气火灾监控系统。

（9）大、中型博物馆内的珍品库房；一级纸绢质文物的陈列室应设置自动灭火系统，并宜采用气体灭火系统。

（10）图书或文物的珍藏库应设置火灾自动报警系统。

（11）古建筑保护区应设置室外消火栓，当市政给水不能满足要求时应设置消防水池、消防水塔、消防水泵。

（12）禁止在文物古建筑的主要殿屋进行生产、生活用火。在厢房、走廊、庭院灯处需设置生活用火时，应采用严格的防火安全措施。

（13）宗教场所应加强对点灯、烧纸、焚香、燃放鞭炮等明火的管理。香炉应采用不燃材料制作；放置香、烛、灯的供桌应采用不燃材料，或对可燃的供桌采用不燃材料包裹并采取隔热措施。

（14）在文物古建筑内尽量不要布置用电设备，必须安装电灯和其他设备时，要严格执行电气安全技术规程。

（15）电气线路宜采用铜芯绝缘导线，并采用阻燃 PVC 穿管保护或穿金属管敷设，不得直接敷设在可燃构件上。照明灯具等用电设备应与可燃物保持安全距离，采用隔热散热等防火措施。严禁使用大功率电热设备。

5 下一步加强文物古建筑监管工作的几点思考

5.1 进一步加强领导

进一步明确各级政府和公安消防、文物主管部门消防安全责任，每一座文物古建筑都应明确主管部门及其消防安全职责，切实加强对文物建筑消防安全工作领导，按要求配备消防设施及满足防火要求。

5.2 进一步加强消防安全管理

督促文物建筑管理和使用单位落实消防安全主体责任，建立健全消防安全组织机构，明确专、兼职消防安全管理人员职责，健全各项消防安全管理制度，逐步构建起消防安全的自我管理、自我检查、自我整改机制。文物古建筑管理与使用单位应组织开展常态化的防火检查巡查，及时消除火灾隐患。指导文物古建筑管理和使用单位加强消防安全“四个能力”建设，确保消防安全。

5.3 加强消防基础设施建设

在各级政府的领导下，会同文物、旅游、住建、规划等部门，完善并严格落实古建筑规划，拆除或隔离与古建筑毗连的棚屋，确保消防车通道畅；在不破坏原格局的前提下，对较大规模的古建筑群采用防火墙、防火门或防火水幕进行合理分隔；合理设置消防水源，充分利用市政供水管网，设置室内外消火栓系统；在农村古建筑修建消防蓄水池、消防水塔、增设消防水缸和蓄沙池，配置手抬消防泵、消防水桶等；有天然水源的，修建消防车取水点，保障消防供水。

5.4 加大技术防范

运用新型的防火灭火及阻燃耐火等技术，积极推动消防科研和技术创新成果转化，提高古建筑防控火灾能力。督促文物部门和古建筑管理使用单位，加大消防安全经费投入，按照国家消防技术标准要求，配齐、配好自动消防设施、消火栓和灭火器等器材装备，加强日常检查和维护，确保其处于良好状态。比如对大量古建筑内保存的壁画、彩绘、泥塑、文字资料等历史珍品，配置灭火器材要充分考虑保护要求。

5.5 加强消防宣传培训

指导行业主管部门对文物古建筑消防安全责任人、管理人、专兼职消防人员、消防控制室操作人员和保安等五类人员开展消防安全培训，切实增强其消防安全素质，使其成为单位消防安全“明白人”，提高单位自我管理和自我防范能力。

5.6 加强灭火演练

指导和帮助文物建筑管理使用单位根据自身实际情况，成立单位志愿消防队，加强培训、演练，针对本辖区文物建筑火灾事故特点制定切实可行的灭火作战预案并及时组织演练。做到能消灭初期火灾，会同公安消防队共同担负起火灾扑救任务。

作者简介： 朱华卫（1969—），女，河北省消防总队防火监督部副部长，工程硕士，消防技术管理高级工程师；主要从事防火监督工作。

通信地址：河北省石家庄市珠江大道239号，邮政编码：050000；

联系电话：18903111198。

火灾高危单位消防安全评估之我见

马千里
（天津市公安消防总队滨海新区支队生态城大队）

【摘　要】 结合消防监督工作实际，从评估内容应全面准确、评估方法应科学好用等方面就火灾高危单位消防安全评估内容和方法等进行了探讨，从“政府统一领导、部门依法监管、单位全面负责、公民积极参与”的角度出发，探讨了如何发挥好火灾高危单位消防安全评估所起的作用。
【关键词】 火灾高危单位；消防安全；评估内容；评估方法

1 引　言

2011 年，国务院文件《国务院关于加强和改进消防工作的意见》（国发〔2011〕46 号）（以下简称《意见》）中提出：“对火灾高危单位要实施更加严格的消防安全监管，要建立火灾高危单位消防安全评估制度等管理措施。”随后，公安部消防局研究制定了《火灾高危单位消防安全评估导则（试行）》（公消〔2013〕60 号）（以下简称《导则》），提出了火灾高危单位消防安全评估的内容、步骤和程序。本文结合消防监督工作实际，就火灾高危单位消防安全评估内容和方法等进行了探讨，并在此基础上，提出了做好此类单位消防安全管理工作的一些建议。

2 火灾高危单位的界定

《导则》中指出容易造成火灾的火灾高危单位有：在本地区具有较大规模的人员密集场所；在本地区具有一定规模的生产、储存、经营易燃易爆危险品场所单位；火灾荷载较大、人员较密集的高层、地下公共建筑以及地下交通工程；采用木结构或砖木结构的全国重点文物保护单位；其他容易发生火灾且一旦发生火灾可能造成重大人身伤亡或者财产损失的单位，为火灾高危单位提出了一般的界定标准。《导则》同时规定，火灾高危单位的具体界定标准由省级公安机关消防机构结合本地实际确定，并报省级人民政府公布。此外，季俊贤[1]提出了通信枢纽、首脑机关、超规范标准设计的建筑等某些特定对象也应纳入火灾高危单位的范围。

3 消防安全评估内容和方法探讨

3.1 评估内容应全面准确

消防安全评估内容应以《中华人民共和国消防法》和《机关、团体、企业、事业单位消防安全管理规定》（61 号令）等为基础，并结合被评估单位的实际情况制定。

《导则》从建筑合法性，制度和预案的制定落实情况，宣传教育和培训情况，消防设施、器材和消防安全标志设置配置以及完好有效情况，电器产品、燃气用具的安装、使用及其线路、管路的敷设、维护保养情况，疏散通道、安全出口、消防车通道保持畅通情况，防火分区、防火间距、防烟分区、避难层（间）及消防车登高作业区域保持有效情况，室内外装修情况，建筑外保温材料使用情况，易燃易爆危险品管理情况等十三个方面规定了消防安全评估的内容，能够全面包含单位消防安全管理的要点。在实际进行安全评估时，应以此为原则，紧密结合单位实际情况，将上述评估内容进行细化，使评估内容能够全面准确地反映出被评估单位的消防安全现状。

对于评估内容，可以考虑根据61号令中的消防安全责任人和消防安全管理人职责的有关规定，将消防安全责任人和消防安全管理人履行消防安全职责情况作为一项评估内容。此外，还可以考虑将消防安全重点部位管理情况作为一项评估内容。

3.2 评估方法应科学好用

这里所指的评估方法不是单指在安全评估过程中所采用的评价方法，而是泛指火灾高危单位消防安全评估所采取的步骤和程序。

（1）采用的消防法律法规和消防技术标准应全面广泛。消防法规和消防技术标准是进行安全评估的重要依据，在确定评估对象后，就要根据评估内容，对评估对象所涉及的消防法律法规和消防技术标准进行全面收集。随后，还应逐项逐条逐款将相关法律法规条款和技术规定按照评估内容进行归纳。由于涉及消防安全法律法规和技术规范较多，并且涵盖的专业面较为广泛，因此，如何迅速全面地确定相关法条和技术规范条文是一项很重要的工作。可以研究开发消防法律法规和技术标准检索平台，即将消防法律法规和消防技术标准制作成数据库，该数据库能够即时更新最新内容，同时具备检索功能，输入关键词即可以将涉及的相关内容全面检索出来，这样既可以节省大量时间，同时也能够保证所收集的消防法律法规和技术标准的全面性。

（2）编制的消防安全检查测试表应具有可操作性。对火灾高危单位的消防安全评估通常采用检查表法较适宜[2]。消防安全检查测试表的编制将直接决定消防安全评价质量，为此，消防安全检查测试表不仅要全面更要具有较强的可操作性。在编制过程中，消防安全评估部门可以加强与消防监督管理部门之间的沟通协作。如：在收集与评估对象有关的资料和数据过程中，可以与消防机构联系，查阅消防安全重点单位档案、建设工程消防设计和竣工验收图纸等；在编制消防安全检查测试表时，可以参考公安机关消防机构所使用的《消防监督检查记录》、《建设工程消防验收记录表》等。此外，还应该设计合理的书面测试和问卷调查内容，测试和调查内容应能够全面准确地反映单位员工的消防安全能力，从而反映出单位消防宣传和消防培训的工作成效。

（3）存在的问题和对策措施应客观准确。对于评估对象存在的问题应本着客观、实事求是的原则提出，相应的对策措施还应该准确可行。不仅要提出问题，还要提出如何解决问题，解决问题不是简单的应达到什么标准、应符合什么规范，还应提出如何达到标准、如何符合规范要求的具体措施。

4 积极发挥火灾高危单位的消防安全评估作用

《中华人民共和国消防法》第二条规定：“消防工作贯彻预防为主、防消结合的方针，按照政府统一领导、部门依法监管、单位全面负责、公民积极参与的原则，实行消防安全责任制，建立健全社会化的消防工作网络。”《意见》中的指导思想和基本原则正是由此而生发。要实现社会化消防工作格局基本形成，公共消防设施和消防装备建设基本达标，覆盖城乡的灭火应急救援力量体系逐步完善，公民消防安全素质普遍增强，全社会抗御火灾能力明显提升，重大特大尤其是群死群伤火灾事故得到有效遏制的主要目标，认真做好火灾高危单位的消防安全评估工作，发挥好火灾高危单位的消防安全评估作用，是实现政府统一领导、部门依法监管、单位全面负责和公民积极参与的有效途径。

4.1 发挥好部门监管的助手作用

目前，一些地方政府已经相继出台了火灾高危单位消防安全管理办法或管理规定，为推进和落实此项工作提供了制度保障和支持。公安机关消防机构应以此为契机，推动并督促火灾高危单位把定期开展消防评估工作落到实处，充分发挥此项工作的积极作用，并使用利用好评估报告，有效加强对火灾高危单位的监管。火灾高危单位的评估报告是对单位消防安全现状进行的科学而客观的评估，公安机关消防机构可以据此全面准确地掌握单位的消防安全状况，特别是评估报告的结论及建议部分，公安机关消防机构应根据评估报告中提出的火灾风险控制对策进行重点监管，从而实现有针对性的火灾预防。

4.2 发挥好单位全面负责的推手作用

作为消防安全责任主体，火灾高危单位的消防安全责任人和消防安全管理人必须牢固树立主体责任意识，必须要高度重视本单位的消防安全评估工作。对于消防安全评估工作，要有正确的认识，要把此项工作当作提高本单位消防安全水平的一项重要工作来做。在评估过程中，要积极配合评估部门的工作，要实事求是，不要干预评估结果。单位本身同样也要使用好安全评估报告，不要将其当作完成任务，评估结束后就将此项工作束之高阁。要认真对待评估报告中所反映的各项火灾危险源，并积极采取有针对性的措施，落实报告中给出的各项火灾风险控制对策及建议，不断提升本单位消防安全水平，提高本单位抗御火灾的能力。

5 结束语

火灾高危单位消防安全评估作为一项新兴的工作，对于做好单位消防安全管理，切实提升单位抗御火灾的能力必将起到积极的作用。相关部门和单位应高度重视此项工作，积极作为，在实践中不断探索完善火灾高危单位消防安全评估工作，使之最大限度地服务于消防安全管理。

参考文献

[1] 季俊贤. 建立火灾高危单位消防安全评估制度探讨[J]. 消防科学与技术，2013，32(6)：671-672.
[2] 任常兴，李晋，孙晓涛，等. 火灾高危单位消防安全评估探讨[J]. 风险分析和危机反应中的信息技术—中国灾害防御协会风险分析专业委员会第六届年会论文集[C]. 2014：725-729.

作者简介： 马千里，(1982—) 男，工学博士，现任天津市滨海新区公安消防支队生态城大队工程师；主要从事消防监督管理工作。
通信地址：天津市滨海新区中新生态城中新大道与和顺路交口生态城消防大队，邮政编码：300457；
联系电话：15902207290；
电子信箱：mql68@163.com。

建立消防行业特有工种职业技能鉴定质量管理体系探析

吴春荣

（天津市公安消防总队高新区支队防火监督处）

【摘　要】 为进一步做好消防行业特有工种职业技能鉴定（简称消防职业技能鉴定）工作，有效地规范鉴定程序，保证鉴定质量，按照公安部消防局和中国消防协会对消防职业技能鉴定站质量管理评估的要求，本文从编制质量管理体系文件和实现质量管理体系的PDCA循环两方面，对建立消防职业技能鉴定质量管理体系进行了探析。

【关键词】 职业技能鉴定；质量管理体系；文件编制；PDCA循环

1 引　言

参照IS09001质量体系标准，开展消防职业技能鉴定质量管理体系建设，从编制质量管理体系文件和实现质量管理体系的PDCA循环两方面建立起一套自我监控、自我约束、自我完善、自我改进的内部管理机制，实现以机制保质量、以质量树信誉、以鉴定检验培训效果，进而促进持证上岗和消防职业技能鉴定工作健康有序发展。

2 编制质量管理体系文件

2.1 《质量管理手册》的制定

《质量管理手册》是鉴定质量管理体系的总纲领性文件，主要依据《职业技能鉴定机构质量管理体系标准》和《职业技能鉴定机构质量管理体系认证工作流程》编制。手册内容包含消防职业技能鉴定站简介、《质量管理手册》颁布令、质量方针和质量目标的发布令、鉴定站管理者任命书、鉴定站组织机构图、鉴定工作流程图、鉴定站各岗位职责要求以及IS09001质量体系标准涉及的各要素的总体要求。

2.1.1 确立质量方针和质量目标

为确保上级部门的政策规定得到有效贯彻，确保鉴定工作质量，按照国家职业资格证书制度的要求，坚持以职业活动为导向，以职业能力为核心，遵循“公正、公平、公开、规范”的原则，确定以“管理科学、运行规范、服务周到、技能一流”的质量方针，以鉴定过程合格率达到100%，鉴定对象满意率达95%”以上的质量目标。

2.1.2 重视鉴定过程的控制

消防职业技能鉴定是一种技术服务，它包括良好的服务态度、科学的服务方法和符合国家法规标准要求的服务内容等。过程中任何失误都会影响鉴定的质量，而且不可补救。为此，对鉴定过程的控制就显得非常重要，它是保证鉴定服务质量的重要手段，要重点控制好以下五个方面：

（1）综合管理质量的控制。主要通过《内部审核控制程序》、《管理评审程序》、《文件控制程序》来完成。

（2）考核质量的控制。主要通过对考核实施过程督导、考核场地及设施设备管理、考评人员、考场控制、考核评分、考核原始资料记录等来实现。

（3）对考评考务人员工作质量的控制。严格遵照《职业技能鉴定考评人员管理办法》、《职业技能鉴定站工作规程》对考评人员、考务管理人员现场考评、现场督导工作实行质量控制。

（4）对考评场地设施的质量控制。依据《场地及设施设备管理程序》、《职业技能鉴定站设备管理制度》等做好设施、设备质量控制。

（5）对考评过程的质量控制。通过《鉴定服务反馈控制程序》、《纠正和预防措施控制程序》、《未达标服务控制程序》实现鉴定过程质量的监控。

2.1.3 持续改进是质量管理的永恒追求

积极主动地从“鉴定过程合格率和鉴定对象满意率”等信息反馈中寻找持续改进的机会。要定期进行自我评价（内审、管理评审），检查出现的偏差，提出纠正和改进的措施，不断提高管理体系文件的适用性和有效性。

2.2 程序文件的制定

程序文件是消防职业技能鉴定服务的工作流程文件。程序文件以《质量管理手册》为基础，对质量管理体系所涉及的要素进行细化。根据《质量管理体系要求》分别对体系的各子系统、质量责任人员、机构资源管理和鉴定服务实现等方面进行规定和提出要求，形成实施体系管理的程序，如文件控制程序、质量记录控制程序、场地和设备设施控制程序、鉴定过程控制程序、内部审核控制程序、管理评审控制程序、改进持续控制程序等。对每一个控制程序文件的目的、适用范围、职责、工作程序和相关支持性文件和涉及质量记录表格都要做出详细说明。

2.3 管理制度的制定

管理制度是消防职业技能鉴定服务的指导类文件，如岗位职责要求、工作规程、制度规定等。消防职业技能鉴定质量管理体系中《程序文件》涉及条款及内容较为宽泛，难以在一个程序文件中做到面面俱到。同时，不同的部门，不同的工作流程需求各不相同，应该针对不同的情况编制对应的细化到各个鉴定工种，如“建（构）筑物消防员”“灭火救援员”等工种相应的管理制度。在管理制度的编制中要注意符合体系标准的要求，同时要紧密结合现有鉴定服务实际的具体情况编制适宜的管理制度。

2.4 质量记录表格的制定

消防职业技能鉴定服务中涉及的各种质量记录表格，是鉴定工作中大量使用的图表文件。制定质量记录表格，要根据鉴定站工作实际，与程序文件和管理制度两项质量管理内容要求相结合。质量记录表格要根据具体情况设计得方便、实用、好用才行，并在实践中不断修改完善。鉴定过程中的各部门、工位，为了共同的质量目标和质量体系的正常运行，都应主动、认真地做好质量记录，并保存完整，实现质量管理有据可查。

上述质量管理体系文件覆盖了消防职业技能鉴定的全过程，以文件化的形式使整个消防职业技能鉴定过程处于质量可控状态，达到持续改进的效果，为消防职业技能鉴定质量提供有效的保障。

3 消防职业技能鉴定质量管理的 PDCA 循环

3.1 PDCA 循环的由来和定义

PDCA 循环是最早由美国质量统计控制之父休哈特(Walter A. Shewhart)提出的 PDS(Plan Do See)演化而来，由美国质量管理专家戴明（Edwards Deming）博士采纳、宣传，获得普及，改进成为 PDCA 模式，所以又称为“戴明环”，它是工业企业全面质量管理的一种有效模式，是全面质量管理所应遵循的科学程序。PDCA 是英语单词 Plan（计划）、Do（执行）、Check（检查）和 Action（处理）的第一个字母，PDCA 循环就是按照这样的顺序进行质量管理，并且循环不止地进行下去的科学程序。

3.2 PDCA 循环的四个阶段

一个 PDCA 循环必须顺序经过的四个阶段：① 计划（P）阶段——明确所要解决的问题或所要实现的目标，提出实现目标的计划或措施；② 执行（D）阶段——落实上述计划或措施；③ 检查（C）阶段——对照计划或措施，检查贯彻落实的情况，分清哪些对了，哪些错了，明确效果，及时发现问题和总结经验；④ 处理（A）阶段——对检查的结果进行处理，认可或否定，把成功的经验加以肯定，变成标准，分析失败的原因，吸取教训。

3.3 PDCA 循环的八个步骤

一个 PDCA 循环一般都要经历以下八个步骤：① 收集资料；② 分析——分析现状发现问题，分析问题中各种影响因素，分析影响问题的主要原因；③ 目标确认；④ 计划措施——针对主要原因，采取解决的措施（例如，为什么要制定这个措施？达到什么目标？在何处执行？由谁负责完成？什么时间完成？怎样执行？等等）；⑤ 执行目标——按照措施计划的要求去做；⑥ 检查结果——把执行结果与要求达到的目标进行对比；⑦ 激励机制——建立激励机制，对成绩突出的表彰奖励；⑧ 总结经验修订目标——把成功的经验总结出来，制定相应的标准。

3.4 PDCA 循环的循环过程

（1）各级质量管理都有一个 PDCA 循环，形成一个大环套小环，一环扣一环，互相制约，互为补充的有机整体，如图 1 所示。在 PDCA 循环中，一般说，上一级的循环是下一级循环的依据，下一级的循环是上一级循环的落实和具体化。

（2）每个 PDCA 循环，都不是在原地周而复始运转，而是像“爬楼梯”那样，每一循环都有新的目标和内容，这意味着质量管理，经过一次循环，解决了一批问题，质量水平有了新的提高，如图 1 所示。

（3）在 PDCA 循环中，A 是一个循环的关键。

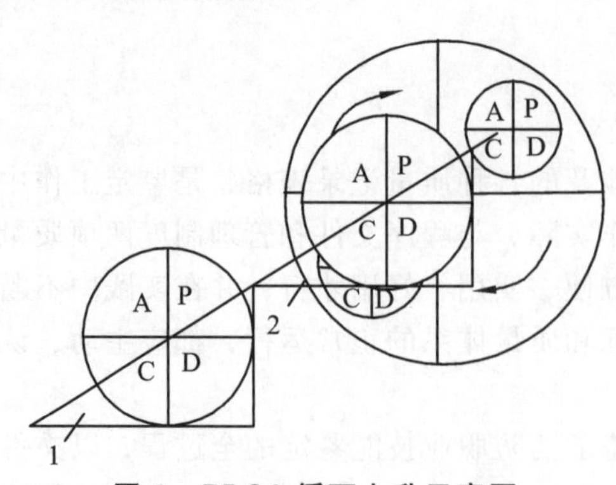

图 1 PDCA 循环上升示意图

1—原有水平；2—新的水平

3.5 PDCA 循环在消防职业技能鉴定质量管理中的运用

3.5.1 PDCA 循环在消防职业技能鉴定站工作中的运用

消防职业技能鉴定站是承担消防职业技能鉴定，对消防从业人员职业资格进行鉴定的执行机构。其基本职责是实施消防职业技能鉴定，面向社会提供服务；执行政府和人力资源和社会保障部门有关规定和实施方法，保证鉴定质量。

（1）计划（P）阶段——制订鉴定工作计划，包括：鉴定的范围即鉴定的职业（工种）、技能等级、预计申报的人数、实施鉴定的次数每次鉴定的日期、聘请考评人员的计划、鉴定标准和方法和鉴定试卷的类别等。鉴定工作计划报消防行业职业技能鉴定指导中心，经公安部消防局和人力资源和社会保障局培训就业司批准后实施，保障鉴定工作在有效控制中进行。

（2）执行（D）阶段——发布鉴定公告、组织报名、考生资格审查、考场准备、人员安排、提取试卷、组织理论知识考试、操作技能考核考评、阅卷评分、成绩登记、呈报鉴定材料、公布成绩、核发证书、接受查询、鉴定资料保存等，使实施过程有序规范进行。

（3）检查（C）阶段——鉴定站接受消防行业职业技能鉴定指导中心派遣督导员，定期或不定期地对鉴定考试、考核过程进行监督检查；鉴定站接受公安部消防局和中国消防协会组织的评估工作组，每年对鉴定站工作进行年检，每三年进行质量评估；鉴定站每年对取证人员进行回访，通过巡查、座谈、调研等方式收集取证人员在岗位发挥作用能力和对鉴定站工作的意见和建议。

（4）处理（A）阶段——鉴定总结，在每次鉴定结束后，撰写实施鉴定的分析报告，总结经验。通过信息反馈，对发现的问题进行深入分析，处理汇总、反思，提出改进意见，制定整改措施，对没有解决或新出现的问题转入下一个 PDCA 循环中去解决。

3.5.2 PDCA 循环在消防职业技能鉴定站质量管理评估工作中的运用

实行职业技能鉴定站年检和评估制度，是加强消防职业技能鉴定工作的管理、规范鉴定行为、提高鉴定质量的有效办法。年检工作按照人力资源和社会保障部的统一要求，由消防行业职业技能鉴定指导中心组织实施。评估工作由公安部消防局统一组织进行，每 3 年评估一次。我国开展消防职业技能鉴定工作起步较晚，2007 年经劳动和社会保障批准建立了我国第一个鉴定站—北京站，2009 年批准建立了安徽站、天津站、重庆站、辽宁站、吉林站、江苏站、2010 年批准建立了重庆站、山东站、广东站、海南站。2013 年 5 月公安部消防局组织对这 10 个鉴定站进行了质量评估，这是公安部消防局首次开展此项工作。

（1）计划（P）阶段——调研收集资料。根据《消防行业特有工种职业技能鉴定实施办法》（劳社部〔2005〕235 号）、《消防行业特有工种职业技能鉴定站和职业资格人员管理办法（试行）》（公消〔2008〕556 号），结合各站年检情况和有关资料，分析鉴定工作管理中存在的问题，分析问题中各种影响鉴定质量的因素，分析影响问题的主要原因，确定评估标准；制定评估计划（包括评估范围、组织形式、评估时间、评估方法、依据内容等）；通知部署；组织成立评估工作小组（下称工作组），召开会议，部署评估主要工作任务及分工。

（2）执行（D）阶段——在工作组实施计划前，各鉴定站在各省级公安消防总队监督下完成了自查自评工作，这一环节也是一个 PDCA 循环。工作组根据计划，按照鉴定站质量管理必备条件指标（7 个大项、7 个中项和 9 个小项）和规范性指标（9 个大项、27 个中项和 52 个小项）的评估标准，以查看鉴定组织、鉴定现场、质量记录和抽查鉴定对象为主，提问与交谈为辅进行评估，检查包括文件、服务、过程、结果等与管理体系有关的过程，填写《消防行业特有工种职业技能鉴定站质量管理评估表》。工作组向鉴定站反馈评估意见，包括工作组总体评价、主要问题和整改要求。

（3）检查（C）阶段——工作组深入省级消防鉴定站进行现场检查、考核，对评估不合格项进行监督检查和验证，确认是否达到要求。

（4）处理（A）阶段——汇总评估情况，总结好的方面，指出存在的主要问题；通报评估结果，提出下一步工作要求；召开会议，评估优秀鉴定站介绍工作经验、好的做法；对评估优秀的鉴定站予以表彰，评估不合格的鉴定站限期整改，整改不合格的报经人力资源和社会保障部批准予以撤销。

4 结 语

消防职业技能鉴定站建立质量管理体系后，强化了质量服务意识，制定了各岗位工作职责和要求，科学规范了各部门、岗位和人员的工作准则，体系运行中由于每个过程都有记录，在落实职责、时限、责任人方面都有据可查，使鉴定过程更加规范有序，管理职责、权限、流程更加清晰。消防职业技能鉴定质量控制活动始终按照 PDCA 管理循环不停地运转，并在周期与周期之间实现连续不断性和循环上升性，将会推动鉴定管理的不断发展和鉴定质量的持续提升。

参考文献

[1] ISBN 7-81085-194-2/N.93.国家职业技能鉴定教程[Z]. 劳动和社会保障部培训就业司、职业技能鉴定中心，2003.

[2] 张玉平，黄振宝.基于 PDCA 的毕业设计（论文）质量管理探索[J].高等理科教育，2009（1）.

[3] ISBN 978-7-5045-9285-9.国家职业技能鉴定机构质量管理体系建设技术指导手册[Z]. 中国就业培训技术指导中心，2011.

作者简介：吴春荣，女，汉族，籍贯天津市西青区，大学本科，学士学位；主要从事消防专业教学、职业技能鉴定和防火监督工作，天津市公安消防总队高新区支队防火监督处，高级工程师。

通信地址：天津市西青区高新区环外海泰大道10号，邮政编码：300384；

联系电话：13820239002；

电子信箱：tjsxfxh_jianding@126.com。

论战训业务基础工作与灭火救援实战的有效衔接

徐 娟
（江西省宜春市公安消防支队）

【摘 要】 消防部队工作出发点和终点，都必须以提升消防部队实战能力为最终目标，而实战能力的提高离不开扎实的战训业务基础工作。战训业务基础工作不仅是为灭火救援工作做好准备的一项根本性工作，更是贴近实战需要、服务于实战的基础工作。本文从战训业务基础工作重要性出发，通过对目前战训业务基础工作现状及分析，对战训业务基础工作与灭火救援实战的有效衔接展开论述。

【关键词】 灭火救援实战；战训；业务基础工作；有效衔接

1 引 言

新时期消防部队所担负的灭火救援任务日益繁重，面对的灭火救援对象日益复杂，这些严峻的形势对消防官兵们的实战能力提出了更高的要求。战训工作是灭火救援的中心工作，战训工作的好坏与消防部队的实战能力密切相关。除了日常的执勤训练与灭火救援战斗，战训的大量工作为规范繁琐的业务基础工作。

2 加强战训业务基础工作的重要意义

战训业务基础工作是指消防部队为有效处置火灾及其他灾害事故、保卫重大活动，在平时的执勤、训练、演练过程中开展的一项非常重要的基础性工作。可以说，战训业务基础工作贯穿了整个战训工作，来源于日常训练和灭火救援实战的各项经验做法，最终回归于实战，为灭火救援行动提供有力的保障，加强业务基础工作对战训工作的进一步提高具有非常重要的意义。

2.1 有利于保障灭火救援

战训业务基础工作通过收集、处理、利用日常训练和灭火救援行动中的所有信息，归纳提供实战的依据和经验措施，从而为改进和加强实战能力服务。如果没有健全规范的业务基础工作，战训工作的展开就会失去可靠的保证，灭火救援实战水平也无法提高。

2.2 有利于加强执勤备战

通过夯实业务基础工作，使消防官兵们熟练掌握辖区道路、水源、重点单位情况以及器材装备的维护与操作，从实战需要出发，规范执勤值班制度，扎实做好执勤备战工作，充分做好灭大火、打恶仗的各项准备。

2.3 有利于规范业务训练

战训基础工作中不仅对灭火救援训练内容进行了科学设置，还对训练的规范化组织实施也设置了相关的制度要求。同时还对专项训练工作的部署和实施以及官兵的训练档案进行了规范管理，大大增强了业务训练的组训力度，有效提高了训练水平。

2.4 有利于提高战训人员素质

新时期灭火救援形势严峻，高层、地下火灾及各类化危事故等高难度处置任务成为消防部队亟待解决的难题。而这些难题的攻克除了丰富的专业理论知识，更离不开各种战例战评的积累。大力加强战训业务基础工作，使得这些大量广泛的积累成为各级指挥员们实战的扎实根基和有力保障，是快速提高战训岗位人员业务素质的捷径。

3 目前战训业务基础工作存在的问题及分析

3.1 战训业务基础存在的问题

3.1.1 分类设置不合理

多年来，全国消防部队战训基础工作的分类及标准各有特色，形式五花八门，内容繁简不一，标准混乱，不统一。有些总队、支队在基础工作的分类设置上主次不分，避重就轻，没有贴近实战需要，把一些与当前灭火救援形势完全不符的内容继续保留使用，造成工作繁冗拖沓。

3.1.2 业务基础资料管理混乱

业务基础资料没有专人管理，随意性大，因保管不善造成损毁、保密不严谨等现象普遍存在，信息资料管理制度不健全，许多基础性资料没有及时归档，不便于调阅和查询，非常不利于战训基础工作的持续健康地发展。

3.1.3 基础工作的更新与实战相脱离

主要体现在两方面：首先是业务基础资料的更新与完善。城市发展了，水源道路发生了变化，可是六熟悉手册内容却没有更新。重点单位预案翻新率低且质量不高；火情设定过于简单且力量部署经不起仔细推敲，与实战需要差距太大；部队执勤实力统计与现实情况不符等。其次是执勤训练内容更新。目前综合性复杂性的灭火救援任务越来越多，而基层单位的训练内容却仍然停留在体能、技能等基本功的常规训练上，对于贴近实战的战术训练实施少之甚少，在很大程度上削弱了消防部队实战能力的提高。

3.2 存在问题的原因分析

（1）各级领导对战训业务基础工作认识不足，重视不够。受到传统思想观念的束缚，许多官兵将战训业务基础工作盲目地划分为一般性事务，没有充分认识到战训业务基础工作的基础作用，没有意识到业务基础工作的日常性与持续性。甚至在战训人员岗位设置和落实制度保障上认为可有可无，从而削弱了战训基础工作，影响了战训工作的整体水平。

（2）战训部门对业务基础工作管理松散，督导力度不够。随着灭火救援业务信息系统的建立和广泛推广应用，基层中队对本单位的基础工作自主权得到放大。有关战训部门对基层缺乏指导监督，对战训基础工作的管理仅限于工作报表的管理，只在乎有没有上报，而内容的合格率经常被忽视，审核监管职能得不到正常发挥。

（3）战训岗位人员素质低下，对业务基础知识掌握非常薄弱。随着消防部队社会职能的不断拓展，战训基础工作涵盖的范围之广、类别之多、任务之重，是前所未有的。而与之相反的，一些战训岗位人员知识老化、观念陈旧，对本职工作没有投入高度的热情，没有岗位责任心；基层一些地方大学毕业入伍的干部在部队实习完后直接下基层担任中队指挥员，专业素质偏低，很难适应繁重的灭火救援任务对战训岗位的要求。

4 战训业务基础工作与实战的有效衔接

4.1 根据实战需要，合理设置分类

在对战训基础工作分类时，要按照“精减、实用、规范、科学”的要求，使之更加适应当前灭火救援任务和勤务实战化的需要。针对恶性火灾和特殊灾害事故处置的实战要求，从日常的实战化训练需要入手，以规范执勤备战为保障，突出各类典型灾害事故处置，有针对性地将战训业务基础工作分为文件资料、辖区熟悉、执勤训练、灭火救援、实战演练等工作，更好地适应消防部队职能拓展的客观需要。

4.2 根据实战需要，及时更新内容

随着消防工作的开展，战训改革不断深入，基础工作的中心内容要结合新技术、新战法、新装备的运用，及时更新辖区六熟悉、类型预案、重点单位预案、执勤实力、灭火救援战评总结等重要内容，有关战训部门要加强对更新内容的审核，定期或不定期对基础工作进行考核通报，有力推动战训基础工作常态化。

4.3 根据实战需要，丰富应用手段

将业务基础工作的成果有效转换成实战能力，离不开基础工作在各项战训工作中的广泛应用。利用各类信息系统的对接，将战训基础工作的信息和资料通过网络共享传输，在接处警、指挥调度、辅助决策等方面，第一时间为灭火救援行动展开提供强大的信息服务。同时，战训基础工作在实战中的应用，必将极大推动基础工作的不断完善，从而形成基础工作与实战互相优势转换的良性循环。

4.4 根据实战需要，完善培训机制

任何一项基础工作都离不开高素质人才的支撑，战训基础工作同样离不开。业务资料管理离不开管理人员，执勤训练离不开施训人员，灭火救援离不开指挥人员，行动展开离不开战斗人员。要全面提高战训基础工作，一方面要加强对各类人员的集中培训、分类培训，另一方面要提高培训的专业层次，尤其要针对实战中突出的问题进行授课和研讨。完善健全培训机制，稳定战训人才队伍，确保战训基础工作的持续发展。

5 结 语

消防部队工作出发点和终点，都必须以提升消防部队实战能力为最终目标。而实战能力的提高离不开扎实的战训业务基础工作，大力夯实战训基础工作，为消防部队科学、安全、准确、快速地完成

灭火救援任务奠定坚实基础，这不仅顺应了新时期新形势下消防灭火救援任务变化的历史规律，更是消防部队当前与今后提高实战能力的一条必经之路。

参考文献

[1] 汪勇. 改进消防战训工作中的几点思考[J]. 科技创新与应用，2014（2）.
[2] 李汉旗，陶其刚，王谋刚. 加强和改进消防战训工作的思考[J]. 消防科学与技术，2009（5）.

作者简介：徐娟，江西南昌人，江西省宜春市消防支队司令部战训科高级工程师。
通信地址：江西省宜春市宜阳大道56号，邮政编码：336000；
联系电话：15107958589；
电子信箱：cheqi121@163.com。

浅淡消防安全网格化管理工作机制

刘　宏
（海南省海口市公安消防支队）

【摘　要】本文通过对海南省海口市龙华区的消防安全网格化管理工作实际情况进行总结、研究，分析了当前消防监督检查工作中存在的阻力，试提出利用信息化技术及依托综治“网格化”应用到消防监督检查的工作中，维护社会面火灾形势持续稳定。

【关键词】消防安全；网格化；监督检查；工作制

1 引　言

消防工作直接面对群众，关乎群众生命财产安危，体现了广大人民群众最关心、最直接和最基本的利益需要。海口市公安消防支队龙华区大队立足于辖区经济社会发展和工作实际，主动作为，借力发展，作为履行消防监督职能的部门，在工作中全面践行执法为民的宗旨，依托综治“网格化”体系，将消防监督检查工作纳入网格员的日常工作中，将辖区以分成小网格，以点带面，并采取“试点先行，整体推进，科学监管，完善机制”的工作模式，逐步建立科学、规范、高效的消防安全网格化管理工作机制。

龙华区作为我省“网格化”管理先进示范区，在网格化的建设中充分发挥了网格化监管的中枢和统领作用，优化村（社区）网格化管理，强力推进社区责任覆盖、安全管理、应急管理和信息处理等方面综合应用，夯实了消防安全监管工作的基础；充分发挥点多、线长、面广的优势，努力构建“覆盖街道，无缝对接”的消防安全“网格化”管理体系。

2 龙华区当前消防安全形势

目前，龙华区共有消防安全重点单位 332 家，其中人员密集场所共 564 家，易燃易爆场所共 25 家，高层建筑共 648 栋。从日常消防监督检查和专项调研情况看，当前消防工作形势虽趋于稳定，但火灾隐患还大量存在，社会面消防安全管理工作仍存在阻力。主要体现在以下几个方面。

2.1 消防工作责任制不落实，消防监督管理不规范

（1）各行业主管部门没有真正履行消防监管职责，处置突发事件联动机制不完善。一是各行业主管部门和镇、街消防安全责任制落实不到位，火灾隐患排查整治工作力度不大，存在走过场现象，致使部分火灾隐患长期得不到有效整改；二是各镇、街对发展多种形式消防力量工作重视不够，致使社区消防服务站和义务、志愿消防队伍的建设发展不平衡。大部分街道、乡镇的消防力量组织、经费等各项工作得不到落实，消防工作群防群治格局未能形成；三是消防宣传、培训力度不够大。

（2）公安派出所三级消防监督管理不落实、不规范。从近年来的火灾情况看，大多数火灾都发生在公安派出所列管的单位。虽然《海南省公安厅公安派出所消防监督管理规定》已制定执行，但是由于各公安派出所警力不足、消防监督业务不熟悉、消防监督执法行为不规范，致使公安派出所对居民住宅区的管理单位、居（村）民委员会和上级公安机关授权管理的单位未认真履行消防监督检查职责，导致失控漏管。

2.2　公共消防基础设施建设滞后，建设、运行保障经费不足

（1）市政消火栓不能满足灭火救援的需要。主要体现在老城区和城乡结合部两个方面。在老城区方面，全区老城区应建207个市政消火栓，现有89个，仅覆盖了老城区的43%，目前还有57%的老城区没有解决消防用水问题。公共消防设施建设滞后，存在消防车通行难和消防供水难两大难题，一旦发生火灾，扑救难度较大。

（2）专职消防站建设严重滞后，消防部队工作经费不足。目前，坐落在我区的3个公安现役消防站均分布在主城区（金盘、金融、长堤），我区所辖的龙泉、新坡、遵谭和龙桥4镇均远离公安现役消防站，一旦发生火灾，将失去扑救初期火灾的有利时机。

2.3　防火监督、灭火救援和重大活动保卫工作日益繁重，消防保障经费不足

近年来，随着防火监督检查、火灾事故调查和重要会议、重大活动消防保卫不断增多，消防部队防火监督检查、灭火救援、勤务保卫任务日益繁重。据统计，2013年公安消防部队共出动接警289次，出动消防车553辆次，消防官兵3 489人次，消防车辆和装备使用频繁，车辆装备的运行、维护经费大幅增加，消防保障经费不足。

3　龙华区开展消防安全网格化管理工作的具体措施

3.1　依托综治“网格化”管理系统，构建消防安全网格化管理体系

龙华区综治“网格化”管理体系已初见雏形，现海口市共划分了1 148个网格，龙华区共划分了376个网格，由政府统一招聘1 423名网格员分布于海口市，其中龙华区有416名在岗网格员。我大队利用这股东风，整合社会资源依托综治网格工作体系，将消防监督检查工作内容植入到社区网格员的日常工作中，构建“全覆盖、无盲区”的社区网格化消防管理体系，并按照各镇街网格划分，由辖区公安消防监督员指导各网格员在本网格内开展日常巡查和消防宣传教育工作。

3.2　构建两套排查、上报火灾隐患模式，充分发挥社区服务信息化系统作用

社区服务信息化系统（以下简称“社服通”系统）是海口市党政网中设置的一项便于网格员上传火灾隐患、解决火灾隐患的一套系统。网格员按照网格的划分，每天巡查片区内的火灾隐患，填制《龙华区居委会火灾隐患排查登记表》，针对发现的不同程度的火灾隐患，采取不同的处理方式：① 能够立即改正的火灾隐患，对场所下发《火灾隐患整改通知书》，并督促其整改火灾隐患；② 针对超出网格员处理能力范围的火灾隐患或者是经多次督促拒不整改的火灾隐患，网格员可用手机进行拍照取证，并通过手机网络终端将社区中的火灾隐患用图文说明上传到“社服通”系统的子项“公共消防设施”中，“社服通”将通过“市政府服务中心”将上报的火灾隐患信息流转给区消防大队，区消防大队立即

派遣辖区参谋核查、处理，并将处理情况及结果通过“社服通”系统反馈给网格员，经网格员实地复查隐患确实整改完毕后，即可在“社服通”系统上进行结案。

这种“菜单式”的操作系统，立体交织的“社服通”体系跟踪督促落实处理情况，直至隐患整改消除。

3.3 充分利用区消防安全委员会平台

街道办下属的居委会、社区每月对排查的火灾隐患进行汇总、分析，将需要提请区政府解决的隐患以公文形式上报街道办，再由街道办函告龙华区消防安全委员会，区消防安全委员将根据上报的隐患信息联合多部门进行核查、解决，最后区消防安全委员会将处理结果反馈给街道办，从而充分发挥区消防安全委员会作用。

3.4 开展经常性消防宣传教育及培训

街道办依托已成规模的网格化体系，深化消防宣传“五进”活动，定期开展消防安全提示性宣传、火灾案例警示教育等活动。在每季度的第一个星期一，街道乡镇要开展“消防安全宣传日”活动，在火灾多发季节、重大节日和民俗活动期间，开展有针对性的消防宣传教育，广泛普及防火灭火和逃生自救常识，并且依托社区服务中心、农村文化室，建设消防教育体验活动室，定期组织居民群众参加消防安全培训教育和灭火逃生体验。

3.5 社区消防建设五个“一”

为完善消防安全网格化管理体系的建设，立足于火灾防控长效机制，拟提出社区消防建设五个“一”的硬件标准要求：

（1）购置一辆消防摩托车、配备多种消防设施、个人防护装备。

（2）配置一个公共消防器材集中配置点。

（3）配备一套消防安全知识宣传橱窗。

（4）组建一支义务消防队。

（5）制定一套灭火应急疏散预案，每半年组织开展一次灭火应急预案演练。

4 构建消防安全网格化管理体系的现实需要和重大意义

推行网格化优化了警力资源配置结构，将有限的警力配置到火灾预防和隐患查纠的“第一线”。全面遏制重特大火灾事故的发生有着积极地意义，主要体现在以下四点。

4.1 有利于提高消防安全动态监管

紧紧围绕“网格”内的不同行业、场所、居民住宅，定时开展“网格化”排查检查和巡防巡查，及时发现“常见性”火灾隐患和“习惯性”消防违法行为。

4.2 有利于提升群众消防安全素质

通过开展日常消防监督检查工作，定期对群众进行消防安全知识的宣传和教育，发放居民家庭防火宣传单，同时也提醒广大群众及时举报火灾隐患，及时查违纠患。

4.3 有利于提高火灾隐患整改效率

对“散、小、边、远”场所的管理一直是消防安全管理的难题。通过进一步完善基层管理网格，通过构建消防安全网格化工作体系，把龙华区用“网”和“格”来划分，明确这些“网”“格”的责任人员，通过“一专多能”“一岗双责”的形式，为社区消防工作增设了若干名管理责任人，等于增加了数以千计的消防监督员，又等于增加了不可计数的“火眼金睛”。他们在工作中发现火灾隐患，为消防部门查处消防违法行为提供了“第一手资料”，消防部门依托“96119”奖励机制，推进网格员排查、搜集火灾隐患工作，对于迅速掌握火灾隐患信息、及时进行整改、实现精确查处有突出意义。

4.4 有利于提高消防安全管理水平

消防安全网格化管理模式凸显的“扁平化”管理特征，通过“一专多能”“一岗双责”的形式，缩短了垂直管理距离，减少资源占用，降低了管理成本，提高了消防安全管理水平。

作者简介：刘宏，男，海南省海口市公安消防支队。
联系电话：13036090111。

浅谈新形势下新农村消防工作的几点思考

滕　峰

（江苏省淮安市公安消防支队）

【摘　要】 近年来，随着改革开放和产业结构的优化调整，农村人民群众的生活条件得到很大改善。然而，受二元社会结构的影响，我国的消防重点依然是在城市，农村消防工作并没有与之发展相匹配。由于农村群众消防安全意识及自我防范意识相对薄弱，农村火灾的比例也远远超过城市。为更好地完成社会主义新农村建设，加大新形势下农村消防工作力度非常必要。笔者就目前农村消防现状，结合淮安市农村消防工作中存在的不利因素，对农村消防安全管理谈几点工作思路和对策。

【关键词】 新农村建设；不利因素；消防安全管理；工作对策

1　淮安市概况

淮安位于江苏省中北部，江淮平原东部，面积 10 072 平方千米。淮安市下辖 4 区 4 县，共有 116 个乡镇，其中 24 个乡、92 个镇，另有 11 个街道办事处，总人口 524 万多人。淮安农村房屋主要是砖木结构，电线多采用棚内暗敷，房屋间距较小，加之柴草垛乱堆乱放，一旦发生火灾，很容易造成一户失火殃及数家的情况。特别是离市区较远的部分行政村，明火取暖、柴火煮饭的情况比较普遍，给火灾的发生埋下较大隐患。

2　农村消防工作的现状

2.1　农村消防工作中存在的客观不利因素

2.1.1　建筑布局不符合规范，房屋耐火等级低

农村砖木结构建筑多采用木质大梁、木窗，关键承重部位多由木质材料组成，耐火能力较差，一旦发生火灾，由于火灾荷载大且燃烧猛烈、蔓延速度快，易形成立体燃烧并蔓延到承重部位，从而引起建筑物的垮塌。

农村房屋在建设时往往并未考虑防火间距的重要性，一般布置间距较近，甚至贴邻建造，一旦一户发生火灾，容易发生火烧连营的情况，造成巨大的人员伤亡和财产损失。

2.1.2　农村群众私接电线及不合理用电存在重大安全隐患

在农村，家庭使用的电线大部分都是盖房时农村电工帮忙搭接的，而这些电工中的大部分既没有经过专业的知识学习又没有通过国家专业审核，搭接后的电线在使用上存在较大的安全隐患[1]。更有甚者，有的农民采用明敷的方式自己乱接电线。

同时，在电器的选购过程中，部分农民只看重价格而忽视质量，导致在农村很多电器本身即存在安全质量隐患，使用过程中发生短路等情况从而引起火灾的几率明显高于合格电器。

2.1.3　农村交通不便，消防车难以进入

虽然在新农村建设中许多村庄都铺设了简易水泥路，但是道路狭窄，消防车难以通行，即使有的村庄道路宽敞，路面负载也满足不了消防车的载荷。一旦发生火灾，消防车辆一般很难进入农村内部进行灭火和救援[2]。

2.1.4　农村水源不足，阻碍了救援工作的进行

随着社会经济的发展，农民群众早就用上了自来水。村庄中原有的大水塘也大多被填平以作他用，自来水的压力又不足以供消防车使用，且大部分农村并未设置消火栓系统，这就导致了发生火灾时即使消防车来到火场也没有充足水源用于灭火的尴尬局面[3]。

2.2　农村消防工作中存在的主观不利因素

2.2.1　农民群众消防意识淡薄，管理欠缺

虽然国家在2009年5月1日颁布实施了新的《中华人民共和国消防法》(以下简称《消防法》)，我省也在2011年5月1日颁布实施了新的《江苏省消防条例》，但由于多方面的原因，许多农民对《消防法》和《江苏省消防条例》知之甚少，按照《中华人民共和国消防法》有关规定，“村民委员会、居民委员会应当协助人民政府以及公安机关等部门，加强消防宣传教育”，“机关、团体、企业、事业等单位以及村民委员会、居民委员会根据需要，建立志愿消防队等多种形式的消防组织，开展群众性自防自救工作”[4]。但在一些偏远农村，农民闲暇之余大量外出务工，村里留守人员以老年人、儿童为主，造成义务消防队员的名存实亡。同时，由于农村地域广阔、人员高度分散，加之留在农村的老人、妇女、儿童安全知识匮乏，生活中用电、用火不慎造成火灾的数量也在不断上升[5]。

2.2.2　农村消防工作宣传不到位，资金缺乏

农村的生产结构决定了它的生产性质，同时，人们更加注重生产力的发展水平而忽视了生产中的安全问题，也就忽视了农村的消防安全宣传工作，更谈不上有专项资金来进行宣传教育；另一个重要因素就是农村的生活环境导致发生火灾的种类有很多，无法进行有针对性的宣传教育，往往是一次事故一次宣传，基本上流于形式[6]。

2.2.3　人为因素也是农村火灾频发的一个关键因素

农村群众在使用液化气时，不注意操作方式及方法，同时液化气使用的橡胶管道也常年不换，发生液化气泄漏时也不知如何处理。在农忙时焚烧秸秆，在过年过节时大量燃放鞭炮爆竹，另外，农村坟头烧纸现象也比较常见，而且往往火未烧尽人就已经离开，火星四处飘荡容易引起火灾。

3　关于新农村消防工作的几点思考

针对以上农村消防工作中存在的问题，笔者主要从消防安全管理的角度进行思考，提出以下几方面改进措施和对策。

3.1　加强宣传，普及消防知识

要加强农村消防安全的管理工作，首先要加强农村消防宣传工作，可以借助电视、广播等多媒体平台对消防知识加强宣传，进一步提高农民群众的整体消防素质，这是改变农村火灾频发的前提和关键[7]。消防安全宣传工作开展要取得实效，关键在于要抓好对象、时间、宣传方式以及宣传内容，借

助宣传的契机，增强农民群众消防安全的意识，从火灾源头上杜绝各种火灾情况的产生。

3.2 发挥乡镇派出所及农村居民委员会的职能作用

一方面，要紧密结合当前农村消防工作的实际情况，明确工作职责，强调部门协调，推动联合执法，组织开展农村消防安全专项检查等一系列活动，落实“谁主管、谁负责”制度，落实“一级抓一级、一级对一级负责”工作机制，形成“横向到边、纵向到底”农村消防安全管理网络，大力清剿农村火灾隐患。另一方面，要充分发挥公安派出所点多面广、贴近群众的优势，积极强化公安派出所三级消防监督管理作用，深入乡镇农村开展消防监督检查，宣传消防知识，提高农村群众消防安全知识和防火能力，真正使消防工作深入到乡镇、村组；加强对边远乡镇的消防安全检查力度，真正做到农村消防工作的无死角无残留[8]。同时，对在检查中发现的问题要及时汇报及时解决，结合各乡镇各村的实际情况，采取“乡镇一级，村一级，村民小组一级”的三级联防制度，确保农村防火安全。

3.3 吃透网格化管理指导意见

自 2012 年 5 月 21 日，中央综治办、公安部、民政部、国家工商总局、国家安全监管总局以公通字〔2012〕28 号印发《关于街道乡镇推行消防安全网格化管理的指导意见》以来，各级乡镇政府在行政区域内划分了各级网格，但是网格化工作的深入、细化的工作还有待考究，很多乡镇政府网格化工作只是停留在文件上，网格内人员的分工、责任也只是名义上的，没有真正起到网格化监管的作用。要真正解决农村消防工作的难题，必须要将网格化指导意见的精髓吃透、做细、做扎实。乡镇府主要领导要负起主要责任，联合乡镇综治办、派出所、安监办、工商所、文教办、治安巡防队等工作人员组成网格化工作小组，组织协调好辖区内整体的消防工作；以行政村为“中网格”，村委会负责统一领导，由村委会、巡防队、治保会等工作人员组成，主要负责消防安全培训和安全隐患排查工作；在“中网格”内结合农村七户联防制度，划分若干责任片区，以责任片区为“小网格”，由行政村派驻专门人员牵头，村民小组负责人、社会单位管理人、巡防员、消防志愿者等，主要负责开展隐患的日常巡查和定期排查[9]。各级人员采取集中培训，以会代训等形式，分批分层次进行专门培训，提高排查整治火灾隐患的能力。

4 总　结

农村消防安全管理工作是社会主义新农村建设的一项重要任务，要切实把农村消防安全管理工作做到实处就要从加大宣传、普及消防知识、充分发挥政府职能作用、吃透网格化管理意见等方面入手，提高农民群众的消防安全意识和消防安全素质，为社会主义新农村的建设保驾护航。

参考文献

[1] 雒孟刚. 新农村消防安全的相关问题探讨[J]. 科技创新导报，2011.
[2] 李强. 社会主义新农村消防工作建设之我见[J]. 科技博览，2008.
[3] 刘洋，高峰. 如何提高新农村消防设施建设[J]. 安全，2007.
[4] 许福军，郭树林. 公安派出所消防监督业务培训教材[M]. 沈阳：辽宁科学技术出版社，2006（12）:114-117.

[5] 张连波. 农村消防安全管理现状与对策浅谈[J]. 西江月，2013（22）:338-338.
[6] 徐进军. 农村消防的现状分析与对策[J]. 运城学院学报，2005（5）:103-104.
[7] 郭雷. 做好农村消防宣传工作的几点看法[J]. 农村消防工作，2003，5（3）:1-4.
[8] 马红梅，万修梁. 消防管理学[M]. 北京：中国人民公安大学出版社，2003（05）:12.
[9] 刘米达. 农村消防安全管理现状与对策[J]. 辽宁工程技术大学学报（自然科学版），2010，29（1）:60-62.

作者简介： 滕峰，男，江苏省淮安市公安消防支队。
通信地址：淮安市威海路8号，邮政编码：223001；
联系电话：15996166622。

如何建立完善与我国国情相符的政府消防工作考核评价体系

孙丰刚
（新疆维吾尔自治区公安消防总队伊犁哈萨克自治州公安消防支队）

【摘　要】 政府消防工作考核评价体系是提高公安消防部门绩效的重要环节和核心内容之一，如何建立完善与我国国情相符的政府消防工作考核体系是目前亟待解决的问题。笔者结合近年来消防工作考核的做法，对消防工作考评制度设计、考评方式方法和考评结果的运用等内容进行了系统研究，分析近几年消防工作考核体系中存在的问题，并提出了几点相应的解决方法。
【关键字】 公安消防；政府；考核方法；考核评价体系

1 引 言

消防工作事关公共安全、经济发展和社会稳定，公安消防部门作为政府消防工作的主要职能部门，在社会消防工作中发挥着主导作用，为了提高消防部门的消防工作水平，更好地预防和处置火灾事故，保障社会公共安全，近年来各部门都在研究并尝试通过对消防工作的考核评价[1]来提高消防部门的工作效率，而政府消防工作考核评价体系无疑是提高公安消防部门绩效的重要环节和核心内容之一，也是促进消防事业发展的重要组成部分。

2013 年，国务院办公厅征求中央组织部等 14 个部门和国务院法制办意见后，印发了《消防工作考核方法》[2]，并在全国试行。该考核方法对于深入推动消防安全责任制落实，构建政府主导的社会化消防工作格局，着力解决制约消防事业发展的深层次矛盾，从根本上改善我国消防安全环境，实现传统消防向现代消防转变具有重大意义。但是，随着经济社会快速发展，消防工作还存在一些不适应的问题。为有效解决当前消防工作突出问题，亟待建立科学的消防工作考核评价体系，推动各级政府切实履行消防安全责任，进一步加强和改进消防工作，推动消防事业与经济社会协调发展，笔者结合公安机关消防机构的法定职能以及该方法的试行效果对消防工作考核评价进行研究，对如何建立完善与我国国情相符的政府消防工作考核评价体系提出几点自己的看法。

2 目前的考核体系存在的问题

对照此次国务院考核体系，结合本人在消防部队工作的亲身体验，笔者认为目前政府公安消防工作考核体系主要存在以下问题。

2.1 考核指标缺乏科学性

一是考核细则指标多、复杂，反而忽略了重点。考核细则是由各个部门提供，各部门过度强调各自工作的重要性，都尽可能地将本部门的工作具体到每一个细节，导致考核体系面面俱到、包罗万象。以这样的考核体系作为前提对各消防部队进行考核，必然导致各消防部门疲于准备各种材料，背离公安消防部队职能——防火监督和灭火救援，这在很大程度上削弱了考核对广大官兵的导向作用；二是考核细则中量化不够，操作性不强，影响考核的信度和效度；三是考核细则针对性不强，政府的考核体系对各省市要求是一样的，这对我国各省市本来就发展不平衡的现状，显然针对性不强，难于操作。

2.2 过多的追求短期绩效，忽略长效机制

现在的考核内容中，短期的、临时性的内容偏多，长期的、基础性的内容反而不足。消防作为职能部门，有很多长期和基础性的工作如城市消防规划、城市消防基础设施建设、社会民众消防安全意识的提高、消防执法监督员业务素质的提高、消防监督基础数据和资料的建立、建筑消防审核和验收、开业前消防安全检查等都应该是考核的重点，而相比较而言，运动式的专项整治活动和临时性的工作应该置于其次，但是在目前的考核体系里却并非如此。

2.3 政府考核缺乏必要的沟通和反馈机制

政府考核在制定相应的考核细则时，不注重宣传渗透和意见收集，缺乏沟通。每次政府考核细则下发后，很多消防部队的基层单位对考核体系的思想和行为导向不明晰，对考核制度缺少了解，甚至对所实施的考核体系的科学性、实用性、有效性以及客观性表现出质疑。因此，也导致很多考核内容都是临时赶进度、凑数据，完全失去了考核的意义。同时无论是政府考核还是部队内部考核，结果的反馈往往是以通报或者是领导讲话强调的形式结尾，重视的是考核过程和结果，对考核后的反馈和整改却重视不足，致使考核流于形式。

2.4 考核过程形式化

从表面上看，已经有一套详细的考核内容、程序和制度，姑且不说这些内容、程序、制度本身是否科学、合理，单单就考核的实施，一定程度上是流于形式。目前，部队基本上是年年考、月月考、周周考，考核对于部队来说已经成为家常便饭，这直接导致考核组、被考核的单位都对考核产生不同程度的反感。然而，每次考核后，考核组又不对考核结果进行认真分析，不能针对考核过程和结果来帮助部队在行为、能力、责任等方面得到切实提高，于是基层单位也就不把考核当一回事，出现了走过场、过形式的现象。

2.5 考核体系受主客观因素的影响大

人为因素往往使考核的公正性产生偏差，还有考核者的专业技能、态度、好恶等都不同程度的影响考核的信度和效度。另外，目前基本上都是采用分组考核，不同的考核组在把握考核标准上的不一致也不可避免的导致存在不统一的问题。

3 如何建立完善与我国国情相符的政府消防工作考核体系的几点建议

针对目前政府消防工作考核体系存在的问题，结合绩效考核的相关理论以及笔者了解到的公安消防部队的实际情况，对建立和完善消防工作考核体系有几点建议。

3.1 全面分析，因地制宜，综合制定考核细则

根据消防部队的性质和所承担的法定任务，结合新时期消防部队的特点和当前消防工作的特点和

形式，要制定符合社会发展需要，能控制和减少火灾危害，促进社会整体抗御火灾的能力的消防考核责任状。明确消防工作的总体目标，考核的指标设定要围绕总体目标来进行。以2013年为例，应该包括以下几个方面：消防安全源头管控；火灾隐患排查整治；火灾高危单位、建筑工地单位监管；消防宣传教育培训；消防科研及信息化；公共消防设施建设；各种消防队伍建设；灭火应急救援；政府、部门监管、单位主体责任；经费保障；责任追究。

考核细则的制定要考虑众多因素，不能用一个标准。各省市的人口、经济和社会发展现状、城市规模、消防基础、自然条件、经济机构等因素差别较大，因此政府与各消防机构签订消防工作责任状时，要体现出具体指标和标准的不一样，因地制宜。在考核体系中要根据相应的责任状编制不同的考核验收细则。

3.2 合理分配考核指标的权重[3]

政府消防工作考核验收一般是按百分制记分，随着社会经济的不断发展，消防工作考核指标的权重也要不断变化。随着近几年消防部队的不断发展，灭火救援能力有了很大的提高，而执法监督、消防宣传却与国民的精神文明建设慢慢出现不同步，因此在考核指标中应当适当加重执法监督、消防宣传的权重。同时对于城市基础消防设施、城市消防规划等长效机制的考核要一直保持较大比重，引导消防工作往长效、长久、长远的方向发展。

3.3 加强考核的反馈

消防工作考核反馈的目的是让被考核的单位了解各自在本年度内的绩效是否达到了预定的目标，使政府与消防部门之间达成对考核的一致看法：双方要共同探讨未完成的指标原因所在，并制定相应的改进计划，同时向被考核的单位传达上级组织的期望，制定相应的监督措施，使被考核单位在合理的时间内完成未完成的指标。同时，被考核单位也可以根据自己的实际情况向上级考核部门客观的提出对本次考核的改进意见和完成下一年度指标需要上级政府和相关职能部门在职责范围内提供的支持、资源和政策保证，包括对这次考核的看法，找出存在的问题，分析产生的原因，并拿出改进的下一步工作方案。考核单位要针对被考核单位提出的相关意见问题召开专门的会议进行研究审核，经审定后批复，明确具体的相关事宜。

3.4 完善考核方式

考核方式公开透明对于任何一项管理工作都极为重要。考核方法要不断适应消防工作发展的需要，在操作程序、方式方法上力求科学合理、简便易行；坚持考核主体多元化，推行“下评上、基层评机关”，把评判权、话语权更多地交给基层；努力实现相关考核工作优势互补、资源共享、成果公用。考核方法的选择要考虑以下几个因素：一是考核目的和对象对考核方法选择的影响，考核是为了督促各单位完成相应的目标，而不是为了考核而考核，且不同的考核对象对考核方法的适应性也不同；二是考核的前提条件对考核方法选择的影响，考核要素必须具有明确的标准，考核必须具有有效的衡量手段[4]，考核必须具有随时纠偏的手段，考核必须能够公正的使用考核结果；三是考核者的能力和态度对考核方法选择的影响，考核方法的难易程度差异很大，它对考核者的能力和管理素质有不同的要求。所以不管采用什么样的考核方法，都需要对各级考核者进行培训。此外考核者对待考核的态度也是能够进行有效考核的关键前提。

3.5 拓宽考评范围

一是将群众消防安全意识纳入考评范畴。通过对群众的消防法规、消防安全常识测试，对被考评单位开展消防宣传教育的情况的实际效果进行评价。二是进一步将群众满意度纳入考评范畴。人民群众满意是消防工作的最高标准，进一步加大群众满意度测评在考核评价体系中的权重。三是增加实地化检查考评内容。随着消防工作考核评价制度的深入推行，进一步增加实地化检查考核内容，核查消防监督检查、宣传教育、公安派出所监督检查的真实性。

4 小 结

以上是笔者结合近年来消防工作考核的做法，对消防工作考评制度设计、考评方式方法和考评结果的运用等内容进行了系统研究，分析近几年消防工作考核体系中存在的问题，并提出了几点相应的解决方法。探索研究建立一套以消防执法质量考评、灭火救援、宣传教育为主的消防工作考核体系，旨在形成常态化的工作机制。公安消防部队肩负着《消防法》赋予的应急救援的历史使命，建立并完善与我国国情相符的政府消防工作考核评价体系对推动消防事业发展、实现传统消防向现代消防转变具有重大意义。

参考文献

[1] 付亚和，许玉林. 绩效管理[M]. 上海：复旦大学出版社，2005.
[2] 中华人民共和国国务院文件. 2013年国务院消防工作考核细则[Z]. 2013.
[3] 杨剑. 目标导向的绩效考评[M]. 北京：中国纺织出版社，2003.
[4] 胡八一. 绩效量化技术[M]. 北京：北京大学出版社，2005.

作者简介：孙丰刚，男，山东淄博人，新疆公安消防总队助理工程师，新疆大学化学化工学院有机化学专业硕士；从事有机化学研究7年，在国内外期刊发表论文4篇，申请国家专利2个，2012年6月入伍。
通信地址：新疆伊犁哈萨克自治州奎屯市公安消防大队伊犁路119号，邮政编码：833200；
联系电话：18109925833；
电子信箱：021722@163.com。

消防应急灯具常见不合格现象分析及改进建议

宋萌萌　赵叶蕾　魏中欣　孔祥朋
（1. 山东烟台市公安消防支队；2. 山东省材料化学安全检测技术重点实验室）

【摘　要】 本文分析了目前消防应急灯具市场现状，并根据历年来对消防应急灯具的监督抽查情况，从应急工作时间、氧指数、终止电压、耐压强度四个方面，对消防应急灯具的质量状况、常见不合格现象进行了分析探讨，并且针对以上不合格现象，从提高蓄电池的性能和定期更换蓄电池、提高灯具塑料外壳的氧指数、加强绝缘、严格过程控制四个方面分别提出了相关的改进建议。

【关键词】 消防；应急工作时间；耐压强度；氧指数

1 引　言

消防应急照明和疏散指示系统是指为人员疏散、消防作业提供照明和疏散指示的系统，由各类消防应急灯具及相关装置构成[1]。其中，消防应急灯具是为人员疏散、消防作业提供照明和标志的各类灯具，包括消防应急照明灯具和消防应急标志灯具，其主要作用是在发生火灾且没有正常照明的情况下，在有效的时间内保障建筑内人员的安全疏散。随着各种高层建筑和城市综合体的不断涌现，在人员密集场所和消防高危区域消防应急灯的应用越来越重要[2]。

目前，国内有三百多家企业生产消防应急灯具，其质量、性能参差不齐。为了保障人民的生产生活安全，山东省第 263 号人民政府令《山东省火灾高危单位消防安全管理规定》第八条规定，火灾高危单位配置消防设施、器材、标志，应当选用消防产品符合市场准入规定和消防安全质量要求。因此，在消防应急灯具投入使用之前，必须对其进行抽查检验，检验合格方可使用。《消防应急照明和疏散指示系统》（GB19745—2010）对消防应急灯具的一般要求、试验、检验规则都做了明确规定。

2　消防应急灯具市场现状分析

近年来，由于消防应急灯具生产厂家越来越多，部分企业质量意识淡薄，生产技术设备、管理经验缺乏，加上没有严格的质量监控，无法保证生产出质量过硬的产品；甚至有的企业为了追求经济效益，无限制降低生产成本，对关键元器件、零部件只求低价不求质量，致使质量低劣的消防应急灯具流入市场。经过长期检验，发现工程上使用的消防应急灯具不合格现象时有发生，究其原因也很多，比如，应急工作时间不达标，未设计或偏离设计过充电、过放电保护，耐压试验时发生表面飞弧并击穿等。

根据近几年来对消防应急灯具的抽样检测情况，本文仅从消防应急灯具中存在的四个主要问题即应急工作时间、氧指数、终止电压和耐压强度试验进行分析探讨。

2.1 应急工作时间

GB 17945—2010 中规定消防应急灯具的应急工作时间不应小于 90 min，且不小于灯具本身标称的应急工作时间。就目前检验情况看，有近一半的不合格产品是由于应急工作时间未达标导致，甚至有一些消防应急灯的应急时间只有几分钟，远远达不到标准要求。

蓄电池性能的优劣是影响灯具应急工作时间的主要因素之一。消防应急灯具按应急供电形式可以分为自带电源型、集中电源型和子母型。自带电源型消防应急灯具自带的蓄电池多为镍镉电池，集中电源型消防应急系统使用的电池多为铅酸电池。影响镍镉电池放电时间的因素有很多，例如：使用的电解液不同，对它的容量和寿命都有很大的影响；镍镉电池有记忆效应，如果使用时未充分激活，就会导致实际容量小于标称容量。由于铅酸电池的价格比较高，生产厂家为了节约成本，经常使用劣质的铅酸电池，容量不稳定，电池寿命短，集中电源在工程上使用不到一年，电池就已经严重老化，甚至出现无法充电的情况。蓄电池长期未通电放置或在恶劣的环境下使用都会加快其老化，使电池内阻增大，容量下降。

另外，光源的设计与配置、充、放电电路参数设置不合理都是造成应急工作时间不足的原因，比如使用功率大于设计功率的光源、充电电流太小或放电电流过大等。

2.2 氧指数

目前，市场上消防应急灯具的种类繁多，其中很大一部分灯具都会使用塑料，例如吸顶灯的灯罩、标志灯的灯框。塑料可燃且发热量高，容易引燃，常给人类的生活带来意想不到的危险和损失。因此，为了减少火灾危害，消防应急灯具所使用塑料必须具有一定的耐燃性要求。GB 17945—2010 规定，消防应急照明和疏散指示系统的各类设备外壳应选用不燃材料或难燃材料（氧指数≥28）制造。针对此要求，曾对目前市场上应用的消防应急灯具抽样进行了氧指数试验。通过试验发现，在抽检的消防应急灯具中，合格率仅为 39%。就这些灯具使用的材料看，多为工程塑料和垃圾回收料。工程塑料和垃圾回收料的氧指数本身就很低，燃烧时还会产生大量的有毒气体，且生产厂家为了降低生产成本，对材料没有进行足量阻燃处理，或者使用劣质阻燃剂，导致阻燃效果差。一旦发生火灾，这些消防应急灯很容易燃烧，极易造成二次灾害发生。

2.3 终止电压

电池若是在放电过程中，电池电压低于终止电压设定值时仍继续放电就可能造成电池内压升高，正、负极活性物质的可逆性遭到破坏，使电池的容量明显减少从而缩短电池的使用寿命。过放电保护电路就是当电池的当前电压低于电池设定值或危险值时，停止电池放电。GB 17945—2010 中规定：“灯具应有过放电保护。电池放电终止电压不应小于额定电压的 80%（使用铅酸电池时，电池放电终止电压不应小于额定电压的 85%）”。然而在试验过程中发现有很多灯具的放电终止电压低于 80%。造成这种现象的主要原因是未设过放电保护电路或保护电路参数设置不合理。在蓄电池的容量不能满足要求的情况下，生产厂家为了追求放电时间符合标准要求，将终止电压设置得偏低。

2.4 耐压强度试验

耐压强度试验是检验和评定电工设备绝缘耐受电压能力的一种技术手段。所有电器设备的带电部分与接地部分之间，或与其他非等电位的带电体之间，都需要采用绝缘结构使它们互相隔离，使之达到一定的耐电压值强度，以保证设备正常运行。GB 17945—2010 规定系统内各设备的主电源输入端与壳体间、外部带电端子（额定电压≤50 V DC）与壳体间应能耐受频率为（50 ± 0.5）Hz、电压（1 500 ± 150）V，历时（60 ± 5）s 的试验。各设备在试验期间，不应发生表面飞弧和击穿现象；试验后，应能正常工作。造成灯具在耐压试验时被击穿的原因主要有下面几种情况：

（1）灯具只有最基本的绝缘，带电金属壳与金属外壳很容易接触。

（2）电路板的生产设计工艺或安装工艺不合理。这种情况在发生击穿现象的灯具中非常常见，例如电路板上元器件的管脚过长，接触到灯具的金属外壳体；固定电路板支架与电路板的焊点接触，电路板与金属外壳低于空气击穿间隙造成短路，如图 1 所示。

（3）在存放或者安装使用的过程中，灯具受潮严重或者进水，导致电路板严重腐蚀，内部元器件损坏。如图 2 所示。

（4）使用劣质元器件。

图 1　支架与焊点接触的电路板

图 2　被腐蚀的电路板

3　改进建议

3.1　提高蓄电池性能，定期更换蓄电池

蓄电池是消防应急灯具的心脏，其性能直接决定了消防应急灯具的使用寿命，提高电池性能及延长电池使用寿命的关键在于避免记忆效应和过度放电。消除记忆效应需要定期对镍镉电池进行深度充放电，需借助专门的设备和线路，按照严格的规范和流程操作才行，目前很少有人使用。电池存在自放电现象，由于泄放电流的存在，电池容量会缓慢减少。因此，在储存长时间后使用前，需要重新对电池充电。放电深度和过充电程度都会影响电池的容量和使用寿命，所以，需要设置合理的过充电保护和过放电保护电路对电池进行保护。

蓄电池是有使用寿命的。据统计，电池的基本寿命只有 3 ~ 5 年。即便在理想环境温度 25 °C 的条件下，用理想的使用方法，3 ~ 5 年后电池的容量也只有初始容量的 40%。更何况，实际环境和使用都不会这么理想。有业内人士反映，安装在工程上的消防应急灯一两年电池就几乎报废。因此，工程上使用的消防应急灯需要定期更换电池。

3.2 提高灯具所用塑料外壳的氧指数

提高灯具所用塑料外壳的氧指数可以从选材和对材料进行阻燃处理两方面着手。在选材上，高抗耐热型亚克力和PVC材料都是很好的选择。亚克力作为塑料的一种，具有柔软、轻便、透光性好、不易被染色、不会与光和热发生化学反应而变黄的特点，目前广泛应用在建筑上。PVC材料是目前应用最广泛的塑料产品之一，价格便宜。根据不同的用途添加不同的添加剂，可生产出物理特性和力学特性迥异的产品，例如，PVC套管就是聚氯乙烯加入阻燃材料做成的白色不透明的穿线管，其阻燃性能和使用性能都很好。

对塑料外壳进行阻燃处理是提高氧指数的有效方法之一。目前，可供选择的阻燃剂和技术有很多，在选择时，不能盲目追求低成本，而要把阻燃效果放在首位，选择合适的阻燃剂和阻燃技术。在提高阻燃性的同时，还应该减少材料热分解或燃烧时生成的有毒气体量及烟雾量，尽量减少火灾发生时对人员的伤害。同时，加入阻燃剂会在一定程度上降低材料的某些性能，对于灯罩而言，就可能会影响灯罩的透光性。因此，应当根据使用环境和需求，进行一定程度上的阻燃，使其在阻燃性和使用性能之间达到一个平衡。

3.3 加强绝缘

第一，在设计时，要充分考虑到灯具的绝缘耐压性能。例如，电路板设计时，要考虑到初级电路到可以接触的地方要保证加强绝缘、初级电路与地线连接要基本绝缘等。第二，灯具的绝缘不能仅仅依靠基本绝缘，还应使用附加的安全措施，尽量避免安装表面和仅有基本绝缘的部件之间的接触以及易触及金属与基本绝缘之间的接触[3]。例如在电路板与金属壳体之间增加一层绝缘纸。这样，就可以避免由于部分元器件管脚太长接触到金属外壳引起的击穿以及由于金属外壳变形触碰到电路板上元器件引起的击穿。第三，电路板的表面要使用优质的绝缘漆。绝缘漆具有绝缘、防漏电、耐电晕、防腐蚀、防老化等作用，对电路板起到良好的保护作用。劣质绝缘漆绝缘效果差、易脱落，对环境的耐受性也较差。第四，由于灯具内部有电路板，还应该注意三防，防止由于潮湿、进水或其他原因造成短路导致电路板被击穿。

3.4 严格过程控制

灯具的生产是流水线作业，对直接或间接影响产品质量的生产、安装和服务过程所采取的作业技术和生产过程要进行严格的分析、诊断和监控。规范商品或产品元件部件的进货和验收制度，不合格元器（部）件及时剔除。加强生产各环节的监管，严格履行过程检验和例行检验制度，减少和杜绝不合格产品的产生和流通。

4 总结及展望

通过历年来的监督抽查发现，目前消防应急灯具还存在很多问题，突出表现在应急工作时间、终止电压、氧指数和耐压强度这四个方面不能满足标准要求。因此，企业要充分认识到消防应急灯具在消防上发挥的重要作用，以人民的生命财产为重，提高安全意识，从灯具的设计、电子元器件的选择、电路板的印刷工艺到最后的灯具组装，都要严抓质量。同时，要加强创新，通过大力使用新技术、新材料在提高产品质量的同时降低生产成本，寻找质量和成本的双赢。而有关执法部门也需加大监督力度，共同为消防安全发挥积极主动的作用。

参考文献

[1] GB 17945—2010. 消防应急照明和疏散指示系统[S].
[2] GB 50016—2006. 建筑设计防火规范[S].
[3] GB 7000.1—2007. 灯具 第 1 部分：一般要求与试验[S].

消防“三停”处罚困境之反思

李方舟
（江苏省苏州市公安消防支队）

【摘　要】 在国民经济飞速发展的时代大潮之下，消防部门乘势而上，不论从质量和还是数量上都得到了前所未有的大发展，监管力量不断增强，执法不断趋于规范，但是我们不情愿地看到重大火灾隐患的产生和发展并未得到有效的遏制，造成重大人员伤亡和财产损失的火灾仍然时有发生，影响着“平安中国”和“和谐社会”的建设。消防“三停”处罚作为一项旨在根本消除重大火灾隐患的制度设计并未达到预期的目的，本文从制度设计、消防机构自身建设、基本价值角度分析原因，并探索目前消防“三停”处罚面临困境的解决之道。

【关键词】 处罚；三停；制度；缺陷；探索；消防法

1　现实的困境

《中华人民共和国消防法》（以下简称《消防法》）规定了五大类消防行政处罚，即警告，罚款，没收违法所得、没收非法财物，责令停止施工、停止使用、停产停业，行政拘留。其中责令停止施工、停止使用和停产停业当属较为严厉的行政处罚，这类处罚也被消防部门通称为“三停”处罚。目前，“三停”处罚面临前所未有的困境，“罚而不停”或者“以罚代停”现象在各地均不同程度的存在。以某市公安机关消防机构一年内办理的327起“三停”处罚作为研究对象，随机抽取30起处罚作为样本进行调查，其中未开展“三停”履行情况现场检查的处罚有22起，占抽查总数的73%；结案报告中未涉及处罚决定履行情况的有21起，占抽查总数的70%；25家单位未实际履行处罚决定，占抽查总数的83%，且均未进入强制执行程序。

2　制度设计缺陷

《消防法》第五十八条、第五十九条和第六十一条是消防“三停”处罚的主要依据，但是由于可操作性差、决定主体范围不明确、利益平衡缺位及立法目的混乱，存在缺陷。

（1）可操作性差导致无法执行。《消防法》设定的“三停”行政处罚目的是剥夺当事人的生产、营业和使用能力，是一种行为罚，如何合法合理地剥夺企业和单位的这种行为能力是执行方式中的关键和难点。《消防法》虽然在第七十条第三款和《消防监督检查规定》第二十七条、第二十八条规定了“三停”由公安消防机构强制执行，但没有明确具体的强制执行方式，目前公安机关消防机构只能采取加贴封条方式迫使相对人履行法律义务，而查封作为《行政强制法》规定的一种临时性的行政强制措施显然不适合作为强制执行方式。

（2）“三停”处罚决定主体不明确。《消防法》第七十条中“责令停产停业，对经济和社会生活影响较大的，由公安消防机构提出意见，并由公安机关报请本级人民政府依法决定”没有相关解释，导致政府和执法部门无从裁量，互相推诿。

（3）偏离正义的安全价值追求。责令停止施工、停止使用、停产停业会对当事人权益造成严重侵害，适用于严重威胁公共安全的隐患，是一种紧急状态下的行政权力，与一般的行政处罚权显著不同，应当细化标准、慎重使用。与此相反，《消防法》和《消防监督检查规定》所适用的“三停”过于广泛，一个面积仅有几十平方的个体工商户饭店未通过消防安全检查就要被强制停产停业，后果是法不责众，影响社会公平。庞大的监管数量和繁琐的程序相叠加，突破了公安消防机构的工作极限，导致了执法不彻底、责任不落实、该管的没管好等现实问题，甚至出现选择性执法和权力寻租，影响了行政权力的公信力。

（4）利益平衡缺位。“三停”针对的是严重威胁公共消防安全的隐患，是一种紧急行政权力，应当具备相对溯及既往的效力。例如某地农贸批发市场，楼上为集体宿舍楼下的交易市场，宿舍区楼梯不能直通室外，存在严重的疏散问题，按照 2007 年颁布的《住宿与生产储存经营合用场所消防安全技术要求》属于“三合一”场所，应责令其停产停业，但是该市场早在 2005 已获得了消防机构的行政许可，属于合法建筑。该市场获得行政许可的信赖利益应当得到保护，但公共安全更应得到保障。现行的“三停”处罚并未考虑到此类无过错相对人的补偿问题。

（5）立法目的混乱。“三停”的目的应为消除严重威胁公共消防安全的火灾隐患，防止重特大火灾事故的发生，但是一家不存在消防安全隐患单位仅仅因为无规划或者规划性质不符，就要遭受消防部门的“三停”处罚，背离了消防法保护人身、财产安全和维护公共安全的立法目的。

3 执行机构自身建设存在缺陷

《消防法》在第七十条第四款做出了明确规定：“当事人逾期不执行停产停业、停止使用、停止施工决定的，由作出决定的公安机关消防机构强制执行。”消防机构的强制执行权力已经被法律清晰界定，但是在执行经验、执行力量和相关警械配备上均存在不足。

（1）缺乏执行经验。在 2009 年 5 月 1 日《消防法》修订之前，公安消防机构的强制执行有两种选择：一是根据《行政处罚法》申请法院强制执行，二是由公安机关报请当地人民政府决定。导致自身强制执行经验不足。

（2）缺乏执行力量。现行《消防法》明确了消防机构的强制执行权力，但与法院成熟的执行手段和强大的执行力量相比，消防机构缺乏专门的执行队伍和人员，仅依靠公安机关消防机构单打独斗执行企业、场所的“三停”处罚非常困难。

4 探　索

（1）明确消防监督检查范围。《消防法》授权公安机关消防机构对机关、团体、企业、事业等单位进行监督检查，《消防监督检查规定》基于消防监管需要将单位这一法律概念进行了类推解释，将有固定生产经营场所具有一定规模的个体工商户也纳入监督检查范围。目前在行政执法实践中该法定监督检查范围并未得到严格执行，部分省级公安机关消防机构尚未制定明确的界定标准并公告，大量针对个体工商户的消防监督检查处于效力待定状态。明确消防监督检查范围可以在法律修订前一定程度上解决“三停”处罚法不责众的执法现状。

（2）完善消防“三停”的可操作性。从制度层面完善公安消防机构可以采用的强制执行措施类型，落实以地方政府为主导，多部门密切配合的“三停”执行程序。对企业和单位采取停止供水、供电、供热、供燃气的方式督促其履行义务是一种合法合理且有效的强制执行方式，《浙江省水污染防治条例》对此已予以明确。

（3）重构“三停”处罚的标准。在立法层面上参照安全事故的等级标准和《重大火灾隐患判定标准》确定“三停”的范围，避免法不责众，安全与效率失衡。

（4）落实无过错相对人的补偿制度。将“三停”处罚赋予权力优先，程序特殊、事后救济的特征，制度设计上考虑对无过错的相对人给予相应的补偿，既消除重大火灾隐患又平衡相对人合法利益。

参考文献

[1] 埃德加·博登海默. 法理学：法律哲学与法律方法[M]. 北京：中国政法大学出版社，2004.
[2] 中华人民共和国消防法[Z]. 2008.10.
[3] 中华人民共和国立法法[Z]. 2000.7.
[4] 消防监督检查规定[Z]. 2009.5.
[5] GA 703—2007. 住宿与生产储存经营合用场所消防安全技术要求[S].

作者简介： 李方舟，男，江苏连云港人，江苏省苏州市公安消防支队防火处法制科副科长兼工程师。
通信地址：苏州工业园区中心大道西198号，邮政编码：215000；
联系电话：13951108425；
电子信箱：firetactic@126.com。

消防安全网格化管理刍议

芮晓蕊[1] 李金钟[2]
（1. 天津市河北区公安消防支队；2. 天津市北辰区公安消防支队）

【摘 要】 近年来随着经济建设和社会发展进程的不断加快，与之而来的新的消防安全问题也日益突出，人民群众对保障消防安全的期待和需求日益强烈。本文阐述了消防安全网格化管理的内涵、构成及意义，指出了当前消防安全网格化管理中存在的问题，提出了完善消防安全网格化管理的建议，对当前全国各地广泛开展的消防安全网格化管理具有指导意义。
【关键词】 消防；安全；网格化；管理

1 消防安全网格化管理的内涵

消防安全网格化管理是消防安全管理思路的创新，即根据区域的特点或地理位置，采用网格化责任分解方式，将消防安全纳入基层政府和村、居民委员会的社会管理事务的范畴，推行群防群治的一项基础性工作机制，将消防工作社会化延伸至基层组织。消防安全网格化管理坚持属地管理、专群结合、群防群治的原则，依靠基层组织，整合社会管理资源，对网格内的社区、村组、单位、场所实施动态消防安全管理，建立火灾隐患检查整改机制，以更高效的管理手段实施消防安全管理。

2 消防安全网格化管理的构成

消防安全网格化管理实行三级网格管理，基本工作模式为："大网格"为乡镇、街道办事处，设立消防工作领导小组，对辖区内部各级网格消防工作进行指导、组织、督促、协调；"中网格"为村、社区，细化村民委员会和居民委员会消防管理职责；"小网格"作为网格化管理终端节点，为居民楼院、村组、社会单位。通过明确各网格的管理人员、相应职责和任务，逐级负责，形成责任明确、监管到位的消防安全动态管理网络。

3 实行消防安全网格化管理的意义

面对新形势、新任务，建立完善消防安全网格化管理，对社会消防安全管理机制的健全完善，火灾防控的强化具有十分重要的意义。

3.1 有利于强化隐患的排查整治效果。

根据"网格"内的社区、村组、单位、场所的不同特点，在不同时期有针对性、有重点地部署开展消防工作，进行"网格化"的排查和巡查，明确各个"网格"的责任人员及其职责，建立发现隐患和查处隐患的工作机制，及时发现"常见性"火灾隐患和"习惯性"消防违法行为，强化了火灾隐患排查整治的源头管控，确保监管到位、措施到位、落实到位。从而解决了火灾隐患整治反弹、再整治再反弹和静态隐患难以根治、动态隐患难以控制的难题，实现了坚持抓眼前和管长远的结合。在网格管理中以点带面，通过实现每个场所的安全确保该“网格”的安全，通过每个“网格”的安全确保整个地区的安全。

3.2 有利于提升全民消防安全素质

在网格化管理中公安派出所、居（村）委会、治安巡防队等基层力量深入乡镇、街道、社区、村组进行消防安全巡查，督促、指导社区、村组、单位落实消防安全责任，依靠新闻媒体广泛开展典型案件、“以案说法”警示教育，通过户外视频、电子显示屏、楼宇电视等播出火灾预防、逃生自救的消防安全提示，消防流动警务站深入社区、单位开展“上门式”、“面对面”的宣传教育服务活动。同时，通过发动各型各类消防志愿者群体，采取连续不断、小群多路、集散结合的方式，深入社区、农村做好指导帮扶，提升社区、农村“安全自查，隐患自除，初火扑救”职能，提高人民群众的消防安全意识。

3.3 有利于提高小单位、小场所的防控能力

“散、小、边、远”等场所多存在动态火灾隐患难治理的问题，通过网格化管理，落实“网格”内派出所、居（村）委会责任，明确单位消防安全的主体责任，加大对小单位、小场所的巡查频率，加大隐患整改力度，帮助单位制定切实可行的整改计划，掌握单位火灾隐患整改进度，实现隐患的彻底整改。

4 当前消防安全网格化管理中存在的问题

4.1 基层单位重视程度不够

有的基层单位对消防安全网格化管理重视程度不够，措施针对性不强，工作富于表面，未根据辖区实际情况对消防工作进行专题研究和部署，也未明确消防检查、整改、宣传等具体工作内容，开展相应的消防安全大排查，或是虽然开展了相应的检查，但工作积极性不高，工作被动应付，而不是主动推动落实。

4.2 工作开展重部署轻落实

一些基层单位网格化管理工作开展不扎实，以会议落实会议，以文件落实文件，没有真正发挥对消防工作的领导、组织和协调作用；部分基层单位工作督导不力，虽然确立了网格内消防管理的人员、制度、标准，却没有完善的辖区消防工作档案和防火巡查检查记录，致使网格化管理流于形式。

4.3 监管水平有限，工作实效性差

一些基层单位的消防安全管理工作存在漏洞，对网格内管理对象的底数摸查不清楚，特别是对辖区小单位、小场所的排查工作不够扎实，台账中登记的内容不详实；工作中发现隐患问题、整改问题的能力不足，造成消防安全管理效率低下。

4.4 隐患整治效果存在差异性

在大排查大整治工作中，随着工作不断深入，各网格都不断创新工作模式，进一步加强了隐患排查整治的力度，但网格化管理工作的开展依然存在不平衡的现象，整治效果存在差异。部分网格只重

视单位、场所的登记统计，而没有做到深入单位开展彻底的隐患排查，工作进度缓慢，务实性差；有些网格未对隐患整改情况进行复查，造成检查后隐患依然存在。

5 完善消防安全网格化管理的几点建议

提高消防安全网格化建设水平，需要大力提升网格管理的能力，确保“网格化”管理的工作效果。

5.1 强化组织建设，逐级落实责任

落实消防安全网格化管理的组织建设，积极争取政府和职能部门的支持，规范建设标准，落实必要的经费、人员，确保工作顺利开展，层层明确职责、任务，狠抓各项消防安全措施的落实，推动政府建立的联合执法、信息互通等工作机制，形成网格化管理的整体合力，推动各职能部门将网格化管理纳入本部门日常督察内容，推动政府将消防安全网格化管理工作纳入政务督查和社会管理综合治理考评内容，定期对消防网格精细化管理工作实行目标管理、督导考核、奖优罚劣。

5.2 强化培训指导，提高网格化管理的水平

大力加强网格管理人员的逐级培训工作，市级公安消防机构要对乡镇、街道网格管理人员进行培训指导，在考试合格后发证上岗，同时及时解决工作中发现的问题和困难；区（县）级公安消防机构要对村、社区主要网格管理人员进行培训；定期对社区、村组进行检查督导，协调指导消防工作的开展，重点解决消防安全突出问题。乡镇、街道网格管理人员要对“小网格”工作人员开展培训，培训内容既要包括消防法律法规、火灾预防知识、火场逃生和应急疏散知识，也要有单位消防安全“四个能力”建设、初期火灾扑救、火灾隐患排查和整改的方法等方面的内容。

5.3 强化工作重点，突出工作实效性

乡镇、街道“大网格”要研究分析本地区的消防安全形势，定期召开消防工作例会，部署工作，履行职责，重点解决突出问题，组织专门力量，分块划片，有针对性地开展消防安全大检查，及时发现消除火灾隐患，进一步明确网格化工作责任人、管理人，落实网格长、网格员，切实做到无盲区、全覆盖的网络格局，提高火灾防范水平和抗御能力。社区、村“中网格”要着力增强村和社区的“四个基础”，建立居民、村民防火安全公约，开展经常性防火安全检查、消防宣传教育。“小网格”的重点是做好消防信息收集、日常宣传和服务，督促社会单位和场所履行消防安全主体责任，提高消防安全“四个能力”建设水平，指导居民群众开展消防工作。

5.4 强化火灾隐患的网格排查督改责任

各网格要在开展常态化消防管理基础上，对照排查重点，认真检查火灾危险性较大的重要场所、重点部位、关键环节，及时发现火灾隐患并督促消除，落实消防安全责任，落实网格排查；排查出的火灾隐患、问题要制表列出清单，建立台账，制定科学有效的整改方案，落实整改的责任、措施和整改期限；对整改工作开展不力的，及时抄告属地派出所或公安消防部门依法处理。在隐患排查整治过程中，充分依靠公安消防机构和公安派出所的执法职能，加强信息沟通，齐抓共管，形成强大的工作合力，有效推动隐患的整改。

消防安全网格化管理是保障公共消防安全、提升全民消防意识、稳定经济发展的重大举措，是公

安机关消防机构创新社会管理的有益探索，实现了消防监督管理网格化、信息化、精细化的有机统一。推行消防安全网格化管理必须因地制宜、统筹兼顾、循序渐进地抓好落实，推动“网格化”带动社会化，实现小“格子”里做大文章，不断提高火灾防控水平，维护社会和谐稳定。

参考文献

[1] 宁湘钢. 消防安全重点单位网格化管理的实践与思考[J]. 武警学院学报，2011（04）：70-72.
[2] 袁海军. 浅谈利用社会资源完善消防安全管理服务功能[J]. 中国新技术新产品，2011（04）：393.
[3] 廖齐. 完善消防安全网格化管理机制的思考[J]. 消防技术与产品信息，2013（07）：77-79.

作者简介： 芮晓蕊，女，学士，天津市河北区公安消防支队防火监督处监督指导科工程师。
通信地址：天津市河北区革新道与重光路交口，邮政编码：300143；
联系电话：13602170799；
电子信箱：ruixiaorui@163.com。

消防规划和行政许可前置的法律依据及其保障措施

王海祥
（山东省德州市公安消防支队）

【摘　要】 近年来，各级党委政府对消防工作高度重视，各类消防法规将消防列为规划建设和安全许可事项的前置条件，但在实施过程中仍有漏洞，需要进一步探讨新思路，切实将消防工作融入相关公共安全事务之中，同步建设。

【关键词】 消防；前置；法律依据；保障措施

1　消防前置的事项及法律依据

1.1　消防专业规划应与城市总体规划同步编制并纳入总体规划同步实施

《中华人民共和国消防法》第 8 条明确规定："地方各级人民政府应当将包括消防安全布局、消防站、消防供水、消防通信、消防车通道、消防装备等内容的消防规划纳入城乡规划，并负责组织实施。城乡消防安全布局不符合消防安全要求的，应当调整、完善；公共消防设施、消防装备不足或者不适应实际需要的，应当增建、改建、配置或者进行技术改造。"

1.2　消防基础设施规划建设用地应在总体规划和消防专业规划中予以明确，在实施中予以保障

《山东省消防条例》第 14 条规定："各级人民政府应当将包括消防安全布局、消防站、消防供水、消防通信、消防车通道、消防装备等内容的消防规划纳入城乡规划，依法上报审批。消防站、消防战勤保障和消防培训基地规划建设用地，当地人民政府应当予以保障。"

1.3　公共消防设施建设列入部分地方部门履职范围，应征求消防部门的意见

《山东省消防条例》第 10 条规定："县级以上人民政府有关部门应当履行下列职责：发展和改革部门将公共消防设施建设列入本级地方固定资产投资计划；住房城乡建设等有关部门将公共消防设施建设纳入年度城乡基础设施建设计划，并组织实施。"

1.4　公共消防供水设施规划建设应征求公安消防部门的意见和建议

《山东省消防条例》第 15 条规定："建设城乡供水工程应当同步建设消防供水管道、消火栓、水池等公共消防供水设施。公共消防供水设施由供水企业按照规定建设和维护；城市利用天然水源作为消防水源的，由市政工程主管部门负责修建消防车通道和取水设施，并设置醒目标识；农村消防水源和消防供水设施由乡镇人民政府或者村民委员会负责建设、管理和维护。"

1.5 城市街区道路建设和改造应征求公安消防部门的意见和建议

《山东省消防条例》第16条规定："城市街区道路应当按照有关规定建设和改造，保证大型消防车通行；有地下管道和暗沟的，应当能够承受大型消防车的压力。农村主要道路应当满足消防车通行要求。"

1.6 消防通信建设和维护要征求公安消防部门的意见

《山东省消防条例》第17条规定："通信业务经营单位应当为消防通信建设和维护提供技术支持和服务，确保消防通信畅通。无线电管理部门应当保障消防无线通信专频专用和通信畅通。"

1.7 拆除、迁移公共消防设施，应当经当地公安机关消防机构同意

《山东省消防条例》第18条规定："拆除、迁移公共消防设施，应当经当地公安机关消防机构同意。"

1.8 《山东省消防条例》中的行政许可规定

《山东省消防条例》第61条规定："建设工程、公众聚集场所未经公安机关消防机构依法许可的，教育、住房城乡建设、文化、卫生、工商行政管理、体育等部门不得给予相关行政许可"；第76六条规定"公安机关消防机构依法吊销公众聚集场所消防安全检查合格证的，应当在五日内通报有关部门，有关部门应当依法注销相关行政许可"。

1.9 《国务院关于加强和改进消防工作的意见》中的有关规定

《国务院关于加强和改进消防工作的意见》〔国发（2011）46号〕第4条、5条有关规定："制定城乡规划要充分考虑消防安全需要，留足消防安全间距，确保消防车通道等符合标准；行政审批部门对涉及消防安全的事项要严格依法审批，凡不符合法定审批条件的，规划、建设、房地产管理部门不得核发建设工程相关许可证照，安全监管部门不得核发相关安全生产许可证照，教育、民政、人力资源社会保障、卫生、文化、文物、人防等部门不得批准开办学校、幼儿园、托儿所、社会福利机构、人力资源市场、医院、博物馆和公共娱乐等人员密集场所；对不符合消防安全条件的宾馆、景区，在限期改正、消除隐患之前，旅游部门不得评定为星级宾馆、A级景区；对生产、经营假冒伪劣消防产品的，质检部门要依法取消其相关产品市场准入资格，工商部门要依照消防法和产品质量法吊销其营业执照。"

2 消防前置的作用

消防前置作用主要有以下几点：

（1）政府可以制定消防远期规划，为消防事业的长远发展指明方向，提供政策支持。

（2）市政府出台的城市总体规划和消防专业规划更加贴近实际，更能满足规划区域的消防服务功能，特别是消防站的定点选址要以政府规定的形式在城市规划初期就确定下来，而不再随意更改。

（3）有利于发展和改革部门及时将公共消防设施建设列入本级地方固定资产投资计划；有利于住房城乡建设等部门将公共消防设施建设纳入年度城乡基础设施建设计划，并组织实施。

（4）提前征求公安消防部门的意见和建议，告知有关事项，有利于消防部门及时掌握公共消防供水设施建设进度，消防车通道建设和改造情况，消防通信建设和维护情况，针对修建道路、停电、停水、切断通信线路及拆除、迁移公共消防设施等可能影响灭火救援的不利情况，及时采取应对措施。

（5）将消防行政许可作为部分部门实施行政许可的前置条件，能够避免未经消防审核擅自施工、

未经消防验收擅自投入使用现象的发生，共同把好建设工程审验关。

（6）将城市综合体等火灾危险性大、距离公安消防队较远的大型企业纳入城市消防专业规划的范畴考虑，建设企业专职消防队，符合高层建筑“立足自防自救”的设计理念和原则。

（7）对超高层建筑和超规范设计的建设工程进行性能化防火设计和公安消防部门组织专家评审、专题研究、论证，可以为建设单位提供最优化、最安全的消防设计方案，确保建筑物本身和容纳人员的安全。

3 确保消防前置落实到位的措施

（1）政府对涉及公共基础设施建设的会议，要鼓动公安消防部门参加，并听取公安消防部门的汇报和建议。

（2）政府组织规划等部门编制城市总体规划时，要将公安消防部门纳入编制领导小组，并同步编制消防专业规划，以便与总体规划衔接和对应，同步实施。

（3）对消防站选址定点工作，规划、土管、发改委等部门要按照市政府出台的消防专业规划的有关要求，积极配合公安消防部门做好相关工作。

（4）住建、城建、公用事业、通信、供水、供电等部门和单位要加强与公安消防部门的沟通联系，建立热线电话，涉及消防灭火救援的事项，要提前告知公安消防部门做好预案。

（5）发展和改革部门制定地方固定资产投资计划、住房城乡建设等部门制定年度城乡基础设施建设计划时，要征求公安消防部门意见，对经政府批准同意的公共消防设施建设，要及时纳入投资和建设计划组织实施。

（6）教育、住房城乡建设、文化、卫生、工商行政管理、体育等部门要认真履行职责，切实将消防行政许可作为本部门实施行政许可的前置条件，对未经消防审核、验收的建设工程一律不得办理相关行政许可。

（7）对城市综合体、连片开发的住宅小区等需要建设企业专职消防队的建设工程，消防审核时住建、消防、规划等部门就要明确企业专职消防队的建设规模、用地规划，确保工程验收时一步到位。

作者简介： 王海祥（1971—），男，现任山东省德州市公安消防支队高级工程师；主要从事建设工程消防验收和消防监督检查工作。

通信地址：山东省德州市德城区大学西路1235号德州市公安消防支队，邮政编码：253020；

联系电话：13583417281；

电子信箱：wanghx911@163.com。

新常态下的消防管理创新

沈永刚
（甘肃省庆阳市公安消防支队合水大队）

【摘　要】 消防监督管理是消防部队首要工作。本文结合工作经验，分析了当前消防管理现状，提出了推进消防监督改革的建议。

【关键词】 消防管理；监督；改革；建议

1 引 言

当前，全国各地消防事业得到较快发展，但公共消防安全水平与经济社会发展进程不相适应的矛盾十分突出，直接影响到社会消防管理水平，在现有消防管理条件下，如何在新常态下创新消防监督管理，笔者浅谈如下意见。

2 当前消防监督管理的现状

2.1 消防专业技术水平与当前管理对象的矛盾十分明显

在现有体制下，实施消防监督管理的主要单位是当地公安机关消防机构，虽然派出所也兼有消防监督职责，但大部分派出所由于精力、警力和业务生疏等原因，消防工作无暇顾及，基本处于表面应付状态，没有真正实质性的去开展工作。消防机构防火技术人员由两部分人组成：一部分是来自于土生土长的消防部队战士；另一部分是近年来从地方大学生招录的提干人员。在部队成长起来的防火干部，虽经验较丰富，但系统的防火专业技术水平较低；提干大学生由于从事防火工作的时间短，实战经验少，防火专业技术水平整体较低。加之，部队转业复员性质，大量技术人员流失到地方，消防部队防火技术人才匮乏和技术力量薄弱的问题亟待解决。就拿笔者所在的甘肃省来说吧，全省高级工程师也就十多个，各支队更是屈指可数，甚至有的支队还没有。随着经济社会的快速发展，消防管理对象五花八门，大体量、大跨度、大高层场所越来越多，技术水平要求越来越高，特别是建设工程消防设计审核和竣工验收(含备案)，具有审批权限的支队、大队消防机构技术力量很难达到社会实际需要，难免出现由于自身技术原因，造成审批错误。消防专业技术水平与当前社会需要的矛盾越来越突出，解决此矛盾已经刻不容缓。

2.2 现有消防警力与社会经济发展不相适应

目前各地经济飞速发展，消防管理对象越来越多，范围越来越广，大量高层、地下、大跨度、大空间的新、异、特建筑不断出现，且各种地方消防安保等非消防监督事务也十分繁多，消防管理难度可想而知。就拿业务量来说，笔者所在的庆阳2011年办理建设工程（含备案）手续532个，开业前检查手续 318 个，分别是 2009 年 107 个的 4.97 倍、96 个的 3.32 倍，时隔一年，业务量就增长数倍，且建设工程和场所的建筑面积、建筑规模较前几年增加数十倍，实际的工作量较前几年翻了几番。在当前这种情况下，消防警力已经不能满足社会实际需要，其结果往往是一人身兼多个岗位，导致执法难以规范，特别是一些中西部发展城市。

2.3 消防管理与当前社会需要不相适应

传统的消防管理模式及相应的管理方式和方法已经与当前社会发展不相适应。就拿建设工程管理来说，一个建设工程立项后，取得土地手续，要到住建部门办理规划许可（目前许多地方规划和住建部门仍未分开设置），再到消防机构办理消防设计审核许可手续，最后到住建部门取得施工许可后才能施工。同样，工程竣工验收手续的办理，最后一道手续还是住建部门出具。这样不利方面表现在：

（1）住建部门在消防机构没有审批手续的情况下，就出具了工程许可、工程质量备案等合法性手续，导致消防监管难度加大，遗留下大量的难以整改的先天性隐患。

（2）明知道工程在消防方面不符合建设规划要求，也出具了规划手续，将责任下放到消防机构。

（3）消防机构对检查出的“三无”（无规划许可，无施工许可，无消防许可）违法建筑无法处理，因为《消防法》规定：“工程取得规划许可后，消防机构才能对工程建设进行消防监督”，导致工程内的各种场所违反经营而无法处理。

同样，火灾隐患整治的常态化管理也存在问题，由于消防警力不足，上级部署的多，重资料检查，轻现场查看，大部分消防机构为了完任务，在网上弄虚作假、随意录入单位执法，删除执法数据，执法和档案管理及不规范。 同时，还存在网上不敢录，不敢执法、地方领导干预执法、行业部门主体责任不落实、消防宣传时间难以保障等不完善地方，社会消防工作基本上还处于消防机构单打独斗的局面。

3 推进消防监督改革的建议

消防管理创新是一个大课题，要想解决消防管理与当前经济社会发展进程不相适应的矛盾，必须依据政治、经济和社会自身运行规律及发展态势，从根本上对消防管理进行改革创新，建构新的社会管理机制和制度。

（1）将建设工程的消防设计审核、竣工验收业务职能交给住建部门负责。建设工程施工图设计部门、施工图审查机构、施工企业资质、勘察资质、监理资质的监督管理，均是由住建部门负责，且工程从一开始的选址、施工许可以及最后的工程质量备案，也是由住建部门负责。将建设工程的消防设计审核、竣工验收业务交给住建部门，有利于工程消防设计、施工质量，有利于工程的统一监督管理，也有利于建设工程消防行政许可条件的简化统一，更方便于老百姓，更有利于社会发展进步。消防机构仅负责公众聚集场所开业前消防安全检查和日常消防监督、消防宣传培训工作，这样可以解决消防警力不足及当前消防技术水平较低的局面，让消防机构专门开展日常消防监督和消防培训工作，更有利于社会消防资源的配置。

（2）减少公众聚集场所开业前消防安全检查行政许可范围。修订相关法律法规，从单位规模、火灾危险性和管理防控难度等方面明确需要办理公众聚集场所开业前消防安全检查行政许可的范围和消防安全重点单位界定标准，对于小网吧、小酒馆、小商店、小卫生院等“九小场所”和一些火灾危险性较小的单位场所，只要符合消防安全技术标准，取得工商营业执照，可以不办理开业前消防安全检查手续。

（3）加快推进社会消防技术力量纵横发展。全国仅几万消防监督管理人员，且专业技术人员数量又少，根本不满足当前社会的需要，需要我们综合利用社会各种资源，紧紧依靠全社会力量，逐步解决这一矛盾。

① 大力发展义务消防队伍，采取乡（镇）政府适当补贴、包村乡（镇）干部负责等形式，根据当地实际情况，在经济发展较好的村（社）建立一支有偿义务的消防队伍，作为基层消防宣传、防火巡查检查力量，筑牢农村防控火灾的基础。

② 大力发展社会消防专业人才队伍和消防技术服务机构的发展。当前，社会飞速发展，全国有各类企业、工商户5 000余万家，消防安全重点单位40余万家，火灾隐患大量存在，而大部分社会单位缺乏专业力量，不具备发现问题、消除隐患的能力，社会消防专业技术服务需求日益突出。因此，一要认真贯彻落实公安部129号令及公安部消防局122号文件精神，积极培育和发展注册消防工程师和消防技术服务机构，壮大消防技术服务力量。二要出台服务标准和操作规范，定期组织消防技术服务机构全体人员进行全面系统的学习、培训，并加大消防技术服务机构的消防监督力度，规范其执业行为，切实提高消防技术服务水平。三要加强开展消防职业技能鉴定工作，对消防控制室值班操作人员开展消防培训，确保持证上岗率达到100%。

③ 大力发展社会消防安全培训机构。确保每一个市至少有一所社会消防培训学校，也可以利用当地大、中专院校资源，设立专门的消防知识方面的课程，对当地社会机关、团体、企业、事业单位的员工进行消防安全培训，提升社会消防安全意识。

（4）改革消防工作考核方式。考核是一种推动工作目标的措施，工作目标是什么，我们就要考核什么。以往考核中，我们主要在文件、档案资料上下的功夫多，主要看档案资料，造成被考核对象花费大量的人力、物力、财力准备资料，花大心思做假、造假，真正用于实实在工作的人、财、物却少之又少，没有达到以考核促进工作的目标。

① 改革对消防机构考核的方式。改变考核方式，注重消防监督管理的实绩考核。考核前，先明确考核目标，而后制定考核工作方案，比如防火干部的主业和最终目标是消除火灾隐患，提高群众消防安全意识。那么，我们考核时直奔主题，不看工作过程（即不看资料），直接随机抽考社会单位，每发现一处火灾隐患，扣除一定分数，直到扣完为止，哪怕是被考消防机构得了零分。这样一来，逐步形成常态制度，为了取得好成绩，即使上级消防机构不下达“检查单位数，发现火灾隐患数，整改火灾隐患数，三停”等任何执法任务指标，防火监督机构也会想尽一切办法，整改消除社会单位的火灾隐患。

② 改革对行业部门的考核方式。制定出台各相关行业消防安全管理标准，各行业部门从上将消防管理工作纳入年终考核内容，确保年底考核有依据、有标准。年终考核时，如2013年国务院组织相关部门对各省进行的消防工作考核就非常有力度，也切实推进了各省行业部门消防工作，引起了各省的高度重视，但不免也有不真实的方面，特别是资料方面，部分省、市、县行业部门将考核工作直接推给消防机构，而当地消防机构为了取得好成绩，大部分资料是由消防机构自行准备，这样一来，非但达不到考核行业部门的意想效果，而且还给消防机构增加了高负荷的工作量，变相将考核政府行业部门变成了考核消防机构。因此，考核时，首先必须将考核通知文件发到各省行业部门，通知文件通过省级，必将再下发到市里、县里，引起各级行业部门的重视，这样就会层层得到传达落实；其次，考核组必须到行业部门进行考核，不能图省事方便，直接到当地消防机构，采取各行业部门一并查看资料方式；最后，要加重现场抽查检查力度，甚至最终考核成绩就是由现场检查情况确定，看资料仅作为现场检查了解情况的依据。

③ 加大奖惩力度，推动落实监管责任。建立责任追究机制，对不依法依规履行消防安全职责的地方政府、行业部门及其领导，逐级进行严肃问责，切实达到警示和工作效果。对有责任心、有能力、

成绩突出的消防监督干部予以表彰奖励，必要时破格提拔任用；对责任心不强、工作不积极、工作不力的要严肃惩处。

（5）加强消防监督人员的业务培训。消防业务是提高办案质量、提高执法水平、减少执法过错和推动消防监督工作的重要步骤，是一项当前急需且长期要抓的基础性工作，要坚定不移，一以贯之，持之以恒地抓业务、打基础，全面提高消防监督干部和消防文员的业务水平，确保至少每一个基层大队能有一个中级技术职称人员，通过日常工作的“传、帮、带”，逐步提高其他干部的业务水平。

（6）加强消防监督执法干部配备。从目前消防工作实际情况看，监督干部缺编、技术力量不足已成为当前防火工作的瓶颈性问题，无法满足当前社会需要，特别是基层大队，大部分防火监督人员身兼数职，分工极不均衡，这也是工作弄虚作假的一个重要原因，严重影响了社会整体防火工作进程。由于技术力量不足，刚受许可的工程或场所有的也会存在先天性火灾隐患。因此，要将防火监督干部的调配作为增强社会火灾防控体系的重要措施，配齐配强各单位防火监督人员；要进一步健全各消防监督机构和编制，尽量实现工作分工合理，最大限度地保留基层一线骨干人才；要优化干部结构，加大技术人员配备，采取技术兼行政等方式，最大限度地发挥执法效能和消防监督职能作用。

4 结束语

当前，现有消防管理模式与经济社会发展进程不相适应的矛盾已经十分突出，在新常态下创新消防管理工作，对于保障经济发展、社会稳定和人民生命财产安全具有十分重要的作用。如何认真贯彻落实党的十八大和十八届三中、四中全会精神，创新改革消防管理工作，需要社会各级政府、各行业部门、各级消防机构和全社会人民积极参与，共同努力。

养老机构的消防安全思考

谢 伟
（安徽省安庆市公安消防支队）

【摘 要】随着中国老龄化进程的加快，养老机构的发展与安全问题已经成为全社会所关心、关注的焦点。本文从分析养老机构的消防安全现状、隐患及成因入手，提出了加强消防安全监管，不断改善养老机构的消防安全条件的对策和建议。

【关键词】 养老机构；消防安全；对策建议

1 引 言

2015年5月25日，河南省平顶山市鲁山县康乐园老年公寓发生一起特别重大火灾事故，造成38人死亡、6人受伤的惨痛后果，这次火灾的发生再次让全社会的目光聚焦到养老机构的消防安全上。和谐社会的发展需要安全的保障，如何规范和加强社会养老机构的消防安全管理，改善养老机构的消防安全环境，减少和避免火灾事故尤其是亡人火灾事故的发生是我们公安消防部门必须面对的重要问题。

进入21世纪，中国老龄化速度不断加快。按照国际标准，以60岁以上的人口占总人口的比例超过10%或者65岁以上的人口占总人口的比例超过7%作为一个国家或地区进入老龄化社会的标准，我国从2000年就开始进入老龄化国家。根据第六次全国人口普查发布的数据，我国2010年60岁及以上人口占比13.26%，65岁及以上人口占比8.87%，较2000年分别上升了2.93个百分点和1.91个百分点。同时据预测，2020—2050年将是我国老年人口的高速发展期，老年人口总量将突破4亿人，老龄化水平超过30%，中国已经毋庸置疑地进入日益严峻的老龄化进程。人口老龄化的压力，加上现代经济快速发展带来的家庭传统结构和思想观念的变化，使传统的居家养老模式已经无法满足社会日益增长的养老需求，养老院、敬老院、托老所等各种养老机构的发展势在必行且发展迅速。截止2015年5月，安徽省共有各类养老机构2 156家。

2 养老机构的消防安全现状及成因

2.1 养老机构火灾形势严峻，火灾隐患大量存在

通过对近几年养老机构的火灾事故的分析可以发现，火灾起数以年均20%的幅度呈逐年递增之势，亡人火灾甚至是群死群伤火灾时有发生，如2008年6月15日，黑龙江省双鸭山市福寿星老年公寓火灾，6人死亡；2008年12月3日，浙江省温州市鹿城区宽心老年公寓火灾，7人死亡；2009年8月

27 日，吉林省辽源市西安区煤城新村煤山敬老院火灾，6 人死亡。安徽省内该类场所亡人火灾也是接连不断，如 2011 年 5 月 15 日，淮南市唐山镇老年公寓火灾，2 人死亡；2013 年 5 月 21 日，铜陵市东湖养老院火灾，2 人死亡；2014 年 11 月 18 日，舒城县干汊河镇一敬老院火灾，2 人死亡。

1.2 监管滞后，养老机构未经消防行政许可或备案违法经营的大量存在

由于历史的原因，2013 年以前，民政部门在审批养老机构设立申请时一直未把消防行政审批作为前置的条件，造成了大量未经建设工程消防设计审核、验收或者备案抽查的场所投入了使用。据统计，截止到目前，安徽省共有养老机构 2156 家，其中经过消防行政许可或备案的仅 20%；所辖芜湖市有养老机构 111 家，经消防行政许可或备案的占 33.3%；池州市有养老机构 77 家，经消防行政许可或备案的仅占 9%；而安庆市目前已经排查的 172 家养老机构中，经消防行政许可或备案的有 11 家，占比仅为 6.4%。

1.3 建设起点低，火灾隐患多

消防监管的缺失，加上此类场所早期准入门槛低，且大多为公办背景，只要有基本的居住条件即可开办，不少场所是利用原有废旧的学校、厂房、办公用房甚至是居民建筑开办，因陋就简，将就使用，建设方面先天不足，隐患严重，如建筑耐火等级低，消防水源、室内装修、线路敷设、火灾荷载、安全出口、疏散通道等方面的设计均无法满足要求。尤其是很多敬老院、养老院位置偏僻，距离消防站太远，无法保证一旦发生火灾后的有效救援。

1.4 消防设施及消防器材缺失，维护保养不足

依据《建筑设计防火规范》(GB 50016—2006)(即所谓的老建规规定)，老年人建筑应设有火灾自动报警系统，体积大于 5 000 立方米时应设置室内消火栓；2015 年 5 月 1 日实施的新建规，即《建筑设计防火规范》(GB 50016—2014)也做了同样的规定，同时，在老规范的基础上进一步提高要求，大于 500 平方米的老年人建筑要设置自动喷水灭火系统《老年人建筑设计规范》(JGJ 122—99)规定老年人专用厨房应设燃气泄漏报警装置；同时，依据相关规范，该类场所还要设置消防应急照明和疏散指示标志，配置灭火器等。但在检查时我们发现，除少数近期开办的规模较大的场所外，大部分此类场所均未设置火灾自动报警系统和燃气泄漏报警装置，应急照明和疏散指示标志也缺配较多，灭火器配置不足或失效，设置的火灾自动报警系统、火灾应急照明和疏散指示标志也大多因为没有及时得到维护管理导致瘫痪损坏无法使用。

1.5 消防安全制度不落实，日常消防安全管理形同虚设

养老机构的低门槛进入、低成本经营导致管理水平普遍不高，消防安全管理更是空白，既没有相关的组织机构、管理人员，也没有相应的规章制度可依据，连“纸上谈兵”的水平都达不到，用火、用电、用气等不规范，电线私拉乱接、抽油烟机及管道不能定期清洗、疏散通道堵塞等隐患大量存在。

1.6 从业人员职业素质不高，消防安全意识及专业技能差

由于受工资收入及职业的社会地位等方面的影响，养老机构的从业人员中专业人员缺乏，一些养

老机构特别是乡镇或民办养老机构的负责人年龄偏大，文化水平不高，缺乏专业从业经验；护理人员整体素质不强，文化程度低，外来人员多，流动频繁且年龄偏大，持有上岗证的少；即使经过岗前培训也无相关消防安全方面的知识和技能。所有这些直接导致该类场所从业人员消防安全意识不高，缺乏应该具备的消防安全技能，无法落实日常防火检查、巡查职责，一旦发生火灾，别说疏散引导老人撤离，自救尚且不及。

1.7 老年人消防安全意识薄弱，火场自救逃生能力低

老年人年老体弱、反应慢、记忆力差、接受新知识的能力不高，消防安全防范意识较差，缺少安全自救常识；有的老人还有抽烟、烧香等习惯，稍不注意，极易引发火灾。发生火灾时，老人一方面因为感知能力下降不能及时发现；另一方面又因行动迟缓无法及时逃生自救，介助老人和介护老人更是由于行动不便，火场自救逃生能力极低甚至没有。

2 加强消防安全监督管理的对策和建议

2.1 发挥政府主导作用，加强对养老机构的扶持和监管

政府的扶持不仅要体现在财政补助和税费优惠、融资渠道的拓展等方面，更要在用地、行政审批上加强扶持，对具备基本消防安全条件的，要协调帮助养老机构满足土地、规划等相关条件，尽快取得消防行政许可，合法经营；对于存在较大火灾隐患确实无法整改，一旦发生火灾极易造成人员伤亡甚至群死群伤的场所，政府应靠前处置，积极作为，坚决予以关停的同时协调各类资源妥善处理，避免社会不安定情况的发生。

2.2 对新建的养老机构，应防患于未然，加强源头管控

将消防审批作为前置审批条件，对按照国家标准进行消防设计审核、消防验收、备案抽查不合格或者无消防备案凭证的，民政部门不得颁发养老机构设立许可证或相关证书。2013年7月1日颁布实施的《养老机构设立许可办法》(民政部令第48号)已经将消防行政审批作为民政部门审批的申报要件之一，此举可有效避免建筑物耐火等级、消防水源、消防设施设置、防火间距等后期无法整改的隐患的发生。长此以往，老账逐步减少，新账坚决不欠，养老机构的整体消防安全条件必将步入良性循环，越来越好。

在消防设计审核时，公安消防部门要针对老年人建筑的特点，总体把握上应本着“就高不就低”的原则，高标准设防，重点要注意以下几个方面。

2.2.1 疏散设计

依据《建筑设计防火规范》(GB 50016—2014)，公共建筑内疏散门和安全出口的净宽度不应小于0.9 m，疏散走道和疏散楼梯的净宽度不应小于 1.1 m，而一般高层公共建筑疏散走道双面布房时最小净宽要求在 1.4 m。其中，疏散走道和疏散楼梯的最小净宽度是按照疏散时通过 2 股人流考虑的，是保证安全疏散的最低要求。据调查，养老机构中有不少所谓介助老年人需借助轮椅、拐杖、助步车等工具通过，老人轮椅的标准尺寸为 0.635 m(单人病床要更宽些，约 0.7 m)，老人坐轮椅时加上手臂

运动的宽度，通过走廊的有效宽度应为 0.9 m，即在同一时间内疏散走道仅能通过一人，这显然无法满足疏散时两股人流疏散的要求。因此，我认为在工作实际中更应该依据《老年人建筑设计规范》（JGJ 122—99）规定，老年人公共建筑，通过式走道净宽不宜小于 1.80 米把握更好。

2.2.2 室内装修设计

《建筑内部装修设计防火规范》（GB 50222—95）中，对单层、多层的老年人使用的建筑地面、固定家具和其他装饰材料的要求，提出可用 B2 级可燃材料的要求；《老年人建筑设计规范》（JGJ 122—99）中规定，老年人居室不应采用易燃、易碎、化纤及散发有害有毒气味的装修材料。

考虑到老年人建筑中床铺、床上用品、桌椅橱柜等室内家具、个人物品等活动火灾荷载大，加上火灾中易受有毒烟雾伤害的特点，老年人建筑的内部装修材料的选用应尽可能采用较高的要求，具体地讲，可以采用不燃、难燃材料，以减少火灾荷载，尽量避免采用燃烧时产生大量浓烟和有毒气体的材料。同时，在每个房间内配备呼救工具（紧急呼救按钮或小哨子）、保险绳、手电筒、简易防烟面具、小瓶装饮用水等，方便老人在紧急情况下的自救逃生。

2.2.3 火灾自动报警系统

按照规范要求，老年人建筑中均要设置火灾自动报警系统。考虑到各地经济条件、人员配备、管理水平的不同，可以适当区别考虑，建议在条件较好的老年人建筑中推广使用吸气式等极早期火灾探测系统及漏电火灾报警系统，以便及时发现火灾的隐患点，阻止火灾险情的发生与发展，从而有效缓解老年人疏散困难的问题。

2.2.4 自动喷水灭火系统

2015 年实施的《建筑设计防火规范》（GB 50016—2014）新增了超过 500 m^2 的老年人建筑设置自动喷水灭火系统的规定，体现了对此类场所火灾危险性的关注，在消防审核中应予以认真把握，考虑到此类场所的特点，建议采用快速响应喷头。

2.3 部门监管和行业自律相结合，建立标准化管理机制

针对养老服务从业人员消防技能差的问题，民政部门要把消防业务技能纳入养老护理员执业资格证书考试、注册考核中。公安消防部门要积极协助民政部门落实 8 部局联合下发的《社会消防安全教育培训规定》，组织开展养老机构从业人员的消防安全教育培训；指导制定消防安全标准化管理办法，规范养老机构的消防安全管理，引导养老机构逐步建立和完善消防安全制度，落实消防安全责任，定期组织全员消防安全教育培训；结合老年人的认知特点，制定切实有效的具有可操作性的灭火应急疏散预案，明确相关岗位人员疏散引导具体职责，并定期组织演练。

2.4 延伸消防管理的触角，完善消防监督网络

公安消防部门当务之急是要把养老机构尽快纳入到消防监督管理网络中来，充分发挥基层公安派出所人多面广、遍布城乡的优势，对派出所消防监督检查的内容、职责和权利加以具体化，将公安消防部门监管以外的养老机构的消防安全纳入第三级消防安全管理之中，消除消防安全监管死角。

2.5　加强执勤备战，确保打赢

公安消防部队要针对上述养老场所以“六熟悉”为重点，认真开展灭火救援准备工作，制定灭火救援预案，定期开展演练，熟悉情况，不断修订和完善预案，确保一旦发生火灾，部队能够拉得出、打得赢，最大限度地避免人员伤亡。

参考文献

[1]　GB 50016—2006. 建筑设计防火规范[S].

[2]　GB 50016—2014. 建筑设计防火规范[S].

[3]　GB 50045—95（2005年版）. 高层民用建筑设计防火规范[S].

[4]　GB 50222—95（2001年版）. 建筑内部装修设计防火规范[S].

[5]　JGJI 22—99. 老年人建筑设计规范[S].

[6]　养老机构设立许可办法[Z]. 民政部令第48号.

作者简介：谢伟（1969—），男，安庆市公安消防支队防火监督处高级工程师，硕士；主要从事消防监督管理工作。

通信地址：安徽省合肥市滨湖新区中山路与广西路交口安徽省消防总队，邮政编码：230000；联系电话：13905693250。

对消防执法规范化建设的几点思考

邹　月
（黑龙江省公安消防总队）

【摘　要】 本文结合消防监督执法规范化建设工作实际，全面分析了当前消防执法规范化建设在消防立法、部门能力、制度建设、执法成效等方面取得的主要成效，从主观、客观两个方面剖析了消防监督执法工作中存在的突出问题，并提出了加强消防监督执法工作的主要对策。
【关键词】 消防执法；规范化建设；执法问题；解决对策

1 引　言

自 2007 年 12 月公安部消防局全面部署消防监督执法规范化建设工作以来，各级公安机关消防机构通过采取一系列工作措施，深入推进执法规范化建设，消防监督执法规范化工作取得了长足进步。但是，随着社会法制化进程的不断深入，人民群众的法制意识不断提高，社会各界对消防监督执法工作提出了更高要求，给予了更多期待，消防监督执法工作不适应、不和谐等问题日益突出，也是难以避免和无法杜绝的，如何尽量减少不适应数量、降低不适应程度，是当前加强执法规范化建设的主要目标。

2 执法规范化建设成效

2.1 立法成果丰硕

近些年来，全国各级公安机关消防机构在《中华人民共和国消防法》的基础上，不断加强消防法律法规体系建设，公安部修订了《建设工程消防监督管理规定》、《消防监督检查规定》、《火灾事故调查规定》，制定了《消防产品监督管理规定》及《社会消防技术服务管理规定》等多部规章，从国家的层面上为消防法制工作奠定了坚实的基础。全国各级公安机关消防机构在此基础上，积极推动地方立法的发展，进一步细化和补充相关内容，结合地方消防工作实际，积极创新，将各切合当地实际的消防工作理念，有效地融入到地方消防立法中，有效的建立健全了消防法律体系，为规范开展消防执法工作提供了强有力的支撑。

2.2 法制部门能力增强

各级公安机关消防机构的法制机构或法制人员配备到位，总队设立法制处、支队设立法制科或专职法制员、大队配备了专兼职法制人员，专兼职法制人员数量大幅提高，法制人员的素质也逐步提升，充分发挥“质检员”的作用，法律审核工作逐步完善，把关作用显著，有效避免、预防了执法不规范情况的发生。

2.3 执法制度日益完善

各级公安机关消防机构围绕执法领域及其重点环节，全面修编执法制度，明确执法权力和岗位职责，以制度促进执法规范化，完善执法工作标准，对执法活动进行有效的规范和约束，确保执法活动始终在法定轨道上运行。

2.4 执法监督成效显著

各级公安机关消防机构重点以多种形式的执法质量考评为抓手，采取日常考评与定期考评相结合、案卷评查与实地核查相结合、纸质检查与网上核查相结合、内部考核与外部评价相结合多种考评模式，不断强化内部执法监督，规范消防监督执法行为，执法质量逐年提升，行政诉讼、行政复议，执法档案中适用法律条款错误、程序错误等严重违法行为大幅下降。

3 消防监督执法主要问题

3.1 主观方面

3.1.1 执法理念不端正

个别执法人员还没有完全树立以人为本、执法为民的执法理念，对规范执法的意义、目的认识不深，把握不透，对执法规范化建设的重视程度不够，缺乏积极性和主动性；特权思想严重，对待群众态度生硬、冷漠，甚至存在借执法之名为己谋私利现象。

3.1.2 执法目的有偏差

消防监督执法的根本目的，应该是预防火灾事故的发生，维护社会火灾形势稳定，创造良好的消防安全环境。为此，依法对消防违法行为实施处罚，是非常必要的手段。但在实际工作中，一些执法人员为了其他私利驱使或完成处罚指标，重处罚轻整改，重管理轻教育，导致大量火灾隐患没有及时消除，达不到纠正违法行为应有的效果。

3.1.3 法律业务素养低

目前，消防监督执法人员中具备法学学历的不足 10%，多数执法人员不具备基本的法律基础知识，执法基本功不扎实，有的执法人员是通过学习摸索和经验积累来逐步提高监督执法水平，有的执法人员到了执法岗位后依然不学法、不懂法、不会用法，造成了简单执法、违规执法、错误执法的现象出现。

3.1.4 工作责任心不强

在近年来的执法检查和执法质量考核评议中发现，有些执法人员由于不认真、不负责造成的低级执法过错问题依然多次出现、屡查不改，已成为阻碍消防监督执法规范化建设的顽疾。如：执法档案中存在错别字的低级错误仍然存在，看似问题不大，但错别字所处的位置造成的后果却可能相当严重，错别字如出现在被处罚主体名称中，将直接导致主体认定错误，案件被全盘推翻。

3.2 客观方面

3.2.1 一线执法人员少

特别是基层大队执法人员严重匮乏，多数区、县大队只有 4～5 名执法人员（还包括大队领导），需要负责全区、全县的所有消防监督执法工作，一线执法人员长期超负荷工作，造成许多监督执法工作质量不高、履行不到位，甚至于漏洞百出。

3.2.2 执法队伍不稳定

由于公安消防机构实行的是现役体制，消防监督执法干部面对交流、更换的实际情况。执法人员流动性大，由此造成了两方面问题：一是执法人员业务素质难以通过长时间的积累和沉淀的方式进行提高；二是任期较短，执法监督存在短期行为，消防监督执法工作缺乏连续性和长远规划。

3.2.3 工作任务量巨大

目前，一线执法人员几乎都要需要身兼多职，负责监督、执法、宣传、火灾调查等多项专业性极强的工作，哪里需要到哪里，常常是疲于奔命、难以应付，各项工作难以面面俱到。

3.2.4 社会干预多

对于经济欠发达地区，经济基础、思想意识、执法环境等都具有很大的局限性，因此，存在对正常的消防监督执法行为的行政干预、说情情况多的社会现状，给执法人员的正常工作造成了很大的困扰。

4 加强消防监督执法工作的主要对策

4.1 了解当前形势，调整工作重心

随着经济、文化的不断进步，我们的消防监督执法工作会不断面临新的挑战、遇到新的问题，每个时期、每个阶段各不相同，针对同样的违法行为在不同的时期，执法目的、需求各不相同。如：在服务经济时期，执法行为就要以服务为主、处罚为辅，而在大力整治消防安全环境时期，就要加大惩罚整改力度，以强有力的手段整治消防违法行为。这就需要执法人员具有高度的敏锐性，准确把握复杂形势、环境、问题，正确判断、分析、解决各项复杂难题，不断适应满足社会各界的新要求、新期待。

4.2 稳定执法队伍，储备人才资源

对消防执法人员岗位调整不能过于频繁，重点培养专业型人才，对专业性极强的建审、火调、法制等岗位人员，应着力从具备一定工作经验的消防监督执法人员中选拔后再重点培养，保证尽量长时间从事该专业性工作，有利于执法干部累积经验、提高能力。

4.3 强化监督制约，保障规范执法

要全面提高消防监督执法水平和工作质量，必须从强化消防监督执法的各项监督制约机制建设入手，真正做到习总书记所说的“把权利关进制度的笼子里”，让不履职、不尽职的执法人员承担党纪政纪责任风险、行政赔偿责任风险、刑事责任风险，形成不敢违规的惩戒机制、不能违规的防范机制、不易违规的保障机制。落实到实际工作中，主要体现在强化内外监督机制上：一是要健全消防监督执法工作制度，从制度上明确什么样的执法行为是规范的，让每一项行为都在制度的规范中；二是要强化内部监督，开展多种形式的执法考评、监督工作，充分发挥法制监督作用，建立从上至下监督、从下至上监督、互相监督机制，将监督常态化、规范化，使执法人员习惯在监督下规范开展工作；三是要加强法纪建设，严厉查处执法违纪案件；四是要强化社会监督，采取填写“执法回执卡”、“廉政监督卡”、定期召开座谈会、征求意见等方式进行监督，外部监督是实现规范执法的重要保证，警务公开是外部监督得以实现的基础，促进消防监督执法队伍的廉正建设，增强消防监督执法人员服务意识。

5 结　论

归根结底，规范消防监督执法人员的执法行为是加强执法规范化建设的关键。消防监督执法行为是否规范，一方面取决于执行者是否具备依法依规履行消防监管职责的能力；另一方面，取决于执行者是否受到有效的监督制约。因此，适应社会执法形势，提升消防监督执法人员能力，强化消防监督执法内部、外部制约机制建设，构建科学有效的监督制约机制，才能监督消防执法人员依法依规行使管理职权、履行职责、实施法律，全面规范消防监督执法行为，从而促使消防监督执法工作更加规范、公正、文明。

作者简介：邹月，女，黑龙江省公安消防总队法规处工程师。
通信地址：哈尔滨市南岗区长江路366号，邮政编码：150090；
联系电话：15304609747；
电子信箱：0451-51196315。

浅谈如何构建“大众化”消防宣传大格局

李自娟
（宁夏回族自治区银川市消防支队防火监督处）

【摘　要】 如何开展消防宣传、如何提高消防宣传效果是我们经常思索的问题，本文结合本人多年来从事消防宣传工作的做法和经验的总结，对如何开展消防宣传工作提出了自己的一些想法和建议，希望能对大家的工作有所帮助。

【关键词】 消防安全教育责任制；消防宣传新格局；文化渗透

1 前　言

随着《全民消防安全宣传教育纲要》的实施，全国消防宣传教育工作得到了扎实有效的开展，社会化消防宣传教育责任体系基本成形，媒体公益宣传报道新机制逐步健全，“大众化”主题宣传活动渐成规模，消防宣传教育引导力、感染力、带动力不断增强。但是客观地讲，消防宣传仍存在一些问题，比如消防宣传力量不足、装备落后、手段单一、经费紧缺等突出问题，整体工作仍然未能走出日常宣传报道穷于应对、社会化宣传教育低层次运作的困局。

2 当前消防宣传教育工作面临从未有过的机遇

近年来，随着国务院《关于加强和改进消防工作的意见》、中宣部等八部委《全民消防安全宣传教育纲要（2011—2015）》等文件的下发，以及国务院对各地政府消防工作进行考核的有利契机，为推进消防宣传教育社会化提供了强大的政策支持和理论依据，消防宣传教育迎来了前所未有的历史性发展机遇。

（1）《国务院关于加强和改进消防工作的意见》对于深入贯彻落实科学发展观、有效预防和减少火灾危害，促进经济社会发展具有十分重要的意义；对全面落实消防安全责任制，加强和创新消防安全管理，完善社会化消防工作格局和增强全民消防安全意识具有巨大的推动作用。同时，也为消防宣传注入了许多新的内容，对消防宣传教育工作提出了更高的要求。

（2）中宣部等八部委《全民消防安全宣传教育纲要（2011—2015）》的下发，为各部门落实消防安全宣传教育责任起到巨大的推动作用。消防宣传教育工作是全社会的共同责任，需要得到各级党委政府、职能部门的重视和支持，需要广大群众的关注和参与，必须依靠全社会齐抓共管、共同推进。为此，公安部会同中宣部、教育部、民政部、文化部、卫生部、广电总局、安监总局，联合制定出台《全民消防安全宣传教育纲要（2011—2015）》，围绕“全民消防，生命至上”主题，强化消防安全教育责任制，推动各部门、全社会共同做好消防宣传教育工作。

（3）国务院对各地进行消防工作考核，对于提高全社会的重视程度、有力推动消防宣传教育的法制进程具有十分重要的意义。通过考核评比，进一步强化了各级党委、政府、各部门的相关责任，为有效落实消防宣传教育工作奠定了坚实的基础。

（4）各种新闻媒介不断增多，给消防宣传提供了更多、更大的舞台和载体。同时，消防宣传部门与社会建立了良好的互动基础，有利于发现和总结群众在消防工作中的经验，加以推广弘扬，并有针对性地采取群众喜闻乐见的形式开展消防宣传。

3 如何构建社会化消防安全宣传教育格局

消防宣传是消防工作的重要组成部分，如何适应这繁重的任务并抓住这个发展机遇，无疑也是必须着力探讨和研究的问题。新时期的消防宣传工作不能只在某些方面或形式上做局部的、暂时性的调整，而应在整体上、全方位进行深层次、根本性的变革。要从单一性的、传统的消防宣传模式，向多样性的、现代开放性的消防宣传立体模式转化，从而获得广泛深入、系统长期的宣传效果。

3.1 完善各项机制，努力建立消防宣传长效机制

消防宣传除了要有迅速广泛的传播手段外，还必须有系统长期的基础工程。消防部门应该充当联络各社会团体的纽带和桥梁，切实打破业务部门与宣传机构之间的隔断，规范宣传工作机制，实现消防教育的系统性、长期性，从而把宣传工作真正做实、做强。

构建齐抓共管的领导机制。要把消防宣传建设纳入宣传教育工作的总体部署，列入地方党委、政府的重要议事日程，与三个文明建设同谋划、同部署、同检查、同考核，形成党委统一领导，政府组织协调，宣传、文化、文明委密切配合，广大消防官兵、社会群众积极参与的良好格局。比如，将消防宣传内容纳入公务员培训内容，纳入保安队伍培训考核内容，把消防培训纳入各级党政领导干部教育培训目标体系中。

构建切实有力的保障机制。将消防宣传人员配备、培训纳入干部管理、培养和任用考核体系中，将宣传经费落实和宣传器材配备标准写入后勤保障内容，确保重大消防宣传活动由党委集中力量统一组织开展，并在经费上予以切实保障。

构建规范有序的协调机制。积极主动地加强和相关部门的沟通与协调，创建长效的合作模式，建立由多部门部门组成的消防宣传联动机制，突出重点，规范程序，注重效果，实现资源共享、优势互补，提高了消防教育活动的针对性。比如，与教育部门、新闻媒体、通信部门签订长期合作协议，充分利用各自优势开展相关消防宣传活动。

构建全面覆盖的培训机制。各个岗位、各个工种、各个层面的消防安全知识，不能在学校完全学会，特殊岗位、特殊工种必须实现上岗前的培训。管理和宣传一起抓，把对社会的管理监督权力用之于宣传，这样就能很好地促进社会消防宣传工作。

3.2 依托社会载体，积极构建消防宣传新格局

消防宣传是一项社会性极强的公共事业，需要全社会的共同参与。各级宣传部门既要内部加压，坚持把全民消防宣传教育列入议事日程，建全责任制，严格抓落实；又要积极发挥资源优势和专业特长，组织、带动并全力支持其他行业部门和社会单位开展卓有成效的消防宣传教育活动。

要依托新闻媒体拓宽宣传阵地。要积极主动与新闻媒体等加强联系，借助社会力量，开展以消防为主的系列宣传活动。加强与新闻单位的沟通、联系，利用其覆盖面广、信息量大、传播速度快的优势，唱好消防宣传的“重头戏”。结合不同时期和季节性的火灾特点，运用报纸、电视、广播等多种形式，以各种“栏目”、“频道” 和网站等为平台，有计划、有重点地进行消防知识宣传教育。通过开辟报纸、电视专栏，强化消防宣传辐射作用，加快消防安全工作群防群治的社会化进程；突出重大节日、火灾多发季节、重要的消防活动、典型的火灾案例、重大火灾隐患整改等宣传，大张旗鼓地宣传消防

法律、法规，普及防火、灭火和逃生自救知识。同时，充分发挥舆论监督作用，对消防执法监督过程中存在的“老、大、难”问题，特别是存在的火灾隐患单位进行全方位、多视角、深层次的宣传“曝光”，督促问题落实，增强群众对消防工作的理解和认识，达到提高全民消防安全素质的目的。

要依托主题教育吸引群众广泛参与。各地各部门要把消防宣传教育作为一项民心工程，坚持面向基层、面向群众，通过图版展板、游艺竞赛、模拟体验、文艺演出等群众性主题活动，增强宣传教育的互动性和吸引力，提高宣传教育的影响力和渗透力，引导广大人民群众自愿参与、自我教育、共同提高。要继续利用好“全国中小学生安全教育日”“防灾减灾日”“119 消防日”和政府统一规定的“社区消防宣传日”等重要时间和元旦、春节等重要节日，集中开展宣传教育活动，推动形成宣传高潮。要把消防安全宣传教育与文化科技卫生“三下乡”等活动结合起来，依托广播电视“村村通”工程和党员干部远程教育网等资源，确保消防安全宣传教育融入群众日常工作、学习和生活。

要依托文化渗透提升宣传教育品味。要充分发挥文化的社会教育功能，协调文化、广电、报纸杂志等部门联合创建消防文化创作基地，组织创作刊播反映消防安全题材的高质量的文化作品，开展文学、影视、音乐、书画、动漫、游戏和公益广告等多种形式的消防文化作品征集、评比、巡展活动，以优秀的消防文化吸引人、感染人、影响人、鼓舞人，深层次普及消防知识。搭乘“文化”和“市场”这两艘大船，多与文化界、艺术界接触，充分发挥他们的创作能力和社会影响力，携手打造一批消防文化精品。

要依托社会力量发展宣传公益事业。面向市场，积极引导热心消防公益宣传的社会资金参与消防宣传，充分挖掘社会潜力，同相关部门共同筹划宣传活动，拓宽宣传经费渠道；同有宣传意识的企业、商家合作，广泛地组织全社会的力量做好消防宣传工作。

3.3 创新宣传思路，全面确保消防宣传取得实效

目前在各类的消防宣传活动中，我们多以电视科普、现场咨询、发放宣传资料、制作宣传板报等传统的宣传形式开展的，不易被群众接受，效果也并不很理想。而有创意、有新意的宣传手段将取得事半功倍的效果。从而做到固定阵地和扩散宣传相结合，传统模式和现代手段相结合，实现消防宣传的全方位、多层次、立体化。所以，消防宣传知识大众化应考虑到群众的接受能力和理解能力，宣传内容要简明突出，以普及为主，以通俗易懂、生动活泼为原则。

要在载体上创新。随着信息时代的到来，还应不断推陈出新，充分挖掘百姓喜闻乐见的宣传形式。例如，当今社会盛行的广告、电信服务、电子图书、多媒体技术、FIASH、动漫宣传、网络游戏等，借助信息时代的新技术，努力扩大消防宣传的广度和深度。可以将消防常识以卡通、漫画等形式制作成消防宣传手册发放给群众，寓教于乐，直观深刻。再比如，微博、微信等新兴媒体的兴起，消防部门应该开通官方微博、建立消防宣传 QQ 群、微信等，通过更加积极开放的渠道，让群众主动关注、参与消防宣传。

要在形式上创新。消防宣传要讲求科学性和趣味性，消防宣传内容上要树立精品意识，形式上应灵活多样，不拘一格。当今社会已经兴起的广告领域、电信服务领域、电脑游戏领域、电子图书出版领域以及将来的信息高速公路等，均是我们陌生的，但却是潜力巨大的传播领域。比如把消防宣传渗透到电脑游戏领域，既可以做到其乐无穷，又可以让人受益匪浅。另外，开展火灾案例宣传，将典型火灾案例制成录像片向群众宣传，使人们从活生生的火灾教训中警醒，克服麻痹侥幸思想，从而增强做好防火工作的积极性、自觉性。

要在手段上创新。可以通过开办宣传专栏、发放宣传手册、播放电视专题片、典型报道、个案追踪、以案说法等形式，综合运用口头宣传、文字宣传、影视宣传、文艺宣传等手段，提高消防宣传的广度与深度，将消防宣传工作渗透到群众工作、生活的角角落落，全方位地开展消防宣传活动。例如：吴忠支队紧盯学校消防宣传阵地，组织 28 万学生和近 60 万家长共同完成了一份家庭答卷活动，通过

一个学生影响整个家庭，极大地扩大了消防宣传覆盖面。

要在特色上创新。要从消防文化建设的层面上认识和推动消防宣传工作，以极富文化内涵的消防宣传工作促进消防文化建设。努力发挥重要消防节日与纪念日、重大消防活动、消防文化场所和消防文学艺术的传播、教化功能。例如：吴忠市是我国主要的回族聚居区之一，有大小清真寺 1 300 余座，被誉为东方的千塔之城。全市总人口 138.35 万，其中回族人口 71.28 万人。广大回族群众定期来到清真寺做礼拜，是开展消防宣传工作的好机会。因此，要结合民族风情、宗教信仰和区域特色，大力开辟清真寺消防宣传主阵地。对清真寺阿訇进行消防安全集中培训教育，动员各清真寺阿訇当好“回乡”消防宣传代言人，积极为广大上寺群众念“消防安全经”，传授消防知识，实现“一个阿訇影响一批信教群众，一个穆斯林带动一个家庭，一个清真寺带动一个村落”的大宣传目标。

关于消防监督信息化几项具体措施的探讨

刘　刚

（宁夏回族自治区消防总队吴忠市消防支队）

【摘　要】 信息化是时代发展的要求，是公安消防工作适应社会经济建设快速发展、实现消防工作现代化的必由之路，是新形势下消防监督执法工作全面发展的一项重要基础性工程。着力加强消防监督执法工作的信息化建设，直接关系到公安机关消防机构监督执法工作的效率和质量，对于推进消防事业科学发展、维护公共安全、促进社会和谐具有重大意义。

【关键词】 信息化；信息平台；网上监督；行政审批外网化

1 前　言

消防工作服务于社会各个行业和千家万户，执法工作的好坏、执法效率的高低，不仅关系到社会主义法制国家建设的进程，也关系到社会稳定和广大人民群众的切身利益。随着当前全国上下机制改革的不断深入，政府职能和工作作风的全面转变，对作为国家行政执法机构的消防部门也提出了更高的要求。加强消防监督执法信息化建设，提高信息化技术应用水平，是提高消防监督管理效率、实现警务公开的重要手段，是推动社会消防安全管理水平实现跨越式发展的必经之路。

2 当前消防监督执法工作存在的问题

随着我国社会主义市场经济体制的不断发展完善，在新的《中华人民共和国消防法》（以下简称《消防法》）修订颁布以后，相关部门的消防监督管理中的许多观念、制度、方式与手段也同样有了很大的改变，主要体现在原来计划经济体制下的政府部门与国家专职部门大包大揽、社会单位被动接受的管理模式向“政府部门统一领导、部门根据法规监管、单位全面负责、公民积极参与”的社会化消防工作的管理模式转变。其中应用到在实际工作中时，还存在一些不足。

2.1 地方政府统一领导作用发挥欠缺

在新《消防法》中有规定“国务院领导全国的消防工作。地方各级人民政府负责本行政区域内的消防工作。”但在实行落实过程中，有部分地方政府存在优先经济目标的思想，对做好消防工作的重要性认识不够，引导、保障、维护良好消防社会环境方面的职能作用发挥不足，甚至有些地方在上项目、搞建设和招商引资时，往往特事特办，忽视消防安全，片面追求“引进来”“上得去”。有的行业主管部门没有依法落实本行业、本系统的消防安全管理责任，造成消防工作只是消防部门的事情，一些规章制度也沦落为消防部门的内部规定，对整个社会产生的作用很小。

2.2 社会单位自我消防安全管理不到位

《机关、团体、企业、事业单位消防安全管理规定》规定了单位必须加强自身的消防安全管理，落实消防安全工作责任，建立“消防安全自查、火灾隐患自除、法律责任自负”的消防安全管理机制，这是对传统消防监督管理的一次重大改革。

然而多年实践证明，许多单位受经济利益驱动，片面追求经济效益最大化，重经济发展、轻消防安全，消防安全责任人不明确，消防安全管理制度不落实，消防自查流于形式，火灾隐患整治能拖则拖、能省则省，侥幸心理、麻痹思想严重。

2.3 警力严重不足导致失控漏管现象仍然存在

随着经济持续发展，各类场所特别是“九小场所”引发火灾的危险性不断增大，然而由于消防监督警力严重不足，许多小场所没有纳入消防监督管理视线。就吴忠市而言，全市辖区总面积 2.02 万平方千米，共有重点单位 300 余家，生产经营类单位 4 000 余家，但是编制消防监督执法人员只有 51 人。广大一线消防执法人员长期处于超负荷工作状态，消防监督管理的重点只能放在消防安全重点单位。消防安全监督执法工作存在不同程度的盲区，失控漏管现象普遍存在。

2.4 消防安全宣传教育和培训制度无法适应当今消防安全工作的发展

这主要体现在教育的持久性较差、覆盖面积较小、教育手段单一、无法形成制度化等。而我国的消防安全培训工作仅限于有关的消防部门，存在临时性、单一性，没有统一的消防安全培训教材等问题，并且单位对消防宣传教育和培训缺乏自觉性和主动性，培训效果不佳。

2.5 执法领域廉洁自律监管方式亟须创新

近年来，极少数执法监督干部政治信念和法纪意识淡化，受到社会不良风气的影响，经受不起利益的诱惑，在一定程度上影响了公正严明执法，影响了消防部队执法为民的形象。当前，纪检监察和监督的手段还比较单一，执法过程有时还不够公开和透明。

2.6 群众办事难的问题仍然存在

在办理消防行政许可手续时，需要提供的资料多，程序复杂，社会单位往往不能一次性将资料准备齐全，需要多次往返补正资料，特别是对于地处偏远县区的单位，更有诸多不便。虽然消防部门为此耐心解答和告知，但是个别社会单位和群众有时还是因为对消防行政许可办理程序不够熟悉，而多跑了一些“冤枉路”。

3 吴忠市消防支队消防监督信息化几项具体措施

自社会单位消防安全“户籍化”管理工作开展以来，吴忠市消防支队全面推进“户籍化”管理工作，有力提升了消防安全管理人员的履职能力，切实推动了消防安全主体责任的落实。

在此基础上，支队以吴忠“智慧城市”建设试点为契机，始终坚持科技强警战略，深化消防安全“户籍化”管理工作，实现消防监督工作信息化作为践行党的群众路线和深化消防安全管理创新的重要举措，自主研发了“吴忠市消防监督管理信息化服务平台”，创新开发了行政许可互联网预受理和审批、网上远程消防监督检查、社会单位监督评价及纪检监察信息化、消防维保信息化、网格化管理信息化、消防宣传教育等六大功能信息服务平台及其辅助功能。

3.1 运用信息化手段实现互联网预受理和审批

开发了行政许可互联网预受理和审批模块，通过各类媒体向社会广泛宣传。通过手机短信、网上公告等方式，告知单位负责人，可通过互联网进行业务预受理、查阅办理情况和领取意见书。单位申请人登录吴忠消防网，根据系统提示及模板进行操作，填写相关资料，并将相关部门出具的结论性文件拍成照片上传，确定资料完善后提交消防部门审查。

社会单位申请预受理后，支队窗口受理人员对申报材料进行网上审查，将审查情况一次性告知申报单位，待申报单位补充完善申报资料并经窗口受理人员审核合格后，通过微信、短信告知社会单位，在方便的时候将纸质资料报送受理窗口进行业务办理。社会单位可通过吴忠消防信息网查看审批进度和审批结果。

3.2 运用信息化手段开展网上远程消防监督检查

网上远程监督检查是革新传统监督检查模式的重要举措之一。监督人员可在办公室，通过户籍化管理系统中的远程监督检查模块，利用微信平台的即时视频、图片上传和对话交流功能，对单位消防安全情况进行检查。

首先通过信息平台了解单位日常消防管理情况，随后约定检查时间，发送提醒短信向社会单位负责人。监督人员通过远程监督检查系统，请单位通过图片和视频资料及时上传当前疏散通道、安全出口、消防设施消防安全实际现状，采取必要的技术措施避免造假，并通过微信语音对话功能，了解社会单位管理人和从业人员消防职责落实和消防知识掌握情况。最后通过语音或文字让单位进行确认，形成网上监督检查电子档案。并将监督检查中发现的问题，通过短信向该单位负责人、管理人告知，并提请对消防部门的服务过程进行评价。

3.3 运用信息化手段加强纪检监察

每项消防执法和行政审批工作结束后，系统会自动向社会单位负责人发送短信和微信，提请单位对消防监督员的执法和服务情况进行评价。单位负责人通过回复短信、微信进行评分式的监督评价，提出工作意见和建议，还可以进行举报投诉。评价情况只有一名纪检部门领导和一名纪检干事同时使用指纹确认方可登录系统查阅评价和分析结果，确保了监督评价与举报投诉过程的保密性和可靠性。

3.4 运用信息化手段对消防维保工作进行监管

支队拓展开发了维保单位管理平台，从事先的告知、现场维保工作的确认、发现问题的整改以及对维保服务的评价实现全程信息监管。

维保单位在开展维保过程中要通过信息平台发送照片、视频等向社会单位和支队反馈维保过程。维保结束后，形成维保报告，通过信息平台向单位消防安全责任人、管理人和消防部门告知。公安消防部门可通过单位录入的消防设施维护保养信息与维保单位录入信息进行比对，有效防止单位或维保企业敷衍塞责。

3.5 运用信息化手段对消防安全"网格化"管理工作进行监督

支队开发了消防监督信息化服务平台网格化管理功能模块。网格化管理员登录到网格化管理页面后，将本乡镇（街道）"网格化"管理情况录入上传到系统平台中，每天及时填写上传检查记录、宣传培训图片以及视频资料。消防部门可通过信息服务平台随时了解、掌握各个乡镇的网格划分及日常开展网格化管理工作的实际情况，进行有效的网上监督和检查，并提供信息咨询服务。

3.6 运用信息化手段提升宣传教育培训效率

为方便各类场所共享消防宣传资料，支队分类将各场所的宣传资料放置在《吴忠市消防监督信息化服务平台》宣传教育中供社会单位下载使用。群众可足不出户，利用互联网电脑、手机自主学习各类消防知识。为解决单位新入职员工岗前培训落实不到位的问题，支队在宣传教育模块中设置了岗前在线培训考试栏目。在户籍化系统中注册的人员均需要在此模块中进行学习考试，只有考试合格后方可正式入职。

同时，支队充分利用微博、微信、QQ 等互联网移动平台开展消防宣传教育，结合阶段性防火工作重点，坚持每日发送消防知识、温馨提示和警情通报。此外，支队还利用短信、微信、QQ 等信息交流平台，开展消防咨询和举报投诉服务。

4 取得的消防安全社会效应

4.1 实现了对单位消防安全动态化监管，提升了单位消防安全管理工作的能力

通过"户籍化"管理，打破了以往一对一、面对面的监管方法。消防监督人员每天通过户籍化系统及时了解和掌握单位消防安全管理情况，对发现的问题，利用信息平台，与社会单位进行工作交流，及时发送问题整改信息，督促单位落实消防安全责任。社会单位通过录入"户籍化"管理系统信息，使用查询统计功能，定期分析和研判本消防安全管理工作情况，结合消防部门对单位消防管理工作的评价建议，及时掌握自身消防工作存在的问题和薄弱环节，采取针对性措施进行整改。社会单位开展消防安全管理工作意识明显加强，消防安全管理能力和水平得到了有效提升。

4.2 改变传统模式，转移了公安消防部门监督管理工作重心

通过"户籍化"管理，实现了消防监督管理从包揽式检查转变为指导性服务，有效提升了消防监管效能。对单位实行"红、黄、绿"三色预警动态监管，为监督人员确定消防监督检查的对象和频次提供了重要依据，切实提高了消防监督的针对性和有效性。

4.3 开展网上远程监督检查，缓解了消防监督执法警力不足的瓶颈问题

支队开发了网上远程监督检查系统，监督人员可在办公室，通过互联网对单位开展网上远程监督检查，形成包括文字、图片、语音、视频等内容的网上检查记录。网上检查有效解决了警力不足以及偏远单位无法有效监管的问题，有力促进了九小场所的监管。不仅加大了消防监督覆盖面，而且还可以对多个单位同时进行网上检查，创新实现了点对多的检查模式，明显提高了消防监督执法效率，极大降低了执法成本。

4.4 搭建多样化沟通交流平台，服务和方便了群众

利用信息化系统平台，实现了消防业务部门与社会单位之间的网络化交流，以往需要亲自到消防部门协调和解决的工作，现在通过网络和信息平台就可以完成。特别是系统平台设置了“行政许可”预受理、电子签章、网上下载行政许可意见书的功能，社会单位只需通过互联网或手机就可完成从业务受理、办理情况跟踪查阅以及意见书的下载打印等工作，极大地方便了群众，同时，也缓解了消防业务受理窗口工作人员的工作压力。

4.5 利用信息化手段开展纪检监察，预防了执法领域涉廉和违法违纪等突出问题

通过信息化平台的应用，消防部门所有执法活动都在互联网公示或直接在互联网上进行，人民群众可随时通过外网了解和查阅消防部门的监督执法工作，并进行全程监督，真正实现了权力在阳光下运行。同时，消防部门采取网上监督检查、行政许可预受理和审批意见的网上下载打印等措施，减少了监督人员与社会单位人员接触的机会，一定程度上杜绝了不廉洁问题的发生。特别是开发了消防监督执法服务评价功能，所有消防执法活动结束后，社会单位人员可以通过信息化平台，对监督员的服务情况进行网上监督评价，提出工作意见和建议，对不廉行为进行举报投诉。